中国震例

EARTHQUAKE CASES IN CHINA

（2016）

主　编　周龙泉
副主编　王　琼　易桂喜

地震出版社

图书在版编目（CIP）数据

中国震例. 2016/周龙泉主编. —北京：地震出版社，2021. 11

ISBN 978-7-5028-5339-6

Ⅰ. ①中…　Ⅱ. ①周…　Ⅲ. ①地震报告—中国—2016　Ⅳ. ①P316. 2

中国版本图书馆 CIP 数据核字（2021）第 173513 号

地震版　XM4578/P（6140）

中国震例（2016）

主　编：周龙泉

副主编：王　琼　易桂喜

责任编辑：王　伟

责任校对：凌　樱

出版发行：地震出版社

北京市海淀区民族大学南路 9 号　　邮编：100081

销售中心：68423031　68467991　　传真：68467991

总 编 办：68462709　68423029　　传真：68455221

编辑二部（原专业部）：68721991

http://seismologicalpress. com

E-mail：68721991@ sina. com

经销：全国各地新华书店

印刷：北京广达印刷有限公司

版（印）次：2021 年 11 月第一版　2021 年 11 月第一次印刷

开本：787×1092　1/16

字数：749 千字

印张：29. 25

书号：ISBN 978-7-5028-5339-6

定价：150. 00 元

编辑组成员

主　编　周龙泉

副主编　王　琼　易桂喜

编　委　王行舟　冯志生　孙小龙
邬成栋　吕　坚　周　斌
马　栋　冯建刚　王　博
郑建常　周峥嵘　贾晓东
邵志刚　武艳强　陈　石

内 容 提 要

《中国震例》系列丛书是研究地震和探索地震预测预报的重要科学资料。1988、1990、1999、2000、2002、2003、2008、2014、2018、2019 年陆续出版了《中国震例》1 ~ 15 册，合计收录 1966~2015 年发生的 355 次地震共 302 篇震例总结研究报告。本册（第 16 册）收录 2016 年发生的 13 次地震共 12 篇震例总结报告。每个报告大体包括摘要、前言、测震台网及地震基本参数、地震地质背景、烈度分布及震害、地震序列、震源机制解和地震主破裂面、观测台网及前兆异常、前兆异常特征分析、应急响应和抗震设防工作、总结与讨论等基本内容。本书是以地震前兆异常为主的系统的、规范化的震例研究成果，文字简明、图表清晰，便于查询、对比和分析研究。

本书可供地震预测预报、地球物理、地球化学、地震地质、工程地震、震害防御等领域的科技人员、地震灾害管理专家学者、大专院校师生及关心地震监测、地震预测研究、地震直接和间接灾害防御等方面的读者使用和参考。

Synopsis

The multi-volume series book of 《Earthquake Cases in China》 contains important scientific data and information for seismological studies and researches on earthquake prediction and/or forecast. The volume 1 to volume 15 of this multi-volume series book were published in 1988, 1990, 1999, 2000, 2002, 2003, 2008, 2014, 2018 and 2019 with 302 case study reports on 355 earthquakes occurred from 1966 to 2015. The volume 16 includes 12 study reports on 10 earthquakes with $M_S \geqslant 5.0$, 1 earthquake with $M_S 4.9$, 2 earthquakes with $M_S 4.4$, occurred in 2016. In general, each case report includes abstract, introduction, seismic network and basic parameters of mainshock, seismological background, seismic intensity distribution and earthquake damages, earthquake sequence, focal mechanism solutions and main fault plane, monitoring network and precursory anomalies, analyses on characteristics of precursory anomalies, measures of emergency response and earthquake protection, summary and discussions. This book is a collection of basic analyses and results of systematic and standardized studies on earthquake cases mainly based on the earthquake precursory anomalies. Simple and concise illustrations and distinct figures and tables are convenient for readers to get references, to make comparisons and analyses.

The book can be used and referred to by scientific and technical workers of earthquake prediction and forecast, geophysics, geochemistry, geology, engineering seismology, by earthquake disaster managers, by university and/or college teachers and students and by readers who are interested in seismic hazard reduction.

编写说明

中国地震预测预报实践自1966年邢台地震开始，已走过50多年的历程，取得了显著的进展。地震预测预报是以观测为基础的科学，短临预测预报作为地震预测预报的主要目标，实现它的重要环节是获取可靠的地震前兆异常，综合分析多方面的资料，进而进行地震发生时间、地点和震级三要素的预测。因此，全面积累每次地震的地震地质、震害、地震参数、地震序列，尤其是地震前兆异常及预测预报和应急响应的经验教训等资料，对于地震科学研究、地震预测预报和防震减灾具有特别重要的科学价值。经过研究整理的一次或一组地震的上述系统资料，本书中称之为震例研究报告，它们是地震预测预报及其研究的基础。

《中国震例》的震例研究和报告编写工作基本按《震例总结规范》进行，以研究报告集的形式按地震发生日期顺序编辑成册。各总结研究报告按以下基本章节内容进行编写：

一、摘要

概述报告的主要内容。

二、前言

给出主震或重要地震的基本参数、震害、预测预报、宏观考察和研究历史等情况的概述。

三、测震台网和地震基本参数

给出地震前震中附近测震台网情况和主震或重要地震的基本参数。对同一地震，当不同单位给出不同参数时，则分别列出，编写人认为最合理的参数放在第一条。

四、地震地质背景

简要介绍震中附近地区的区域大地构造环境、深部构造条件、区域形变场概貌、历史地震活动及主要构造与断裂的活动性，以及与发震构造有关的资料。

五、烈度分布与震害

给出烈度分布图、宏观震中的地理位置。简要介绍等震线范围、重要地表破坏现象、烈度分布特征及震害评估结果。

六、地震序列

尽可能给出全序列资料（包括直接前震和余震的有关参数）、余震震中分布图、地震序列类型、应变释放曲线或能量衰减曲线图、序列 b 值、频度衰减系数及较大余震目录等。

七、震源机制解和地震主破裂面

分别给出震源机制解图和表。对同一地震，如有不同的解，则分别列出，编写人认为最合理的解列在表中第一条。综合分析地震主破裂面和发震构造。

八、观测台网及前兆异常

介绍地震前的定点前兆观测台网及其他有关观测情况。规定 $M_S \geq 7.0$ 级地震距震中500km以内，$6.0 \leq M_S < 7.0$ 级地震距震中300km以内，$5.0 \leq M_S < 6.0$ 级地震距震中200km

以内，作为定点观测台网前兆观测资料的统计范围，给出此范围内测震台（项目）以外的其他地震前兆定点观测台站（点）或观测项目分布图，并在必要时给出前兆异常项目平面分布图。认为与此次地震孕育过程有关的全部前兆异常，包括非定点台网观测到的异常和上述规定距离以外的重要异常，均列入前兆异常登记表，并给出前兆异常图件。概述前兆异常的总体情况，以图表为主，必要时加以简要文字说明。对地震学项目以外所有定点观测台站（点）的所有观测项目或异常项目进行累加统计时，其统计学单位称为台项。对前兆异常登记表中的异常项目进行累加统计时其统计单位称为项次或条。

为保证资料的可靠性，要求所用数据的观测质量必须符合观测规范，且能够区别正常动态与异常变化。根据地震前兆观测资料清理和分析研究的结果把观测资料质量划分为三类：1类——符合上述要求；2类——基本符合；3类——不符合。规定只选用1、2类观测资料，3类资料不予使用，亦不进入统计。异常判定应经过全部资料和全过程的分析，经排除干扰和年变等因素后，根据一定的判据，认定与地震关系密切的变化才列入异常登记表。

规定按时间发展进程把异常分为L、A、B、C四个阶段类别：L——长期趋势背景异常，出现在地震前5年以上；A——中期趋势背景异常，出现在震前0.5~5年；B——短期趋势异常，震前延续1~6个月；C——临震异常，震前1个月内。另外，对远离规定的震中距范围以外，或据现有认识水平一时无法解释，以及非常规观测的、值得研究的其他可靠和较可靠的异常现象划为D类，在相应的异常阶段类别前冠以D字样，以留下资料和记录供后续研究。对各类异常，按照其可信程度，又区别为Ⅰ、Ⅱ、Ⅲ三个等级，以下角标标示：Ⅰ——可靠；Ⅱ——较可靠；Ⅲ——参考，留作记录。D类异常只取Ⅰ和Ⅱ两类。如：C_{II}为较可靠的临震异常；DA_{I}为可靠的中期D类异常。关于Ⅰ、Ⅱ、Ⅲ等级的确定，主要尊重总结研究报告作者的意见，编辑过程中仅作了个别调整，供读者参考。宏观异常在登记表中总的作为一项异常。异常登记表中各栏目，既是报告作者对异常研究的结果，亦是为了给读者提供使用、研究和参考的方便。对异常进行以上的认真审核和分类处理，既可达到去粗取精、去伪存真的目的，又可避免丢失可能有科学价值的异常记录，以利于进一步研究和资料积累。尽管如此，书中辑入的异常未必都恰当，读者可根据提供的资料和文献进一步做出判断。

九、前兆异常特征分析

简要给出对主要异常特征的综合分析与讨论，给出要点，提出有依据的看法和待研究的问题。

十、应急响应和抗震设防工作

简要介绍（记录）预测预报、应急响应和抗震设防等方面的重要情况和工作过程，包括对强余震的监测预报情况等。

十一、总结与讨论

从科学上讨论有技术和工作特色的经验、学术观点、教训和问题及启示。

十二、参考文献和资料

给出在震例研究和报告编写工作中研究过的全部文献和资料目录，同时也尽可能列出与该地震相关的但作者并未引用的文献资料。报告中直接引用已出版文献或未出版的参考资料、图件和工作结果时均应注明来源，以便读者进行核对或追踪研究。

在本系列书中，对于已发表有专著的强震，根据专著发表后的研究成果，亦按以上要求编写震例报告，并进行必要的资料补充，专著中发表过的异常图件一般从略，文字从简。

本书辑入的震例总结研究报告是前人和作者对该次震例资料整理和研究成果的集中表达，是以地震前兆异常为主的系统的、规范化的震例科研成果。《中国震例》编辑组工作的指导思想是：经过科学整理和分析研究，给出各次地震的基本资料，既可供读者使用、参考，又可供进一步追踪研究；既具有资料性，又要反映目前研究程度；文字力求简明，避免冗长的叙述和讨论，因此尽量使用了图表，便于对比。由于资料和研究程度的差异，各报告在坚持质量和科学性的前提下，根据实际情况编写和编辑，因此篇幅和章节编排不尽一致。

中国大陆地震前兆的观测与预测预报实践表明，地震孕育和发生是一个极其复杂的过程，影响因素很多，伴随这一过程有许多异常现象。我们把那些地震前出现的、与该地震孕育和发生相关联的现象称之为地震前兆，即采用了广义地震前兆的概念。本书辑录的地震前兆异常，是经过审核的、有别于正常变化背景的、可能与该地震孕育和发生相关联的异常变化，其中既可能有区域构造应力场增强引起的异常（“构造前兆异常”），又可能有来自震源的信息（“震源前兆异常”），具有不同的前兆指示意义，无疑包含着丰富的可能的前兆信息。因而震例研究报告是地震前兆研究和预测预报探索的宝贵财富，它既是进一步研究的基础资料，又可供在今后震情判定中借鉴。

需要指出的是，震例报告是震后经过若干年的资料收集、发掘、整理和总结研究之后编写的，从震后总结到实现震前的科学预测预报，还要经过一段艰难的路程。还需要指出的是，随着地震业务工作的发展及科学认识的深入，本册在严格遵循《震例总结规范》的基础上，力图在以下方面有所加强：

（1）强调震例的史料及档案性质。要求第八部分“观测台网及前兆异常”在对地震学及前兆异常进行系统梳理（震后总结）的前提下，着重震前预测主要科学依据、所得结论的叙述，着重当时论证过程实事求是的还原，包括不同观点的碰撞。要求尽可能提供震前预测及震后趋势判定全面的原始证据，包括预测依据及预报凭据。对有一定预测实效的震例，更要加强预测过程、预测依据的详细辑录，详细收集当时开展科学预测的原始凭据。

（2）进一步强化震例总结的科学性。第九部分“前兆异常特征分析”除已有内容的客观表达外，要求作者站在目前的角度、以当前的科学眼光，重点对当时预测过程的得失成败进行科学评述及原因分析。

（3）为突出地震预测预报这一震例总结工作的重点，并保证资料的权威性，对第五部分“烈度分布与震害”和第十部分“应急响应和抗震设防工作”两部分适当简化，对应急、震害等数据直接引用相关正式资料并列出参考文献即可。

本书所辑入的震例报告，基本以“属地原则”由发生地震所在的省（自治区、直辖市）地震局负责总结研究。各报告对前人或相关的研究工作成果，特别是地震前兆研究的成果，虽尽力作了反映，但由于人员变动和资料收集的困难，以及水平限制等原因，难免仍会有疏漏，对个别异常和资料的处理亦可能会有不妥之处。

《中国震例》（2016）编辑组仍遵循此前制订的2~3人分别把关评审与主编审定的工作

程序，确保每份报告至少都经历了初稿、修改稿（2次以上）等过程。编辑组在严格遵守作者“文责自负”的前提下，在不违背原则的情况下对每份报告的体例和分析结果等进行了适当的编辑处理。编辑组虽然作了很大努力，但由于水平和条件所限，书中可能还有不周或不足之处，望予谅解并提出宝贵意见。

编　者

2021年9月　北京

About This Book

In China, practices in earthquake precursor observations and earthquake prediction and/or forecast have been carried out for more than 50 years since the Xingtai earthquake in 1966 and substantial progress has been achieved. Earthquake prediction and forecast is a science that mainly based on observations. The short term and imminent prediction or forecast of the time, magnitude and place of an earthquake is the principal goal of earthquake prediction or forecast. Successful forecast or prediction can only be achieved on the basis of acquisition of reliable data of earthquake precursory anomalies and comprehensive analyses of all data. Therefore, for earthquake research, prediction, protection and hazard mitigation it is of particularly important scientific value to accumulate extensive data of seismogeology, earthquake disasters, earthquake parameters, earthquake sequence and especially earthquake precursor anomalies and lessons of prediction and emergency response of an earthquake. The above mentioned systematic data of an earthquake or a group of earthquakes obtained through researches and classification are treated as research reports of earthquake cases in this book. They are the foundation data for earthquake prediction or forecast and related researches.

The book is compiled in the form of collection of reports on earthquake cases and arranged according to occurrence dates of the earthquakes. All reports of earthquake cases were written with the reference standards and requirements of 《Specification for Earthquake Case Summarization》. Each report contains the following basic components:

Abstract is a summary of the major contents.

Introduction gives a brief description of the occurrence time of the main shock or main earthquakes, its or their damages, the status of prediction or forecast, the macroscopic investigations and the history of earthquake studies, etc.

Seismic Network and Basic Parameters of the Earthquake gives the distribution of seismic network near the epicenter before the event (s) and the basic parameters of the main shock or main earthquakes. When the different parameters of an earthquake were given by different agencies, they are listed separately, but the first one on the list is the parameters that the authors deem most reasonable.

Seismogeological Background gives a brief description of the location of the regional geotectonic structures, deep structures, general picture of the regional deformation field, historical earthquake activity, activities of main structures and faults and other data associated with the seismogenic structures around the hypocenter.

Distribution of Seismic Intensity and Damages illustrates the distribution of seismic intensity, the geographic location of the macroseimic epicenter. The range of isoseismal lines and significant phenomena of surface destruction are described, the features of intensity distribution and the estimated earthquake damages are outlined.

Earthquake Sequence provides the whole sequence (including the relevant parameters of all direct foreshocks and aftershocks), the distribution of aftershock epicenters, the type of the sequence, the strain release curve or the energy attenuation curve, *b* value of the sequence, the frequency attenuation coefficient, and the catalogue of major aftershocks.

Focal Mechanism Solution and Main Rupture Plane gives figures and tables of the focal mechanism solutions. When there are different solutions, they are given separately, with the most appropriate one is listed as the first one by the authors. Comprehensive analyses are made for the earthquake rupture plane and the seismogenic structure.

Monitoring Network and Precursory Anomalies describes the precursor monitoring network and other related observations. Statistical analyses are made on the precursory anomalies obtained from the networks within or more than the distance of 500km from the epicenters of the $M_S \geq 7.0$ earthquakes, within 300km from the epicenters of earthquakes of $6.0 \leq M_S < 7.0$, and within 200km from the epicenters of the earthquakes of $5.0 \leq M_S < 6.0$. Maps of fixed observation stations (points) or observation items (except seismic observation items) within such distances and maps of distribution of precursory anomalies (only indicating precursory items of fixed observations except seismic anomalies) are also provided. All anomalies that are assumed to be closely linked with the process of the earthquake preparation, including the important anomalies at non-fixed observation points and outside the defined distances, are listed in the summary table of precursory anomalies with corresponding figures. The overall situation of the precursory anomalies is outlined, mainly with figures and tables and with concise illustrations if necessary. The statistic unit of observation items or anomaly items of all stations (points) is called station-item.

In order to ensure the reliability of the data, the observation quality of the data must meet the observation specifications and the normal variations and anomalous changes can be distinguished. According to the result of the sorting out and analyses of the precursor observations, the quality of the observation data are classified into three classes: Type 1 — the data meet the above mentioned quality requirements; Type 2 — the data meet the quality standards in general and the normal variations and anomalies can be distinguished; Type 3 — the data don't meet the requirements. It is decided that only the first two types of data can be used, while the data of the third type will not be selected for statistical analyses. The anomalies are identified on the basis of result of analyses on all data during the whole process after eliminating contaminations, annual variations, and other contamination factors. Thereafter, only anomalies identified to be closely associated with earthquakes are listed in the summary table of precursory anomalies.

The anomalies are divided into four classes L, A, B and C according to the time development of the anomalies: Class L indicates the long-term trend anomalies that appear five years or more before the earthquake; Class A is the mid-term trend anomalies which occur about six months to five years before the earthquake; Class B denotes the short-term anomalies which last for about one to six months before the earthquake; Class C means the imminent anomalies that occur within approximately one month before the impending earthquake. In addition, class D is introduced to include certain reliable or fairly reliable anomalies that deserve further studies. They might appear at observation stations that are even further away from the epicenter than the defined distance, they could not be explained with present knowledge, or they are not obtained by conventional observations. The anomalies are further classified according to their reliability into degrees Ⅰ, Ⅱ and Ⅲ, with Ⅰ— reliable; Ⅱ— fairly reliable; and Ⅲ— for reference. But the anomalies of class D are only classified in degrees Ⅰ and Ⅱ. The reliability degree is marked by subscript to the bottom right of the class symbols. For example, C_{II} is a fairly reliable imminent anomaly; DA_{I} is a reliable mid-term anomaly of Class D. They are usually determined by the opinions of the authors, except a few are revised by the editors for reader's reference. The macroscopic anomalies registered in the summary table of precursory anomalies are regarded as one item of anomalies. Various items of anomalies registered in the table are the research results obtained by many authors and are provided to the readers to utilize, study and refer to with convenience. The stringent evaluation and classification of the anomalies not only serves the purpose of selecting the high quality data, but also helps to avoid the possibility of losing any scientifically valuable records of anomalies that are useful in further scientific analyses. However, the anomalies included in the book are not necessarily correct for all of them and readers should make further judgment based on the data and references provided.

Analyses of Features of Precursory Anomalies gives comprehensive analyses and discussions on features of the main anomalies with interpretation based on facts and opinions on problems for future study.

Measures of Emergency Response and Earthquake Prevention gives brief introduction on important situations and procedures of the work in earthquake forecast or prediction, emergency response and earthquake prevention, including the monitoring of strong aftershocks and so on.

Discussions and Concluding Remarks explores scientifically the experience, academic ideas, lessons, problems and revelations that are characteristic in technology and practical work.

References and Information lists all references and data catalogues which have been studied during the case study and report compilation. References that are related with the earthquake but not quoted by the author (s) are listed as many as possible. The origins of published and unpublished data, figures and results, which are directly quoted in the reports, were given also.

Some strong earthquakes that have been studied in published monographs are also compiled with earthquake case reports, with necessary data supplemented. However, the published figures of anomalies are usually deleted and illustrations are simplified.

Each of the earthquake case reports contained in this book is the manifestation of the achievement gained by the predecessors and authors in sorting out and studying the earthquake case. They are the fruit of a systematic and standardized scientific research on earthquake cases with emphasis on precursor anomalies. The Editorial Board of Earthquake Cases in China has been worked under the guide line that this book will provide readers for their use, reference and future research with basic data of each earthquake obtained through scientific sorting out and analyses. Therefore, all reports are designed to have abundant information and clearly indicate the current research level. The literal illustrations are as simple as possible without lengthy descriptions and discussions, so available figures and tables are given for comparison. Each report is compiled and written to the highest possible quality and scientific soundness. However, owing to differences in data and research extent and the actual situations, the length and format for all reports are not exactly the same.

The earthquake precursor observations and forecast or prediction practices in Chinese mainland have shown that the preparation and occurrence of an earthquake is a rather complicated process influenced by many factors and accompanied by various anomalous phenomena. We call the anomalies appeared before an earthquake that are closely linked with the process of the preparation and occurrence of the earthquake and distinct from the normal background of variations as earthquake precursor anomalies, or as precursor anomalies in general sense. The earthquake precursory anomalies included in the book are examined to be relevant phenomena associated possibly with the process of earthquake preparation and occurrence. Among them there may be anomalies caused by intensification of regional tectonic stress field (referred to as "tectonic precursor anomalies") and the information from a single earthquake focus (called as "focal precursor anomalies"). They have different precursory implications, undoubtedly with possible and rich precursory information. Therefore the earthquake case reports are the valuable accumulations for studies on earthquake precursors and forecast or prediction. They provide not only basic data for further investigations, but also contribute references for future assessment of the development of earthquake activity.

However, it should be noted that those earthquake case reports have been compiled through several years of collection, analysis and exploration, and summarizing of the data after the earthquakes, and there is still a long and arduous way from the post-earthquake summarization to scientific earthquake prediction or forecast. It also should be pointed out that besides following the 《Specification for earthquake case summarization》 strictly, some new demands have been proposed for this volume:

1. Emphasizing the historical and dossier properties of the earthquake cases. Following the systemic study on the seismogeological and precursory anomalies, a scientific and real description on evidences and conclusions are needed, especially for decision-making process before the mainshock. The original proofs for earthquake forecast or judgment of aftershock tendency are asked to provide.

2. Emphasizing the scientific properties of the earthquake cases. In "**Analyses of Features of Precursory Anomalies**", besides something mentioned above, the authors also have been asked to comment on the successful or unsuccessful earthquake prediction, on the side of present scientific point of view. The analysis on reasons of successful or unsuccessful earthquake prediction are the key points of this part.

3. For projecting the earthquake forecast or prediction, which is the emphases of the 《Earthquake Case in China》, as well as to ensure the reliability of the book, two parts mentioned above,

"**Distribution of Seismic Intensity and Damages**" and "**Measures of Emergency Response and Earthquake Prevention**", should be simplified felicitously. It is feasible that the correlative data could be quoted directly and references be listed.

The research reports of earthquake cases collected in this book were prepared by Earthquake Administrations of the provinces, autonomous regions and metropolitan cities according to the principle of the earthquake location. All efforts were made to ensure that the reports reflect the achievement of researches obtained by the predecessors or in related researches and particularly the achievement of researches on precursors to earthquakes. However, due to personnel changes and limited data accessibility, there might be inappropriate omissions or improper processing of individual anomalies and data.

For every report there had to be a manuscript, a revised manuscript (revised once or several times) and the manuscript had to be examined and accepted by the institution that participated the project. Under the prerequisite that "the author is responsible for his own report or paper" the editorial board made some appropriate editing of the format and the results of analyses without violation of the principles. Though great efforts were made by the editorial board, there might still be some improper aspects in the book due to our limited scientific knowledge and work conditions. Therefore, any comments and corrections are greatly appreciated.

The Editorial Board

September 2021, Beijing

地震前兆异常项目名称一览表

学　　科	异　常　项　目　名　称
地震学	地震条带，地震空区（段），空区参数 σ_H，地震活动分布（时间、空间、强度），前兆震群，震群活动，有震面积数 A 值，地震活动性指标（综合指标 A 值，地震活动熵 Q^t、Q^N、Q^Σ，地震活动度 γ、S（模糊地震活动度 Sy）），地震强度因子 M_f 值，震级容量维 D_0 值，地震节律，应变释放，能量释放，地震频度，b 值，h 值，地震窗，缺震，诱发前震，前震活动，震情指数 $A(b)$ 值，地震空间集中度 C 值，η 值，D 值；地震时间间隔，小震综合断层面解，P 波初动符号矛盾比，地震应力降 τ，环境应力值 τ_0，介质因子 Q 值，波速，波速比，S 波偏振，地震尾波（持续时间比 τ_H/τ_V、衰减系数 a、衰减速率 p），振幅比，地脉动，地震波形；断层面总面积 $\Sigma(t)$，小震调制比，地震非均匀度 GL 值，算法复杂性 $C(n)$、AC
地形变	定点水准（短水准），流动水准；定点基线（短基线），流动基线；测距；地倾斜；断层蠕变；GPS
应力-应变	钻孔应变（体积应变，分量应变），压容应变，电感应力，伸缩应变
重　　力	定点重力，流动重力
地　　电	视（地）电阻率 ρ_s；自然电位 V_{SP}；地电场
地　　磁	Z 变化，幅差，日变低点位移，日变畸变；总场（总强度），流动地磁；磁偏角；感应磁效应（地磁转换函数）；电磁扰动（电磁波）
地下流体	氡(水、气、土)，总硬度，水电导，气体总量，pH 值，CO_2、H_2、痕量 H_2、He、N_2、O_2、Ar、H_2S、CH_4、Hg（水、气）、SiO_2、Ca^{2+}、Mg^{2+}、SO_4^{2-}、HCO_3^-、Cl^-、F^- 含量；地下水位，井水位；水（泉）流量，水温
气　　象	气温，气压；干旱，旱涝
其他微观动态	油气井动态；地温；长波辐射（OLR）
宏观动态	宏观现象
综　　合	前兆信息熵（H）；异常项数

The List of Earthquake Precursory Items

Subject	Precursory items
seismology	seismic band, seismic gap (segment), parameter of seismic gap σ_H, earthquake distribution (temporal, spatial, magnitude), precursory earthquake swarm, earthquake swarm activity, number of areas of earthquake occurrence (A value), index of seismic activity (comprehensive index A, seismic entropy Q^t, Q^N and Q^Σ, degree of seismic activity γ and S, fuzzy degree of seismic activity $S\gamma$), seismic intensity factor M_f value, fractal dimension of magnitude capacity D_0, earthquake rhythm, strain release, energy release, earthquake frequency, b value, h value, seismic window, earthquake deficiency, induced foreshock, foreshock activity, exponential of eathquake situation ($A(b)$ value), degree of seismic concentration C value, η value, D value of seismicity; time interval between earthquakes, composite fault plane solution of small earthquakes, sign-contradiction ratio of P-wave first motions, co-seismic stress drop τ, ambient stress τ_0, quality factor (Q value), wave velocity, wave velocity ratio, S-wave polarization, seismic coda wave (sustained time ratio τ_H/τ_V, attenuation coefficient a, attenuation rate p), amplitude ratio, microtremor, seismic waveform; total area of fault plane ($\Sigma(t)$), regulatory ratio of small earthquakes, degree of seismic inhomogeneity (GL value), Algorithmic Complexity ($C(n)$, AC)
deformation	fixed leveling (leveling of short route), mobile leveling; fixed baseline (short baseline), mobile baseline; ranging; tilt; fault creep; GPS
strain stress	borehole strain (volumetric strain, 4-components strain), piezo-capacity strain, electric induction stress, extensor strain
gravity	fixed-point gravity, roving gravity
geoelectricity	apparent resistivity (ρ_s); spontaneous potential (V_{SP}); geoelectric field
geomagnetism	Z variation of geomagnetism, amplitude difference of geomagnetism, low-point drift of daily variation of geomagnetism, distortion of daily variation of geomagnetism; total intensity of geomagnetism, roving geomagnetism; magnetic declination; induced magnetic effects (geomagnetic transfer functions); electromagnetic disturbance (electromagnetic wave radiation)

continued

Subject	Precursory items
ground water	radon content in (groundwater, air, soil), total water hardness, water conductivity, total amount of gas in groundwater, pH value; CO_2, H_2, Trace hydrogen, He, N_2, O_2, Ar, H_2S, CH_4, Hg (groundwater, air), SiO_2, Ca^{2+}, Mg^{2+}, SO_4^{2-}, HCO_3^-, Cl^- and F^- content in groundwater; ground water level, well water level, (spring) water-flow quantity, water temperature
meteorology	atmospheric temperature, atmospheric pressure; drought, waterlogging
other microscopic variation	variation of oil well; ground temperature; outgoing longwave radiation (OLR)
macroscopic variation	macroscopic phenomena
comprehensive	precursor information entropy (H); anomalous item number

图件中的常用图例

Legend

- 微观震中 instrumental epicenter
- 宏观震中 macroscopic epicenter
- 地震台站（不分观测项目时使用） earthquake-monitoring station
- 测震台 seismic station
- 初动向上 first motion（up）
- 初动向下 first motion（down）
- (L) 水　准 leveling
- (∠) 基　线 baseline
- (D) 断层蠕变 fault creep
- (T) 地倾斜 tilt
- (E) 地　电 geoelectricity
- (ρ_s) 视（地）电阻率 apparent resistivity
- (V_{SP}) 大地电场（自然电位） spontaneous potential
- (M) 地　磁 geomagnetism
- (Mz) 垂直磁场强度 vertical magnetic intensity
- (M_D) 磁偏角 magnetic declination
- (G) 重　力 gravity
- (Rn) 具体标示的地球化学项目（圆内符号用相应化学组分符号标示） marked geochemical item
- (Ch) 不做具体标示的或一个以上的地球化学项目 unmarked geochemical items
- (W_E) 水电导度 conductivity of groundwater
- (W_Q) 水流量 water-flow quantity
- (W) 水　位 water level
- (σ) 应力应变 stress strain
- 验潮站 tidal gauge station
- 电磁扰动（电磁波） electromagnetic disturbance
- (Wc) 水　温 water temperature
- (Gc) 地　温 ground temperature

目　　录

Contents

2016 年 1 月 14 日新疆维吾尔自治区轮台 5.3 级地震

新疆维吾尔自治区地震局

魏芸芸　高丽娟　聂晓红　赵彬彬　向　元

摘　要

2016 年 1 月 14 日，新疆维吾尔自治区轮台县发生 5.3 级地震。根据中国地震台网中心测定，微观震中为 42.18°N、84.12°E，根据地震现场考察结果，宏观震中位于轮台县东北 27km（41.98°N，84.42°E），极震区烈度为Ⅵ度，长轴走向为近 EW 向，受灾地区涉及轮台县的阳霞镇和铁热克巴扎乡。该地震未造成人员伤亡，仅部分房屋及设施受到破坏，直接经济损失 5086.23 万元。

此次地震序列为主震—余震型，余震序列衰减较快，73.7%的余震发生在震后 8 天内，余震空间分布呈近 EW 向。此次地震的震源机制为逆冲型，节面Ⅰ走向 321°、倾角 27°、滑动角 118°；节面Ⅱ走向 110°、倾角 66°、滑动角 77°，主压应力 P 轴方位 210°、仰角 20°。结合余震分布和烈度等震线走向，推测节面Ⅰ为主破裂面，与依奇克里克逆断裂走向一致，综合分析认为，轮台 5.3 级地震的发震构造可能为依奇克里克断裂。

震中 200km 范围内共有地震台站 14 个，其中测震观测台站 5 个，其他定点地球物理观测台站 9 个。震前共出现 7 个测震学异常，包括地震条带、地震围空、地震平静、地震增强和应力降等，其中中期异常 5 个，短期异常 1 个，临震异常 1 个；3 个定点地球物理观测异常，包括地倾斜、断层蠕变，其中中期异常 2 个，短期异常 1 个；1 个流动重力中期异常；此外，200km 范围外有 1 个宏观异常，为短期异常。定点地球物理观测异常台项比例 13.6%。前兆异常特征主要表现为异常数量较多，异常幅度不大，震后大多数异常恢复正常状态。

2016 年度新疆地震局趋势研究报告中提出“新源—轮台—拜城地区存在发生 6 级左右地震的危险”，轮台 5.3 级地震就发生该地震危险区内，除了预测震级偏高以外，时间和地点预测基本准确。2015 年 12 月天山中段 3 级地震增强显著，同时配套有地倾斜短期异常，结合其他前期异常，天山中段危险区跟踪组填报了短期预报卡，三要素预测皆准确，做出了较好的短临预测。此外，震前 1 个月会商提出了“未来 1 个月及稍长时间新疆地区存在发生中强地震的可能，危险区域为天山中段和南天山西段”的短期预测意见。震后新疆地震局立即与中国地震台网中心召开了联席视频会商会，紧接着新疆地震局召开了多次临时震情研判会，分析研判了5.3级地震震后趋势和新疆未来地震形势，对此次地震序列类型做出了准确的判断。地震发生后，新疆地震局会同库尔勒地震台、阿克苏地区地震局、库车县地震局和阿克苏中心地震台组成联合现场工作队，迅速成立了现场指挥部，开展震后应急、现场灾害调查和损失评估、震后趋势分析等相关工作。

此次震例总结针对地震构造、影响场及震害、地震序列时空特征、震前异常等进行了分析，但由于震中周围测震台站数量较少（100km 内仅有 1 个台，100～200km 有 4 个台），余震序列定位精度不高，很多相关工作无法开展。

前　　言

2016 年 1 月 14 日 5 时 18 分，新疆维吾尔自治区巴音郭楞蒙古自治州轮台县发生 5.3 级地震（以下简称轮台 5.3 级地震）。中国地震台网中心测定的微观震中为 42.18°N、84.12°E。根据现场考察结果，此次地震宏观震中为 41.98°N、84.42°E，轮台县、库尔勒市、库车县、新和县、兵团第二师铁门关市等地明显有感。震中区烈度Ⅵ度，地震未造成人员伤亡，直接经济损失 5086.23 万元，属于一般地震灾害[1)]。

此次地震发生在库车山前坳陷的东部，坳陷内地质构造较复杂，发育有四排近 EW 向的逆断裂—褶皱带，属典型的山前逆冲推覆构造。2011 年以来天山中段中强以上地震活跃，共计发生了 11 次 5 级以上地震，其中包括 2 次 6 级地震，中强以上地震在时间上呈现“活跃—平静”的特征，2013 年 8 月 30 日乌鲁木齐 5.0 级地震后天山中段 5 级地震平静近 18 个月，2015 年 2 月 20 日沙湾 5.0 级地震打破了该平静，之后天山中段中强地震再次活跃；在空间上中强地震多发生在北天山地震带，南天山东段阿克苏—库尔勒地区仅发生了 2012 年 6 月 15 日轮台 5.4 级地震，轮台 5.3 级地震发生在震区相对平静、大构造区域地震活动活跃的背景下。

在 2016 年度地震趋势研判报告中，新疆地震局明确提出了“天山中段新源—轮台—拜城存在发生 6 级左右地震的危险”的研判意见，轮台 5.3 级地震发生在该危险区内部。2015 年 7 月 3 日皮山 6.5 级地震后，新疆地震活动水平不高，新疆地震局对危险区及其周围各类异常加强了跟踪分析，密切监视地震活动和地球物理观测异常变化。震前一个月（即 2015 年 12 月），月会商意见提出“未来一个月及稍长时间新疆地区存在发生中强地震的可能，危险区域为天山中段和南天山西段”，做出了一定程度的短临预测。震前 1 周，新疆地震局天山中段危险区跟踪组基于短期震情出现明显的变化，填报了短期预测卡，对该地震三要素做出了准确预测（附件二）。震后新疆地震局对序列类型做出了准确的判断[2)]。

地震发生后，新疆地震局立即启动破坏性地震应急预案，及时了解灾情，召开多次会商会研判震情，开展地震震害损失评估、地质考察、震情监测等工作。

此次地震震中周围 100km 范围内台站分布较少，余震定位精度较弱，开展数字地震学资料研究较为困难，因此与此次地震有关的文献较少，本报告中给出的结果和认识更多代表了作者的观点。

一、测震台网及地震基本参数

图1给出轮台5.3级地震附近的测震台站分布情况。震中100km范围内仅有轮台1个测震台，即轮台地震台，震中距20km；100~200km范围有库车、新源、库尔勒和莫托萨拉4个测震台。在研究时段内该区地震监测能力可达到$M_S \geq 1.0$级[1]，定位精度达Ⅰ类。

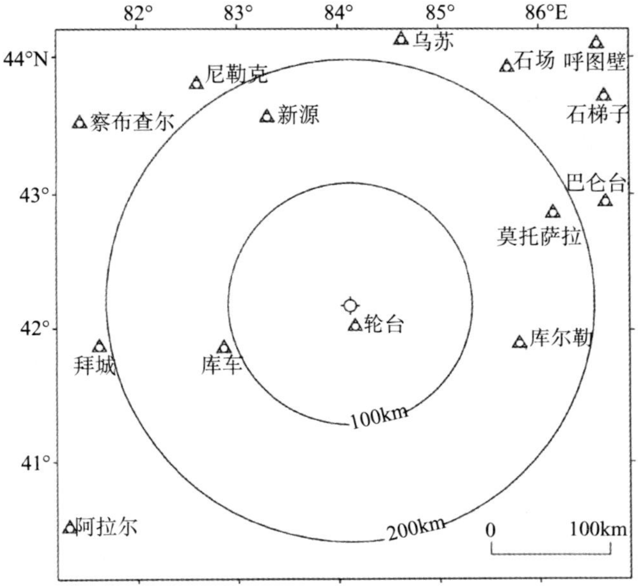

图1 轮台5.3级地震震中附近测震台站分布图

Fig. 1 Distribution of earthquake-monitoring stations around the epicenters of the M_S5.3 Luntai earthquake

表1列出不同地震机构给出的轮台5.3级地震的基本参数。此次地震基本参数采用中国地震台网中心正式目录给出的结果。

表1 轮台5.3级地震基本参数

Table 1 Basic parameters of the M_S5.3 Luntai earthquake

编号	发震日期	发震时刻	震中位置（°）		震级		震源深度（km）	震中地名	结果来源
	年.月.日	时：分：秒	φ_N	λ_E	M_S	M_W			
1	2016.01.14	05：18：14.0	42.18	84.120	5.3		7.0	轮台	CENC正式目录
2	2016.01.14	05：18：14.0	42.19	84.120	5.3		5.0	轮台	CENC速报目录
3	2016.01.14	05：18：13.0	42.12	84.170	5.2		7.0	轮台	新疆地震台网
4	2016.01.14	05：18：14.0	42.121	84.274		5.1	10.0	轮台	USGS
5	2016.01.14	05：18：16.3	42.11	84.110	5.1	5.1	22.5	轮台	HVR

二、地震地质背景

此次轮台5.3级地震灾区位于天山南麓、塔里木盆地北缘、巴音郭楞蒙古自治州西部。该区域主要由北部中低山区，中部山前冲积、洪积倾斜平原区及南部塔里木河冲积、洪积平原区三个地貌单元组成，地势总体为由北向东南倾斜。张仲培[2]利用断层滑动数据反演得到古应力张量结果，表明克拉苏—依奇克里克构造缩短方向主要集中在NNW—SSE方向，与区域构造挤压方向一致。在1°×1°布格重力异常图上，库车坳陷布格重力异常为$-200\times10^{-5}m/s^2$[3]。杨少敏等[4]利用1992~2006年GPS资料，计算库车坳陷山前滑脱断层运动速率，由东向西变化量估计在3~9mm/a，NS向的地壳缩短速率为5~7mm/a。东段北轮台断层的滑动速率大致2mm/a，而西段秋里塔格断裂的长期速率为1~4mm/a。

库车坳陷位于塔里木盆地北缘南天山造山带与塔北隆起之间，是一个中、新生代发育起来的前陆盆地，属典型的山前逆冲推覆构造。它西起温宿，东至库尔楚，长约450km，南界在轮台—库车—阿克苏公路一线，南北宽约20~60km，面积约$16000km^2$[5]。它从北向南大体上划分为北部边缘冲断—隐伏构造楔、斯的克背斜带、北部线性背斜带、拜城背驮凹陷和秋里塔格前缘带等5个次一级构造单元。北部线性背斜带分东（依奇克里克）、中（克拉苏）、西（吐孜玛扎）三段。其中段由南、北两个背斜带组成。坎亚肯背斜位于中段的北部背斜带的东部，向西与巴什基奇克背斜和库车姆格列木背斜呈EW向排列。克拉苏—依奇克里克构造带指的就是北部线性背斜带，它是坳陷内变形最复杂且油气最丰富的构造带之一[6~8]。

地震发生在库车坳陷内北部线性背斜带—依奇克里克逆断裂的附近，该构造带全长约55km，由西向东走向呈现出NEE向NW的转折，总体走向近EW，倾向N，核部由中生代地层组成，两翼为新生代，背斜南缘发育有同名逆断裂，该断裂晚第四纪以来有明显活动，曾多次发生破坏性地震1)，最近一次5级地震为2012年6月15日轮台5.4级地震。

1900年以来库车坳陷地区发生5级以上地震39次，其中5~6级地震33次，6~7级地震4次，7级以上地震2次，2次7级以上地震分别为1906年3月2日库车7.3级和1949年2月24日库车7.3级地震，其中1949年库车7.3级地震距离轮台5.3级地震仅24km。时间上最近的地震为2012年6月15日轮台5.4级地震，距离为9km；距离最近的是1949年3月6日轮台5.0级地震，距离为2km。

此次地震震中位于库车坳陷东段依奇克里克断裂（图2）。主震断错类型为逆冲型（图7，表4），与依奇克里克断裂性质基本一致。余震总体呈近EW向展布（图5）。由此认为，依奇克里克断裂是轮台地震的发震构造。

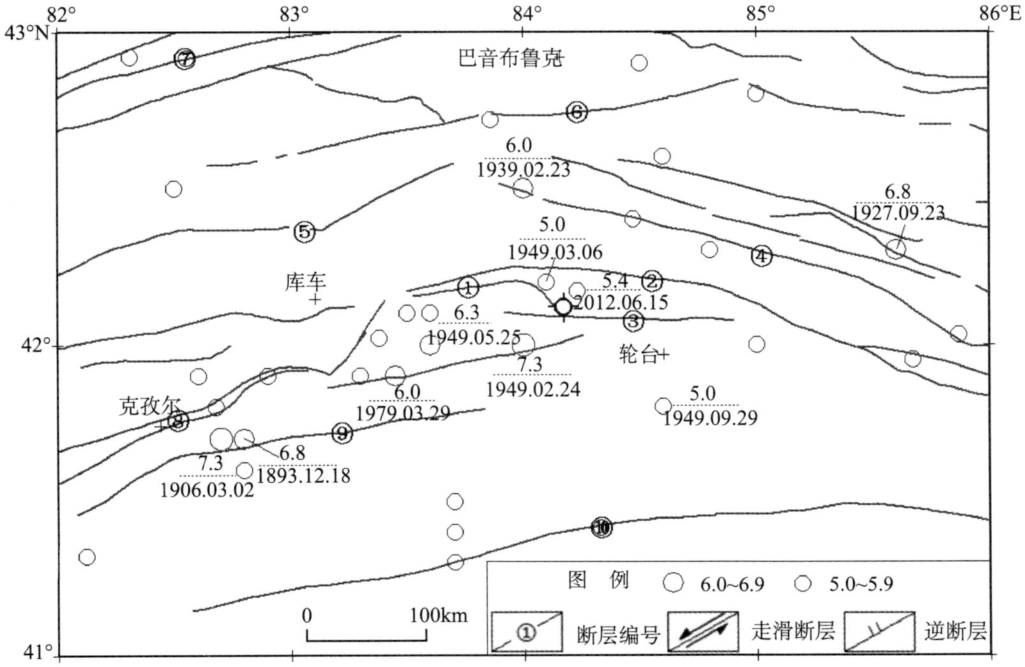

图2 轮台5.3级地震附近地震构造与历史地震

Fig. 2 Major faults and historical earthquakes around the M_S5.3 Luntai earthquake

主要断层名称：①依奇克里克断裂；②北轮台断裂；③土尸洛克断裂；④霍拉山断裂；⑤哈尔克山断裂；⑥萨阿尔明断裂；⑦那拉提断裂；⑧克孜尔断裂；⑨牙哈隐伏断裂；⑩尉犁断裂

三、地震影响场和震害

1. 地震影响场

此次地震的有感区域包括轮台、库车、新和、兵团第二师、铁门关县（市）等地，其中轮台县震感强烈。依据现场调查结果，地震并未造成大面积的房屋破坏，仅造成老旧土木结构房屋破坏。地震最大影响烈度为Ⅵ度1)。震区调查点分布见图3。

据国家强震动台网中心给出的观测结果1)，共有12个强震台记录到了该地震，震中距在30~268km，台站分布见图3，强震加速度记录分析结果见表2。按《中国地震烈度表》(GB/T 17742—1999)，阳霞和塔尔拉克台达到了Ⅵ度标准；轮台和二八台达到Ⅴ度，其他8个台在Ⅴ度以下。

根据现场烈度调查结果与强震动记录结果，综合评定该地震宏观震中位于轮台县东北27km，41.98°N、84.42°E。Ⅵ度区西自轮台县塔尔拉克乡，东至轮台县铁热克巴扎乡，长半轴21.5km，短半轴8km，面积584km^2。Ⅴ度区西自库车县牙哈镇，东至轮台县策达雅乡，长半轴50km，短半轴30km，面积4137km^2，等震线长轴近EW向。

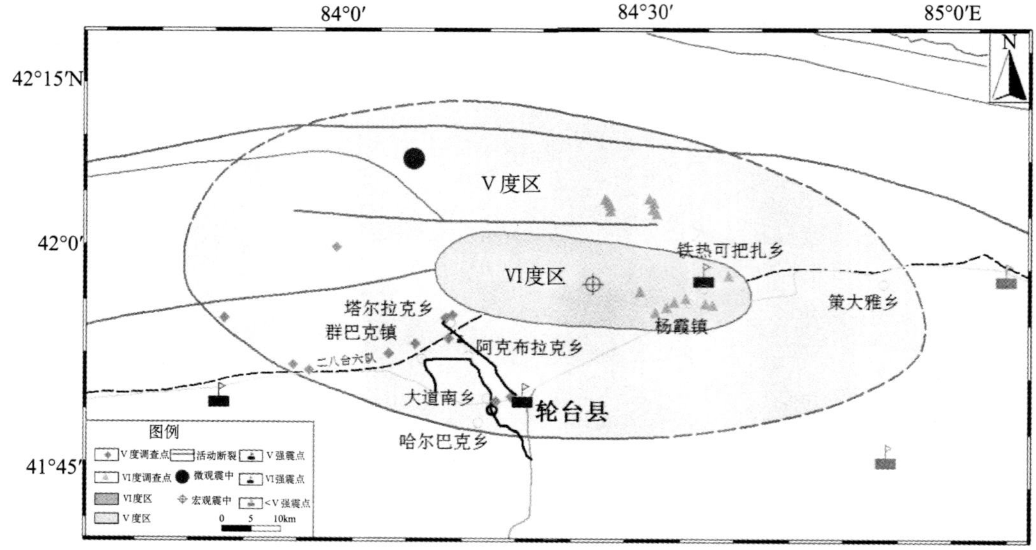

图 3　轮台 5.3 级地震烈度等震线

Fig. 3　Isoseimal map of the M_S5.3 Luntai earthquake

表 2　轮台 5.3 级地震强震加速度记录[1)]

Table 2　Seismic acceleration records of the M_S5.3 Luntai earthquake

序号	台站名称	台站位置（°）		震中距（km）	PGA/Gal			仪器烈度
		λ_E	φ_N		EW	NS	UD	
1	塔尔拉克	84.2	41.9	30.9	38.8	84.5	-36.6	6.0
2	阳霞	84.6	42.0	46.0	-67.3	-101.0	28.2	5.8
3	二八台	83.8	41.8	48.0	-80.0	-52.4	33.4	5.2
4	轮台	84.3	41.8	48.4	27.4	-42.7	-24.0	5.0
5	野云沟	85.1	42.0	81.0	22.8	-24.1	13.5	3.9
6	策大雅	84.9	41.7	87.6	25.9	21.1	13.1	3.9
7	牙哈	83.2	41.7	89.1	7.3	-15.8	4.6	3.1
8	阿格	83.0	42.0	93.6	-5.1	6.9	3.6	2.0
9	新和	82.6	41.6	144.0	-9.5	10.7	-7.5	3.0
10	克孜尔	82.4	41.8	145.7	-5.7	-5.5	2.7	1.9
11	塔什店	86.3	41.8	181.5	-10.5	11.0	4.2	3.1
12	雀儿沟	86.5	43.9	267.5	-4.9	-6.1	2.0	2.7

2. 地震灾害

灾区房屋结构类型主要可分为土木结构、砖木结构、砖混结构。烈度Ⅵ度区主要涉及轮台县的阳霞镇和铁热克巴扎乡，房屋产生局部倒塌和严重破坏，受损比例为 5.7%。Ⅴ度区主要涉及轮台县的塔尔拉克乡和库车县的二八台农场等，均为墙体开裂，无倒塌房屋，受损比例占 5.9%。2 个烈度区内产生震害的多为老旧土木结构房屋，约占灾区房屋总面积的 6%，砖木结构和砖混结构房屋破坏较少[1)]。

此次地震的灾害特点：①灾区范围涉及巴音郭楞蒙古族自治州轮台县和阿克苏地区库车县，包括轮台县 3 镇 7 乡 1 场和库车县二八台农场。震中烈度为Ⅵ度，主要涉及轮台县阳霞镇和铁热克巴扎乡。灾区人口密度较小，地震未造成人员伤亡；灾区房屋整体抗灾能力较强，仅造成部分老旧居住房屋和个别公用房屋破坏，损失和影响范围不大。②安居富民工程兴建的房屋具有良好的结构抗震措施和合理的基础防护措施，抵御了此次地震的影响，灾区安居房普及率已达到 70%。③灾区地处南天山山前绿洲区，属洪积扇前缘潜水溢出带，地下水位较高，地基土层松软，多次震害表明该类场地对地震波有显著的放大作用，易加重建筑物震害。

按《地震现场工作　第四部分：灾害直接损失评估》（GB/T 18208.4—2011）对受灾地区进行了灾害调查和损失评估。此次地震受灾人口约 4800 人，未造成人员伤亡，地震直接经济损失 5086.23 万元，属于一般地震灾害。

四、地 震 序 列

震后 3 个月，新疆区域地震台网共定位轮台 5.3 级地震余震 56 次，其中 M_L4.0~4.9 地震 1 次；M_L3.0~3.9 地震 7 次；M_L2.0~2.9 地震 18 次；M_L1.0~1.9 地震 30 次。表 3 给出了新疆地震台网定位的 $M_L \geqslant 3.0$ 级地震序列目录，最大余震发生在主震后 6 天，为 1 月 20 日 M_L4.5（M_S4.0）地震，与主震震级相差 1.3 级，主震能量占总序列的 98.57%，由此判断该地震序列类型为主震—余震型。

表 3　轮台 5.3 级地震序列目录（$M_L \geqslant 3.0$）

Table 3　Catalogue of the M_S5.3 Luntai earthquake sequence（$M_L \geqslant 3.0$）

编号	发震日期	发震时刻	震中位置（°）		震级	深度	震中地名	结果来源
	年.月.日	时：分：秒	φ_N	λ_E	M_L	(km)		
1	2016.01.14	05：18：13	42.12	84.17	5.6（M_S5.3）	7	轮台	新疆地震台网
2	2016.01.14	05：30：59	42.17	84.20	3.3	6	轮台	
3	2016.01.14	11：36：27	42.18	84.27	3.2	5	轮台	
4	2016.01.15	03：31：45	42.13	84.25	3.3	8	轮台	
5	2016.01.15	21：05：25	42.10	84.23	3.6	7	轮台	
6	2016.01.20	19：08：05	42.12	84.18	4.5（M_S4.0）	6	轮台	

续表

编号	发震日期	发震时刻	震中位置（°）		震级	深度	震中地名	结果来源
	年．月．日	时：分：秒	φ_N	λ_E	M_L	（km）		
7	2016.01.21	19：04：09	42.18	84.20	3.0	5	轮台	
8	2016.02.07	01：06：58	42.03	84.47	3.1	6	轮台	
9	2016.02.28	08：07：55	42.07	84.45	3.3	7	轮台	

图4为2016年1月14日至4月30日新疆地震台网定位结果绘制的该地震序列 $M_L \geqslant 1.0$ 级地震震中分布图。由该图可以看出，轮台5.3级地震余震分布比较集中，主要分布在主震东侧10km范围内，总体呈近EW向展布，与发震构造依奇克里克断裂基本一致。1月19日以前，余震分布主要集中在震源区10km范围内；之后，余震展布向东部外围扩散。

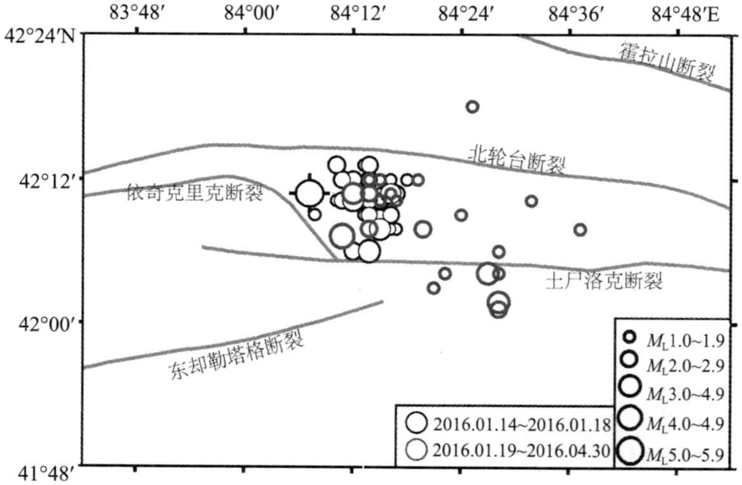

图4　轮台5.3级地震序列震中分布图

Fig. 4　Epicenter distribution of the M_S5.3 Luntai earthquake sequence

从M-T图和N-T图（图5）可以看出，余震主要发生在震后1周，3级以上余震发生了8次，序列主要为 M_L1~2地震为主。从日频度图可以看出，震后20天内衰减迅速，基本衰减至该地区正常活动水平，频度衰减较快。

根据新疆地震台网记录情况，该序列较完整的起始震级下限为 M_L1.2（图6a），由震级-频度关系计算可知，序列 b 值为0.46（图6b），与该地区历史背景 b 值（b=0.60）相比偏小，由于余震频次较少，计算结果仅做参考；h 值为1.5（图6c）。最大余震与主震震级相差1.3级，结合上述参数结果和震级差，判定轮台5.3级地震序列为主震—余震型。

在震后首次会商时，新疆地震局根据1970年以来震区100km范围内5级以上地震序列类型特征，初步判定，此次地震为主震—余震型地震的可能性较大[2)]。该判定结果与实际地震序列类型一致。

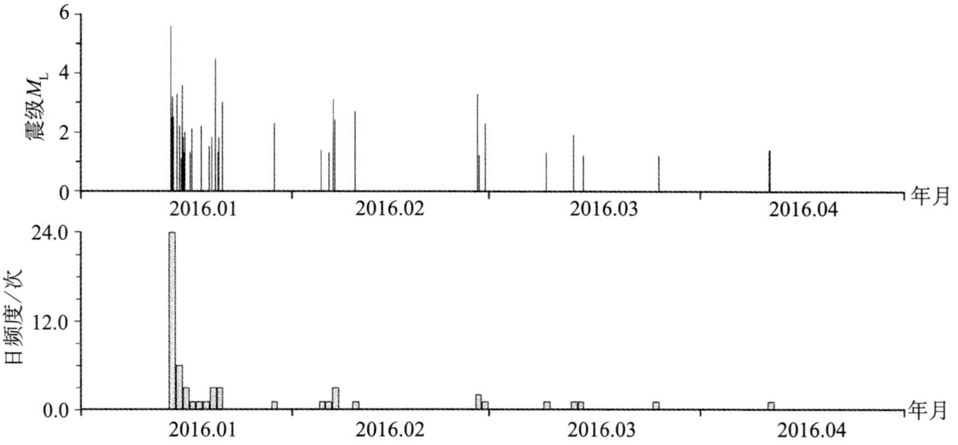

图 5　轮台 5.3 级地震序列 M-T 图和日频度 N-T 图

Fig. 5　M-T and N-T plot of the M_S5.3 Luntai earthquake sequence

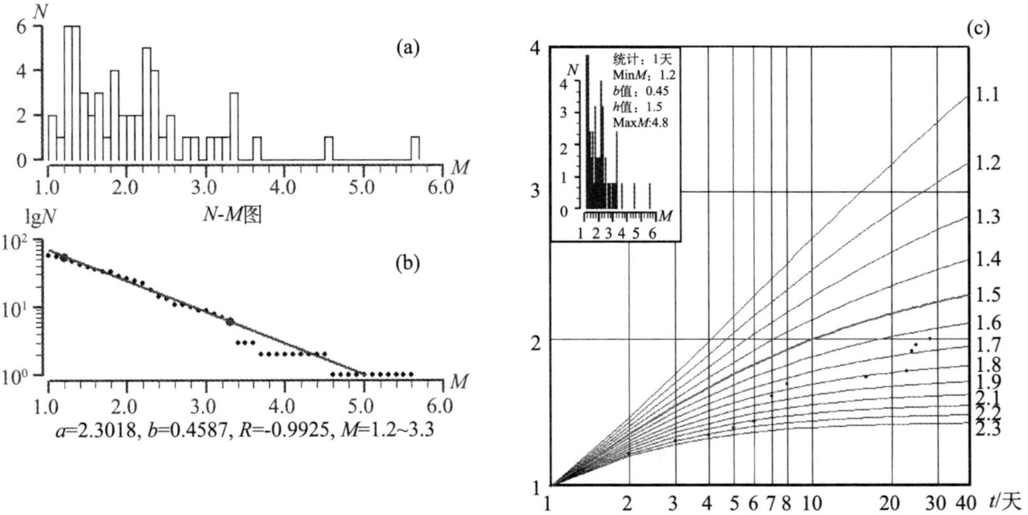

图 6　轮台 5.3 级地震序列参数

Fig. 6　The M_S5.3 Luntai earthquake sequence parameters

（a）震级-频度关系（N）；（b）震级-频度关系（lg$N$）；（c）序列 h 值

五、震源参数和地震破裂面

表 4 和图 7 列出了不同机构给出的该地震震源机制解，均为逆冲型，与发震断层断错性质一致。根据震中周围 300km 范围内的新疆地震台网波形资料，李金利用 CAP 方法反演了此次 5.3 级地震的震源机制解。结果显示（表 4，图 7），该地震为逆冲型地震，断层节面

Ⅰ：走向 321°/倾角 27°/滑动角 118°；节面Ⅱ：走向 110°/倾角 66°/滑动角 77°。P 轴方位角 210°，仰角 20°；T 轴方位角 356°，仰角 66°。该结果与国内、外其他研究机构和个人给出的震源机制解较为接近（表 4）。

此次地震的余震展布方向为近 EW 向（图 7），余震主要分布在主震东北长宽均为 15km 的区域，与震源机制解节面Ⅰ的走向一致；且余震展布具有明显的 N 倾特征，与断层面倾向北的依奇克里克逆冲断裂在该地区的走向基本一致，依奇克里克断裂总体走向近 EW，为逆冲型断裂，断层面倾向 N。结合余震分布情况和地震烈度等震线特征，综合分析认为，此次地震的主破裂面为节面Ⅰ。由于该地震震级较小，没有破裂过程相关研究成果，本文不做研究。

表 4　轮台 5.3 级地震震源机制解

Table 4　Focal mechanism solutions of the M_S5.3 Luntai earthquake

编号	节面Ⅰ（°）			节面Ⅱ（°）			P 轴（°）		T 轴（°）		N 轴（°）		结果来源
	走向	倾角	滑动角	走向	倾角	滑动角	方位	倾角	方位	倾角	方位	倾角	
1	321	27	118	110	66	77	210	20	356	66	116	12	新疆地震局（CAP）
2	272	23	78	105	68	95	191	22	24	67	283	5	中国地震局地球物理所
3	273	28	85	99	62	93	187	17	15	72	278	2	GCMT

表 5　轮台 5.3 级地震矩张量解

Table 5　Moment tensor solutions of the M_S5.3 Luntai earthquake

节面Ⅰ（°）			节面Ⅱ（°）			矩张量/（$\times10^{23}$ N·m）						地震矩 M_0（N·m）	矩震级 M_W	结果来源
走向	倾角	滑动角	走向	倾角	滑动角	M_{xx}	M_{yy}	M_{zz}	M_{xy}	M_{yz}	M_{zx}			
260	31	63	111	62	106	4.260	-4.840	0.572	2.600	-1.620	0.585	5.23×10^{23}	5.1	GCMT

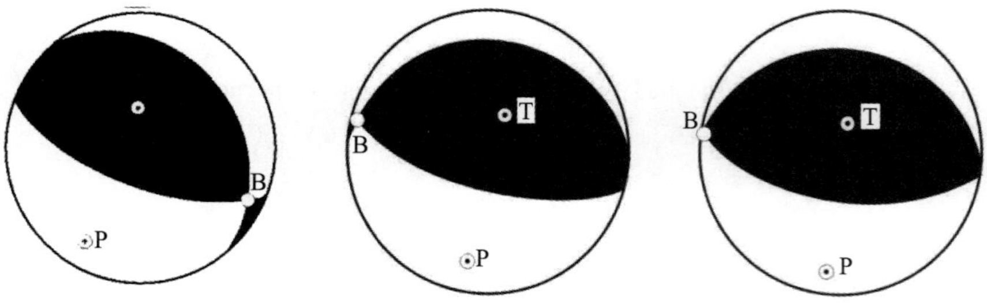

(a)　　(b)　　(c)

图 7　轮台 5.3 级地震震源机制解

Fig. 7　Focal mechanism solutions of the M_S5.3 Luntai earthquake

（a）新疆地震局；（b）中国地震局地球物理所；（c）GCMT

六、地震前兆观测台网及前兆异常

1. 地震前兆观测台网

震中附近定点前兆观测台站及观测项目分布见图 8。震中 200km 范围有 9 个定点地球物理观测台站，包括地倾斜、应变、断层蠕变、水位、水温、氢气、气氡 7 个观测项目，共 22 个观测台项。震中 0~100km 范围有库车、轮台和巴音布鲁克 3 个定点前兆台，有 3 个观测台项，都是地倾斜观测项目；100~200km 范围有 6 个前兆台，有地倾斜、应变、断层蠕变、水位、水温、氢气、气氡 7 个观测项目共 19 个观测台项。

此次地震前 200km 范围共出现 11 条异常（表 6），此外距离地震 223km 的艾其沟泥火山宏观测点出现 1 条异常。表 6 列出了 250km 范围内的 12 条异常。多数异常项均为震前提出，震后反思总结的有应力降和库车钻孔倾斜。

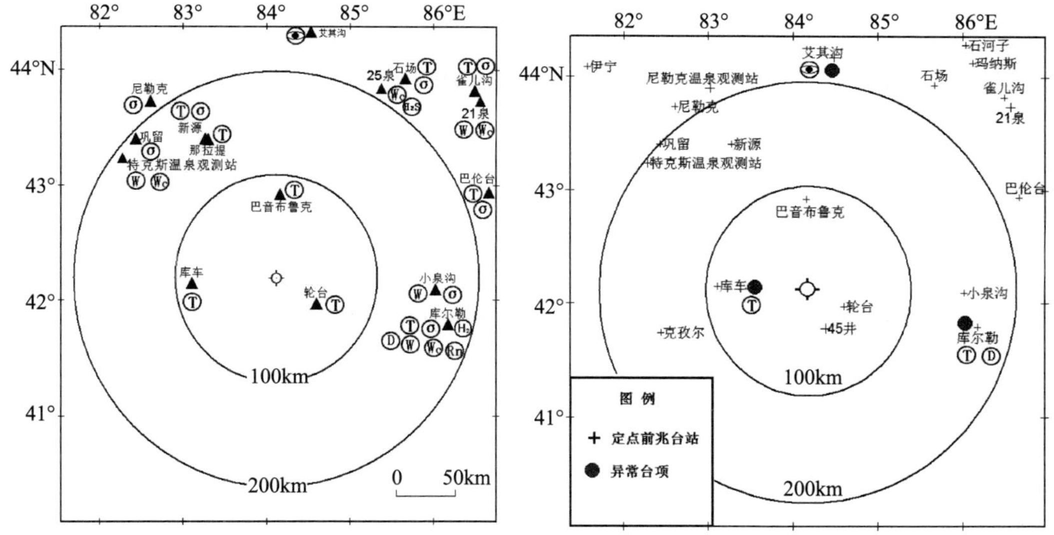

图 8　轮台 5.3 级地震附近定点前兆台站和异常分布图

Fig. 8　Distribution of precursory-monitoring stations and abnormal around the M_S5.3 Luntai earthquake

新疆流动前兆观测网由流动重力、GPS 和地磁 3 个子网组成。震中附近区域（λ_E80°~88°；φ_N41°~46°）共有流动重力观测点 88 个、流动 GPS 观测点 20 个以及流动地磁观测点 37 个（图 9）。

2. 地震前兆异常

2016 年 1 月 7 日，新疆地震局天山中段危险区跟踪组向中国地震台网中心提交短期预报卡，预报 1 月 9 日至 3 月 9 日轮台—新源—库车地区有发生 6 级左右地震的危险（见附件二）。该预报意见对应了 2016 年 1 月 14 日轮台 5.3 级地震，其中预报时间、地点和震级均准确。其预测依据包括：3、4 级地震活动异常增强区、乌什—新源—库尔勒 4 级地震围空、

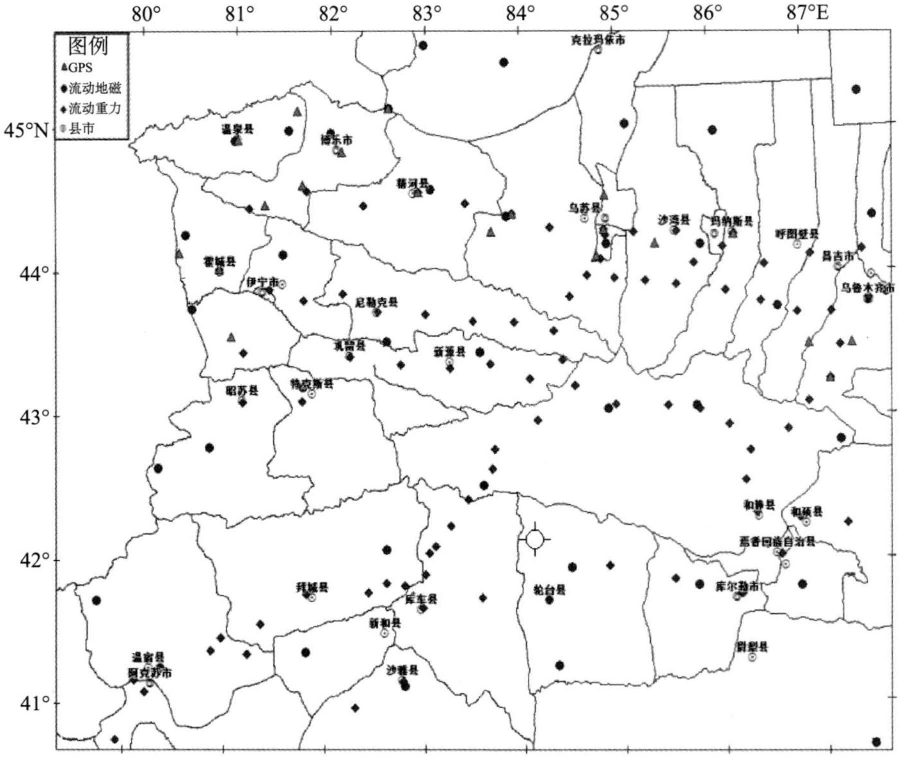

图 9　轮台 5.3 级地震附近流动重力、GPS、地磁测点分布图

Fig. 9　Distribution of roving observation sites around the M_S 5.3 Luntai earthquake

乌鲁木齐—新源—库尔勒 4 级以上地震平静、天山中段 3 级以上地震活动显著共 4 个测震学异常以及温泉水平摆、克拉玛依钻孔倾斜、新 09 泉和新 10 泉氟离子 4 个定点地球物理观测异常。震后从异常的可靠性与异常映震范围两方面，对上述前兆异常做了进一步甄选，认为 4 个测震学异常与此次地震有关；4 个定点地球物理观测异常距离此次轮台 5.3 级地震均超过 300km，不在异常映震范围内，故认为可能与此次地震无关。另外预报卡中未提及的 3 级地震平静、地震条带、应力降、流动重力、库车钻孔倾斜、库尔勒水平摆和断层蠕变、艾其沟泥火山宏观观测异常也是该地震的前兆异常。

根据震前跟踪和震后整理得到此次地震前共出现 12 条异常，其中定点地球物理观测异常比例仅 13.6%（表 6）。该地震的总体异常特征为异常数量较多，异常幅度小。

1）3 级地震条带

2015 年 7~8 月，在天山地震带快速形成了一条 M_S 3.0 地震条带3)（图 10），呈近东西向展布，与该地震的主破裂面的走向相同，这与"条带可能反映与未来主破裂直接有关的断裂带（发震断裂带）的活动"的认识是一致的。刘蒲雄等[9]通过对 1967~1985 年中国及邻区 34 个 5.5 级以上地震震例分析归纳，总结了地震条带与地震之间的关系，认为当出现一条条带时，多对应中等强度地震；当出现两条条带时，发生强震的可能性较大。轮台 5.3

表6　轮台5.3级地震异常情况登记表

Table 6　Anomalies catalog of the M_S5.3 Luntai earthquake

序号	异常项目	台站（点）或观测区	分析方法	异常判据及观测误差	震前异常起止时间	震后变化	最大幅度	震中距 Δ/km	异常类别及可靠性	图号	异常特点及备注
1	地震条带	库尔勒—库车—拜城	$M_S \geq 3.0$ 级地震空间分布	$M_S \geq 3.0$ 级集中成带	2015.07~08	正常		条带边缘	S_1	10	走向近EW，与轮台地震主破裂面走向一致，震前发现3)
2	地震空区	乌什—新源—库尔勒	地震图像	$M_S \geq 4.0$ 级；围空	2014.03~2015.08	正常		空区边缘	M_1	11	4级地震形成了围空图像，空区打破后4.5个月发震震前发现3)
3	地震平静	乌鲁木齐—新源—库尔勒	$M_S \geq 4.0$ 级地震空间图像	$M_S \geq 4.0$ 级；$\Delta T \geq 570$ 天	2013.09~2015.12	正常		异常区域边缘	M_1	12	平静区内4级地震打破后发震震前发现3)
4	地震平静	温泉—新源—库车以西	$M_S \geq 3.0$ 级地震空间图像	$M_S \geq 3.0$ 级；$\Delta T \geq 60$ 天	2015.03.20~08.14	正常		异常区域边缘	M_1	13	平静区内连续发生了9次3级以上地震后发震震前发现3)

续表

序号	异常项目	台站（点）或观测区	分析方法	异常判据及观测误差	震前异常起止时间	震后变化	最大幅度	震中距 Δ/km	异常类别及可靠性	图号	异常特点及备注
5	地震增强	库车—库尔勒	地震频度	2°×2°，7个月内15次以上3、4级地震	2014.11~2015.05	正常		异常区内部	M_1	14	7个月发生15次3、4级地震，形成中等地震增强区震前发现3)
6	地震增强	天山中段	地震频度	1个月为步长，3个月为窗长，作3月累积频度	2015.12~	恢复正常			I_2	15	3级以上地震活动频繁，3月累积频次持续高值震前发现3)
7	应力降	新源—轮台	数字地震学	$M_S\geqslant3.0$级，$\Delta\sigma\geqslant25$	2015.01~12	恢复正常		高、低应力降变化交界	M_1	16	乌苏—拜城—轮台地区开始出现高值异常震后总结4)
8	流动重力	轮台附近区域	重力等值线	重力变化高梯度区或者零线附近	2014.08~2015.09	异常区迁移		异常区边缘	M_1	17	重力变化零线附近震前发现5)
9	地倾斜	库尔勒	日均值	趋势转折	2013.01~	异常持续		178km	M_1	18	EW分量由E倾转为W倾震前发现5)
10	地倾斜	库车	日均值	加速变化	2015.10.01~12.20	正常	0.196″	80km	S_1	19	NS分量加速北倾震后总结

续表

序号	异常项目	台站（点）或观测区	分析方法	异常判据及观测误差	震前异常起止时间	震后变化	最大幅度	震中距Δ/km	异常类别及可靠性	图号	异常特点及备注
11	断层蠕变	库尔勒	日均值	趋势转折	2013.01~	异常持续		178km	M_1	18	基线由趋势拉张转为压缩震前发现[5)]
12	泥火山	艾其沟	宏观观测	喷用量增加	2015.10~11	恢复		223km	S_1	20	喷涌量出现明显增大震前发现[5)]

级地震发生在条带的边缘，属中强地震，认识较一致。2007 年 7 月 20 日特克斯 5.7 级，2011 年 11 月 1 日尼勒克、巩留交界 6.0 级和 2012 年 6 月 30 日新源、和静交界 6.6 级地震前天山中段都出现过条带图像。

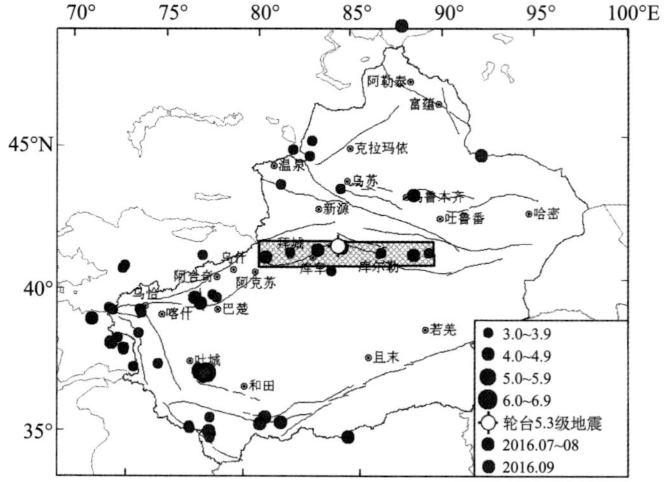

图 10　2015 年 7~8 月 $M_S \geq 3.0$ 级地震条带分布

Fig. 10　Seismic bands of $M_S \geq 3.0$ from July to August, 2015

2）乌什—新源—库尔勒地区的 4 级地震围空

2013 年 3 月 14 日至 2014 年 12 月 7 日，在乌什—新源—库尔勒地区形成 $M_S \geq 4.0$ 级以上地震围空[17]，该围空长轴半径为 318km，2014 年 12 月 7 日该围空被吉尔吉斯 $M_S 4.0$ 地震打破，围空时长 632 天（图 11）。2015 年 1 月 20 日至 8 月 20 日在该空区边缘轮台县附近发生 4 次 4 级地震，之后空区收缩至乌什—新源—轮台地区，收缩后的围空长轴半径为 263km。2015 年 8 月 27 和 28 日在空区内相继发生库车 4.2 级和温宿 4.0 级地震，收缩后的围空被打破。根据前人研究结果[10]，空区被打破后，3 个月内发生目标地震的对应率为 30%~50%，1 年内发生目标地震的对应率为 80%以上。分析认为该 4 级地震围空是此次地震的异常。

3）乌鲁木齐—新源—库尔勒 4 级地震平静

自 2013 年 9 月 17 日发生尼勒克 $M_S 4.0$ 地震之后，乌鲁木齐—新源—库尔勒地区形成 4 级地震平静区[17]，截至 2015 年 12 月 5 日，平静已达 809 天。2015 年 12 月 6 日沙湾 4.8 级地震打破该平静。由时间间隔图可知，1970 年以来 4 级以上地震平静超过 570 天的共 5 次，其后平静区及周边发生中强以上地震的有 4 次（图 12）。分析认为，该 4 级地震平静是此次轮台 5.3 级地震的前兆异常。

4）温泉—新源—库车以西地区 3 级地震平静

2015 年 3 月 20 日至 8 月 14 日温泉—新源—库车以西地区 3 级以上地震出现持续时间为 140 天的平静现象[17]（图 13）。8 月 15 日后，平静区内连续发生了 9 次 3 级以上地震，其中包括3次4级地震，平静被打破。由图13可知，1970年以来平静区内3级地震平静时长超过60天的共出现7次，其后平静区内及周围50km范围内发生中强以上地震的有4次(57%)，而此次平静为1970年以来最长平静。分析认为，该3级地震平静是此次轮台5.3级地震的前兆异常。

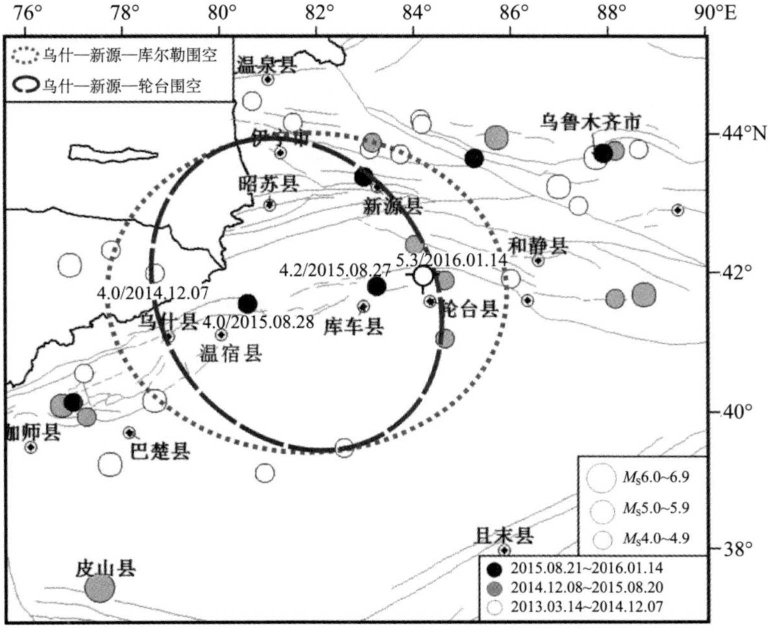

图11 轮台5.3级地震前$M_S \geq 4.0$级地震空区分布

Fig. 11 Distribution of seismic gap of $M_S \geq 4.0$ earthquakes before the $M_S5.3$ Luntai earthquake

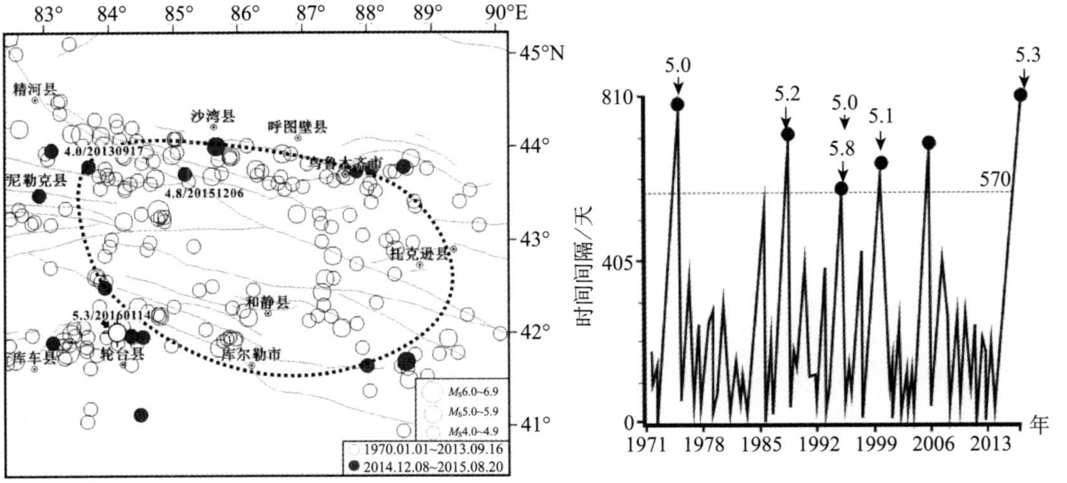

图12 乌鲁木齐—新源—库尔勒4级地震平静分布及时间间隔图

Fig. 12 Calm distribution and time interval diagram of $M_S \geq 4.0$ earthquakes in Urumqi-Xinyuan-Korla area

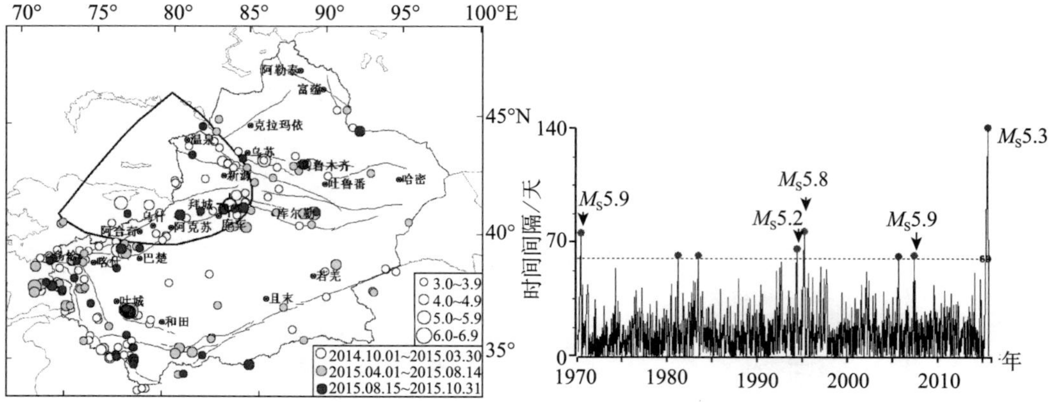

图 13　温泉—新源—库车以西地区 3 级地震平静分布及时间间隔图

Fig. 13　Calm distribution and time interval diagram of the magnitude 3 earthquaks in Wenquan-Xinyuan-Kuche area

5）库车—库尔勒地区 3、4 级地震异常增强

2014 年 11 月至 2015 年 5 月库车—库尔勒地区中强地震异常活跃，该区近 7 个月发生 15 次 3、4 级地震，其中 3 级地震 12 次，4 级地震 3 次，形成中等地震增强区[17]（图 14）。震例结果显示，南天山 16 次中等地震前有 14 次震前出现地震增强活动。分析认为，此次库车—库尔勒地区中等地震增强是此次轮台 5. 3 级地震的异常。

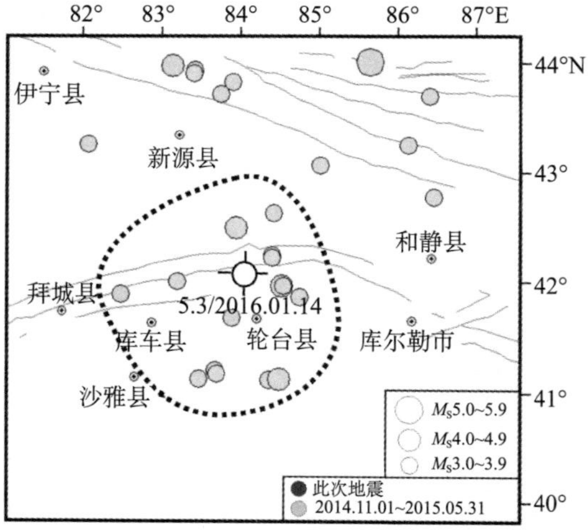

图 14　库车—库尔勒地区 3、4 级地震异常增强区空间分布

Fig. 14　Spatial distribution of anomalous enhancement zones of the magnitude 3 and 4 earthquakes in Kuqa-Korla area

6）天山中段 3 级地震 3 月累积频度持续高值

选取 2006 年以来天山中段 3 级以上地震（去除余震），以 1 个月为步长，3 个月为窗长，作时间扫描计算得出 2006 年以来时间进程与 3 月累积频度的关系3)（图 15）。如图所

示，2015 年 12 月以来，天山中段 3 级以上地震活动频繁，3 月累积频次持续高值。自 2006 年以来，天山中段出现 3 月累积频次“弱活动—增强”的现象共 9 次，其中有 6 次在“弱活动—增强”之后发生了 5 级以上地震，对应比率为 66.7%。分析认为，此次 3 月累积频次持续高值是此次轮台 5.3 级地震的异常。

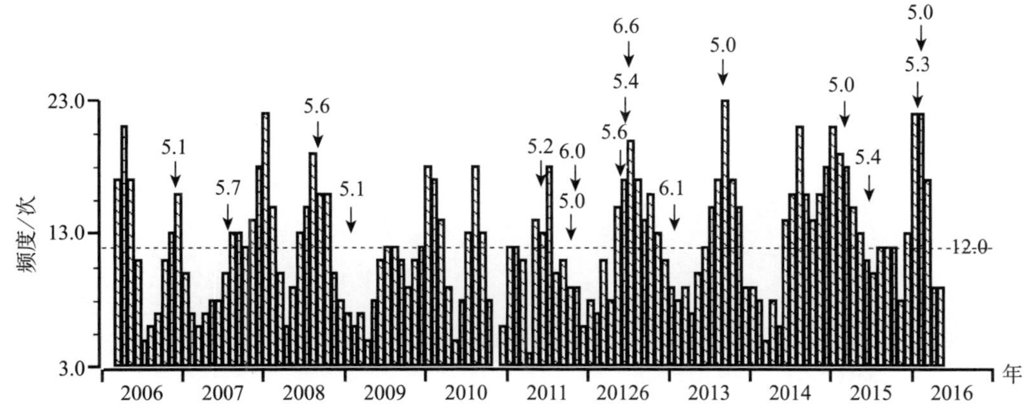

图 15　天山中段 3 级以上地震 3 月累积频度图

Fig. 15　Cumulative frequency map of earthquakes of $M_S \geq 3.0$ earthquakes in the middle section of the Tianshan mountains

7）应力降

图 16 显示，2015 年 1 月至 2016 年 2 月天山中段 2 次 5 级地震均发生在高、低应力降变化交界的新源—轮台地区。震前乌鲁木齐—乌苏地区应力降高值明显减弱，而乌苏—拜城—轮台地区开始出现高值异常[4)]。轮台 5.3 级地震发生在高、低应力降变化交界的拜城—轮台区。

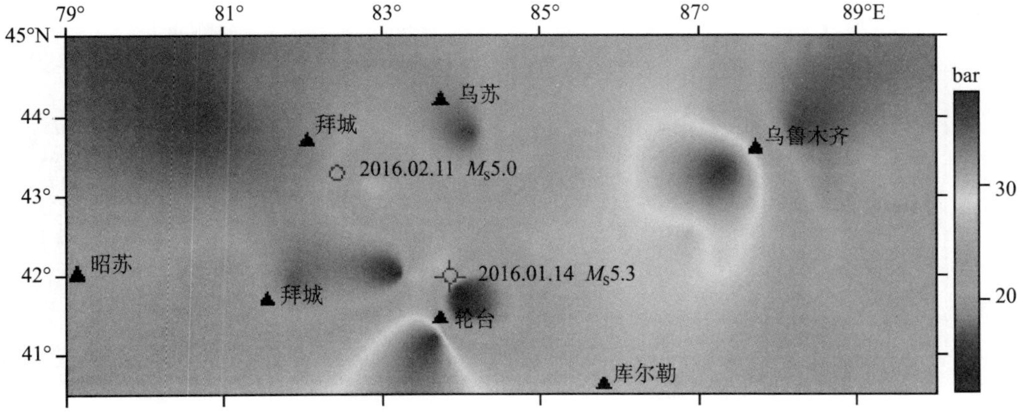

图 16　天山中段研究区 2016 年 2 次 5 级地震前后应力降空间演化图

Fig. 16　Spatial evolution of stress drop before and after the two magnitude 5 earthquakes in the middle Tianshan mountains in 2016

8）流动重力

以往震例分析表明[11~13]，地震多发生在重力正负值变化交替的零线附近或者高梯度带，重力正负异常变化梯度带附近是物质增减差异剧烈的地区，能量易于积累。2015 年天山中段乌鲁木齐—托克逊和轮台附近地区处在重力变化的零线区域5)，轮台 5.3 级地震发生在重力零线附近（图 17）。

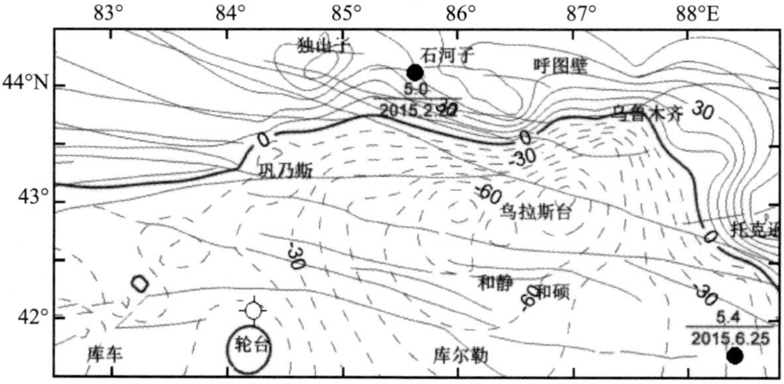

图 17　天山中段流动重力变化图（2014. 08 ~ 2015. 09）

Fig. 17　Contour map of roving gravity variation from August, 2014 to September, 2015 in the middle of the Tianshan mountain

9）库尔勒水平摆和蠕变仪5)

库尔勒水平摆 EW 分量 2009 年由 W 倾转为 E 倾，2009 ~ 2011 年 E 倾年变化量为 0. 9″/年。2012 年新源、和静交界 6. 6 级地震后，由 E 倾转为 W 倾，2012 ~ 2015 年 W 倾年变化量为 0. 4″/年，年变化量明显减小。以往震例表明，中强震多发生在趋势 W 倾阶段，震前处在 W 倾阶段，符合以往震例规律（图 18）。轮台 5. 3 级地震后，该异常仍持续。

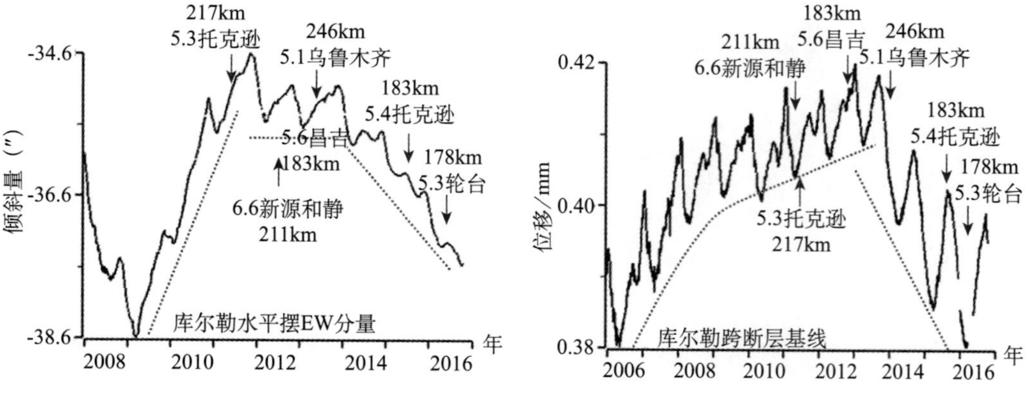

图 18　库尔勒水平摆倾斜 EW 分量和跨断层基线时序曲线

Fig. 18　The EW component temporal curve of horizontal pendulum tiltmeter and cross-over fault base line at Korla station

库尔勒断层蠕变基线自观测以来一直处于趋势拉张状态（图 18）。2013 年 9 月后呈现趋势压缩变化，震前处在压缩变化阶段，震后状态未改变。

10）库车钻孔倾斜

库车钻孔倾斜 NS 分量 2015 年 10 月 1 日出现加速北倾，12 月 20 日基本恢复正常，之后发生轮台 5.3 级地震，与哈萨克斯坦 6.1 级地震前兆异常类似（图 19）。

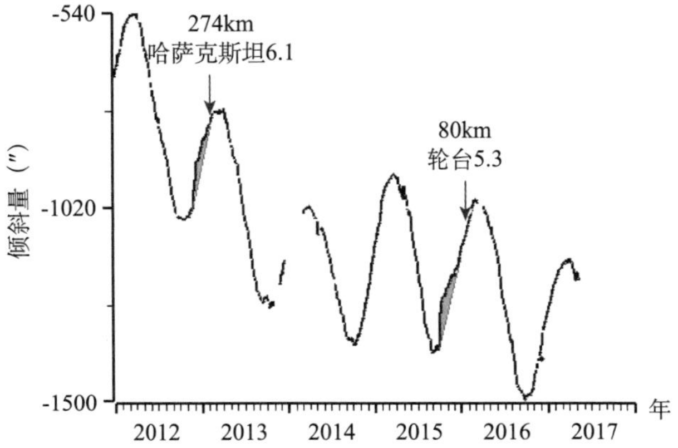

图 19　库车钻孔倾斜 NS 分量时序曲线

Fig. 19　The NS component temporal curve of borehole tiltmeter at Kuche station

11）乌苏泥火山[5)]

2015 年 10~11 月艾其沟 1 号泥火山喷涌量出现明显增大现象，处于间歇性活动状态，之后发生轮台 5.3 级地震（图 20）。2015 年 2 月 22 日沙湾 5.0 级地震前出现过类似变化。

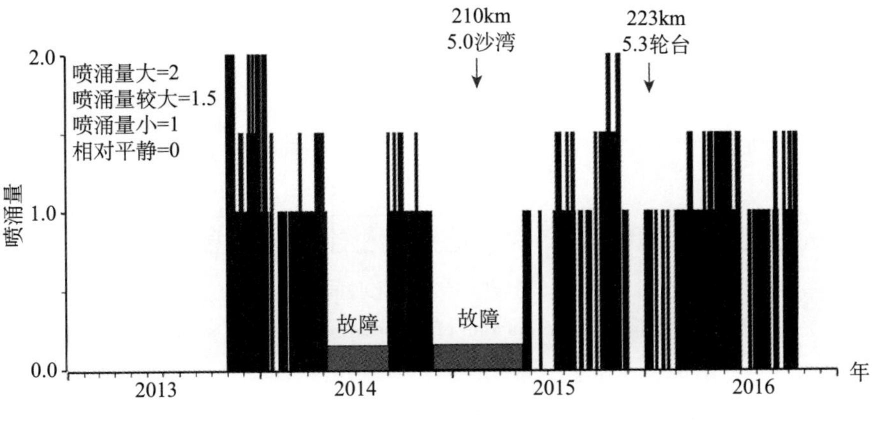

图 20　艾其沟泥火山喷涌量变化图

Fig. 20　Change map of mud volcano spray in Aiqigou area

七、地震前兆异常特征分析

轮台5.3级地震前，地震前兆异常呈现如下特征：

1. 异常数量较多

震前共出现地震学、地球物理观测异常12条，以中短期异常为主。轮台5.3级地震前测震学异常较为显著，包括库尔勒—库车—拜城地区中等地震异常增强、4级地震围空和3级地震项带、3级地震累积频度增强等7条异常。3个台站观测到了地倾斜、断层蠕变和泥火山喷涌量4条前兆异常。此外，还有流动重力变化异常1条。类比1998年7月28日拜城5.4级和1999年9月23日轮台5.1级地震前，地球物理观测项目分别为7条和4条，均少于此次轮台5.3级地震前的12条异常数量。历史上的这2次地震前地震学前兆异常以平静、缺震为主要特点，而此次地震前出现地震活动增强现象，二者震前地震活动状态存在一定差异性。

2. 地震学异常演化

2015年10月以来，兴都库什—帕米尔地区强震活跃，连续发生了2次7级地震，呈现出"境外异常活跃，境内相对平静"的特点。轮台5.3级地震发生在2015年7月3日皮山6.5级地震后，新疆境内5级地震平静6个月的状态下。震前震区附近，地震活动先后出现了乌什—新源—库尔勒地区4级地震围空（2013年3月至2014年12月），乌鲁木齐—新源—库尔勒出现4级地震平静（2013年9月至2015年12月），震中附近3、4级地震增强显著（2014年11月至2015年5月）和温泉—新源—库车以西地区又出现3级地震平静（2015年3月至8月）；震前半年，库尔勒—库车—阿克苏地区在2个月的时间快速形成3级地震条带；震前1个月，3级地震累积频度增强显著。

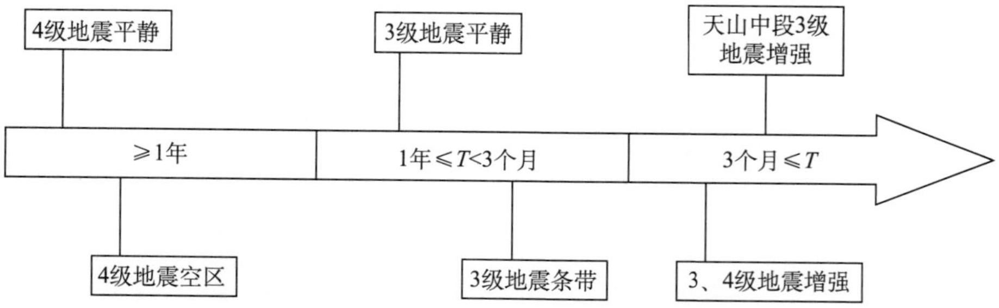

图21 测震学异常演化时间进程图

Fig. 21 Time course diagram of abnormal evolution of seismology

3. 定点地球物理观测资料异常

震前3个台站观测到了5条定点地球物理观测异常，其中中期异常2条，短期异常2条，宏观异常1条。宏观异常在223km的艾其沟观测点，中期异常在距离178km的库尔勒台，中短期异常在距离80km的库车台，在空间上具有逐渐向震中迁移的态势。宏观异常和短期异常特征以突变类为主，持续时间短，异常结束后发震。二者在时间上具有一定同步性，都是在 2015 年 10 月开始变化的，库车钻孔倾斜表现为加速变化，艾其沟泥火山表现为喷涌量增加，配套变化，异常信度高。

1998 年 7 月 28 日拜城 5.4 级和 1999 年 9 月 23 日轮台 5.1 级地震前，当时该区的监测能力薄弱，只有 4~5 个台站，7~10 个观测台项，目前该区有 9 个台站，22 个观测台项，监测能力几乎是当时的 2 倍，但此次地震前记录到的地球物理观测异常依然少，因此该区监测能力的变化并不是影响地震地球物理观测异常数量的主要因素，可能与震源区地质构造、孕震环境、台站的布局等都有关，需要不断探索。

八、震前预测、预防和震后响应

1. 震前预测、预防

轮台 5.3 级地震发生在 2016 年度新疆地震局划定的天山中段“新源—轮台—拜城 6 级左右地震重点危险区”内部。2015 年 10 月以来，新疆西南境外兴都库什—帕米尔地区强震活跃，发生了 5 次 6 级以上地震，其中包括 2 次 7 级地震，3 次 6 级地震；而境内中强地震呈现平静状态，新疆地区尤其是天山地区地震形势严峻复杂。2015 年 12 月塔吉克发生 7.4 级地震后，天山中段 3 级地震活动显著增强，结合当时较为同步出现的前兆观测中短期异常变化，2016 年 1 月 7 日新疆地震局预报中心天山中段危险区跟踪组向中国地震台网中心提交短期预报卡，预报时段为 1 月 9 日至 3 月 9 日，预测区域为轮台—库车—新源地区，预测震级为 5.3~6.3 级地震（见附件二）。2016 年 1 月 14 日轮台 5.3 级地震发生在此次中短期预测时段和区域内，地震强度预测准确。此外，新疆地震局在月会商意见里提出“未来 1 个月及稍长时间新疆地区存在发生中强地震的可能，危险区域为天山中段和南天山西段”做出了一定程度的短临预测。短期预报卡填报后，危险区跟踪组每周对预报依据进行动态跟踪；同时，考察有无新增短临异常变化，对下周发震紧迫性做出研判。

2. 震后响应

地震发生后，新疆地震局立即启动地震应急预案，派出地震现场工作队赶赴灾区开展现场灾害调查与损失评估工作，历时 2 天，共完成震害调查点 27 个。在震区各级党委、政府的大力支持下，会同有关部门顺利完成了现场震害调查和科学考察任务1)。

由于该地震震级较小，地震现场工作队未架设临时测震和前兆观测台站。

地震发生后，新疆地震局于当日 7 时召开临时会商会。根据 1970 年以来震区 100km 范围内 5 级以上地震序列类型特征，初步判定，“这次地震为主震—余震型地震的可能性较大”2)。该判定结果与实际地震序列类型一致。此后，新疆地震局多次召开了临时震情研讨会。

此次轮台 5.3 级地震后 28 天，天山中段于 2 月 11 日再次发生新源 5.0 级地震，自治区党委和政府、新疆地震局党组高度重视和关注新疆震情，于 2016 年 2 月 19 日召开了自治区防震减灾工作电视电话会议，提出了具体的工作指示和实施举措，并要求进一步强化 2016 年度新疆震情监视跟踪工作。

九、结论与讨论

1. 结论

(1) 此次轮台5.3级地震宏观震中位于轮台县东北27km (41.98°N, 84.42°E), 极震区烈度为Ⅵ度, 等震线形状呈EW向椭圆形, 面积约为584km^2; 轮台5.3级地震序列类型为主余型, 余震较为丰富, 在空间上总体呈EW向分布, 与依奇克里克逆冲断裂走向基本一致, 震源错动性质表现为逆冲, 与发震构造较为一致。

(2) 此次地震前测震学存在异常7条, 包括地震条带、地震空区、地震平静、地震异常增强等, 异常多在震前1年内相继出现, 多为中期异常。定点形变异常3条, 宏观泥火山异常1条, 流动重力异常1条, 其中这3条定点形变和宏观泥火山前兆均为中短期异常。震区300km范围内定点前兆观测资料主要以钻孔倾斜和泥火山为主, 具有短期预测意义, 主要特征以突变为主。这次地震前, 定点前兆观测异常的空间分布显示, 随着时间的推移, 异常呈现由远及近, 逐渐向震中发展的演化特征, 其中距离震中较远的库尔勒台最先出现异常, 之后是离震中100km内的库车台。

2. 讨论

(1) 此次轮台5.3级地震位于2016年度新疆地震局划定的"新源—轮台—拜城6级左右地震重点危险区"内, 除了预测震级偏高以外, 时间和地点预测基本准确; 新疆地震局对震区震后趋势做出了较为准确的判定, 取得了一定的社会效益和减灾实效。新疆地震局预报中心天山中段危险区跟踪组在震前1周, 提出短期预测意见, 预测时间、震级和地点均较为准确。此外, 新疆地震局在月会商意见里提出"未来1个月及稍长时间新疆地区存在发生中强地震的可能, 危险区域为天山中段和南天山西段"做出了一定程度的短临预测。从预测效果来看, 这是一次较为成功的短期预测实践, 其中测震学异常地震空区和增强区异常在其中起到了关键作用, 但客观来讲, 空区和增强区对地点和震级可预测, 而时间是较难把握的, 地球物理观测异常从时间上给予了一定的支持。从震后总结的经验来看, 地震活动和地球物理观测异常二者很好的配合在一起, 是成功实现此次地震短临预测的主要因素。

(2) 2011年6月至2015年6月新疆境内共发生32次5级以上地震, 其中包含5次6级地震和1次7级地震, 中强地震异常活跃, 时间上呈现连发活动, 空间上呈现多带分布活动状态。其中天山中段2011年以来发生11次5级以上地震, 最大地震为2012年6月30日新源、和静交界6.6级地震。轮台5.3级地震发生在天山中段中强地震成组活动的状态下, 震区100km范围内发生了2012年6月15日轮台5.4级地震。

(3) 此次轮台5.3级地震与该区域以往震例对比, 地震活动异常较之前丰富, 可能与测震台网监测能力提高、地震活动状态等有关。库车—轮台—拜城地区的中强地震前地球物理观测异常数量也少, 类比1998年7月28日拜城5.4级和1999年9月23日轮台5.1级地震前[14,15], 各有1条地球物理观测异常, 异常特征分别是年变幅增大和突变异常。不同于此次轮台5.3级地震前以突变类异常特征为主。这3次5级地震地球物理观测异常主要特征为: ①地球物理观测异常数量少; ②2次轮台地震异常特征都是突变类, 其中1999年轮台5.1级地震前库尔勒钻孔应变存在压型突变异常, 2016年的轮台5.3级地震前存在库车钻孔倾斜加速突变和艾其沟泥火山的喷涌量增加现象，均显示震中区域受到挤压作用力增强；③震前出现突变类异常的地震震源机制都是逆冲型，年变幅增大的异常地震震源机制是走滑型。梅世蓉等[16]根据岩石破坏的两种机制将我国大陆地震分为错断型地震和走滑型地震。前者的岩体破坏遵循 Coulomb 准则，必须克服岩石本身的破坏强度，因此地震孕育过程的后期和发震时的应力水平很高，地震前兆异常明显，且异常范围广。后者遵循 Byerlee 定律，即必须克服断面上的摩擦强度，所以发震时的应力水平较低，前兆异常表现不如前者明显，异常范围也较小。2016 年轮台 5.3 级地震的震源断错类型为逆冲，1998 年拜城 5.4 级和 1999 轮台 5.1 级地震的震源断错类型分别为走滑逆断和倾滑逆冲，这可能是其前兆异常数量相对较多、异常变化较为显著的原因之一。

参 考 文 献

[1] 尹光华、段天山、刘平仁、吴国栋、上官文明、袁顺，新疆数字测震台网的监测能力及其构造意义，内陆地震，2010，24（2），97~106

[2] 张仲培、林伟、王清晨，库车坳陷克拉苏—依奇克里克构造带的构造演化，大地构造与成矿学，2003，27（4），327~336

[3] 殷秀华、史志宏、刘占坡，1°×1°布格重力异常，中国岩石圈地球动力学地图集，北京：地图出版社，1989

[4] 杨少敏、李杰、王琪，GPS 研究天山现今变形与断层活动，中国科学 D 辑：地球科学，2008，38（7），872~880

[5] 贾承造，中国塔里木盆地构造特征与油气，北京：石油出版社，1997

[6] 卢华复、贾承造，库车再生前陆逆冲带的构造特征与成因，石油学报，2000，21（3），18~24

[7] 田作基、宋建国，塔里木库车新生代前陆盆地构造特征及形成演化，石油学报，1999，20（4），9~13

[8] 张朝军、田在艺，塔里木盆地库车坳陷第三系盐构造与油气，石油学报，1998，19（1），6~10

[9] 刘蒲雄、陈章立，地震条带及其在地震预报中的作用，中国地震，1989，5（1），23~32

[10] 曲延军、王海涛、郐成栋、冯建刚、陈宇卫、李莹甄、王想，中国大陆地震空区统计特征分析，地震学报，2010，5（2），544~556

[11] 祝意青、刘芳、郭树松，2010 年玉树 M_S7.1 地震前的重力变化，大地测量与地球动力学，2011，31（1），1~4

[12] 祝意青、闻学泽、孙和平、郭树松、赵云峰，2013 年四川芦山 M_S7.0 地震前的重力变化，地球物理学报，2013，56（6），1887~1894

[13] 祝意青、胡斌、李辉、陈兵，新疆地区重力变化与伽师 6.8 级地震，大地测量与地球动力学，2003，23（3），66~69

[14] 聂晓红、高国英、王海涛，1998 年 7 月 28 日新疆维吾尔自治区拜城 5.4 级地震，见：中国震例（1997~1999），北京：地震出版社，2003

[15] 蒋靖祥、王海涛，1999 年 9 月 23 日新疆维吾尔自治区轮台 5.1 级地震，见：中国震例（1997~1999），北京：地震出版社，2003

[16] 梅世蓉、冯德益、张国民、朱岳清、高旭、张肇诚，中国地震预报概论，北京：地震出版社，1993

[17] 赵彬彬、聂晓红、刘建明，2016 年新疆轮台 5.3 级地震序列特征及震前地震活动异常分析，高原地震，2017，29（2），24~29

参 考 资 料

1）新疆维吾尔自治区地震局，新疆轮台 5.3 级地震灾害调查与损失评估报告，2016
2）新疆地震局预报中心，（2016）第 4 期，（总字）第 1247 期震情监视报告，2016
3）预报中心地震活动性室，2016 年度新疆地震趋势会商意见，2016 年度新疆地震趋势会商会部分震情研究报告汇编，2015
4）新疆维吾尔自治区地震局，新疆维吾尔自治区 2017 年度地震趋势研究报告，2016
5）新疆维吾尔自治区地震局，新疆维吾尔自治区 2016 年度地震趋势研究报告，2015

The M_S 5.3 Luntai Earthquake on January 14, 2016 in Xinjiang Uygur Autonomous Region

Abstract

An earthquake of M_S5.3 occurred in Luntai county, Xinjiang Uygur Autonomous Region on January 14, 2016. The microseismic center measured by the China Seismological Network Center was 42.18°N and 84.12°E, and the focal depth was 7km. According to the results of earthquake site investigation, the macro-epicenter located at 27km northeast of Luntai county (41.98°N, 84.42°E). The seismic intensity in meizoseismal area is Ⅵ. and distributed as oval, the direction of long axis is EW involving the town of Yang xia of China and the town of iron grams of Pakistan. The earthquake did not cause casualties, only some of the housing and facilities were damaged, and the direct economic loss was 50. 8623 million RMB.

The seismic sequence is the main shock-aftershock type. As of April 30, 2016, Xinjiang earthquake station network recorded 56 aftershocks, and the largest aftershock is M_L4.5. The sequence decreases rapidly, 73.7% of the aftershocks occurred 8 days after the earthquake. The sequence is in the direction of EW. The results of the earthquake focal mechanism solution show that the earthquake is thrust type. The focal mechanism of this earthquake is of thrust type, the joint plane Ⅰ strikes 321°, and the dip angle is 27°, and the slip angle is 118°. The P-axis orientation of the main compressive stress is 210° and the elevation angle is 20°. Combined with the distribution of aftershock and intensity, it is supposed that junction plane Ⅰ is the main rupture plane, which is consistent with the trend of the Iqiklik reverse fault. A comprehensive analysis believes that the earthquake-causing structure of the Luntai 5.3 earthquake may be Iqiklik fault.

There are 14 seismic stations within the range of 200km epicenter, including 5 seismic observation stations and 9 other fixed-point geophysical observation stations. There were 7 seismological anomalies before the earthquake, including seismic bands, seismic enhancement, seismic quiescence, anomalous enhancement and stress drop, among which 5 were mid-term anomalies, 1 was short-term anomaly, and 1 was an earthquake anomaly; 3 fixed points geophysical observation anomalies, including ground tilt and fault creep, include 2 medium-term anomalies, 1 short-term anomaly; 1 medium-term anomaly of flowing gravity; in addition, there is a macro anomaly beyond 200km, which is a short-term anomaly. The proportion of fixed-point abnormal station items was 13.6%. The characteristics of precursory anomalies mainly include abnormal number and abnormal amplitude, and the majority of abnormal cases have returned to normal after the earthquake.

The trend study report of the Xinjiang Seismological Bureau in 2016 pointed out that there is a danger in the new source Luntai Baicheng region, which has an earthquake of about 6. The Luntai 5.3 earthquake took place in the earthquake danger area, except for the predicted magnitude of the earthquake, predicted time and location are basically accurate. In December 2015, the $M>3$ earthquake in the Middle Tianshan Mountains increased significantly and at the same time, the ground tilt short-term anomaly, combined with other previous anomalies, the Middle Tianshan Mountain dangerous zone tracking group filled out the short-term forecast card, the three factors prediction is accurate, and made a better short-term prediction. In addition, one month before the earthquake will be proposed " The possibility of a moderately strong earthquake in Xinjiang in the next month and a little longer time, dangerous areas for the middle of the Tianshan Mountains and the southern part of the southern Tianshan". After the earthquake, a joint video conference was held with the China Earthquake Administration Network Center, followed by Earthquake Agency of Xinjiang Uygur Autonomous Region held a number of temporary earthquake situation judgments, analyzed and judged the post-earthquake trend of the 5.3 magnitude earthquake and the future earthquake situation in Xinjiang, has achieved a certain social benefits. After the earthquake, Earthquake Agency of Xinjiang Uygur Autonomous Region, together with Korla Seismic Station, Aksu Seismological Bureau, Kuqa County Seismological Bureau and Aksu Center Seismic station, formed a field working group to carry out the work of determining the trend of the earthquake, evaluating the intensity, evaluating the disaster investigation, and conducting scientific investigations.

This earthquake case summarizes the analysis of the earthquake structure, the impact field and damage, the spatiotemporal characteristics of the earthquake sequence, the anomalies before the earthquake, etc. However, due to the small number of stations around the epicenter (only 1 station within 100km, 4 within 100－200km), the aftershock sequence positioning accuracy is not high, and many related work cannot be carried out.

报告附件

附件一：震例总结用表

附表1　固定前兆观测台（点）与观测项目汇总表

序号	台站（点）名称	经纬度（°）		测项	资料类别	震中距 Δ/km	备注
		φ_N	λ_E				
1	轮台	41.967	84.602	测震	Ⅰ类	45	CZB型钻孔倾斜
				地倾斜（摆式）	Ⅲ类		
2	巴音布鲁克	42.920	84.160	地倾斜（摆式）	Ⅲ类	78	
3	库车	42.146	83.107	测震	Ⅰ类	80	
				地倾斜（摆式）	Ⅱ类		CZB型钻孔倾斜
4	那拉提	43.400	83.300	地倾斜（摆式）	Ⅲ类	148	CZB型钻孔倾斜
5	新源	43.409	83.269	测震	Ⅰ类	150	
				地倾斜（摆式）	Ⅲ类		CZB型钻孔倾斜
				地倾斜（摆式）	Ⅲ类		CZB型钻孔倾斜
				分量钻孔应变	Ⅲ类		RZB型钻孔应变
6	小泉沟	42.090	86.020	分量钻孔应变	Ⅱ类	159	RZB型钻孔应变
				水位	Ⅲ类		
7	库尔勒	41.790	86.176	测震	Ⅰ类	178	
				地倾斜（摆式）	Ⅱ类		SQ-70型石英水平摆
				地倾斜（连通管）	Ⅱ类		BSQ型水管倾斜
				地倾斜（摆式）	Ⅱ类		VS垂直摆
				应力应变	Ⅱ类		SSY型洞体应变
				应力应变	Ⅱ类		体积式应变
				断层蠕变	Ⅱ类		
				断层氢气	Ⅱ类		H_2
				水位	Ⅱ类		
				水温	Ⅱ类		
				气氡	Ⅱ类		
8	莫托萨拉	42.856	86.136	测震	Ⅲ类	182	

续表

序号	台站（点）名称	经纬度（°）		测项	资料类别	震中距 Δ/km	备注
		φ_N	λ_E				
9	特克斯	43.240	82.280	水位	Ⅱ类	187	
				水温	Ⅱ类		
10	巩留	43.409	82.433	应力应变	Ⅱ类	190	RZB 型钻孔应变
11	艾其沟	44.180	84.480	泥火山	Ⅱ类	223	

分类统计	0<Δ≤100km	100<Δ≤200km	总数
测项数 *N*	2	8	10
台项数 *n*	5	22	27
测震单项台数 *a*	0	1	1
形变单项台数 *b*	1	2	3
电磁单项台数 *c*	0	0	0
流体单项台数 *d*	0	0	0
综合台站数 *e*	2	4	6
综合台中有测震项目的台站数 *f*	2	2	4
测震台总数 *a+f*	2	3	5
台站总数 *a+b+c+d+e*	3	7	10
备注			

附表 2　测震以外固定前兆观测项目与异常统计表

序号	台站（点）名称	测项	资料类别	震中距 Δ/km	按震中距 Δ 范围进行异常统计														
					0<Δ≤100km					100<Δ≤200km					200<Δ≤300km				
					L	M	S	I	U	L	M	S	I	U	L	M	S	I	U
1	轮台	地倾斜	Ⅳ类	45	—	—	—	—	—										
2	巴音布鲁克	地倾斜	Ⅲ类	78	—	—	—	—	—										
3	库车	地倾斜	Ⅱ类	80	—	—	√	—	—										
4	那拉提	地倾斜	Ⅲ类	148						—	—	—	—	—					
5	新源	地倾斜（钻孔）	Ⅲ类	150						—	—	—	—	—					
		地倾斜（钻孔）	Ⅲ类							—	—	—	—	—					
		分量钻孔应变	Ⅲ类							—	—	—	—	—					

续表

序号	台站（点）名称	测项	资料类别	震中距Δ/km	按震中距Δ范围进行异常统计														
					0<Δ≤100km					100<Δ≤200km					200<Δ≤300km				
					L	M	S	I	U	L	M	S	I	U	L	M	S	I	U
6	小泉沟	分量钻孔应变	Ⅱ类	159						—	—	—	—	—					
		水位	Ⅱ类							—	—	—	—	—					
7	库尔勒	地倾斜（水平摆）	Ⅰ类	178						—	V	—	—	—					
		地倾斜（连通管）	Ⅱ类							—	—	—	—	—					
		地倾斜（VS）	Ⅱ类							—	—	—	—	—					
		应力应变	Ⅱ类							—	—	—	—	—					
		应力应变	Ⅰ类							—	—	—	—	—					
		断层蠕变	Ⅱ类							—	V	—	—	—					
		断层氢气	Ⅱ类							—	—	—	—	—					
		水位	Ⅱ类							—	—	—	—	—					
		水温	Ⅱ类							—	—	—	—	—					
		气氡	Ⅱ类							—	—	—	—	—					
8	特克斯	水位	Ⅱ类	187						—	—	—	—	—					
		水温	Ⅱ类							—	—	—	—	—					
9	巩留	应力应变	Ⅱ类	190						—	—	—	—	—					
10	艾其沟	泥火山	Ⅱ类	223											—	—	V	—	—
分类统计	台项	异常台项数			0	0	1	0	0	0	2	0	0	0	0	0	1	0	0
		台项总数			3	3	3	3	3	19	19	19	19	19					
		异常台项百分比/%			0	0	33	0	0	0	10	0	0	0					
	观测台站（点）	异常台站数			0	0	1	0	0	0	1	0	0	0					
		台站总数			3	3	3	3	3	6	6	6	6	6					
		异常台站百分比/%			0	0	33	0	0	0	17	0	0	0					
	测项总数				1					7									
	观测台站总数				3					6									

附件二：短期预报卡

填卡须知

1. 预测等级标准的确认，只需将○涂为●
2. 预测内容请参考确认的级别所规定的等级标准填写：

等级标准	震级（Ms）	时间（天）	地域（半径）（公里）
一级	≥7.0	≤90	≤200
二级	6.0—6.9	≤60	≤150
三级	5.0—5.9	≤30	≤100
余震	≥5.0	≤5	≤50

注：表中余震预测是指对中强地震发生10天以后的5级以上余震所作出的预测。

3. 单位或集体的预测应填全称。个人的预测应填所在单位全称、本人姓名、通讯地址和邮政编码。
4. 地震预测意见应向预测地的县级以上地方人民政府负责管理地震工作的部门或者机构报告，也可向所在地的县级以上地方人民政府负责管理地震工作的部门或者机构、或国务院地震工作主管部门受理机构（北京市西城区三里河南横街5号中国地震台网中心，邮编：100045）报告。
5. 预测意见应明确、详细。
6. 本卡片可以复制，保密期满后予以公布。
7. 预测意见评价：

①完全正确：实发地震发生在预测时间段内，预测意见的地点、震级与实发地震完全符合；

②部分预测要素对应：实发地震发生在预测时间段内，预测意见的地点、震级至少有1个与实发地震一致，即地点误差不超过300公里（西藏地区不超过500公里），或者震级误差不超过1级。

③无对应：不满足①、②条件的。

地震短临预测卡片

预测等级：　○一级　○二级　○三级　○余震

预测内容：

1. 时间：2016年1月9日至2016年3月9日
2. 震级（M_S）：5.3-6.3
3. 地域：用封闭图形绘于下面经纬网内，并标注其图形拐点的经纬坐标。

网距单位：（83.00,42.80）度（150km）

上述预测内容的依据和方法：

（要求文字简明，图件清晰，提供定量公式，可填写在背面或附页）

预测的单位或集体签章：天山中段震情跟踪组

或个人预测签字：　　所在单位签章：

填报时间：2016年1月7日

通讯地址：乌鲁木齐市科学北路338号　　邮政编码：830011

1. 2014年11月—2015年5月库车—库尔勒地区3、4级地震形成异常增强，该区近7个月发生13次3、4级地震，其中3级地震10次，4级地震3次。同时，2015年1月—3月在新源—温泉地区形成3、4级地震异常增强区，该增强区内发生了4次3级和1次4级地震（图1）。

2. 2013年3月15日—2014年12月7日，乌什—新源—库尔勒地区4级以上地震形成围空，2014年12月—2015年5月空区内部边缘连续发生4次4级地震，空区收缩；2015年8月27日和28日分别发生了库车4.2级和温宿4.0级地震，再次打破该空区。根据曲延军等（2010）关于围空区长轴与震级的统计关系式，推算未来地震强度6.3±0.5级（图2）。

3. 2013年9月17日开始，乌鲁木齐—新源—轮台—库尔勒地区4级以上地震出现了810天的4级地震平静，2015年12月6日平静区内发生了沙湾4.8级地震，平静打破。历史统计结果显示，其后平静区及周边3个月内发生5、6级地震的比例为3/5（图3）。

4. 2015年12月天山中段连续发生了8次3级地震，2016年仅4天天山中段发生4次3级以上地震，地震活动增强显著。根据该区2006年以来3级以上地震，1月步长，3月窗长的时间扫描结果可知（图4），该区3级地震活动出现“弱活动—显著增强”现象后，其后1—3个月发生中强以上地震的比例为7/10。

5. 温泉水平摆 NS 向 2015 年 11 月以来速率转平。

6.克拉玛依钻孔倾斜两分向 11 月 2 日以来快速变化，尤以 EW 向显著。

7.新 09 泉和 10 泉氟离子 2015 年 10 月以来快速下降变化，目前异常结束，等待对应。

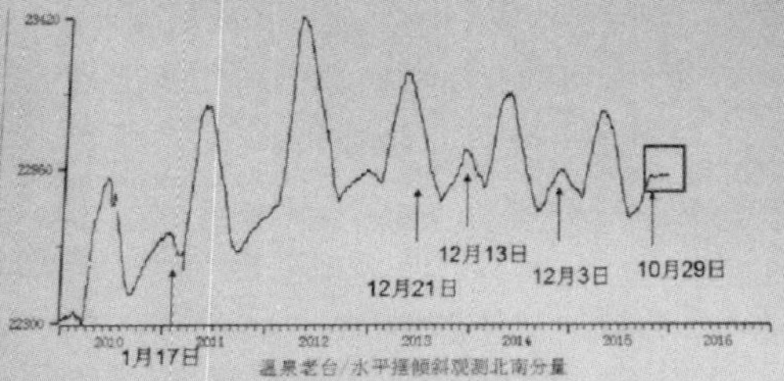

图 3 温泉水平摆日均值时序曲线

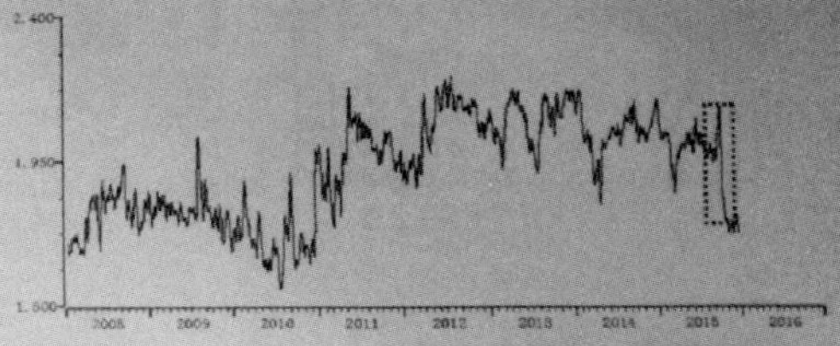

图 5 新 09 泉氟离子时序曲线

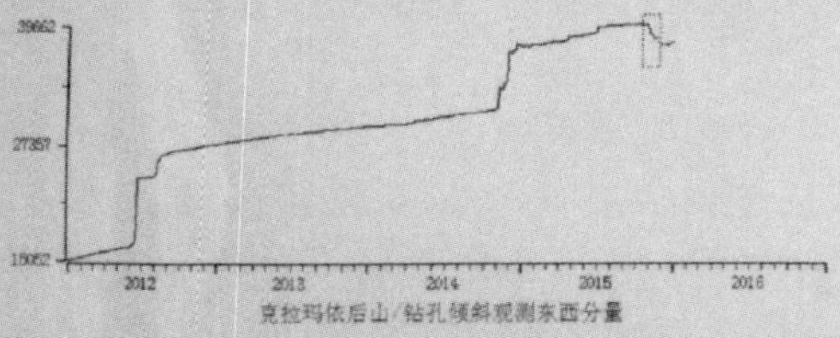

图 4 克拉玛依钻孔倾斜日均值时序曲线

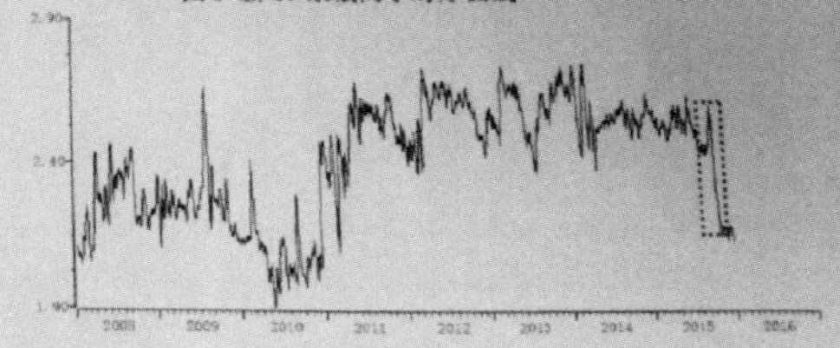

图 6 新 10 泉氟离子曲线

2016年1月21日青海省门源6.4级地震

青海省地震局

黄　浩　屠泓为　马茹莹　袁伏全　苏维刚　赵玉红　李启雷

摘　要

2016年1月21日青海省海北藏族自治州门源县(37.7°N, 101.6°E)发生6.4级地震，震源深度10km，宏观震中位于门源县泉口镇，极震区烈度为Ⅷ度，等震线长轴呈近北西西向椭圆形。此次地震造成青海9人轻伤，经济损失约10.3亿元。

此次地震为主余型，最大余震为8月13日4.6级地震，余震分布呈北西—南东向，与极震区长轴走向一致。震后遥感解译发现的冷龙岭北侧断裂，与该地震逆冲的性质相近[1]，为此次地震的发震构造。

此次地震震中300km范围内共有地震台76个，其中测震台站44个、定点地球物理观测台32个。震前共提出20条地球物理观测异常，其中测震学异常5条，定点地球物理观测异常15条；中期异常有9条，短期异常有9条，临震异常有2条。地球物理观测异常的显著特征是：短临异常少，中期异常较多，其中测震学异常突出、信度高，地球物理观测异常以形变和流体为主；震中区地球物理观测异常较显著。

2010年玉树7.1级地震后，青海地区6级地震平静远超历史极值。在强震背景突出的形势下，震前1个半月内又出现了多项异常，青海省地震局和甘肃省地震局联合会商后在会议纪要中指出，青海地区近期存在发生6级以上地震的危险；并组织实施了一些有效的跟踪工作措施。此次地震发生在2016年度青海省地震重点地震危险区内，地震发生后，青海省地震局组成现场工作组开展灾害调查评估、科学考察工作，并架设了2个流动测震台。青海省地震局震后对此次地震序列类型做出了准确的判断。

前 言

据中国地震台网中心测定，2016年1月21日1时13分青海省海北藏族自治州门源县发生6.4级地震。微观震中位于37.7°N、101.6°E，距离门源县城约32km，宏观震中位于门源县泉口镇，极震区烈度为Ⅷ度，等震线长轴总体呈北西西走向。Ⅵ度区及以上总面积约14660km²，其中，青海省内面积约8550km²，甘肃省内面积约6110km²。地震共造成9人轻伤、无人员死亡。

门源6.4级地震发生在2016年度全国和青海省地震重点危险区内1)。震前青海地区6级以上地震平静69个月，已远超历史极值，具有非常显著的大震背景。2016年1月5日青海省地震局和甘肃省地震局联合会商，对青海及邻区地震趋势做出更加明确地判断，并形成会议纪要报送中国地震局[1,2]，2016年1月14日青海省地震局再次进行加密会商，认为青海省6级地震的紧迫性进一步增高。此次地震前对震情趋势的判定较准确，但未提出明确的短临预测意见。与以往成功预报的震例相比，此次地震前缺少信度较高的地球物理观测异常和对地点有指示意义的震群活动，这也是未能实现成功短临预报的关键。

地震发生后，青海省地震局连夜派出3批现场工作队赶赴震区，开展烈度调查、灾害损失评估、流动监测、科学考察等工作；与此同时，积极开展震情监视、短临跟踪、地震趋势研判工作。

有历史地震记载以来，此次地震震中200km范围内共发生10次6级以上地震，其中最大地震为1927年5月23日甘肃古浪8.0级地震，距离最近的是1986年8月26日门源6.5级地震、2次地震仅相距约15km。1986年门源6.5级地震发生在冷龙岭主峰附近、序列为主余型，宏观震中位于冷龙岭金洞沟口一带，其震源机制存在一定争议，徐纪人[3]给出的结果为倾滑分量占优势的正断性质，哈佛大学给出的结果则为逆冲型。2016年门源6.4级地震震源机制为逆冲性质与哈佛大学给出的1986年门源6.5级地震的震源机制相似，因此参考历史地震对2016年门源6.4级地震序列类型做出了较好的判断。

震区附近的主要断裂构造为左旋走滑性质的冷龙岭断裂，而震源机制则为逆冲型，因此对2016年门源6.4级地震发震构造的判断是一个重要的科学问题。地震发生后，胡朝忠[4]利用高分辨遥感解译在冷龙岭北侧发现一条走向约为140°的活动断裂，结合震源机制和余震分布在深部的展布特征等认为冷龙岭北侧断裂为门源6.4级地震的发震构造。左可桢[5]根据地震序列重定位结果和Global CMT给出的震源机制较为吻合，推断节面Ⅱ：走向146°，倾角43°，滑动角83°为门源6.4级地震的震源断层面。对门源6.4级地震的深入研究，使此次地震的发震构造有了更清晰的认识。

一、测震台网及地震基本参数

此次地震前震中300km范围内共有41个测震台站（图1）。100km范围内有8个测震台站，其中青海区域台网3个、甘肃区域台网2个、中国地震科学台阵探测项目实时传输数据的3个；101~200km范围有18个测震台站，其中青海区域台网10个、甘肃区域台网5个、中国地震科学台阵探测项目实时传输数据的 3 个；201～300km 范围有 15 个测震台站，其中青海区域台网 5 个、甘肃区域台网 8 个、中国地震科学台阵探测项目实时传输数据的 2 个；这些台站震前均参与了地震定位。地震后，现场指挥部流动监测组在门源县仙米乡和苏吉滩乡的老虎沟分别架设了流动测震台。青海省地震局通过整合震中 100km 范围内的青海省和甘肃省区域台网台站、中国地震科学台阵台站、主动源台站和应急流动台站，组成灾区地震加密监测台网，将震区周边余震监测能力由 $M_{\mathrm{L}}2.0$ 提升到 $M_{\mathrm{L}}0.5$[2)]。定位精度为 10km。

根据中国、美国、俄罗斯、法国以及德国等不同国家研究机构的测定结果，门源 6.4 级地震基本参数见表 1。此次地震基本参数采用中国地震台网中心正式目录给出的结果。

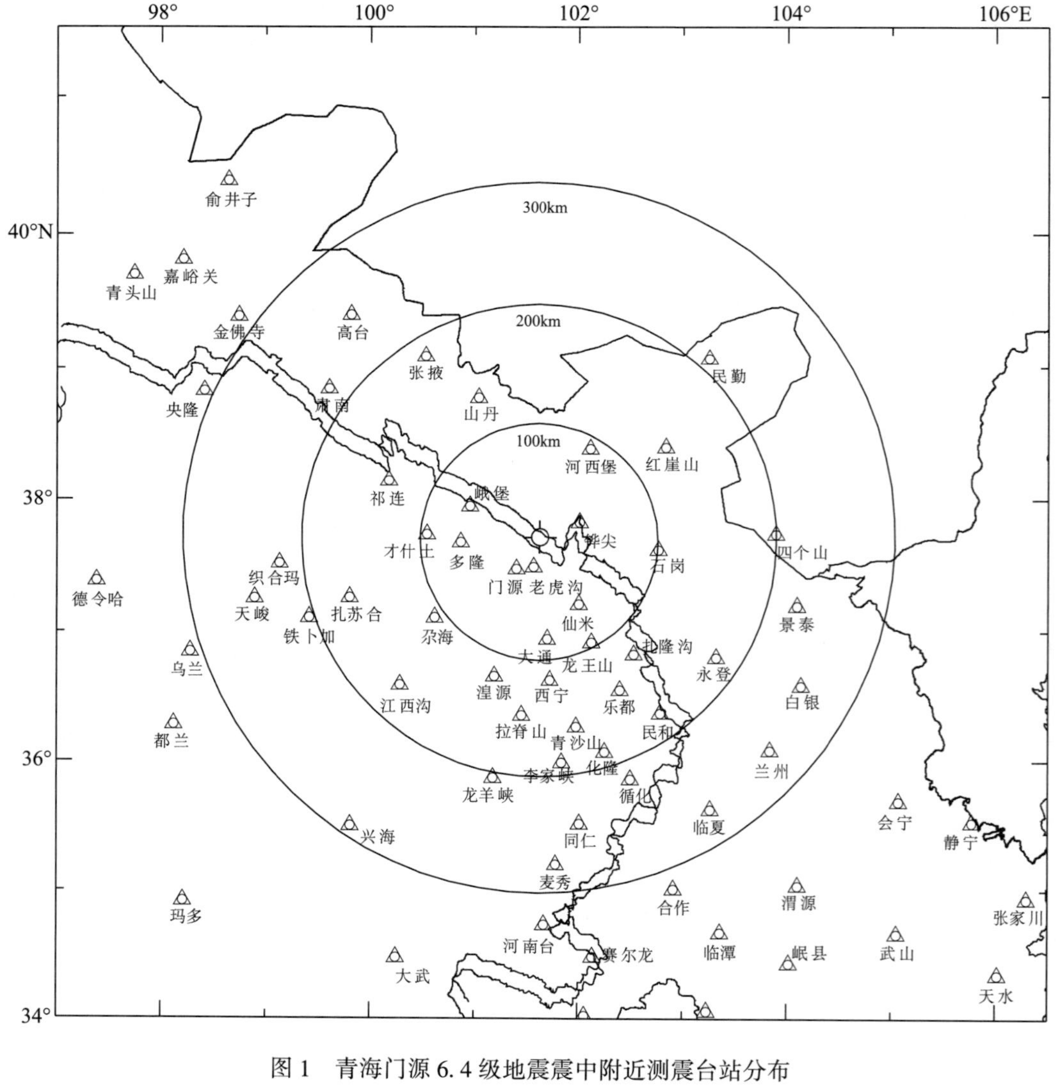

图 1　青海门源 6.4 级地震震中附近测震台站分布

Fig. 1　Distribution of earthquake-monitoring stations around the epicentral area of the Menyuan 6.4 earthquake

表 1 门源 6.4 级地震基本参数

Table 1 Basic parameters of the Menyuan 6.4 earthquake

编号	发震日期	发震时刻	震中位置（°）		震级			震源深度	震中地名	结果来源*
	年．月．日	时：分：秒	φ_N	λ_E	M_S	M_W	M_b	（km）		
1	2016.01.21	01：13：13	37.680	101.620	6.4			10	门源	CNS
2	2016.01.21	01：13：12	37.652	101.607	6.2			10	门源	青海台网
3	2016.01.21	01：13：13	37.671	101.641		5.9		9	中国红土城东南部	NEIC
4	2016. 01.21	01：13：14	37.720	101.650		5.9		10	青海北部	CSEM
5	2016.01.21	01：13：11	37.700	101.640	5.8		6.2	10	中国青海	GSR
6	2016.01.21	01：13：17	37.063	101.157	5.8		6.4	33	中国青海	SZGRF
7	2016.01.21	01：13：14	37.719	101.584		5.9		10	中国红土城东南部	AGGA

注：CNS. 中国地震信息网；NEIC. 美国国家地震信息中心；CSEM. 法国欧洲—地中海地震信息中心；GSR. 俄罗斯科学院地球物理勘测局；SZGRF. 德国格拉芬堡地震台阵地震中心观测站；AGGA. 澳大利亚澳洲地球科学。

二、地震地质背景

此次地震发生在青海与甘肃交界附近，区域构造上位于祁连山断裂带中东段的冷龙岭北侧断裂[4,9]。祁连山西段的托莱山断裂总体走向为 NWW 向；东段的冷龙岭断裂长度为 127 km，走向为 290°~300°，倾向 NE，倾角 50°~60°，断层错动山脊，发育地震地表破裂带。东、西两断层均为左旋走滑断层（图 2）。野外地质填图、考察、余震分布等研究表明，发震构造为冷龙岭北侧断裂。

冷龙岭断裂地处青藏高原隆起区的东北缘，在大地构造上该断裂位于北祁连褶皱带内，北侧为走廊过渡带，南侧为中祁连隆起带。冷龙岭断裂东起甘肃天祝县双龙煤矿以东，经红腰岘、闸渠河进入青海境内，经他里花沟、讨拉沟、宁缠河、老虎沟过冷龙岭主峰—岗石尕进入硫磺沟，到门源—祁连公路的八道班以西为止（图 3），全长 127km。总体走向 N60°~70°，倾向 NE，倾角 50°。断裂东端与古浪断裂及毛毛山断裂相接，西端与托莱山断裂相连。断裂在全新世活动较强烈，沿断裂带形成了一系列断错地貌，如断错水系、山脊和冰碛物等，曾发生过 1986 年 8 月 26 日门源 6.5 级地震[8]。

冷龙岭断裂根据野外考察结果认为，该断裂全新世以来活动强烈，主要表现为左旋走滑运动，并伴有正倾滑性质，断错地貌特征明显。晚更新世以来的平均水平滑动速率为 4.3mm/a，根据野外考察结果认为全新世晚期以来的平均水平滑动速率为 3.9mm/a[8]。

由于断裂活动的非均匀性，不同断裂段上断错地貌类型与幅度有较大差异。总体上可分为两大类：一类是断裂走滑运动所产生的断错地貌，如水系、山脊、冰碛台地及冰碛物的断错；另一类是断裂倾滑运动所造成的断错地貌，如断层三角面、断层崖、断层陡坎和沟槽等[8]。

2016 年 1 月 21 日门源 6.4 级地震发生在祁连—海原断裂带冷龙岭断裂北侧，此次地震邻近冷龙岭断裂发生，震源机制解显示此次地震为逆冲型地震，与冷龙岭断裂逆—走滑运动

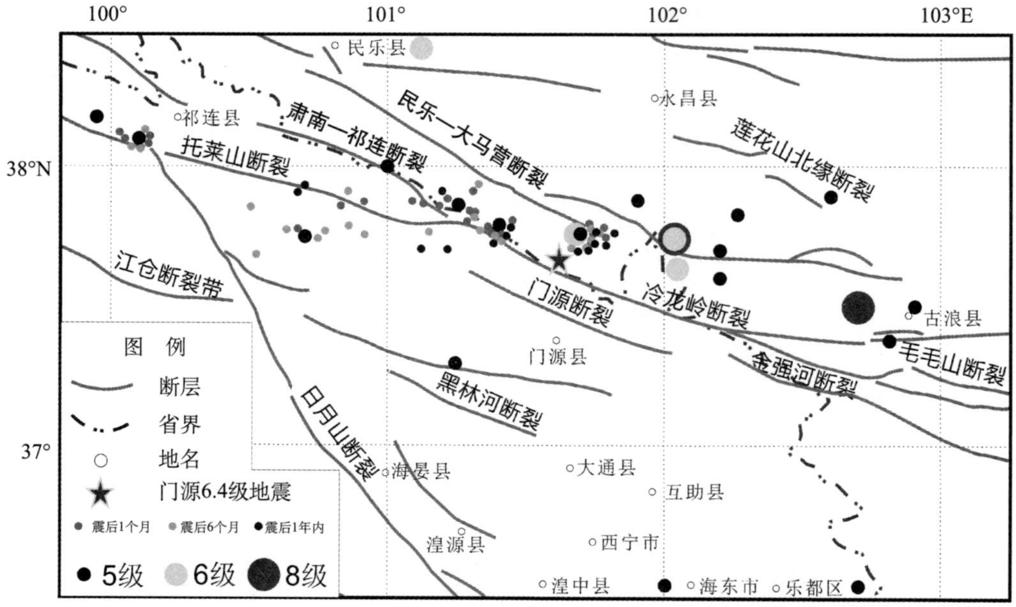

图 2　门源 6.4 级地震震区及其周边断裂、历史地震分布简图

Fig. 2　Map of geological structure and distribution of historical earthquakes around the Menyuan 6.4 epicentral area

五角星为 2016 年 6.4 级地震震中位置

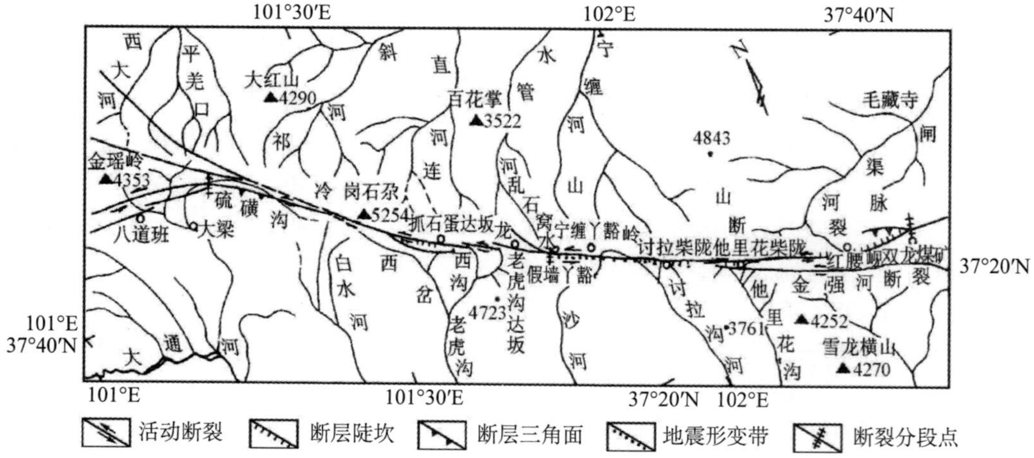

图 3　冷龙岭断裂空间分布图

Fig. 3　Spatial distribution map of Lenglongling fault zone

性质略有差异。研究表明冷龙岭断裂全新世活动明显，冷龙岭北侧断裂是冷龙岭断裂西北端一条伴生断裂，受到冷龙岭断裂左旋剪切在端部持续的构造推挤作用，相应发生弯曲，产生向外的构造旋转作用，偏离优势破裂方位，活动性相应减弱，在地表表现为一条晚第四纪变

形不明显的逆断裂，与断裂整体呈北东向微突出的弧形形态和晚第四纪以来没有断错地表的地质地貌迹象相协调，但此类断裂在深部仍可能发生破裂，产生中强地震。断裂几何学特征和运动性质与震源机制解揭示的断层节面Ⅱ产状和运动性质以及余震和地震烈度的分布特征较为吻合。冷龙岭北侧断裂作为门源 6.4 级地震发震构造较为恰当[9]。

构建 2016 年 1 月 21 日门源 6.4 级地震发震构造模式（图 4）。冷龙岭北侧断裂在地壳深部收敛合并到冷龙岭断裂上，与冷龙岭断裂相向倾斜，深部结构上可能表现为正花状构造。剖面上主震位于冷龙岭北侧断裂上，断裂上盘余震分布较为密集，下盘分布较少，符合逆冲型地震余震分布特征[10,11]。

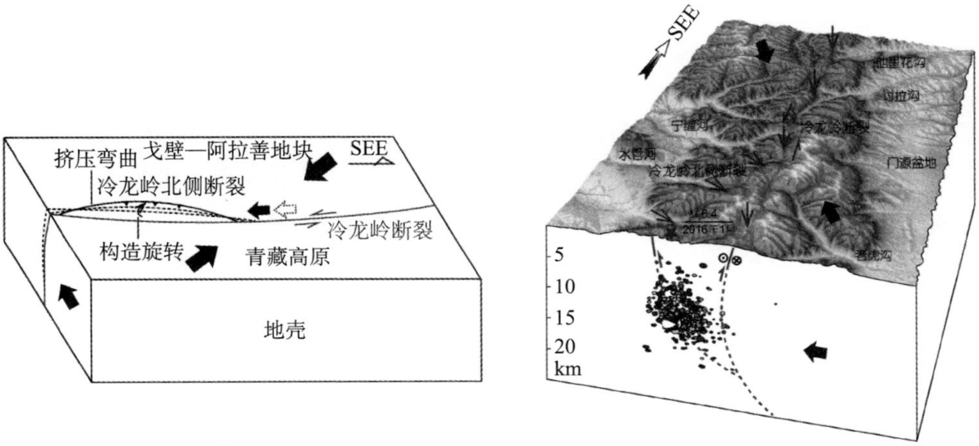

图 4 门源 6.4 级地震发震构造模式示意图

Fig. 4 Seismogenic structure model of the Menyuan 6.4 earthquake

历史上，震中区域 200 km 范围内，5 级以上地震共有 53 次，其中 6 级以上地震 10 次（表 2），最大地震为 1927 年 5 月 23 日甘肃古浪 8.0 级。震中区域 50 km 范围内，6 级以上地震 1 次，为 1986 年 8 月 26 日门源 6.5 级地震。

表 2 2016 年门源 6.4 级地震震中附近历史地震（200km 范围内）

Table 2 Catalogue of historical earthquakes around the Menyuan 6.4 epicentral area (within 200km)

序号	发震时间	发震时刻	震中位置（°）		震级 M_S	震中地名
	年．月．日	时：分：秒	φ_N	λ_E		
1	1440.11.04		36.70	103.3	6¼	甘肃永登
2	1927.05.23	06：32：47	37.70	102.2	8.0	甘肃古浪
3	1927.05.23	21：51：06	37.70	102.2	6.0	甘肃古浪
4	1928.03.08	06：43：28	37.60	102.2	6.0	甘肃古浪
5	1954.02.11	08：30：15	39.00	101.3	7¼	甘肃山丹东北

续表

序号	发震时间	发震时刻	震中位置 (°)		震级 M_S	震中地名
	年．月．日	时：分：秒	φ_N	λ_E		
6	1954. 02. 11	12：53：46	39. 00	101. 5	6. 0	甘肃山丹东北
7	1986. 08. 26	17：42：59	37. 78	101. 63	6. 5	青海门源北
8	1990. 10. 20	16：07：26	37. 11	103. 72	6. 1	甘肃天祝、景泰间
9	2003. 10. 25	20：41：00	38. 40	101. 2	6. 1	甘肃省民乐、山丹
10	2016. 01. 21	01：13：13	37. 68	101. 62	6. 4	青海海北州门源县

2016 年 1 月 21 日门源 6. 4 级地震，是继 1986 年 8 月 26 日 6. 5 级地震之后，该地区发生的另一起有记载且强度超过 6 级的地震，2 个震中相距约 15 km。1986 年地震的震源机制解表现为倾滑分量占优势的正断层，是 1 次以 NWW 方向拉张作用为主的地震活动[3]，其发震构造为 N50°E 走向，向 NE 方向单侧破裂，破裂长度约 20km[12]；随后的 3 次强余震同样表现为具有较大倾滑分量的正断层活动[3]。

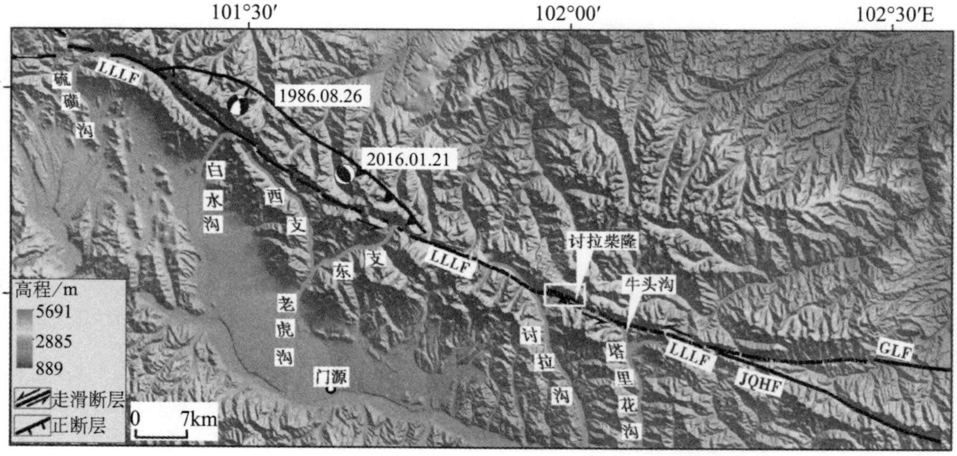

图 5　1986 年门源 6. 5 级地震和 2016 年门源 6. 4 级地震震中分布

Fig. 5　Distribution of the Menyuan 6. 5 earthquake, 1986 and the Menyuan 6. 4 earthquake, 2016

由此可见，2 次门源地震无论是发震断层走向还是断层破裂所表现出来的力学性质都具有很大差异。2 次地震分别发生在分支断层的东西两端，其两端分别向冷龙岭主断层弯曲收敛并交会，在平面上形成左行右阶与左行左阶的几何结构，在区域整体剪切环境下，分别发生剪切挤压与剪切拉张，因而造成 2 次地震的震源机制解分别表现为压性与张性为主又兼具一定的走滑性质，综合认为分支断层与主断层之间的构造组合样式是导致两次地震具有不同震源机制解的主要因素[13]。

三、地震影响场及震害[3)]

此次地震造成青海省内的门源县、祁连县、大通县、互助县、海晏县 28 个乡镇不同程度受灾，9 人受伤。

地震发生后，青海省人民政府启动Ⅲ级地震应急响应，青海省减灾委启动Ⅲ级地震救灾响应，中国地震局、青海省地震局立即启动了地震应急Ⅱ级响应。中国地震局有关司室，青海、云南、新疆、甘肃、湖北、宁夏、河北、四川、河南、广东地震局和地球所、预测所、搜救中心、台网中心等 15 个单位派出现场工作队赴青海参加地震现场应急工作。海北州、西宁市地震部门也派出工作组前往门源参加地震现场工作。

现场工作队由上述各单位共计 53 人组成。灾害评估与科学考察组专家 25 人，1 月 21~23 日，累计派出 16 个组次，分别深入到灾区 28 个乡镇和门源种马场、浩门农场进行灾害调查、地震烈度判定及地震灾害损失评估工作。共调查 133 个调查点，其中居民点 82 个，调查行程约 5000km。

地震灾害调查、烈度评定和损失评估工作按照《地震现场工作　第 3 部分：调查规范》(GB/T 18208.3—2011)、《中国地震烈度表》(GB/T 17742—2008) 和《地震现场工作　第 4 部分：灾害直接损失评估》(GB/T 18208.4—2011) 的要求进行。现场工作队在灾区各级党委政府、各专业部门的大力支持下，通过抽样、专项调查取得了翔实资料，据此对此次地震的直接经济损失进行评估计算。

1. 地震烈度及震害

现场工作队通过灾区震害调查、强震记录分析和遥感震害解译等工作，确定了此次地震的烈度分布（图 6、图 7）。

此次地震灾区极震区烈度为Ⅷ度，等震线长轴总体呈北西西走向，Ⅵ度区及以上总面积约 14660km^2，其中，青海省内面积约 8550km^2，甘肃省内面积约 6110km^2。地震造成青海省门源回族自治县、祁连县、大通回族土族自治县、互助土族自治县和甘肃省永昌县、武威市凉州区、天祝藏族自治县、肃南裕固族自治县 8 个县（区）以及甘肃中牧山丹马场受灾。此外，位于Ⅵ度区之外的部分乡镇也受到波及，造成部分老旧房屋破坏。

Ⅷ度区主要涉及青海省门源县泉口镇，面积约 240km^2。

Ⅶ度区主要涉及青海省门源县皇城蒙古族乡、青石嘴镇、泉口镇、苏吉滩乡、北山乡、西滩乡、仙米乡、东川镇、浩门镇、种马场和甘肃省肃南县皇城镇，共 11 个乡镇（种马场），以及甘肃中牧山丹马场，总面积约 2510km^2。其中，青海省内面积约 1980km^2，甘肃省内面积约 530km^2。

Ⅵ度区主要涉及青海省门源县 13 个乡镇（种马场）、祁连县 3 个乡镇、大通县 2 个乡镇、互助县 1 个乡镇和甘肃省肃南县 1 个乡镇、永昌县 7 个乡镇、武威市凉州区 2 个乡镇、天祝县 4 个乡镇，共 33 个乡镇（种马场），以及甘肃中牧山丹马场，总面积约 11910km^2。其中，青海省内面积约 6330km^2，甘肃省内面积约 5580km^2。

灾区位于青海东北部，属于半农半牧区，灾区内人口分布极不均匀，Ⅷ度区地处当地夏季牧场，冬季极少有人。Ⅶ度区内人口较少，因此高烈度区损失占比不大。此次地震灾害损

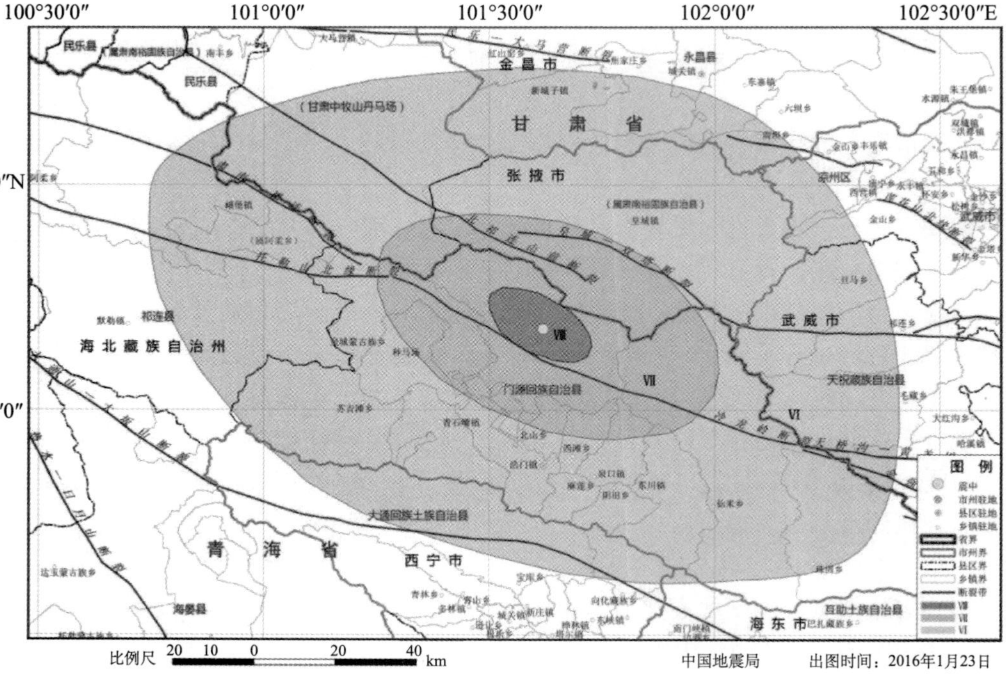

图6 门源6.4级地震烈度分布

Fig. 6 Isoseismo map of the Menyuan 6.4 earthquake

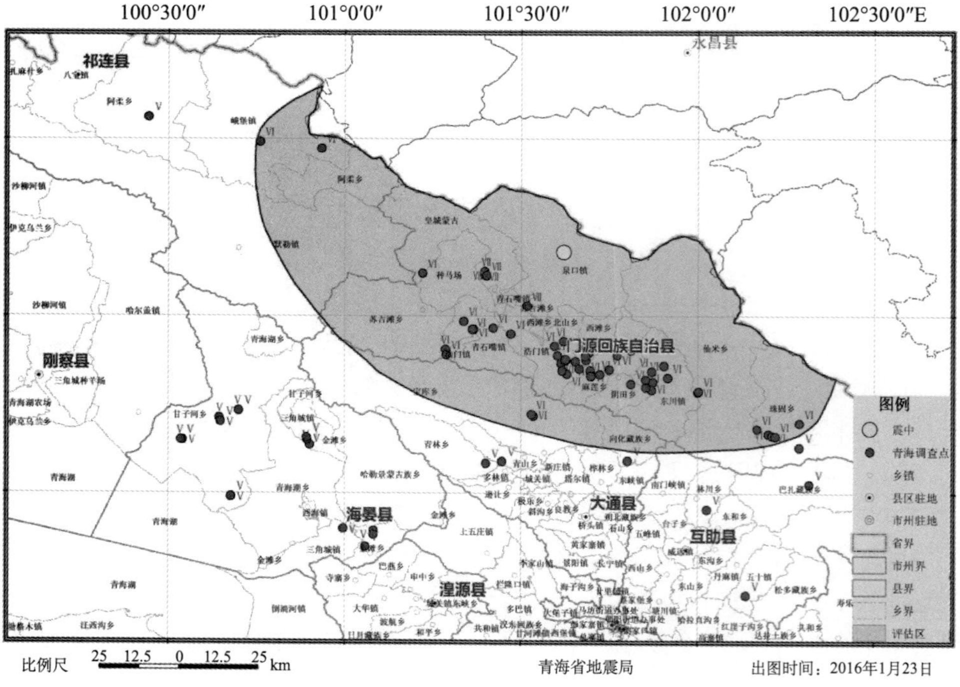

图7 门源6.4级地震评估区划分图

Fig. 7 Earthquake evaluation of the Menyaun 6.4 earthquake

失主要分布在Ⅵ度区内，以房屋建筑破坏为主，砖混、框架类建筑基本未遭破坏，破坏主要发生在砖木、土木类抗震能力较差的房屋建筑类型中，房屋建筑破坏主要以墙体开裂为主，无房屋倒塌，占总损失的72.26%。

灾区的房屋建筑主要为砖木结构，近些年政府实施的农牧区危房改造、一般群众奖励性住房、游牧民定居工程等项目建设的房屋基本为砖木结构形式。砖木房屋抗震性能较好，破坏主要为墙体开裂缝。砖混结构和框架结构房屋主要为学校、医院、政府办公用房和城镇居住房屋，Ⅶ度区内砖混结构房屋部分出现轻微裂缝，在Ⅵ度区出现少量轻微裂缝，震害不明显，整体设计合理、施工规范的砖混结构房屋基本保持完好无损。框架结构房屋抗震性能良好，部分房屋填充墙产生细微裂缝，但主体结构完好。

由于灾区正值寒冬季节，受积雪覆盖或冻土影响，部分房屋和基础设施破坏不够明显，Ⅷ和Ⅶ度区部分因大雪封山，无法进行现场调查，给灾情调查的完整性、真实性带来一定的影响。

青海门源6.4级地震直接经济总损失10.3亿元，其中门源县为主要受灾区。

2. 强震记录

青海强震台网共20个台站获取了主震加速度记录，记录到峰值加速度最高的台站位于门源气象局内，震中距33km，场地为土层，记录到的东西向加速度峰值达85.8Gal，仪器记录对应烈度为Ⅵ度（表3）。

表3 门源6.4级青海强震动台网记录结果

Table 3 The isoline of the peak ground shaking of the Menyuan 6.4 earthquake

台站名称	东经（°）	北纬（°）	最大加速度/Gal			震中距（km）	场地类型
			东西	北南	垂直		
大通	101.684	36.926	-4.7	-6.3	4.1	84	土层
互助	101.961	36.843	10.3	8.4	4.6	98	土层
湟源	101.192	36.656	-14.4	10.7	6.8	120	土层
乐都	102.397	36.551	3.0	3.2	1.8	143	基岩
门源气象局	101.610	37.378	85.8	-60.0	46.2	33	土层
民和	102.812	36.324	8.5	5.8	-4.8	184	土层
平安	102.102	36.499	-8.9	-8.7	-5.8	138	土层
青石嘴	101.400	37.472	-30.7	-20.5	20.0	29	基岩
同仁	102.010	35.519	1.3	1.6	-0.8	243	基岩
西宁	101.725	36.628	8.6	8.1	-2.8	117	土层
祁连	100.237	38.186	-2.5	-2.2	1.0	134	土层
大武	100.248	34.478	2.4	2.1	-0.8	377	土层
贵德	101.415	36.027	3.6	-4.8	1.4	185	土层

续表

台站名称	东经（°）	北纬（°）	最大加速度/Gal			震中距（km）	场地类型
			东西	北南	垂直		
贵南	100.750	35.587	5.1	-5.0	3.1	246	土层
塘格木	100.087	36.079	4.7	-4.4	3.1	224	土层
同德	100.578	35.255	-5.2	-4.4	3.2	286	土层
扎麻什	100.055	38.213	1.1	0.9	0.6	109	土层
俄堡	100.934	37.967	-14.0	15.9	6.9	68	土层
仙米	102.001	37.288	24.6	25.0	-21.8	55	土层
阿柔	100.443	38.062	-5.7	5.3	-5.3	112	土层

四、地震序列

据青海地震台网目录，2016 年 1 月 21 日门源 6.4 级地震发生后，余震活动非常丰富。如图 8 所示，截至 2016 年 9 月 24 日，序列共记录到 $M_L \geq 0$ 级余震 2031 次，其中 $M_L 0 \sim 0.9$ 地震 1127 次，$M_L 1.0 \sim 1.9$ 地震 748 次，$M_L 2.0 \sim 2.9$ 地震 138 次，$M_L 3.0 \sim 3.9$ 地震 16 次，$M_L 4.0 \sim 4.9$ 地震 1 次，$M_L 5.0 \sim 5.9$ 地震 1 次，最大余震为 8 月 13 日 4.6 级（$M_L 5.0$）地震。主震与最大余震震级差 $\Delta M = 1.8$ 级，门源 6.4 级地震释放的能量 E_M 与整个序列释放的能量 $E_{总}$ 之比 $E_M/E_{总}$ 为 99.12%。该地震为主余型。

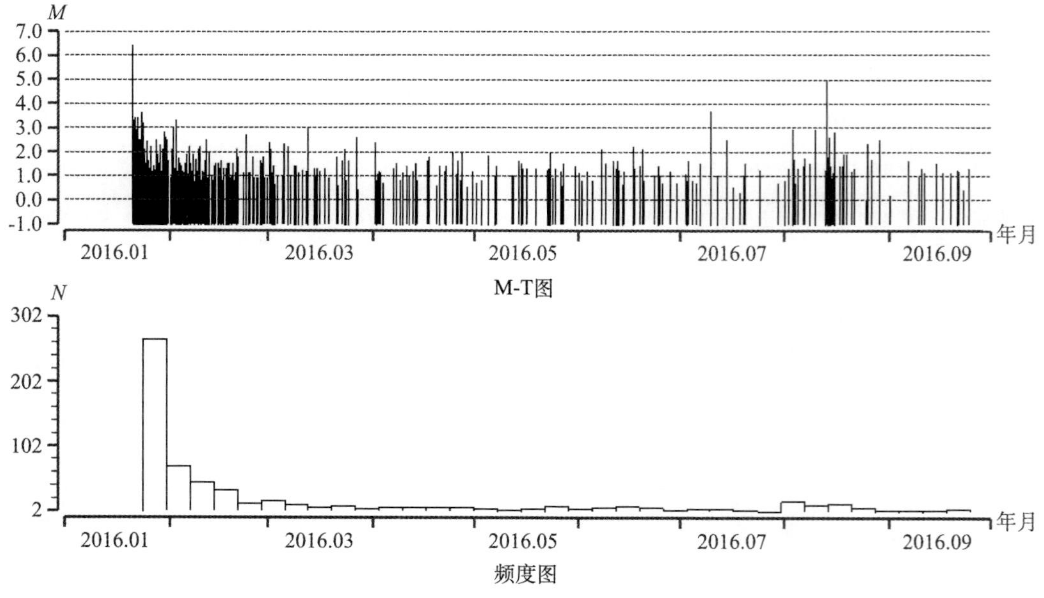

图 8　门源 6.4 级地震序列 M-T 图、周频度图

Fig. 8　M-T diagram and weekly N-value chart of the Menyuan 6.4 earthquake sequence

表 4 门源 6.4 级地震序列目录（$M_L \geqslant 3.0$）

Table 4 Catalogue of the Menyuan 6.4 earthquake sequence

序号	发震日期	发震时刻	震中位置（°）		震级		震中地名	震源深度（km）	结果来源
	年．月．日	时：分：秒	φ_N	λ_E	M_S	M_L			
1	2016.01.21	01：13：12	37.65	101.61	6.4		青海门源	10	CNS
2	2016.01.21	01：18：24	37.67	101.61		4.1	青海门源	10	青海台网
3	2016.01.21	01：19：42	37.63	101.63		3.3	青海门源	11	青海台网
4	2016.01.21	01：20：12	37.61	101.67		3.0	青海门源	11	青海台网
5	2016.01.21	01：22：08	37.69	101.57		3.1	青海门源	10	青海台网
6	2016.01.21	01：52：35	37.65	101.56		3.0	青海门源	8	青海台网
7	2016.01.21	01：57：20	37.66	101.64		3.3	青海门源	10	青海台网
8	2016.01.21	02：14：38	37.65	101.57		3.3	青海门源	10	青海台网
9	2016.01.21	03：25：06	37.69	101.60		3.3	青海门源	10	青海台网
10	2016.01.21	04：47：52	37.67	101.59		3.1	青海门源	11	青海台网
11	2016.01.21	17：55：26	37.65	101.65		3.4	青海门源	8	青海台网
12	2016.01.22	08：40：49	37.62	101.61		3.4	青海门源	10	青海台网
13	2016.01.23	16：02：50	37.69	101.60		3.6	青海门源	6	青海台网
14	2016.01.23	23：25：25	37.65	101.65		3.2	青海门源	7	青海台网
15	2016.02.02	02：27：30	37.67	101.57		3.0	青海门源	10	青海台网
16	2016.02.02	18：25：33	37.64	101.67		3.3	青海门源	10	青海台网
17	2016.03.12	15：08：59	37.67	101.59		3.0	青海门源	10	青海台网
18	2016.07.10	01：35：51	37.63	101.61		3.7	青海门源	12	青海台网
19	2016.08.13	16：29：48	37.70	101.56	4.6		青海门源	9	青海台网

根据青海省台网资料，门源 6.4 级地震序列具有以下特征：

1. 地震序列衰减较慢，余震活动丰富，余震强度较低

从地震序列 M-T 图上可以看出（图 8），门源 6.4 级地震无前震，最大余震仅为 4.6 级，共发生 2 次 $M_L \geqslant 4.0$ 级余震，余震强度较低，余震震级主要集中在 $M_L 2.0$ 以下，（图 9），24 小时内最大余震为 1 月 21 日 01 时 18 分 24 秒发生的 $M_L 4.1$ 地震。

此次地震的余震主要集中发生在震后 1 个月内，活动非常密集。余震序列 2 级、3 级地震出现了明显的密集—平静—活跃特征。3 月 12 日至 7 月 10 日，余震活动明显减弱，在此期间无 $M_L \geqslant 3.0$ 级余震发生，$M_L \geqslant 3.0$ 级余震平静达 120 天；7 月 10 日发生 $M_L 3.7$ 地震打破了该平静；7 月 24 日整个序列又出现了 6 天的平静后，于 7 月 30 日再次活动；且呈相对密集活动的特征，8 月 3~9 日接连发生了 4 次 $M_L 2.0$~2.9 地震，接着 8 月 13 日发生了 4.6

级 (M_L5.0) 最大余震，之后整个余震序列频次开始缓慢降低。

该序列 7 月 10 日 M_L3.7 地震以及之后短时间内 2 级余震的活跃，标志着余震活动的增强，对后续最大余震的发生具有一定预测意义，曾作为重要依据用于周会商中的趋势判定。

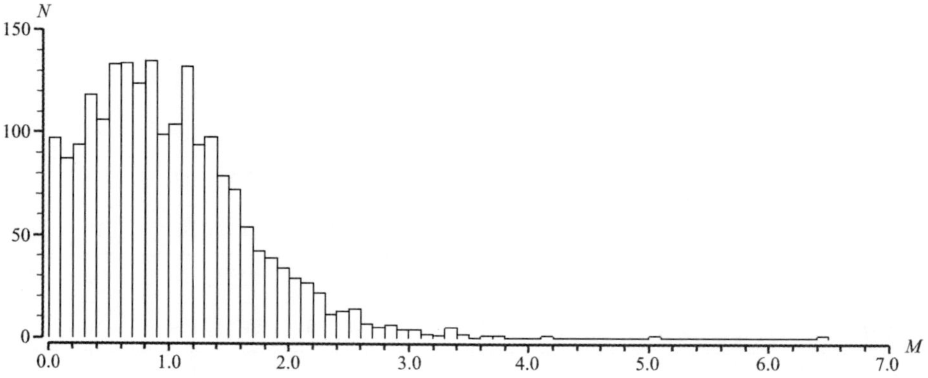

图 9　门源 6.4 级地震序列 *N*–*M* 图

Fig. 9　*N*–*M* diagram of the Menyuan 6.4 earthquake sequence

2. *b* 值、*h* 值和 *p* 值

根据序列 lg*N*–*M* 图，该序列完整性震级下限为 1.0 级（图 10）。序列参数计算结果显示（图 10 和图 11），整个序列 *b* 值为 0.7487，*b* 值截距方法估算最大余震约 4.8 级，与实际最大余震 4.9 级的情况近乎相同；*h* 值为 1.83，*p* 值为 0.8507。余震衰减较快、能量释放也较快，*h* 值大于 1 等特征显示该地震为主震—余震型地震。

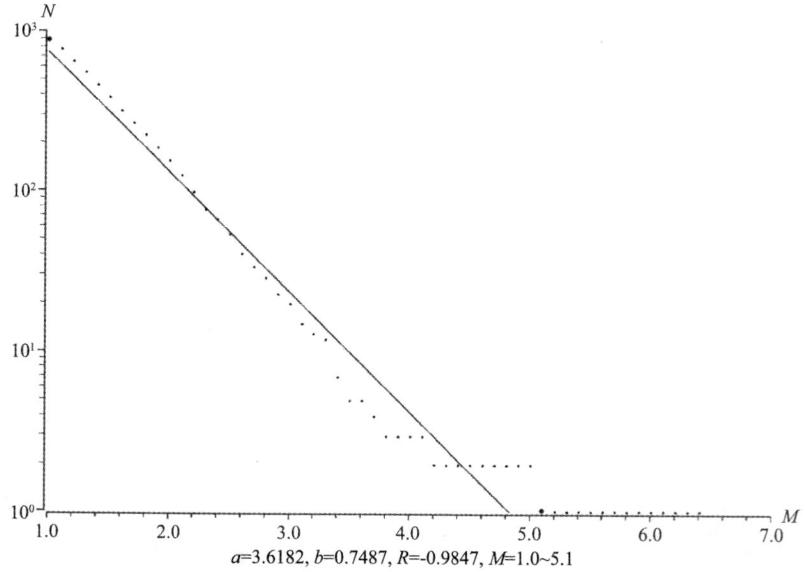

图 10　门源 6.4 级地震序列 lg*N*–*M* 图

Fig. 10　lg*N*–*M* curve of the Menyuan 6.4 earthquake sequence

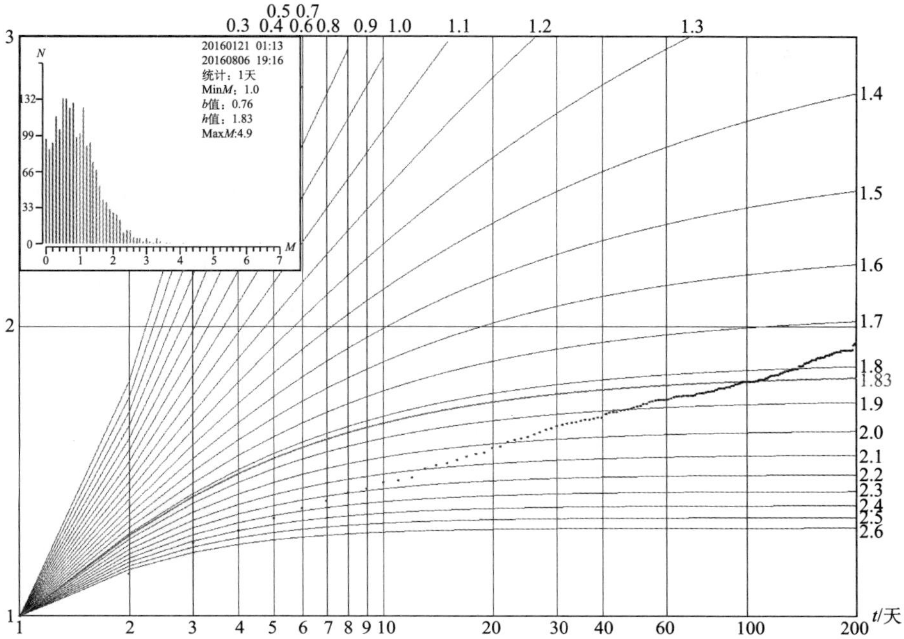

图 11 门源 6.4 级地震序列 h 值图（2016.01.21~08.06）

Fig. 11 h-value curve of the Menyuan 6.4 earthquake sequence (2016.01.21-08.06)

为更好地判定此次地震序列类型，分析研究了 1970 年以来祁连地震带记录的 8 次地震序列（图 12）。其中孤立型序列 2 次，主—余型序列 6 次，包括 2 次前主余型地震，从该地震带内的地震序列在空间分布上看，主余型地震主要集中在中段，而孤立型地震主要在西段。此次门源 6.4 级地震发生在构造带中段，基于同一构造带地震类比，分析认为此次门源 6.4 级地震序列类型为主余型序列特征。

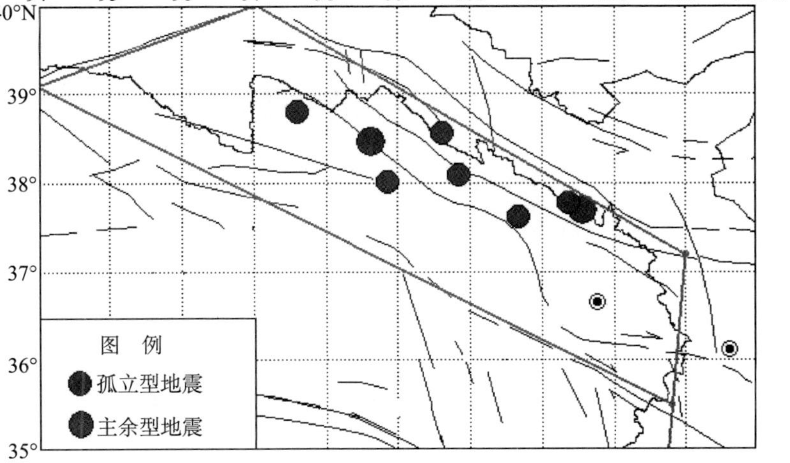

图 12 祁连地震带青海省内地震类型地震分布图

Fig. 12 The distribution map of earthquake type in Qilian seismic zone

3. 地震序列余震空间分布特征

利用青海地震台网和甘肃地震台网的省级固定地震台站及部分流动地震台站记录到的波形资料进行精定位。结果显示，此次地震事件为一次逆冲型事件。余震序列向 SE 和 NW 两个方向扩展、长度约 16km[14]（图 13）。余震序列优势发震层在 4~14km 深度范围，浅部地震少，且区域人口分布稀疏，这也许是此次地震震害轻且无人员伤亡的重要原因。

一般地讲，余震分布大致能够直观地展示断层面的破裂延展范围。纵剖面 *AA*’显示此次地震余震在时间尺度上主要沿着东南向展布，说明在此时间段此次地震破裂主要由西北向东南向扩展，约 12km；由纵剖面 BB’可以看出发震断层面倾角约 45°或更陡（图 13）。

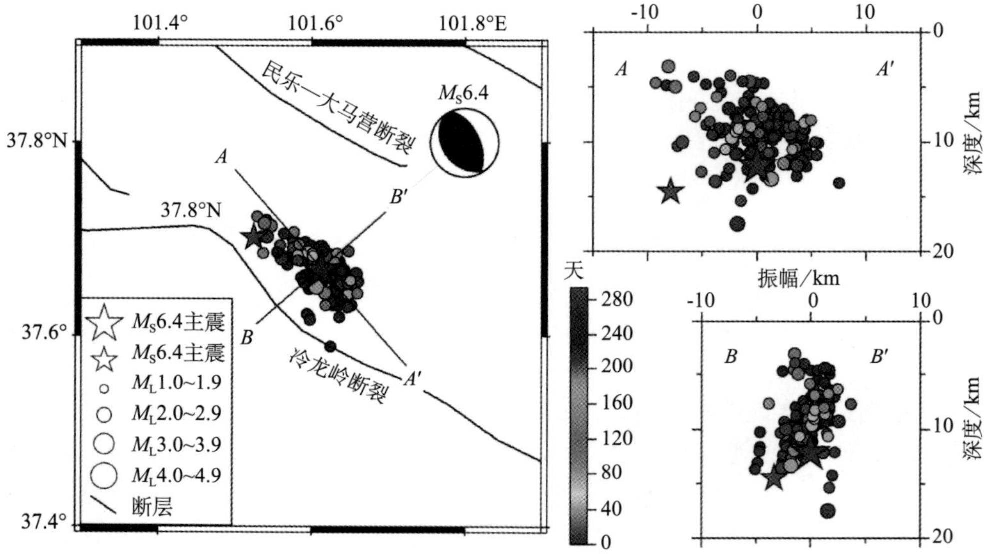

图 13　门源 6.4 级地震重定位平面及纵剖面图

Fig. 13　Relocated earthquakes in planar view and along the cross-sections of the mainshock

五、震源参数和地震破裂

选取青海和甘肃区域台网 8 个震中距范围在 50~400km 的宽频带数字地震台站的波形资料，使用 CAP 方法反演了门源 6.4 级地震的震源机制解[15]，其最佳双力偶节面 Ⅰ 走向 141°，倾角 39°，滑动角 76°；节面Ⅱ走向 339°，倾角为 52°，滑动角 101°。

地震发生后，中国地震台网、中国地震局地球物理研究所、美国哈佛大学先后发布了此次地震的震源参数信息（表 5），从表中看出，本文结果与其它三家单位的结果都比较一致，与中国地震台网和地球所的结果差别更小，每个参数差值在 5%以内。

表 5 震源机制解的结果对比

Table 5 Comparison of the results of focal mechanism solutions

节面 I (°)			节面 II (°)			P 轴 (°)		T 轴 (°)		B 轴 (°)		结果来源
走向	倾角	滑动角	走向	倾角	滑动角	方位	倾角	方位	倾角	方位	倾角	
141	39	76	339	52	101	61	7	294	79	152	9	李启雷等
143	35	80	335	56	97	60	10	270	78	151	6	CENC
141	38	79	335	53	98	59	7	281	80	150	7	IGP-CEA
134	43	68	343	51	109	59	4	315	75	150	15	Harvard

震源深度最佳拟合结果为 7.1km（图 14），此时拟合误差为 0.2，震源机制解为逆冲型，对应矩震级为 M_W5.90，与精定位后的主震震源深度相差约 2km。波形拟合结果显示（图 14），每个图形分为 PV、PR、SV、SR、SH 5 个波段，其中 PV 和 PR 分别为 P 波段的垂直向和径向分量，而 SV、SR、SH 分别为 S 波段的垂直向、径向和切向分量；波形拟合图左侧为台站名，台站名下方为震中距与波形偏移量；波形拟合图下方分别为各分量的偏移量和相关系数，80%的波形相关系数在 0.6 以上，平均相关系数 0.85（图 15）。

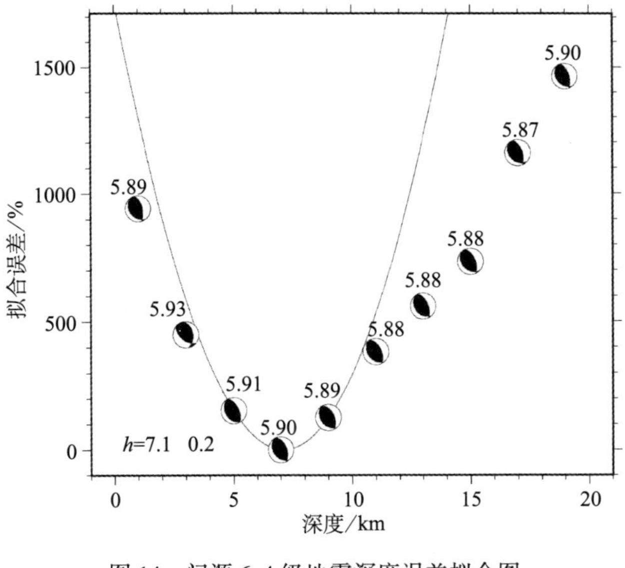

图 14 门源 6.4 级地震深度误差拟合图

Fig. 14 Fitting chart of the depth and error of the Menyuan 6.4 earthquake

从门源 6.4 级主震和余震精定位后的震中分布可以看出（图 13），主震和余震序列发生在冷龙岭断裂北侧，余震平面展布长轴呈 NW—SE 向，地震影响场等震线长轴总体呈北西西向，二者基本一致。因此，结合余震展布、烈度分布图、震源机制解推测和现场考察结果[4]，节面 II 应为此次地震的主破裂面。

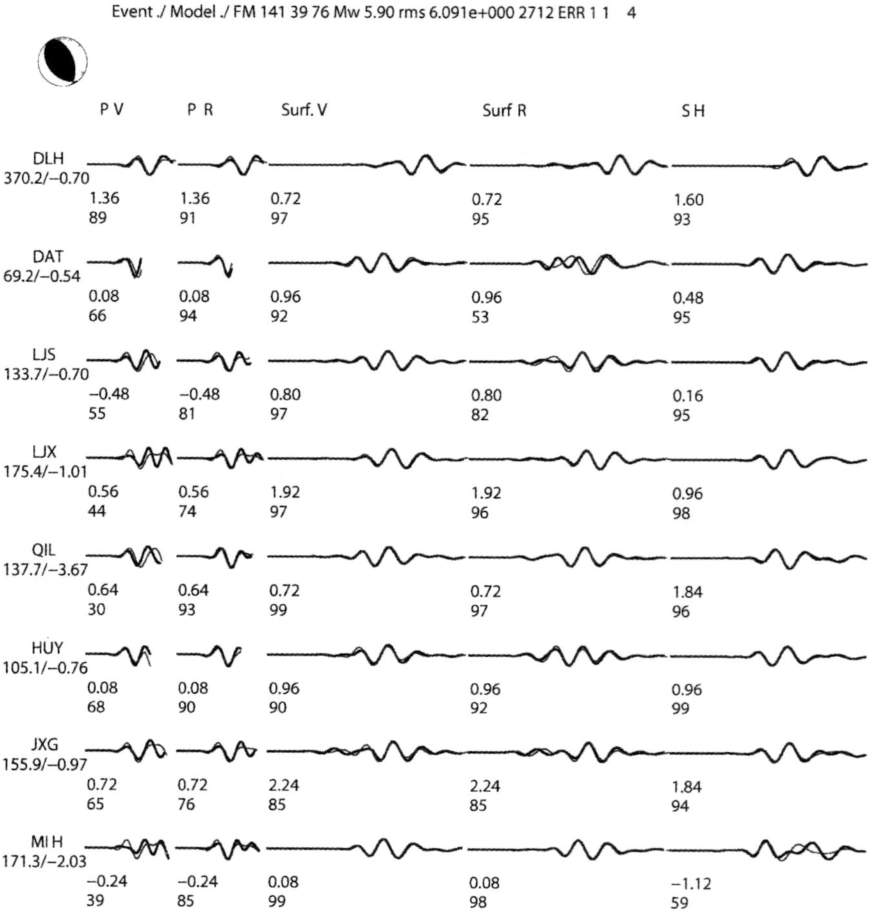

图 15　门源 6.4 级地震 CAP 反演实际波形与理论波形对比

Fig. 15　Comparison of the observed and theoretical waves of the Menyuan 6.4 earthquake by the CAP inversion method

红线为理论波形，黑线为实际波形，波形下方数字分别为互相关系数百分比（%）和对应时间偏移（s），台站名上方数字为震中距（km）和下方数字为方位角（°）

利用 CAP 方法对门源 6.4 级地震的部分余震也进行了反演（图 16），结果显示 1 月 23 日 M_L3.6 地震为逆冲兼走滑型、7 月 10 日 M_L3.6 和 8 月 13 日 4.6 级地震为逆冲性质。余震的震源机制总体上与主震具有较高的相似性，但 1 月 23 日 M_L3.6 地震具有一定的走滑分量，这可能与区域应力场在震后较短时间内有所调整有关。由于主震及其较大余震的震源机制解都是以逆冲型为主，与冷龙岭断裂的走滑运动性质不同，从余震分布看，地震主要发生于冷龙岭断裂北侧，该区域处受到托来山断裂与冷龙岭断裂的挤压逆冲作用[4]，故推断此次地震的发震构造可能为冷龙岭北侧的次级逆冲断层。

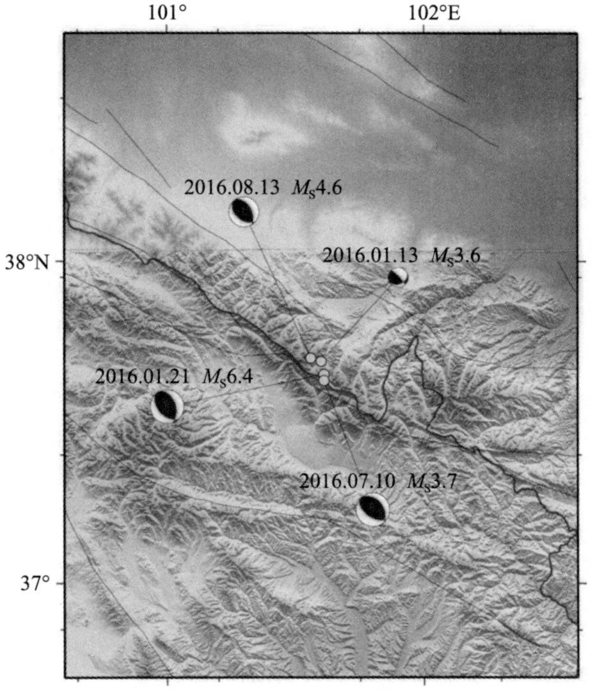

图 16　4 次 $M_L \geqslant 3.6$ 级地震的震源机制

Fig. 16　Distribution of focal mechanisms of $M_L \geqslant 3.6$ earthquakes

六、观测台网及地球物理观测异常

1. 定点地球物理观测台网

震中附近地区的地球物理观测台站及观测项目见图 17，地震发生在冷龙岭断裂附近，台站多集中于东南部，北部台站分布较为稀疏。

在震中 300km 的范围内，如图 17 所示，共有 32 个地球物理观测台站，主要的观测测项如下：①形变类，包括地倾斜、钻孔应变、洞体应变等；②电磁类，包括地电阻率、自然电位、电场、低频电磁扰动等；③地下流体观测，包括水位、水温、水氡、气氡等主要观测项目。

此次地震前共出现 13 个测项 20 条异常（表 6），其中测震学异常 4 个测项 5 条异常，异常比例为 25%。7 个测项 15 条地球物理观测异常，异常比例为 75 %，异常测项分布如图 18 所示。此外流动观测异常 3 个分别为流动地磁测量、跨断层测量和流动重力。地球物理观测异常中在震中 100km 范围内的异常 2 条，异常比例为 13%；100～200km 范围的异常 3 条，异常比例为 20%；200～300km 范围的异常 3 条，异常比例为 20%；300km 范围以外的异常 7 条，异常比例为 47%。

表 6　门源 6.4 级地震地球物理观测异常登记表

Table 6　Table of precursory anomaly of the Menyuan 6.4 earthquake

序号	异常项目	台站（点）或观测区	分析方法	异常判据及观测误差	震前异常起止时间	震后变化	最大幅度	震中距（km）	异常类别及可靠性	图号	异常特点及备注	震前提出/震后总结
1	地震平静	N34°~40° E89°~104°	M-T 图	6 级以上地震平静	2010.04~2016.01	平静打破			L_1		青海地区 6 级以上地震出现了超长平静	震前提出
2	地震平静	祁连地震带	M-T 图	6 级以上地震平静	2003.01~2016.01	平静打破			L_1		祁连地震带 6 级以上地震显著平静	震前提出
3	*b* 值	祁连地震带	2 级以上地震 *b* 值时间扫描计算	低 *b* 值异常	2012.06~2016.01	低 *b* 值回返			M_1		2012 年下半年出现低频次异常，2013 年门源 5.1 级地震前回返，震后再次出现低值异常	震前提出
4	波速比	N37°~38° E101°~103°	多台和达法	波速比降低之后回返	2015.01~2016.01	开始转折			S_1		震前一年波速比存在低值变化，但异常不显著	震后总结
5	地震频次	祁连地震带	3 级以上地震频次的时间扫描	低频次异常	2013.01~2016.01	低频次回返			M_1		2013 年初出现 *b* 值低值，已回返到均值线以上	震前提出

续表

序号	异常项目	台站（点）或观测区	分析方法	异常判据及观测误差	震前异常起止时间	震后变化	最大幅度	震中距（km）	异常类别及可靠性	图号	异常特点及备注	震前提出/震后总结
6	显著地震	38.0°N，100.4°E	M-T 图及视应力计算	祁连地震带丛集和平静活动	2015.11.23~2016.01.21				S_1		发生在 6 级以上地震平静 12 年的突出异常背景下和 5 级以上地震活跃时段内	震前提出
7	水平摆倾斜 NS 分量	门源	整点值	转折变化	2015.08.18~27	恢复	0.3 角秒	31	S_2		加速转折北倾后恢复	震前提出
	水平摆倾斜 EW 分量	门源	整点值	转折变化	2015.08.18~27	恢复	0.77 角秒	31	S_2		加速转折东倾后恢复	震前提出
8	垂直摆倾斜 NS 分量	门源	整点值	转折变化	2015.08.18~27	恢复	0.23 角秒	31	S2		转折南倾后恢复	震前提出
	垂直摆倾斜 EW 分量	门源	整点值	转折变化	2015.08.18~27	恢复	0.2 角秒	31	S2		转折东倾后恢复	震前提出
9	静水位	平安	整点值	破年变	2015.09~2016.01	恢复		140	S_2		破年变，2014 年架设故较难识别年变周期	震后总结
10	钻孔倾斜 NS 分量	湟源	整点值	持续北倾	2015.11~2016.02	基本恢复	0.43 角秒	130	S_2		转折持续北倾，之前多次变化未有地震对应	震后总结

续表

序号	异常项目	台站（点）或观测区	分析方法	异常判据及观测误差	震前异常起止时间	震后变化	最大幅度	震中距（km）	异常类别及可靠性	图号	异常特点及备注	震前提出/震后总结
11	气氡	乐都	整点值	破年变	2015.12～2016.03	未恢复	150Bq/L	140	S_1		震前大幅度突升，突升幅度达 150Bq/L，震后下降	震前提出
12	钻孔倾斜NS分量	寺滩	整点值	加速北倾	2016.01.17～24	恢复	0.75角秒	203	I_2			震前提出
13	洞体应变EW	白银	整点值	破年变	2013.09～2015.01	恢复		250	M_2		出现趋势转平，震后恢复之前趋势	震前提出
14	短基线伸缩仪NS分量	兰州十里店	整点值	趋势转折	2014.05～2016.01	基本恢复	9×10^{-5}	258	M_2		趋势转折上升，震后恢复之前趋势	震前提出
15	水温	海原	日均值	转折上升	2015.08～11	恢复	0.00℃	350	S_2		先转折上升，后恢复下降，在下降过程中地震发生	震后总结
16	气氡	嘉峪关	日均值	高值变化	2015.09～	未恢复	20BqL	392	S_2			震前提出
17	钻孔应变	格尔木	差应变	破年变	2015.01～2016.02	恢复		640	M_2			震后总结

续表

序号	异常项目	台站（点）或观测区	分析方法	异常判据及观测误差	震前异常起止时间	震后变化	最大幅度	震中距（km）	异常类别及可靠性	图号	异常特点及备注	震前提出/震后总结
18	水平摆倾斜EW	格尔木	日均值	趋势性转折	2015.01~	未恢复		640	M_1		年变幅度减小	震后总结
19	深井地电EW	天水	整点值	加速上升	2016.01.05~21	恢复	0.011Ω·m	522	I_2		加速上升并多次起伏	震前提出
	深井地电NW	天水	整点值	加速上升	2016.01.05~21	恢复	0.011Ω·m	522	I_2		加速上升并多次起伏	震前提出
20	地磁		加卸载响应比和逐日比	超阈值	2015.12.23~23	恢复			S_2		多台地磁加卸载响应比和逐日比出现超阈值	震后总结
21	水温	玉树	分钟值	“V”形变化	2015.10.07~11.17	恢复	0.0166℃	756	S_1		出现“V”形变化或台阶变化	震前提出

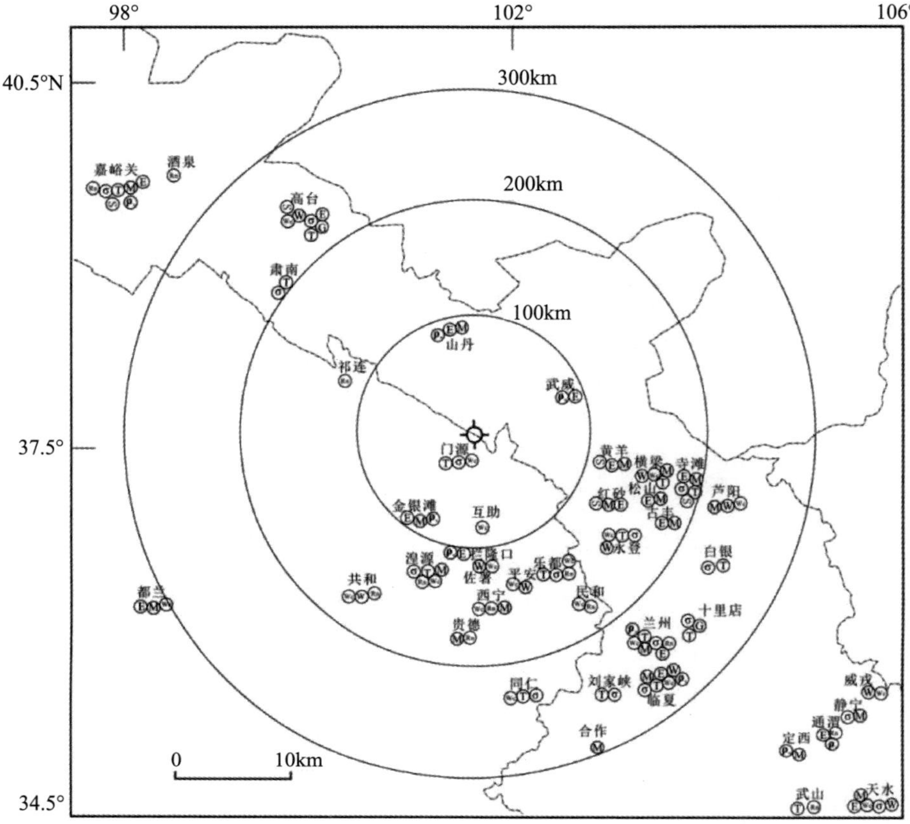

图 17　门源 6.4 级地震震中附近地区地震台站及观测项目

Fig. 17　Distribution of precursory monitoring stations before the Menyuan 6.4 earthquake

2. 地震活动性异常

1）青海地区 6 级以上地震的超长平静异常

青海地区地震频发，年均发生 0.69 次 6 级以上地震。历史地震统计显示，6 级以上地震具有“活跃—平静”特征[16~19]，1930 年以来经历了 6 个 6 级以上地震活跃时段，持续时间 5~11 年（图 19）。2008 年 11 月 10 日大柴旦 6.3 级地震、2009 年 8 月 28 日大柴旦 6.4 级地震和 2010 年 4 月 14 日玉树 7.1 级地震的发生表明青海地区应该处于 6 级以上地震相对活跃的时段，存在发生 6 级以上地震的背景。2010 年玉树 7.1 级地震后，青海地区 6 级以上地震显著平静，且 5 级以上地震也处于弱活动状态（图 20）。因此，青海地震局在 2014 年度趋势会商会提出青海地区 6 级以上地震显著平静异常（42 个月）[4)]，该异常持续至 69 个月，由 2016 年门源 6.4 级地震打破。

2）祁连地震带 6 级以上地震显著平静

祁连地震带是历史上的中强震频发的地区，5 级以上地震丛集活跃和平静交替活动特征比较明显（图 21）。1927~1934 年、1951~1962 年、1980~2003 年都出现了 5 级以上地震的丛集活动现象，且在活跃时段内曾发生过 6 级以上地震。2003 年 10 月 25 日民乐 6.1 级地震后，出现 5.5 级以上地震平静，2008 年 3 月 30 日甘肃肃南 5.0 级地震打破 5 级以上地震长达 4 年零 5 个月的平静，之后发生了 3 次 5 级以上地震，但是在 5 级以上地震活跃的背景下 6 级以上地震在此次门源地震前已平静 12 年（图 22）。

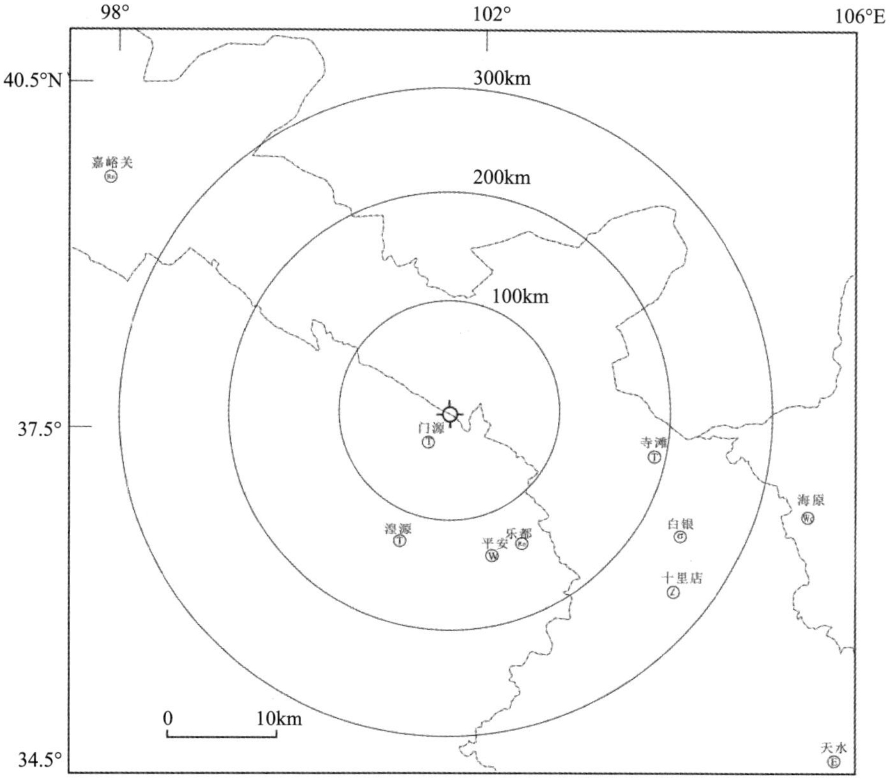

图 18　门源 6.4 级地震震中附近地区地震地球物理观测异常分布图

Fig. 18　Distribution of precursory monitoring stations before the Menyuan 6.4 earthquake

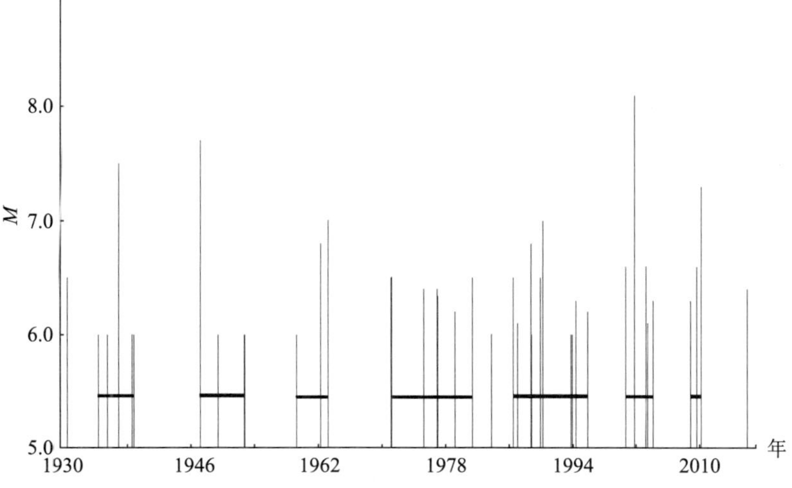

图 19　1930 年以来青海地区 $M_S \geq 6.0$ 地震 M-T 图

Fig. 19　M-T diagram of $M_S \geq 6.0$ earthquakes in Qinghai region since 1930

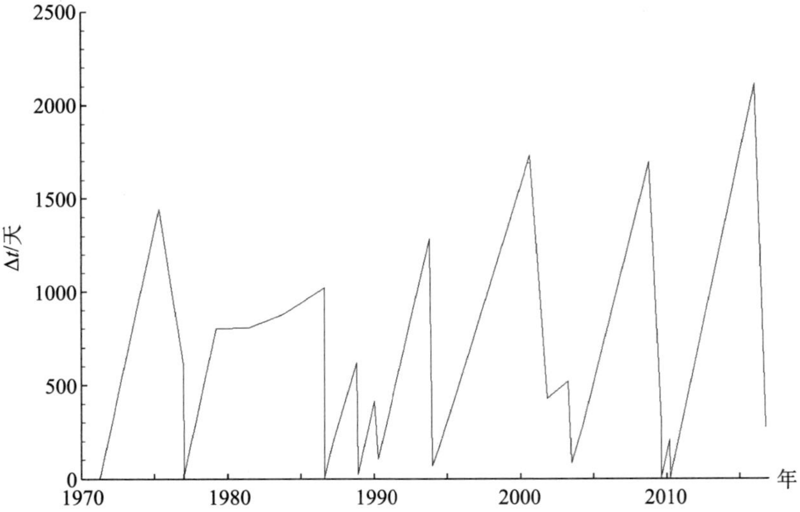

图 20　1970 年以来青海地区 $M_S \geqslant 6.0$ 级地震时间间隔 Δd-T 图

Fig. 20　Δd-T diagram of $M_S \geqslant 6.0$ earthquakes in Qinghai region since 1970

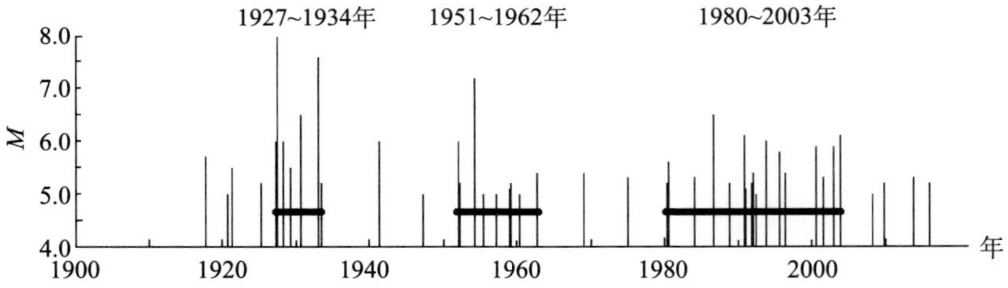

图 21　1900 年以来祁连地震带 $M_S \geqslant 5.0$ 地震 M-T 图

Fig. 21　M-T diagram of $M_S \geqslant 5.0$ earthquakes since 1900 in Qilian earthquake zone

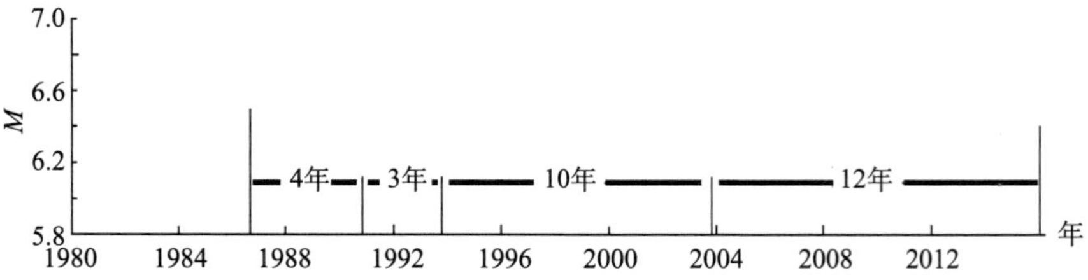

图 22　1980 以来祁连地震带 $M_S 6 \geqslant 6.0$ 级地震 M-T 图

Fig. 22　M-T diagram of $M_S \geqslant 6.0$ earthquakes since 1980 in Qilian earthquake zone

3）测震学参数中长期异常

通过选取祁连构造带 $M_L \geqslant 3.0$ 级地震目录（剔除余震），对 b 值、GL 值和 $M_L \geqslant 3.0$ 级地震频次、进行 12 个月窗长 1 个月步长的时间扫描分析，震前提出两项测震学参数类异常。

（1）3 级以上地震低频次异常。

2015 年 10 月通过对祁连构造带 3 级以上地震进行频次的时间扫描计算，明确提出了 3 级以上地震频次自 2012 年下半年出现低频次异常，2013 年门源 5.1 级地震前出现回返，震后再次出现低值异常，并有回返趋势的中长期异常（图 23a）。震后该异常恢复，认为对应了此次异常。

（2）低 b 值异常。

使用 1980 年以来青海省地震目录中 $M_L \geqslant 2.0$ 级地震（KK 法删除余震），通过对祁连构造带进行 b 值时间扫描计算，发现祁连地震带 2013 年初出现 b 值低值，根据以往震例总结，低 b 值回返后可能对应祁连地震带 6.0 级以上地震。震前已回返到均值线以上（图 23b）。认为该异常对应了此次地震。

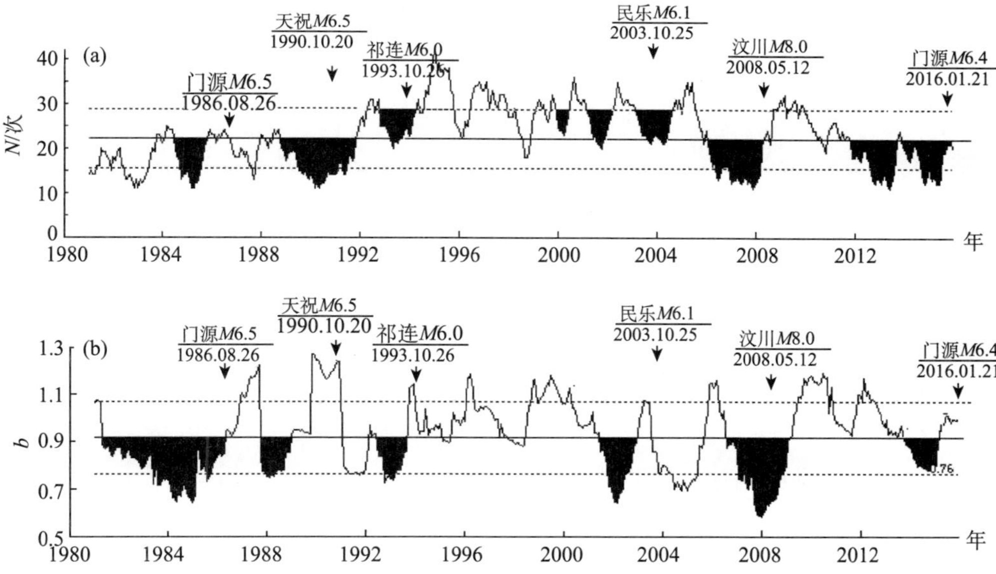

图 23 祁连地震带测震学参数时间扫描曲线

Fig. 23 Curves of seismic parameters in Qilian earthquake zone

（a）频次；（b）b 值

4）显著地震

此次地震前两个月，在同一构造带上 2015 年 11 月 23 日发生了祁连 5.2 级地震，该地震不仅发生在祁连地震带 6 级以上地震已平静 12 年的突出异常背景下，而且发生在 5 级以上地震已进入活跃时段内（图 21）。根据以往祁连地震带丛集和平静活动特征，认为祁连 5.2 级地震的发生预示着未来祁连地震带 5 级地震可能进入相对活跃的时段，判断在祁连地震带 5 级丛集活动时段发生多次 5.5 级以上，甚至发生 6 级以上地震的特点比较明显。另外，通过视应力值计算，发现祁连 5.2 级地震的视应力值略高于 2014 年 10 月 2 日青海乌兰 5.1 级地震和 2015 年 10 月 12 日玛多 5.1 级地震的视应力值，表明祁连地震带应力积累相对较高。

5）波速比异常

2009 年以来，运用多台和达法波速比对门源区域（37°~38°N，101°~103°E）进行了持续跟踪分析，如图 24 所示，计算时使用了 2009 年 1 月 1 日至 2016 年 4 月 31 日青海台网给出的 M_L≥1 级地震观测报告，设定相关系数 $R \geqslant 0.99$，计算误差 $\gamma \leqslant 0.1$，台站个数 $n \geqslant 4$。分析时对计算结果进行 5 点平滑处理，门源 6.4 级地震前一年，波速比存在降低之后回返的过程[20]，但异常不显著。

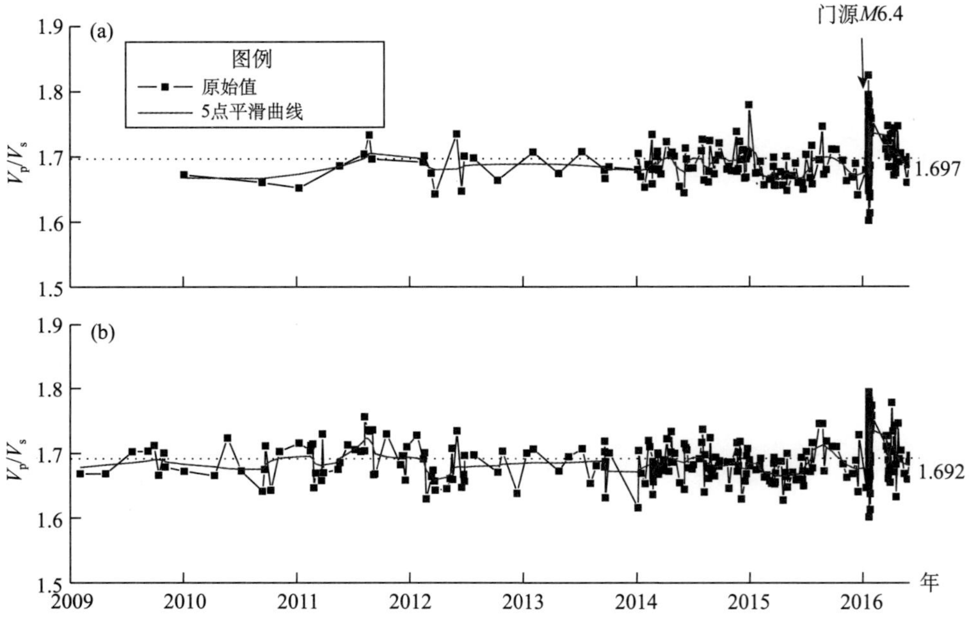

图 24　多台和达法波速比时间变化曲线

Fig. 24　Variation curve of V_P/V_S calculated using multiple station in the study area

（a）$t_{S_i}-t_{P_i} \leqslant 15s$；（b）$t_{S_i}-t_{P_i} \leqslant 20s$

3. 地球物理观测异常

1）门源 6.4 级地震震中 300km 范围内异常

门源 6.4 级地震震中 300km 范围内定点地球物理观测台站共 32 个，包括形变、电磁和地下流体等主要观测项目，其中 100km 范围内有 5 个台站 12 个台项，提出异常 2 条；100~200km 范围有 17 个台站 49 个台项，提出异常 3 条；200~300km 范围有 10 个台站 37 个台项，提取异常 3 条。下面按照异常出现的时间顺序分述如下：

（1）中期异常。

①白银洞体应变。

白银洞体应变距震中 250km，其 EW 分量 2013 年 9 月开始出现趋势转平异常变化，打破了 2010~2013 年逐年上升（拉张）的年变形态（图 25）。该项异常为震前提出，白银洞体应变在 2010 年 4 月 14 日玉树 7.1 地震（Δ=790km）和 2013 年 7 月 22 日岷漳 6.6 地震（Δ=230km）后，NS、EW 两道均同步出现趋势转折。

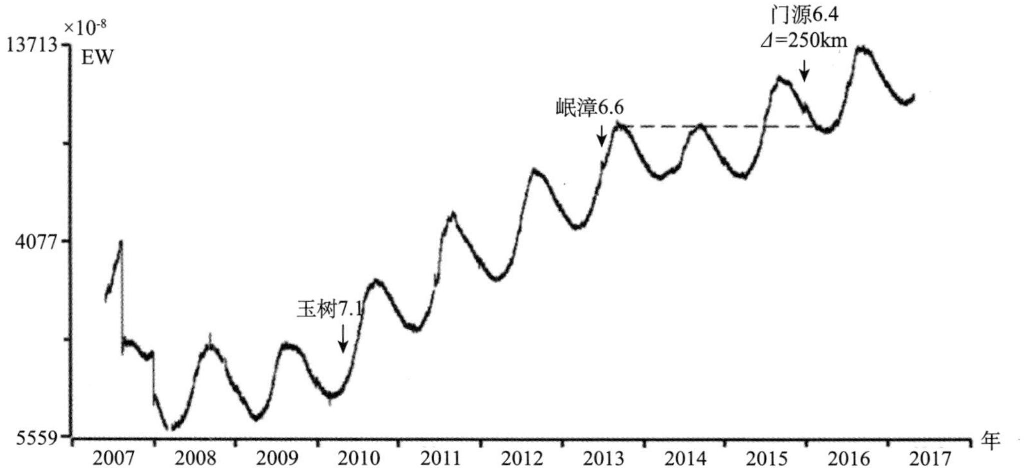

图 25 白银洞体应变观测曲线

Fig. 25 Curve of cave strain observation at Baiyin station

②兰州十里店洞体应变。

兰州十里店洞体应变距震中 258km，2014 年 5 月洞体应变短基线 NS 向出现趋势性转折上升（图 26），该项异常为震前提出，2015 年 1~4 月份上升的速率减缓，尼泊尔 8.1 级地震后上升速率恢复到 2014 年 5~12 月的水平。2016 年 1 月 21 日门源地震后，数据由原来的上升转为走平，由此判断，该测项转折上升是门源地震地球物理观测异常。

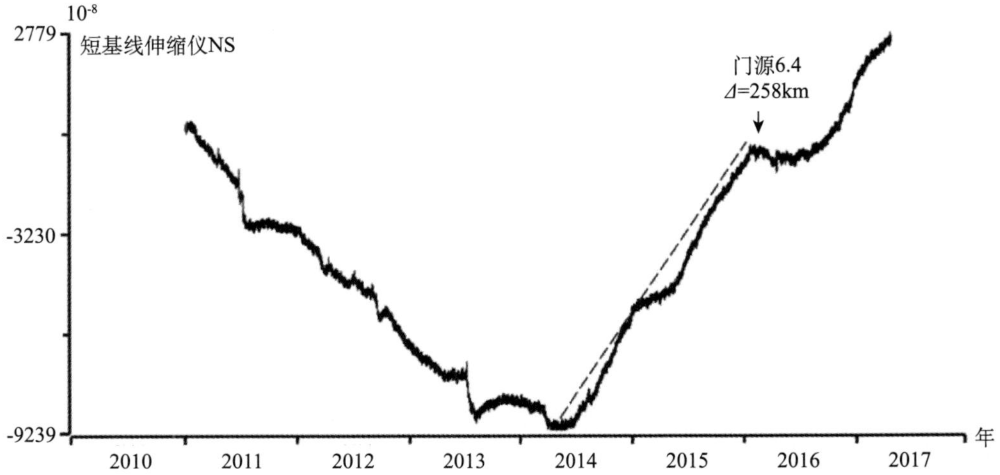

图 26 兰州十里店洞体应变观测曲线

Fig. 26 Curve of cave strain observation at Lanzhou Shilidian station

（2）短期和短临异常。

①门源倾斜。

门源倾斜距震中 31km，门源水平摆倾斜、垂直摆倾斜两个分量均于 2015 年 8 月 18 日出现转折变化（图 27 和图 28），其中，水平摆倾斜 NS 向呈北倾趋势、EW 向呈东倾趋势，垂直摆倾斜 NS 向呈南倾趋势、EW 向呈东倾趋势，8 月 27 日后均回返，2016 年 1 月 21 日发生门源 6.4 级地震[21]。门源倾斜异常在震前提出，但门源倾斜资料稳定性较差，因此作为 C 类异常提出，从 2012～2016 年门源倾斜共出现 3 次同步转折异常，只有一次异常对应此次地震，故异常信度较低。

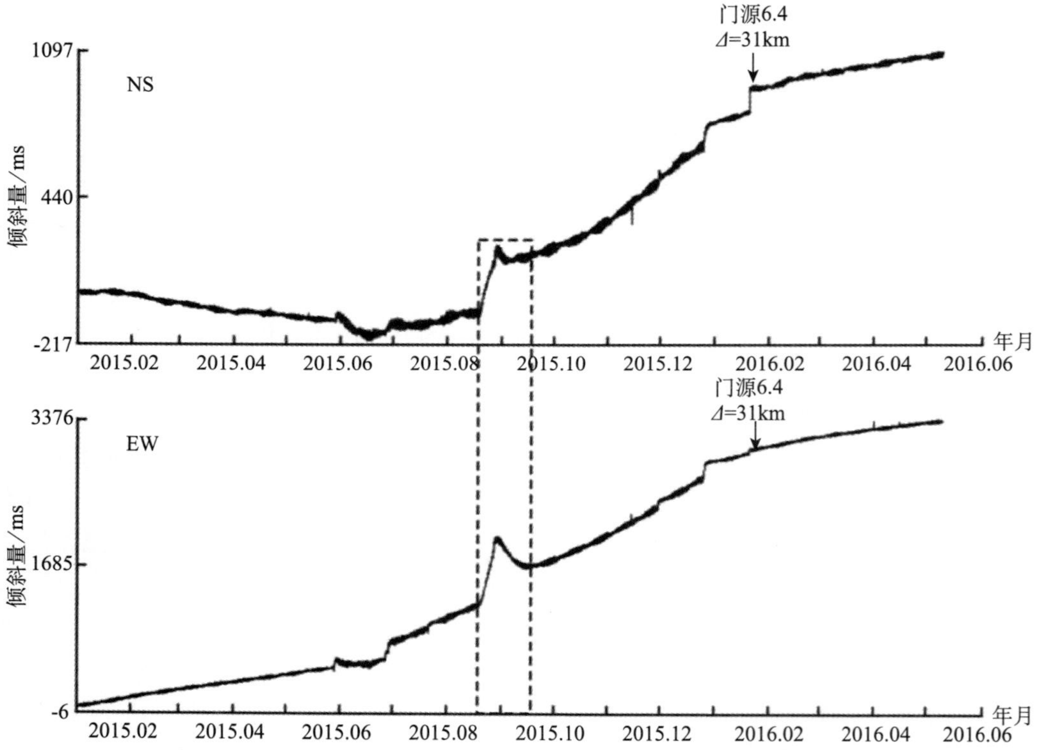

图 27　门源水平摆倾斜整点值曲线

Fig. 27　Curve of integral point value of horizontal pendulum tilt at Menyuan station

②平安静水位。

平安静水位距震中 140km，如图 29 所示，2015 年 9 月 23 日静水位打破原来下降趋势，转变为上升变化，2015 年 10 月 25 日至 12 月 7 日出现了快速下降，2015 年 12 月 8 日至 2016 年 1 月 20 日继续缓慢上升，2016 年 1 月 21 日发生门源 6.4 级地震。震后测值出现转折下降，跟往年同期趋势相同。该项异常为震后总结，2015 年 9 月 23 日平安静水位开始出现破年变异常，但考虑到该仪器是在 2014 年 7 月前后才架设的，时间较短，周期尚很难分辨，故仅在会商时提到，未作为异常提出，门源地震后年变形态恢复，因此认定该项异常为门源地震地球物理观测异常。

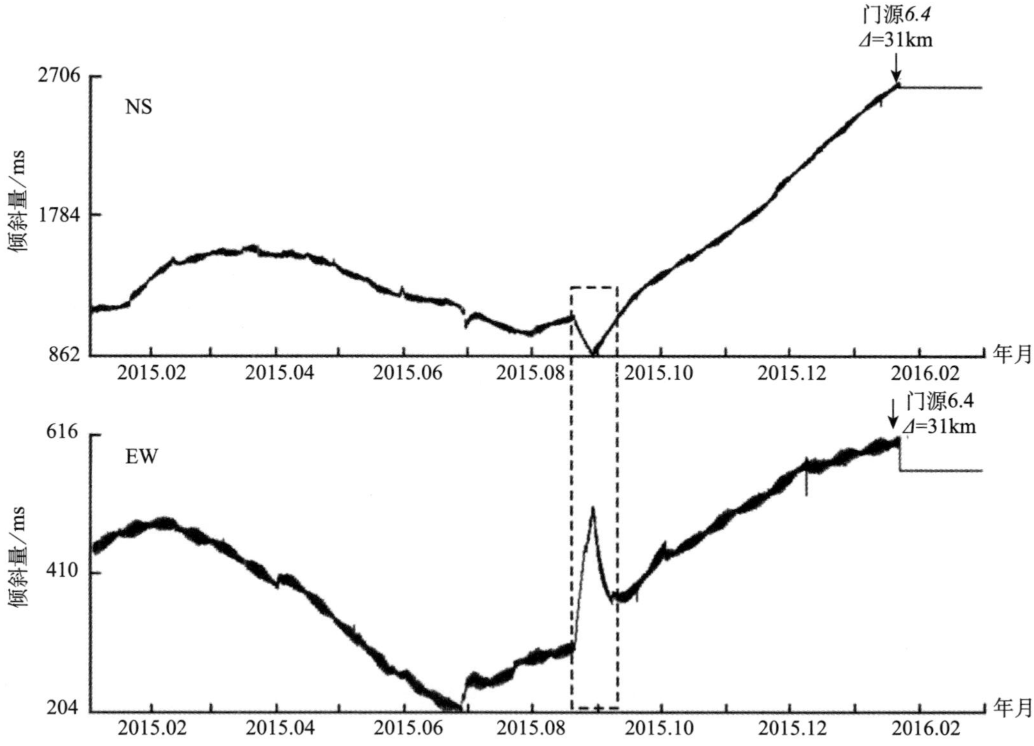

图 28　门源水垂直摆倾斜整点值曲线

Fig. 28　Curve of integral point value of vertical pendulum tilt at Menyuan station

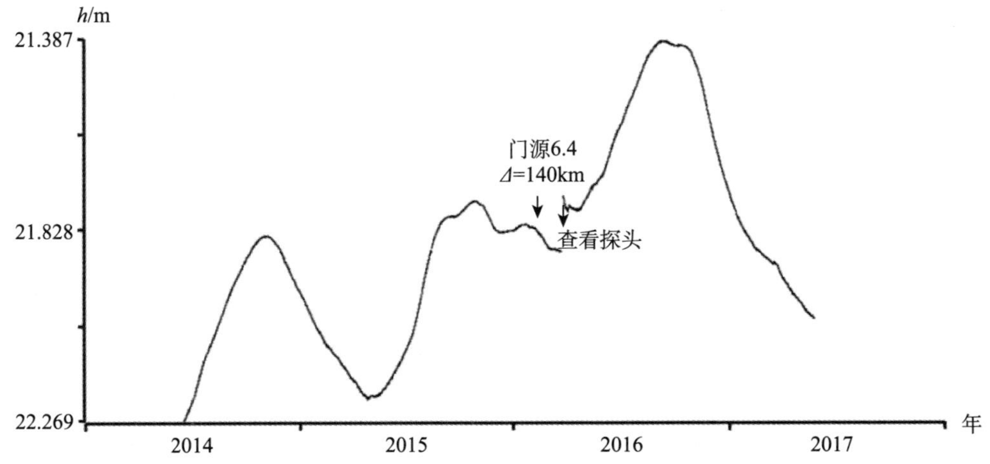

图 29　平安静水位整点值曲线

Fig. 29　Curve of integral point value of water level at Pingan station

③湟源钻孔倾斜。

湟源钻孔倾斜距震中 130km，该测项北南分量 2015 年 11 月后开始转折持续北倾，门源 6.4 级地震后回返（图 30）[21]。该项异常为震后总结，异常出现后，与台站电话沟通，结合现场核实情况及近几年异常对应地震情况，分析认为异常信度较低，未作为异常提出，门源地震后，NS 分量持续回返，在 3 月底恢复正常变化水平，期间数据稳定连续，因此认定该项异常为门源地震地球物理观测异常。

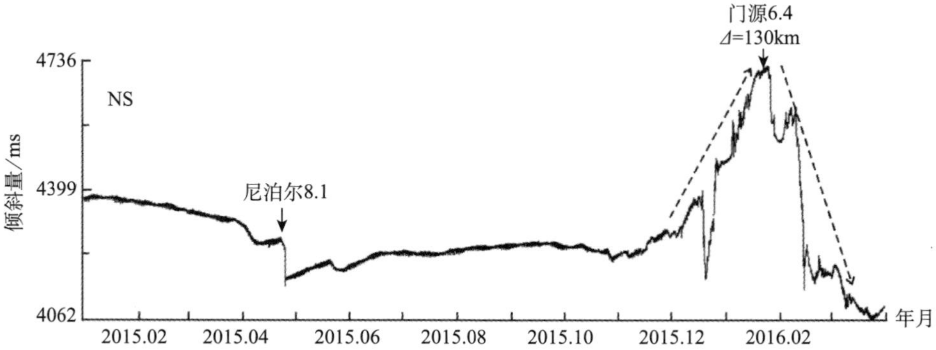

图 30　湟源钻孔倾斜整点值曲线

Fig. 30　Curve of integral point value of borehole tilt meter at Huangyuan station

④乐都气氡。

乐都气氡距震中 140km，2015 年 12 月 19 日氡值出现突升异常为 2012 年稳定观测以来首次氡值大幅度突升，突升幅度达 150Bq/L。23 日开始有所下降，29 日又有上升趋势，直至 2016 年 1 月 9 日达到最高，涨幅约 150Bq/L（图 31）。2016 年 1 月 21 日发生门源 6.4 级地震，1 月 23 日该数据开始下降[22]。该项异常为震前提出，2015 年 12 月 23 日周会商会中提出该异常，2015 年 12 月 24 日现场核实确定为地球物理观测异常，之后分别于 2015 年 1 月 13 和 21 日前往采样化验分析，并在第二次采样当天发生门源地震。

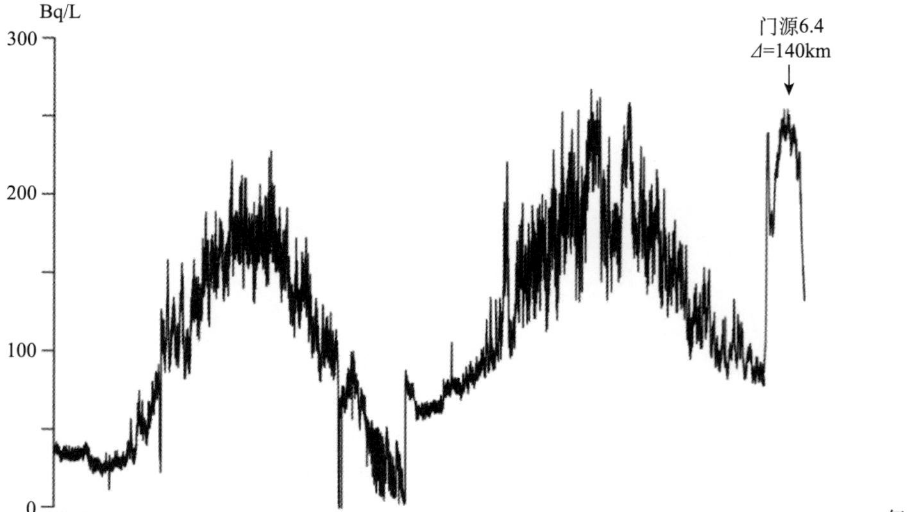

图 31　乐都气氡整点值曲线

Fig. 31　Curve of integral point value of gas radon at Ledu station

⑤寺滩钻孔倾斜。

寺滩钻孔倾斜距震中 203km，该测项 NS 分量从 1 月 17 到 24 日数据出现加速上升（北倾）变化，变化幅度达 0.75 角秒（图 32）。该项异常为震前提出，寺滩（台阵）观测点，由于受到农电干扰，经常停电缺数，但 2015 年 10 月至 2016 年 1 月期间，供电正常，数据较平稳。2016 年 1 月 21 日发生了门源 6.4 级地震，震后 23 日数据恢复原来的稳定状态。

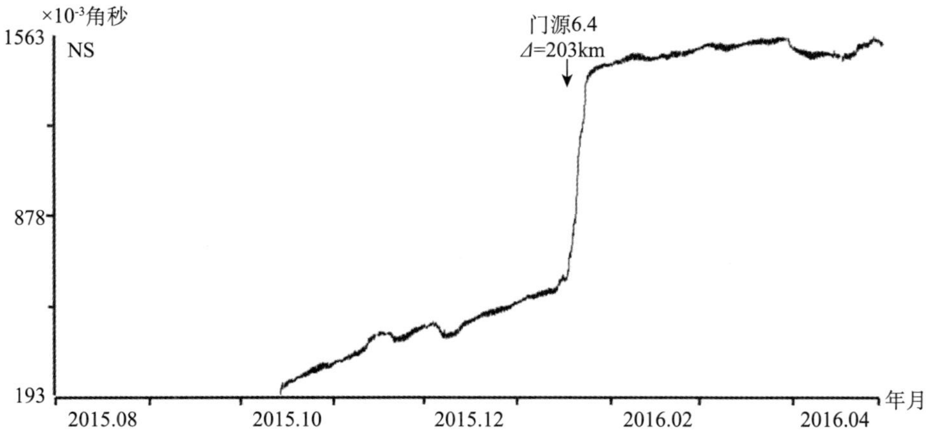

图 32　寺滩钻孔倾斜整点值图

Fig. 32　Curve of integral point value of borehole tilt meter at Sitan station

2）门源 6.4 级地震震中 300km 范围外异常

门源 6.4 级地震震中 300km 外共收集到 8 条异常，下面按照异常出现的时间顺序分述如下：

（1）中期异常。

①海原干盐池水温。

干盐池水温距震中 350km，该测项在 2015 年 8 月开始转折上升，在十一月恢复下降趋势，在下降过程中发生门源 6.4 级地震（图 33）。该项异常为震后总结，该井水温共出现过 3 次趋势转折上升变化，对应 3 次地震，对应率为 100%，对应区域为龙门山断裂带、鄂尔多斯西北缘和祁连山地震带中段的 5.8 级以上中强震，异常形态表现为趋势上升，有时伴有快速下降。

②嘉峪关气氡。

嘉峪关气氡距震中 392km，2015 年 9 月以来氡值出现高值异常，2016 年 1 月 21 日发生门源 6.4 级地震（图 34）。该项异常为震前提出，2015 年 7 月气氡出现高值相关人员进行过现场核实，初步判定可能受气温的影响，但 9 月份以后两年同期观测室温度相差不大，特别是 2016 年 1~2 月，观测室温度低于 2015 年 1~2 月，且取样温度相差不大，另外台站观测人员也进行过多次异常干扰排查，均没发现干扰。据此判断 2015 年 9 月以来氡值的高值异常可信，为门源地震中期异常。

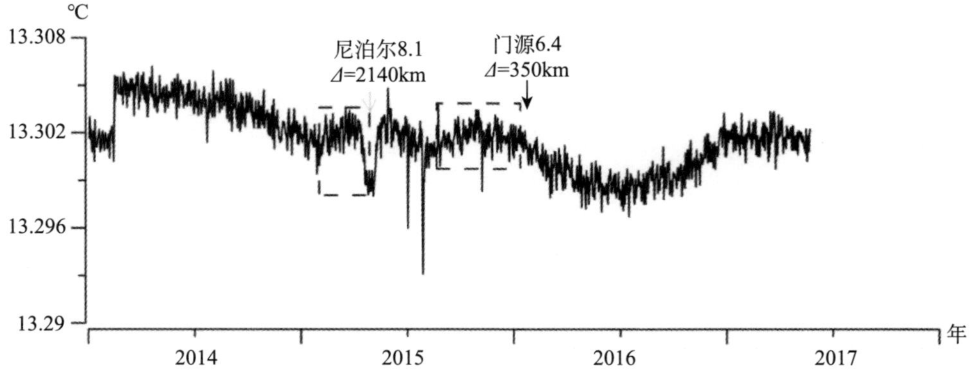

图 33　海原干盐池水温日均值图

Fig. 33　Curve of daily mean value of dry salt pond's water temperature at Haiyuan station

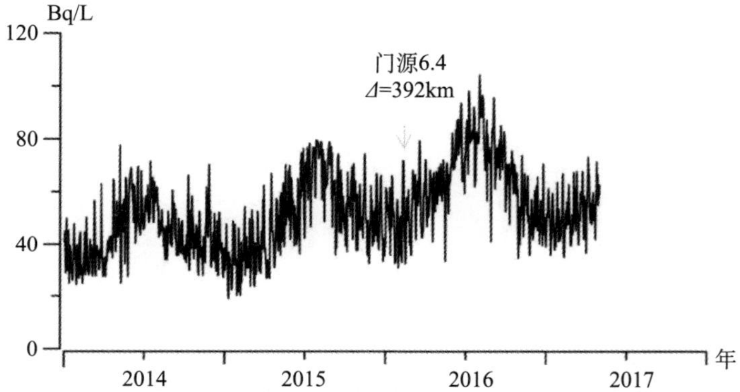

图 34　嘉峪关气氡日均值曲线

Fig. 34　Curve of daily mean value of gas radon at Jiayuguan station

③格尔木钻孔应变差应变。

格尔木钻孔应变距震中 640km，该测点钻孔应变 1-3 和 2-4 差应变 2015 年开始出现趋势转折异常（图 35）。1-3 差应变 2011 年以来存在较稳定的年变变化，2015 年年变不清晰，2016 年 1 月 21 日门源地震之后年变恢复[21]，该项异常为震后总结。

④格尔木水平摆倾斜 EW 分量。

格尔木水平摆倾斜距震中 640km，其东西分量自 2015 年以来出现趋势转折变化（图 36），从年变对比发现，2015 年上半年年变幅度较往年明显偏小，出现“破年变”异常，2016 年有所恢复[21]。该项异常为震后总结，水平摆倾斜 EW 分量自 2011 年出现“破年变”异常，作为地球物理观测异常跟踪，在 2012 年 7 月因为长时间未对应地震异常取消，2015 年 EW 分量出现趋势转折变化，2016 年 1 月 21 日发生门源地震。格尔木水平摆倾斜 EW 分量“破年变”异常主要对应于 6 级以上地震。

（2）短期异常。

①天水深井地电。

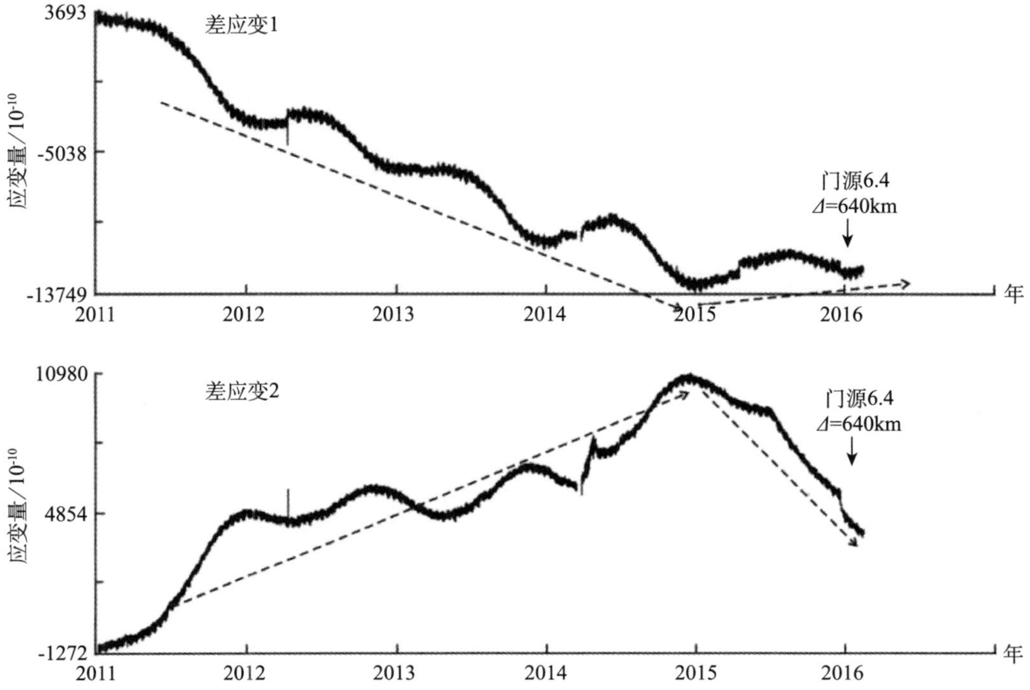

图 35 格尔木钻孔应变差应变整点值曲线

Fig. 35 Curve of integral point value of differential strain of borehole strain tilt at Geermu station

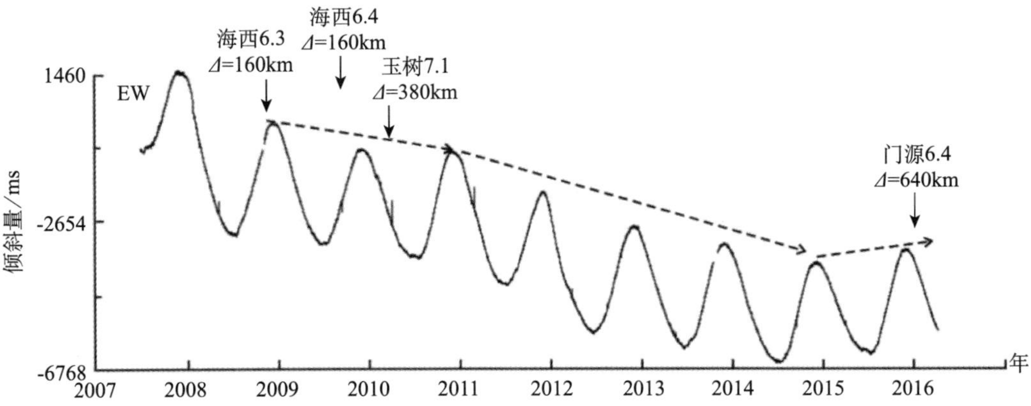

图 36 格尔木水平摆倾斜 EW 分量整点值曲线

Fig. 36 Curve of integral point value of horizontal pendulum tilt at Geermu station

天水台深井地电观测距震中 522km，该测点地电观测 EW、NW 道日均值资料于 2016 年 1 月 5 日开始加速上升形态，并多次起伏（图 33），该项异常为震前提出，1 月 21 日发生门源 6.4 级地震，发震间隔 15 天，震后异常恢复。

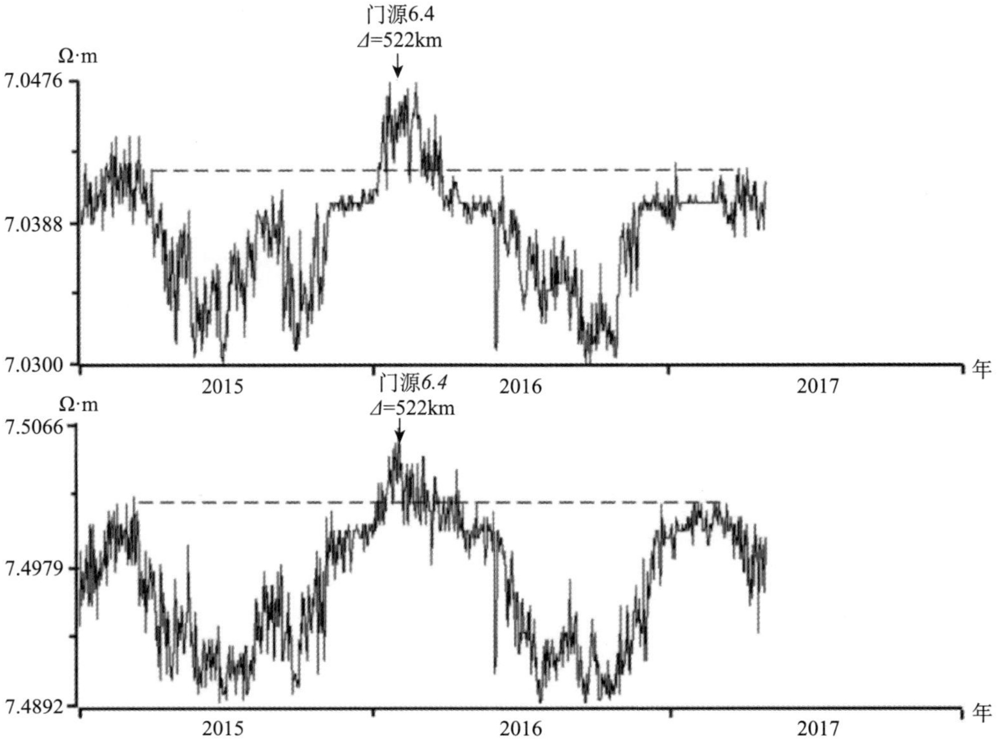

图 37 天水深井地电阻率观测日均值曲线

Fig. 37 Curve of daily mean value of the deep-well geoelectrical resistivity at Tianshui station

②地磁加卸载响应和逐日比。

2015 年 12 月 23 日嘉峪关和贵德台加卸载响应比值分别为 6.5、3.7，均超限（图 38），出现最大异常的嘉峪关距离震中 370km；在逐日比结果中，2015 年 12 月 23 日天水、嘉峪关、格尔木、德令哈、都兰和贵德台逐日比值分别为 2.9、3.2、2.8、3.0、2.8 和 3.7，均超限（图 39），出现最大异常的格尔木距离震中 640km[23]。该项异常为震后总结，异常出现之后相关人员在周会商提出，但讨论此前未出现过相似变化，因此未作为地球物理观测异常提出，继续跟踪异常变化，在跟踪过程中门源地震发生。

③玉树水温。

玉树水温距震中 756km，2015 年 10 月 7 日数据出现下降趋势，幅度大约 0.0166℃，10 月 31 日开始出现上升趋势，形成“V”形变化，11 月 17 日数据转平（图 40）。2016 年 1 月 21 日发生门源地震。该项异常为震前提出，玉树水温异常为 2016 年度异常，异常信度为 A，玉树水温自观测以来出现四次短期突异常变化分别对变应于汶川 8.0 级、德令哈 5.0 级、玉树 7.1 级、尼泊尔 8.1 级地震，前 3 次异常表现形态极为相似，均表现为“V”异字形，而尼泊尔地震前的异常形态表现为突升型。此次门源地震震前异常呈“V”形变化。

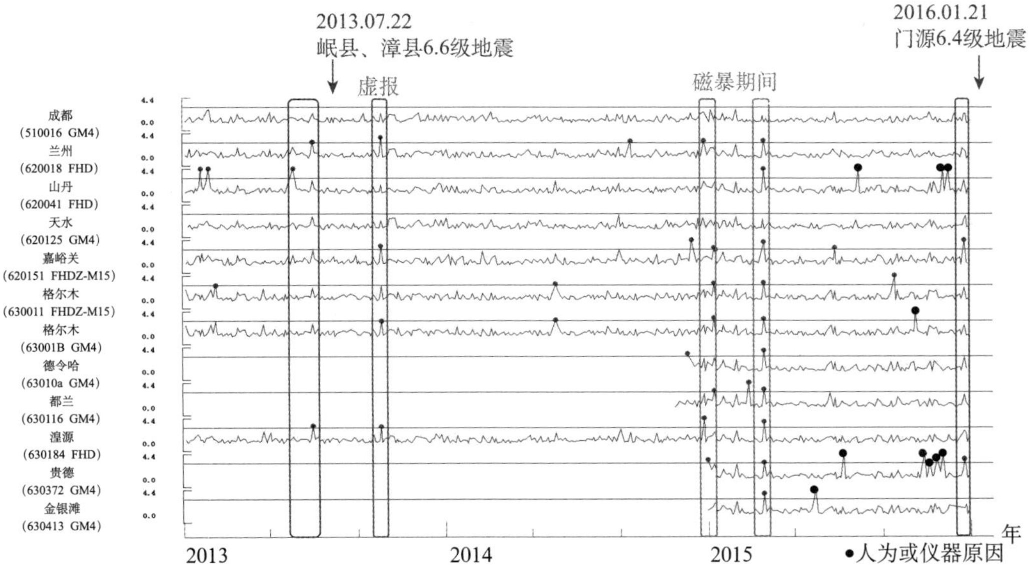

图 38 加卸载响应比异常图（阈值 3. 1）

Fig. 38 Load-unloading response ratio results (threshold value 3. 1)

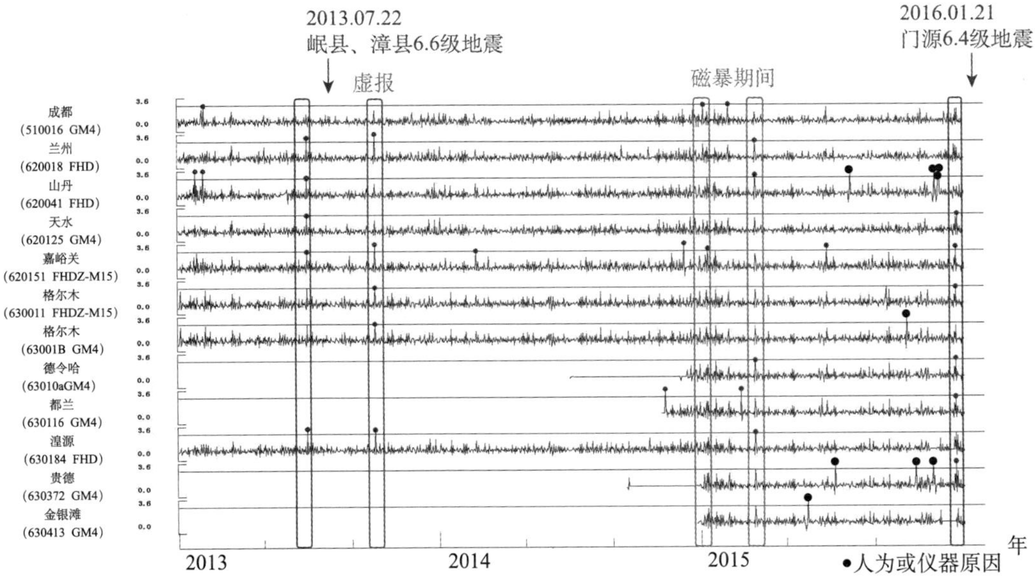

图 39 逐日比异常图（阈值 2. 8）

Fig. 39 Daily variation amplitude radio results (threshold value 2. 8)

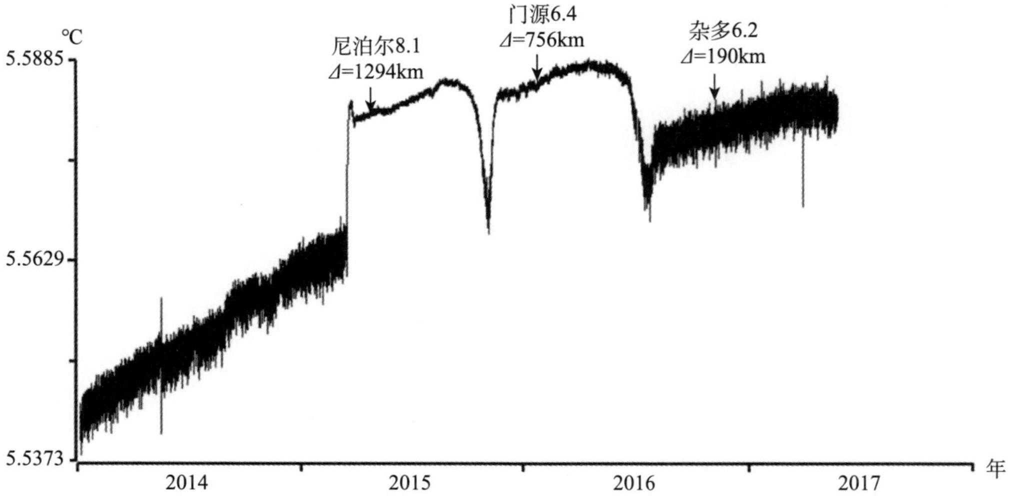

图 40 玉树水温整点值曲线

Fig. 40 Curve of integral point value of water temperature at Yushu station

4. 流动观测异常

1) 流动地磁异常

在门源地震前，2015 年的流动地磁观测中，发现在门源震中附近区域存在异常（图 41），H 矢量场特征表现为：在强度相近且方向一致的背景下，局部区域出现强度显著减小且伴随矢量方向的转折，在 2016 年年度会商报告中在该区域划定了危险区，2016 年 1 月 21 日门源地震发生。

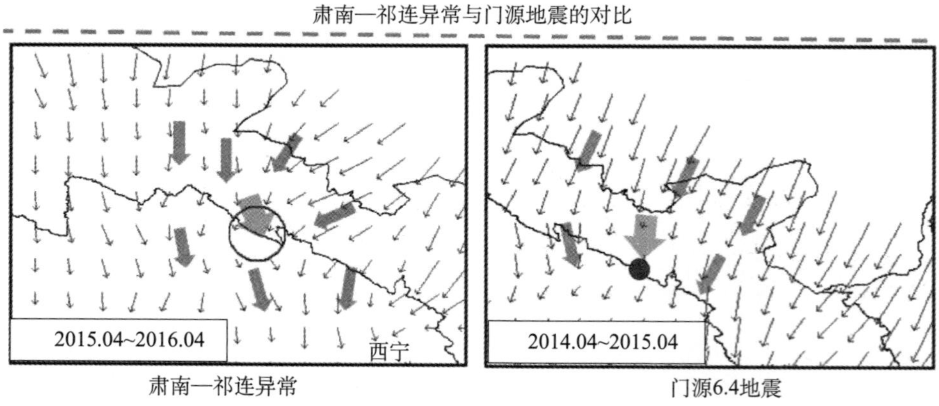

图 41 流动地磁异常图

Fig. 41 Mobile geomagnetic anomaly graph

2) 流动重力异常

在重力异常对应地震的研究中，中强地震多发生在与断层走向基本一致的重力变化梯度带上或正负相间四象限包围的区域。在门源地震前，2015 年的流动重力观测中，发现在门源震中附近区域存在异常（图 42），在 2016 年年度会商报告中在该区域划定了危险区。

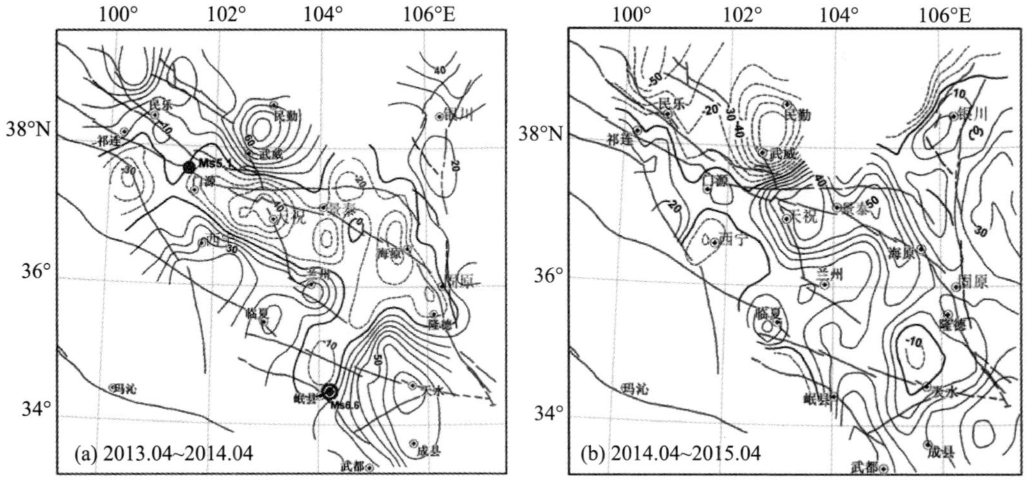

图 42　流动重力异常图

Fig. 42　Mobile gravity anomaly graph

3）跨断层异常

2015 年以来，跨断层异常在祁连带中东段比较集中、短期异常逐渐增多；祁连带 2014 年短期异常增多但比较分散，2015 年下半年异常进一步增多且迁移集中于断裂带中东段，异常以相似性的突跳变化为主；特征强度指标在祁连带中东段出现先正断、后逆断、再正断异常，震后减弱；震区及附近异常累计数曾出现加速上升的转折点（图 43）。震后 1 周内对震区附近 7 处场地加密复测，主要显示转折特性。

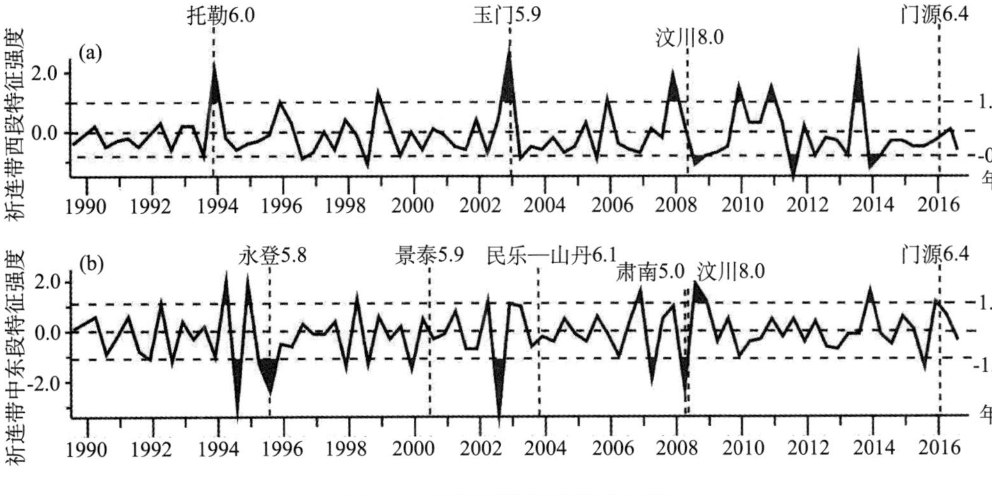

图 43　跨断层特征强度异常图

Fig. 43　Cross-fault characteristic strength anomaly map

另外，收集了6.4级地震震中周边地球物理观测资料和相关文献，其中都兰水温、德令哈动水位、清水流量、门源钻孔应变、兰州十里店长基线伸缩仪、两水的钻孔倾斜以及平凉崆峒的深井地电阻率等7项分别出现不同程度的中短期异常和临震异常，异常主要以形变异常和流体异常为主，但由于以上异常多出现在距离震中300km范围外，且测项的异常信度均较低，因此对这7项异常未进行统计和分析。

七、地震地球物理观测异常特征分析

1. 地震学异常

门源6.4级地震震前主要以中长期异常为主，背景性异常比较突出，在只考虑祁连地震带的前提下，首先祁连地震带6级以上地震平静也达12年背景性异常下，2008年以来祁连地震带5级以上地震已进入活跃时段内，震前3年左右震源区附近地震学参数出现3级以上地震低频次异常和低 b 值异常，以及2015年11月23日发生的具有显著地震的性质的祁连5.2级地震。异常的“长—中—短”时间进程比较明显。根据以往研究[24,25]，在祁连地震带有些中强震发生前，门源地区或青海北部地区曾出现了震群活动。如1986年门源6.5级地震前，门源地震台在1985年5月和1986年4月先后记录到两次震群活动5)，而此次地震前却没有出现震群活动。

2. 定点地球物理观测异常项

门源6.4级地震提取的定点地球物理观测异常总计7项15条，形变类异常有8条，流体类异常5条，电磁类异常2条。在震中100km范围内的异常2条，异常比例为17%；100~200km范围的异常3条，异常比例为6%；200~300km范围的异常3条，异常比例为8%；300km范围以外的异常7条，异常较为分散，从异常的分布比例来看，离震源区越近，异常比例越高。从异常出现的时间来看，中期异常有4条，短期异常有9条，临震异常有2条。

此次地震震前2年白银洞体应变和兰州十里店短基线伸缩仪分别出现破年变和趋势性转折异常后，震前1年格尔木钻孔应变差应变和水平摆倾斜EW分量分别出现破年变和趋势性转折异常，在震前5~3个月门源倾斜等形变类短期异常和乐都气氡等流体类短期异常集中出现，震前15天和震前4天分别出现天水深井地电阻率的加速上升异常和寺滩钻孔倾斜的加速北倾异常。从异常的时间演化来看，随时间推移中期—短期—临震异常依次出现，异常数量不断增加。

在考虑震前异常时间演化进程的基础上，通过研究异常的空间分布特征发现：首先在距震中250~650km的范围出现破年变和趋势转折异常等中期异常。之后随时间推移短期异常出现，大部分异常主要集中在距震中50~150km左右的范围，少量异常如玉树水温异常出现在距震中756km的位置。最后发震前临震异常出现在距震中200~500km的区域。从异常的空间演化来看，异常首先出现在中远场，随地震临近，异常向震中逼近同时存在向远场扩散的迹象，发震前异常又再次向外围迁移。

在震前异常的时空演化进程中，15条地球物理观测异常中10条异常为震前提出，占异常总数的67%，在距震中250km的白银洞体应变在2013年9月开始出现趋势转平异常变化，打破了2010~2013年逐年上升的年变形态，随之距震中258km的兰州十里店洞体应变短基线NS向2014年5月出现趋势性转折上升。随时间进程演化，距震中31km的门源倾斜在2015年8月出现同步转折异常，之后距震中392km的嘉峪关气氡在2015年9月出现高值异常；距震中756km的玉树水温在2015年10月出现“V”形变化。随地震临近，距震中140km的乐都气氡在2015年12月出现破年变异常，大幅度突升，临震前，距震中522km的天水深井地电观测EW、NW道日均值资料于2016年1月5日开始加速上升形态，并多次起伏；距震中203km的寺滩钻孔倾斜NS分量在2016年1月17日出现加速北倾变化。

从震前提出的异常演化来看，测震学异常以中长期异常为主，背景性异常比较突出，短期同一区域发生了显著型地震事件，整个异常的“长—中—短”时间进程比较明显，地球物理观测学科同样也存在““长—中—短”的时间进程特征，中长期异常最先出现于中场，且主要表现为趋势性转折异常和破年变异常，随后向近场逼近。随地震临近，短期异常最先出现在远场，随后也是向近场逼近。临震阶段，短临异常最先出现在远场，发震前也是向近场逼近。综合异常长中短临演化阶段，异常都具有从远即近不断向震源区逼近的空间演化特征。

八、震前预测、预防与震后响应

1. 震前预测情况

2013年10月青海省地震局召开2014年度地震趋势会商会明确提出青海省6级以上地震平静异常（平静3.5年），认为青海地区未来地震活动水平为6级，并在祁连构造带确定了一个年度危险区。但在6级地震显著平静的背景下，2014年青海地区没有发生显著的地震事件，直到2015年才出现一些显著地地震事件，如2015年10月12日玛多5.2级地震和2015年11月23日祁连5.2级地震。

特别是与此次地震同一个构造带上2015年11月23日发生祁连5.2级地震后，根据以下几点依据：①以往祁连地震带丛集和平静活动特征，估计未来祁连地震带5级地震可能会进入相对活跃发生时段，而在5级丛集活动时段发生多次5.5级以上，甚至6级以上地震的特点比较明显。且祁连带自2003年民乐6.1级地震后6级以上地震已平静12年。②地震学参数时间扫描发现，2014年以来祁连带存在3级以上地震低频次和低b值异常（图20）。以往震例表明未来有发生5.8级以上地震的可能。③祁连5.2级地震的视应力（0.5659MPa），高于2014年10月2日青海乌兰5.1级地震（0.508MPa）和2015年10月12日玛多5.1级地震（0.225 MPa），显示祁连带应力水平较高。分析认为祁连地震带未来发生中强震的可能性进一步增强[6)]。

2015年12月19日，乐都气氡出现突升异常为2012年稳定观测以来首次氡值大幅度突升，突升幅度达150Bq/L。23日开始有所下降，29日又有上升趋势，直至2016年1月9日达到最高，涨幅约150Bq/L。预报中心及时进行了跟踪和研判，分析认为该异常为显著的流体异常。在此异常变化的过程中12月27日在距离此次地震约363km处发生了玛沁震群，以往该区域发生的流体异常大多最短3个月后对应唐古拉地震带、库玛断裂带上的中强以上地震。因此在2016年1月5日，青海省地震局联合甘肃省地震局在西宁召开震情研讨会，明确提出6级地震的紧迫性，一致认为近期的6级地震将在几个重点危险区发生，但由于乐都气氡自观测以来无对应震例参考；玛沁地处库玛断裂带，门源又处于祁连断裂带，二者之间还有柴达木—共和盆地相隔，因此只能在时间上有所察觉，对地点的判定还比较困难。

2. 震后响应和余震趋势判定

地震发生后，青海省地震局第一时间启动 II 级地震应急响应，在西宁市的全部工作人员立即到岗。连夜派出三批次现场工作队赶赴震区，开展地震烈度调查、损失评估和流动监测等工作。中国地震局有关司室、青海、云南、新疆、甘肃、湖北、宁夏、河北、四川、河南、广东和地球所、预测所、搜救中心、台网中心等 15 个单位派出现场工作队员共计 53 人，开展地震应急现场处置工作。

此次地震后的趋势分析意见为余震区有发生 5 级左右地震的危险，在 205 天后的 8 月 13 日发生了 4.6 级地震，表明研判意见基本正确。

九、结论与讨论

(1) 门源 6.4 级地震发生在 2016 年度全国和青海省地震重点危险区内，发震构造为冷龙岭北侧断裂，震源破裂面走向 146°、倾角 43°、滑动角 83°（Global CMT 给出的震源机制)。在地震发生前，流动地磁和流动重力观测发现门源震中附近存在明显异常，表明地球物理场变化可以反映区域应力场的动态变化，是预测效能较好的观测手段。

(2) 6 级地震超长时间平静是判断青海地区 6 级地震发震背景的重要依据。6 级地震超长时间平静对大震趋势判断在时间和震级上有所指示，但历史统计表明 6 级平静打破的地震在空间上不存在相似的震例或规律，因此 6 级地震超长时间平静对大震趋势判断在空间上没有指示意义。

(3) 此次地震前的中长期震情趋势判定较为准确，表明多年来总结的经验和使用预测方法具有一定的预测效能。对比成功预报地震的实例，发现此次地震前的趋势判定工作中存在一些偏差，主要存在以下不足：①对于 6 级以上地震超长平静背景下的异常认识还不足，对以往 6 级以上地震平静期内的地震活动状况研究还不深入和全面，还需要继续开展相关研究，积累经验。②对根据历史资料判定趋势的局限性认识不足。门源地震所处的祁连地震带是监测能力相对较强地区，也是中小地震活跃地区。根据以往研究[24]，在祁连地震带有些中强震发生前，门源地区或青海北部地区曾出现了震群活动。也是实现 2003 年 10 月 25 日民乐山丹 6.1 级地震成功短期预报的依据之一[25]。此次地震前门源未出现小震密集活动现象，而玛沁地区发生的震群异常以往最短 3 个月后对应唐古拉地区或库玛地震带中强以上地震[26]，。因此玛沁震群的发生只能表明发生 6 级地震的可能性进一步增强，但无法在祁连地震带做出短临预报。因此，利用历史地震资料判定趋势仍存在局限性，还需要通过积累，深入全面的认识这些历史地震资料。

(4) 数字地震资料的应用研究不足。2008 年以后青海省数字地震观测台网才正式运行，积累了一些中小地震的数字地震波形资料，也开展了一些相关研究，虽然已经发现玉树地震前的前震波速比出现高值[27]和祁连 5.2 级地震视应力值相对较高等现象，但是这些异常现象是否是中强震前共性特征？超长平静与活跃阶段内中小地震的震源参数特征有何区别？各区带中小地震的震源参数特征等仍处在经验的积累阶段，都需要继续深入的研究。

参 考 文 献

[1] 屠泓为、王培玲、张晓清等，2016 年青海门源 6.4 级地震震情跟踪概述及震后总结［J］，地震研究，2016，39（S1）：9~13

[2] 王培玲、苏维刚、孙丽，2016 年青海门源 6.4 级地震前测震学异常回顾与思考［J］，地震研究，2016，39（S1）：14~19

[3] 徐纪人、姚立纂、汪进，1986 年 8 月 26 日门源 6.4 级地震及其强余震的震源机制解［J］，西北地震学报，1986，8（4）：82~84

[4] 胡朝忠、杨攀新、李智敏等，2016 年 1 月 21 日青海省门源 6.4 级地震的发震机制探讨，地球物理学报，2016，59（5）：1637~1646

[5] 左可桢、陈继锋，门源地区地壳三维体波速度结构及地震重定位研究［J］，地球物理学报，2018，61（7）：2788~2801

[6] 刘百篪、曹娟娟、袁道阳、何文贵，青藏高原北部活动地块内部的活断层定量资料［J］，地震地质，2008，01：161~175

[7] 李智敏、黄帅堂、胡朝忠等，2016 年青海门源 6.4 级地震发震构造遥感解译探讨［J］，地震研究，2016，39（S1）：20~27

[8] 何文贵、刘白篪、袁道阳等，冷龙岭活动断裂的滑动速率研究［J］，西北地震学报，2000，22（1）：90~97

[9] 郭鹏、韩竹军、安艳芬等，冷龙岭断裂系活动性与 2016 年门源 6.4 级地震构造研究［J］，中国科学：地球科学，2017，47（05）：617~630

[10] Xu X W，Wen X Z，Yu G H，Chen G，Klinger Y，Hubbard J，Shaw J，Coseismic reverse- and oblique-slip surface faulting generated by the 2008 Mw7.9 Wenchuan earthquake，China，Geology，2009，37：515-518

[11] 徐锡伟、陈桂华、于贵华等，芦山地震发震构造及其与汶川地震关系讨论，地学前缘，2013，20：11~20

[12] 汪进、秦保燕、董奇珍，1986 年 8 月 26 日门源 6.4 级地震破裂过程研究［J］，华北地震科学，1992，10（2）：25~32

[13] 姜文亮、李永生、田云锋等，冷龙岭地区 2016 年青海门源 6.4 级地震发震构造特征［J］，地震地质，2017，39（03）：536~549

[14] 梁姗姗、雷建设、徐志国等，2016 年 1 月 21 日青海门源 M_S6.4 余震序列重定位和主震震源机制解［J］，地球物理学报，2017，60（06）：2091~2103

[15] 李启雷、李玉丽、马丽等，2016 年青海门源 6.4 级地震震源机制解与深度计算［J］，地震研究，2016，39（S1）：55~61

[16] 张国民，我国大陆强震活动的韵律性特征［J］，地震地质，1987，3（2）：29~39

[17] 张敏、张启胜、辛莉，青海地区强震活动轮回特征及其趋势预测［J］，高原地震，1998，10（1）：67~70

[18] 朱丽霞、赵淑梅、李光全，中国大陆西部及其邻区强震分布特征及青海地区地震大形势分析［J］，高原地震，1998，10（4）：22~27

[19] 马文静、黄泽荣，青海地区地震活动起伏特征之探讨［J］，高原地震，1999，11（3）：9~14

[20] 刘文邦、万玉杰、李玮杰，2016 年青海门源 6.4 级地震前后波速比变化研究［J］，地震研究，2016，39（S1）：49~54

[21] 马震、苏维刚，2016 年青海门源 6.4 级地震前青海定点形变异常，地震研究，2016，39（1）：112~117
[22] 刘磊、李霞、冯丽丽等，2016 年门源 M_S6.4 地震前乐都气氡异常特征，地震学报，2017，39（2）：296~299
[23] 李霞、刘磊、冯丽丽，2016 年青海门源 6.4 级地震前地磁异常特征分析，地震研究，2016，39（1）：122~128
[24] 刘小凤、肖丽珠、梅秀萍等，祁连山地震带地震活动特征及序列类型［J］，地震工程学报，2005，27（1）：56~60
[25] 陈玉华、马玉虎、王培玲等，青海省地震预报回顾与展望［J］，高原地震，2008，20（3）：1~6
[26] 陈玉华、姚家骏、李戈云等，1980 年以来青海地区震群活动与前震序列特征分析［J］，中国地震，2013，29（04）：489~500
[27] 姚家骏、王培玲、刘文邦，玉树 7.1 级地震前后波速比变化特征分析［J］，高原地震，2012，24（03）：6~10

参 考 资 料

1）青海省地震局，2016，2016 年青海省地震趋势研究报告
2）中国地震应急信息共享平台，2016，青海门源 6.4 级地震现场工作简报第 11 期［R］
3）青海省地震局、青海省民政厅，2016，青海门源 6.4 级地震灾害损失评估报告（青海灾情）
4）青海省地震局，2014，2014 年青海省地震趋势研究报告
5）青海省地震局，2015，青海省中小地震（序列）类型及区域特征研究报告
6）青海省地震局，2015，2015 年 11 月 23 日祁连 M_S5.2 地震序列及后续地震趋势分析报告

The M_S 6.4 Menyuan Earthquake on January 21, 2016 in Qinghai Province

Abstract

A 6.4 earthquake attacked Menyuan county (37.7°N, 101.6°E), Qinghai province on 21 January 2016, with focal depth of 10km. The macroscopic epicenter was located in the area of Quankou Town. The meizoseismal area had an intensity of degree Ⅷ, which was eliptic with the major axis in nearly NWW direction. This earthquake caused 9 persons injured and direct economic loss was about 1.03 billion (RMB).

This earthquake was of mainshock-aftershock type, and the maximum aftershock was of magnitude 4.6. Aftershocks distributed in NW-SE direction, which consist with the direction of major axis of the meizoseismal area. North of the lenglongling thrusting fault was seismogenic fault, which was founded by high resolution remote sensing images.

Within the range of 300km around the epicenter, there were 76 seismic stations, including 44 seismometric stations and 32 fixed-point precursor observation stations. Precursor anomalies with 20 observation items were recorded before the earthquake, including seismometry anomalies with 5 items, fixed−point precursor anomalies with 15 items. Among them, there was 9 mid-term anomalies , 9 short-term anomalies and 2 imminent anomalies. Precursor anomalies were mainly characterized by less imminent anomalies and more mid−term anomalies. Seismometry anomalies has high confidence value and fixed-point precursor anomalies were mainly deformation and fluid anomalies. Precursor anomalies concentrated in the epicentral raea.

After Yushu 7.1 earthquake occurred in 2010, seismic quiescence ($M \geqslant 6$) of Qinghai region was greater than maximum. The strong earthquake background was significant, multiple items anomalies came out in 1.5 month before the earthquake. Earthquake Administration of Qinghai province and Earthquake Administration of Gansu province hold a consultation, which points out Qinghai region had seismic risk of $M \geqslant 6$ recently, and organized some effective work measures. This earthquake occurred in earthquake risk region of Qinghai province 2016, Earthquake Administration of Qinghai province organized a group to investigate the damage and scientific research, and set up 2 temporary seismic stations after earthquake. Earthquake Administration of Qinghai province made a correct prediction of this sequence's type.

报告附件

附表 1　固定地球物理观测台（点）与观测项目汇总表

序号	台站（点）名称	经纬度（°） φ_N	经纬度（°） λ_E	测项	资料类别	震中距 Δ/km	备注
1	门源	37.47	101.40	测震		31	
				钻孔应变	Ⅲ		
				水平摆倾斜	Ⅱ		
				垂直摆倾斜	Ⅱ		
				水温	Ⅰ		
2	互助	36.92	102.12	水温	Ⅲ	84	
3	山丹	38.50	101.40	地电场	Ⅰ	94	
				地电阻率	Ⅰ		
				地磁 Z、H、D、F	Ⅰ		
4	武威	37.93	102.65	地电场	Ⅰ	95	
				地电阻率	Ⅰ		
5	金银滩	36.99	100.93	地电场	Ⅲ	99	
				地电阻率	Ⅲ		
				地磁 Z、H、D、F	Ⅱ		
6	拦隆口	36.76	101.49	地电场	Ⅲ	104	
				地电阻率	Ⅲ		
7	佐署	36.63	101.61	动水位	Ⅲ	117	
				水温	Ⅲ		
8	湟源	36.65	101.18	测震		130	
				钻孔应变	Ⅰ		
				钻孔倾斜	Ⅰ		
				气氡	Ⅱ		
				水氡	Ⅱ		
				水温	Ⅰ		
				地磁 Z、H、D、F	Ⅰ		
9	黄羊	37.37	103.06	地电场	Ⅲ	132	
				电磁扰动	Ⅱ		
				地磁 Z、H、D	Ⅱ		

续表

序号	台站（点）名称	经纬度（°）		测项	资料类别	震中距 Δ/km	备注
		φ_N	λ_E				
10	祁连	38.17	100.23	测震		133	
				气氡	Ⅲ		
11	平安	36.47	102.09	静水位	Ⅰ	140	
				水温	Ⅰ		
12	乐都	36.55	102.40	测震		140	
				水平摆倾斜	Ⅱ		
				垂直摆倾斜	Ⅰ		
				钻孔应变	Ⅰ		
				气氡	Ⅰ		
				水温	Ⅱ		
13	红砂	37.01	103.05	地电场		147	停测
				电磁扰动	Ⅲ		
				地磁 *Z*、*H*、*D*	Ⅱ		
14	西宁	36.27	101.72	测震		157	
				地磁 *Z*、*H*、*D*	Ⅱ		
				气氡	Ⅲ		
				水温	Ⅰ		
15	横梁	37.30	103.33	钻孔倾斜	Ⅲ	157	
				水位	Ⅱ		
				水温	Ⅱ		
				地磁 *Z*、*H*、*D*	Ⅱ		
16	永登	36.91	103.23	测震		166	
				钻孔倾斜	Ⅲ		
				体应变	Ⅲ		
				水位	Ⅱ		
				水温	Ⅱ		
17	古丰	37.43	102.83	地电场	Ⅱ	174	
				地磁 *Z*、*H*、*D*	Ⅲ		
18	松山	37.11	103.49	地电场	Ⅱ	177	
				地磁 *Z*、*H*、*D*	Ⅱ		

续表

序号	台站（点）名称	经纬度（°）		测项	资料类别	震中距 Δ/km	备注
		φ_N	λ_E				
19	贵德	36.02	101.47	地磁 *Z*、*H*、*D*、*F*	Ⅱ	185	
				气氡	Ⅱ		
20	共和	36.36	100.37	气氡	Ⅱ	185	
				水位	Ⅱ		
				水温	Ⅱ		
21	民和	36.29	102.80	气氡	Ⅱ	187	
				水温	Ⅱ		
22	寺滩	103.87	37.23	钻孔倾斜	Ⅱ	203	
				体应变	Ⅲ		
				地电场	Ⅱ		
				电磁扰动	Ⅱ		
				地磁 *Z*、*H*、*D*	Ⅱ		
23	肃南	38.84	99.62	测震		217	
				伸缩仪	Ⅱ		
				水管仪	Ⅰ		
24	芦阳	37.05	104.15	地磁 *Z*、*H*、*D*	Ⅲ	234	
				水位	Ⅱ		
				水温	Ⅰ		
25	同仁	35.53	102.05	水管倾斜	Ⅱ	242	
				洞体应变	Ⅱ		
				水温	Ⅰ		
26	兰州	36.09	103.84	测震		247	
				沙层应力	Ⅲ		
				钻孔倾斜	Ⅲ		
				电阻率	Ⅱ		
				地电场	Ⅲ		
				地磁 *Z*、*H*、*D*、*F*	Ⅱ		
				水温	Ⅱ		
				气氡	Ⅲ		

续表

序号	台站（点）名称	经纬度（°）		测项	资料类别	震中距 Δ/km	备注
		φ_N	λ_E				
27	高台	39.41	99.81	测震		248	
				钻孔倾斜	Ⅱ		
				重力	Ⅱ		
				钻孔应变	Ⅱ		
				地电场	Ⅱ		
				电磁扰动	Ⅱ		
				水位	Ⅱ		
				水温	Ⅱ		
28	白银	36.60	104.10	测震		250	
				伸缩仪	Ⅱ		
				水管仪	Ⅱ		
29	兰州十里店	36.08	103.75	长基线伸缩仪	Ⅲ	258	
				短基线伸缩仪	Ⅱ		
				石英水平摆	Ⅲ		
				重力	Ⅱ		
30	刘家峡	35.58	103.14	钻孔应变	Ⅱ	270	
31	临夏	35.63	103.26	测震		273	
				钻孔应变	Ⅱ		
				钻孔倾斜	Ⅲ		
				电阻率	Ⅲ		
				地磁 Z、H、D	Ⅱ		
				水位	Ⅱ		
				水温	Ⅱ		
32	合作	35.01	102.91	测震		319	
				地磁 Z、H、D、F	Ⅱ		
33	都兰	36.28	98.12	测震		348	
				地电场	Ⅰ		
				地磁 Z、H、D、F	Ⅱ		
				水温	Ⅰ		
34	酒泉	39.75	98.53	水氡	Ⅰ	353	

续表

序号	台站（点）名称	经纬度（°）		测项	资料类别	震中距 Δ/km	备注
		φ_N	λ_E				
35	嘉峪关	39.50	98.10	测震	Ⅰ	392	
				水管仪	Ⅰ		
				伸缩仪	Ⅰ		
				电阻率	Ⅰ		
				地电场	Ⅰ		
				电磁扰动	Ⅰ		
				地磁 *Z*、*H*、*D*、*F*	Ⅰ		
				气氡	Ⅰ		
36	定西	35.00	105.00	电阻率	Ⅱ	425	
37	通渭	35.2	105.27	电阻率	Ⅱ	428	
				水氡	Ⅱ		
38	静宁	35.33	106.35	测震		433	
				钻孔应变	Ⅲ		
				电磁扰动	Ⅱ		
39	威戎	35.54	105.75	水温	Ⅱ	439	
				水位	Ⅱ		
40	武山	34.00	105.00	测震		511	
				钻孔倾斜	Ⅰ		
				水氡	Ⅰ		
41	天水	34.56	105.9	测震		522	
				钻孔应变	Ⅱ		
				电阻率	Ⅰ		
				地电场	Ⅲ		
				地磁 *Z*、*H*、*D*、*F*	Ⅰ		
				水温	Ⅱ		
				水位	Ⅲ		

分类统计	$0<\Delta\leqslant100$km	$100<\Delta\leqslant200$km	$200<\Delta\leqslant300$km	$300<\Delta\leqslant500$km	总数
测项数 N	11	17	22	16	66
台项数 n	20	69	54	45	188
测震单项台数 a	0	0	0	0	0

续表

分类统计	0<Δ≤100km	100<Δ≤200km	200<Δ≤300km	300<Δ≤500km	总数
形变单项台数 *b*	0	0	1	0	1
电磁单项台数 *c*	0	0	0	1	1
流体单项台数 *d*	1	0	0	1	2
综合台站数 *e*	4	16	9	8	37
综合台中有测震项目的台站数 *f*	1	5	6	4	16
测震台总数 *a+f*	1	5	6	4	16
台站总数 *a+b+c+d+e*	5	16	10	10	41
备注					

附表 2　固定地球物理观测观测项目与异常统计表

序号	台站（点）名称	测项	资料类别	震中距Δ km	按震中距Δ范围进行异常统计																			
					0km<Δ≤100km					100km<Δ≤200km					200km<Δ≤300km					300km<Δ≤400km				
					L	M	S	I	U	L	M	S	I	U	L	M	S	I	U	L	M	S	I	U
1	门源	水平摆倾斜	Ⅱ	31	—	—	√	—																
		垂直摆倾斜	Ⅱ		—	—	√	—																
2	湟源	钻孔倾斜	Ⅱ	130						—	—	√	—											
3	平安	静水位	Ⅱ	140						—	—	√	—											
4	乐都	气氡	Ⅱ	140						—	—	√	—											
5	寺滩	钻孔倾斜	Ⅱ	203											—	—	—	√						
6	白银	洞体应变	Ⅱ	250											—	√	—	—						
7	兰州十里店	洞体应变	Ⅱ	258											—	√	—	—						
8	海原	干盐池水温	Ⅰ	350																—	—	√	—	
9	嘉峪关	气氡	Ⅰ	392																—	—	√	—	
10	天水	深井地电	Ⅰ	522																—	—	—	√	
11	格尔木	钻孔应变差应变	Ⅱ	640																—	√	—	—	
12	格尔木	水平摆倾斜	Ⅰ	640																—	√	—	—	
13	玉树	水温	Ⅰ	756																—	—	√	—	
分类统计	台项	异常台项数			0	0	2	0		0	0	3	0		0	2	0	1		0	2	3	1	
		台项总数			2	2	2	2	/	3	3	3	3	/	3	3	3	3	/	6	6	6	6	/
		异常台项百分比/%			0	0	100	0	/	0	0	100	0	/	0	67	0	33	/	0	33	50	17	/
	观测台站（点）	异常台站数			0	0	1	0		0	0	3	0		0	2	0	1		0	1	3	1	
		台站总数			1	1	1	1	/	3	3	3	3	/3	3	3	3	/	5	5	5	5	/	
		异常台项百分比/%			0	0	100	0	/	0	0	100	0	/	0	67	0	33	/	0	20	60	20	/
	测项总数				2					3					3					6				
	观测台站总数				1					3					3					5				
备注																								

2016 年 2 月 11 日新疆维吾尔自治区新源 5.0 级地震

新疆维吾尔自治区地震局

尼鲁帕尔·买买吐孙　韩桂红　聂晓红　王　琼

摘　要

2016 年 2 月 11 日新疆维吾尔自治区伊犁州新源县发生 5.0 级地震，新疆维吾尔自治区地震局台网中心测定微观震中为 43°33′N、82°33′E，宏观震中为 43°31′4.8″N、82°33′E。极震区烈度为Ⅵ度，长轴半径 12km，展布方向为东西方向，涉及北起巩乃斯种羊场，南至新源县的喀拉布拉乡昆托别村区域。部分房屋有破坏现象，但未造成人员伤亡，地震造成直接经济损失 3860 万元。

该地震为孤立型，截至 2016 年 5 月 11 日，新疆地震台网共记录余震 25 次，其中最大余震为 $M_L2.8$，余震主要分布在主震为中心 30km 范围内，展布方向为 NEE 向，余震序列衰减较快。5.0 级地震震源机制解结果显示，该地震为走滑型地震，节面Ⅰ走向 249°，倾角 55°，滑动角 23°，节面Ⅱ走向为 145°，倾角 71°，滑动角为 143°；主压应力 P 轴方位 200°，俯角 10°。结合烈度展布方向和余震分布特征，推测节面Ⅰ为此次地震的破裂面。

2 月 11 日新源 5.0 级地震位于阿吾拉勒山南缘断裂附近，该断裂走向近东西，倾角 20°~70°左右，表现为逆断性质，该断裂走向与烈度等震线、震源机制破裂面方向大致相同。分析认为，此次 5.0 级地震的发震构造可能为阿吾拉勒山南缘断裂带，是该断裂在南北向挤压应力环境中产生走滑错动的结果。震中 200km 范围内有 10 个测震台站、17 个定点前兆观测台站，48 个观测项目及流动 GPS、重力、地磁观测网。震前出现了 11 个异常，测震学异常 5 个，包括 3、4 级地震增强，3 级以上地震月频度增强，4 级地震平静和 4 级地震围空，其中中期异常 3 个，短期异常 2 个；定点前兆异常 6 个，包括 GPS 水平向最大剪应变高值、面膨胀高梯度带、流动重力高梯度带、温泉地倾斜年变畸变、乌苏泥火山喷涌量变大、溢出气氡高值等异常，以中短期异常为主，无趋势异常，异常项数占总测项的比例为 12.5%。

该地震距离 2016 年度中国地震局划定的天山中段“新源—轮台—拜城”6 级左右危险区边缘 2km 处，距离新疆地震局划定的危险区边缘 13km。2015 年 12 月天山中段 3 级地震增强显著，同时，配套有地倾斜短期异常，综合其他趋势、中期异常，2016 年 1 月 7 日新疆地震局预报中心天山中段危险区跟踪组填报了短期预测卡，对此次地震的地点和时间有较好的把握，但强度预测偏高。此外，新疆地震局预报中心在2016年1月27日月会商震情监视报告中提出预测意见："未来一个月及稍长时间新疆地区存在发生中强地震的可能，危险区域为天山中段和南天山西段"。2月11日新源5.0级地震发生在预测区和预测时段内，地震强度预测较准确。5.0级地震后，对震区地震趋势做出了快速准确的判断。

地震发生后，新疆地震局与伊犁州地震局、新源县地震局、尼勒克县地震局、巩留县地震局、新源县地震台共26人组成联合现场工作队，会同当地政府工作人员成立了现场指挥部，开展了震后应急、现场考察和震后趋势分析等相关工作。

此次5.0级地震发生在2011年以来天山中段中强地震成组活动状态下，5.0级地震位于2012年新源、和静交界6.6级地震震区；序列后续余震少、强度低，序列参数、数字地震学方法、精定位等相关工作均无法开展。

前　言

2016年2月11日21时10分，新疆维吾尔自治区伊犁州新源县发生5.0级地震。新疆维吾尔自治区地震局台网中心测定微观震中为43°33′N、82°33′E，现场考察结果显示，宏观震中为43°31′4.8″N、82°33′E。新源县、巩留县、尼勒克县震感强烈，伊宁市有明显震感。震中烈度为Ⅵ度，震中及附近地区部分房屋倒塌和破坏，未造成人员伤亡，直接经济损失3860万元，属一般破坏性地震。

新源5.0级地震发生在巩乃斯谷地，其北部为阿吾拉勒山南缘断裂，南部为巩留南断裂，断裂性质均为逆冲，走向均为EW方向。阿吾拉勒山断裂附近2011年11月1日发生过尼勒克、巩留交界6.0级地震，距离此次地震约20km。2011年以来天山中段中强地震活跃，发生了11次5级以上地震，包括2次6级地震，中强地震呈现成组活动特点；空间上主要集中在北天山地震带，11次地震中7次发生在该带，此次地震即发生在该带中强地震活跃的背景下。

2016年度中国地震局和新疆地震局根据各学科异常时空特征，判定天山中段2016年存在发生6级左右地震的可能，并划定了新源—轮台—拜城6级左右地震危险区，新源5.0级地震即发生在危险区边缘。新疆地震局预报中心天山中段危险区跟踪组基于震情变化，填报了短期预报卡，在时间和地点上预测准确。2016年1月27日月会商震情监视报告中提出"未来一个月及稍长时间新疆地区存在发生中强地震的可能，危险区域为天山中段和南天山西段"，2月11日新源5.0级地震发生在预测区和预测时段内，地震强度预测较准确。5.0级地震后，新疆地震局对震区地震趋势做出了快速准确的判断。

地震发生后，新疆地震局立即启动破坏性地震应急预案，及时了解灾情，召开会商会研判震情，开展地震震害损失评估、地质考察、震情监测等工作。

此次地震强度弱，余震少，开展各项研究工作较为困难，且震前28天附近地区发生了轮台5.3级地震，部分异常与此次地震异常重叠，因此与此次地震有关的文献很少，可供参考的文献资料较少，本报告中给出的结果和认识更多代表了作者的观点。

一、测震台网及地震基本参数

图 1 给出了震中 200km 范围内所有测震台站的位置，其中 0~100km 范围有 4 个测震台站，分别为尼勒克台、新源台、察布查尔台和巩留台（GLT）；100~200km 范围有 6 个测震台站，分别为精河台、阿拉山口台、温泉台、库车台、乌苏台和巩乃斯台（GNS），其中巩留台和巩乃斯台为临时台。地震监测能力相对较弱，定位精度为 II 类，在研究时段内监测能力基本可达到 $M_S \geq 2.0$ 级地震不遗漏。

表 1 列出了不同来源给出的此次地震的参数，测定结果略有差别，本文最终采用新疆地震台网的定位结果作为研究资料。

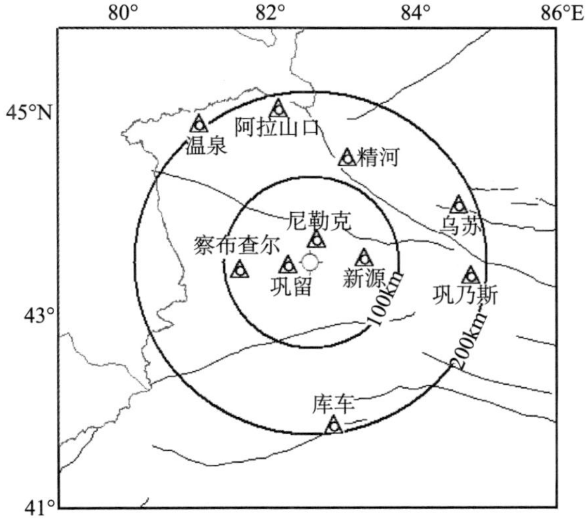

图 1　新源 5.0 级地震前震中附近地震台站分布图

Fig. 1　Distribution of earthquake-monitoring stations and precursory-monitoring stations around the epicenter area before the M_S5.0 Xinyuan earthquake

表 1　新源 5.0 级地震基本参数

Table 1　Basic parameters of the M_S5.0 Xinyuan earthquake

编号	发震日期	发震时刻	震中位置		震级	震源深度	震中地名	结果来源
	年.月.日	时：分：秒	φ_N	λ_E	M_S	(km)		
1	2016.02.11	21：10：58	43°33′	82°33′	5.0	10	新源	新疆维吾尔自治区地
2	2016.02.11	21：10：58	43°33′	82°33′	5.0	8	新源	中国地震台网中心
3	2016.02.11	21：10：58	43°29′	82°45′	4.9	10	新源	USGS

二、地震地质背景

新源 5.0 级地震位于巩乃斯盆地北部的巩乃斯河谷，阿吾拉勒山南缘断裂附近，属中天山地震带（图 2）。在大地构造上中天山地震带属于西域活动地块，位于全球欧亚板块的中部。由于印度板块向北推挤，多期新构造运动导致断块隆起和坳陷，使新疆地区的地质亚板块构造格架以再生高山和压陷大盆地为特点，其间活动断裂系环绕塔里木和准噶尔两大块体。新构造运动以来，在 NS 向强烈挤压构造应力场环境下，天山快速隆起，同时，天山内部的大型逆冲断裂再次复活，形成多个断陷盆地。伊犁谷地就是天山西段一个典型的断陷盆地。在伊犁谷地内部发育一系列的次级盆山相间的地貌，包括博罗科努山、阿吾拉勒山、乌孙山、哈尔克山、那拉提山及相间盆地伊宁凹陷、昭苏盆地、巩乃斯谷地、喀什河谷地等。同样，这些次级山盆格局基本上也被断裂所控制。

北天山地震构造带受哈萨克斯坦—准噶尔板块与西伯利亚板块、塔里木—华北板块碰撞影响，主要地质构造走向为 NSS 向及 NEE 向，其中主要断裂（含深断裂）多为逆冲断裂或走滑逆冲断裂。中天山伊犁断块为众多大型活动断裂所围绕，内部又为许多断裂所分割。在构造系复合地区，对规模大、完整性好的断裂附近是一种构造应力条件，对构造交错、断裂破碎部位附近又是另一种构造应力条件，区域应力条件的不均匀组合很容易形成导致强烈地震发生的地点。在伊犁断块周围和内部发生过 1716 年 7½级、1812 年 8 级和 1944 年 7.6 级地震。历史地震资料分析表明，中天山地区构造活动的水平仅次于新疆喀什—乌恰地区，所以中天山伊犁断块应是一个具有较高地震危险性的地区。

此次 5.0 级地震震中所在的巩乃斯谷地，南部为巩留南断裂，北部为阿吾拉勒山南缘断裂，这两条断裂控制着巩乃斯谷地的形成。巩留南断裂位于乌孙山北麓，向西延入哈萨克斯坦境内，又称为北阿克苏断裂，总体走向近 EW，长约 240km 断面 S 倾，倾角 50°~75°，为由多条断裂平静或斜列组成的逆断裂，该断裂在 1951 年 10 月 31 日发生 5 级地震。阿吾拉勒山南缘断裂展布于阿吾拉勒山南麓，东可至托库孜—库马拉克附近，向西延伸到雅玛渡以北第四系覆盖，长 180km，呈断续斜列展布。断裂走向近 EW，断层面 N 倾，倾角 70°左右，具逆冲性质，沿断裂还发生过 1812 年尼勒克 8 级和 2011 年尼勒克、巩留交界 6.0 级地震，距离此次 5.0 级地震约 40 和 20km。

受印度板块、欧亚板块的共同作用，新疆区域整体呈现由西向东，由南至北东西向运动速率增大，南北向运动变化速率减小的速率变化态势。新源附近的 EW 向运动速率与库车，伊宁相差约 2~4mm/a，新源垂直向下降运动速率相对较慢，约为-0.6~-0.8mm/a，库车为明显的下降运动，伊宁则显示出明显的上升运动，处于相邻区域的新源 5.0 级地震震中处于垂直向运动梯度变化较大的区域[5)]。

综上所述，根据此次地震现场野外地质调查和断裂的活动特征，并结合此次地震震源机制解，初步确认此次地震的发生很可能与阿吾拉勒山南缘断裂的最新活动有关。

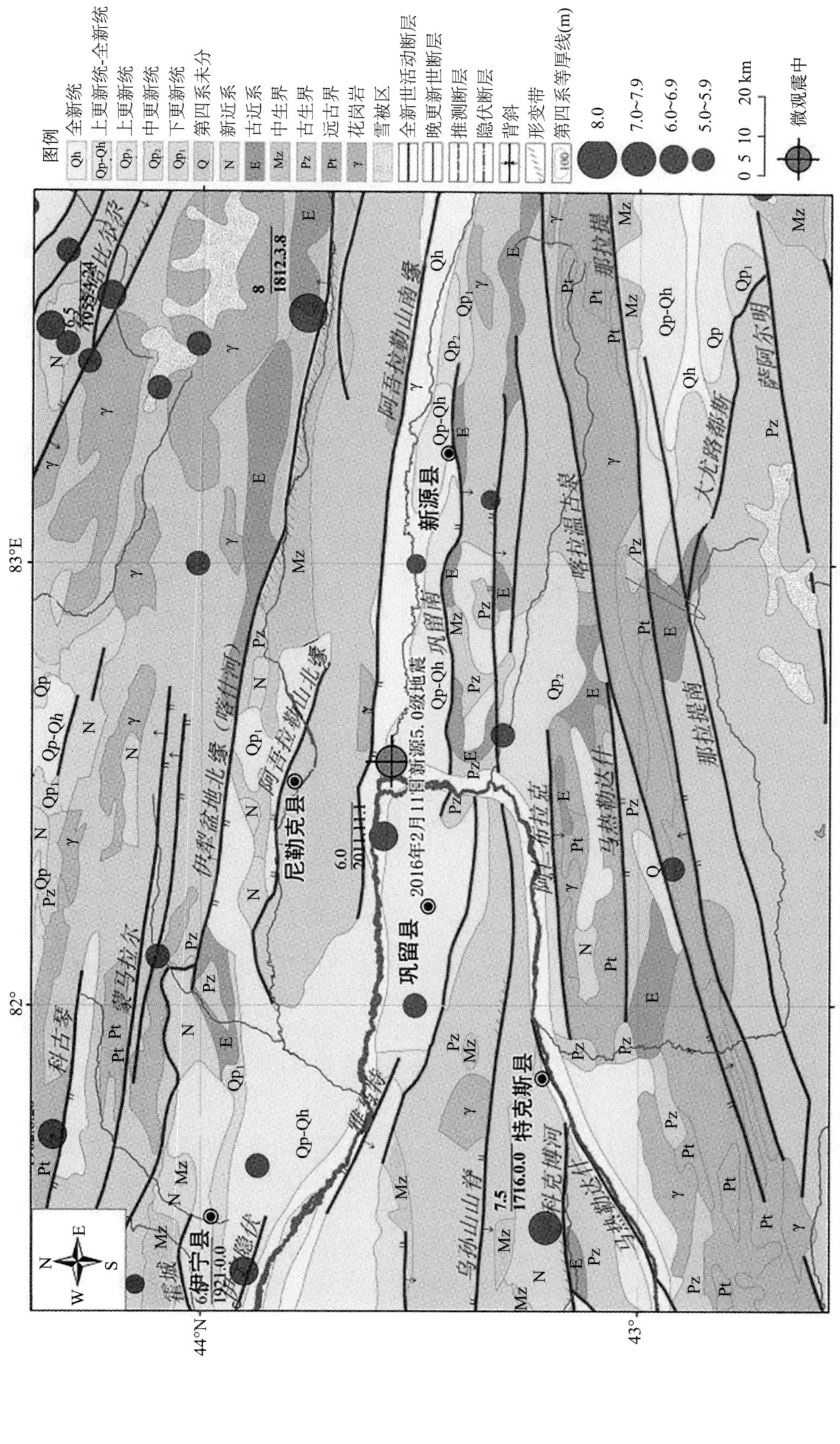

图2 研究区地震地质构造及1900年以来6级以上地震震中分布图

Fig 2 Main faults of studied area and $M_S \geqslant 6$ earthquakes epicenter distribution map since 1900

三、地震影响场及震害

1. 地震影响场

根据地震科学考察结果，震区位于新疆伊犁哈萨克自治州新源县（图 3），北部涉及尼勒克县喀拉托别乡，西南部涉及巩留县的阿尕尔森镇和吉尔格朗乡。有震感地区包括新源县、巩留县、尼勒克县和伊宁市，未造成人员伤亡。地震造成直接经济损失 3680 万元[6)]。

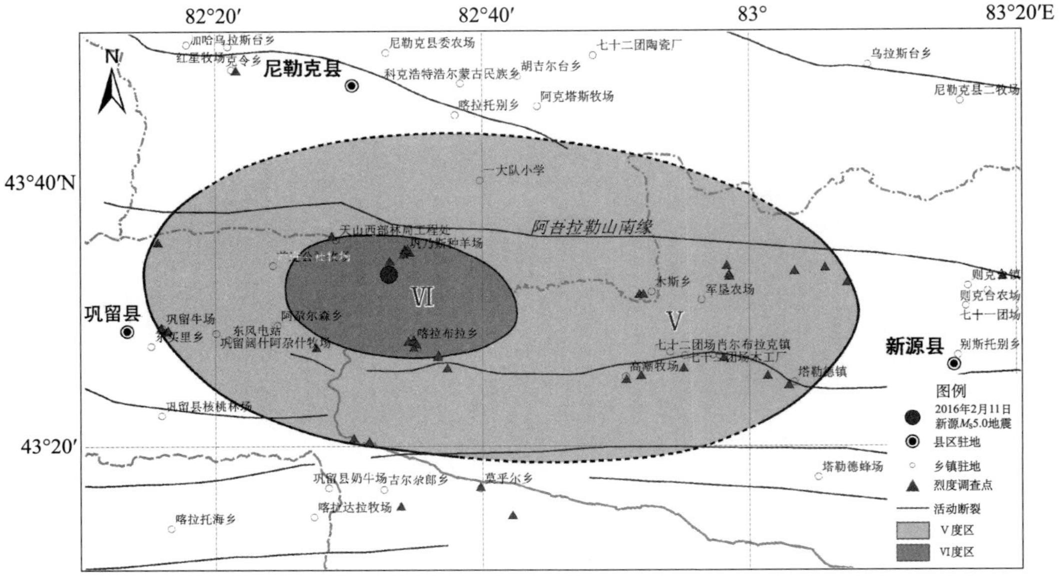

图 3　2016 年 2 月 11 日新疆新源 5.0 级地震等震线图

Fig. 3　Earthquake isometric line of the M_S5.0 Xinyuan earthquake on Feb. 11th, 2016

通过对灾区 3 个县 41 个调查点展开实地调查，此次地震宏观震中位于巩乃斯种羊场以南约 5km 处（宏观震中为 43°31′4.8″N、82°33′E），震中区最大烈度为Ⅵ度，北起巩乃斯种羊场，南至新源县的喀拉布拉乡昆托别村，长半轴约 12km，短半轴约 8km，面积约 300km^2；Ⅴ度区西起巩留县巩留牛场，东至尼勒克县木斯乡阿克吾孜克村，长半轴约 36km，短半轴约 24km，面积约 2700km^2。等震线长轴总体呈现近东西走向。

2. 地震灾害

此次地震灾区房屋建筑可分为土木结构、砖木结构、砖混结构和框架结构。受灾房屋主要为土木结构、砖木结构，砖混结构房屋，框架结构未产生明显破坏。

Ⅵ度区范围主要涉及新源县喀拉布拉乡、塔勒德镇、肖尔布拉克镇、则克台镇、巩乃斯种羊场，巩留县牛场、阿尕尔森乡，吉尔尕郎乡、莫乎尔乡，尼勒克县木斯乡、克令乡及兵团七十二团，12 个乡镇场（团）。土木房屋毁坏的比例为 1%，破坏的比例为 23.6%，基本完好的比例为 26.5%；砖混房屋破坏的比例为 25.1%，基本完好的比例为 36.4%；砖混房屋基本完好的比例为44.3%。

Ⅴ度区主要涉及新源县肖尔布拉克镇、塔勒德镇、则克台镇，尼勒克县木斯乡阿克吾孜克村，以及巩留县巩留牛场、阿尕尔森镇一村和吉尔尕郎乡阿勒玛勒村。土木房屋破坏的比例为15.4%，基本完好的比例为33.5%；砖混房屋破坏的比例为3.8%，基本完好的比例为34.5%；砖混房屋破坏的比例为14%，基本完好的比例为41.6%。

此次地震的震害特征为：①此次地震灾害的成灾主体占灾区房屋总量约30%~40%的老旧土木结构房屋和农牧民自建的无圈梁、构造柱等抗震构造措施的砖木结构和砖混结构房屋。安居富民（抗震安居）房屋、新建学校等在此次地震表现出良好的抗震性能和减灾效果。②此次地震灾区处于中天山地震带内地震危险性相对较高的地区，灾区近年来遭受多次破坏性地震Ⅵ~Ⅶ度的影响，震害叠加效应显著。③震区场地土层较厚，承载力较弱，相当一部分民居建于河谷地带的漫滩，地下水位较高；强降雨后迅速降温产生冻融现象，对土木结构和砖木结构房屋影响较大，震前许多房屋已出现基础沉陷、房梁朽裂、墙体腐蚀受损等现象；此次地震叠加了由房屋陈旧、降雨冻融自然灾害影响，加重了房屋破坏程度。

由于震区及附近无强震台，本文未给出强震动记录资料。

四、地震序列

据新疆地震台网测定，截至2016年5月11日，共记录新源5.0级地震序列余震25次，其中M_L2.0~2.9地震8次；M_L1.0~1.9地震17次，最大余震M_L2.8，最大地震与次大地震震级差为2.6级，主震能量占整个序列能量的99.99%，分析认为，地震序列类型为孤立型[1]。

表2 新源5.0级地震序列目录（$M_L \geqslant 2.0$）

Table 2 Catalogue of the M_S5.0 Xinyuan earthquake sequence（$M_L \geqslant 2.0$）

编号	发震日期	发震时刻	震中位置（°）		震级M_S	深度	震中地名	结果来源
	年.月.日	时：分：秒	φ_N	λ_E		（km）		
1	2016.02.11	21：10：59	43.53	82.55	5.4	4	新源	新疆地震台网
2	2016.02.12	19：22：17	43.53	82.58	2.2	6	新源	
3	2016.02.23	04：42：50	43.35	82.32	2.0	6	巩留	
4	2016.02.25	05：42：43	43.37	82.75	2.6	6	新源	
5	2016.03.25	05：29：16	43.35	82.45	2.2	10	巩留	
6	2016.03.25	05：19：57	43.33	82.65	2.8	5	新源	
7	2016.04.09	14：22：04	43.55	82.80	2.0	2	尼勒克	
8	2016.04.27	23：19：19	43.40	82.50	2.50	8	新源	
9	2016.05.10	01：08：09	43.42	82.43	2.40	6	巩留	

图 4 为 2016 年 2 月 11 日至 5 月 11 日新疆区域台网测定的新源 5.0 级地震序列 $M_L \geq 1.0$ 级地震震中分布图。由图可知，余震主要位于主震南部地区，分布较为分散，余震呈现不明显的 NEE 方向展布。与发震构造阿吾拉勒山南缘断裂近 EW 走向略有夹角，但基本保持一致。

图 5 为序列 M-T 图和频度图，由图可知，该序列地震强度衰减不明显，地震频度无明显集中时段，较为均匀的分布研究时段内。而由于此次序列余震有 25 次，研究样本数偏少，计算得到的序列地震学参数不可靠，所以本文对此不进行计算和分析。

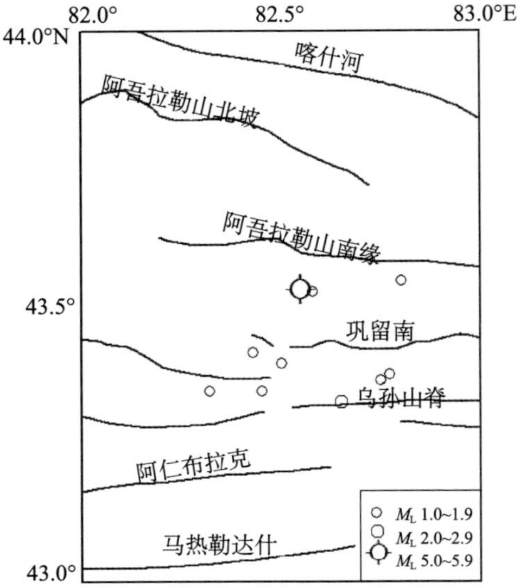

图 4　新源 5.0 级地震序列震中分布图

Fig. 4　Distribution of the M_S5.0 Xinyuan sequence (2016.02.11–2016.05.11)

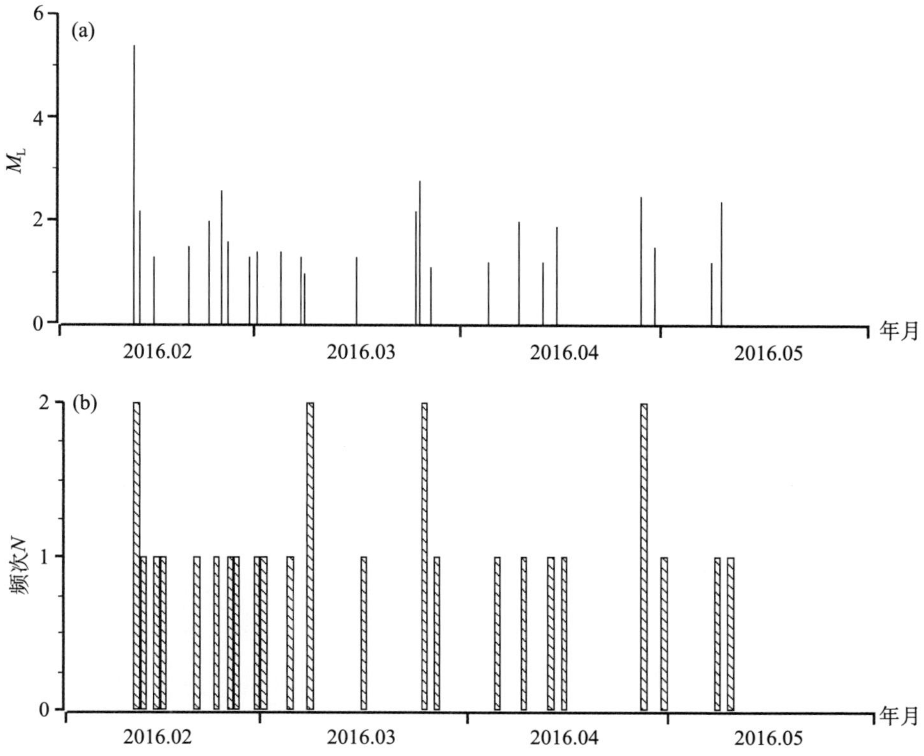

图5 新源5.0级地震序列M-T（a）和日频度图（b）

Fig. 5 M-T chart（a） and daily frequency（b） of the M_S5.0 Xinyuan earthquake sequence

五、震源机制解和地震破裂面

表3列出了不同机构和个人采用不同方法得出的该地震震源机制解结果（图6），均为走滑性质[2,3]，与发震构造的逆冲性质有所差别。本文采用新疆地震局李金利用CAP方法给出的震源机制结果，此次地震为走滑型地震，节面Ⅰ走向为249°，倾角为55°，滑动角为23°；节面Ⅱ走向为145°，倾角71°，滑动角为143°；主压应力P轴方位200°，仰角10°；主张应力T轴方位102°，仰角39°。显示此次地震是水平作用力下断层产生走滑错动的结果。

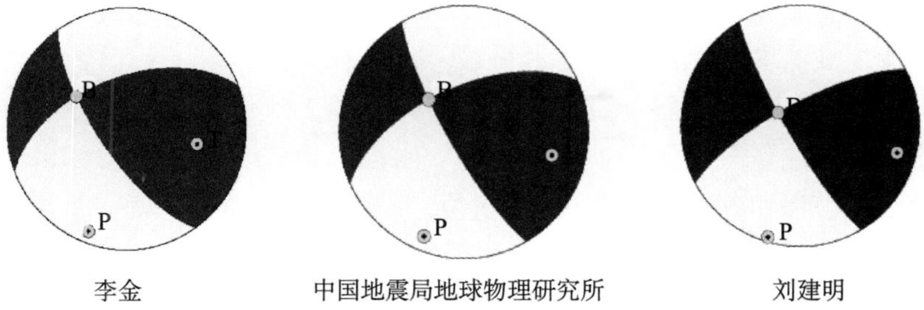

图6 新源5.0级地震震源机制解

Fig. 6 Focal mechanism of the M_S5.0 Xinyuan earthquake

此次地震序列总体走向呈现不明显的NEE走向（接近EW走向），与阿吾拉勒山南缘断裂的走向基本一致，该断裂是一条近东西走向，断层面北倾，倾角20°~70°左右的活动断裂。震源机制结果显示，节面Ⅰ走向为NEE走向，与余震分布和构造走向基本一致，其倾向为NNW，与断层倾向基本一致，分析认为，节面Ⅰ为此次地震的破裂面。此外，由于此次地震震级较小，没有破裂过程相关研究成果，故本文不做研究。

表3　2016年2月11日新源5.0级地震震源机制解

Table 3　Focal mechanism solutions of the M_S5.0 Xinyuan earthquake

编号	节面Ⅰ（°）			节面Ⅱ（°）			P轴（°）		T轴（°）		N（B）轴（°）		结果来源
	走向	倾角	滑动角	走向	倾角	滑动角	方位	仰角	方位	仰角	方位	仰角	
1	249	55	23	145	71	143	200	10	102	39	303	49	新疆局李金（CAP）
2	246	61	12	150	80	150	202	12	104	28	312	59	中国地震局地球物理研究所*
3	242	75	9	150	81	165	196	4	105	17	301	73	新疆局刘建明（P波初动）

注：http：//www. cea-igp. ac. cn/tpxw/273640. shtml

六、地震前兆观测台网及前兆异常

1. 地震前兆观测台网

该区域定点前兆台站主要沿北天山西段构造带分布，震区前兆观测台站多数是2015年架设的新台站，资料处于积累阶段，异常的识别还存在一定的困难。震中200km范围内有17个定点前兆观测台站（图7），包括地倾斜、应变、地电场、地磁、水位、水温、流量、断层氢气、水氡、二氧化碳等10个观测项目，共48个观测台项。震中0~100km范围有6个定点前兆台，形变主要有10个观测台项：巩留分量式钻孔应变；尼勒克分量式钻孔应变；新源2套钻孔倾斜，1套钻孔应变；伊宁分量式钻孔应变；巴音沟钻孔倾斜、钻孔应变；流体有2项测项：特克斯动水位、水温。100~200km范围有11个前兆台，观测项目多，观测手段丰富，形变主要有8个测项：精河水平摆、水管仪、洞体应变；巴音布鲁克钻孔倾斜；果子沟钻孔倾斜；库车钻孔倾斜；温泉水平摆、体应变。流体有28个观测台项：察布查尔县静水位、水温、断层氢气；伊宁1号静水位、水温；伊宁2号静水位、水温、断层氢气；乌苏泥火山喷涌量、溢出气氡；乌苏33井水位、动水位、流量；博乐32井静水位、水温；温泉30井水位、水温、水氡、流量、二氧化碳。电磁主要有4个观测项目：温泉大地电场，温泉FGM水平分量、垂直分量、地磁磁偏角。

新疆流动前兆观测网由流动重力、GPS和地磁3个子网组成。震中附近区域（80°~88°E、41°~46°N）共有流动重力观测点88个，流动GPS观测点20个以及流动地磁观测点37

个（图 8）。

震前共出现 8 个异常项目的 11 条异常（表 4）。其中测震学异常 5 条，分别是 3、4 级地震异常增强区，天山中段 3 级以上地震累积月频度异常增高和乌什—新源—库尔勒地区长达 2 年多的 4 级地震围空。前兆异常共 6 条，包括 GPS 水平向最大剪应变、面膨胀，流动重力高梯度带，温泉地倾斜年变畸变，乌苏泥火山喷涌量变大，溢出气氡高值异常等。表 4 所列出了 11 条异常，多数异常项均为震前提出。

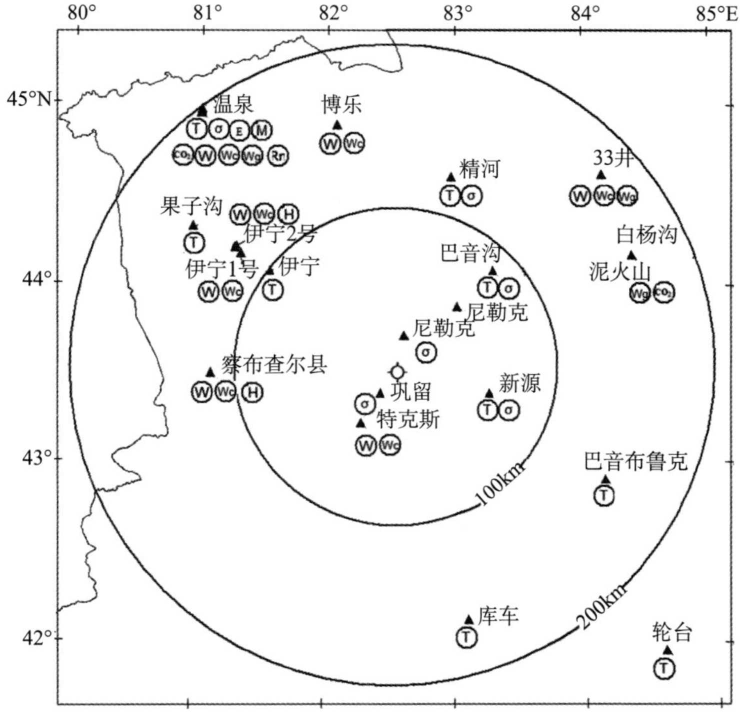

图 7 新源 5.0 级地震附近定点前兆台站分布图

Fig. 7 Distribution map of fixed-point precursory stations near the M_S5.0 Xinyuan earthquake

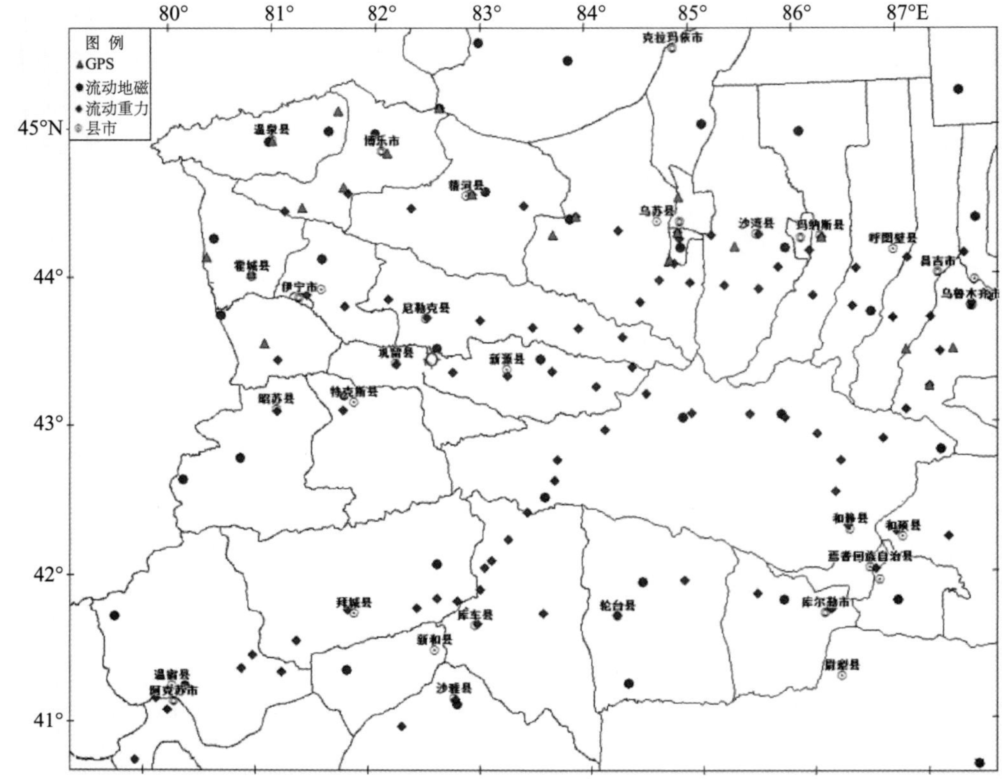

图 8　新源 5.0 级地震附近流动重力、GPS、地磁测点分布图

Fig. 8　Distribution of roving observation sites around the $M_S5.0$ Xinyuan earthquake

表 4　异常情况登记表

Table 4　Summary table of precursory anomalies

序号	异常项目	台站（点）或观测区	分析方法	异常判据及观测误差	震前异常起止时间	震后变化	最大幅度	震中距 Δ（km）	异常类别及可靠性	图号	异常特点及备注
1	地震空区	乌什—新源—库尔勒	地震图像	$M_S \geqslant 4.0$；围空	2014.03~2015.08	正常		空区边缘	M_1	9	4 级地震形成了围空图像，空区打破后 4.5 个月发震震前发现[3)]
2	地震平静	乌鲁木齐—新源—库尔勒	$M_S \geqslant 4.0$ 级地震空间图像	$M_S \geqslant 4.0$；$\Delta T \geqslant 570$ 天	2013.09~2015.12	正常		异常区域边缘	M_1	10	平静区内 4 级地震打破后发震震前发现[3)]
3	地震平静	温泉—新源—库车以西	$M_S \geqslant 3.0$ 级地震空间图像	$M \geqslant 3.0$；$\Delta T \geqslant 60$ 天	2015.03.20~08.14	正常		异常区域边缘	M_1	11	平静区内连续发生了 9 次 3 级以上地震后发震震前发现[3)]
4	地震增强	库车—库尔勒	地震频度	2°×2°，7 个月内 15 次以上 3、4 级地震	2014.11~2015.05	正常		异常区内部	M_1	12	7 个月发生 15 次 3、4 级地震，形成中等地震增强区震前发现[3)]
5	地震增强	天山中段	时间扫描	1 个月为步长，3 个月为窗长，作时间扫描计算	2015.12~	恢复正常			I_2	13	3 级以上地震活动频繁，3 月累积频次持续高值震前发现[3)]

续表

序号	异常项目	台站（点）或观测区	分析方法	异常判据及观测误差	震前异常起止时间	震后变化	最大幅度	震中距Δ（km）	异常类别及可靠性	图号	异常特点及备注
6	GPS（水平）	80°~88°E；41°~46°N	最大剪应变空间分布	高值、低值异常	2012~	异常区迁移库车—和静区	10×10^{-8}	异常区域边缘	M_1	14	剪应变高值区
7			面膨胀空间分布	高值、低值异常	2014.09~2015.04	正常	15×10^{-8}	异常区域边缘	M_1	14	面膨胀高值区
8	流动重力	80°~88°E；41°~46°N	重力变化空间分布	重力变化高梯度区	2014.08~2015.05	截至2016年异常仍然持续	10μGal	异常区内部	M_1	15	重力变化高值区
9	地倾斜	温泉	日均值图	年变畸变	2015.11.1~	异常持续		198	M_2	16、17	年变畸变
10	宏观	乌苏泥火山	喷涌量	高值异常	2015.07~11	震前恢复正常		169		18	高值异常
11	流体化学	泥火山	溢出气氡	高值异常	2015.09~11	震后恢复正常		169		19	高值异常

2. 地震活动性异常

1）乌什—新源—库尔勒地区的 4 级地震围空

2013 年 3 月 14 日至 2014 年 12 月 7 日，在乌什—新源—库尔勒地区形成 M_S4 以上地震围空3)，该围空长轴半径为 318km，至 2014 年 12 月 7 日该围空被吉尔吉斯 M_S4 地震打破，围空时长 632 天（图 9）。2015 年 1 月 20 日至 8 月 20 日在该空区边缘轮台县附近发生 4 次 4 级地震，之后空区收缩至乌什—新源—轮台地区。收缩后的围空长轴半径为 263km。2015 年 8 月 27 日和 28 日在空区内相继发生库车 4.2 级和温宿 4.0 级地震，该围空被打破。根据前人研究结果[4]，空区在形成后期被打破后，3 个月内发生中强地震的对应率为 30%～50%，1 年内发生中强地震的对应率为 80%以上。分析认为该 4 级地震围空是此次地震的异常。

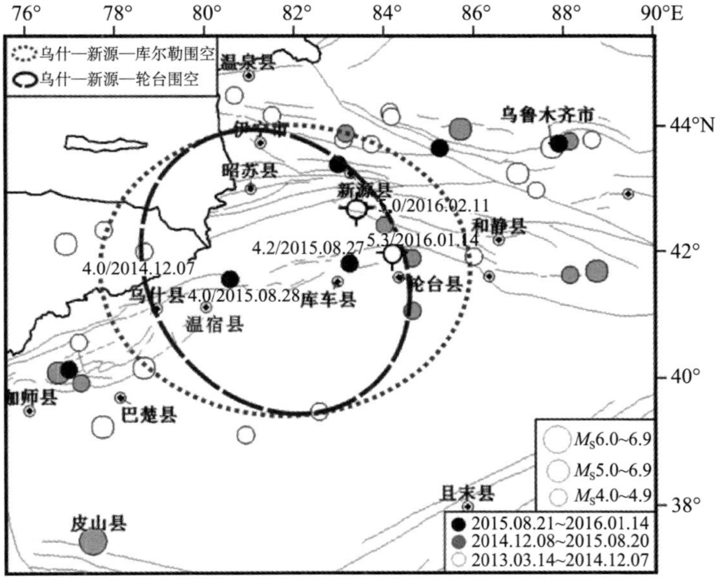

图 9　新源 5.0 级地震前 $M_S \geqslant 4$ 级地震空区分布

Fig. 9　Distribution of seismic gap of $M_S \geqslant 4$ earthquakes before the M_S5.0 Xinyuan earthquake

2）乌鲁木齐—新源—库尔勒 4 级地震平静

自 2013 年 9 月 17 日发生尼勒克 M_S4.0 地震之后，乌鲁木齐—新源—库尔勒地区形成 4 级地震平静区3)，截至 2015 年 12 月 5 日，平静已达 809 天。2015 年 12 月 6 日发生沙湾 M_S4.8 地震后该平静被打破，等待对应。由时间间隔图可知，1970 年以来 4 级以上地震平静超过 570 天的共 5 次，其后平静区及周边发生中强以上地震的 4 次（图 10）。分析认为，该 4 级地震平静是此次地震的异常。

3）温泉—新源—库车以西地区 3 级地震平静

2015 年 3 月 20 日至 8 月 14 日温泉—新源—库车以西地区 3 级以上地震出现持续时间为 140 天的平静现象3)（图 11a）。8 月 15 日后，平静区内连续发生了 9 次 3 级以上地震，其中包括 3 次 4 级地震，平静被打破。由图 11b 可知，1970 年以来平静区内 4 级地震平静时长超过 60 天的共出现 7 次，其后平静区内及周围 50km 范围内发生中强以上地震的有 4 次（57%），而此次平静为 1970 年以来最长的时段。分析认为，该异常对平静区及周边中强以上地震具有一定预测意义。

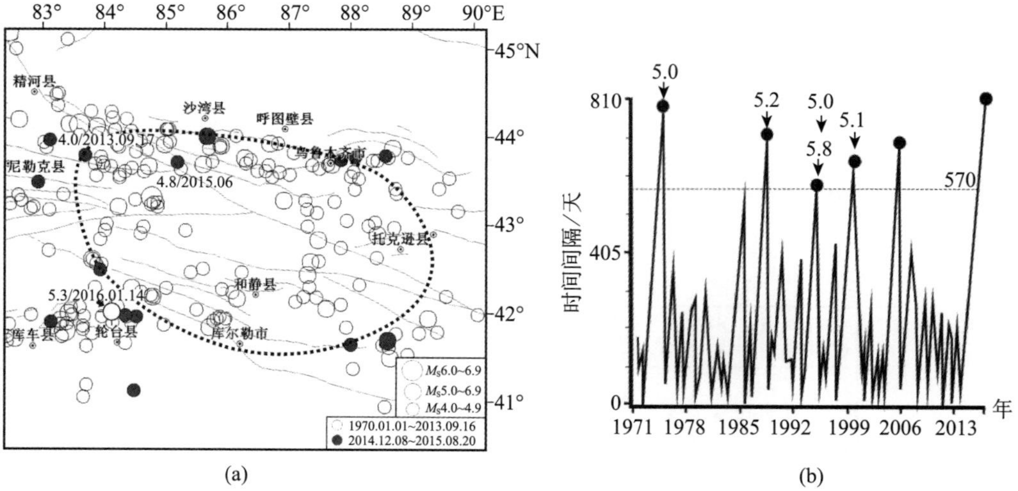

图 10　乌鲁木齐—新源—库尔勒 4 级地震平静分布（a）及时间间隔图（b）

Fig. 10　Spatial distribution of seismic quiescence (a) of magnitude 4 earthquakes and time interval (b) in Urumqi-xinyuan-kuerle area

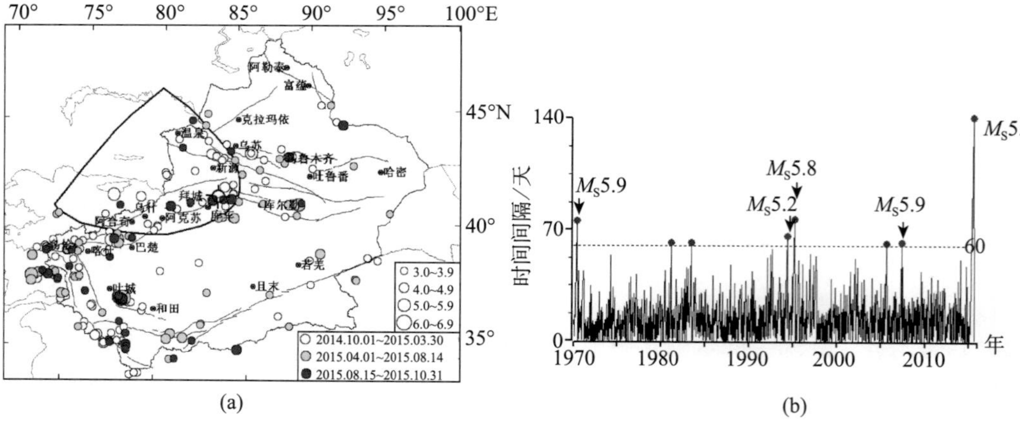

图 11　温泉—新源—库车以西地区 3 级地震平静分布（a）及时间间隔（b）

Fig. 11　Spatial distribution of seismic quiescence (a) of magnitude 3 earthquakes and time interval (b) in west of Wenquan-Xinyuan-Kuche area

4）天山中段 3 级地震显著增强

2015 年 12 月以来，天山中段以 1 月为步长、3 月为窗长的 3 级地震累积频度呈现显著的增强（删除余震目录），根据 2006 年以来的历史资料分析显示（图 12），天山中段 3 级以上地震频度出现“弱活动—活动增强”现象后，其后发生中强地震的比例达 66.7%，表明增强异常具有震兆预测意义。2016 年 1 月 14 日轮台 5.3 级地震后，天山中段 3 级地震仍然持续增强状态，2016 年 2 月 11 日新源 5.0 级地震即发生在此次增强活动后，震后该区 3 级以上地震活动恢复到背景水平。

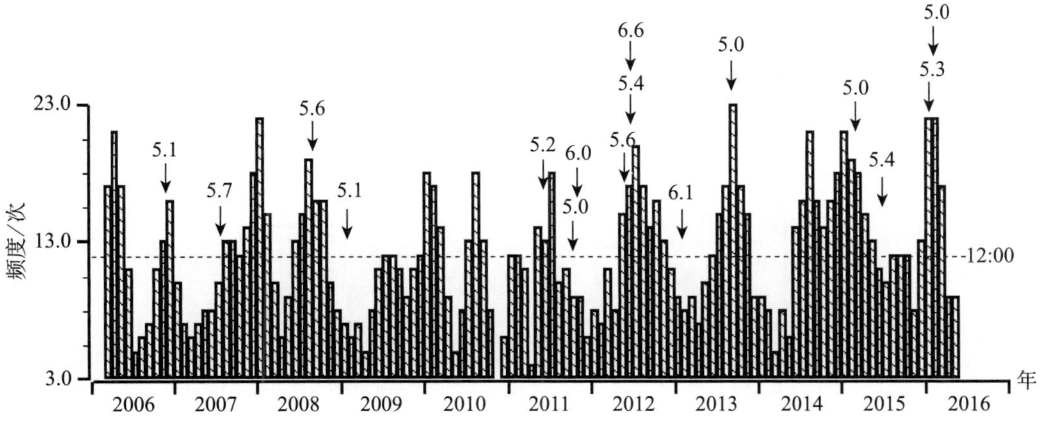

图 12 天山中段 3 级以上地震异常增强区空间分布

Fig. 12 Spatial distribution of anomaly enhancement of $M_S \geqslant 3$ earthquakes in Mid-Tianshan

5）天山中段 3、4 级地震显著增强

2014 年 11 月至 2015 年 5 月库车—库尔勒地区 3、4 级地震形成异常增强（图 13），该区近 7 个月发生 13 次 3、4 级地震，其中 3 级地震 10 次，4 级地震 3 次。2015 年 1~3 月在新源—温泉地区形成 3、4 级地震异常增强区，该增强区内发生了 4 次 3 级和 1 次 4 级地震。根据王筱荣[5]的研究结果，在 2°×2°范围内，北天山地震带 3 个月内发生 4 次以上 3 级地震，且必须包含 1 次以上 4 级地震即构成增强异常。库车—库尔勒异常增强区内 2016 年 1 月 14 日发生轮台 5.3 级地震后，新源—温泉异常增强区内 2016 年 2 月 11 日发生了新源 5.0 级地震。

3. 前兆异常

1）GPS 异常

2014~2015 年北天山流动 GPS 观测结果显示7)（图 14），新源附近形成一个剪应变高值集中区域，剪应变量值有所增大；面膨胀形成高梯度带区域，显示出科古琴断裂受到应力增加影响。其中新源附近的剪应变高值异常区属于已存在多年的趋势异常，其附近应变性质几乎都呈现出反向的变化导致新源附近出现高梯度带区域。新源 5.0 级地震发生在异常区的边缘。地震后，面膨胀异常区消失，而剪应变异常区截至目前仍然持续。

需要注意的是，由于 2016 年 1 月 4 日在巩乃斯异常区南侧发生了轮台 5.3 级地震，该异常可能包含部分轮台地震的异常成分。

2）流动重力异常

以往震例分析表明[6~8]，地震多发生在重力正负值变化交替的零线附近或者高梯度带，重力正负异常变化梯度带附近是物质增减差异剧烈的地区，能量易于积累。2014 年 8 月至

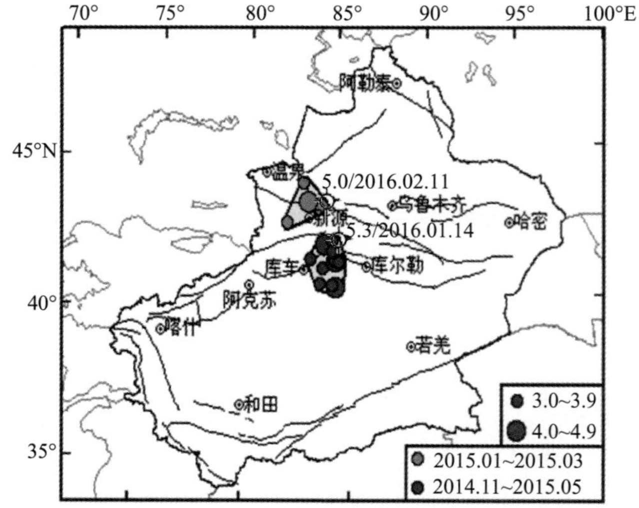

图 13　天山中段 3、4 级地震异常增强区空间分布

Fig. 13　Spatial distribution of anomaly enhancement of level M_S3、4 earthquakes in Mid-Tianshan

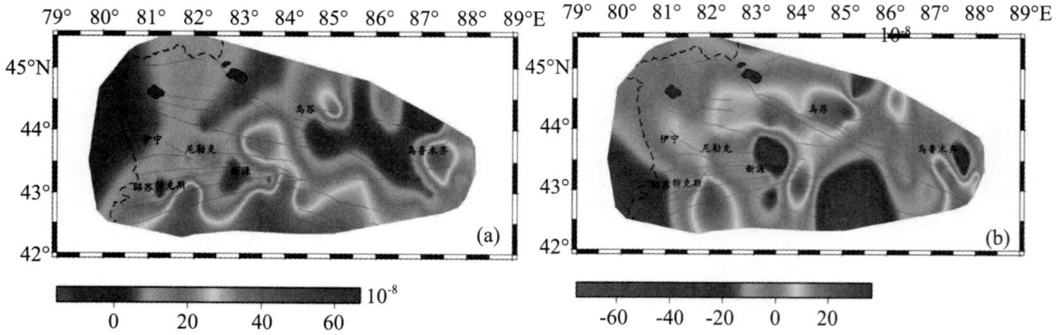

图 14　北天山剪应变率（a）和面膨胀分布图（b）（2014. 09 ~ 2015. 04）

Fig. 14　Contour map of roving GPS observation variation from September, 2014 to April, 2015 in northern Tianshan mountain shear strain rate（a）and surface expansion distribution（b）

2015 年 9 月北天山西段流动重力观测结果显示[8]（图 15），巩乃斯附近地区重力变化呈现出高梯度带，新源 5. 0 级地震发生在高梯度带附近。

3）温泉水平摆倾斜异常

2015 年 10 月份以来温泉水平摆地倾斜 NS 向速度减慢，变化幅度减小，出现转平现象。2016 年 2 月为季节转向时间，但未出现预期的北倾变化，仍维持南倾，每年 4 月中旬为正常北倾时间，但未出现北倾趋势。图 16 中曲线（1）为 2013 ~ 2015 年的正常均值年变曲线，可以看出曲线（2）存在明显的年变畸变异常。从矢量图可知，其整体形态基本符合正常年变形态——闭合圆，但其矢量方向与正常年变方向（顺时针）相反，为逆时针变化（图 17）。新源 5. 0 级地震即发生在异常过程中，震后异常仍然持续[9]。

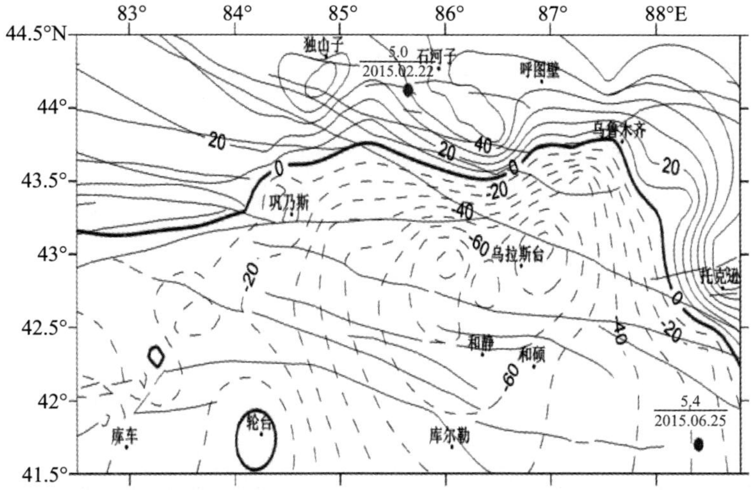

图 15 北天山流动重力变化图（2014. 08 ~ 2015. 09）

Fig. 15 Contour map of roving gravity variation from August, 2014 to September, 2015 in northern Tianshan mountain

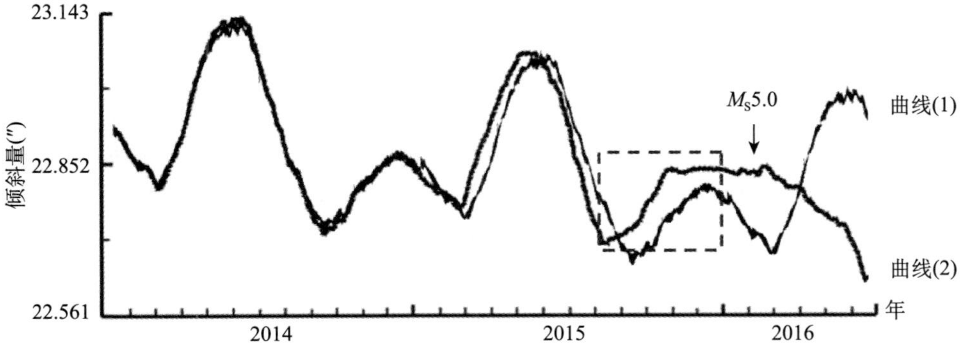

图 16 温泉老台水平摆北南分量日均值观测曲线图

Fig. 16 The NS component temporal curve of horizontal pendulum tiltmeter at Wenquan station

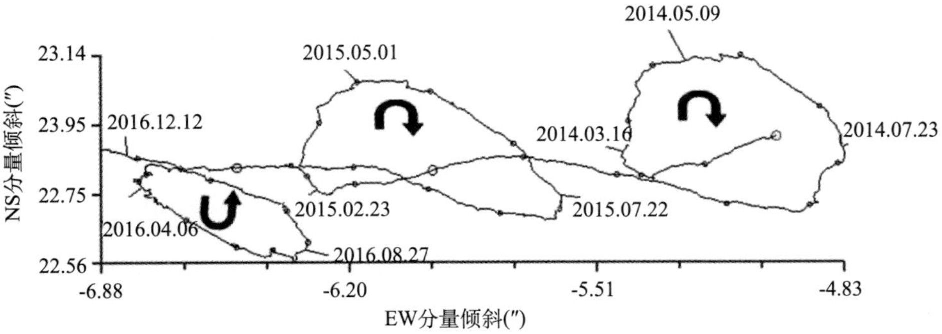

图 17 温泉老台水平摆矢量图

Fig. 17 The vector diagram of horizontal pendulum tiltmeter at Wenquan station

4）乌苏泥火山

2015年7~8月和2015年9~11月，艾其沟1号泥火山出现了两次类似的“上升—转折—下降”的异常变化现象（图18）。同时，艾其沟2号泥火山于2015年10月10~28日出现了持续喷涌，并形成粘稠泥浆小泥火山堆，11月13日后该泥火山恢复平静。此后分别发生了2016年1月14日轮台5.3级地震（震中距222km）和2月11日新源5.0级地震（震中距169km）[10]。表明该异常可能同时反映了2次地震的部分异常。

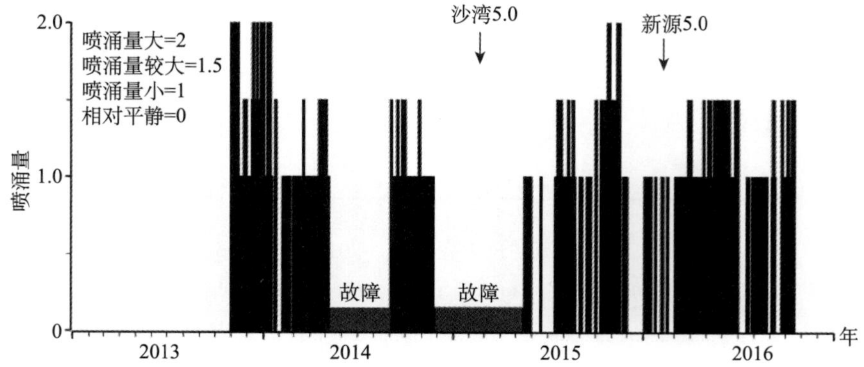

图18　艾其沟1号泥火山喷涌程度变化图

Fig. 18　The variation level of the mud volcano eruption at Aiqigou No. 1

乌苏白杨沟1号泥火山溢出气氡从2015年7月开始测量，震前已积累6期测量数据（图19）。2015年9月21日和11月13日气氡出现两组高值异常后，距离泥火山222km和169km发生了2016年1月14日轮台5.3级地震和2月11日新源5.0级地震。震后截至9月测量7期数据，5~7月出现高值后恢复背景值。

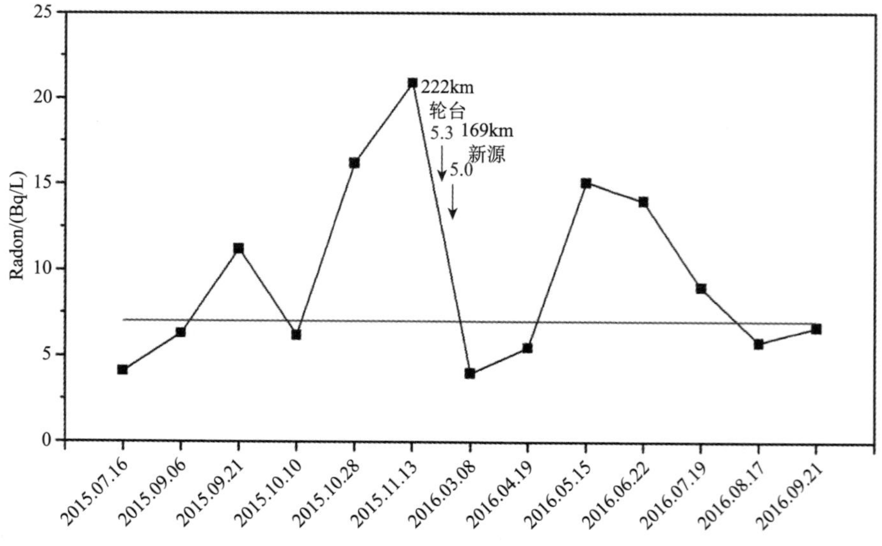

图19　乌苏白杨沟1号泥火山溢出气氡测值

Fig. 19　Radon measurements of mud volcano at Baiyanggou No. 1

5）新架设仪器可能存在的异常

2015 年 6 月伊犁州架设的 2 套地倾斜和 2 套应变资料开始正式观测。2015 年 11 月 19 日 8 时至 21 日 12 时，伊宁钻孔倾斜 NS 向、EW 向速率变化快，北南向变幅 0.9"，东西向 0.2"（图 20）；2015 年 10 月果子沟钻孔倾斜 NS 分量出现反向南倾，12 月恢复北倾（图 21）；2015 年 10 月 1 日至 12 月 20 日，巩留头道湾钻孔应变 EW 分量速率变慢，之后基本速率停滞，12 月 20 日 NW 分量反向西倾变化，2016 年 2 月 1 日恢复北倾（图 22），上述资料异常出现时间相差不大，处于准同步状态，而异常结束后 3 个月内发生新源 5.0 级地震。上述资料观测时间段，此前也未出现过类似现象，但震后资料的变化形态恢复到变化之前的形态，可能表明该变化与此次地震有关。

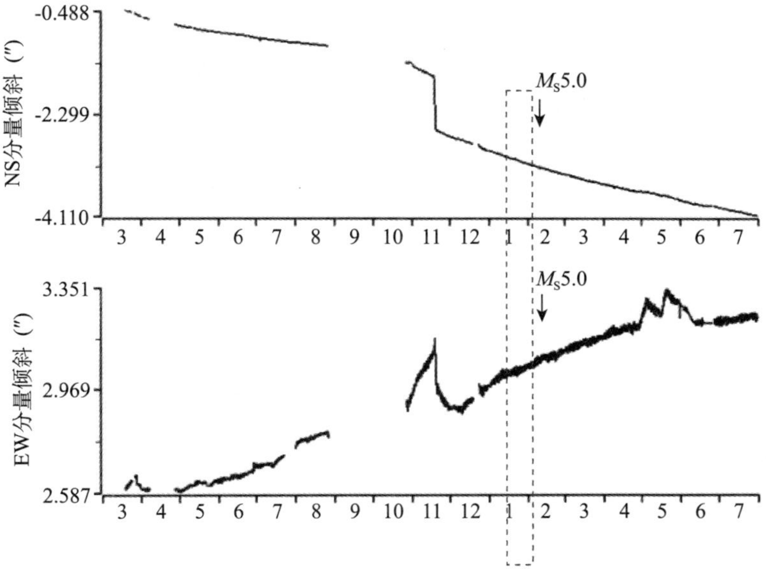

图 20 伊宁钻孔倾斜整点值曲线

Fig. 20 Temporal curve of borehole tiltmeter at Yining station

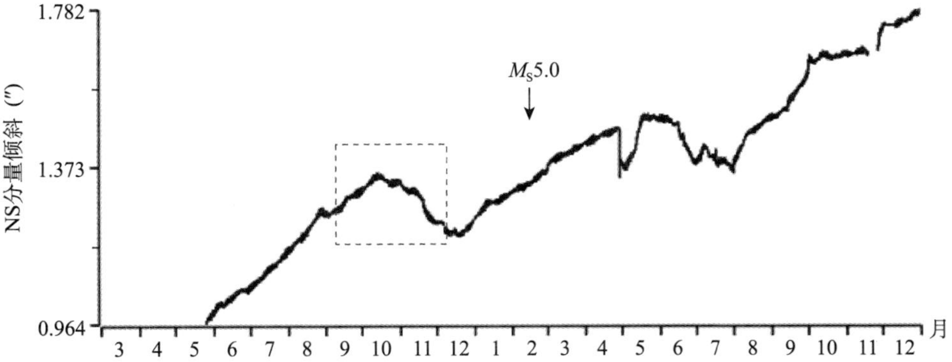

图 21 果子沟钻孔倾斜整点值曲线

Fig. 21 Temporal curve of borehole tiltmeter at Guozigou station

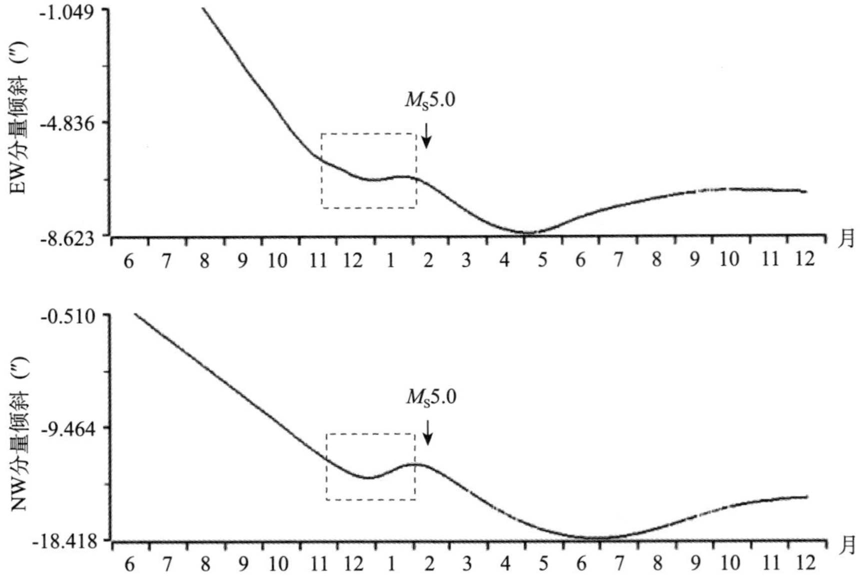

图 22　巩留头道湾钻孔应变整点值曲线图

Fig. 22　Temporal curve of borehole strain at Gongliu station

七、地震前兆异常特征

综上所述，新源 5.0 级地震前观测到前兆异常较少，主要异常特征如下：

1. 异常数量较少

震前共出现地震学前兆、定点前兆观测项目 11 条异常，以中短期异常为主。其中定点前兆异常较为显著，震前观测到了 GPS、流动重力、地倾斜、地应变、泥火山等 6 条前兆异常。此外，震前震中附近地震活动出现天山中段 3 级地震高频，3、4 级地震显著增强和乌什—新源—库尔勒地区 4 级以上地震形成围空、3 级地震平静等异常。

2. 地震学异常演化

2011 年 6 月以来，北天山地震带发生 7 次 5 级以上地震，包括 2 次 6 级地震，中强地震呈现成组活动特点。新源 5.0 级地震位于北天山西段，2012 年新源、和静交界 6.6 级地震后，该区 5 级以上地震平静 12 个月，2015 年 2 月沙湾 5.0 级地震打破了该平静，之后发生了新源 5.0 级地震。5.0 级地震前 1～2 年，乌鲁木齐—新源—库尔勒出现 4 级地震平静（2013 年 9 月至 2015 年 12 月），震中附近 3、4 级地震增强显著（2014 年 11 月至 2015 年 5 月），温泉—新源—库车以西又出现 3 级地震平静（2015 年 3 月至 8 月）。震前半年，震前 3 个月，3 级地震累积频度增强显著。乌什—新源—库尔勒地区 4 级以上地震围空内部分别于 2015 年 8 月 27 日和 28 日连续发生库车 4.2 和温宿 4.0 级地震，空区瓦解。震前 2 个月，3 级地震累积频度增强显著。2016 年 1 月 14 日异常区边缘发生轮台 5.3 级地震，28 天后发生了新源 5.0 级地震。

3. 前兆观测资料异常

（1）异常时间演化：震中 200km 范围内定点前兆观测异常主要以中短期异常为主，无趋势异常，宏观异常 1 条，异常起始和结束时间有一定的一致性（图 23、图 24）。

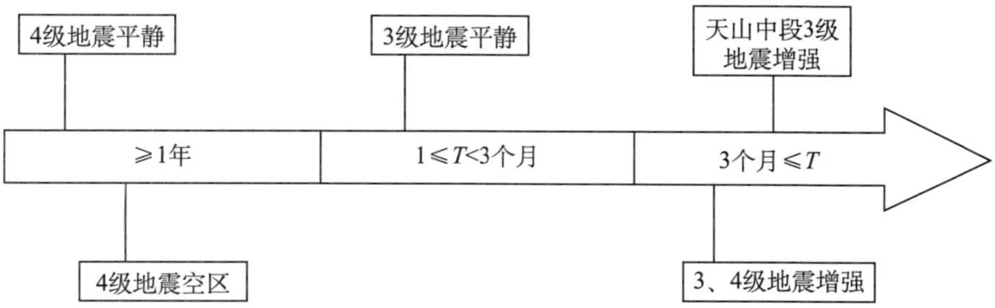

图 23 异常演化时间进程图

Fig. 23 Temporal curve of abnormality evolution time curve

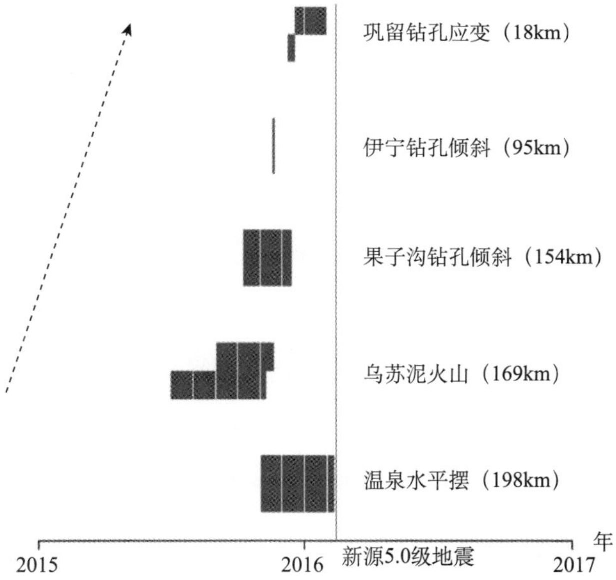

图 24 前兆异常演化时间进程图

Fig. 24 Time curve of precursor abnormality evolution

（2）异常空间演化：新源 5.0 级地震前，在北天山西段，尤其是伊犁地区存在异常集群性出现的规律，出现异常配套变化，异常信度高。震中 200km 范围内定点前兆观测异常主要以中短期异常为主，宏观异常 1 条。坚固体模式认为，地震孕育过程前兆异常的空间迁移为异常先出现在震源外围，而后出现在震源区域；与震源外围相比较，震源区域的前兆异常信息在时间上出现较晚，更接近于地震的发生；在空间上与震中更为接近，更能直接反映震源区的变化状态。乌苏泥火山出现异常的时间最早，异常结束较早；巩留钻孔应变出现的时间较晚，结束最晚。

（3）中短期异常突出：震前共出现定点前兆观测项目6条异常，均为中短期异常，但由于资料时间短，信度和稳定性尚不明确，震前对异常的判识受限。

八、震前预测、预防和震后响应

1. 震前预测、预防

新疆维吾尔自治区地震局对新源5.0级地震做出了中期和短期预测。新源5.0级地震发生在2016年度新疆地震局划定的天山中段“新源—轮台—拜城6级左右”危险区边缘。2016年度危险区划定后，新疆地震局召开了针对加强危险区跟踪的工作会议，成立了两个地震重点危险区短临跟踪专题研究小组，负责危险区震兆异常动态跟踪和短临预测工作。

2015年10月以来，新疆西南境外兴都库什至帕米尔地区强震活跃，发生了4次6级以上地震，其中包括2次7级地震；而境内中强地震呈现平静状态，新疆地区尤其是天山地区地震形势严峻复杂。2015年12月塔吉克斯坦发生7.4级地震后，天山中段3级地震活动显著增强，结合当时较为同步出现的前兆观测中短期异常变化，2016年1月7日新疆地震局预报中心天山中段危险区跟踪组向中国地震台网中心提交短期预报卡，预报时段为1月9日至3月9日，预测区域为轮台—库车—新源地区，预测震级为5.3~6.3级（见附件二）。其后新疆地震局要求跟踪组进一步加强该区地震跟踪，每日动态跟踪，多次召开加密震情会商会，寻找震前可能的短临异常。1月14日发生轮台5.3级地震后，在1月27日月会商会震情监视报告中提出预测意见：“未来一个月及稍长时间新疆地区存在发生中强地震的可能，危险区域为天山中段和南天山西段”（见附件三）。2月11日新源5.0级地震均发生在预测区和预测时段内，地震强度预测较准确。

2. 震后响应

（1）应急响应。地震发生后，新疆维吾尔自治区地震局立即启动Ⅳ级地震响应，迅速通过电话了解灾情。同时由新疆地震局和伊犁州地震局等26人组成联合现场工作队，第一时间赶赴灾区，通过3天艰苦工作，行程3000余千米，对41调查点（其中抽样点30进行了调查统计，对此次地震灾害损失进行评估，总结此次地震震害特征，并提出恢复重建建议[6)]。

（2）震后趋势判定。新源5.0级地震发生后，现场工作队和新疆地震局预报中心人员密切跟踪序列的发展，结合该区历史地震活动情况，对震后趋势进行了初步判断，认为“该地震属孤立型，震区发生更大地震的可能不”。实际发生的最大余震为M_L2.8。新疆维吾尔自治区地震局对地震类型和余震做出了准确的判别和预测。

3. 震害分析

此次地震位于伊犁盆地阿吾拉勒山南北两侧的巩乃斯河、喀什河河谷地区，地震最大影响烈度为Ⅵ度，地震造成286户1144人受灾，总直接经济损失为3860万元，需恢复重建经费6053万元。属一般破坏性地震，未造成人员伤亡。此次震害主要表现为房屋破坏，不同结构类型房屋出现不同程度的破坏。受灾房屋主要为土木结构、砖木结构，砖混结构房屋，框架结构未产生明显破坏。安居富民房屋在此次地震中表现出良好的抗震性能和减灾效果。另外生命线工程在地震中总体完好。

九、总结与讨论

1. 结论

（1）此次5.0级地震发生在伊犁盆地，宏观震中位于43°31′4.8″N、82°33′E。极震区烈度为Ⅵ度，等震线形状呈EW向椭圆形，长轴半径12km，展布方向为东西向；地震造成286户1144人受灾，总直接经济损失为3860万元。5.0级地震序列类型为孤立型，余震序列空间上呈NEE向分布。5.0级地震发震构造为阿吾拉勒山南缘断裂，震源错动性质表现为走滑型，与发震构造不一致。

（2）此次地震前存在5条测震学异常，包括3、4级地震增强，3级以上地震月频度增强，4级地震平静和4级地震围空等；定点前兆异常共6条，包括定点前兆异常2条，宏观异常1条，GPS和流动重力异常3条，以中短期异常为主。震区169km范围内乌苏泥火喷涌和溢出气氡异常，具有短期预测意义，主要特征以突变为主。此次地震前，定点前兆观测异常的空间分布显示，随着时间的推移，异常呈现由远及近，逐渐向震中发展的演化特征。多数异常分布在100~200km范围地区，这些异常部分在震前恢复，部分在地震发生后恢复正常，另有一部分异常持续。

（3）此次地震位于2016年度中国地震台网中心划定的天山中段危险区外22km处，位于新疆地震局划定的危险区外围13km，震前2016年1月8日新疆地震局天山中段危险区跟踪组填报了短临预测卡，对此次地震的地点和时间有较好的把握，但强度预测略偏高。此外，1月14日轮台5.3级地震后，在1月27日月会商震情监视报告中提出预测意见："未来一个月及稍长时间新疆地区存在发生中强地震的可能，危险区域为天山中段和南天山西段"。2月11日新源5.0级地震发生在预测区和预测时段内，地震强度预测较准确。5.0级地震后，对震区地震趋势做出了快速准确的判断。

2. 讨论

（1）新源5.0级地震震源断错性质为走滑，结合阿吾拉勒山南缘断裂走向、倾向，认为节面Ⅰ可能为主破裂面。但该断裂性质主要以逆冲为主与此次地震震源破裂性质不同，可能与新源5.0级地震震中位于巩乃斯盆地北部的巩乃斯河谷地带，此次地震震级偏小，可能与该断裂上含有走滑分量的分支断层有关。初步认为，此次地震的发生与阿吾拉勒山南缘断裂的最新活动有关。

（2）从预测效果来看，这是一次较为成功的短期预测实践，其中测震学异常地震空区和增强区异常在其中起到了关键作用，但客观来讲，空区和增强区对地点和震级可预测，而时间是较难把握的。震前观测到的定点前兆异常在伊犁地区集中出现，主要以中短期异常为主，宏观异常1项，异常起始和结束时间有一定的一致性。2016年1月14日轮台5.3级、2月11日新源5.0级地震前，地震活动和定点前兆异常具有很好的配套性，是我们在此次5.0级地震前填报预报卡的主要依据。

（3）伊犁盆地附近台网建设在"十五"期间有了很大的提高，但在地震重点监视防御区，监测系统仍不能很好地满足震情监测和科学研究的需求。此次地震总结，再一次反映出台网建设的重要性，尤其是对未来重点地震危险区。

参 考 文 献

[1] 国家地震局监测预报司，1997，测震学分析预报方法，北京：地震出版社，1~204

[2] 许忠淮、阎明、赵仲和，1983，由多个小地震推断的华北地区构造应力场的方向，地震学报，5（3）：268~279

[3] Zhao L S, Helmberger D V, 1994, Source estimation from broadband regional seismograms, Bull. Seism. Soc. Am., 84 (1): 91-104

[4] 曲延军、王海涛、郐成栋等，2010，中国大陆地震空区统计特征分析，地震学报，32（5）：544~556

[5] 王筱荣，2005，新疆强震前地震活动增强研究［J］，华南地震，25（1）：18~23

[6] 祝意青、刘芳、郭树松，2011，2010 年玉树 M_S7.1 地震前的重力变化，大地测量与地球动力学，31（1）：1~4

[7] 祝意青、闻学泽、孙和平等，2013，2013 年四川芦山 M_S7.0 地震前的重力变化，地球物理学报，56（60）：1887~1894

[8] 祝意青、胡斌、李辉等，2003，新疆地区重力变化与伽师 6.8 级地震，大地测量与地球动力学，23（3）：66~69

参 考 资 料

1）新疆维吾尔自治区地震局，新疆月报目录

2）中国地震局，全国地震目录 M_S5.0

3）新疆维吾尔自治区地震局，日常地震会商资料汇总——2016 年 1 月月会商报告，2016

4）新疆维吾尔自治区地震局，新疆维吾尔自治区 2015 年度地震趋势研究报告，2015

5）新疆维吾尔自治区地震局，新疆维吾尔自治区 2016 年年中地震趋势研究报告，2016

6）新疆维吾尔自治区地震局，2016 年 2 月 11 日新疆新源 5.0 级地震灾害调查评估结果的报告，2016

7）新疆维吾尔自治区地震局，新疆维吾尔自治区 2016 年度地震趋势研究报告，2015

8）刘代芹等，2016 年年度南疆区域重力重力场及北天山中段地壳密度变化特征分析报告，2016 年年度新疆地震趋势会商会部分震情研究报告汇编，2015

9）韩桂红等，2016 年年度北天山西段及乌鲁木齐地区地震趋势预测报告，2016 年年度新疆地震趋势会商会部分震情研究报告汇编，2015

10）麻荣等，新疆北天山地下流体 2017 年度震情趋势预测报告，2017 年年度新疆地震趋势会商会部分震情研究报告汇编，2016

The M_S 5.0 Xinyuan Earthquake on February 11, 2016 in Xinjiang Uygur Autonomous Region

Abstract

The M_S5.0 earthquake occurred on 11 February 2016 in Xinyuan country, Xinjiang Uygur Autonomous Region with the microscopic epicenter at 43°33′N, 82°33′E, the macroscopic epicenter at 43°31′4.8″N, 82°55′E, Xinyuan county, Gongliu county, Nileke county, a strong sense of earthquake, Yining city, a significant shock and the seismic intensity was Ⅵ degree, the long axis radius is 12km with east to west direction, which involves the north of the Gongnai Si sheep farm, and the south of Xinyuan county. There were some housing damages, the earthquake did not cause casualties, direct economic loss was about RMB 38.6 million yuan.

The seismic sequence is isolated. As of May 11, 2016, the Xinjiang Seismological Network recorded a total of 25 aftershocks, the largest aftershock is M_L2.8, aftershock mainly in the center of the main shock is within the range of 30km, spread to NEE direction. The aftershock sequence attenuation is more rapid. The M_S5.0 earthquake focal mechanism solutions results show that the strike-slip earthquake seismic, nodal plane Ⅰ to 249 °, tilt angle 55 °, the sliding angle of 23 °, P principal stress axis azimuth 200 °, elevation angle of 10 °. Combined with the characteristics of the intensity distribution and the aftershock distribution, we speculate that the nodule Ⅰ is the rupture surface of the earthquake. The M_S5.0 earthquake is located near the fault on the southern margin of the Awu Lalu Mountains. The fault is near the east and west direction with an inclination of 20°–70°, which is characterized by thrust fault. The fracture direction and the intensity of the isoparametric line, the focal mechanism of the rupture plane direction are roughly the same. It is concluded that the tectonic structures of M_S5.0 earthquake is the faults on the southern margin of the Awu Lalu Mountains rupture, and they were the result of the strike-slip motion under the pressure of the north-south main compressive stress.

There are 10 seismic stations in the epicenter of 200km, 17 fixed-point observation stations, 48 observation projects and mobile GPS, gravity, geomagnetic observation network. There were 11 anomalies before the earthquake, which were mainly the mid-term and short-term anomalies. The seismisity anomalies include the increase of earthquakes with magnitude 3 and 4, the monthly frequency increase of magnitude 3 and above, seismic quiescence of magnitude 4 and earthquake enclosure of manitude 4, among which there are 3 mid-term anomalies and 2 short-term anomalies. There are 6 fixed point station precursor anomalies, including GPS horizontal to maximum shear strain, surface expansion, flow gravity high gradient zone, Wenquan tilt annual variation distortion, Wusu mud volcano spewing volume becomes larger and overflow air radon high value abnormalities. There are 4 trend abnormalities, 2 mid-term abnormalities and 3 short-term abnormalities. The proportion of the total number of abnormal items measured items was 12. 5%.

The earthquake is located about 22km outside of the mid-Tianshan Mountains earthquake dangerous area designated by China Earthquake Administration in 2016 annual conference. And it's located about 13km outside the dangerous area designated by Xinjiang Earthquake Administration. Before the earthquake, on January 8, 2016, the mid-Tianshan Mountains in the middle of the danger zone tracking group of the Xinjiang Earthquake Administration reported a short-term prediction card, and had a better grasp on the time of the earthquake , but forecast strength is slightly higher.

At the monthly status discussion meeting on January 27, 2016, the situation forecast reported that "there may be strong earthquakes in dangerous areas of the mid-Tianshan and southern-west of TianshanMountains of Xinjiang, with the next month and a little longer time." M_S5. 0 earthquake on February 11 occued in the prediction area and the prediction period, and the earthquake intensity is pre-measured accurately. After the M_S5. 0 earthquake, quick and accurate judgment was made.

After the earthquake, Xinjiang Earthquake Administration, Yili State Earthquake Administration, Xinyuan County Earthquake Administration, Nileke County Earthquake Administration, Gongli County Earthquake Administration, and Xinyuan County Earthquake Administration, a total of 26 people formed a joint field team. Together with the local government workers, they set up field headquarters composition, carried out after the earthquake emergency response, site visits and trend analysis and other related work after the earthquake. Although the earthquake is located in the mid-Tianshan Mountains with strong monitoring ability, the sequence has less follow-up aftershocks, low intensity, sequence parameters, and digital seismological methods can not be carried out, and the history of the manigtude 5 earthquake sequence characteristics are similar.

报 告 附 件

附件一：震例总结用表

附表 1　固定前兆观测台（点）与观测项目汇总表

序号	台站（点）名称	经纬度（°）		测项	资料类别	震中距 Δ/km	备注
		φ_N	λ_E				
1	巩留（GLT）	43.409	82.433	测震	Ⅰ	18	
				钻孔应变	Ⅲ类		RZB 型分量式钻孔应变
2	尼勒克	43.730	82.610	测震	Ⅰ	21	
				钻孔应变	Ⅲ类		RZB 型分量式钻孔应变
3	特克斯	43.24	82.28	水位	Ⅲ类	40	DRSW-Ⅱ型水温水位观测仪
				水温	Ⅲ类		DRSW-Ⅱ型水温水位观测仪
4	新源	43.409	83.269	测震	Ⅰ	60	
				钻孔倾斜（老）	Ⅱ类		
				钻孔倾斜（新）	Ⅲ类		CZB-Ⅱ型钻孔倾斜
				钻孔应变	Ⅲ类		
5	巴音沟	44.10	83.30	钻孔倾斜	Ⅲ类	90	CZB-Ⅱ型钻孔倾斜
				钻孔应变	Ⅲ类		RZB-1 型电容式
6	伊宁	44.090	81.567	钻孔倾斜	Ⅲ类	95	CZB 型钻孔倾斜
7	察布查尔县	43.51	81.12	测震	Ⅰ	114	
				水位	Ⅲ类		DRSW-Ⅱ型水温水位观测仪
				水温	Ⅲ类		DRSW-Ⅱ型水温水位观测仪
				断层氢气	Ⅲ类		ATG-6118 型痕量氢
8	精河	44.618	82.974	测震	Ⅰ	148	
				地倾斜（摆式）	Ⅰ类		SQ-70 型石英水平摆
				水管仪（连通管）	Ⅱ类	123	DSQ
				洞体应变	Ⅱ类		SSY
9	伊宁 1 号	44.18	81.28	水位	Ⅲ类	128	DRSW-Ⅱ型水温水位观测仪
				水温	Ⅲ类		DRSW-Ⅱ型水温水位观测仪
10	伊宁 2 号	44.22	81.29	水位	Ⅲ类	132	DRSW-Ⅱ型水温水位观测仪
				水温	Ⅲ类		DRSW-Ⅱ型水温水位观测仪
				断层氢气	Ⅲ类		ATG-6118 型痕量氢
11	巴音布鲁克	42.92	84.16	钻孔倾斜	Ⅲ类	148	CZB-Ⅱ型钻孔倾斜

续表

序号	台站（点）名称	经纬度（°）		测项	资料类别	震中距 Δ/km	备注
		φ_N	λ_E				
12	果子沟	44.335	80.959	钻孔倾斜	Ⅲ类	154	CZB-Ⅱ型钻孔倾斜
13	博乐 32 井	44.89	82.38	水位	Ⅲ类	158	LN-3
				水温	Ⅲ类		SZW-1A
14	泥火山	44.18	84.38	喷涌量	Ⅰ类	169	
				溢出气氡	Ⅲ类		
15	阿拉山口	45.15	82.12	测震	Ⅰ	178	
16	乌苏 33 井	44.63	84.15	测震	Ⅰ	180	
				水位	Ⅲ类		LN-3
				水温	Ⅲ类		SZW-1A
				流量	Ⅲ类		
17	GNS	43.4	84.8	测震	Ⅰ	183	
18	库车	42.146	83.107	测震	Ⅰ	190	
				钻孔倾斜	Ⅲ类		CZB 型钻孔倾斜
19	温泉	44.962	81.005	测震	Ⅰ	198	
				水平摆	Ⅰ类		SSQ-2I 石英水平摆
				体应变	Ⅱ类		TJ-Ⅱ
				大地电场	Ⅲ类		
				地磁水平	Ⅰ类		FGM-01 磁通门磁力仪
				地磁垂直	Ⅰ类		FGM-01 磁通门磁力仪
				地磁磁偏角	Ⅰ类		FGM-01 磁通门磁力仪
20	温泉 30 井	44.98	81.01	水位	Ⅱ类	199	LN-3
				水温	Ⅱ类		SZW-1A
				流量	Ⅱ类		
				水氡	Ⅱ类		
				二氧化碳	Ⅱ类		

续表

分类统计	$0<\Delta\leqslant 100$km	$100<\Delta\leqslant 200$km	总数
测项数 N	4	17	
台项数 n	10	32	
测震单项台数 a	1	1	
形变单项台数 b	3	3	
电磁单项台数 c	0	0	
流体单项台数 d	0	0	
综合台站数 e	4	9	
综合台中有测震项目的台站数 f	3	5	
测震台总数 $a+f$	4	6	
台站总数 $a+b+c+d+e$	15	13	
备注			

附表 2　测震以外固定前兆观测项目与异常统计表

序号	台站（点）名称	测项	资料类别	震中距 Δ/km	按震中距 Δ 范围进行异常统计									
					$0<\Delta\leqslant 100$km					$100<\Delta\leqslant 200$km				
					L	M	S	I	U	L	M	S	I	U
1	巩留	钻孔应变	Ⅲ类	18	—	—	—	—	√					
2	尼勒克	钻孔应变	Ⅲ类	21	—	—	—	—	—					
3	特克斯	水位	Ⅲ类	40	—	—	—	—	—					
		水温	Ⅲ类		—	—	—	—	—					
4	新源	钻孔倾斜（老）	Ⅱ类	60	—	—	—	—	—					
		钻孔倾斜（新）	Ⅲ类		—	—	—	—	—					
		钻孔应变	Ⅲ类		—	—	—	—	—					
5	伊宁	钻孔倾斜	Ⅲ类	95	—	—	—	—	√					
6	察布查尔县	水位	Ⅲ类	114						—	—	—	—	—
		水温	Ⅲ类							—	—	—	—	—
		断层氢气	Ⅲ类							—	—	—	—	—
7	精河	地倾斜（摆式）	Ⅰ类	123						—	—	—	—	—
		水管仪（连通管）	Ⅱ类							—	—	—	—	—
		洞体应变	Ⅱ类							—	—	—	—	—

续表

序号	台站（点）名称	测项	资料类别	震中距Δ/km	按震中距Δ范围进行异常统计									
					0<Δ≤100km					100<Δ≤200km				
					L	M	S	I	U	L	M	S	I	U
8	伊宁1号	水位	Ⅲ类	128						—	—	—	—	—
		水温	Ⅲ类							—	—	—	—	—
9	伊宁2号	水位	Ⅲ类	132						—	—	—	—	—
		水温	Ⅲ类							—	—	—	—	—
		断层氢气	Ⅲ类							—	—	—	—	—
10	果子沟	钻孔倾斜	Ⅲ类	154						—	—	—	—	√
11	博乐32井	水位	Ⅲ类	158						—	—	—	—	—
		水温	Ⅲ类							—	—	—	—	—
12	泥火山	喷涌量	Ⅰ类	169						—	√	—	—	—
		溢出气氡	Ⅲ类							—	—	√	—	—
13	乌苏33井	水位	Ⅲ类	180						—	—	—	—	—
		水温	Ⅲ类							—	—	—	—	—
		流量	Ⅲ类							—	—	—	—	—
14	库车	钻孔倾斜	Ⅲ类	190						—	—	—	—	—
15	温泉	水平摆	Ⅰ类	198						—	√	—	—	—
		体应变	Ⅱ类							—	—	—	—	—
		大地电场	Ⅲ类							—	—	—	—	—
		地磁水平	Ⅰ类							—	—	—	—	—
		地磁垂直	Ⅰ类							—	—	—	—	—
		地磁磁偏角	Ⅰ类							—	—	—	—	—
16	温泉30井	水位	Ⅱ类	199						—	—	—	—	—
		水温	Ⅱ类							—	—	—	—	—
		流量	Ⅱ类							—	—	—	—	—
		水氡	Ⅱ类							—	—	—	—	—
		二氧化碳	Ⅱ类							—	—	—	—	—

续表

序号	台站（点）名称	测项	资料类别	震中距 Δ/km	按震中距 Δ 范围进行异常统计									
					$0<\Delta\leqslant 100$km					$100<\Delta\leqslant 200$km				
					L	M	S	I	U	L	M	S	I	U
分类统计	台项	异常台项数			0	0	0	0	2	0	2	1	0	1
		台项总数			8	8	8	8	8	31	31	31	31	31
		异常台项百分比/%			0	0	0	0	25	0	6	3	0	3
	观测台站（点）	异常台站数			0	0	0	0	2	0	2	1	0	1
		台站总数			5	5	5	5	5	11	11	11	11	11
		异常台站百分比/%			0	0	0	0	40	0	18	9	0	9
	测项总数（ 17 ）				3					17				
	观测台站总数（ 16）				5					11				
备注	巴音沟（钻孔倾斜和钻孔应变各 1 套）和巴音布鲁克（1 套钻孔倾斜）资料断数较多，分析价值低，未列入此表。													

附件二：短期预报卡

填卡须知

1. 预测等级标准的确认，只需将○涂为●。
2. 预测内容请参考确认的级别所规定的等级标准填写：

等级标准	震级（M_S）	时间（天）	地域（半径）（公里）
一级	≥7.0	≤90	≤200
二级	6.0−6.9	≤60	≤150
三级	5.0−5.9	≤30	≤100
余震	≥5.0	≤5	≤50

注：表中余震预测是指对中强地震发生 10 天以后的 5 级以上余震所作出的预测。

3. 单位或集体的预测应填全称。个人的预测应填所在单位全称、本人姓名、通讯地址和邮政编码。
4. 地震预测意见应向预测地的县级以上地方人民政府负责管理地震工作的部门或者机构报告，也可向所在地的县级以上地方人民政府负责管理地震工作的部门或者机构、或国务院地震工作主管部门受理机构（北京市西城区三里河南横街 5 号中国地震台网中心，邮编：100045）报告。
5. 预测意见应明确、详细。
6. 本卡片可以复制，保密期满后予以公布。
7. 预测意见评价：

①完全正确：实发地震发生在预测时间段内，预测意见的地点、震级与实发地震完全符合；

②部分预测要素对应：实发地震发生在预测时间段内，预测意见的地点、震级至少有 1 个与实发地震一致，即地点误差不超过 300 公里（西藏地区不超过 500 公里），或者震级误差不超过 1 级。

③无对应：不满足①、②条件的。

地震短临预测卡片

预测等级：　○一级　○二级　○三级　○余震

预测内容：

1. 时间：2016 年 1 月 9 日至 2016 年 3 月 9 日
2. 震级（M_S）：5.3-6.3
3. 地域：用封闭图形绘于下面经纬网内，并标注其图形拐点的经纬坐标。

网距单位：（83.00,42.80）度（150km）

上述预测内容的依据和方法：

（要求文字简明，图件清晰，提供定量公式，可填写在背面或附页）

预测的单位或集体签章：天山中段危险区跟踪组

或个人预测签字：　　所在单位签章：[illegible]

填报时间：2016 年 1 月 7 日

通讯地址：乌鲁木齐市科学北路 338 号　　邮政编码：830011

1. 2014 年 11 月—2015 年 5 月库车—库尔勒地区 3、4 级地震形成异常增强，该区近 7 个月发生 13 次 3、4 级地震，其中 3 级地震 10 次，4 级地震 3 次。同时，2015 年 1 月—3 月在新源—温泉地区形成 3、4 级地震异常增强区，该增强区内发生了 4 次 3 级和 1 次 4 级地震（图 1）。

2. 2013 年 3 月 15 日—2014 年 12 月 7 日，乌什—新源—库尔勒地区 4 级以上地震形成围空，2014 年 12 月—2015 年 5 月空区内部边缘连续发生 4 次 4 级地震，空区收缩；2015 年 8 月 27 日和 28 日分别发生了库车 4.2 级和温宿 4.0 级地震，再次打破该空区。根据曲延军等（2010）关于围空区长轴与震级的统计关系式，推算未来地震强度 6.3±0.5 级（图 2）。

3. 2013 年 9 月 17 日开始，乌鲁木齐—新源—轮台—库尔勒地区 4 级以上地震出现了 810 天的 4 级地震平静，2015 年 12 月 6 日平静区内发生了沙湾 4.8 级地震，平静打破。历史统计结果显示，其后平静区及周边 3 个月内发生 5、6 级地震的比例为 3/5（图 3）。

4. 2015 年 12 月天山中段连续发生了 8 次 3 级地震，2016 年仅 4 天天山中段发生 4 次 3 级以上地震，地震活动增强显著。根据该区 2006 年以来 3 级以上地震，1 月步长，3 月窗长的时间扫描结果可知（图 4），该区 3 级地震活动出现“弱活动—显著增强”现象后，其后 1—3 个月发生中强以上地震的比例为 7/10。

附件三：震情监视报告

震情监视报告

单 位	新疆地震局预报中心		会商会类型	月会商
期 数	（2016）第 12 期		会商会地点	局十四楼会商室
	（总字）第 1255 期		会商会时间	2016 年 1 月 27 日 10 时 30 分
主持人	杨 欣		发送时间	1 月 27 日 17 时 30 分
签发人	王海涛		收到时间	月 日 时
Apnet 网络编码		AP65	发 送 人	李 金

2016 年 1 月 27 日，新疆地震局召开了震情月会商会，新疆地震局预报评审委员会成员，办公室、监测预报处、应急救援处、震害防御处、科学技术处、预报中心、地下流体研究中心、前兆台网中心、测绘院、监测中心的负责人及分析预报人员参加了本次会议，围绕本月新疆地震活动和前兆观测资料异常变化对后续新疆地区强震形势的影响进行了分析和讨论，意见如下：

1. 测震学资料跟踪分析

1.1 地震活动概况

2015 年 12 月 28 日-2016 年 01 月 24 日，全疆共定位 $M_S \geq 1.0$ 地震 204 次。震级分档统计如下：M_S1.0-1.9 地震 148 次；M_S2.0-2.9 地震 36 次；M_S3.0-3.9 地震 17 次；M_S4.0-4.9 地震 2 次；M_S5.0-5.9 地震 1 次。本月最大地震为 2016 年 01 月 14 日轮台 5.3 级地震。边境地区共定位 $M_S \geq 1.0$ 地震 137 次。分区统计情况如下：

乌鲁木齐地区15次（M_{Smax}=3.0）；北天山西段13次（M_{Smax}=3.4）；中天山6次（M_{Smax}=4.5）；南天山东段61次（M_{Smax}=5.2）；柯坪块体21次（M_{Smax}=3.7）；乌恰地区50次（M_{Smax}=3.6）；西昆仑地区34次（M_{Smax}=3.9）；阿尔金地区13次（M_{Smax}=2.4）；其它地区29次（M_{Smax}=2.2）。

本月新疆境内发生1月4日新源4.6级和1月14日轮台5.3级地震，活动水平高于上月，也高于历史平均活动水平。分区统计显示，中天山、南天山东段地震活动水平高于上月；富蕴、西准格尔山地、速率较快的持续拉张变化，12 月 28 日以后转为正常压缩，2016 年 1 月 4 日后再次变为拉张，目前状态不稳。

（3）和田地区：和田金属摆(B 类)2012 年 EW 分量出现的趋势东倾异常仍然持续。

（4）地下流体资料：①新 10 泉水氡（A 类）于 2015 年 7 月 9 日达到最高值后开始下降，转向时间早于往年，现处于下降变化状态；②新 9 号泉氟离子（B 类）、新 10 号泉氟离子（B 类）自 2011 年 5 月开始高值异常，于 2015 年 10 月初出现了快速下降变化，目前在背景值附近正常变化；③新 20 号井静水位（B 类）2014 年年变幅偏小，2015 年 3 月 5 日开始呈持续上升变化，6 月 16 日出现转折小幅波动下降；④库尔勒 501 号泉气氡（A 类）测值 2014 年以来一直处于高值波动变化，2015 年 6 月 28 日测值下降，最大降值为 18.7Bq/L，10 月 26 日开始再次上升波动；2016 年 1 月 8 日清洗水汽混合管，目前资料正常，但仍处于高于背景值异常状态。；⑤伽师 55 井深层水温于 2016 年 1 月 4 日恢复正常。

3. 危险区跟踪分析

3.1 天山中段危险区

① 危险区及其周边地震水平相对较高，本月（2015年12月28日~2016年1月24日）发生5次3级以上地震，其中2次4级地震，1次5级地震，为1月14日轮台5.3级地震。

② 本月主要异常为 3 级地震短期增强活动；温泉水平摆、克拉玛依钻孔倾斜、库尔勒垂直摆倾斜、新 09 号泉和 10 号泉氟离子等。轮台 5.3 级地震后，部分形变异常资料出现恢复迹象，但流体异常测项多数在持续，需继续跟踪监视。

③ 跟踪分析认为，未来1个月及稍长一段时间危险区及周边存在发生5级地震的可能。

2016 年 3 月 12 日山西省盐湖 4.4 级地震

山西省地震局

张淑亮　陈　慧　李　丽　王　霞　郭文峰　李自红

摘　要

2016 年 3 月 12 日 11 时 14 分，山西省运城市盐湖区发生 4.4 级地震，微观震中为 35°00′N、110°53′E，震源深度 5km，宏观震中（34°59′33.6″N，110°53′17.4″E）位于盐湖区龙居镇、美玉村、羊村一带，震中烈度达Ⅵ度。此次地震造成 11 人轻伤，无重伤及死亡人员。总经济损失为 1691 万元。

盐湖 4.4 级地震类型为主余型，主震与最大余震震级差为 1.0 级，余震序列缺少 3~4 级地震，强度衰减较快。此次地震的震源机制为走滑兼逆冲型，断层节面Ⅰ：走向 297°、倾角 70°、滑动角 16°；节面Ⅱ：走向 201°，倾角 75°、滑动角 159°；节面Ⅱ走向和盐湖北岸断裂走向基本一致；序列重新定位结果显示，余震集中在运城盆地内的次级断裂——NNE 向盐湖北岸断裂附近，震源深度为 4~13km。根据烈度等震线长轴、余震分布优势方向、震源机制解结果，推测此次地震序列的发震构造可能为盐湖北岸断裂。

盐湖 4.4 级地震震中周围 200km 内共有地震台站数 50 个，测震台 26 个，综合观测台 4 个，前兆观测台 20 个。震前共出现 8 个测项 12 条异常，其中，测震学异常 7 条，定点前兆异常 5 条。定点前兆异常测项主要有水平摆、垂直摆、水管、水位、气汞等。100km 范围内共有前兆台站 11 个，台项 21 个，出现异常台站 3 个，异常台项 3 个，异常台站和异常台项百分比分别为 27.3% 和 14.3%；101~200km 范围共有前兆台站 13 个，台项 32 个，出现异常台站 1 个，异常台项 2 个，异常台站和异常台项百分比分别为 7.7% 和 6.3%。前兆异常在时间上以短临为主，在空间上主要集中在 100km 以内。

盐湖 4.4 级地震发生在山西省 2016 年度的值得注意地区内，震前山西局对该地震进行了一定程度的预测，即：近期注意山西中南部地区 4 级左右地震的发生，重点关注中南部震情发展和前兆异常的中短期变化（见附件二）。盐湖 4.4 级地震后，山西省地震局及时向山西省人民政府通报震情，并对两次强余震进行了较好的预测，且取得了一定的减灾实效。

本文对盐湖 4.4 级地震的前兆异常特征、判别指标等问题进行了分析与讨论，研究成果对本区中等地震预测有一定的借鉴意义。

前　言

2016年3月12日11时14分，山西省运城市盐湖区发生4.4级地震，微观震中35°00′N、110°53′E，宏观震中34°59.8′N、110°53.6′E，震中烈度达Ⅵ度。有史料记载以来，运城盆地内发生的历史地震为公元793年永济6级地震和1642年安邑—平陆6级地震。有地震仪器记录以来，在运城市北王范乡、陶村乡一带，曾发生1986年4.2级震群、1991年4.0级震群和1992年4.2级震群。根据该区历史地震活动类型及余震序列发展情况，确认这次地震序列为主余型。

盐湖4.4级地震造成11人轻伤，无重伤及死亡人员。总经济损失为1691万元。经现场调查，运城市盐湖区震感强烈，临猗、夏县、永济市及临汾市尧都区、侯马市、古县、曲沃有感。宏观震中位于盐湖区龙居镇、美玉村、羊村一带，与中国地震台网测定的微观震中相距约9km，与山西省地震局台网测定的微观震中相距约1km。

盐湖4.4级地震前，山西省地震局预报中心在2016年度地震趋势研究报告1)、2015年12月11日紧急会商会、2016年2月的2次紧急会商会、2016年2月的月震情会商会以及2016年第3期《震情反映》中进行了一定程度的预测，提出了明确的中期和短期预测意见（见附件二），并采取了相应措施进行震情跟踪。地震发生后，山西省地震局派出专业人员进入地震现场，开展地震现场监测预报、宏观烈度及地震地质考察、地震灾害评估和地震社会影响调查等工作。这些工作对政府的抗震救灾决策、消除地震对社会政治经济生活的影响，有着重要意义。

本研究报告是在年度地震趋势研究报告和周、月、紧急震情会商意见以及已公开发表文献的基础上经过重新整理和分析研究完成的。

一、测震台网及地震基本参数

2016年3月12日，山西运城盐湖区发生4.4级地震，此次地震是继2010年河津4.8级地震后发生在山西境内最大的一次地震。震中200km范围内有30个测震台（图1），0～100km范围有10个，100～200km范围有20个。梁艳等人对山西测震台网现有监测能力进行了计算，给出震区现有地震的监测能力可以达到M_L≥0.5级[1]。

经山西测震台网测定，此次地震的微观震中位于山西省运城市盐湖区，地震基本参数见表1。

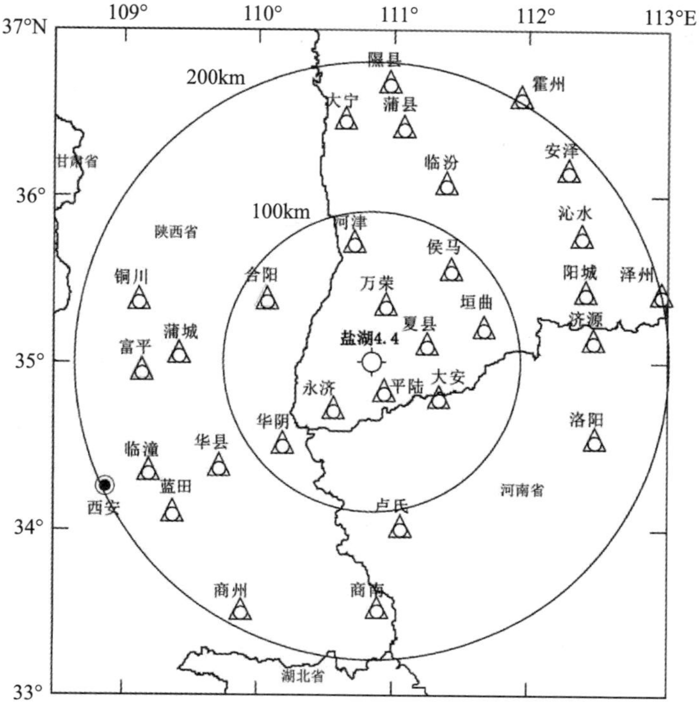

图1 盐湖4.4级地震震中附近测震台站分布

Fig. 1 Distribution of seismometric stations around the M_S4.4 Yanhu earthquake

表1 盐湖4.4级地震基本参数

Table 1 Basic parameters of the M_S 4.4 Yanhu earthquake

编号	发震日期	发震时刻	震中位置		震级	震源深度	震中地名	结果来源
	年.月.日	时：分：秒	φ_N	λ_E	M_S	(km)		
1	2016.03.12	11：14：10.2	35°00′	110°53′	4.4	5	山西盐湖	山西省地震局
2	2016.03.12	11：14：09.6	34°56′	110°50′	4.5	8	山西盐湖	中国地震台网中心

二、地震地质背景

盐湖4.4级地震震中位于运城断陷盆地解州凹陷。震区涉及的构造有峨嵋台地横向隆起区（Ⅰ）、运城断陷盆地（Ⅱ）和中条山隆起区（Ⅲ）（图2）。

震区所在的运城断陷盆地，形成于中新世，受区域构造应力影响，中新世NEE向隆起—凹陷被上新世NNE向隆起—凹陷叠加，上新世至晚更新世在震区附近形成凹陷叠加区，持续强烈沉降，封闭形成河湖相沉积环境，晚更新世因盆地南部河流侵蚀贯通，湖水下泄，沉积环境转为河流相，使盆地发生大面积湖退，从长期沉积转向广泛剥蚀，沉降中心由东向西迁移，沉积厚度减小[2,3]。盆地东、南侧受中条山北麓断裂控制，北部受峨嵋台地南缘断裂控制，盆地内断裂不甚发育，结构较为简单。

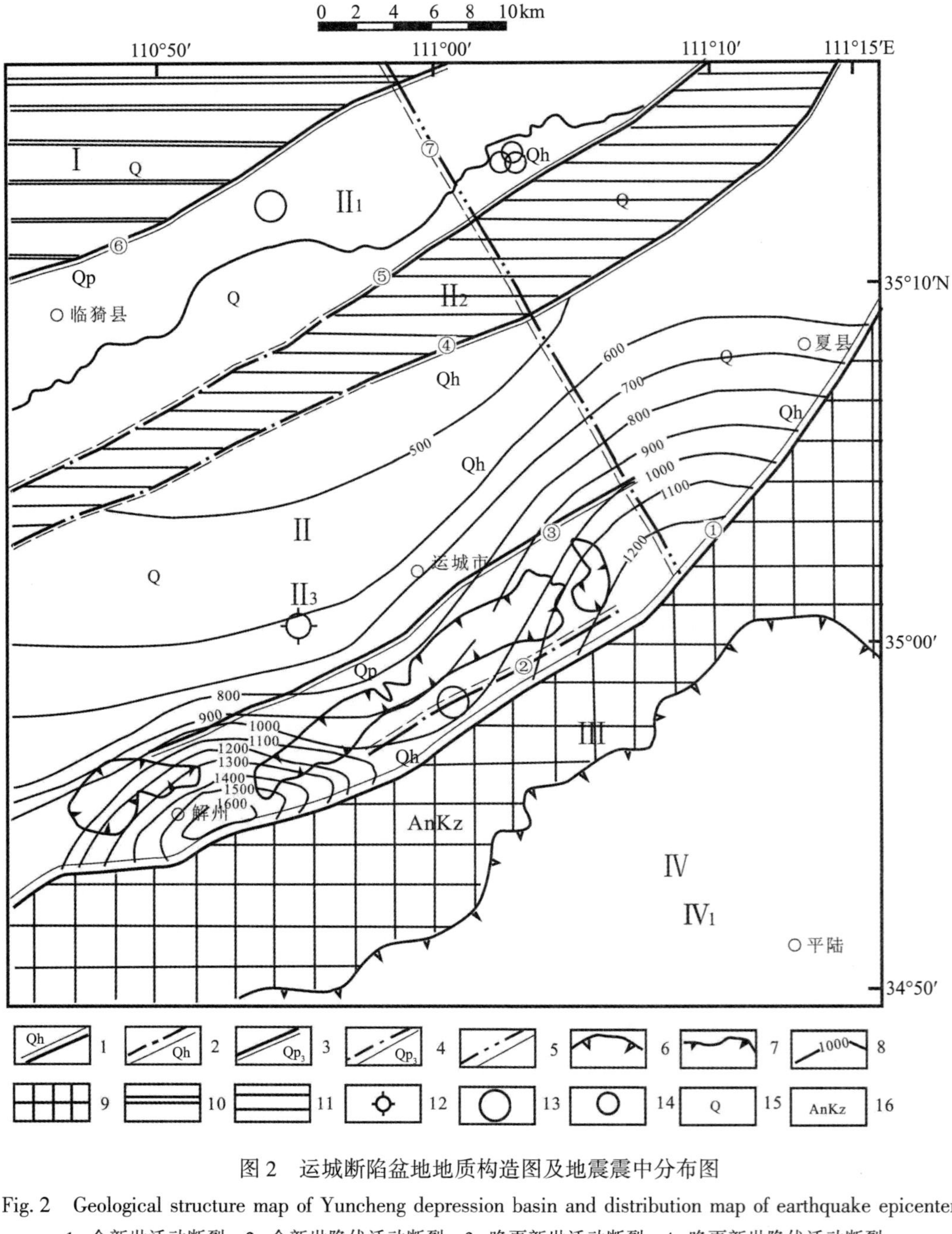

图 2　运城断陷盆地地质构造图及地震震中分布图

Fig. 2　Geological structure map of Yuncheng depression basin and distribution map of earthquake epicenter

1. 全新世活动断裂；2. 全新世隐伏活动断裂；3. 晚更新世活动断裂；4. 晚更新世隐伏活动断裂；5. 中更新—上新世断裂；6. 盆地边界；7. 盐湖边界；8. 第四系等厚线（m）；9. 基岩隆起区；10. 盆地间横向隆起；11. 盆地内凸起；12. 盐湖 4.4 级地震；13. $M=6.0\sim6.9$；14. $M=4.0\sim4.9$；15. 震群；16. 向前生界分布区

断裂名称：F1. 中条山北缘断裂；F2. 盐湖南岸断裂；F3. 盐湖北岸断裂；F4. 鸣条岗南缘断裂；F5. 鸣条岗北缘断裂；F6. 峨眉山南缘断裂；F7. 陶村断裂

构造单元：Ⅰ. 峨眉台地横向隆起区；Ⅱ. 运城断陷盆地区；Ⅲ. 中条山隆起区；Ⅳ. 灵宝断陷盆地区；Ⅳ. 淹底凹陷

有史料记载以来，运城断陷盆地内发生的历史地震为公元 793 年永济 6 级和 1642 年安邑—平陆间 6 级地震。有仪器记录以来，在运城市北王范乡、陶村乡一带，曾发生 1986 年 4.2 级震群、1991 年 4.0 级震群和 1992 年 4.2 级震群（图 2）；3 次震群均发生在 NE 向鸣条岗地垒两侧断裂和 NW 向陶村断裂的交会部位，这是运城断陷盆地内构造相对复杂的地区[4]。此次地震发生在 NE 向盐湖北岸断裂附近，属于构造相对简单的区域（图 2）；与以往 3 次震群发生的构造背景截然不同。

现场烈度分布图显示，Ⅵ度区呈近 EW 向的似椭圆形，短轴与长轴之比为 1∶2.5，根据长轴走向推测发震断裂走向应为近 EW 向（图 3）。

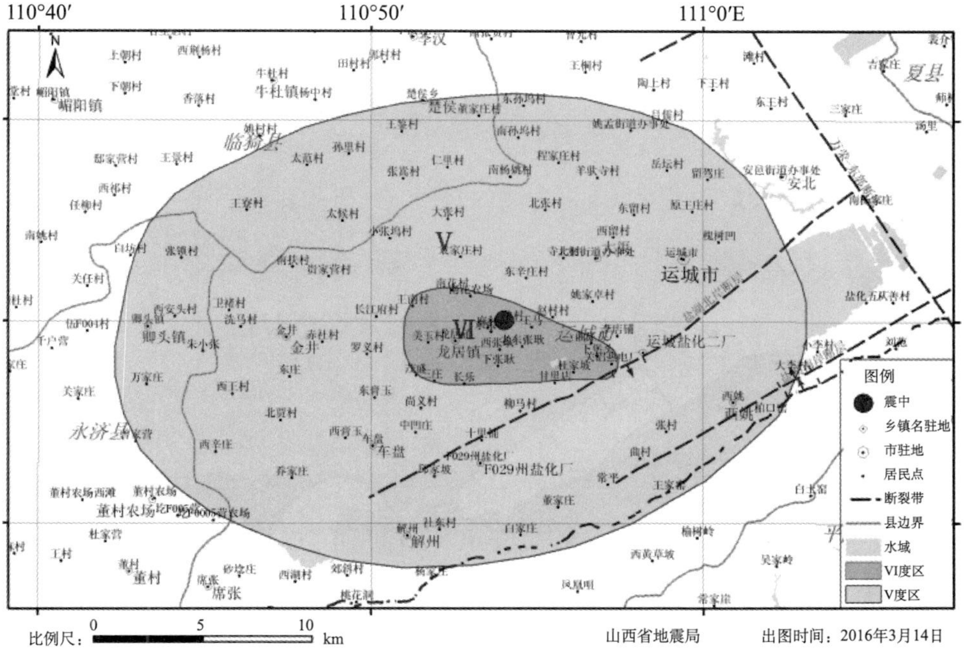

图 3　盐湖 4.4 地震烈度等震线图

Fig. 3　Isoseismal map of the M_S4.4 Yanhu earthquake in 2016

此次地震震中位于运城断陷盆地解州凹陷，震中距东南部盐湖北岸断裂 1km，距西北部的鸣条岗断裂 3.2km、距东北部陶村断裂 6.8km。震中西北部分布的鸣条岗断裂为全新世活动断裂，走向 N70°E，与此次地震的烈度等震线走向不一致；震中东北部的陶村断裂为晚更新世活动断裂，走向 NW，与烈度等震线的走向不符；而震中东南部的盐湖北岸断裂为晚更新世活动正断型断裂，该断裂走向 N60°E，倾角 80°，与等震线长轴及余震分布方向差异最小，震中位于断裂的上盘，推测此次地震可能与该断裂活动有关。

盐湖 4.4 级地震前后（2014 年 9 月至 2016 年 9 月）区域与震区附近重力场演化特征表明，地震发生前测区出现区域性重力异常变化与构造活动断裂走向基本一致的梯度带，可能体现了活动断裂带附近的应力积累和物质迁移所引起的重力变化，从而触发地震的产生并在震中或邻区产生局部重力异常变化区。重力场累积动态变化图像较清晰地反映了盐湖地震孕育、发震的演化过程，且在震前 2 年左右形成了重力异常区[5,6]。

依据等震线、余震分布特征和重力异常梯度带展布，采用排查法对震中区附近的主要活动断裂进行了逐个排查，综合确定发震构造为盐湖北岸断裂。

三、地震影响场和震害

据现场实地考察，此次地震的宏观震中为34°59.8′N、110°53.6′E，位于盐湖区龙居镇、美玉村、羊村一带，震中烈度为Ⅵ度，地震烈度呈不规则椭圆分布，总体走向NEE（图3）。

Ⅵ度区：总体走向EW向，呈横放的梨状，长轴10.0km，短轴4.4km，主要分布在盐湖区龙居镇的龙居村、美玉村、羊村一带，东至关铝热电厂，西至王南村，南至长乐村，北至南花村，面积约36km^2，共造成18个村庄及关铝热电厂受灾2)。

Ⅴ度区：总体走向NEE，长轴约32.0km，短轴约22.0km，涉及盐湖区、临猗县、永济市三个县市区，总面积约506km^2，其中，盐湖区面积约394km^2，临猗县面积约68km^2，永济市面积约44km^2。

此次地震造成大量房屋建筑不同程度的破坏。民房主要破坏现象为墙体单向斜裂缝，女儿墙倒塌，屋脊倒塌、屋檐掉瓦等，个别承重墙外闪或内闪，极少数年久失修的土木房屋出现局部垮塌。企业受破坏的主要为关铝热电厂用房，破坏情况为填充墙多面凸出、墙体严重倾斜和裂缝、室内装饰物掉落和门窗破损等。根据现场调查与统计结果，盐湖4.4级地震造成11人轻伤，无重伤及死亡人员。总经济损失为1691万元[7]。

四、地震序列

根据山西测震台网测定，截至2016年4月20日10时，盐湖4.4级（M_L4.8）地震序列共发生可定位事件335次，其中，M_L 0.0~0.9地震224次，M_L 1.0~1.9地震82次，M_L 2.0~2.9地震22次，M_L 3.0~3.9地震5次，M_L 4.0~4.9地震2次（表2）。此外，平路、永济、万荣地震台还记录了290次单台地震事件。最大余震为3月27日3时58分发生的3.4级（M_L4.0）地震，与主震的震级差为1.03)。

表2　盐湖4.4级地震序列目录（M_S≥1.0）

Table 2　Catalogue of the M_S4.4 Yanhu earthquake sequence（M_S≥1.0）

编号	发震日期	发震时刻	震中位置（°）		深度	震级	地名	来源
	年.月.日	时：分：秒	ψ_N	λ_E	（km）	M_S		
1	2016.03.12	10：20：24	35.00	110.87	6	1.7	盐湖	台网中心
2	2016.03.12	10：23：49	35.00	110.88	5	1.6	盐湖	台网中心
3	2016.03.12	11：14：09	34.98	110.88	6	2.3	盐湖	台网中心
4	2016.03.12	11：14：10	35.00	110.88	12	4.4	盐湖	台网中心
5	2016.03.12	11：33：01	35.00	110.88	8	1.3	盐湖	台网中心
6	2016.03.12	12：13：19	35.00	110.87	13	2.1	盐湖	台网中心

续表

编号	发震日期	发震时刻	震中位置（°）		深度	震级	地名	来源
	年.月.日	时：分：秒	ψ_N	λ_E	（km）	M_S		
7	2016.03.12	13：35：47	34.98	110.88	9	2.3	盐湖	台网中心
8	2016.03.12	14：05：49	34.98	110.87	13	2.4	盐湖	台网中心
9	2016.03.12	16：42：07	34.98	110.88	6	1.7	盐湖	台网中心
10	2016.03.12	18：08：17	34.98	110.88	7	1.4	盐湖	台网中心
11	2016.03.12	21：14：18	35.02	110.87	3	1.1	盐湖	台网中心
12	2016.03.12	22：00：09	34.97	110.88	13	1.0	盐湖	台网中心
13	2016.03.13	00：36：40	34.98	110.88	8	2.0	盐湖	台网中心
14	2016.03.13	03：49：15	35.00	110.87	9	1.5	盐湖	台网中心
15	2016.03.13	04：14：50	34.98	110.88	6	1.3	盐湖	台网中心
16	2016.03.13	06：42：21	34.98	110.87	9	2.2	盐湖	台网中心
17	2016.03.13	18：28：53	35.02	110.88	7	1.0	盐湖	台网中心
18	2016.03.14	00：58：33	35.02	110.88	7	1.9	盐湖	台网中心
19	2016.03.14	07：01：25	35.02	110.87	7	1.0	盐湖	台网中心
20	2016.03.14	20：28：13	35.02	110.88	7	1.7	盐湖	台网中心
21	2016.03.15	00：14：24	35.00	110.87	14	2.8	盐湖	台网中心
22	2016.03.20	21：26：37	35.00	110.87	13	1.9	盐湖	台网中心
23	2016.03.26	02：15：09	35.00	110.87	7	2.1	盐湖	台网中心
24	2016.03.27	03：06：13	34.98	110.88	8	2.6	盐湖	台网中心
25	2016.03.27	03：58：51	35.00	110.87	12	3.4	盐湖	台网中心
26	2016.03.27	03：58：51	34.98	110.88	5	1.3	盐湖	台网中心
27	2016.03.27	04：09：11	34.98	110.88	7	1.9	盐湖	台网中心
28	2016.03.27	04：10：58	35.00	110.88	3	1.2	盐湖	台网中心
29	2016.03.27	11：34：13	35.00	110.87	7	1.0	盐湖	台网中心
30	2016.03.28	05：07：30	34.98	110.88	8	1.6	盐湖	台网中心
31	2016.04.15	06：16：52	35.02	110.87	11	1.7	盐湖	台网中心
32	2016.05.03	00：36：12	35.00	110.88	12	2.2	盐湖	台网中心
33	2016.05.06	07：55：41	35.02	110.88	5	1.0	盐湖	台网中心
34	2016.05.09	03：15：05	34.98	110.87	9	1.7	盐湖	台网中心
35	2016.05.10	15：36：41	34.98	110.88	6	1.4	盐湖	台网中心
36	2016.06.17	04：49：10	35.22	110.97	23	1.0	盐湖	台网中心
37	2016.06.25	09：15：08	35.02	110.88	5	1.0	盐湖	台网中心

根据盐湖 4.4 级地震序列活动特征、参数计算结果、地震能量比等资料，发现盐湖 4.4 级地震序列具有以下特征：

1. 余震序列强度衰减较快

从序列 M-T 图可见，余震序列缺少 3~4 级地震，强度衰减较快（图 4）最大地震占整个序列的能量百分比为 98%，序列频度衰减 p 值为 0.97，应变释放曲线显示地震序列迅速衰减。

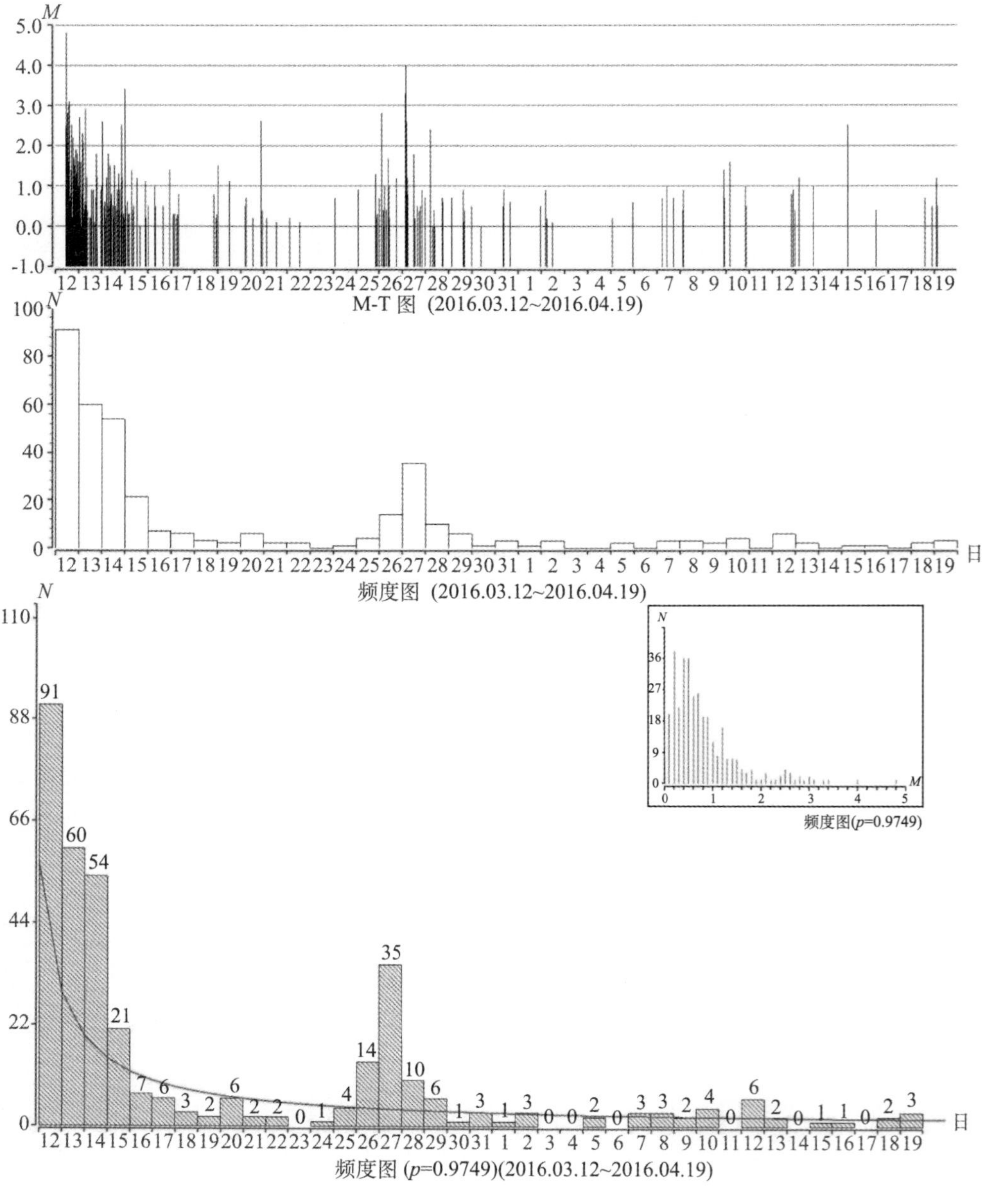

图 4　盐湖 4.4 级地震序列时序图和频度衰减 p 值图

Fig. 4　The diagram and p-value of the M_S4.4 Yanhu earthquake sequence

2. *b* 值、*h* 值

根据 G-R 拟合关系，该地震的最小完整性震级为 M_L 0.5，取下限震级 M_L 0.5 进行序列参数计算，序列计算结果显示 *b* 值为 0.34、*h* 值为 1.35（图 5）。

综合盐湖 4.4 级地震序列活动特征、参数计算结果、地震能量比等，根据地震类型的判别指标，盐湖 4.4 级地震为主—余型。

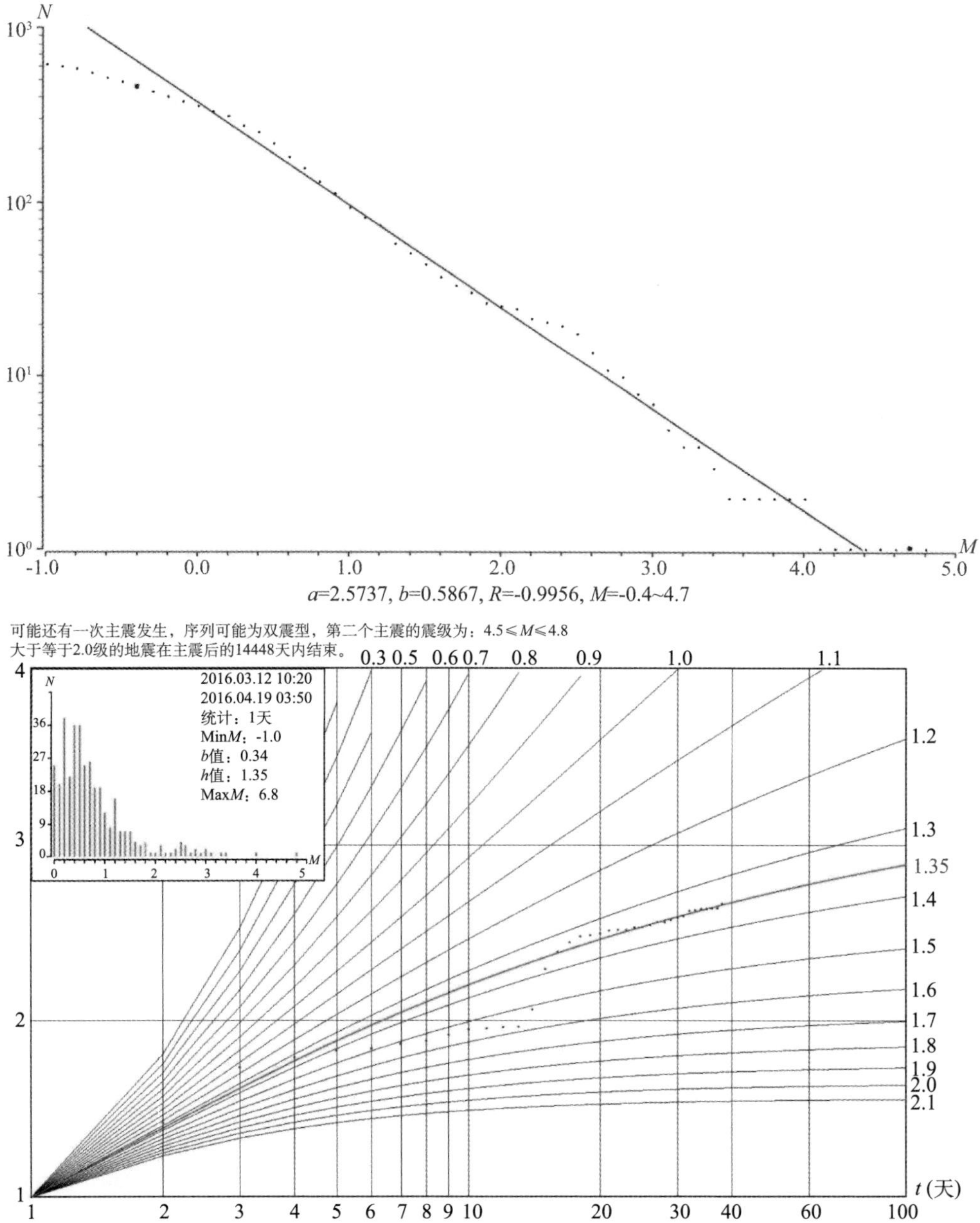

图 5　盐湖 4.4 级地震序列 *b* 值、*h* 值图

Fig. 5　*b*-value curve and *h*-value curve of the M_S4.4 Yanhu earthquake sequence

3. 余震分布

利用 HypoDD 方法及研究区测深剖面中的速度模型对盐湖 4.4 级地震序列进行重新定位[8]，重定位结果显示余震震中主要集中在运城断陷盆地的一条 NE 方向的次级断裂——盐湖北岸断裂附近（图 6），无明显条带特征，震源深度集中在 4~13km[9]。

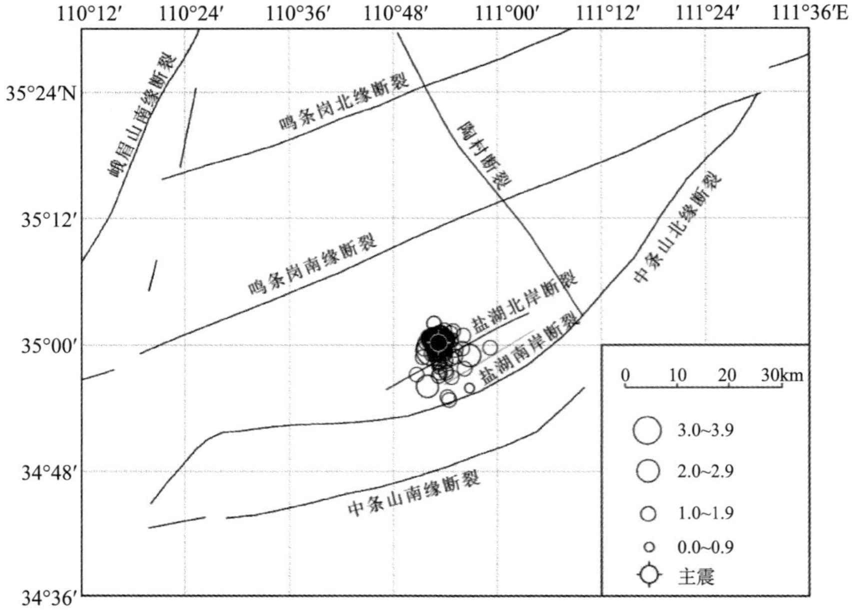

图 6　盐湖 4.4 级地震序列震中分布图

Fig. 6　Distribution of the M_S4.4 Yanhu earthquake sequence

表 3　水平层状地壳速度模型[8]

Table 3　The velocity model of horizontal layered crustal[8]

深度/km	0.0	3.0	5.0	9.0	11.0	18.0	27.0	39.0	40.0
P 波速度/（km/s）	2.80	5.70	6.00	6.10	6.20	6.40	6.50	7.15	8.00

五、震源参数及地震破裂面

利用山西测震台网震中距 300km 范围内地震台站记录的初动和振幅数据，采用 Sonke 和 CAP 方法，分别测定了盐湖 4.4 级地震震源机制解，两种方法得到的结果基本一致（图 7a 和图 7b，表 4），显示此次地震为走滑兼逆冲的错动类型，略有倾斜的张应力、水平向压应力与区域背景应力场不一致[9]。盐湖北岸断裂倾向 NW，走向 NNE，与节面Ⅱ参数比较接近，再结合此次地震序列余震分布在 NNE 向断层的 NW 上盘，初步推测盐湖 4.4 级地震序列的发震断裂为盐湖北岸断裂的可能性较大。

表4 盐湖4.4级地震震源机制解参数

Table 4 Focal mechanism solution parameters of the M_S4.4 Yanhu earthquake

方法	节面Ⅰ（°）			节面Ⅱ（°）			P轴（°）		T轴（°）		N轴（°）	
	走向	倾角	滑动角	走向	倾角	滑动角	方位	倾角	方位	倾角	方位	倾角
Snoke	281	64	24	179	68	152	231	3	139	35	325	55
CAP	297	70	16	201	75	159	250	3	158	25	347	65

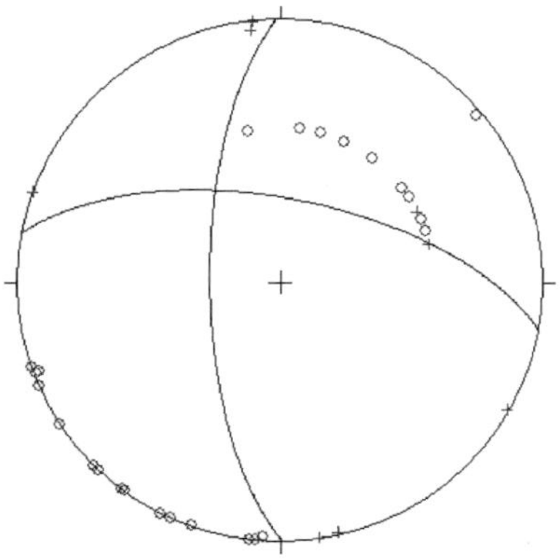

(a)

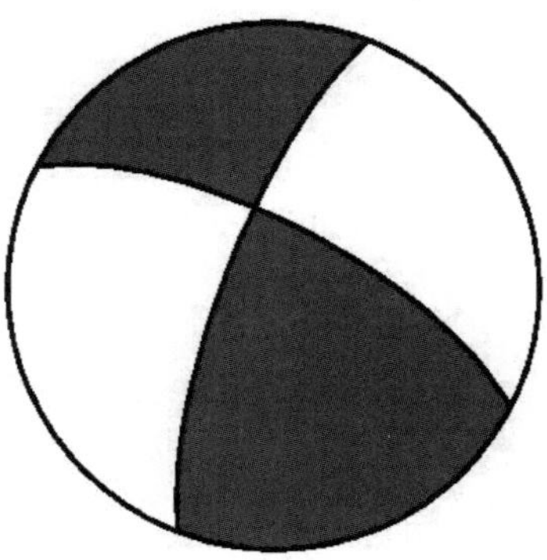

(b)

图7 盐湖4.4地震震源机制解

Fig. 7 Focal mechanism solution of the M_S4.4 Yanhu earthquake

（a）Snoke法；（b）CAP法

六、前兆观测台网及前兆异常

盐湖4.4级地震震中200km范围内共有前兆观测台24个（图8），涉及16个定点观测项目，包括金属摆、水管仪、伸缩仪、垂直摆、水平摆、体应变、水准、地电阻率、大地电场、地磁、水位、水温、水氡、气氡、水汞、气汞等测项。

盐湖4.4级地震前在震中及附近地区共出现9个测项12条异常（表5），其中包括4个测项7条测震学异常和5个测项5条定点前兆异常（图9）。各项异常情况详见表5和图10至图20。

由图8、图9可以看出，在距震中100km范围内共有前兆台站11个，台项21个，其中有异常的台站和台项均为3个，异常台站和异常台项所占比例分别为27.3%和14.3%；101~200km范围共有前兆台站13个，台项32个，仅有1个台站的2个测项震前存在异常，异常台站和异常台项所占比例分别为7.7%和6.3%。200km范围内的5条前兆异常均为震前提出。

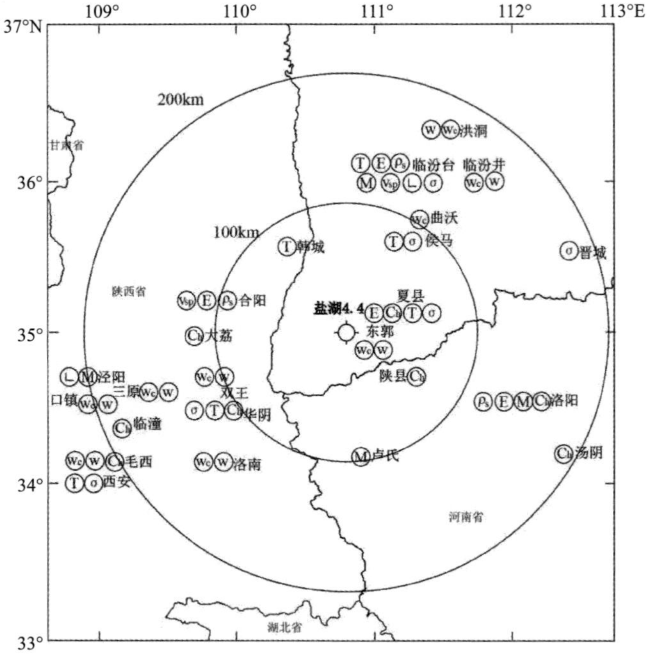

图 8 盐湖 4.4 级地震前兆定点观测台网分布图

Fig. 8 Distribution of precursory observation stations before the M_S4.4 Yanhu earthquake

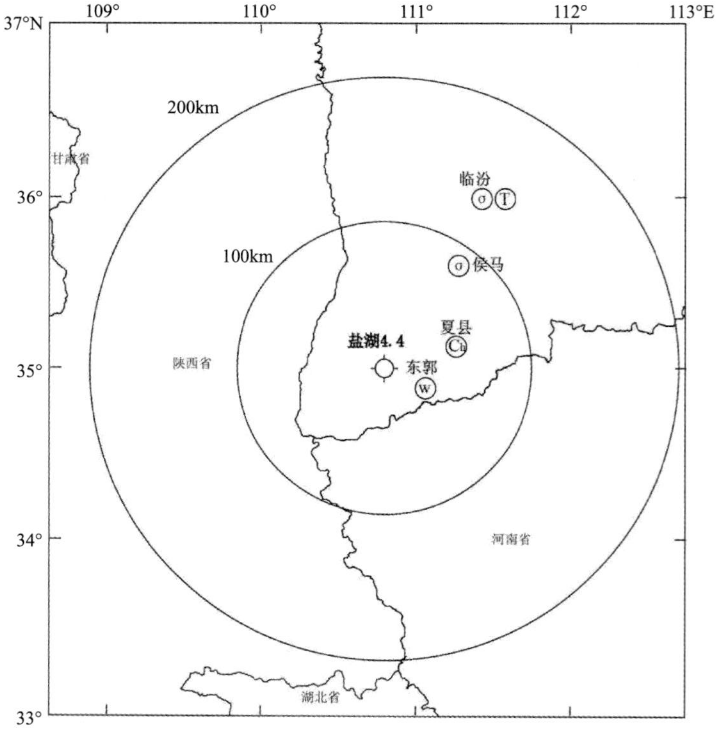

图 9 盐湖 4.4 级地震前定点前兆异常分布图

Fig. 9 Distribution of precursory anomalies on the fixed observation points before the M_S4.4 Yanhu earthquake

表 5　地震前兆异常登记表

Table 5　Summary table of precursory anomalies

序号	异常项目	台站（点）或观测区	分析方法	异常判据及观测误差	震前异常起止时间	震后变化	最大幅度	震中距（km）	异常类别及可靠性	图号	异常特点及备注
1	b 值	34～37°N 109°～113°E	M_L≥2.0 级，窗长 18 月，步长 1 月	1.5≥b≥1.0	2014.01～2016.02	正常	1.6		M_I	10	震前（年度、日常会商）提出
2	缺震	34°～37°N 109°～113°E	M_L≥2.0 级，窗长 12 月，步长 1 月	2 倍均方差	2014.01～2016.02	正常	4.0		M_I	10	震前（年度、日常会商）提出
3	地震频度	34°～35.5°N 110°～111.5°	M_L ≥ 2.5 级年频次	N≤4	2014～2015	处于高值状态	22		M_I	11	震后总结
4	地震频度	34°～36.5°N 110°～114°	M_L ≥ 2.0 级月频次	N≥5	2015.12～2016.03	恢复正常	11		S_I	12	震前（周会商提出）
5	震群	汾阳	M_L ≥ 0 级地震 M-T 图	M_L≥0 明显形成震群	2016.02.15～23	恢复正常	M_L2.3	260	I_I	13	震前（临时会商）提出
6	震群	侯马	M_L ≥ 0 级地震 M-T 图	M_L≥0 明显形成震群	2016.02.19～21	恢复正常	M_L2.0	82	I_I	14	震前（临时会商）提出
7	震群	大同老震区	M_L ≥ 0 级地震 M-T 图	M_L≥0 明显形成震群	2016.02.24～03.07	恢复正常	M_L1.8	590	I_I	15	震前（临时会商）提出

续表

序号	异常项目	台站（点）或观测区	分析方法	异常判据及观测误差	震前异常起止时间	震后变化	最大幅度	震中距（km）	异常类别及可靠性	图号	异常特点及备注
8	水管倾斜	侯马	分钟值曲线	EW：加速西倾	2015.06.02~08.15	恢复平稳	67ms	82	M_{I}	16	震前（临时会商）提出
9	水平摆	临汾	分钟值曲线	NS：南倾加速北倾 EW：加速西倾	2015.12.04~06	恢复平稳	NS：44×10^{-3}ms EW：48×10^{-3}ms	125	S_{I}	17	震前（临时会商）提出
10	垂直摆	临汾	分钟值曲线	NS：加速南倾 EW：加速西倾	2015.12.04~06	恢复平稳	NS：80×10^{-3}ms EW：63×10^{-3}ms	125	S_{I}	18	震前（临时会商）提出
11	水位	运城东郭井	分钟值曲线	快速上升	2016.02.19	恢复平稳	28.3cm	20	I_{I}	19	震前（临时会商）提出
12	气汞	夏县	整点值曲线	高值突跳	2016.01.15~03.15	恢复正常	0.372ng/L	23	S_{II}	20	震前（台站会商）提出

1. 测震学异常

表 5 给出的 7 条测震学异常，全部为日常分析预报工作中发现的异常。中期阶段在运城断陷盆地主要有缺震、b 值和 M_L 2.5 地震频度异常，短临阶段以小震爆发活动为主，且异常范围较广，在山西的南、中、北地区均出现了小震群集中爆发活动。

1）中期阶段异常

盐湖 4.4 级地震前测震学有 4 项中期异常，分别是缺震、b 值和 M_L 2.5 地震频度等。现分述如下：

（1）缺震、b 值。

有仪器记录以来山西带南区缺震、b 值曲线共出现 4 组低缺震、高 b 值异常，其有 3 组在异常结束后或者异常持续阶段对应了山西带南区 $M_L \geq 5.0$ 级地震。2014 年 5 月该区又出现低缺震、高 b 值同步异常，异常恢复后，发生了 2016 年盐湖 4.4 级地震（图 10）。

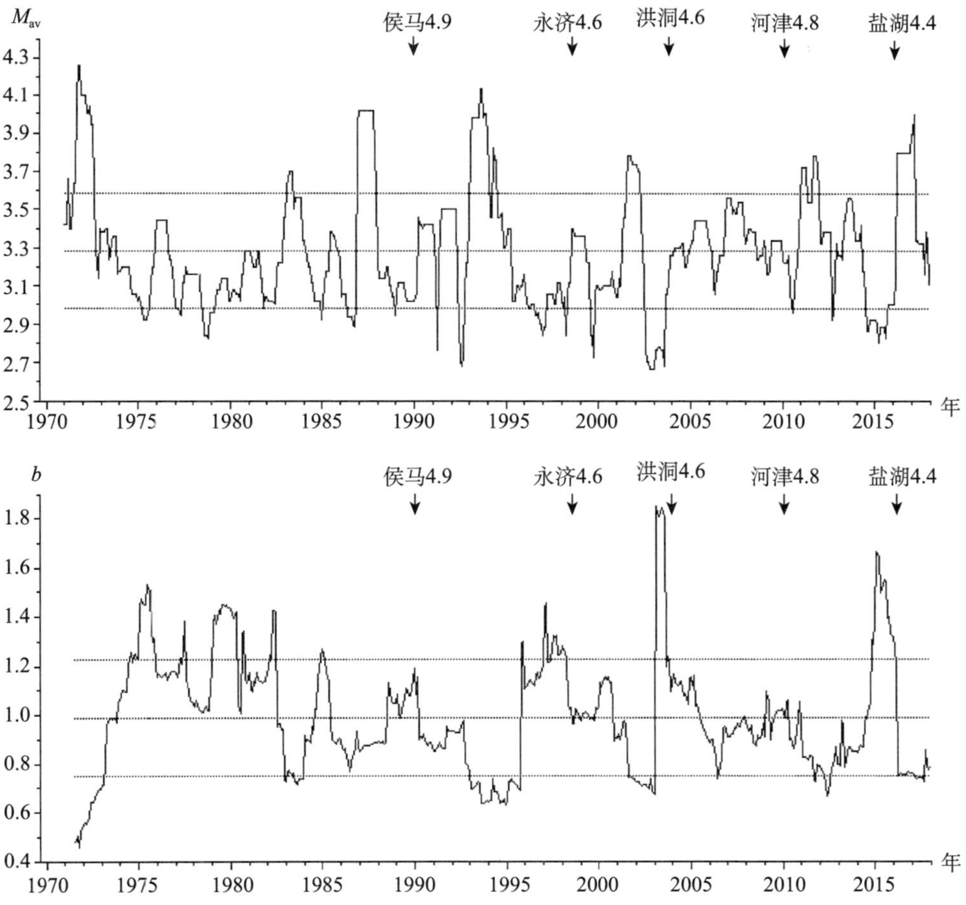

图 10　山西南区缺震、b 值时序图

Fig. 10　The curve of lack of earthquake and b-value in the southern of Shanxi province

（2）M_L 2.5 地震频度。

低频度异常：运城断陷盆地 $M_L \geqslant 2.5$ 级地震年频度，在运城盆地及附近 1987 年以来的 5 次中等地震前均出现年频度小于 4 次的低频度异常。2010 年河津 4.8 级地震后，再次出现连续 4 年的低频度异常，异常恢复后发生 2016 年盐湖 4.4 级地震（图 11）。

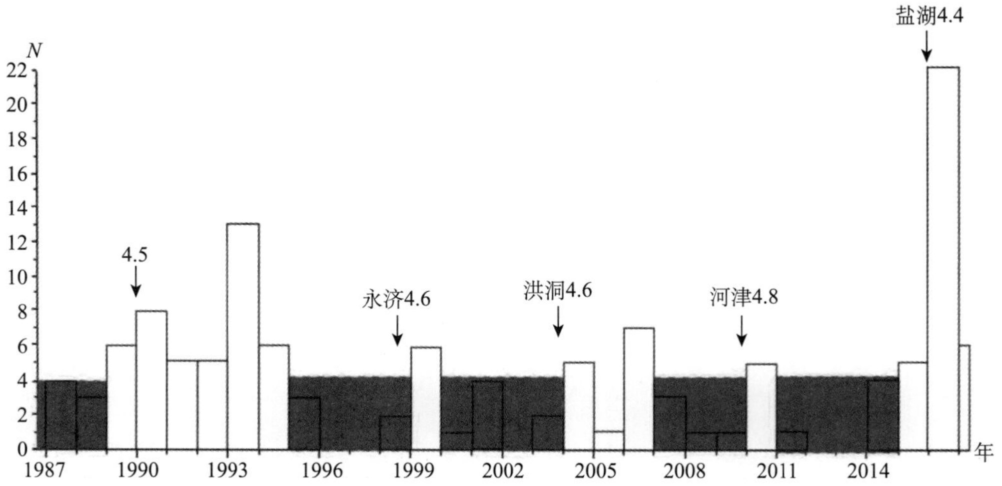

图 11　运城断陷盆地及附近 $M_L \geqslant 2.5$ 级地震年频度图

Fig. 11　Annual frequency map of $M_L \geqslant 2.5$ earthquakes in the Yuncheng rifted basin and the adjacent

高频度异常：2015 年 12 月至 2016 年 3 月，在晋陕交界区（34°~36.5°N，110°~114°E）出现月频次大于 5 次的 M_L 2 频度异常，盐湖 4.4 级地震发生后，月频度恢复到正常水平（图 12）。

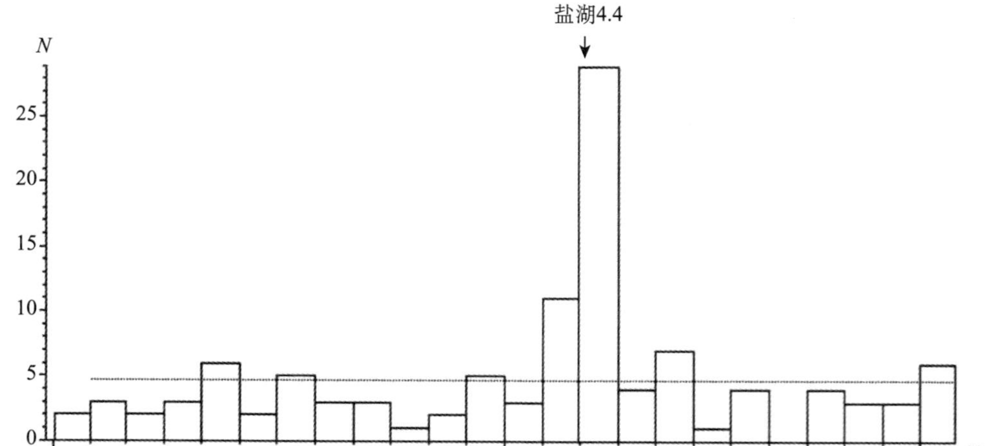

图 12　晋陕豫交界区 $M_L \geqslant 2.0$ 级地震月频度图

Fig. 12　The seismic monthly frequency histogram of the $M_L \geqslant 2.0$ earthquakes in the junctional area of Shanxi, Shaanxi and Henan provinces

2）短临阶段异常

山西地区发生 3 次小震震群事件，具体情况如下：

（1）汾阳震群。

盐湖 4.4 级地震前的 2016 年 2 月 15~23 日在山西汾阳发生 M_L 2.3 震群事件，累计地震 54 次，最大震级 M_L 2.3（图 13）。1970 年有地震仪器记录以来，该区曾发生 3 次震群事件，最大地震分别为 M_L 2.1、M_L 2.2 和 M_L 2.1。其中 1979 年和 1988 年震群结束后 185 天和 225 天分别发生平遥 4.6 级地震和太原 3.6 级地震。

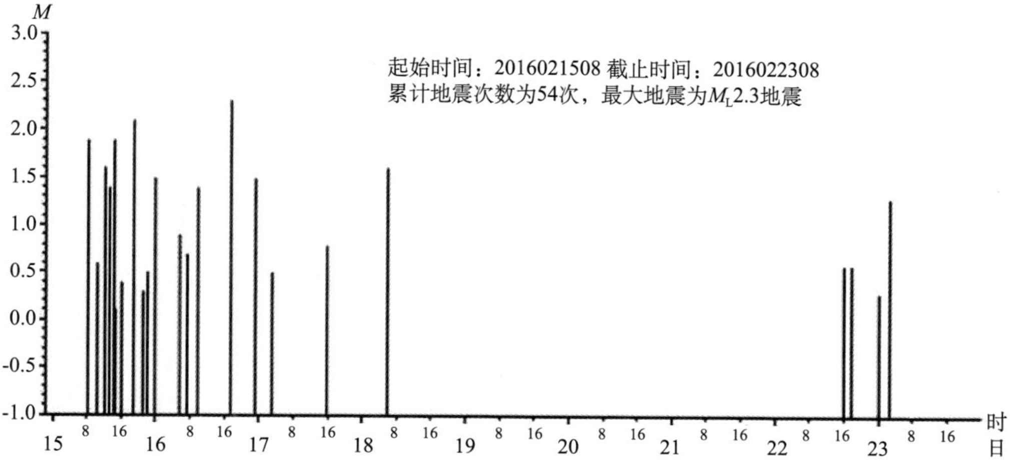

图 13　2016 年 2 月 15 日山西汾阳震群 M-T 图

Fig. 13　M-T picture of Fenyang earthquake swarm on February 15，2016 in Shanxi province

（2）侯马震群。

盐湖 4.4 级地震前 22 天，即 2016 年 2 月 19~21 日侯马发生小震爆发活动，累计地震 82 次，最大震级 M_L 2.0（图 14）。对该区以往小震爆发活动指示意义分析结果表明，类似现象曾在 2014 年 4 月平遥 M_L 4.1 地震前 1 个月出现过。

（3）大同震群。

盐湖 4.4 级地震前 16 天，即 2016 年 2 月 24 至 3 月 3 日大同老震区出现小震爆发活动，累计地震 172 次，最大震级 M_L 1.8（图 15）。统计 1991 年以来大同窗口出现单日爆发 $N \geq 20$ 次的活动共发生 16 次，其中 11 次在 179 天内对应山西地区 $M_L \geq 4.0$ 级地震，5 次为大同窗口自身活动。据此认为：大同窗口 20 次以上的单日爆发现象与山西地区 4 级地震活动比较密切[10]。

2. 前兆异常

盐湖 4.4 级地震前出现的 5 条前兆异常中，除侯马水管为中期异常外，其余 4 条均为短临异常。

1）侯马水管

2015 年 6 月 2 日侯马水管 EW 分量出现加速西倾破年变变化，幅度达 67×10^{-3}″（图

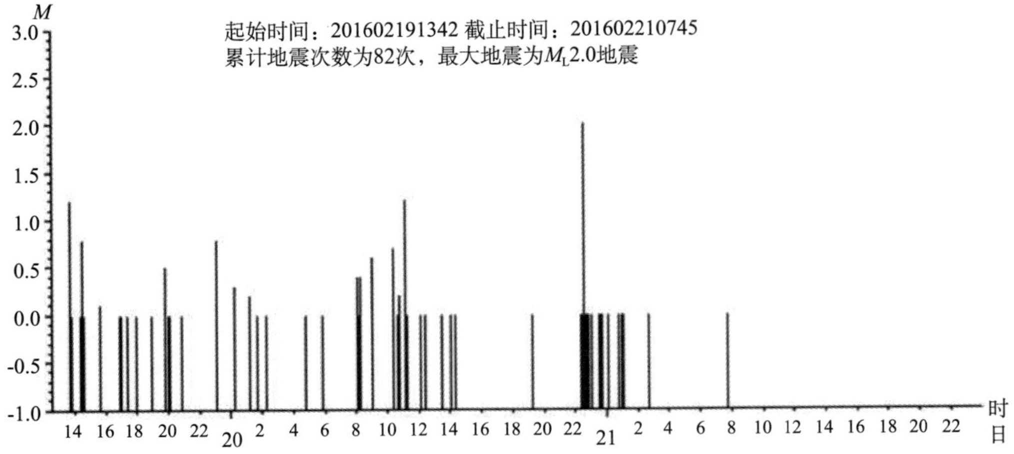

图 14　2016 年 2 月 19 日侯马震群 M-T 图

Fig. 14　M-T picture of Houma earthquake swarm on February 19, 2016

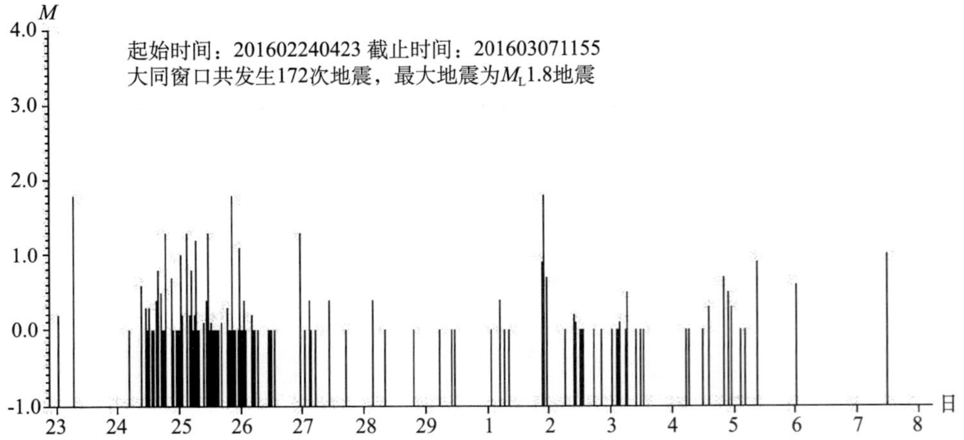

图 15　2016 年 2 月 24 日大同窗口爆发活动 M-T 图

Fig. 15　M-T picture of burst activity of the Datong window on February 24, 2016

16)。同年 7 月，对观测环境、观测仪器、人为干扰等因素进行调查，发现水管仪加速变化期间曾进行过避雷设施安装工作。7 月 7 日将避雷设备拆除后，仍持续西倾，故排除安装避雷设施的影响。因类似变化曾在 2010 年 1 月 24 日山西河津 M_S4.8 地震前出现，故认为 2015 年 6 月 2 日出现加速西倾变化含有地震前兆信息[11]。

2）临汾水平摆与垂直摆

临汾水平摆和垂直摆两分量于 2015 年 12 月 4 日前后出现同步加速转折变化。其中，水平摆 NS 分量在南倾的正常背景下出现加速北倾、水平摆 EW 分量和垂直摆 EW 分量在 E 倾的正常背景下出现加速西倾，垂直摆 NS 分量在平稳变化的背景下转折南倾（图 17、图 18）。2015 年 12 月 11 日山西省地震局预报中心联合太原、临汾和离石地震台有关人员召开

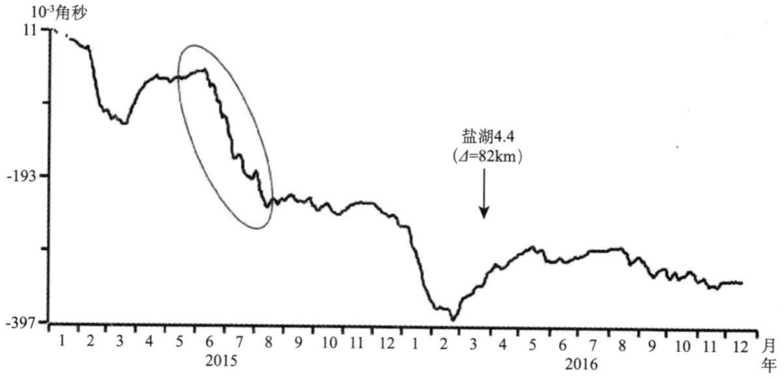

图16 侯马水管倾斜仪EW分量日均值曲线（2015.01~2016.12）

Fig. 16 The daily average curve of water-pipe tiltmeter EW component at Houma station（2015.01-2016.12）

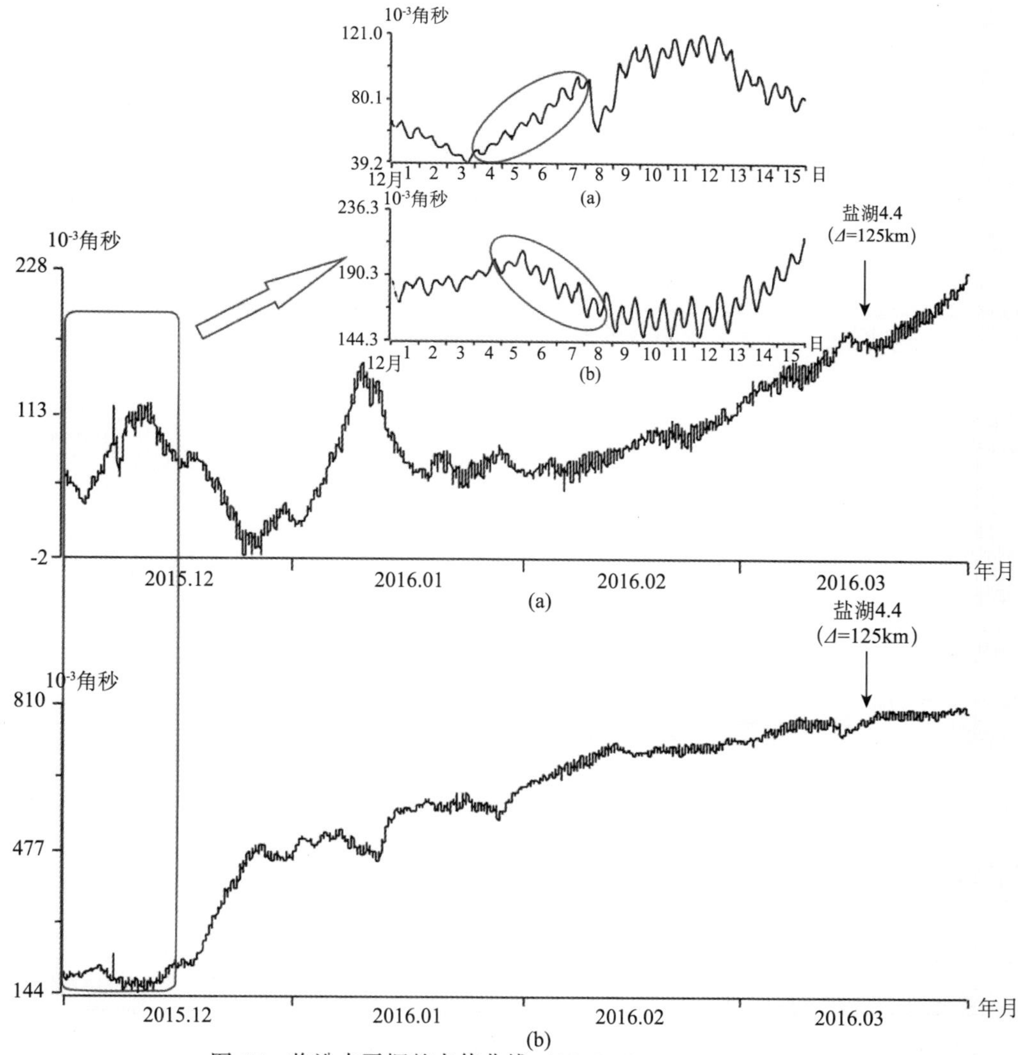

图17 临汾水平摆整点值曲线（2015.12.01~2016.03.31）

Fig. 17 Curve of hour value of horizontal pendulum tiltmeter at Linfen station（2015.12.01-2016.03.31）

视频会商会。会上对临汾水平摆和垂直摆 2 个分量同步转折现象进行讨论。因两个测项异常期间未发现干扰，且类似现象曾在山西河津 M_S4. 8 地震前出现，故认为该异常信度较高，并提出近期山西中南部有可能发生 5 级左右地震的预测意见[11]。

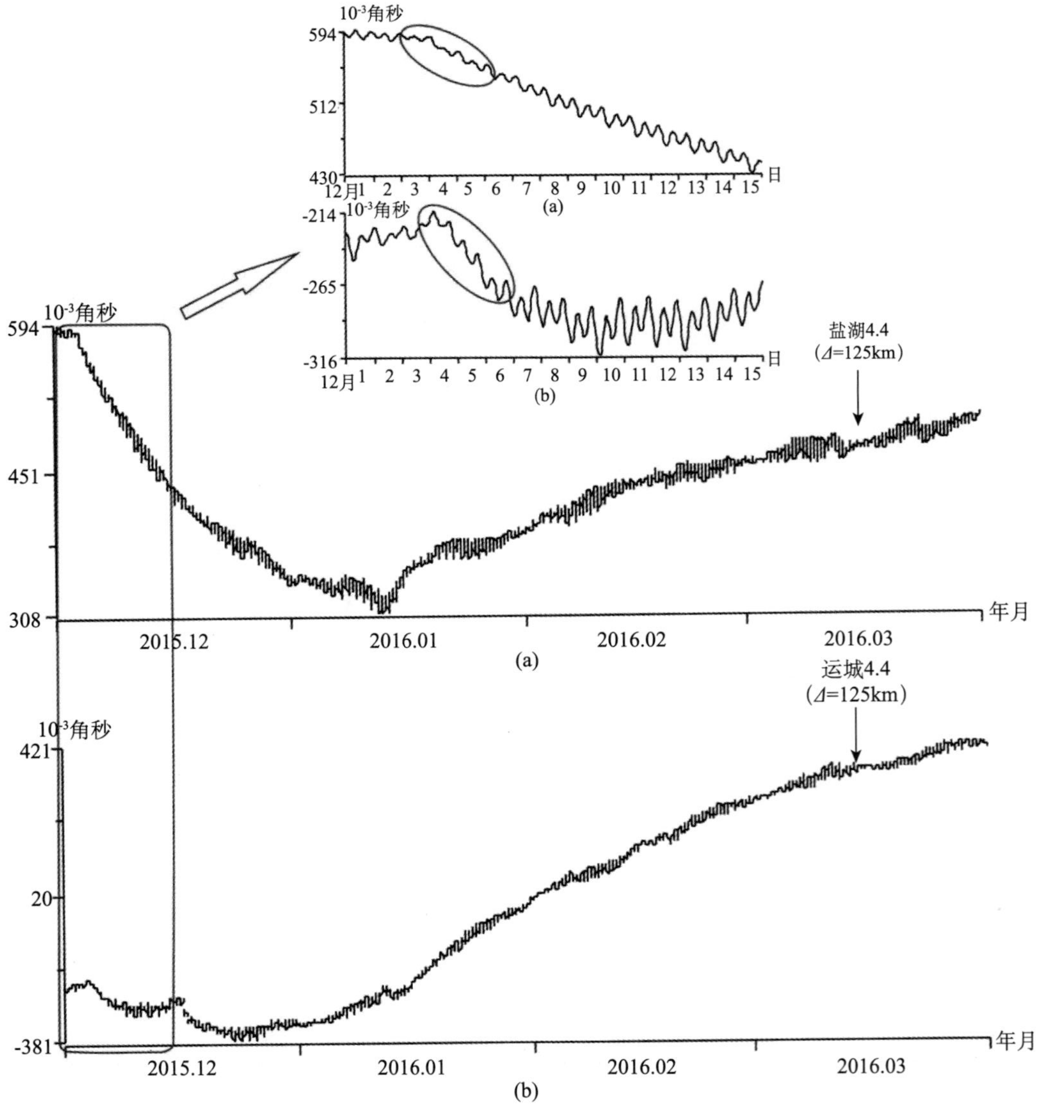

图 18　临汾垂直摆整点值曲线（2015. 12. 01～2016. 03. 31）

Fig. 18　Curve of hour value of verticle pendulum tiltmeter at Linfen station（2015. 12. 01–2016. 03. 31）

3）东郭水位

2016 年 2 月 19 日东郭井水位出现幅度 28. 3cm 的快速上升变化，异常出现时间距山西盐湖 4. 4 级地震仅 22 天，东郭水位在山西中南部一些中等地震前多次出现类似的现象[12]。

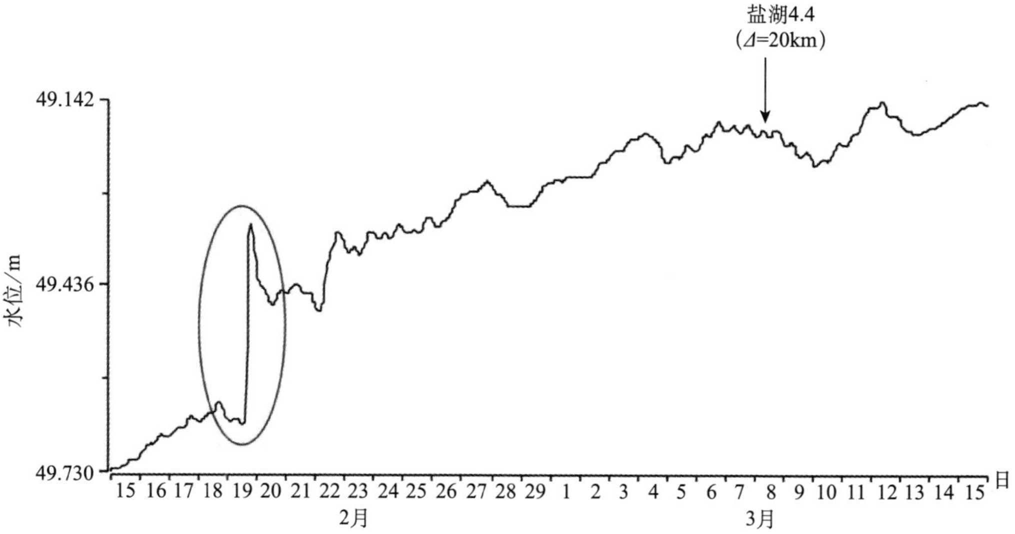

图 19 东郭井水位分钟值曲线（2016. 02. 15～2016. 03. 15）

Fig. 19 Curve of minute value of water level at Dongguo well（2016. 02. 15-2016. 03. 15）

4）夏县气汞

夏县气汞自观测以来，在本区及周边一些中强地震前出现短期或临震高值异常变化（山西南部2016年度地震趋势报告，夏县中心地震台，2015年10月）。2016年1月15日夏县气汞再次出现大于背景值50%的高值异常，异常期间未发现明显的干扰，在异常过程中发生了2016年3月12日盐湖4.4级地震[4]。

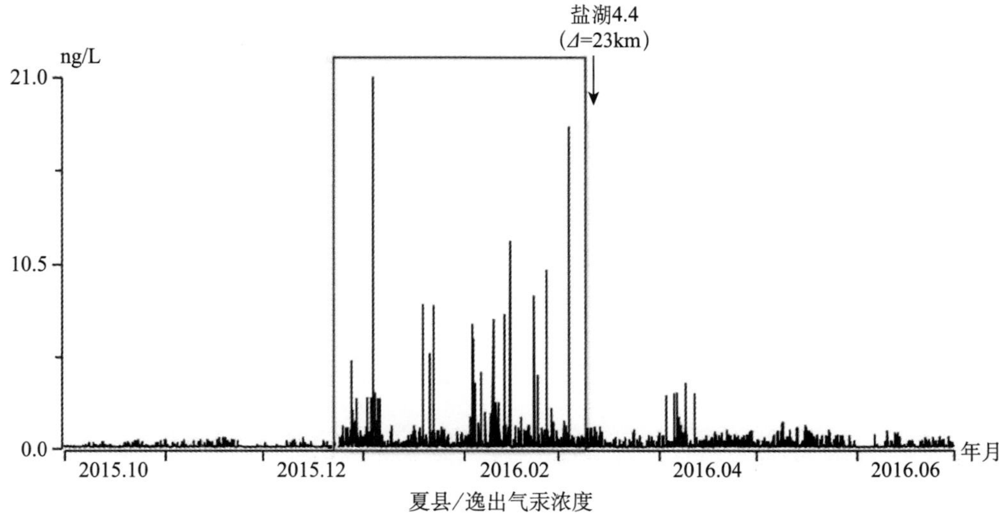

图 20 夏县气汞整点值曲线（2015. 10. 01～2016. 06. 31）

Fig. 20 Curve of hour value of Gas mercury at Xiaxian station（2015. 10. 01-2016. 06. 31）

七、地震前兆异常特征分析

1. 前兆异常时空演化特征分析

时间特征：从异常起始时间来看，盐湖 4.4 级地震前的 12 条前兆异常中，中、短、临异常各占 4 条。在中期阶段主要以山西南部的缺震、b 值和 $M_L2.5$ 地震频度等测震学异常为主，出现在震前 2 年左右；短期阶段主要以临汾水平摆和临汾垂直摆等形变类异常为主，出现在震前 3 个月；临震阶段主要以汾阳、侯马、大同窗小震群爆发活动等测震学异常为主，出现在震前 16~25 天。夏县逸出气汞和东郭水位等流体类异常也出现在短临阶段。盐湖 4.4 级地震前各类异常随时间的演化进程为地震学参数类→形变类→小震爆发活动+流体类，异常数量也呈上升趋势。

空间特征：由盐湖 4.4 级地震前兆异常空间分布图（图 9）及地震前兆异常登记表（表 5）可以看出，震前 12 条异常震中距离相差较大，距离最近为东郭井水位异常，距震中约 20km；最远为大同窗口爆发活动异常，距震中约为 590km。12 条异常中，有 10 条在震源区及附近地区（100km 左右），仅有 2 条异常在距震中 200km 范围以外。

综上所述，盐湖 4.4 级地震前兆异常在中期阶段较为零散，无明显规律，短临阶段前兆异常主要集中在距震中 100km 范围内，且愈接近发震时间，异常愈向震中集中。

2. 与山西地区相同震级前兆异常特征对比分析

2008 年山西“十五”数字台网投入运行以来，在山西南部临汾至运城断陷盆地发生了 2 次较为显著的地震事件，即 2010 年 1 月 24 日山西河津 4.8 级地震和 2016 年 3 月 12 日山西省盐湖 4.4 级地震。为了探索该区中等地震前兆异常的特点，以期为地震预测与研判提供可靠的依据，本文对这两次地震前的异常进行了对比（表 6）。由表 6 可以看出，2 次地震前在山西南部临汾运城盆地的东郭井水位、侯马水管、临汾水平摆和垂直摆等测项均出现较

表 6　盐湖 4.4 级地震与河津 4.8 级地震前兆异常对比表[4)]

Table 6　Comparison table of earthquake precursory anomalies of the $M_S4.4$ Yanhu earthquake and the $M_S4.8$ Hejin earthquake

异常测项	河津 4.8 级地震				盐湖 4.4 级地震			
	异常形态	异常幅度（ms）	距离发震时间/天	震中距（km）	异常形态	异常幅度（ms）	距离发震时间/天	震中距（km）
侯马水管 EW	加速东倾	0.12	207	58	加速东倾	67	283	89
东郭水位	突降	0.69m	18	78	突降	0.28m	21	20
临汾水平摆 NS	北倾加速	0.164	14	90	北倾加速	0.051	99	128
临汾水平摆 EW	西倾加速	0.185	14	90	西倾加速	0.05	99	128
临汾垂直摆 NS	南倾加速	0.172	14	90	南倾加速	0.064	99	128
临汾垂直摆 EW	西倾加速	0.077	14	90	西倾加速	0.067	99	128

显著的短临突变异常，异常的重现性较好。山西省地震局预报中心曾根据这些异常在震前进行一定程度的预测。因此，可将其作为山西南部地区中等地震短临预测的主要依据[12,13]。

3. 盐湖4.4级地震前兆异常新特点

（1）盐湖4.4级地震前共出现7条测震学异常，远大于山西中南部地区同等级别地震前的异常数（太原4.7级地震和洪洞4.9级各4条、河津4.8级地震2条），特别是在临震阶段出现的汾阳和侯马小震群爆发活动，这在以往同等级别的地震前很少见。而盐湖4.4级地震不仅有地震参数类异常，而且还记录到3次小震群事件，其原因可能与2010年河津4.8级地震后，山西测震台网密度增加（地市局的一些测震台点入网），监测能力有所提高有一定的关系。

（2）大量的震例统计结果表明，大同老震区窗口爆发活动对山西地震带4级以上地震有较好的预测意义，山西盐湖4.4级地震前预测经验再次证实了这一认识。但其预测范围大，在地点预测上容易造成较大的偏差。因此，大同老震区窗口爆发活动可作为发震时间的主要预测依据，对于发震地点预测，必须结合前兆异常和地震活动异常较集中的地区进行研判。

（3）盐湖4.4级地震发生在地震台网相对较密集、地震监测能力较强的地区，震前前兆异常虽数量不很多，持续时间不很长，规模也不很大，但多具群体同步性。因此，山西南部地区群体异常的同步性显示出该区地壳活动处于较活跃状态，可以预示该区发震紧迫性在增强。

八、震前预测、预防和震后响应

1. 震前预测情况

《山西省2016年度地震趋势研究报告》中提出“2016年山西中南部至晋陕交界地区为中强地震注意地区，有可能发生5级左右地震”的中期预测意见，2016年3月12日盐湖4.4级地震就发生在预测区内，地点和时间预测正确，震级略有偏高。

在年度预测的基础上，山西省地震局加强对山西中南部及邻近地区的各类异常的跟踪工作，密切监视地震活动和前兆异常的发展变化。2015年12月11日，针对临汾水平摆和垂直摆同步加速变化，召开了紧急会商会，提出“近期山西中南部有发生5级左右地震的可能”，地点和时间预测正确，震级略有偏高；2016年2月20日，根据汾阳2月15日汾阳震群和2月19日侯马震群集中活动的情况，召开紧急会商会，给出“近期注意山西中南部地区4级左右地震的发生，重点关注中南部震情发展和前兆异常的短临变化”的预测意见，预测地点、时间和震级基本准确；2016年2月25、26日，针对大同老震区窗口活动异常，召开2次紧急会商会，给出“近期注意山西地区4级左右地震的发生，重点关注大同老震区震情发展和前兆异常的中短期变化”的预测意见，预测时间与震级基本准确，预测地点范围较大。除此之外，2016年2月的月会商意见中也提出了“下月山西北部至晋冀蒙交界危险区及山西其它地区发生5级以上地震的可能性较小，关注中南部地区发生4级左右地震可能。”的预测意见；2016年3月报送山西省人民政府“2016年第3期震情反映”中，也明确提出“2016年3月我省存在发生5级左右地震的背景，需密切关注山西中南部地区中等地震活动起伏、短临异常及宏观异常的变化”的意见。这两次预测意见与实际发生的盐湖4.4级地震相比较，预测范围、震级和时间基本正确。

综上所述，山西盐湖4.4级地震前无论在中期阶段，还是在短期阶段，山西省地震局预报中心均作出一定程度预测，且预测意见与实际发生的地震基本相符。这次地震虽然没填报正式的预报卡片，但从中期到短临的跟踪预测应该说是比较成功的，为山西及相邻地区中强震的预测提供了宝贵的经验。

2. 震后趋势判定

盐湖4.4级地震发生后，山西省地震局预报中心先后召开7次紧急会商会，并根据震中区及周边历史地震活动特点，结合现有测震学和前兆异常变化特征，提出了“盐湖4.4级地震为主余型地震的可能性较大，未来几天在震中附近发生更大地震的可能性较小”的震后趋势预测意见。趋势预测意见与实际地震类型一致，判断准确。值得一提的是在3月14日的紧急会商意见中，根据大于2级地震震源机制解与主震一致的特点，明确提出“近期应注意3级左右余震的发生”，实际结果是3月15日0时14分在原震区又发生1次M_L3.5强余震，震后趋势预测结果完全正确。在3月15日的紧急会商会根据b值截距法外推最大余震震级为4.0级，实际结果是3月27日3时58份在原震区又发生了一次M_L4.0强余震，趋势预测结果也完全正确。综上所述，山西省地震局预报中心对盐湖4.4级地震类型和震后强余震预测结果均与实际情况相符。

3. 震后响应

盐湖4.4级地震发生后，山西省地震局立即根据《山西省地震局应急预案》，启动山西省地震局地震应急Ⅳ级响应，并立即向省委、省政府和中国地震局报告了震情信息，召开紧急会商会。并对震后工作做了安排部署。先后派出了宏观异常调查、灾害评估、科学考察、科普宣传等43名现场工作人员，在震区开展了地震震害调查、地震宏观震中确定、地震烈度考察、地震构造分析等多项工作。在震后第一次紧急会商会上，给出了地震的基本参数和序列的初步判定意见。之后又连续召开7次紧急会商会，根据地震序列的发展情况及时调整已有的判定意见，保持与现场分析预报人员的沟通，对震后的地震趋势做出了准确的判定。山西省地震局向省委、省政府和中国地震局上报了《震情通报》，及时上报震情、灾情、现场工作和震区的抗震救灾情况，并结合震后趋势意见提出了下一步的工作建议。

九、结论及讨论

1. 结论

2016年3月12日盐湖4.4级地震发生在运城断陷盆地内，极震区烈度为Ⅵ度，这次地震造成轻伤11人，总经济损失为1691万元。依据烈度等震线图、余震分布和震源机制解，认为盐湖北岸断裂可能为此次地震的发震断裂。

盐湖4.4级地震前，山西省地震局预报中心在2016年度危险区判定和短临异常跟踪过程中，提出了明确的中期和短临预测意见。

盐湖4.4级地震前共出现12条异常，其中测震异常7条，前兆异常5条。震前异常以短临震异常为主，共 8 条。中期异常以测震学异常为主，短期异常以形变类异常为主，临震异常以小震群爆发活动和流体类异常为主。震前未发现电磁类异常。盐湖 4.4 级地震前兆异常在空间上主要集中在 100km 左右。东郭井水位、侯马水管、临汾水平摆和垂直摆等测项在山西南部地区中等地震前，异常的重现性较好，可作为山西南部地区中等地震短临预测的主要依据。

2. 讨论

（1）盐湖 4.4 级地震前山西省地震局预报中心在中短期阶段均进行了一定程度的预测，但对作为预测依据部分前兆异常认识仍存在一些偏差。如：临汾水平摆和垂直摆震前 99 天出现的同步加速转折现象，曾根据河津 4.8 级地震的震例提出近期应关注山西中南部发生 5 级左右地震的判断意见，但在预测时段内未发生相应的地震，因此在异常恢复 50 天后的 2016 年 1 月 27 日月会商会上，根据震前异常不超过一个月的时间特征，取消了该异常的预测意义。

（2）震前出现的中短期异常重视不够。如：2015 年 6 月出现的侯马水管 EW 向加速西倾变化，震前未作为预测依据。而该测点位于临汾断陷盆地与运城断陷盆地交界处，且在河津 4.8 级地震前也出现过异常，该异常对山西南部地区中等地震有一定的预测意义。但在几次紧急会商意见中并未提及该异常，这也可能是造成盐湖 4.4 级地震震前预测范围偏大的原因之一。

（3）对某些临震异常的认识存在一定的偏差。如：2015 年 9 月 3 日东郭井水位突降后，水位动态发生了显著改变，由原来的趋势下降转为趋势上升。期间曾多次出现过小幅突升变化，特别是 2 月 19 日突升的同时，在距离震中约 80km 的侯马也爆发了小震密集活动事件，但在 2 月 20 日紧急会商会的预测意见中，并未把其作为预测依据，而该测点距离盐湖 4.4 级地震不足 10km。

（4）盐湖 4.4 级地震前，在震中及附近地区出现了一批数字化短临前兆异常，并在震前预测过程中发挥了重要的作用，因此仔细研究数字化前兆震前异常信息以及预测效能，有望为地震短临预测工作提供较为可靠的依据。

（5）大同老震区窗口爆发活动对山西地震带 4 级以上地震有较好的预测意义，盐湖 4.4 级地震震前预测经验再次证实了这一认识。但其预测指示范围大，容易造成较大的偏差。因此，大同老震区窗口爆发活动可作为发震时间的主要预测依据，在发震地点预测研究上，还必须结合前兆异常和地震活动图像异常。

（6）盐湖 4.4 级地震发生在地震台网相对较密集、地震监测能力较强的地区，震前前兆异常虽数量不很多，持续时间不很长，规模也不很大，但多具群体同步性。因此，山西南部地区群体异常的同步性显示出该区地壳活动处在十分活跃状态，可以预示该区发震紧迫性在进一步增强。

地震预报是当今科学的难题之一，甚至有些科学家认为是不可攻克的难题。然而，盐湖 4.4 级地震预报实践表明，在当前的科学认识与技术水平下，仍然有可能对某些中强震做出较成功的短临预测。以异常—震情为主导的震情跟踪思路是当前地震预测研究工作较为切实而有效的途经。

参考文献

[1] 梁艳、吕芳、吕睿，山西测震台网布局优化分析，大地测量与地球动力学，37（Ⅱ）：40~45，2017

[2] Zheng D W，Zhang P Z，Wan J L et al.，Rapid exhumation at~8 Ma on the Liupan Shan thrust fault from apatite fission-track thermochronology：Implications for growth of the northeastern Tibetan Plateau margin，Earth and Planetary Science Letters，248（1/2）：198-208，2006

[3] 李肖杨、梁浩、张珂等，侯马—运城盆地沉积特征及其对构造运动、气候变化及河流演化的响应，沉积学报，38（2）：306~318，2020

[4] 武烈、啜永清、田勇等，山西震群，山西：山西科学技术出版社，1997

[5] 罗翔飞、李真、李德庆等，山西运城4.9级地震前后重力场变化特征分析，地震工程学报，39（增刊）：65~71，2017

[6] 冯建林、檀玉娟、秦建增等，运城M_S4.4地震前山西中南部重力场变化特征，大地测量与地球动力学，37（4）：407~410，2017

[7] 韩晓飞、王跃杰、曾金艳等，2016年3月12日运城市盐湖区4.4级地震震害评估，山西建筑，（15）：21~22，2017

[8] 张成科，奉贤—阿拉善左旗地学断面，北京：地震出版社，1992

[9] 吴昊昱、吕睿，2016年运城4.4级地震序列精定位及发震构造分析，地震地磁观测与研究，38（5）：8~13，2017

[10] 王霞、宋美琴，大同窗地震活动频次和应变能的特征，中国地震，33（2）：328~337，2017

[11] 张淑亮、李自红、陈慧，2016年3月12日山西盐湖M_S4.4地震前异常及预测回顾，地震地磁观测与研究，38（5）：49~56，2017

[12] 张淑亮、李斌、李天骄等，运城东郭流体观测井震兆特征及映震灵敏性分析，地震地磁观测与研究，32（2）：53~59，2011

[13] 张淑亮、李自红、宋美琴等，2010年1月24日河津4.8级地震，中国震例，373~395，2018

参考资料

1）山西省地震局，山西省2016年度地震趋势研究报告

2）山西省地震局，2016年3月12日运城盐湖地震灾害损失评估报告

3）山西省地震局，2016年3月12日山西运城4.4级地震序列分析报告

4）夏县中心地震台，山西南部2016年度地震趋势报告

The M_S 4.4 Yanhu Earthquake on March 12, 2016 in Shanxi Province

Abstract

The M_S4.4 earthquake occurred at 11: 14 on March 12, 2016 in Yanhu, Shanxi province. Its epicenter was located at 34°59.8′N, 110°53.6′E. The focal depth was 5km and the seismic intensity at the epicenter area was VI. 11 people were slightly injured and no person was seriously injured and dead. The total economic loss was 20.69 million Yuan (RMB).

The sequence charater of the M_S4.4 earthquake is mainshock-aftershock type. According to the geological investigation, distribution of aftershocks and the nodal plane II of focal mechanism solution, it is suggested that the aftershock distribution of the M_S4.4 Yanhu earthquake was consistent with the strike of the north shore of Yanhu fault (NNE direction). Earthquake relocation results showed that, the sequence was mainly concentrated in the vicnity of the north shore of Yanhu fault which was located in the Yuncheng basin, and the focal depth was in the range of 4−13km. The infered seismogenic fault was the north shore of Yanhu fault. NEE compressive stress and NNW tensile stress from the focal mechanism solution was consistent with regional stress field of Shanxi.

There were 45 seismic stations within 200km from the epicenter area, including 26 stations for seismometric observations, 4 stations for comprehensive observations and 24 stations with precursor monitoring observations. 8 anomaly items including 12 precursory anomalies appeared before this earthquake, including 7 anomalies in seismic activity and 5 fixed-point precursory anomalies. The fixed-point precursory items were mainly horizontal pendulum, vertical pendulum, water pipe, water level, aerosol. There were 11 stations and 21 observation items within 100km from the epicenter area, including 3 anomaly stations and 4 anomaly items; the ratio of anomaly station and anomaly item were 27.3% and 14.3% respetively. There were 13 stations and 32 observation items within 101−200km from the epicenter area, including 1 anomaly stations and 2 anomaly items; the ratio of anomaly station and anomaly item were 7.7% and 6.3% respetively. There were mainly short-term and imminent anomalies, which were mainly concentrated within 100km.

The M_S4.4 Yanhu earthquake occurred in the earthquake focus area in 2016, which was predicted to some extend by Shanxi Earthquake Adiministration before the earthquake (Recent attention has been paid to the occurrence of the earthquake in the middle and southern of Shanxi province, focusing on the development of seismic activity and the medium-short term changes in precursory anomalies (Appendix 2)). After the M_S4.4 Yanhu earthquake, Shanxi Earthquake Adiministration reported the detailed information of this earthquake to the People's Government of Shanxi province, and predicted well the 2 strong aftershocks and achieved a certain disaster-reduction effect.

This paper analyzed and discussed the anomalies and discriminant indexes of this earthquake, and the results will be used for reference for intermediate earthquake prediction in this area.

报告附件

附件一：

附表 1　固定前兆观测台（点）与观测项目汇总表

序号	台站（点）名称	经纬度（°）		测项	资料类别	震中距 Δ/km	备注
		φ_N	λ_E				
1	平陆	34.84	110.93	测震		18	
2	东郭	35.02	111.12	东郭水位	Ⅱ	20	
				东郭水温	Ⅲ		
3	大宁	36.45	110.63	测震		28	
4	夏县	35.12	111.24	测震			
				大地电场	Ⅱ		
				水氡	Ⅱ		
				气氡	Ⅰ		
				水汞	Ⅱ		
				气汞	Ⅲ		
				水平摆	Ⅱ		
				体应变	Ⅱ		
5	陕县	34.71	111.11	水氡	Ⅱ	38	
6	蒲县	36.43	111.06	测震		40	
7	泽州	35.44	112.94	测震		70	
8	合阳	35.05	110.08	地电阻率	Ⅰ	73	
				大地电场	Ⅱ		
9	韩城	35.55	110.45	金属摆	Ⅲ	73	
10	河津	35.72	110.7	测震		75	
11	侯马	35.6	111.4	水管仪	Ⅲ	80	
				伸缩仪	Ⅱ		
				测震			
12	大安	34.48	111.32	测震		82	
13	铜川	35.39	109.13	测震		84	
14	蒲城	35.06	109.43	测震		88	
15	大荔	34.9	109.9	气氡	Ⅲ	90	

续表

序号	台站（点）名称	经纬度（°）		测项	资料类别	震中距Δ/km	备注
		φ_N	λ_E				
16	卢氏	34.18	111.04	水氡	Ⅱ	91	
				水温	Ⅱ		
17	曲沃	35.67	111.48	水温	Ⅱ	92	
18	华阴	34.5	110	垂直摆	Ⅱ	98	
				伸缩仪	Ⅱ		
				水管仪	Ⅱ		
				气氡			
19	渭南双王井	34.51	109.96	水位	Ⅱ	100	
				水温	Ⅲ		
20	富平	34.97	109.15	测震		110	
21	华县	34.4	109.72	测震		118	
22	临汾	36.09	111.37	测震		125	
				水平摆	Ⅲ		
				垂直摆	Ⅱ		
				体应变	Ⅳ		
				水准	Ⅱ		
				地电阻率	Ⅱ		
				大地电场	Ⅱ		
				地磁	Ⅱ		
23	洛南井	34.13	109.95	水位	Ⅳ	129	
				水温	Ⅳ		
24	临汾局	36.08	111.5	水位	Ⅱ	130	
				水温	Ⅱ		
25	蓝田	34.11	109.38	测震		132	
26	商州	33.51	109.87	测震		147	

续表

序号	台站（点）名称	经纬度（°）		测项	资料类别	震中距 Δ/km	备注
		φ_N	λ_E				
27	洛阳	34.55	112.47	测震		153	
				地电阻率	Ⅱ		
				大地电场	Ⅱ		
				地磁	Ⅲ		
				水氡	Ⅱ		
				水温	Ⅱ		
28	济源	35.16	112.45	测震		154	
29	商南	33.52	110.87	测震		158	
30	万荣	35.36	110.93	测震		160	
31	合阳	35.41	110.06	测震		160	
32	永济	34.84	110.65	测震		163	
33	垣曲	35.25	111.65	测震		165	
34	华阴	34.52	110.17	测震		165	
35	洪洞	36.3	111.75	水位	Ⅱ	165	
				水温	Ⅱ		
36	卢氏	34.02	111.04	测震		169	
37	临潼	34.35	109.21	测震		170	
38	临潼	34.36	109.12	水氡	Ⅱ	176	
39	安泽	36.16	112.25	测震		179	
40	三原	34.67	108.95	水位	Ⅱ	180	
				水温	Ⅱ		
41	汤阴	34.21	112.66	水氡	Ⅱ	185	
42	晋城	35.44	112.93	体应变	Ⅱ	190	
43	毛西	34.15	109.07	水位	Ⅱ	190	
				水温	Ⅱ		
				气氡	Ⅱ		
44	沁水	35.79	112.37	测震		190	
45	霍州	36.61	111.9	测震		190	
46	阳城	35.44	112.41	测震		194	

续表

序号	台站（点）名称	经纬度（°）		测项	资料类别	震中距 Δ/km	备注
		φ_N	λ_E				
47	泾阳	34.7	108.57	地磁	Ⅱ	197	
				短水准	Ⅱ		
48	西安	34.02	108.91	水管仪	Ⅱ	200	
				伸缩仪	Ⅱ		
48	口镇	34.73	108.68	水位	Ⅱ	200	
				水温	Ⅱ		
50	隰县	36.7	110.95	测震		200	

分类统计	0<Δ≤100km	100<Δ≤200km	总数
测项数 N	24	32	56
台项数 n	19	31	50
测震单项台数 a	8	18	26
形变单项台数 b	1	2	3
电磁单项台数 c	1	0	1
流体单项台数 d	6	8	14
综合台站数 e	3	3	6
综合台中有测震项目的台站数 f	2	2	4
测震台总数 $a+f$	10	20	30
台站总数 $a+b+c+d+e$	19	31	50
备注			

附表2　测震以外固定前兆观测项目与异常统计表

序号	台站（点）名称	测项	资料类别	震中距 Δ/km	按震中距Δ范围进行异常统计									
					0<Δ≤100km					100<Δ≤200km				
					L	M	S	I	U	L	M	S	I	U
1	东郭	水位	Ⅰ	20	—	—	—	√						
2	夏县	气汞	Ⅰ	23	—	—	√	—						
3	侯马	水管	Ⅰ	82	—	√	—	—						
4	临汾	水平摆	Ⅰ	125						—	—	√	—	
		垂直摆	Ⅰ							—	—	√	—	

续表

序号	台站（点）名称	测项	资料类别	震中距Δ/km	按震中距Δ范围进行异常统计									
					0<Δ≤100km					100<Δ≤200km				
					L	M	S	I	U	L	M	S	I	U
分类统计	台项	异常台项数			0	1	1	1		0	0	2	0	
		台项总数			3	3	3	3	/	2	2	2	2	/
		异常台项百分比/%			0	33.3	33.3	33.3	/	0	0	100	0	/
	观测台站（点）	异常台站数			0	1	1	1		0	0	1	0	
		台站总数			3	3	3	3	/	1	1	1	1	/
		异常台站百分比/%			0	33.3	33.3	33.3	/	0	0	100	0	/
	测项总数				3					2				
	观测台站总数				3					1				
备注														

附件二：

（1）紧急会商意见

震情会商意见

单　位	山西省地震局		会商会类型	紧急会商
期　数	（2015）第 59 期		会商会地点	七楼会商室
	（总字）1708 期		会商会时间	2015 年 12 月 11 日 10 时
主持人	张淑亮		发送时间	12 月 11 日 13 时 30 分
签发人	李自红		收到时间	月　日 时　分
APnet 网络编码		AP14	发 送 人	张淑亮

注（总字）期数从 1991 年 1 月开始统计。

2015 年 12 月 11 日 10 时山西省地震局预报中心联合太原、临汾和离石地震台有关人员召开视频会商会。

一、会商事由

1. 山西部分前兆观测项目出现准同步异常变化。

2. 山西北部 2.2 级地震空段南侧 12 月 10 日原平发生 3.2 级地震。

二、异常分析判定

1. 太原洞体应变 EW 向 10 月以来多次台阶变化，经与厂家联系，怀疑与观测仪器运行不正常有关，12 月 9 日互换 2 个方向的检测头后，台阶变化基本消失；离石水平摆 12 月 5 日以来固体潮超差增大，可能与 12 月 5 日更换主机后，格值增大有关，EW 向 12 月 8 日突降与观测仪器不稳定有关。

定襄水平摆两分量 12 月 4 日同步转折，因观测时间较短，需进一步跟踪；代县垂直摆 NS 向 11 月 30 日转折变化与仪器维修后调整有关，需继续关注。

临汾水平摆和垂直摆两个分量 12 月 4 日前后同步转折，河津 4.8 级地震前有类似的特征。

2. 山西北部 2.2 级地震空段与晋冀蒙交界区 5 级以上地震有较好的对应关系。11 月 30 日以来在空段南北两侧地震活动同步增强，但映震性能较差。根据震例总结，推测原平 3.2 地震可能为逼近地震。大同窗近期地震活动水平正常，山西北部发震的迹象不明显。

三、综合分析及结论

太原洞体应变和离石水平摆短期变化与观测仪器维修有关；定襄水平摆和代县垂直摆异常信度较低；临汾水平摆和垂直摆同步转折对山西中南部 5 级左右地震有较好的指示意义。

综合分析认为，近期山西中南部有发生 5 级左右地震的可能。

(2) 紧急会商意见

震情会商意见

单　位	山西省地震局	会商会类型	紧急会商会
期　数	(2016) 第 09 期	会商会地点	七楼会商室
	(总字) 1720 期	会商会时间	2016 年 02 月 20 日 10 时
主持人	张淑亮	发送时间	02 月 20 日 18 时 30 分
签发人	李自红	收到时间	月　日 时　分
APnet 网络编码	AP14	发 送 人	张淑亮

一、会商事由

2016 年 2 月 19 日 13 时以来侯马小震爆发活动，最大震级为 1.2 级。2016 年 2 月 20 日 17 时 30 分山西省地震局预报中心针对侯马小震事件召开紧急会商会。

二、事件分析判定

此次地震事件 M_L1.0 以上地震仅为 2 次，但到目前为止-0.6 级以上地震已达 58 次，2 月以来该区域累计发生小震 73 次。2008 年十五数字地震台网改造后，类似的现象在 2014 年 4 月平遥 M_L4.1 地震前 1 个月出现过，累计月频度为 34 次。

三、趋势背景异常

测　　震：未出现新变化。

形变学科：未出现新变化。

流体学科：未出现新变化。

电磁学科：未出现新变化。

四、短临变化和异常

测　　震：汾阳震群、侯马小震爆发活动和晋陕豫 2 级地震频次增高。

形变学科：无。

流体学科：东郭井水位 2 月 19 日 15~19 时上升 28.3cm，2015 年 9 月
巨幅下降后类似的变化曾多次出现过，无地震对应。

电磁学科：无。

宏观异常：无。

五、综合分析及结论

根据十五数字化以来的震例统计结果认为侯马小震活动仍将持续。结合 2 月 15 日汾阳 2.3 级震群的指示意义，综合分析认为，近期注意山西中南部地区 4 级左右地震的发生，重点关注中南部震情发展和前兆异常的中短期变化。

（3）紧急会商意见

震情会商意见

单　位	山西省地震局		会商会类型	紧急会商会
期　数	（2016）第 11 期		会商会地点	七楼会商室
	（总字）1722 期		会商会时间	2016 年 02 月 25 日 10 时
主持人	张淑亮		发送时间	02 月 25 日 11 时 10 分
签发人	李自红		收到时间	月　日 时　分
APnet 网络编码		AP14	发 送 人	李　斌

一、会商事由

2016 年 2 月 24 日 4 时开始大同老震区出现小震爆发活动，最大震级为 1.3 级。2016 年 2 月 25 日 10 时山西省地震局预报中心针对大同老震区小震爆发事件召开紧急会商会。

二、事件分析判定

2016 年 2 月 24 日 4 时至 25 日 7 时大同老震区共记录 43 次小震。1991 年以来单日爆发频次大于 20 次有 16 次，其中 11 次与山西地区 4 级左右地震有较好的对应关系，5 次为老震区自身起伏活动。对应时间最短为 5 天，即 1991 年 3 月 26 日大同—阳高 M_S5.8 地震，对应时间最长为 179 天，即 2002 年 9 月 3 日太原 M_L5.0 地震。

三、趋势背景异常

测　　震：未出现新变化。

形变学科：未出现新变化。

流体学科：未出现新变化。

电磁学科：未出现新变化。

四、短临变化和异常

测　　震：汾阳震群、侯马小震爆发活动和晋陕豫 2 级地震频次增高。

形变学科：无。

流体学科：无。

电磁学科：无。

宏观异常：无。

五、综合分析及结论

根据大同老震区小震爆发活动震例统计结果，近期注意山西地区 4 级左右地震的发生，重点关注大同老震区震情发展和前兆异常的中短期变化。

（4）月震情会商报告

月震情会商报告

单　位	山西省地震局		会商会类型	月震情会商会
期　数	（2016）第 10 期		会商会地点	七楼会商室
	（总字）1721 期		会商会时间	2016 年 02 月 24 日 09 时
主持人	张淑亮		发送时间	02 月 24 日 10 时 35 分
签发人	李自红		收到时间	月　日 时　分
APnet 网络编码		AP14	发 送 人	李　斌

一、地震活动概况

2016 年 1 月 26 日~2 月 22 日山西省共发生 M_L1.0 以上地震 71 次。其中，1.0~1.9 级地震 57 次，2.0~2.9 级地震 14 次，最大地震为 2 月 7 日山西霍州 M_L2.9 地震。空间分布为：大同盆地 3 次，忻定盆地 11 次，太原盆地 19 次，临汾盆地 16 次，运城盆地 2 次，西部山区 9 次，东部山区 11 次。

2 月 15~23 日汾阳发生 2.3 级震群（详见异常落实报告）；2 月 19~21 日侯马发生小震爆发活动，共发生 82 次微震，最大地震为 20 日侯马 M_L2.0 地震。

二、上月预测意见检验

上月会商结论认为："2016 年 2 月山西北部至晋冀蒙交界危险区及山西其他地区发生 5 级以上地震的可能性较小"，本月最大地震为霍州 M_L2.9 地震。

三、地震活动性异常跟踪分析

山西震群与山西及邻区 $M\geqslant5.5$ 级地震对应关系、山西忻定盆地以北至晋冀蒙交界 2.2 级地震空段、视应力高值异常、震源机制一致性结果、山西北部（雁门关、代县、右玉、镇川、恒山、山自皂、阳原）波速比低值等异常现象，均表明山西北部至晋冀蒙交界具有发生 5 级左右地震的危险。

1. 背景和中期异常

（1）山西带 4 级、5 级地震平静

（2）晋冀蒙交界区 3 级地震空区和 3 级地震显著增强

（3）山西北部地震矩加速释放、波速比、视应力、b 值、a/b 值、多参数扫描、震源机制解一致性、震群活动

（4）山西地区 3 级地震低频度

（5）大同盆地—忻定盆地 2.2 级地震空段

（6）山西带南区 b 值、缺震、视应力异常

2. 短期异常和变化

2 月 16 日汾阳 2.3 级小震群和 2 月 19 日侯马小震爆发活动。

四、前兆异常跟踪分析

1. 背景和中期异常

形变学科：

（1）临汾水平摆两分量于2014年2月同步出现反年变动态，目前均存在趋势转折变化现象。

（2）临汾垂直EW向2014年前趋势东倾，2014年3月17日转折西倾，目前持续西倾变化。

（3）侯马水管EW向2014年4月10日转折趋势西倾，2015年6月出现加速西倾变化，于8月份转为平稳，目前以趋势西倾变化为主。

（4）侯马伸缩仪NS向2014年7月出现反年变动态，趋势压性速率减小，目前异常仍在持续。

（5）代县水管两分量从2014年8月25日开始出现年变规律改变现象，目前两分量均处于平稳变化状态。

（6）太原体应变自2011年10月转为压性加速变化，目前异常仍在持续。

（7）临汾水准4-1测线2010年1~4月出现反向变化，累计变化1.36mm，2013年6月以来曲线持平。

（8）代县台水准2013年3月25日以来出现加速变化，2015年变幅增大，高频变化增多。

（9）广胜寺流动水准1-2测线从2011年6月开始转折，变化幅度2mm。

（10）风伯峪流动水准1-2测线从2012年8月开始转折加速，变化幅度5mm。

（11）眉音口流动水准测线从2008年10月开始速率增大，2013年转折，变化幅度2.0mm。

（12）小磨流动水准测线3-4、1-2测线从2011年8月速率增大，变化幅度3mm。

流体学科：

（1）静乐井水位2007年7月以来出现的高值，2013年开始受同层地下水开采影响处于低值状态，2015年7月出现快速上升，且接近原有高值状态。

（2）定襄水氡2008年10月以来的高值异常，由于测点2014年9月的水管改造，造成了水氡测值12Bq/L的整体下降变化，但对该数据进行校正后，水氡仍在高值波动。

（3）朔州井水位2012年7月在趋势下降的情况下出现转折上升，上升幅度达1.052m，2013年水位又出现破年变变化，目前上述变化仍在持续。

（4）孝义井水温2013年6月出现加速上升，8月20日变化幅度达0.022℃，之后在高值波动，2014年7月又出现快速下降，至12月已基本恢复至上升前的状态。

电磁学科：

（1）代县地电阻率EW测道2008~2012年存在4.1%的趋势下降变化，2013年发生转折，2015年年变下降速率偏快。

（2）临汾地电阻率EW向从2010年9月快速下降，幅度为4.5%，2011~2013年符合正常年变，但整体偏低，2014年末加速下降，2014年初至今年变畸变，同时2015年6月至今各向异性明显。

（3）大同地电阻率NW测道2014年年变幅减小，出现年变畸变，最高值与2013年相比小0.5Ω. m。

2. 短期异常跟踪

形变学科：无

流体学科：无

电磁学科：无

五、综合分析及预测意见

测震学仍以背景异常为主，本月新增汾阳震群活动，根据震群成组活动与山西及邻区 5.5 级以上地震对应情况表明，山西地区中强地震发震危险性增强，但短临指示意义较好的大同窗活动正常。前兆原有的 19 项异常未出现新变化。

根据本月山西地区及邻区前兆资料变化及近期地震活动情况，综合分析认为：下月山西北部至晋冀蒙交界危险区及山西其它地区发生 5 级以上地震的可能性较小，关注中南部地区发生 4 级左右地震可能。

（5）震情反映

地震局震情反映

第 3 期

山西省地震局　　　　签发人：樊　琦

2016 年 3 月震情趋势会商意见

2016年2月24日，山西省地震局预报中心召开月会商会，对我省2016年3月地震活动趋势进行了分析讨论，会商意见如下。

一、地震活动概况

2016年1月26日-2月22日山西省共发生1.0级以上地震20次，最大地震为2月7日霍州2.2级地震。空间分布为：忻定盆地6次，太原盆地4次，临汾盆地5次，西部山区1次，东部山区4次。

二、异常跟踪分析

（一）地震活动性

山西省2016年2月小震活动的强度（2.2级）和频次（20次）与2016年1月强度（1.4级）和频次（5次）相比，强度和频次均有所增强。

山西北部多个地震活动参数异常和山西地震带大于16年的5级地震平静仍在持续，结合山西地震带4级地震活动韵律特征和小震活动空间变化特征，分析认为山西地震带存在发生中强地震的背景。对山西地区中强地震活动有短期指示意义的大同窗口2016年2月小震活动频次在正常范围内变化。

（二）前兆观测

2016年2月我省前兆观测异常总数为19项，均为趋势异常，分别是：静乐井水位、定襄水氡、朔州井水位、孝义水温、代县地电、临汾地电、大同地电、临汾水准、眉音口流动水准、小磨流动水准、广胜寺流动水准、风伯峪流动水准、太原体应变、代县水准、临汾水平摆、临汾垂直摆、侯马水管、侯马洞体应变、代县水管。本月异常台项比为23.2%，与上月相同。

（三）宏观异常

本月未收到宏观异常报告。

三、结论

根据我省近期地震活动和前兆异常变化特征，以及中国地震台网中心会商意见，综合分析认为，2016年3月我省存在发生5级左右地震的背景，需密切关注山西中南部地区中等地震活动起伏、短临异常及宏观异常的变化。

山西省地震局

2016年2月26日

编辑：张淑亮　　审核：薛振岳

报送：省人民政府。

2016 年 5 月 18 日云南省云龙 5.0 级地震

云南省地震局

罗睿洁　王光明　刘自凤　毛泽斌　付　虹

摘　要

2016 年 5 月 18 日 00 时 48 分 47 秒，云南省大理州云龙县发生 5.0 级地震（震中位置：26.10°N，99.53°E），震源深度为 15km；01 时 05 分 11 秒在与该地震相距 4.9km 的洱源县发生 4.6 级地震（震中位置：26.10°N，99.58°E），震源深度为 5km。灾区最高烈度为Ⅵ度，宏观震中位于长新乡多衣树—花三地一带，等震线长轴方向总体呈北北西向。地震造成 4 人受伤，直接经济总损失 13560 万元。

此次云龙 5.0 级、洱源 4.6 级地震相距 4.9km、相隔 17 分钟，已构成震群（双震）。双震发生后 $M_L \geq 3.0$ 级活动主要集中在震后 3 小时内，其间 16 天无 $M_L \geq 3.0$ 级以上余震，6 月 3 日发生最大余震 $M_L 4.3$，随后地震后序列衰减逐步归于正常。云龙 5.0 级、洱源 4.6 级震源机制解都为走滑兼正断型，震源机制解：节面Ⅰ倾角 113°、滑动角 81°、走向 177°，节面Ⅱ倾角 204°、滑动角 87°、走向 9°，节面Ⅱ为 5.0 级地震主破裂面，主应力 P 轴方位北北西向，序列精定位优势分布为北北东向。根据地震参数及地质背景分析认为其控震断层为震中以西 16km 的云龙—永平断裂。地震主破裂面及序列分布长轴方向（北北东）与极震区长轴走向（北北西）稍有不同，但总体而言二者都为近南北向。

震中周围 200km 范围内共有地震台站 24 个，其中测震观测单项台 1 个，定点前兆观测单项台 12 个，综合观测台 11 个，前兆观测台站有水位、水温、水质、水氡、地电场、地倾斜、地磁 D、地磁总强度 Z 等 16 个定点观测项目共 120 个台项。此次地震前共有 19 条异常，其中测震异常 4 条，包括 2 条背景异常和 2 条短临异常，异常指示地点在滇西地区；定点前兆异常 12 条，宏观异常 3 条，其中部分异常可能受 4 月 13 日缅甸 7.2 级地震叠加影响。

此次震群活动发生在云南省地震局年度会商划定的重点危险区内，震前云南省地震局曾做出过较好的短临预测并得到了政府部门的重视与肯定。

前　言

2016 年 5 月 18 日 00 时 48 分 47 秒，云南省大理州云龙县发生 $M_S 5.0$ 地震（震中位置：

26. 10°N，99. 53°E），震源深度为 15km；01 时 05 分 11 秒在与 M_S5. 0 地震相距 4. 9km 的洱源县发生 M_S4. 6 地震（震中位置：26. 10°N，99. 58°E），震源深度为 5km；两次地震构成震群（双震）型活动。灾区最高烈度为Ⅵ度，地震造成 4 人受伤，直接经济总损失 13560 万元。

云龙 5. 0 级、洱源 4. 6 级地震震中 50km 内 1900 年以来发生 5 级以上地震 8 次，最大地震为 6. 5 级。根据震源参数、序列精定位及地质背景分析认为发震构造为云龙—永平断裂。

此次地震发生在年度报告判定的滇西危险区内，震前云南省地震局对该地区的地震危险性作了一定的中期和短临预测预报工作，为政府防震减灾决策提供了参考。

本研究报告是在有关文献和资料[1~8];1~6) 的基础上经过重新整理资料和分析研究而完成的。

一、测震台网及地震基本参数

1. 测震台网

2016 年云龙 5. 0 级地震震中周围 200km 范围内有 12 个区域测震台，其中 100km 范围内有 5 个，101~200km 范围有 7 个；5. 0 级地震后，云南省地震局监测中心迅速派出队伍赶赴现场架设了 3 个流动观测台（图 1）。云南省测震台网对此次地震震中附近地区的地震监控能力为 $M_L \geqslant 1.5$，定位精度属于 1 类精度，误差在 5km 左右。这次地震的基本参数和序列目录采用云南地震台网资料，地震的基本参数如表 1 所示。

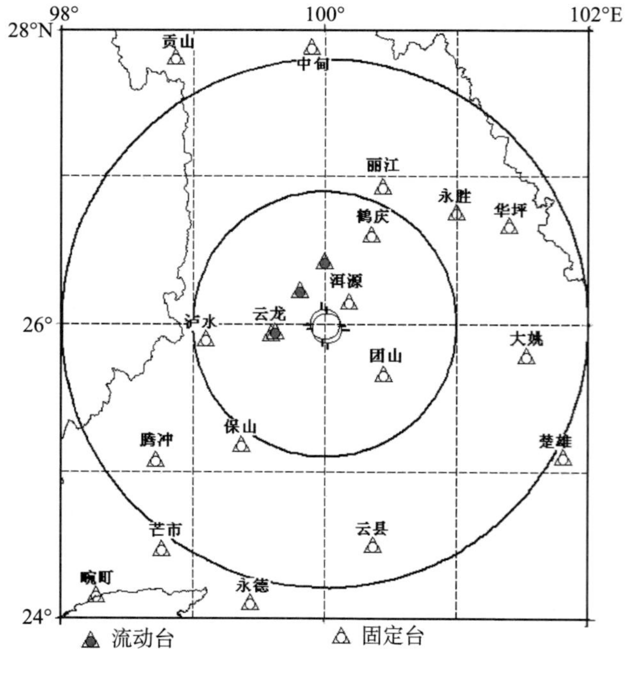

图 1　2016 年云龙 5. 0 级地震测震台网分布

Fig. 1　Distribution of seismological stations of the M_S5. 0 Yunlong earthquake in 2016

表 1 地震基本参数

Table 1 Basic parameters of the earthquakes

编号	发震日期	发震时刻	震中位置（°）		震级	震源深度	结果来源
	年．月．日	时：分：秒	φ_N	λ_E	M_S	（km）	
1	2016.05.18	00：48：47	26.10	99.54	5.0	15	云南台网
	2016.05.18	00：48：51	26.13	99.56	5.0	20	中国台网
	2016.05.18	00：48：55	26.05	99.50	4.9	54	USGS
2	2016.05.18	01：05：11	26.10	99.58	4.6	10	云南台网
	2016.05.18	01：05：11	26.08	99.58	4.6	10	中国台网
	2016.05.18	01：05：17	26.09	99.58	4.8	51	USGS

2. 强震台记录[4)]

震中距 200km 范围内有 25 个固定强震动观测台记录到云龙 5.0 级地震加速度记录（表 2），强震仪型号有 ETNA 和 K2 两种，其中震中距为 23.97km 的乔后台记录到的信号最强，东西向峰值加速度为 23.5Gal，北南向峰值加速度为 39.2Gal，垂直向峰值加速度为 22.1Gal。震后未布设流动强震动观测仪器。固定及流动的强震动观测台站分布如图 2 所示。

云龙 5.0 级地震中，记录到加速度最大的前三个台是乔后台、羊岑台、永平台，加速度记录阻尼比 5% 的反应谱曲线如图 3 所示。

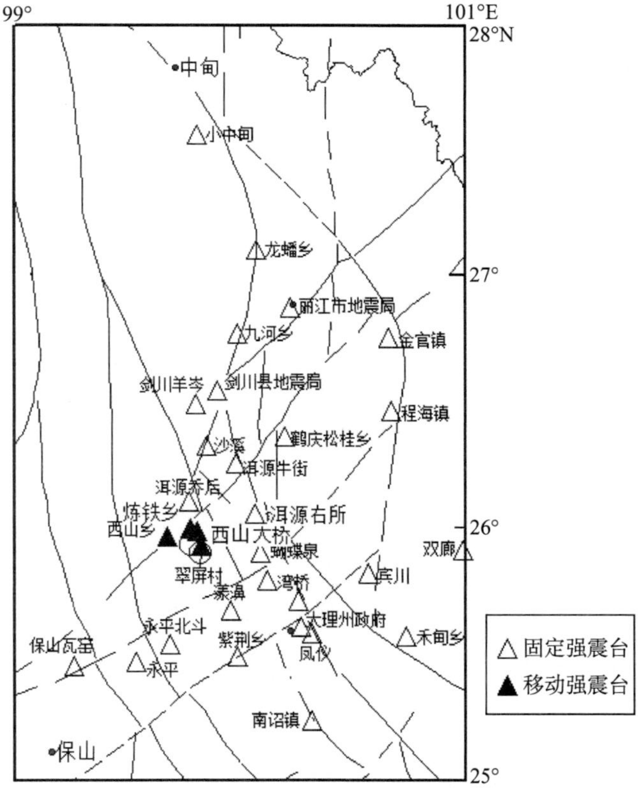

图 2 2016 年云龙 5.0 级强震动台分布

Fig. 2 Distribution of strong motion observation stations around the epicentral aera of the M_S5.0 Yunlong earthquake in 2016

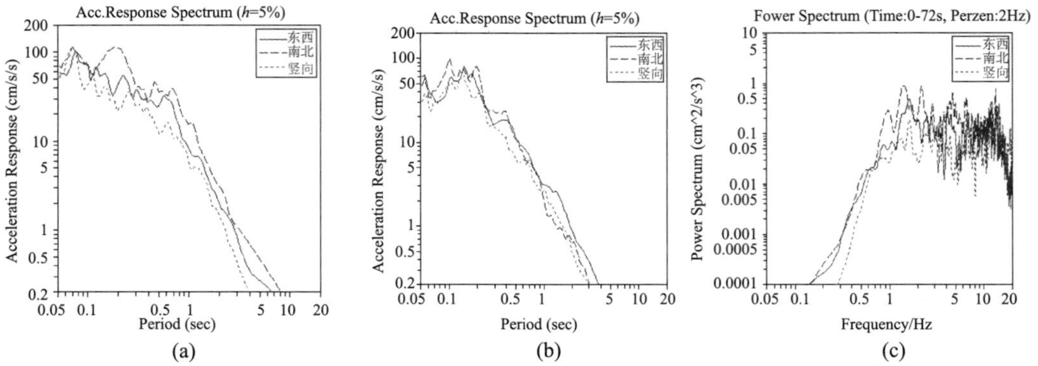

图 3　2016 年云龙 5.0 级地震反应谱

Fig. 3　Acceleration response spectra of the M_S5.0 Yunlong earthquake in 2016

（a）乔后台；（b）羊岑台；（c）永平台

表 2　固定强震动观测点获得的云龙 5.0 级地震峰值加速度

Table 2　The PEA of the M_S5.0 Yunlong earthquake recorded by fixed strong motion observation stations

测点	地理坐标		震源距（km）	峰值加速度/Gal		
	经度/°E	纬度/°N		东西向	北南向	垂直向
保山	99.182	25.123	113.54	−4.70	3.20	−1.50
昌宁	99.609	24.839	139.93	−7.30	−4.10	2.90
蝴蝶泉	100.090	25.900	60.02	−4.30	−4.20	−2.20
海东	100.259	25.713	84.35	3.60	−6.00	2.20
月溪井	100.181	25.698	78.64	−3.00	4.90	3.30
双廊	100.992	25.912	147.55	4.80	−5.50	2.50
牛街	99.982	26.255	48.52	−9.50	12.50	6.40
乔后	99.770	26.099	23.97	−23.50	39.20	−22.10
右所	100.075	26.030	54.93	4.70	5.70	2.70
剑川县地震局	99.890	26.530	60.23	2.40	−2.30	2.00
沙溪	99.845	26.317	39.99	−8.10	−8.90	6.00
羊岑	99.799	26.491	51.50	19.60	−23.80	16.90
九河乡	99.992	26.766	87.68	5.10	−8.30	−1.80
龙蟠乡	100.071	27.097	123.77	3.10	2.50	0.80
小中甸	99.811	27.556	164.85	2.90	2.90	−1.10
永平	99.539	25.467	69.82	13.30	12.20	−6.90
大理州地震局	100.269	25.609	91.55	−2.00	−1.60	1.40

续表

测点	地理坐标		震源距 (km)	峰值加速度/Gal		
	经度/°E	纬度/°N		东西向	北南向	垂直向
风仪	100. 317	25. 582	97. 27	-2. 20	3. 60	1. 70
大姚	101. 317	25. 727	183. 31	-0. 20	0. 30	-0. 40
南华	101. 546	25. 313	219. 90	-0. 70	-0. 90	-0. 80
双柏	101. 633	24. 688	262. 92	-0. 10	-0. 30	0. 20
牟定	101. 546	25. 313	219. 90	-0. 30	0. 80	-1. 10
武定	102. 398	25. 522	294. 07	0. 20	0. 30	-0. 40
元谋	101. 876	25. 705	238. 60	0. 30	0. 50	-0. 50
姚安	101. 240	25. 507	183. 19	0. 70	0. 90	-0. 80
保山	99. 182	25. 123	113. 54	-4. 70	3. 20	-1. 50
昌宁	99. 609	24. 839	139. 93	-7. 30	-4. 10	2. 90

二、地震地质背景

云龙 5.0 级地震震区位于一级大地构造分区唐古拉—昌都—兰坪—思茅褶皱系，东侧为维西—乔后断裂、红河断裂分界的扬子地台，西侧边界为澜沧江断裂带。区域地质构造复杂，主要发育活动断裂有北西向和北东向两组（图 4）。北东向的龙蟠—乔后断裂和鹤庆—洱源断裂为晚第四纪活动断裂，以左旋走滑兼正断性质为主，沿断裂历史上发生多次 6 级左右地震。北西向大型活动断裂有红河断裂、维西—乔后断裂，其中红河断裂是云南地区著名的全新世活动断裂，规模宏大，同时作为川滇菱形块体的西部边界断裂，沿断裂历史上发生多次 7 级左右地震，最大地震为 1925 年大理 7.0 级地震。维西—乔后断裂总体走向北西，倾向北东或南西，倾角 50°~70°，早期活动性质以挤压为主，晚第四纪以来则以右旋走滑为主兼张性正断，控制了维西、马登、乔后等第四纪盆地的发育，为晚更新世—全新世活动断裂，该断裂历史上发生过 1948 年上兰 6.3 级地震[1]。云龙—永平断裂北端交于维西—乔后断裂，该断裂带是由几条近于平行延伸的次级断裂组成，带宽 20~30km。总长度约 150km。该断裂在航卫片上线性影像较清晰，断裂控制了兰坪地区古近系云龙组成盐盆地的东、西边界。断裂第四纪以来活动较强烈，断裂沿线断层崖、断错山脊、断错水系等地貌发育，并见断错中更新统地层，该断裂历史上发生过 5~6 级地震，地震活动集中在中南段。澜沧江断裂可能起自藏北羌塘地区，自藏滇边界梅里雪山丫口附近进入云南，基本上沿澜沧江河谷延伸，南端于勐宋附近延入缅甸，分北、中、南三段，省内长度约 800km[2]。北段走向近南北向，西倾，倾角陡近于直立；中段总体走向 320°；南段总体呈弧度不大的“S”形南北向延伸，断面陡倾至直立。该断裂发生过 M_S5.0~5.5 地震。

云龙 5.0 级、洱源 4.6 级地震震中位于维西—乔后断裂与云龙—永平断裂之中，从精定

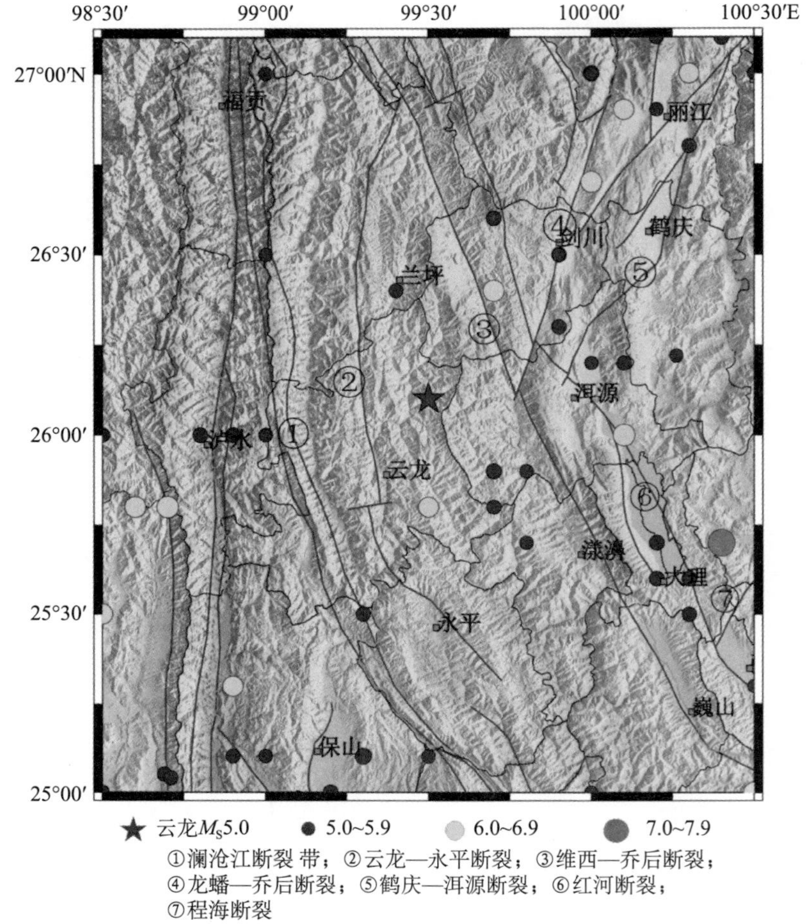

图 4　2016 年云龙 5.0 级地震震区地质构造及历史地震分布图

Fig. 4　Map of geological structure and distribution of historical earthquakes around the M_S5.0 Yunlong earthquake in 2016

位结果来看，M_S5.0 震中距云龙永平断裂 16km，距维西—乔后断裂 21km，更靠近云龙—永平断裂。震中所处的兰坪—思茅褶皱系的地质活动主要受西侧的无量山断裂控制[3]，而西侧的维西—乔后断裂属于红河断裂带的北沿部分，主要控制断层附近至断层东侧的地震活动。现有研究[3]认为永平—云龙断裂属于无量山断裂系中的一条断层，所以从构造单元角度此次云龙 5.0 级的控震断层更可能为震中西侧的永平—云龙断裂。云龙永平断裂走向随断裂分段有所差异，在震中附近属于永平—云龙断裂的北段，总体走向近南北向，局部北北东向。

三、地震影响场和震害

根据震区的考察资料[1)]，极震区烈度达Ⅵ度破坏，长轴走向北北西向，面积约 790km^2，宏观震中位于长新乡的多衣树至花三地一带（图 5）。其中，云龙县 580km^2，涉及长新乡、白石镇、检槽乡、关坪乡；洱源县 150km^2，涉及西山乡、乔后镇；剑川县 60km^2，涉及象图乡。

Ⅵ度区范围：Ⅵ度区涉及大理州云龙县、洱源县、剑川县，东起洱源县西山乡山高组，西至云龙县检槽乡清文村，北自剑川县象图乡松平—石登一带，南到云龙县关坪乡酸坪—胜利一带。

Ⅵ度区以外，云龙县团结乡、宝丰乡、诺邓镇，剑川县弥沙乡、沙溪镇、马登镇，永平县、兰坪县的个别乡镇少数民房遭受轻微破坏。

灾区民房土木结构占比较高（80%以上），破坏以墙体开裂或老裂加宽、加长为主；灾区处在云岭横断山脉地区，多数村组坐落在大于 25°的坡地，部分建筑物破坏边坡效应明显；震区近年先后发生过 2013 年 3 月 3 日的洱源 $M_S5.5$ 地震、4 月 17 日洱源 $M_S5.0$ 地震，2016 年 2 月 8 日洱源 $M_S4.6$ 地震，部分民房在前述几次地震中已经遭到破坏，此次地震震害叠加现象明显。

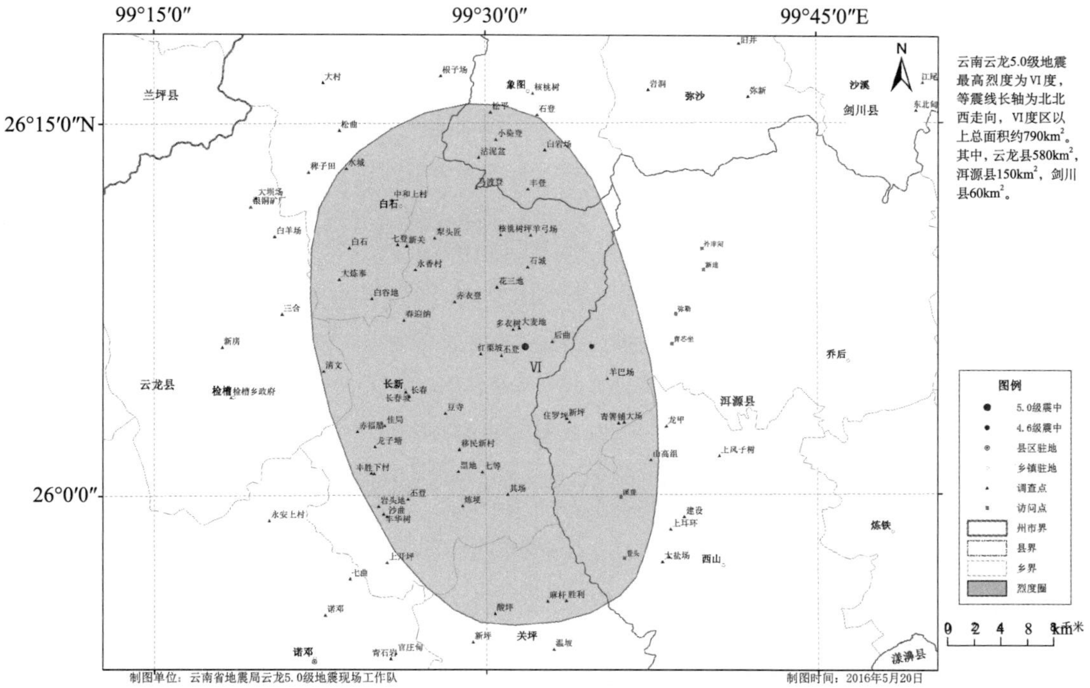

图 5　2016 年云龙 5.0 级地震烈度分布图

Fig. 5　Isoseismal map of the $M_S5.0$ Yunlong earthquake in 2016

四、地震序列

1. 地震序列参数：

根据云南台网测定，截至 2016 年 7 月 31 日，共记录到云龙 5.0 级、洱源 4.6 级双震地震序列 738 次[6)]，其中（不含 M_S5.0、M_S4.6）：M_L4.0～4.9 地震 2 次，M_L3.0～3.9 地震 11 次，M_L2.0～2.9 地震 80 次，M_L1.0～1.9 地震 643 次。如图 6，5 月 18 日 0 时 48 分云龙 5.0 级地震发生后 $M_L \geqslant 3.0$ 级地震活动主要集中在震后 3 小时内，5 月 18 日 3 时 47 分 M_L3.0 地震后，震区无 3 级以上地震发生，但 2 级地震仍较密集。6 月 3 日再次发生一次 4 级以上地震即 M_L4.3，随后至 6 月 12 日 M_L3.1 之后再无 M_L3 以上活动，地震频度也逐渐降低。截至 7 月 31 日，此次地震序列 h 值为 1.27，b 值为 0.66，序列衰减正常（图 7）。

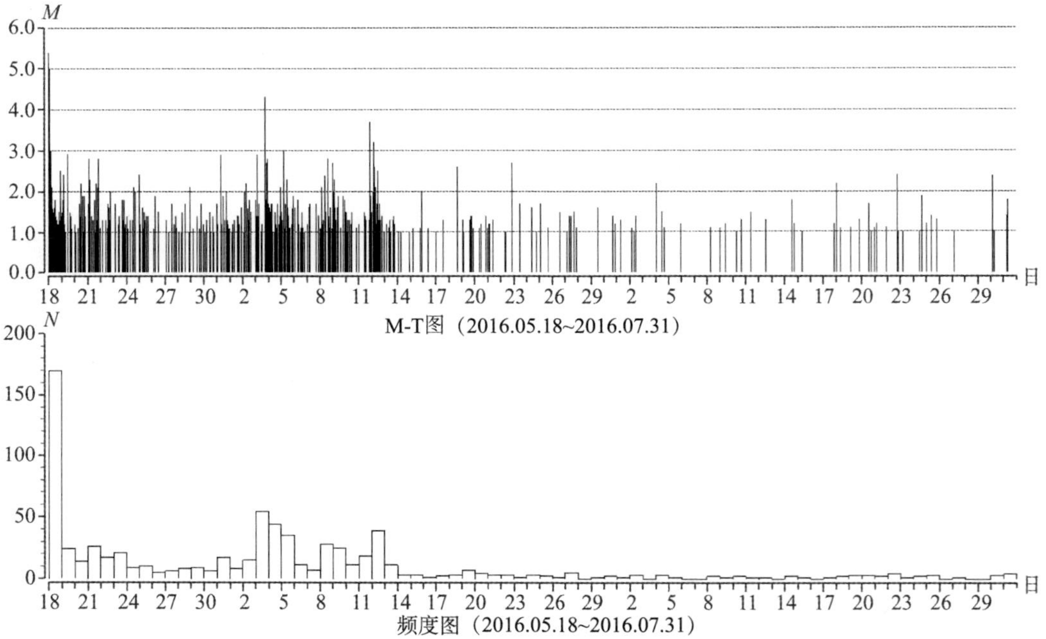

图 6　云龙地震序列 $M_L \geqslant 1.0$ 级地震 M-T 图及频度图（2016.05.18～07.31）

Fig. 6　$M_L \geqslant 1.0$ earthquakes distribution of the Yunlong earthquake sequence in 2016（2016.05.18-07.31）

2. 应力降分析

利用云南地区数字地震台网记录的波形，选取洱源台记录的事件波形资料（云龙台作为检查台），计算应力降，云龙 5.0 级地震为 3.70MPa，洱源 4.6 级地震为 1.78MPa。与 1999 年云南测震台网数字化观测以来，该地区 50km 范围内 M_L3.0 以上的 132 次地震应力降相比较略有偏高，均位于指数趋势线的上方[5]，可能表明表明该地区地震应力释放较为充分，后续发生更大地震的可能性不大（图 8）。

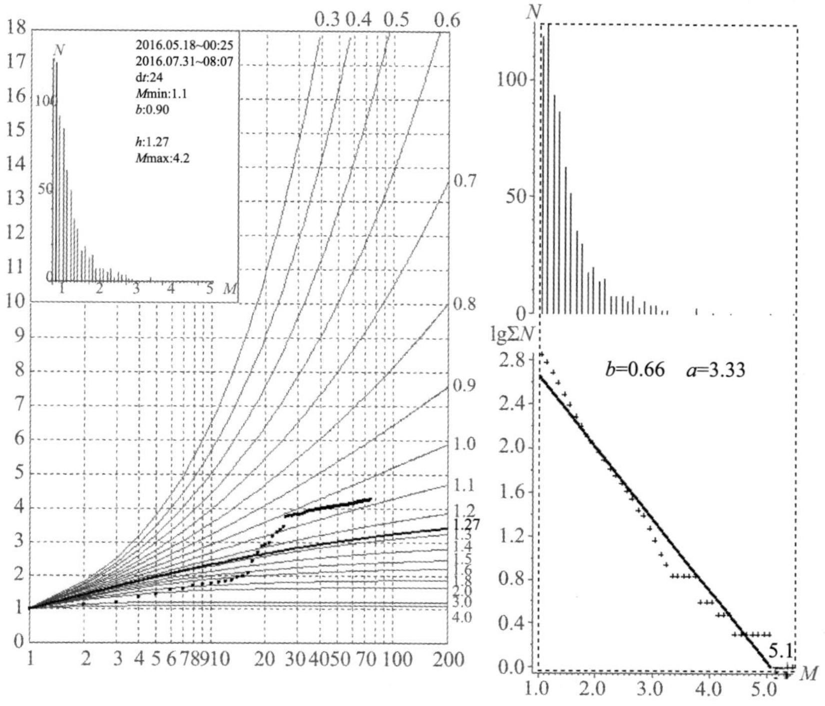

图 7 云龙地震序列 h 值图和 N-M 图（2020. 05. 18 00：481～2020. 06. 03 12：00）

Fig. 7 *h*-value and *N*-M diagram of of the Yunlong earthquake sequence

（2020. 05. 18 00：481-2020. 06. 03 12：00）

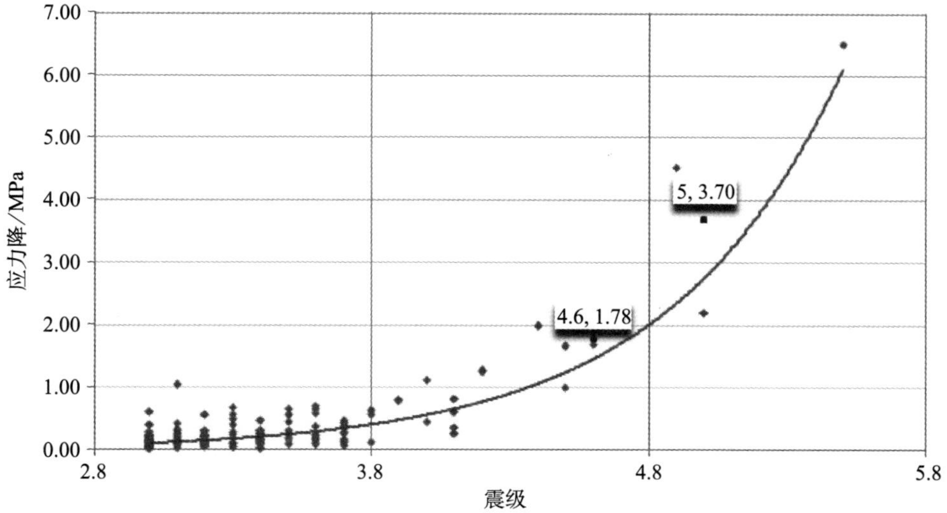

图 8 云龙 5. 0 级、洱源 4. 6 级地震 50km 范围内 132 次 $M_L \geqslant 3.0$ 级地震应力降与震级的关系

Fig. 8 The relationship of apparent stress and magnitude of earthquakes beyond $M_L 3.0$ within 50km of Yunlong $M_S 5.0$, Eryuan $M_S 4.6$ earthquakes

3. 地震序列类型

云龙 5.0 级发生 17 分钟后，相距 4.9km 外即发生洱源 4.6 级地震，两次地震震级仅相差 0.4 级。从蠕变曲线（图 9）可见：

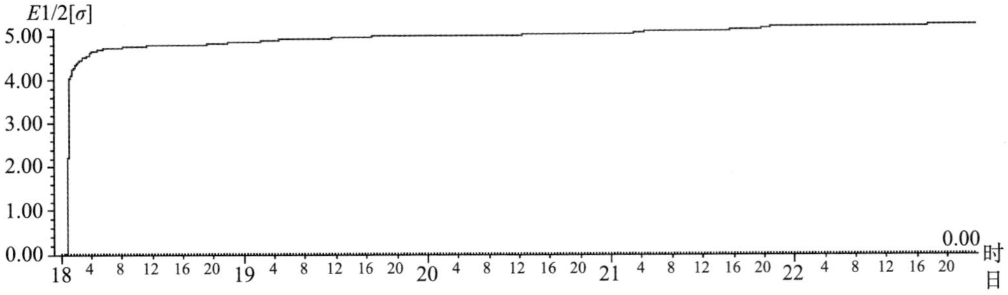

图 9　云龙 5.0 级地震震后 5 天蠕变图

Fig. 9　The creep curve of the M_S5.0 Yunlong earthquake 5 days after the mainshock

从震区历史地震序列类型来看，震中 50km 范围内有历史地震记录以来共发生 $M \geqslant 5.0$ 级地震 17 次5)，其中 5.0~5.9 级 14 次，6.0~6.9 级 4 次，最大地震为 1839 年洱源 2 次 6.3 级地震。1900 年以来共记录 $M \geqslant 5.0$ 级地震 8 次，其中 5.0~5.9 级 6 次，6.0~6.9 级 2 次，最大地震为 1948 年 6 月 27 日剑川 6.5 级地震。从序列类型来看，该区域的主震—余型地震与多震型（含双震、震群）各占约一半。值得注意的是，1966 年以来 3 组 5 次 5 级地震中，仅 1975 年 9 月 4 日漾濞北的 5.0 级地震为主震—余震型，其余的 $M \geqslant 5.0$ 级地震均为双震型。

综合应力降释放充分、序列特征及震区历史地震序列类型等分析认为此次云龙 5.0 级、洱源 4.6 级地震属震群型（双震）地震活动。

4. 地震空间分布

图 10 为云龙 5.0 级、洱源 4.6 级速报目录震中分布图（图中断裂信息由云南省防灾研究所提供），图中大致可见，地震分布没有优势方向。姜金钟等人利用波形互相关对到时进行约束后，对该序列进行双差定位，精定位后的结果显示，地震序列分布呈近南北向分布[4]（图 11），从 $M_L \geqslant 2.0$ 级的地震分布看，长轴方向更为清晰，呈北北东向分布，与震中西侧的云龙-永平断裂走向完全一致（图 4、图 10）。

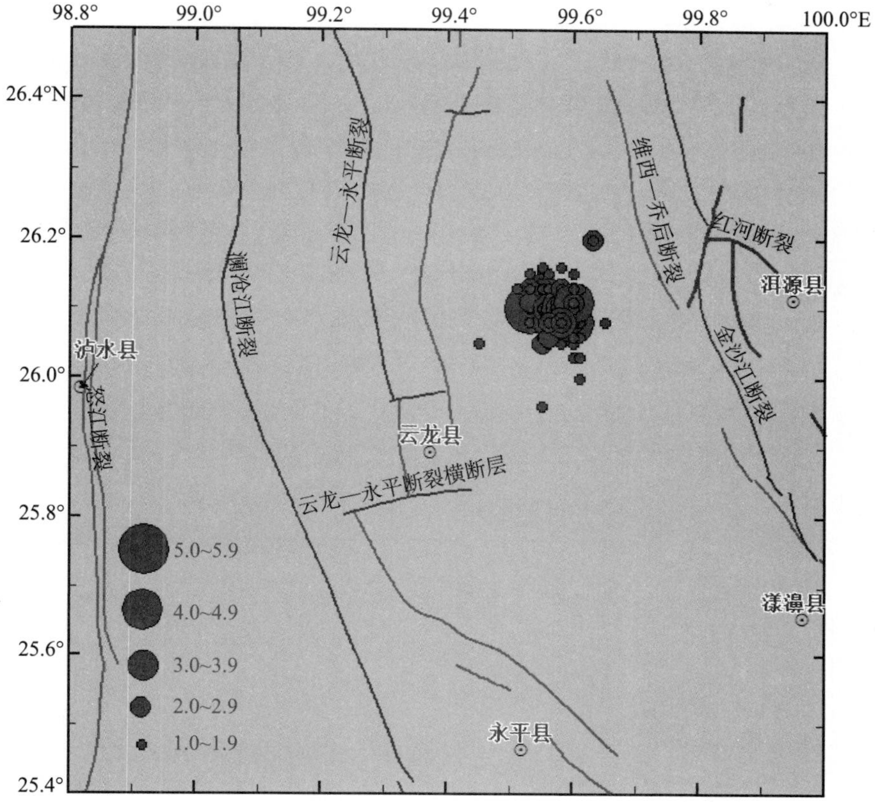

图10　云龙5.0级、洱源4.6级地震速报序列震中分布图

Fig. 10　Distribution of the M_S5.0 Yunlong, M_S4.6 Eryuan earthquakes sequence based on fast report catalogue

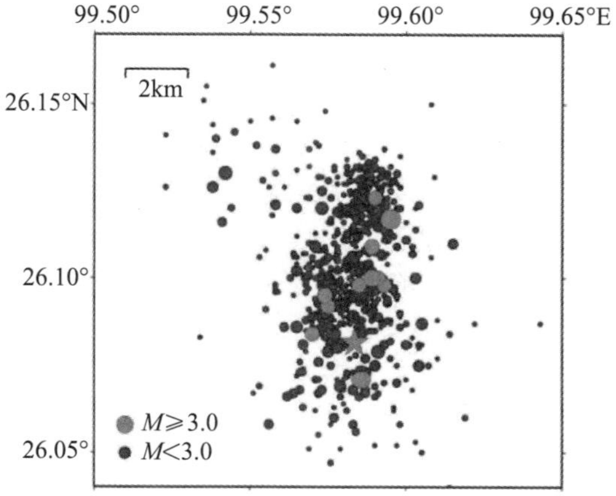

图11　云龙5.0级、洱源4.6级序列精定位震中分布图[4]

Fig. 11　Hypocenters of Yunlong M_S5.0, Eryuan M_S4.6 earthquakes sequence

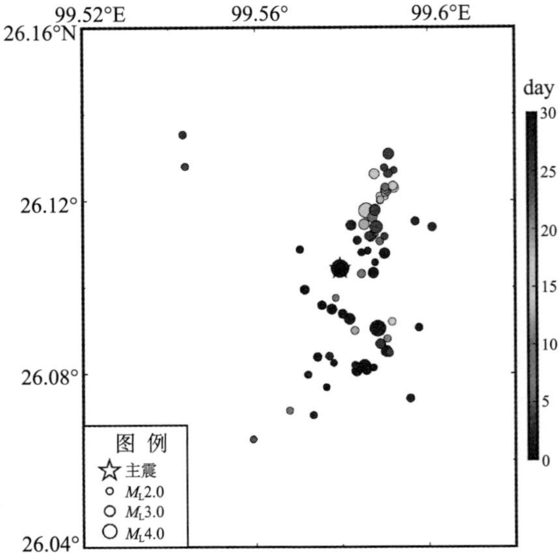

图 12 云龙 5.0 级、洱源 4.6 级序列 2 级以上地震精定位震中分布图

Fig. 12 Hypocenters of Yunlong M_S5.0, Eryuan M_S4.6 earthquakes sequence above M_L2.0

五、震源参数和地震破裂面

根据云南地震台网的地震记录，用 Cap 方法反演得到的 2016 年云龙 5.0 级、洱源 4.6 级地震震源机制解如表 4 和图 13 所示。其结果与中国地震局地球物理研究所（CEA-IGP，http://cea-igp.ac.cn）、云南省地震局滇西地震预报实验场的非常一致，均显示 5.0 级为高倾角走滑型地震，其中节面Ⅱ走向（204 度）与精定位后序列北北东优势分布方向一致，表明北北东向的节面Ⅱ可能是破裂面。洱源 4.6 级的 3 个震源机制解稍有定差异，但其错断类型较为一致，均为正断兼走滑型。根据 T、P 轴初步判定两个地震都是在北西向的主压应力作用下，北北东向的断层产生左旋滑动的结果。

表 4 2016 年云龙 5.0 级地震的震源机制解

Table 4 Focal mechanism solutions of the M_S5.0 Yunlong earthquake in 2016

地震事件	节面Ⅰ（°）			节面Ⅱ（°）			P 轴（°）		T 轴（°）		最佳拟合深度（km）	结果来源
	走向	倾角	滑动角	走向	倾角	滑动角	方位	俯角	方位	俯角		
2016.05.18 M_S5.0	113	81	177	204	87	9	338	4	69	8	8	云南省地震预报研究中心
	113	85	−175	23	85	−5	338	7	68	0	8	滇西地震预报实验场
	294	83	−171	203	81	−7	156	11	68	1	7	CEA-IGP

续表

地震事件	节面Ⅰ（°）			节面Ⅱ（°）			P 轴（°）		T 轴（°）		最佳拟合深度（km）	结果来源
	走向	倾角	滑动角	走向	倾角	滑动角	方位	俯角	方位	俯角		
2016. 05. 18 M_S4. 6	215	67	−42	324	52	−150	173	47	273	7	6	云南省地震预报研究中心
	21	65	−46	49	135	−146	340	49	81	9	7	滇西地震预报实验场
	150	41	−114	0	53	−71	325	73	77	6	8	CEA−IGP

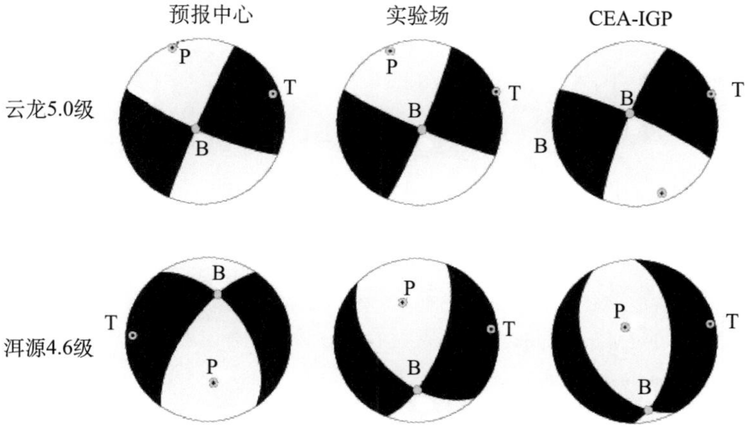

图 13 三个不同机构的年云龙 5. 0 级地震震源机制解[5]

Fig. 13 Focal mechanism solutions of the M_S5. 0 Yunlong earthquake

图 14 给出了云龙地震震区附近历史地震的震源机制解[6]，结果显示震区历史地震的震源机制主要为走滑型和正断型，其中维西—乔后断裂与云龙—永平断裂之间的地块上历史地震震源机制解主要为走滑型，此次云龙 5. 0 级、洱源 4. 6 级地震震中即位于该地块。而维西乔后断裂以东的几条断裂上历史震源机制解中主要为正断型，该区属滇西北裂陷区，受到强烈拉张作用[7]。

根据云龙 5. 0 级、洱源 4. 6 级地震的精定位结果，序列呈北北东向分布，与震源机制解的北北东向截面非常一致，同时与震中附近的云龙—永平断裂走向完全一致，所以初步判定震中西侧北北东向的云龙—永平断裂是这次云龙 5. 0 级、洱源 4. 6 级地震的发震断裂。

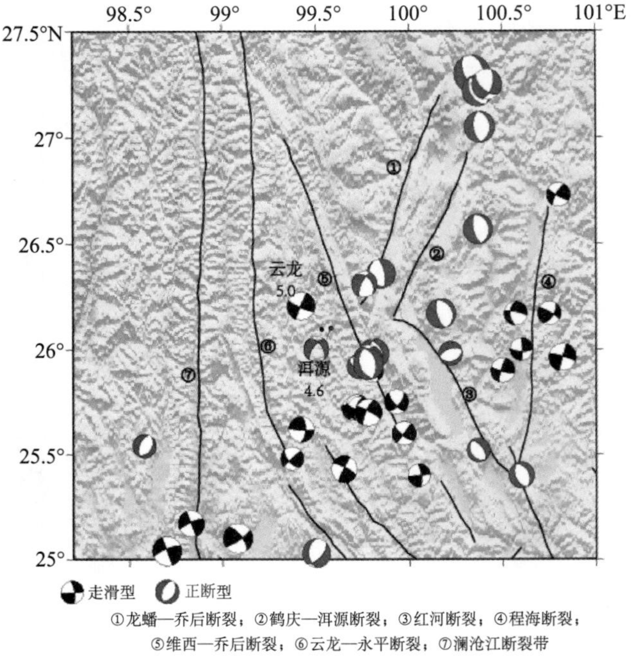

图 14　云龙 5.0 级、洱源 4.6 级地震震中附近历史地震震源机制

Fig. 14　Focal mechanism solution of hostorical earthquakes near the epicenter of M_S5.0 Yunlong earthquake and M_S4.6 Eryuan earthquake and M_S4.6 Eryuan earthquake

六、地震前兆观测台网及前兆异常

云龙 5.0 级地震震中 200km 范围内共有地震台站 24 个，其中测震台 12 个，定点前兆观测台站 23 个（图 15），有水位、水温、水质、水氡、地电场、地倾斜、地磁 D、地磁总强度 Z 等 16 个定点观测项目共 120 个台项。其中 0~100km 有 5 个测震台和 10 个定点前兆观测台，101~200km 有 7 个测震台和 13 个定点前兆观测台。

此次地震前共提出 19 条异常，其中测震 4 条异常，包括云南省内 5 级显著平静、滇西北地区自 2012 年起 5 级地震进入新的活跃期、云南地区 M_L3.0 地震频度异常、云南地区 $M_L \geq 3.5$级地震活动显著增强。定点前兆观测出现 8 个台站 12 个测项的中短临异常，包括地倾斜、应变、地磁、水氡、水温、气汞、钙离子、镁离子、碳酸氢根、硫酸根、氟离子等；前兆异常的显著特点是空间上异常集中于震中附近的台站、单个台站异常项数多。宏观异常出现了 3 个测项，包括大理市月溪井电磁波异常、腾冲热海异常出水、南涧县老公鸡洋喜鬼箐头异常出水等。具体异常情况和异常分布见图 15 和表 5。

1. 云南地区 5 级地震显著平静

云南地区（21°~29° N，97°~106°E）5 级自 2015 年 10 月 30 日沧源 5.5 级地震后至云龙地震前 5 级平静达 200 天，历史记录表明云南地区 5 级平静超过 200 天后短期云南地区发生 5 级以上地震可能性大（图 16）。

表5 2016年云龙5.0级、洱源4.6级地震前兆异常登记表

Table 5 Summary table of precursory anomalies before the Yunlong M_S5.0, Eryuan M_S4.6 earthquakes in 2016

序号	异常项目	台站（点）或观测区	分析方法	异常判据及观测误差	震前异常起止时间	震后变化	最大幅度	震中距（km）	异常类别及可靠性	图号	异常特点及备注
1	显著平静	云南地区 21.00°~29.00°N 97.00°~106.00°E	5级平静超过200天	dt≥200	2015.10.30~2016.05.18	结束	200		M_1	16	对应云南地区1年内6级以上地震，震前提出
2	显著增强	滇西北地区 25.00°~29.00°N 99.00°~101.50°E	M_L ≥ 5.0级增强	N≥1每年	2012.06.24~	持续	N=4			17	滇西北地区自2012年宁蒗5.7级地震后5级以上活动持续增强。震前提出
3	3级地震频度	云南地区 20.00°~30.00°N 96.00°~107.00°E	30天滑动频度	N≥25	2016.04.18~05.18	结束	26			18	震前1个月云南地区3级地震频度增强，震前识别
4	3.5级地震频度	云南地区 20.00°~30.00°N 96.00°~107.00°E	M_L≥3.5	平静后显著增强	2016.04.23~05.18	结束	12			19	震前1个月云南地区3.5级以上活动显著增强，震前识别

续表

序号	异常项目	台站（点）或观测区	分析方法	异常判据及观测误差	震前异常起止时间	震后变化	最大幅度	震中距（km）	异常类别及可靠性	图号	异常特点及备注
5	水温	大姚	日均值	破年变	2016.04.09	持续	0.151℃	107	S_3	20	水温高值异常，震后提出
6		丽江（十五）	日均值	破年变	2012.06~	持续	0.02℃	111	M_1	21	破年变低值点与往年同期相比高0.02℃
7	水氡	洱源台	日均值	高值异常	2016.3.01~	持续	48.1Bq/L（最高值）	38	S_1	22	水氡高值异常，震前识别
8		腾冲台	日均值	低值异常	2016.04.13~09.01	恢复	13.9Bq/L（最低值）	166	S_2	23	震前1个月测值突降，震前识别
9	气汞	保山市隆阳区	整点值	高值突跳	2016.03.30~	持续	5.7ng/L（最高值）	112	S_2	24	震前1个半月开始高值突跳，震前识别
10	F^-	保山市隆阳区	日均值	低值异常	2016.03.15~	持续	3.9mg/L（最低值）	112	S_2	25	低值异常，震前识别
11	HCO_3^-	保山	日均值	高值异常	2016.01.01~	持续	668.9 mg/L（最高值）	112	S_2	26	持续上升，震前识别
12	SO_4^{2-}	保山	日均值	低值异常	2014.12.24~	持续	9.1 mg/L（最低值）	112	M_2	27	长期异常，震前识别

续表

序号	异常项目	台站（点）或观测区	分析方法	异常判据及观测误差	震前异常起止时间	震后变化	最大幅度	震中距（km）	异常类别及可靠性	图号	异常特点及备注
13	地磁 GMS-Z	楚雄	逐日比	逐日比高值异常	2016.03.05	结束	3.6	150	S_1	28	短期异常，震前识别
14		永胜	逐日比	逐日比高值异常	2016.03.05	结束	3.6	40	S_1	28	短期异常，震前识别
15	水管倾斜	云龙 NS	整点值	破年变	2016.04.01～06.30	持续	44×10^{-3}角秒	29	S_1	29	破年变异常，震前识别
16	钻孔应变	永胜 EW	整点值	破年变	2015.12.15～2016.03.20	结束	4018.6×10^{-8}	40	S_1	30	破年变异常，震前识别
17	宏观异常	腾冲热海蛤蟆嘴水发浑	破坏正常动态	温泉水发浑	2016.05.08	正常	/	175	S_3		
18	宏观异常	大理月溪井电磁波信道异常	破坏正常动态	电磁波信道异常	2016.05.03	正常	2.0mV	震中附近	S_3	31	
19	宏观异常	南涧县老公鸡洋喜鬼箐头	破坏正常动态	异常出水	2016.4.6	正常	/	震中附近	S_3		

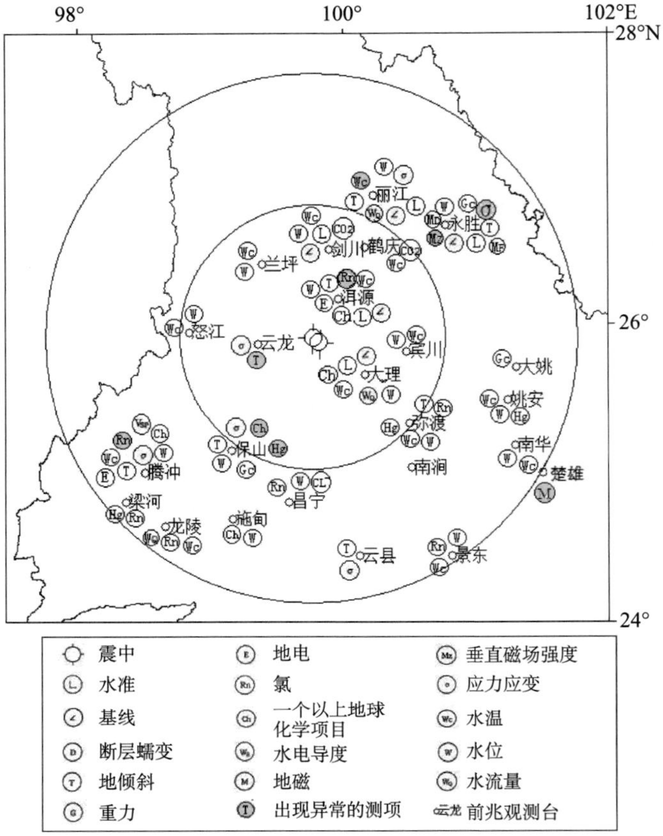

图 15　云龙 5.0 级、洱源 4.6 级地震 200km 内定点前兆观测台站及异常分布示意图

Fig. 15　Distribution of the precursor observation stations within 200km and the anomalous stations (yellow) of the M_S5.0 Yunlong, M_S4.6 Eryuan earthquakes

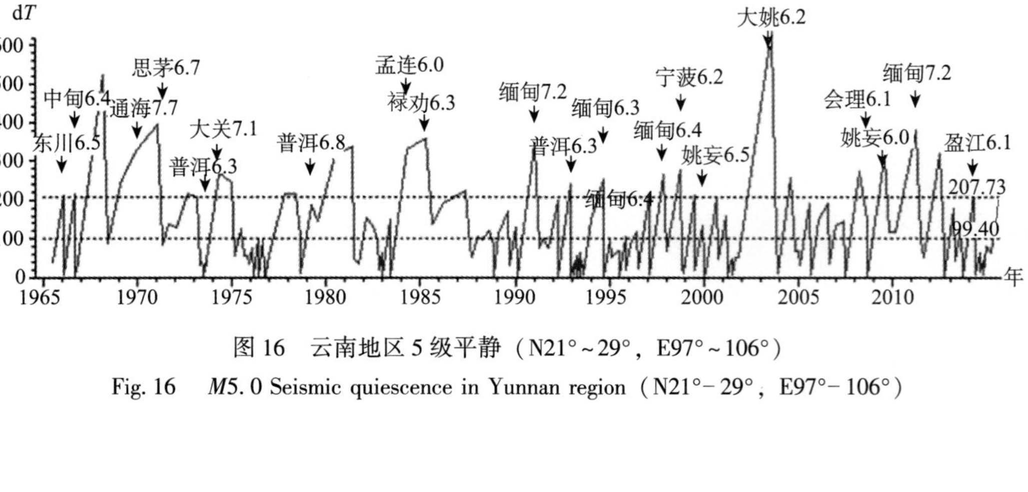

图 16　云南地区 5 级平静（N21°～29°，E97°～106°）

Fig. 16　M5.0 Seismic quiescence in Yunnan region (N21°－29°，E97°－106°)

2. 滇西北地区 $M_L \geqslant 5.0$ 级地震进入新的活跃期

自 2012 年宁蒗 5.7 级地震后，滇西北地区（25°~29°N，99°~101.5°E）$M_L \geqslant 5.0$ 级地震进入新的活跃期，活跃期的正常活动水平是年频次大于 1（图 17）。据此判定在云南地区 5 级平静超过 200 天的背景下，滇西北地区发震的可能性大。

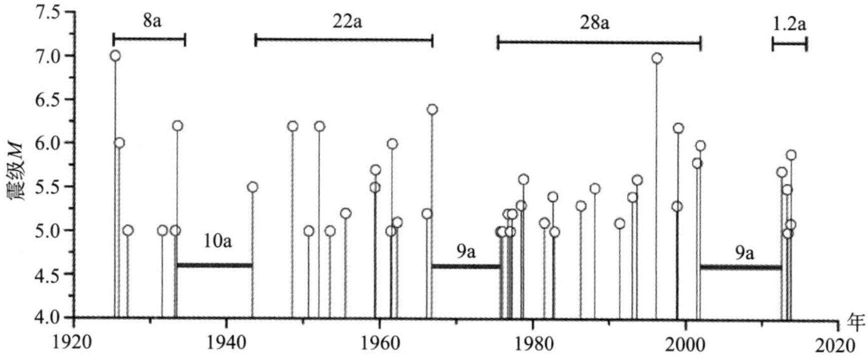

图 17　滇西北地区 5 级以上地震 M-T 图

Fig. 17　M-T diagram of earthquakes larger than M5.0 in northwest Yunnan

3. 云南地区 M_L3.0~3.9 地震 30 天滑动频度

震前 1 个月云南地区 3 级地震频度增强（图 18），超过一倍均方差，达到云南地区 $M \geqslant$ 5 级地震的短期判别指标。

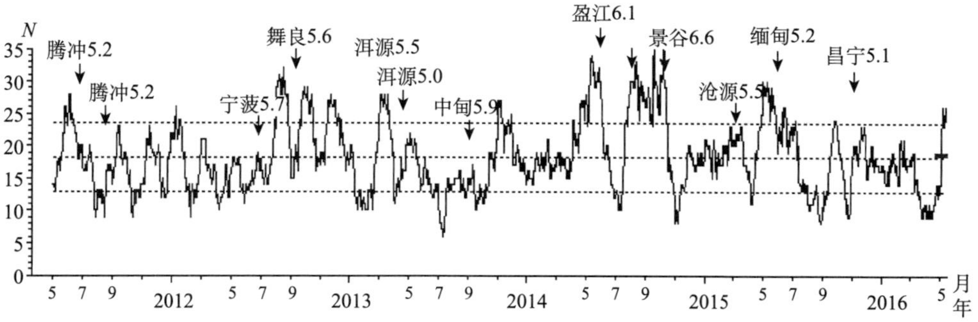

图 18　云南地区 3 级地震 30 日滑动频度（N21°~29°，E97°~106°）

Fig. 18　Sliding frequency diagram of M_L3.0-3.9 earthquakes in Yunnan region（N21°-29°，E97°-106°）

4. 云南地区 $M_L \geqslant 3.5$ 级地震活动增强

震前 1 个月云南地区 3.5 级以上活动显著增强，历史震例表明云南地区 M_L3.5 以上地震月频度增强可能指示 6 级以上地震，这也是在震前预判中给出 6 级左右预测意见的依据之一（图 19）。

5. 大姚水温

大姚水温 4 月 9 日起年变形态消失并大幅度持续下降，5 月 1 日起数据出现波动，云龙 5.0 级地震后水温测值持续下降。该异常于 6 月 8 日提出并赴现场核实，现场核实用井下电视对井孔状况进行查看，发现探头已被埋在淤泥里，数据可能受干扰。但震前出现的低值异常在以往震例（盈江 6.1 级、景谷 5.9 级等）中可以对比，因此仍提出。

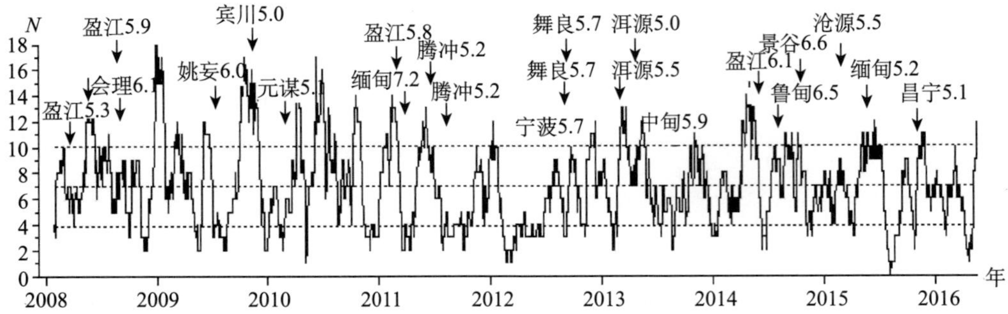

图 19　云南地区 3.5 级以上地震 30 日滑动频度（N21°～29°，E97°～106°）

Fig. 19　Sliding frequency diagram above M_L3.5 earthquakes in Yunnan region（N21°-29°，E97°-106°）

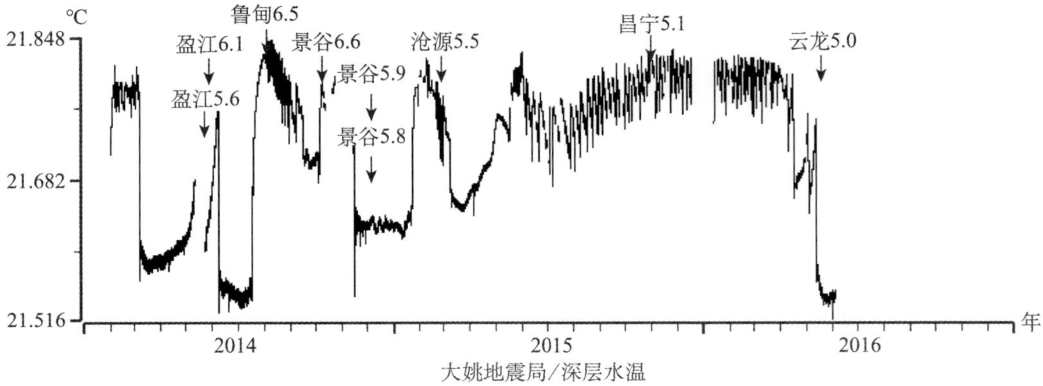

图 20　大姚深层水温日均值曲线

Fig. 20　Curve of daily mean value of deep well water temperature at Dayao station

6. 丽江水温

自 2012 年起就处于长期上升的异常趋势，云龙 5.0 级地震前无短临的新变化，地震后仍旧持续上升，丽江水温的持续高值可能反映滇西北地区应力水平持续较高（图 21）。

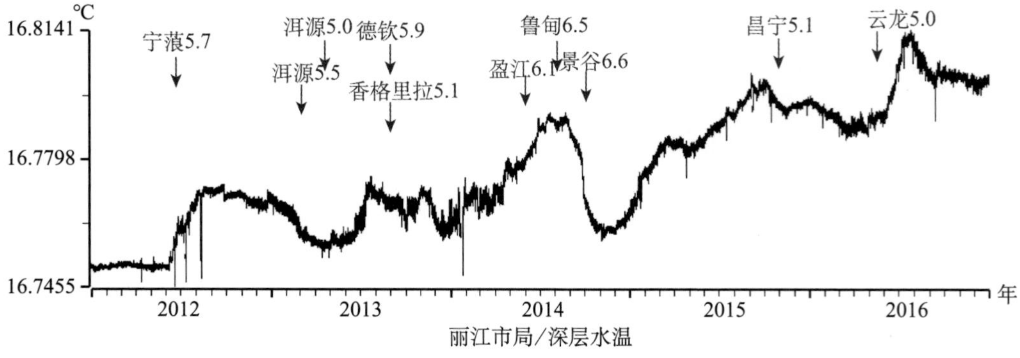

图 21　丽江地温日均值曲线

Fig. 21　Curve of daily mean value of temperature at Lijiang station

7. 洱源水氡

洱源台水氡自 2016 年 3 月 1 日起即持续高值，测值水平高于指标 45Bq/L，2015 年昌宁 5.1 级地震前也曾出现高值。此次异常除了表现出整体高值异常，在震前两周测值还出现较大幅度的波动，洱源台距震中 35km，分析认为此次洱源水氡高值异常与云龙 5.0 级地震密切相关（图 22）。

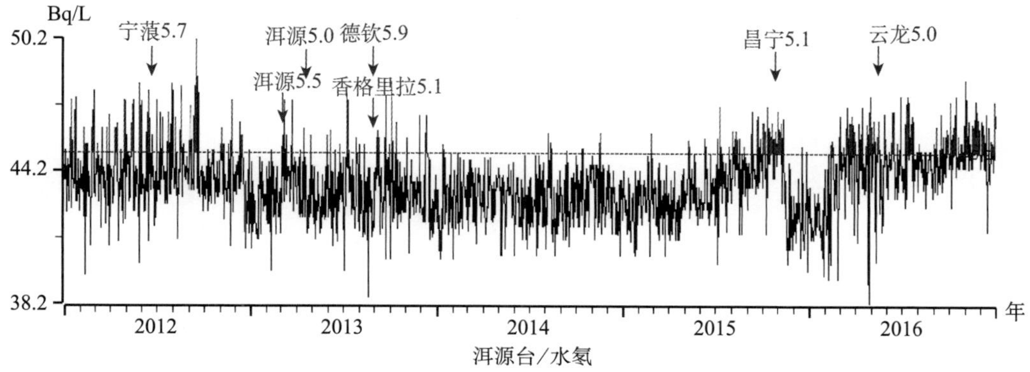

图 22　洱源水氡日均值曲线

Fig. 22　Curve of daily mean value of Radon content at Eryuan station

8. 腾冲台水氡

腾冲台水氡在 2016 年 3 月 16 日缅甸 7.2 级地震后测值突降，随后持续低值，云龙 5.0 级地震后测值迅速回升，分析认为低值异常可能是缅甸 7.2 级地震的影响，而云龙 5.0 级地震后的迅速回升可能与云龙地震活动有关，由测值曲线（图 23）可见 2013 年中甸 5.9 级地震时腾冲水氡也有一定幅度上升，因此腾冲水氡的高值变化可能与滇西北地区的 5 级以上地震有关。

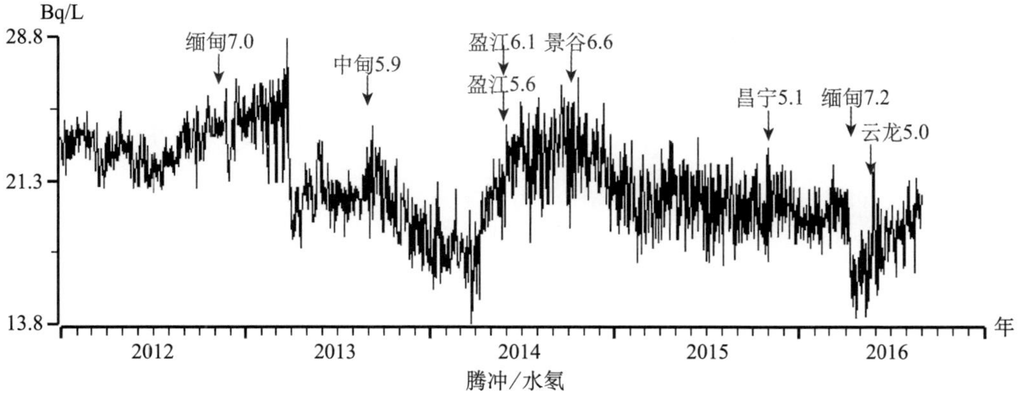

图 23　腾冲水氡日均值曲线

Fig. 23　Curve of daily mean value of Radon content at Tengchong station

9. 保山气汞

保山气汞自2016年3月30日起持续高值突跳，4月13日发生了缅甸7.2级地震（震中距480km），因为缅甸地震后续持续处于高值波动，因此仍然把它作为云龙5.0级地震的异常（震中距112km）（图24）。

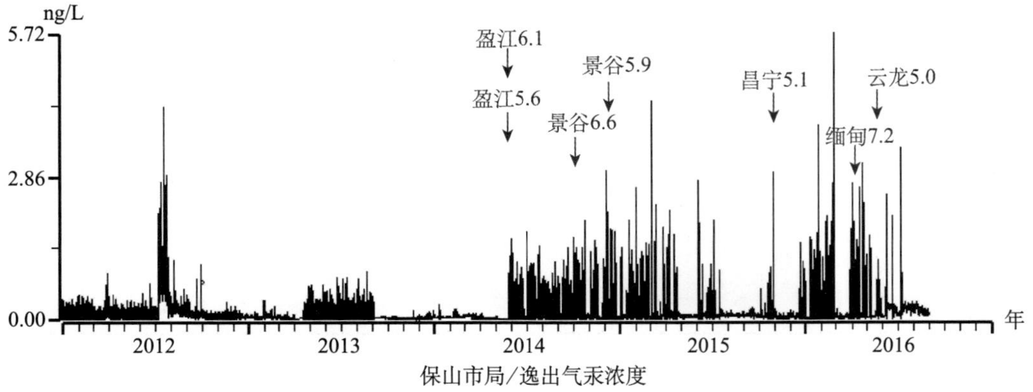

图24　保山气汞日均值曲线

Fig. 24　Curve of daily mean value of Hg content at Baoshan station

10. 保山市隆阳区氟离子

隆阳区氟离子在缅甸7.2级地震前后出现阶降，云龙地震发生在低值向上恢复的过程中（图25），因为缅甸地震后异常没有及时恢复，所以认为异常与云龙地震也有相关性。

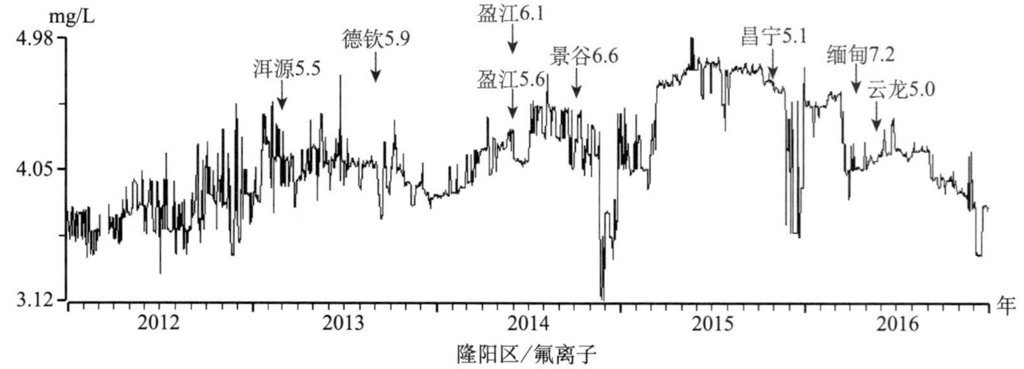

图25　隆阳区氟离子（F^-）日均值曲线

Fig. 25　Curve of daily mean value of F^- in groundwater at Longyang District station

11. 保山碳酸氢根

保山碳酸氢根在震前提出的异常是自2016年1月1日起持续上升，缅甸7.2级地震后有一个突降又恢复的过程，4月26日前后氟离子浓度出现较大波动，随后发生云龙5.0级地震。此项异常持续时间较长，变化形态复杂，可能是缅甸7.2级地震与云龙5.0级地震的叠加影响（图26）。

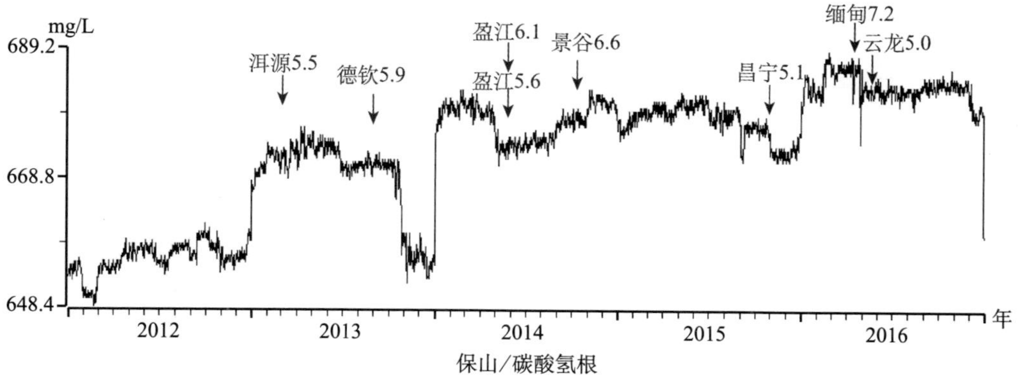

图26 保山碳酸氢根离子（HCO_3^-）日均值曲线

Fig. 26 Curve of daily mean value of HCO_3^- in groundwater at Baoshan station

12. 保山硫酸根

保山硫酸根离子自2014年12月24日起即持续低值，与以往观测水平差距较大，昌宁5.1级、缅甸7.2级、云龙5.0级地震都发生在低值水平过程中（图27）。

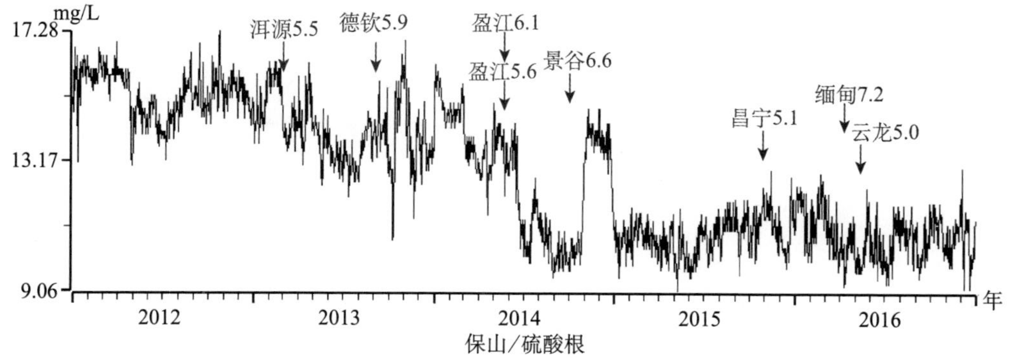

图27 保山硫酸根离子（SO_4^{2-}）日均值曲线

Fig. 27 Curve of daily mean value of SO_4^{2-} in groundwater at Baoshan station

13. 楚雄、永胜地磁垂直分量 *Z* 日变幅逐日比

楚雄、永胜地磁垂直分量 *Z* 日变幅逐日比在3月4日出现高值异常，此项异常一般指示相邻区域3个月内可能发生5级以上地震，是一个较好的短期指标（图28）。

14. 云龙台水管倾斜南北分量

2016年4月1日起破年变加速南倾，该项异常在震前提出。云龙台形变观测历史以来数据稳定、观测质量较高，该项异常是信度较高的短临前兆异常（图29）。

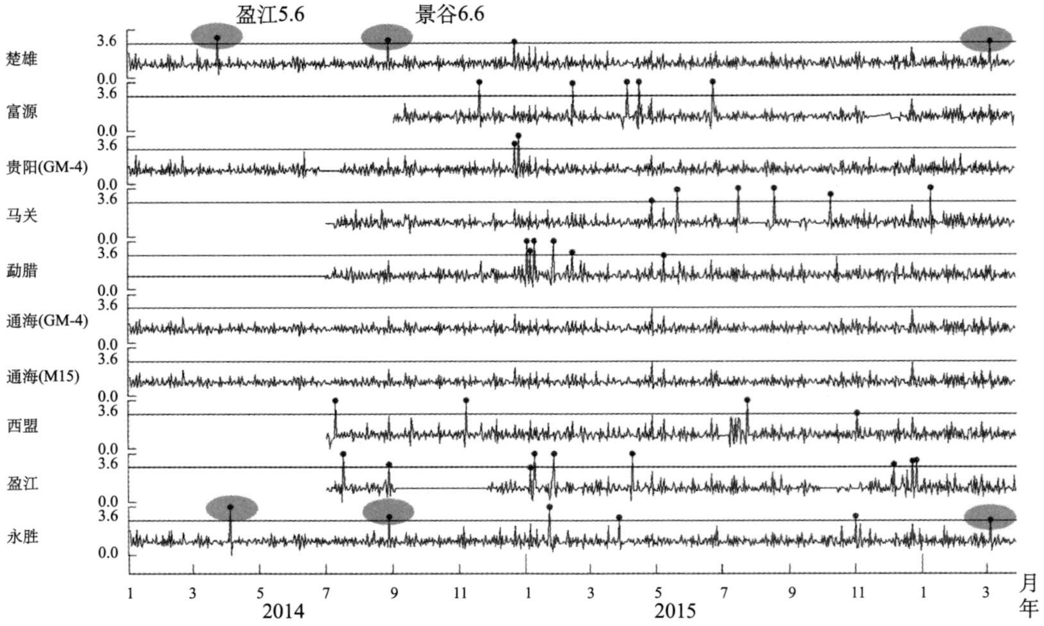

图 28 楚雄、永胜地磁垂直分量 Z 日变幅逐日比 3 月 4 日高值异常

Fig. 28 The high value anomaly of geomagnetic vertical component Z daily variation amplitude ratio at Chuxiong and Yongsheng stations on 4 March

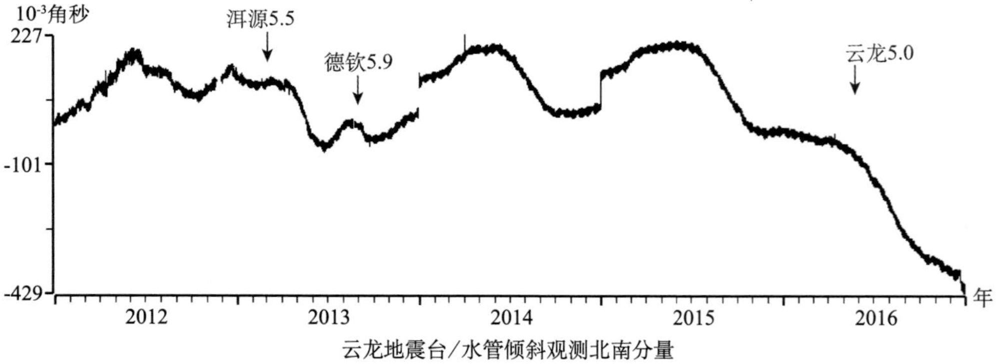

图 29 云龙水管北南向日均值曲线

Fig. 29 Curve of daily mean value of vertical pendulum NS-ward at Yunlong station

15. 永胜钻孔应变东西向

自 2015 年 12 月 15 日起破年变压缩速率减小，至 2016 年 3 月 20 日起开始恢复原有速率，云龙地震发生在此项异常恢复后。而以往震例表明一些形变异常恢复结束时往往也是地震即将发生的短临指标（图 30）。

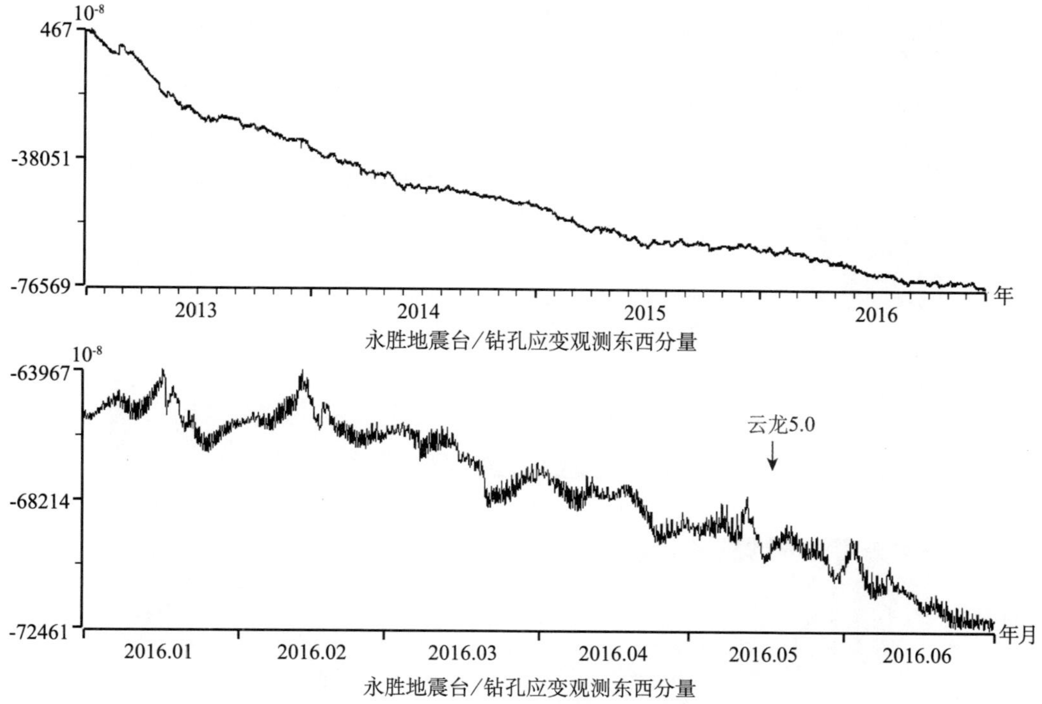

图 30　永胜钻孔应变 EW 向日均值曲线

Fig. 30　Curve of daily mean value of drilling stain EW-ward at Yongsheng station

16. 腾冲热海水量增多

2016 年 5 月 8 日 09：30 分，腾冲县局接到热海景区观测员报告，热海蛤蟆嘴石栏杆旁冒出一个出水口，县局迅速组织人员前往调查落实。经过调查发现，在热海蛤蟆嘴往上石阶的石栏杆旁（木亭子下）冒出一个出水口，直径大约在 30cm 左右，流量大约为 0.4L/s，水色呈米汤色，石栏杆附近未发现散落的沙。由于水汽较大，无法近距离测量水温，经过对比发现，该出水口往下 2m 左右，在 2016 年 2 月 17 日曾发生过一次水热爆炸。

17. 大理月溪井电磁波

大理月溪井 TOA 电磁波记录 2016 年 4 月 28、29、30 日，5 月 1、3 日 CH1、CH2 信道出现 B 型异常信号后，至 3 日异常持续，幅度 CH1≤2.0mV、CH2≤1.8mV 2016 年 5 月 3 日。由于该电磁波仪器只能产出图纸的模拟观测数据，故一直作为宏观异常。该观测项自 1992 年持续至今，资料连续稳定、震例较多，结合其异常幅度及频次分析此次异常指示短期内滇西地区 5 级以上地震（图 31）。

18. 南涧县老公鸡洋喜鬼箐头异常出水

2016 年 4 月 11 日早上 8 点 46 分，南涧县地震局办公室接到群众反映 6 日 10 时发现自家房后土层有一点潮湿，随后有清水冒出，到 11 日，出水量增大，日出水量近 $10m^3$。此前从未出现过此类情况。11 日下午 18 点 30 分，南涧县地震局派人赶赴实地察看，情况属实。

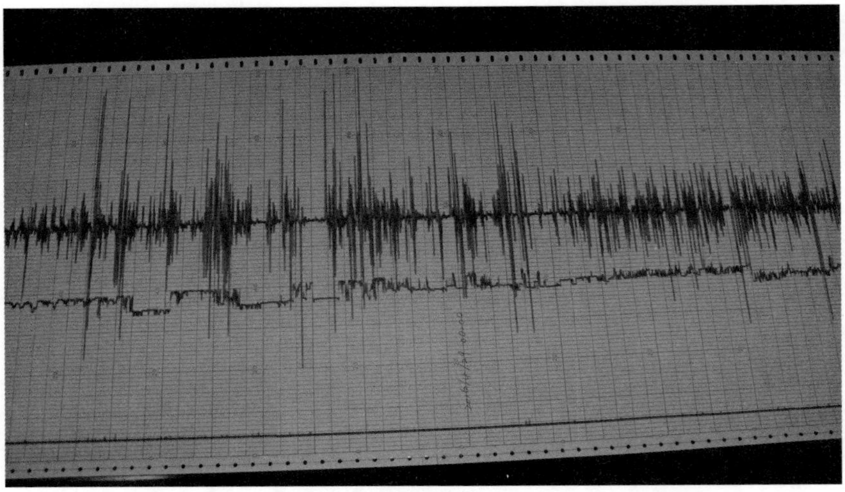

4月28、29日异常形态

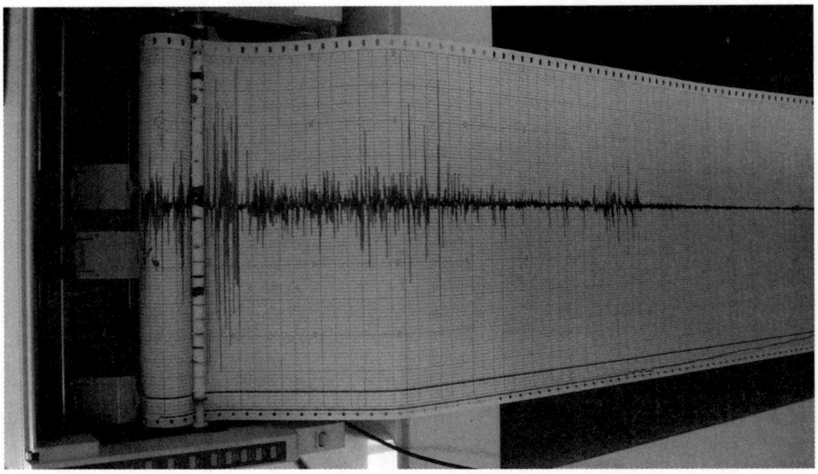

5月3日15:00异常形态

图 31　大理月溪井 TOA 电磁波异常

Fig. 31　The electromagnetic wave diagram of Dali Yuexi well

查看周围自来水管道没有渗水情况，近期南涧少雨，周围环境比较干燥，不可能有地表水出现，并且离出水点 200 多米，海拔低于 20 多米的防空洞水井水已干枯，有可能是地下水渗出。分析认为出水点处于维西—乔后—巍山断裂带，有可能是地质应力变化产生地下水渗出。

七、前兆异常特征分析

云龙 5.0 级、洱源 4.6 级地震前共有 19 条异常，其中测震异常 4 条，包括 2 条背景异常和 2 条短临异常，根据历史震例分析这些异常指示的发震地点主要位于滇西地区；定点前兆异常 12 条，宏观异常 3 条，其中部分异常可能受 4 月 13 日缅甸 7.2 级地震叠加影响。

1. 测震学异常显著

地震前共出现 4 条测震异常，其中云南地区 5 级平静 200 天、云南地区 M_L3.0 以上地震活动 30 天滑动频度异常、云南地区 M_L3.5 以上地震在平静后显著增强是云南地区验证多次信度较高的指标异常，其中后两条是短临异常 。同时滇西北地区 2012 年以来 5 级地震活动显著增强对发震地点有较好的指示意义。

2. 定点前兆异常空间分布及地点指示意义

此次地震前的 13 条定点前兆异常中分布在震中周围的 8 个台站，分别都属于小滇西—滇西北地区的云龙、洱源、永胜、楚雄、大姚、丽江、保山、腾冲。同时，在震前的零异常报告表中，云南地区共有 13 个台站的前兆观测出现异常，而云龙地震 200km 范围内有 8 个，占比 61.5%，在空间上表现出显著的集中性。

滇西北云龙、洱源、永胜等台站的一些短临异常与此次云龙 5.0 级地震关系密切。其中洱源水氡在震后虽然继续持续高值变化，但震前水氡值曾出现较大幅度波动，即可能后续滇西北地区的强震危险背景仍未解除，而云龙地震前的异常变化主要表现为高低值大幅波动；楚雄、永胜台地磁垂直 Z 分量逐日比异常为一个短临指标，永胜钻孔应变虽然持续一年多，但其临震前的转折恢复认为是短临变化。

3. 4 月 13 日缅甸 7.2 级地震异常与此次地震异常有叠加

在 8 个出现前兆异常的台站中，永胜台出现形变、地磁两项异常，保山出现 4 项流体异常，考虑到区域构造背景[8]，保山地区的 4 项流体异常无法区分是 2016 年 4 月 16 日缅甸 7.2 级地震的震后异常还是云龙地震的异常，但从时间上看，异常在缅甸地震后没有结束，所以仍把他们作为云龙地震的异常，但部分异常无疑是有两次地震叠加的影响。

4. 云龙台形变异常详细分析

云龙台形变资料观测时间长、观测质量较好，云龙 5.0 级地震前提出水管倾斜南北分量异常变化，震后经进一步分析云龙台多项形变观测手段都出现了不同幅度的变化，具体分析如下[10]。

通过对云龙台各形变观测项数据的形态分析，并进行单分量差分法异常判定、速率合成及矢量合成计算等研究，认为云龙 5.0 级地震前云龙台定点形变出现明显的趋势性中期异常、短期和临震异常，其典型特征主要有：

（1）水管仪、水平摆和伸缩仪北南向日均值年变曲线、年变幅度和相位都打破了正常年变规律，显示出明显的趋势性中期异常，异常持续时间约为 6 个月到一年左右（图 32、图 33）。

（2）水管仪、水平摆和伸缩仪北南向一阶差分速率变化显著，突跳明显，显示出短期前兆异常（图 34）。

（3）合成矢量方向转折。地震前伸缩仪应变矢量年变突然拐弯向西北方向运动、震前 10 天左右加速向西南转折，表现出了较好的短期和临震异常特征（图 35）。

（4）地震前云龙台倾斜速率和水平应变速率都同步出现了相对高值异常（图 36）。

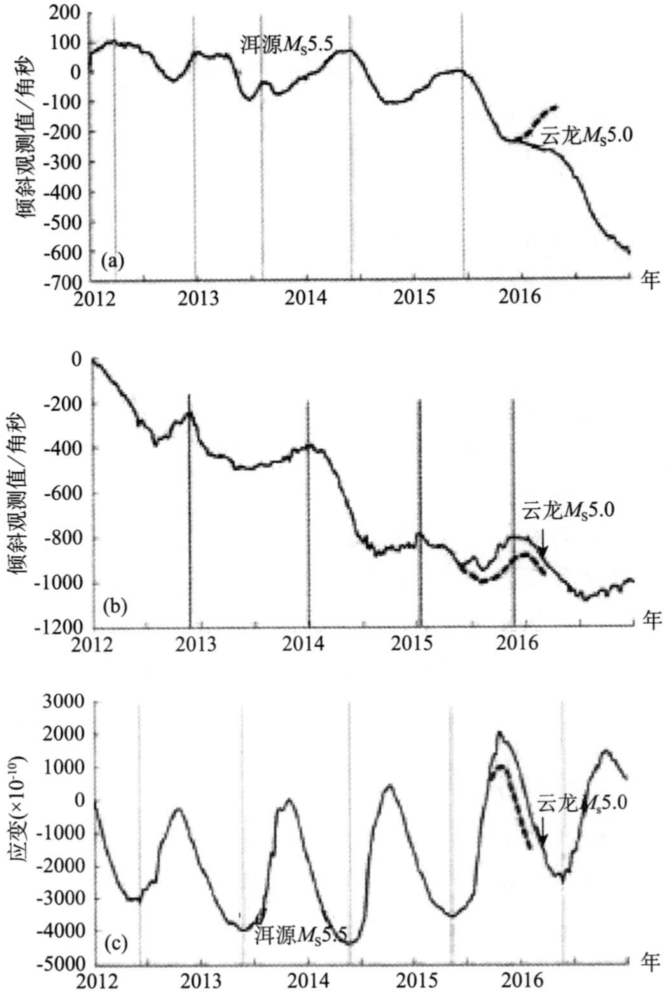

图 32　云龙台定点形变资料北南向 2012~2016 年日均值曲线

Fig. 32　Curve of daily mean value of fixed point deformation north-south component observation data at Yunlong station from 2012 to 2016

（a）水管仪 NS 向时序图；（b）水平摆 NS 向时序图；（c）伸缩仪 NS 时序图

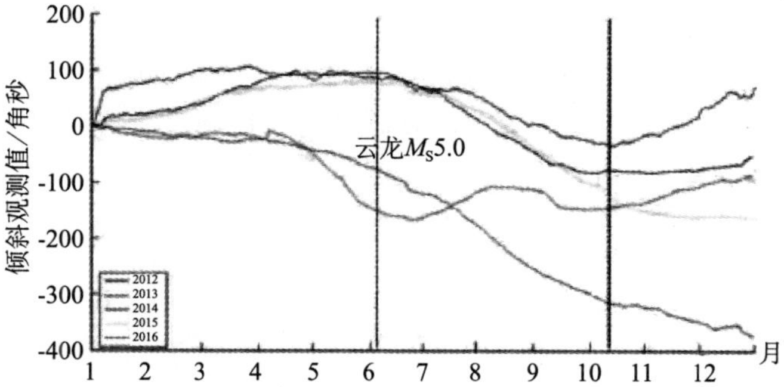

图 33　云龙台水管倾斜仪北南向正常年变与 2016 年变幅度

Fig. 33　Normal annual change and 2016 annual comparison diagram of tiltmeter north-south component at Yunlong station

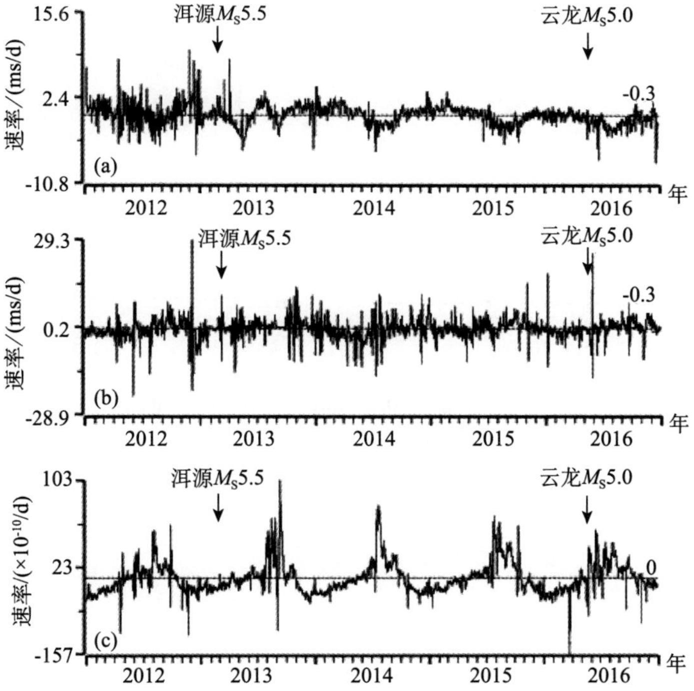

图 34　云龙台定点形变资料 2012~2016 年北南向一阶差分求速度时序曲线

Fig. 34　First-order difference-seeking velocity timing curve of fixed point deformation north-south component observation at Yunlong station from 2012 to 2016

（a）水管仪 NS 向一阶差分图；（b）水平摆 NS 向一阶差分图；（c）伸缩仪 NS 向一阶差分图

5. 滇西北地区多项背景异常震后仍然持续

此次云龙 5.0 级、洱源 4.6 级地震前，滇西北地区有多项长期持续的背景异常，包括定点前兆异常及跨断层异常等，震后这些异常仍然持续，如丽江水温持续高温，下关、剑川、丽江、永胜场地的跨断层巨幅异常，这些异常无法与此次地震对应，滇西北地区未来强震的危险性仍未解除。

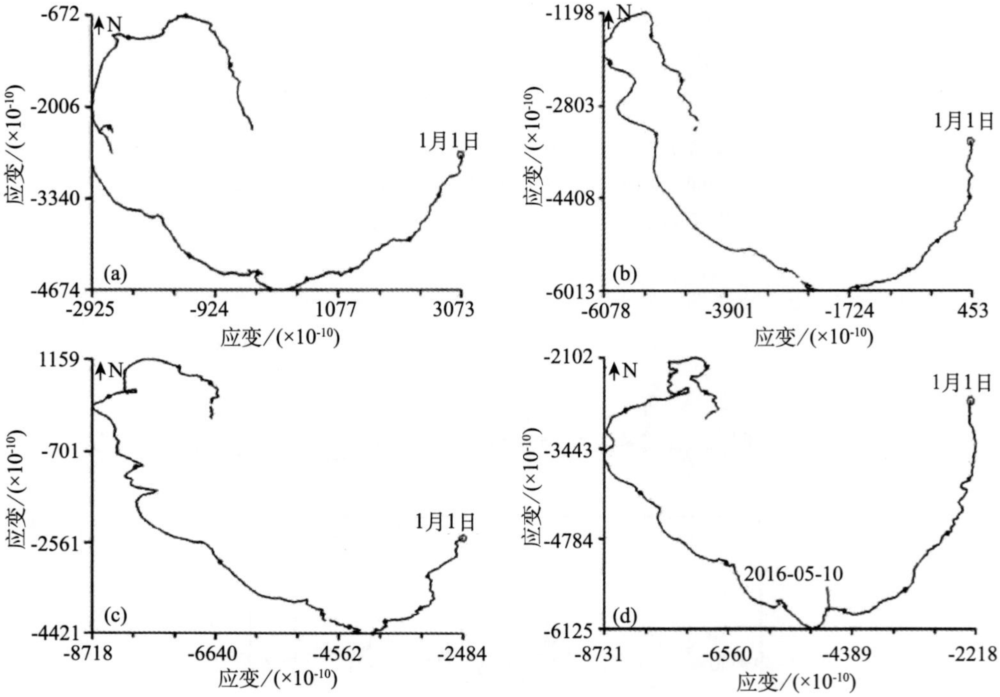

图 35　云龙台 2013~2016 年伸缩仪矢量图

Fig. 35　Telescopic instrument vector at Yunlong station from 2013 to 2016

(a) 2013 年；(b) 2014 年；(c) 2015 年；(d) 2016 年

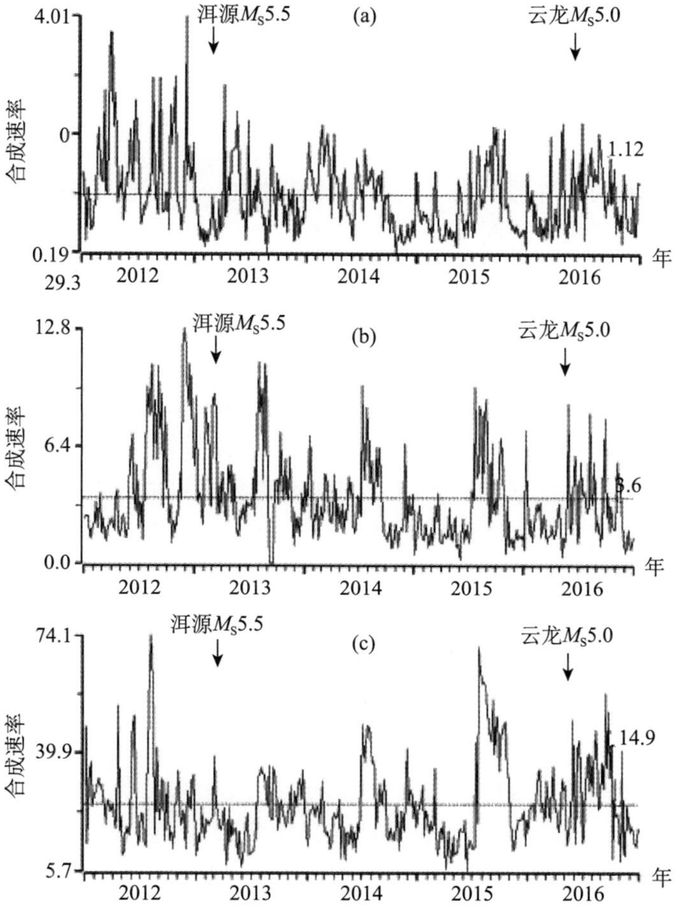

图 36　云龙台定点形变资料 2012~2016 年北南向合成速度时序曲线

Fig. 36　Synthetic speed timing curve of fixed point deformation north-south component observation at Yunlong station from 2012 to 2016

（a）水管仪 NS 向合成速度图；（b）水平摆 NS 向合成速度图；（c）伸缩仪 NS 向合成速度图

八、震前预测、预防和震后响应

1. 震前预测

2016 年云龙 5.0 级、洱源 4.6 级地震前，云南省地震局做出过一定的中期和短期预测：

《云南省 2016 年度地震趋势研究报告》指出：滇西中甸—大理—永平—施甸—腾冲一带可能发生 6.5 级左右地震。

5 月 4 日个旧 4.6 级、4.7 级地震后，云南省地震局向云南省政府上报了《云南省地震局关于 2016 年 5 月 4 日个旧 4.6 级、4.7 级地震分析的报告》，其中提到未来三个月内云南地区存在发生 6 级左右地震的危险，重点注意滇西—滇西北地区；5 月 9 日，张祖林副省长在报告上批示：“请省地震局按书记批示办，以适当的方式将近期意见向有关州市部门通报。”此次报告及时研判震情形势，为政府提供了有效的参考意见。

云龙5.0级、洱源4.6级地震的发生，证明时间地点预测正确，震级偏大。

2. 震后响应

云南省地震局第一时间启动地震应急Ⅲ级响应。省、州、县三级地震部门共47人组成云南云龙5.0级地震现场指挥部，在灾区开展震情监视、灾害损失调查评估，应急宣传等地震应急现场处置工作。利用6天时间完成《2016年5月18日云龙5.0级地震灾害直接经济损失评估报告》。

3. 震后趋势判定

云龙5.0级地震发生后，云南省地震预报研究中心与中国地震台网中心迅速进行视频会商，对后续地震趋势进行判断。根据震中附近序列类型和区域构造综合判断序列类型为双震（震群）型。又根据云龙5.0级、洱源4.6级地震后，序列$M_L\geqslant3.0$级活动主要集中在震后3小时内，后续以1~2级小震活动为主以及序列衰减参数和应力降计算等分析，认为发生更大地震可能性不大，近期要注意4级左右余震的起伏活动，序列发证证明该判断正确。

九、结论与讨论

1. 结论：

（1）根据震源参数计算、序列类型分析和背景构造分析等多种手段综合分析，认为云龙5.0级、洱源4.6级地震为震群（双震）型活动，控震构造为云龙—永平断裂。

（2）2016年云龙5.0级、洱源4.6级地震云南省地震局作出了一定的中长期和短期预测，主要测震学依据为滇西北危险区5级频度增强、云南地区5级平静超过200天、云南地区M_L3.0~3.9频次达指标、$M_L\geqslant3.5$级增强；其中后三条是云南地区地震预测研究中多次实践运用的指标。

（3）前兆异常方面，此次地震共有8个台站13个测项9个观测手段的异常，异常空间分布有向震源区集中的特征；同时，构造关联的近震区（如云龙水管、洱源水氡）的异常特征与地震有较好的对应关系，包括异常幅度与震级、异常出现时间等与以往震例都能较好对比。

2. 讨论

（1）云龙5.0级、洱源4.7级地震序列空间分布长轴方向为北北东向，与地震烈度长轴北北西向有所不同，分析其原因可能是因震级不大所以结果稍有误差。

（2）此次云龙5.0级地震在短临预报阶段时间和空间把握都较好，但震级偏高（给政府报告中提出滇西北地区注意6.5级左右地震)，一方面可能是因为在提出短临预测意见时更多的考虑了滇西北地区的强震背景)。另一方面也说明对5、6、7不同级别的地震，短临阶段异常判别指标的差异研究不够，有待深入。虽然这次地震的时间、地点预测较好，但震级差别很多，更多的原因需要进一步的分析研究。

参 考 文 献

[1] 常祖峰、张艳凤、周青云等，2013 年洱源 M_S5.5 地震烈度分布及震区活动构造背景研究 [J]，中国地震，2014，30 (4)：560~570

[2] 毛玉平、韩新民、谷一山等，云南地区强震（$M\geqslant6$）研究 [M]，昆明：云南科技出版社，2003

[3] 苏有锦、秦嘉政，川滇地区强地震活动与区域新构造运动的关系 [J]，中国地震，2001，17 (1)：24~34

[4] 程佳、徐锡伟、甘卫军等，青藏高原东南缘地震活动与地壳运动所反映的块体特征及其动力来源 [J]，地球物理学报，2012，55 (4)：1198~1212

[5] Jiang Jinzhong，Li Jiao，Fu Hong，Seismicity Analysis of the 2016 M_S5.0 Yunlong Earthquake，Yunnan，China and its tectonic [J]，Implications. Pure and Applied Geophysics，2019，176，1225-1241

[6] 叶建庆、李勇、段毅等，云南双震型地震序列震源参数特征研究 [J]，地震研究，2014，37 (4)：594~602

[7] 吴建平、明跃红、王椿镛，云南地区中小地震震源机制及构造应力场研究 [J]，地震学报，2004，26 (5)：457~465

[8] 崔效锋、谢富仁、张红艳，川滇地区现代构造应力场分区及动力学意义 [J]，地震学报，2006，28 (5)：451~461

[9] 苏有锦、秦嘉政，川滇地区强地震活动与区域新构造运动的关系 [J]，中国地震，2001，17 (1)：24~34

[10] 国家地震局地质研究所，滇西北地区活动断裂 [M]，地震出版社，1990

[11] 何应文、段勇、杨树峰等，云龙 M_S5.0 地震前云龙台的定点形变异常 [J]，华北地震科学，2017，35 (4)：60~65

参 考 资 料

1）云南省地震局，云南省地震局关于 2016 年 5 月 18 日云龙 5.0 级地震灾害直接经济损失评估的报告

2）云南省地震局，云南省 2016 年度地震趋势研究报告，2015

3）云南省地震局，云南省地震局关于 2016 年 5 月 4 日个旧 4.6、4.7 级地震分析的报告（云震发 [2016] 71 号）

4）云南省地震局，云龙 5.0 级地震应急观测报告

5）中国地震局监测预报司预报管理处整编，中国强地震目录（公元前 23 世纪—公元 1999 年），1999 年 9 月

6）云南省地震局，云南地震月报目录

The M_S 5.0 Yunlong Earthquake on May 18, 2016 in Yunnan Province

Abstract

At 00: 48: 47 on May 18, 2016, an earthquake of M_S5.0 occurred in Yunlong county, Dali prefecture, Yunnan province (the epicenter position: 26.10° N, 99.53° E, the focal depth was 15km). Later at 01: 05: 11, an earthquake of M_S4.6 occurred in Eryuan county, which is 4.9km away from the M_S5.0 earthquake (the epicenter location: 26.10 °N, 99.58°E) and the focal depth is 5km. The highest eartquake intensity of the disaster area is Ⅵ. The macroscopic epicenter is located in the Duoyi-Huasan region of Changxin township. 4 people were injured in the earthquake and the total of direct economic loss is over 135 million yuan.

The Yunlong 5.0 and Eryuan 4.6 earthquakes are 4.9km apart and 17 minutes apart, which constitutes a double earthquake (seismic group) activity. The activity of $M_L \geqslant 3.0$ earthquakes is mainly concentrated within 3 hours after the main earthquake, there were no aftershocks beyond M_L3.0 for 16 days, and the largest aftershock occurred on June 3, then the attenuation of the sequence gradually returned to normal. The focal mechanism solutions of Yunlong 5.0 and Eryuan 4.6 are both strike slip and normal fault type. The M_S5.0 earthquake node plane Ⅱ is the main fracture surface, the principal stress P axis orientation is NNW, and the dominant distribution of sequence fine positioning is NNE. According to the seismic parameters and geological background, the controlling fault is Yunlong Yongping fault 16km west of the epicenter. The long axis direction (NNE) of the main rupture surface and sequence distribution is slightly different from that of the long axis strike (NNW) in the polar region, but both of them are nearly N-S in general.

There are 24 seismic stations within 200km around the epicenter, including 1 single seismological observation station, 12 fixed-point precursory observation single stations and 11 comprehensive observation stations. There are 16 fixed-point observation items, including water level, water temperature, water quality, water Radon, geoelectric field, earth tilt, geomagnetic D, and total geomagnetic intensity Z, with a total of 120 stations. There are 19 anomalies before the earthquake, including 4 seismological anomalies, two of them are background anomalies and the other are short-term impending anomalies. The anomaly indication is located in western Yunnan; there are 12 fixed-point precursory anomalies and 3 macroscopic anomalies, some of which may be affected by the superposition of the Myanmar M_S7.2 earthquake on April 13.

The earthquake swarm occurred in the key dangerous areas designated by the annual meeting of Yunnan Seismological Administration. Before the earthquake, Yunnan Seismological Administration had made a good short-term and imminent prediction, which was valued and affirmed by the government departments.

报告附件

附件一：震例总结用表

附表 1　固定前兆观测台（点）与观测项目汇总表

序号	台站（点）名称	经纬度（°）		测项	资料类别	震中距 Δ/km	备注
		φ_N	λ_E				
1	洱源	26.20	99.97	测震△	Ⅰ	38	
				短水准			
				短基线			
				水管倾斜			
				洞体应变			
				地电场			
				水温			
				水氡			
				静水位			
				水汞			
				pH 值			
				HCO_3^-			
				F^-			
				Ca^{2+}			
				Mg^{2+}			
				CO_2			
2	云龙	25.89	99.37	测震△	Ⅰ	29	
				水管倾斜			
				洞体应变			
				摆式仪			
3	大理	25.68	100.17	静水位	Ⅱ	47	
				水温			
				气氡			

续表

序号	台站（点）名称	经纬度（°）		测项	资料类别	震中距 Δ/km	备注
		φ_N	λ_E				
4	下关（团山）	25.62	100.30	测震△	Ⅱ	62	
				短水准			
				短基线			
				电导率			
				静水位			
				CO_2			
				气（水）汞			
				pH 值			
5	兰坪	26.43	99.40	水温	Ⅱ	66	
				动水位			
6	剑川	26.53	99.90	短水准	Ⅱ	67	
				短基线			
				CO_2			
				静水位			
				水温			
7	宾川	25.84	100.48	水温	Ⅱ	70	
				静水位			
8	鹤庆	26.55	100.15	测震△	Ⅱ	77	
				水温			
				CO_2			
9	泸水（怒江）	25.97	98.85	测震△	Ⅱ	92	
				水温			
				静水位			
10	弥渡	25.35	100.50	水管倾斜	Ⅱ	96	
				水温			
				动水位			
				气汞			
				气氡			

续表

序号	台站（点）名称	经纬度（°）		测项	资料类别	震中距 Δ/km	备注
		φ_N	λ_E				
11	保山	25.12	99.15	测震△	Ⅱ	112	
				水管倾斜			
				洞体应变			
				水（气）汞			
				水（气）氡			
				pH 值			
				HCO_3^-			
				SO_4^{2-}			
				F^-			
				Ca^{2+}			
				Mg^{2+}			
				动水位			
				水温			
12	丽江	26.90	100.23	测震△	Ⅱ	111	
				短水准			
				短基线			
				水管倾斜 EW			
				洞体应变 NS			
				Ca^{2+}			
				Mg^{2+}			
				F^-			
				HCO_3^-			
				电导率			
				静水位			
				水温			
13	昌宁	24.82	99.60	Cl^-	Ⅱ	123	
				水氡			
				动水位			

续表

序号	台站（点）名称	经纬度（°）		测项	资料类别	震中距 Δ/km	备注
		φ_N	λ_E				
14	永胜	26.69	100.77	测震△	Ⅱ	40	
				短水准			
				短基线			
				水管倾斜			
				洞体应变			
				摆式仪			
				钻孔应变			
				磁偏角 D			
				垂直分量 Z			
				地磁总强度 F			
				静水位			
				水温			
15	施甸	24.70	99.18	动水位	Ⅱ	147	
				水氡			
				pH 值			
				Ca^{2+}			
				Mg^{2+}			
				F^-			
				HCO_3^-			
16	姚安	25.51	101.24	静水位	Ⅱ	152	
				水温			
				气汞			
17	大姚	25.73	101.32	测震△	Ⅱ	107	
				水温			
18	华坪	26.59	101.20	测震△	Ⅱ	158	
19	腾冲	25.03	98.52	测震△	Ⅱ	166	
				钻孔应变			
				地电祖率			
				自然电位			
				地电场			

续表

序号	台站（点）名称	经纬度（°）		测项	资料类别	震中距 Δ/km	备注
		φ_N	λ_E				
				摆式仪			
				水温			
				水（气）氡			
				Ca^{2+}			
				Mg^{2+}			
				HCO_3^-			
				pH 值			
				气汞			
				静水位			
20	云县	24. 43	100. 15	测震△	Ⅱ	168	
				水管倾斜			
				洞体应变			
				摆式仪			
21	南华	25. 20	101. 30	水温	Ⅱ	171	
				静水位			
22	龙陵	24. 65	98. 67	水温	Ⅱ	179	
				水氡			
				流量			
23	梁河	24. 82	98. 37	气氡	Ⅱ	186	
				气汞			
24	景东	24. 45	100. 82	水温	Ⅱ	192	
				静水位			
				水氡			

分类统计	$0<\Delta\leq 100$km	$100<\Delta\leq 200$km	总数
测项数 N	18	24	42
台项数 n	51	81	132
测震单项台数 a	0	1	1
形变单项台数 b	0	0	0
电磁单项台数 c	0	0	0
流体单项台数 d	3	7	10

续表

分类统计		0<Δ≤100km	100<Δ≤200km	总数
综合台站数 *e*		7	6	13
综合台中有测震项目的台站数 *f*		5	6	11
测震台总数 *a*+*f*		5	7	12
台站总数 *a*+*b*+*c*+*d*+*e*		10	14	24
备注				

附表 2　测震以外固定前兆观测项目与异常统计表

序号	台站（点）名称	测项	资料类别	震中距 Δ/km	按震中距 Δ 范围进行异常统计									
					0<Δ≤100km					100<Δ≤200km				
					L	M	S	I	U	L	M	S	I	U
1	洱源	短水准		38	—	—	—	—	—					
		短基线			—	—	—	—	—					
		水管倾斜			—	—	—	—	—					
		洞体应变			—	—	—	—	—					
		地电场			—	—	—	—	—					
		水温			—	—	—	—	—					
		水氡	Ⅰ		—	—	√	—	—					
		静水位			—	—	—	—	—					
		水汞	Ⅰ		—	—	—	—	—					
		pH 值	Ⅲ		—	—	—	—	—					
		HCO_3^-	Ⅲ		—	—	—	—	—					
		F^-	Ⅲ		—	—	—	—	—					
		Ca^{2+}	Ⅲ		—	—	—	—	—					
		Mg^{2+}	Ⅲ		—	—	—	—	—					
		CO_2	Ⅲ		—	—	—	—	—					
2	云龙	水管倾斜		29	—	—	√	—	—					
		洞体应变			—	—	—	—	—					
		摆式仪			—	—	—	—	—					

续表

序号	台站（点）名称	测项	资料类别	震中距 Δ/km	按震中距 Δ 范围进行异常统计									
					0<Δ≤100km					100<Δ≤200km				
					L	M	S	I	U	L	M	S	I	U
3	保山	水管倾斜		112						—	—	—	—	—
		洞体应变								—	—	—	—	—
		气汞	Ⅱ							—	—	√	—	—
		气氡	Ⅱ							—	—	—	—	—
		pH 值	Ⅰ							—	—	—	—	—
		HCO_3^-	Ⅰ							—	—	√	—	—
		SO_4^{2-}	Ⅰ							√	—	—	—	—
		F^-	Ⅰ							—	—	√	—	—
		Ca^{2+}	Ⅰ							—	—	—	—	—
		Mg^{2+}	Ⅰ							—	—	—	—	—
		动水位								—	—	—	—	—
		地温								—	—	—	—	—
4	丽江	水管倾斜		111						—	—	—	—	—
		洞体应变								—	—	—	—	—
		短水准								—	—	—	—	—
		短基线								—	—	—	—	—
		Ca^{2+}	Ⅰ							—	—	—	—	—
		Mg^{2+}	Ⅰ							—	—	—	—	—
		F^-	Ⅰ							—	—	—	—	—
		HCO_3^-	Ⅰ							—	—	—	—	—
		电导率	Ⅱ							—	—	—	—	—
		动水位								—	—	—	—	—
		水温								—	√	—	—	—
5	永胜	短水准		40					—	—	—	—	—	
		短基线							—	—	—	—	—	
		水管倾斜							—	—	—	—	—	
		洞体应变							—	—	—	—	—	
		摆式仪							—	—	√	—	—	
		钻孔应变							—	—	—	—	—	

续表

序号	台站（点）名称	测项	资料类别	震中距 Δ/km	按震中距 Δ 范围进行异常统计									
					0<Δ≤100km					100<Δ≤200km				
					L	M	S	I	U	L	M	S	I	U
		磁偏角 *D*							—	—	√	—	—	
		垂直分量 *Z*							—	—	—	—	—	
		地磁总强度 *F*							—	—	—	—	—	
		静水位							—	—	—	—	—	
		水温							—	—	—	—	—	
6	大姚	水温		107						—	—	√	—	—
		水位												
7	腾冲	钻孔应变		166						—	—	—	—	—
		地电阻率								—	—	—	—	—
		自然电位								—	—	—	—	—
		地电场								—	—	—	—	—
		摆式仪								—	—	—	—	—
		水温	Ⅰ							—	—	—	—	—
		水氡	Ⅰ							—	—	√	—	—
		Ca^{2+}	Ⅰ							—	—	—	—	—
		Mg^{2+}	Ⅱ							—	—	√	—	—
		HCO_3^-	Ⅰ							—	—	—	—	—
		pH 值	Ⅱ							—	—	—	—	—
		气汞								—	—	—	—	—
		静水位								—	—	—	—	—
8	楚雄	垂直分量 *Z*												
		水位												
分类统计	台项	异常台项数			0	1	2	0	0	0	1	8	0	0
		台项总数			3	3	3	3	3	3	9	9	9	9
		异常台项百分比/%			0	33	67	0	0	0	11	89	0	0
	观测台站（点）	异常台站数			0	1	2	1	0	0	1	4	2	0
		台站总数			3	3	3	3	3	5	5	5	5	5
		异常台站百分比/%			0	33	67	0	0	0	20	80	0	0
	测项总数（42）				3					9				
	观测台站总数（23）				3					5				
备注														

附件二：

000001

秘密★3 个月

云南省地震局文件

云震发〔2016〕71 号　　签发人：皇甫岗

云南省地震局关于 2016 年 5 月 4 日个旧 4.6、4.7 级地震分析的报告

省委：

2016 年 5 月 4 日个旧 4.6、4.7 级地震发生后，省地震局立即启动Ⅳ级响应，第一时间将地震参数速报省委、省政府值班室，派出一个现场工作组赶往震区了解灾情并指导工作。红河州地震局局长、个旧市常务副市长也已带队赶往震区，且在震区感受到 4.7 级地震。个旧全市都有震感，蒙自市震感强烈，开远市、建水县、元阳县局部有震感。目前震中老厂镇有两间房屋倒塌，暂无人员伤亡情况报告。

个旧 4.6、4.7 级地震后，省地震局立即组织召开紧急会商

— 1 —

2016 年 7 月 31 日广西壮族自治区苍梧 5.4 级地震

广西壮族自治区地震局

周　斌　郭培兰　阎春恒　李　莎　文　翔　陆丽娟
向　巍　莫佩婵　原永东　周　依

摘　要

2016 年 7 月 31 日 17 时 18 分，广西壮族自治区苍梧县发生 5.4 级地震。中国地震台网中心测定的微观震中为 24.08°N、111.56°E，震源深度 10km。宏观震中位于苍梧县沙头镇，未造成显著的地表破坏。极震区烈度为Ⅶ度，展布方向近 NS，直接经济损失 9922 万元，未造成人员伤亡。

此次 5.4 级地震序列为孤立型，最大余震 M_L2.1。余震数量少，整体呈现近 NW 向优势分布。震源机制解的节面Ⅰ走向 330°、倾角 42°、滑动角 −18°；节面Ⅱ走向 74°、倾角 78°、滑动角 −131°。节面Ⅰ为主破裂面，表现为左旋走滑型，主压应力 P 轴方位为 NW 向。此次 5.4 级地震的控震构造为贺街—夏郢断裂，发震构造可能为 NNW 向的分支断层。

苍梧 5.4 级地震发生在广西东北部，200km 范围内共有 12 个测震固定台站，3 个强震台站，3 个定点前兆观测台站以及 GPS、流动重力观测。其中定点前兆观测包括洞体应变、地倾斜、重力、水位、水温、地磁共 6 个观测项目，共 10 个观测台项。

此次总结研究共确定 5.4 级地震前兆异常 18 条，其中地震学异常 10 条，定点前兆异常 5 条，流动重力异常 1 条，GPS 异常 2 条。震中 100km 范围内的前兆异常台站、异常台项百分比分别为 100%和 33.3%，100～200km 范围的前兆异常台站、异常台项百分比分别为 50%和 28.6%。

苍梧 5.4 级地震未发生在广西地震局划定的年度中强地震值得注意地区内。地震发生前，未观测到明显的短临异常现象。地震发生后，广西地震局会同中国地震局直属单位及市县地震局组成现场工作组，开展地震流动监测、震情趋势判定、烈度评定、灾害调查评估、科学考察等工作，并架设了 6 个流动测震台。科学总结了此次地震应急处置的经验及存在的问题。

前　　言

2016 年 7 月 31 日 17 时 18 分，广西壮族自治区苍梧县发生 5.4 级地震，微观震中为 24.08°N、111.56°E，震源深度 10km，宏观震中位于苍梧县沙头镇，极震区烈度为Ⅶ度，地震造成梧州市苍梧县沙头镇和石桥镇、贺州市八步区仁义镇、贺州市平桂区共 45 个行政村遭受不同程度破坏，无人员伤亡，直接经济总损失 9922 万元。

此次地震共记录 M_L0.0 以上余震 11 次，最大余震为 9 月 3 日 M_L2.1。震中 150km 范围内，历史上曾经发生过 4.7 级以上地震 22 次，其中：4.7~4.9 级地震 15 次，5.0~5.9 级地震 7 次，最大为 1558 年 6 月 1 日广东封开 5½级地震，距离震中最近的地震为 1372 年 5 月 24 日广西昭平东 5 级地震。

地震发生后，广西地震局迅速启动了Ⅲ级破坏性地震应急响应，全面部署各项地震应急响应工作，联合中国地震局应急救援司、广东等 9 个单位以及广西市县地震部门的 96 名现场工作人员赶赴灾区开展震情监测、地震烈度圈定、科学考察和防震减灾知识宣传等多项地震现场工作[1)]。广西地震局对地震前后的观测资料进行重新整理甄选和系统分析，部分机构和研究人员从地质构造、地震活动背景、震源机制解、地壳形变、地震灾害和地震前兆等方面开展了广泛研究，产出了丰富的研究成果。本研究报告是在有关文献和资料的基础上，结合震前预测、预防，对资料进行了重新整理和分析研究，总结未能作出年度和短期预测及震后趋势判定出现偏差的因素，探讨此次地震的特殊性及其对东南沿海地震带乃至东部地区强震活动的指示意义。

一、测震台网及地震基本参数

苍梧 5.4 级地震周围 200km 范围内共有测震台站 12 个，其中 100km 范围内共有贺州、昭平、梧州和怀集共 4 个测震台，100~200km 范围共有桂林、永福、金秀、平南、岑溪、肇庆、连州和阳春共 8 个测震台，包括 8 个广西区域测震台网台站和 4 个广东区域测震台网台站（图 1）。根据台站仪器参数及环境背景噪声水平，理论计算得到该区地震监测能力为 $M_L \geq 1.5$ 级，定位精度 0~5km。

苍梧 5.4 级地震后，广西地震局、贺州市地震局、梧州市地震局和广东省地震局根据地震震中及烈度分布情况共布设了 6 个流动测震台（图 1），震源区附近地震监测能力可达到 $M_L \geq 0.5$ 级，较好地记录了此次地震序列活动。

表 1 列出了不同来源给出的此次地震的基本参数，经对比分析，认为广西地震台网经重新修订后的震中位置更为精确。因此，此次地震的基本参数和地震序列目录均采用广西地震台网修定的结果。

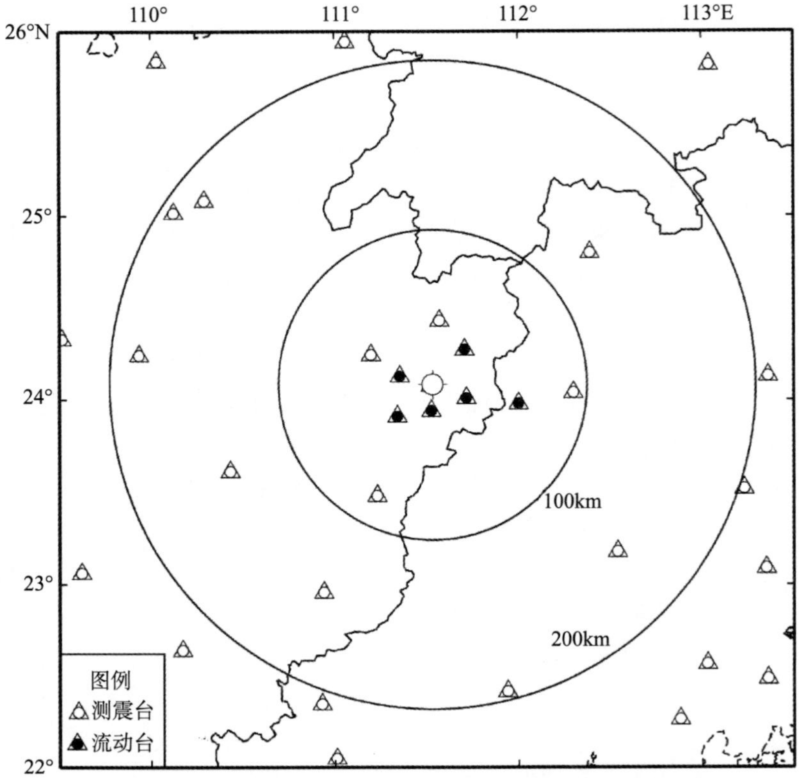

图 1　苍梧 5.4 级地震震中附近测震台网及流动台网分布

Fig. 1　Distribution of seismic and mobile network near the epicenter of the M_S5.4 Cangwu earthquake

表 1　地震基本参数

Table 1　Basic parameters of the earthquake

编号	发震日期	发震时刻	震中位置（°）		震级		震源深度 (km)	震中地名	结果来源
	年.月.日	时：分：秒	φ_N	λ_E	M_S	M_L			
1	2016.07.31	17：18：11	24.09	111.55	5.4	5.8	9	苍梧	广西台网修订
2	2016.07.31	17：18：11	24.08	111.56	5.4		10	苍梧	CENC
3	2016.07.31	09：18：14	24.134	111.478	4.9		24.5	Babu，China	USGS
4	2016.07.31	09：18：12	24.12	111.39	4.8		10	Southeastern，China	GFZ

注：CENC 为中国地震台网中心；USGS 为美国地质调查局（世界时）；GFZ 为德国波茨坦地球科学研究中心（世界时）。

二、地震地质背景

苍梧 5.4 级地震发生在华南褶皱系的二级地质构造单元湘桂褶皱带的南部。区域以侵蚀地貌为主，沿江以堆积地貌为主，发育有四—六级河流阶地。震中附近150km范围发育有NE—NEE、NW—NNW和近SN向多组断裂。其中：①NE—NEE向断裂规模宏大，呈舒缓波状延伸。该组断裂在新生代初期或更早时间，表现出左旋剪切—挤压的力学性质，晚第三纪后为右旋剪切—挤压性质[2)]。测年资料显示，断裂在中更新世中期普遍有过强烈活动，运动方式以粘滑为主，兼有蠕滑。②近SN向断裂主要分布在区域北部，长度一般大于120km。该组断裂形成于加里东期和印支期，早第四纪有不同程度的活动，并以挤压性质为特征。③NW—NNW向断裂较平直，在中更新世中期普遍有过强烈活动，部分断裂的局部段落在晚更新世初期有过活动（图2）。

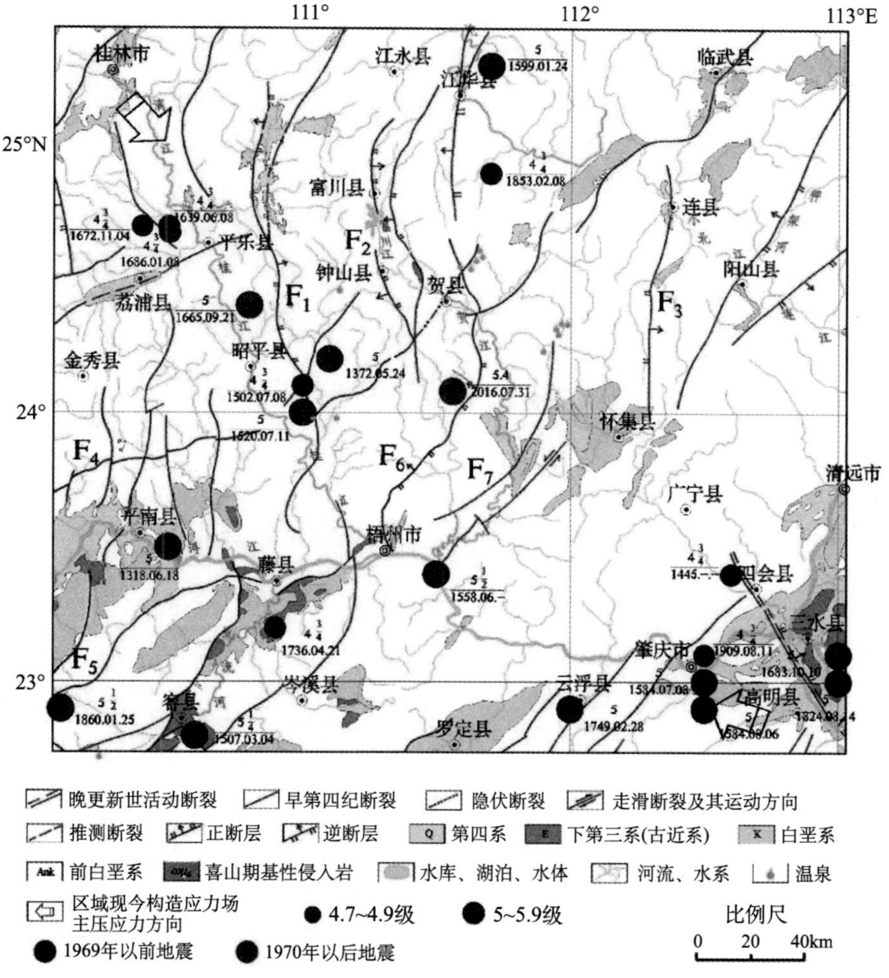

图2 区域地震地质构造和历史中强地震分布图

Fig. 2 Map of geological structure and distribution of historical earthquakes

主要断裂名称及最新活动时代：F1. 栗木—马江断裂带（Q_{1-2}）；F2. 富川—钟山断裂带（Q_{1-2}）；F3. 怀集—连县断裂带（Q_{1-2}）；F4. 宾阳—大黎断裂带（Q_{1-2}）；F5. 防城—灵山断裂带（Q_{2-3}）；F6. 贺街—夏郢断裂带（Q_{1-2}）；F7. 渔涝—金装断裂带（Q_{1-2}）

在 1°×1°的布格重力异常图上，苍梧 5.4 级地震震中附近区域为布格重力负异常区，异常等值线走向以 EW 向为主，从北往南异常值由低变高，平均水平变化梯度0.19mGal/km[1]。此次地震震中附近的布格重力异常值为-35mGal，附近区域没有出现剧变、宽大的重力异常梯度带。广西物探院以 1981 年柳州太阳村地震爆破测深（200t 级）所获得的 26 个莫霍面深度值，加上昆明 1 个天然地震测深点求得的莫霍面深度值，利用布格重力异常计算了广西地区的莫霍面深度，此次地震震中附近的莫霍面深度为 32km；柳州太阳村地震爆破测深还发现，此次地震震中所在的桂东北地区地壳内 6km 深度存在一厚 2km 的低速层，推测为结晶基底与上硅铝层之间拆离滑脱形成的韧性剪切带[2]。

根据廖超明等计算获得的 ITRF2005 框架下广西地区 15 个 GPS 观测站的垂向运动速率[3]，并参考《中国陆地垂直运动速率图（1951～1999）》（http://www.docin.com/p-461895036.html）可见，广西地区地壳垂向形变与现代地形地貌特征具有一致性，此次地震震中所在的桂东地区属于盆地、平原和丘陵地貌，局部隆升速率很小，平均值约为 +0.4 mm/a，反映了现今地壳垂向运动呈现一种缓慢隆升的态势，差异运动不明显。

苍梧 5.4 级地震震中位于贺街—夏郢断裂西侧约 6km 处，该断裂总长约 110km，走向 20°～40°，呈舒缓波状，断面倾向北西，断裂带宽十余米至数十米。地貌上该断裂两侧没有明显的差异，断裂在低山丘陵中延伸，控制了一些长条形第四纪谷地的走向，多处流经断裂的水系同步右旋扭曲。电镜扫描分析显示，该断裂最近一期较强的活动年代为上新世至早更新世，运动方式以粘滑为主[2]。有记载以来，该断裂上没有发生过 5 级以上的中强地震。结合地震烈度等震线长轴方向、震源机制解及野外地质调查结果分析认为，此次地震的控震构造应为贺街—夏郢断裂。关于此次地震的发震构造在本报告第五节做分析讨论。

三、地震影响场和震害1)

1. 地震影响场

地震发生后，地震现场应急工作队以《地震现场工作　第 3 部分：调查规范》[4]为主要技术指导，以《中国地震烈度表》（GB/T 17742—2008）为烈度评定依据，对烈度区的破坏标准作具体规定，制定出烈度区划的具体标志，并根据震区特点选择 146 个居民点进行了震害调查。Ⅴ度区及以下的烈度调查以人的震感为主、以房屋震害为参考；Ⅵ度及以上的烈度调查以房屋震害为主、以人的感觉为参考。同时，依据《地震现场工作　第 4 部分：灾害直接损失评估》（GB/T 18208.4—2011）对灾区直接经济损失进行了评估。

此次地震Ⅶ度区涉及梧州市苍梧县沙头镇参田村、贺州市八步区仁义镇松高村和新联村，长轴为 12km，短轴为 8km，面积约 70km^2，涉及人口 2239 人。Ⅵ度区涉及梧州市苍梧县沙头镇和石桥镇，贺州市八步区贺街镇、步头镇和仁义镇，贺州市平桂管理区鹅塘镇、沙田镇和公会镇，长轴为 52km，短轴为 28km，面积约 1090km^2，涉及人口 104766 人（图 3）。地震造成广西梧州市苍梧县沙头镇和石桥镇、贺州市八步区仁义镇、贺州市平桂区共 45 个行政村遭受不同程度破坏，无人员伤亡，直接经济损失 9922 万元。

2. 震害情况

地震造成房屋建筑和工程结构不同程度的破坏。

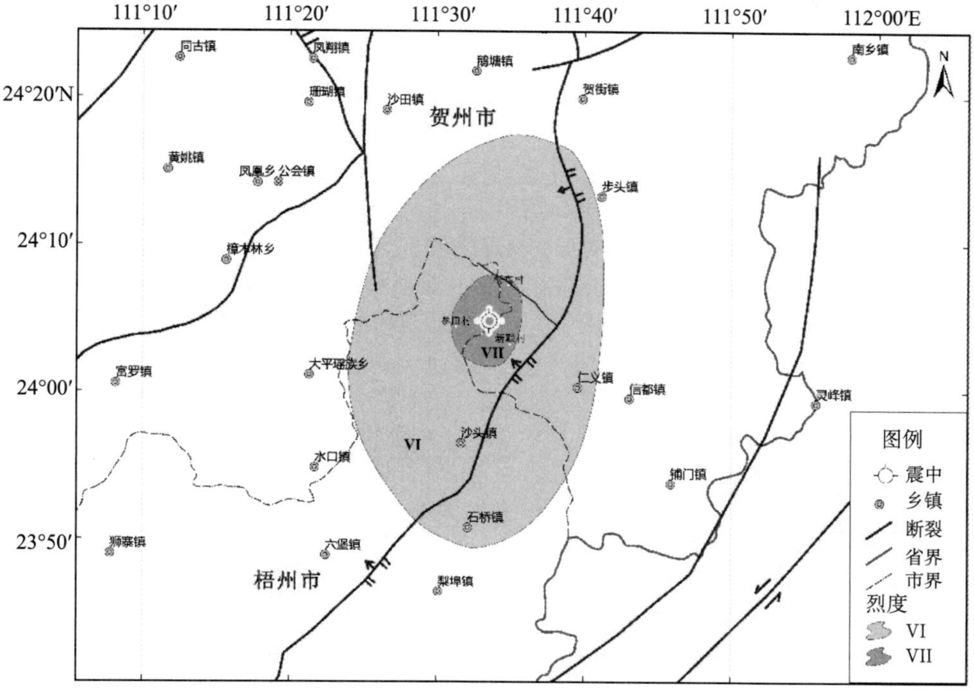

图 3 苍梧 5.4 级地震烈度图

Fig. 3 Intensity map of the M_S5.4 Cangwu earthquake

1）房屋震害

Ⅶ度区：砖混结构房屋少数承重墙体开裂，门窗之间及窗间墙均沿灰缝出现水平或竖向裂缝，女儿墙闪裂。土木结构和砖木结构房屋多数墙体角部、结合处等部位开裂，少数老旧土木结构房屋局部倒塌。

Ⅵ度区：砖混结构房屋少数墙体出现细微裂缝。砖木结构房屋少数墙体开裂、瓦片滑动和掉落。土木结构房屋个别局部倒塌，部分墙体开裂、瓦片滑动和掉落。

灾区住宅房屋建筑按结构类型分为土木结构、砖木结构、砖混结构三大类。将土木结构和砖木结构房屋统称为简易房屋。土木结构为当地主要的传统民房，土坯墙承重，多为一层，墙抬木梁，人字形瓦屋顶，多数建造年代较久，抗震性能极差。砖木结构为砖墙承重，多为一层，墙抬木梁，人字形瓦屋顶，无抗震措施，多数建造年代较久。该类房屋抗震性能较差。简易房屋面积约占灾区房屋总面积的 9%。

砖混结构为砖砌墙体承重，大部分未设置钢筋混凝土圈梁、构造柱，现浇楼板（屋）盖。抗震性能一般。砖混结构房屋面积约占灾区房屋总面积的 91%。

建筑物破坏程度划分：①简易房屋划分为基本完好（含完好）、破坏、毁坏 3 个破坏等级；②砖混结构划分为基本完好（含完好）、轻微破坏、中等破坏、严重破坏、毁坏 5 个破坏等级（表 2 和表 3）。

表 2　简易房屋破坏比汇总表 (%)

Table 2　Damage ratio of simple house

评估区	结构类型	毁坏	破坏	基本完好
Ⅶ度	简易房屋	25.08	59.72	15.20
Ⅵ度	简易房屋	0.13	16.94	82.93

表 3　砖混结构房屋破坏比汇总表 (%)

Table 3　Damage ratio of brick and concrete houses

评估区	结构类型	毁坏	严重破坏	中等破坏	轻微破坏	基本完好
Ⅶ度	砖混结构	0	1.03	1.08	14.53	83.36
Ⅵ度	砖混结构	0	0	0	10.16	89.84

2) 次生地质灾害

地震引起的房屋倒塌是造成人员伤亡的主要原因，除此之外，滑坡、泥石流等次生地质灾害也是造成人员伤亡的重要原因。苍梧地震由于震区局部基岩裸露，覆盖土层较薄，地表振动放大作用较低，地震动衰减快，未引发大型滑坡、泥石流等次生地质灾害，仅在岩溶发育的贺州市平桂区和八步区，引发了小规模的岩溶塌陷和山体崩塌，未造成人员伤亡和严重的房屋破坏（表 4）。

现场调查发现沙田镇至贺州市驻地一带为岩溶发育区，此区域地下水位较高、水量充沛，地下河、地下溶洞发育，易在地震动荷载作用下发生岩溶塌陷型和山体崩塌型震害，苍梧地震的次生地质灾害有 13 处（共 18 处）均发生于此区域（表 4）。因此，在喀斯特岩溶分布区，当发生中等强度以上地震时，除防范滑坡、泥石流等次生灾害外，也应重点防范岩溶塌陷和山体崩塌型震害。

表 4　苍梧地震岩溶塌陷和山体崩塌分布情况

Table 4　The distribution of Karst collapses and rolling stones in the M_S5.4 Cangwu earthquake region

序号	市县	具体地点	类型	东经 (°)	北纬 (°)	描述
1	平桂区	沙田镇路塘	塌陷	111.468	24.336	4 个，串珠状塌陷北东向排列，直径最大约 10m，近圆形，深 4~5m
2	平桂区	沙田镇道石村	塌陷	111.488	24.371	1 个，面积约 65m²
3	平桂区	沙田镇忠回村	塌陷	111.445	24.302	1 个，面积约 110 m²，损毁水田
4	平桂区	沙头镇田厂村	塌陷	111.502	24.396	2 个，相邻坍塌，直径 1~3m，深约 1.5m，此塌陷点向东约 100m 灰岩山体底部可见溶洞及地下河入口

续表

序号	市县	具体地点	类型	东经（°）	北纬（°）	描述
5	平桂区	沙田镇桥头村路塘寨	塌陷	111.473	24.318	1 个，面积约 $210m^2$，损毁水田
6	八步区	八步街道三加村萝卜滩 14 组	塌陷	111.521	24.412	2 个，最大面积约 $120m^2$，深约 5m
7	八步区	仁义镇共和村黎屋寨	塌陷	111.684	23.976	1 个，面积约 $48m^2$ 的岩溶塌陷
8	平桂区	黄田镇里宁村洛湛铁路李梓石涵洞口	崩塌	111.522	24.471	一重约 30t 的大型岩块及大量小型碎石崩塌，砸倒长约 10 m 的铁丝保护网后砸坏水泥路面
9	平桂区	沙田镇道石村一灰岩山体边	崩塌	111.502	24.375	多块岩块崩塌砸中民房，其中 2 块砸中屋墙，1 块砸穿屋窗及一面墙后沿楼梯滚下，另外几块落石砸毁简易木棚
10	平桂区	黄田镇老虎坳	崩塌	111.505	24.492	崩塌落石阻断附近村道
11	平桂区	沙田镇道石村便寨片	崩塌	111.052	24.375	崩塌 $10m^3$ 左右的石块，砸中 1 栋水泥楼 3 间、1 栋砖瓦房 3 间
12	平桂区	沙田镇道石村	崩塌	111.498	24.380	落石导致民房楼顶出现 60cm 的洞口，墙体出现 40cm 的洞口
13	平桂区	鹅塘镇栗木村石场	崩塌	111.529	24.379	有石头掉落
14	平桂区	沙田镇马东村	崩塌	111.493	24.341	有石头掉落
15	八步区	步头镇黄石村六龙组	崩塌	111.661	24.206	落石导致道路出现裂缝
16	八步区	仁义镇松高村	崩塌	111.584	24.117	落石导致房屋破坏
17	八步区	仁义镇新联村	崩塌	111.581	24.045	落石导致道路受损
18	苍梧县	沙头镇参田村	崩塌	111.531	24.081	落石导致道路受损

3）工程结构震害

（1）电力系统：苍梧县沙头、木双、岭脚镇部分地区出现停电情况。大平村、参田村、石川村因地震影响而短时停电。

（2）交通系统：部分道路受损，黄田镇里宁村李梓铁路涵洞发生巨石滚落，巨石滚落在铁路涵洞口。

（3）通信系统：4 个移动通讯基站受损。

3. 震害分析

根据大量现场调查取证、仪器观测及对本地区历次地震震害相关研究的归纳，有几点初步认识。

一是震区人口密集较低，此次地震无人员伤亡，无房屋倒塌，Ⅶ度区和Ⅵ度区面积较小，与国内同级别地震相比震害相对较轻。

二是此次地震动破坏力相对较弱，地震持时约为 19s，相比全国其他地区同类地震持时约 35s 左右短。

三是余震少且震级低。苍梧地震发生后，共记录到余震 12 个，最大余震为 M_L2.1，未形成破坏累积叠加效应。

四是震区地形地貌主要是花岗岩风化形成的土山，植被茂盛、山体稳固，地震后未引发大型滑坡、泥石流等次生地质灾害。

五是房屋建筑结构不合理、抗震性能差是造成地震灾害损失的主要原因。灾区民用住宅多为居民自建房，设计较为随意。土木结构房屋和砖木结构房屋结构不合理，抗震性能低；大部分砖混结构房屋未设置圈梁、构造柱，抗震性能一般。

4. 强震动记录

苍梧 5.4 级地震后，广西地震强震台网共记录到 8 组强震动记录（表 5），强震动记录震中距为 30~380km，其中距离最近的贺州黄洞台东西、南北和垂直方向获得的地震动加速度峰值分别为 10.6987、19.9662 和 16.892Gal。

表 5　苍梧 5.4 级地震强震加速度记录

Table 5　Seismic acceleration records of the M_S5.4 Cangwu earthquake

序号	台站			震中距 (km)	*PGA* 绝对值 (Gal)
	名称	东经（°）	北纬（°）		
1	贺州黄洞	111.77	24.43	46	19.677
2	贺州朝东台	111.16	25.01	113	13.964
3	玉林六王	110.74	22.80	169	3.573
4	玉林凤山	110.00	22.05	277	1.547
5	玉林东田	109.03	21.89	314	2.471
6	南宁新福	108.95	22.52	317	1.486
7	北海星岛湖	109.15	21.75	372	1.424
8	南宁平朗	108.90	22.69	377	0.501

四、地震序列

苍梧 5.4 级地震始于 2016 年 7 月 31 日，历时 34 天，结束于 9 月 3 日。广西地震台网共记录 M_L0.0 以上余震 11 次，其中 M_L0.0～0.9 地震 6 次，M_L1.0～1.9 地震 4 次，M_L2.0～2.9 地震 1 次，最大余震为 9 月 3 日 M_L2.1（表 6）。

表 6 苍梧 5.4 级地震序列目录

Table 6 Catalogue of the M_S5.4 Cangwu earthquake sequence

编号	发震日期 年.月.日	发震时刻 时：分：秒	震中位置（°）		震级		震源深度 （km）	震中地名	结果来源
			φ_N	λ_E	M_L	M_S			
1	2016.07.31	17：18：11	24.09	111.54	5.8	5.4	9	苍梧	广西台网
2	2016.07.31	17：32：28	24.08	111.55	1.2		5	苍梧	广西台网
3	2016.07.31	17：52：32	24.09	111.51	0.5		5	苍梧	广西台网
4	2016.07.31	18：58：19	24.08	111.57	1.0		6	苍梧	广西台网
5	2016.07.31	19：42：19	24.10	111.54	0.8		4	苍梧	广西台网
6	2016.07.31	20：18：50	24.12	111.55	0.5		6	苍梧	广西台网
7	2016.07.31	21：20：18	24.10	111.56	0.6		6	苍梧	广西台网
8	2016.07.31	22：49：37	24.08	111.55	2.0		11	苍梧	广西台网
9	2016.07.31	23：17：58	24.08	111.54	0.5		5	苍梧	广西台网
10	2016.08.02	08：17：02	24.09	111.55	1.7		6	苍梧	广西台网
11	2016.08.02	08：32：25	24.08	111.55	1.0		4	苍梧	广西台网
12	2016.08.13	23：13：05	24.10	111.54	1.1		6	苍梧	广西台网
13	2016.09.03	05：45：53	24.08	111.53	2.1		7	苍梧	广西台网

1. 余震空间分布

苍梧 5.4 级地震余震的震源深度基本小于 10km，整体位于贺街—夏郢断裂带的西侧。尽管此次地震的余震数量有限，但仍呈现出近 NW 向优势分布的特征（图 4）。

2. 地震序列衰减情况

序列 M-T 图显示，7 月 31 日发生余震 8 次，8 月 2 日发生余震 2 次，余震频次少、强度低，9 月 3 日发生最大余震，此后未记录到余震（图 5）。序列日频度曲线显示，随着时间流逝，地震序列的发震频度衰减形态明显（图 6）。序列蠕变曲线显示，主震释放了序列绝大部分的能量（图 7）。由于受地震样本数的限制，未能计算出地震序列的 h 值和 b 值。

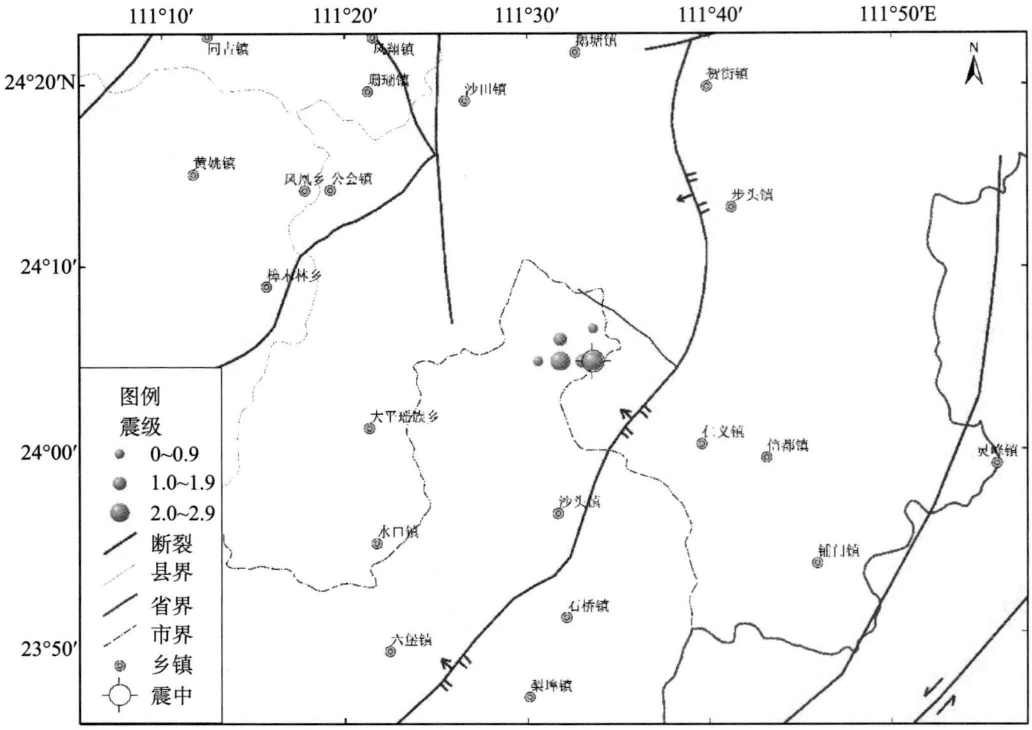

图 4 苍梧 5.4 级地震序列分布图

Fig. 4 Distribution map of the M_S5.4 Cangwu earthquake sequence

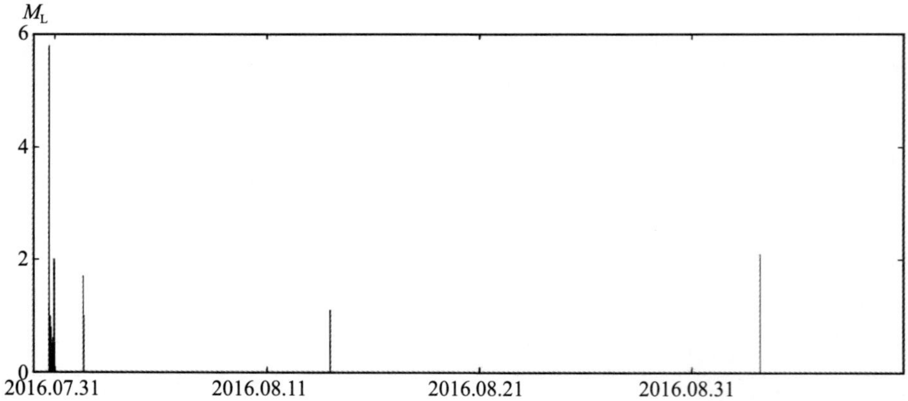

图 5 苍梧 5.4 级地震序列 M-T 图

Fig. 5 M-T map of the M_S5.4 Cangwu earthquake sequence

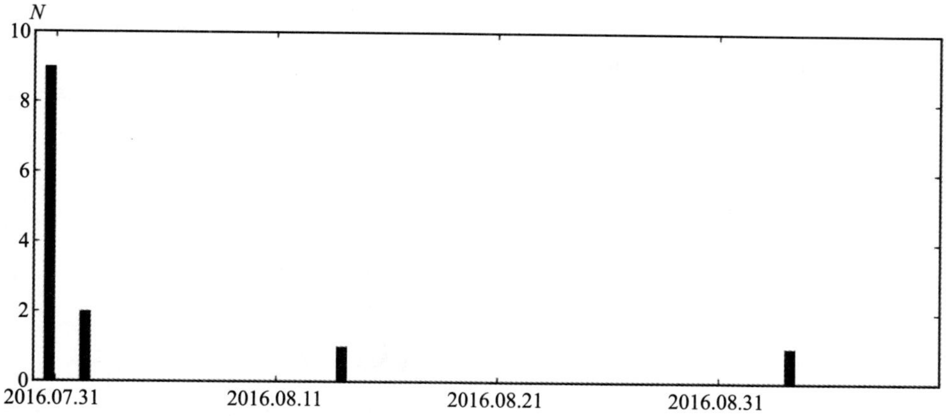

图 6　苍梧 5.4 级地震序列日频度曲线

Fig. 6　Curve of daily frequency of the M_S5.4 Cangwu earthquake sequence

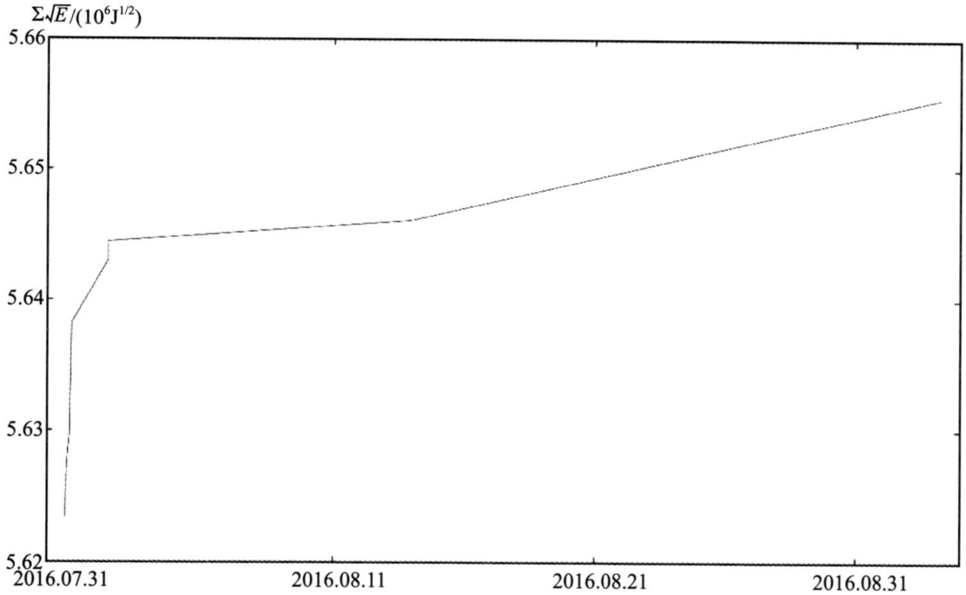

图 7　苍梧 5.4 级地震序列蠕变曲线

Fig. 7　Curve of strain release of the M_S5.4 Cangwu earthquake sequence

3. 地震序列类型分析

序列主震释放的能量为 7.94×10^{12}J，占整个地震序列总能量的 99.99%以上。序列最大余震 M_L2.1，与最大地震的震级差 $\Delta M=3.7$ 级。综合分析认为，此次地震为孤立型。

历史上震中附近 200km 范围内共记载 M_L4.0 以上地震 7 次，震级为 M_L4.0~4.9，其中 6 次为孤立型地震，1 次为双震型。此次地震序列类型与震区附近历史地震一致。

五、震源机制与地震主破裂面

广西地震局基于区域测震台网宽频带地震台站记录资料，采用CAP方法反演了苍梧5.4级地震的震源机制。结果显示，此次地震的最佳双力偶震源机制解参数为：节面Ⅰ走向330°、倾角42°、滑动角-18°；节面Ⅱ走向74°、倾角78°、滑动角-131°；P轴方位305°、倾角42°；T轴方位84°、倾角40°。通过不同深度下拟合残差分布可以看出，矩心深度在11km时残差最小，此深度即反演得到的最佳震源深度（图8）。以上结果与哈佛大学(HRV)，德国波茨坦地球科学研究中心（GFZ)，中国地震局地球物理研究所、二测中心、天津市地震局等多家单位和专家给出了的结果具有很好的一致性（表7，图9)。

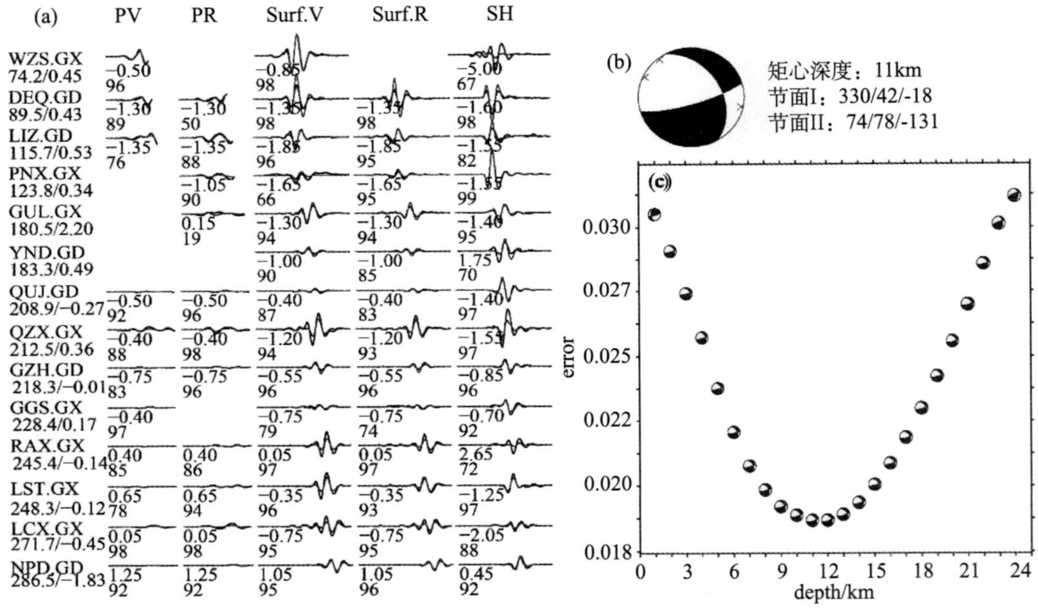

图8　苍梧5.4级地震的震源机制解

Fig. 8　The focal mechanism solution of the M_S5.4 Cangwu earthquake

(a）为理论地震图（红线）和观测地震图（黑线）的波形拟合效果，每行波形最左侧为台站代码、震中距（km）和理论P波初至与观测P波初至的差值，拟合曲线下方第一行数字为理论地震图相对观测地震图的移动时间，第二行数字为理论地震图和观测地震图的相关系数（%)；PV、PR分别为Pnl垂直分量和径向分量；Surf. V、Surf. R、SH分别为面波的垂直分量、径向分量和切向分量；(b）为震源深度为11km时的最佳双力偶解（下半球投影)；(c）为不同震源深度下的拟合残差分布，其中深度为11km时对应的残差值最小

目前对中强地震发震构造的判定主要依据震源机制解、等震线分布、余震分布和现场地震地质调查等资料。从震源机制解结果来看（图8b)，此次地震的主压应力方向为NW向(与现代区域构造应力场主压应力方向一致)，节面Ⅰ走向NNW，呈左旋走滑运动性质，节面Ⅱ走向NEE，呈右旋走滑运动性质。从等震线结果来看（图3)，此次地震发生在贺街—夏郢断裂以西、断层面倾向的一侧，震中位置距离断裂露头处最近约6km，等震线呈椭圆

形、长轴近 SN 向，与贺街—夏郢断裂走向基本一致，但与以上两组节面的走向都不同。从余震分布来看（图 4），尽管此次地震的余震数量有限，但仍呈现出近 NW 向优势分布的特征，优势分布方向与节面 I 走向大体一致。从 1：20 万区域地质图[5]来看，此次地震震中北侧发育有一条规模较小、长度较短、呈 NNW 向展布的分支断层，该分支断层左旋错断了贺街—夏郢断裂的主干断层，表明其活动时代更新。综上分析认为，苍梧 5.4 级地震的发震构造可能是 NNW 向的分支断层，节面 I 为主破裂面，控震构造为贺街—夏郢断裂。

表 7 苍梧 5.4 级地震震源机制解

Table 7 Focal mechanism solutions of the M_S5.4 Cangwu earthquak

编号	节面 I （°）			节面 II （°）			P 轴（°）		T 轴（°）		B 轴（°）		X 轴（°）		Y 轴（°）		方法	结果来源
	走向	倾角	滑动角	走向	倾角	滑动角	方位	倾角	方位	倾角	方位	倾角	方位	倾角	方位	倾角		
1	324	38	−20	71	78	−126	305	45	188	24	79	35					FOCMEC	①
2	330	42	−18	74	78	−131	305	42	193	22	84	40					CAP	②
3	326	38	−36	86	69	−122											FOCMEC	③
4	338	49	−6	72	85	−139											CAP	④
5	341	49	−22	85.8	73.6	−137											CAP	⑤
6	252	90	−143	162	53	0											CAP	⑥
7	336	55	−24	80	71	−142												⑦

注：①广西地震局，郭培兰；②广西地震局，向巍；③天津地震局，刘双庆；④中国地震台网中心；⑤中国地震局第二监测中心，李君；⑥中国地震局地球物理研究所，韩立波；⑦ http：//www.globalcmt.org/CMTsearch.html，哈佛大学。

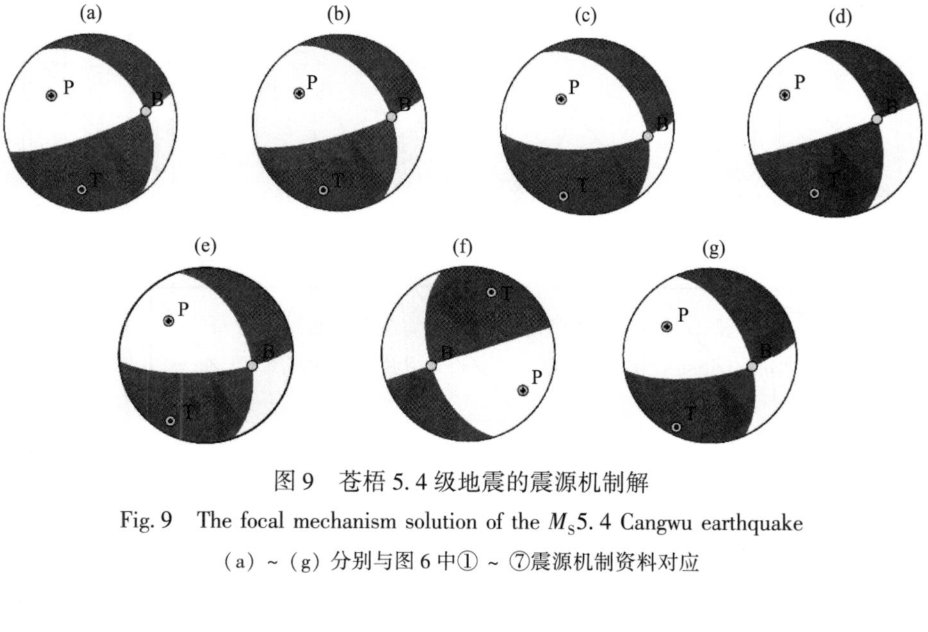

图 9 苍梧 5.4 级地震的震源机制解

Fig. 9 The focal mechanism solution of the M_S5.4 Cangwu earthquake

（a）~（g）分别与图 6 中① ~ ⑦震源机制资料对应

六、地震前兆观测台网及前兆异常

苍梧 5.4 级地震 200km 范围内共有定点前兆观测台站 5 个，100km 范围内 1 个，100～200km 范围 4 个，观测项目有水位、水温、地磁、重力、洞体应变和地倾斜，共计 10 个台项（图 10）。此外，广西地区流动重力观测网络和 GNSS 观测网络亦基本成网成场（图 11）。此次地震前共出现 18 条异常，其中，测震学异常 10 条、定点前兆异常 5 条、流动重力异常 1 条、GPS 异常 2 条。A 类异常 4 条（中期和短期各 2 条），B 类异常 14 条（图 12，表 8）。

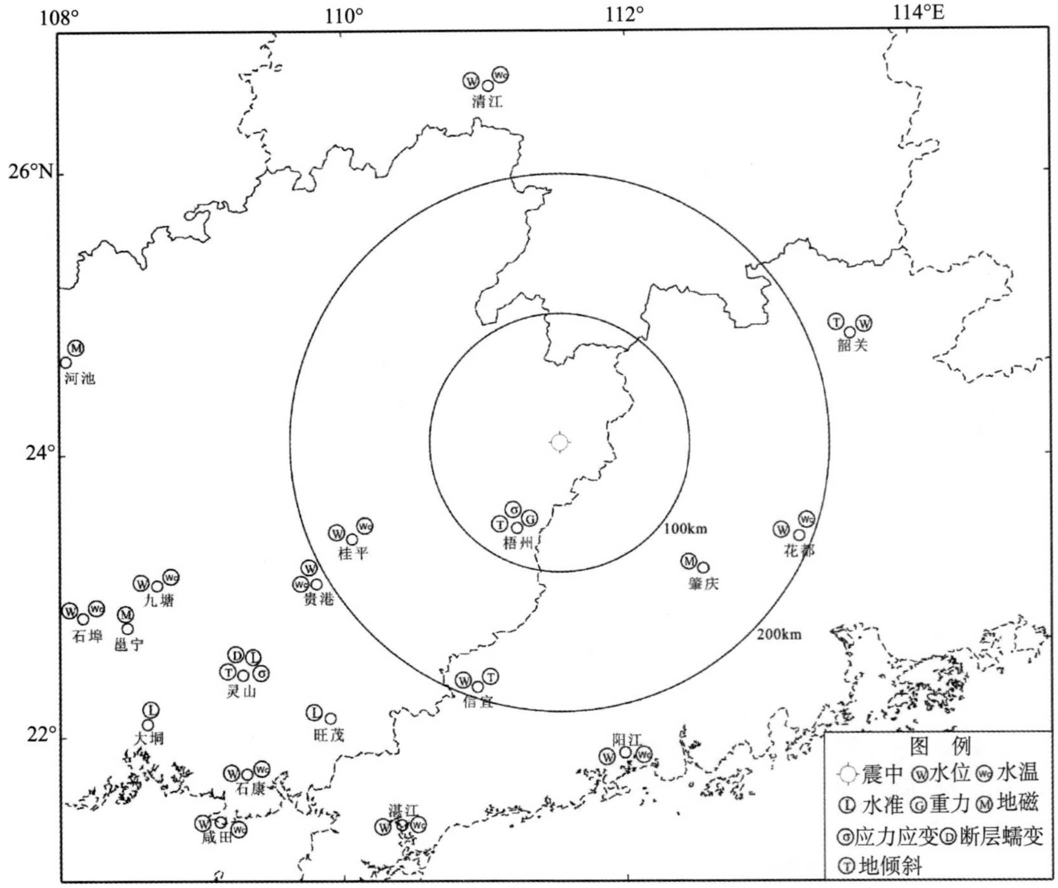

图 10　苍梧 5.4 级地震前定点前兆观测台站的分布图

Fig. 10　Distribution of site observation stations before the M_S5.4 Cangwu earthquake

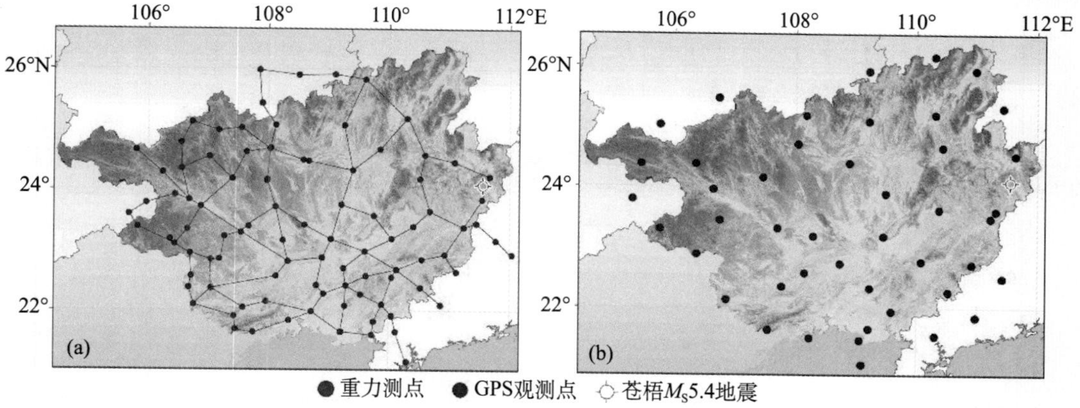

图11 广西流动重力观测网络（a）和GNSS观测网络（b）分布图

Fig. 11 Map showing gravity survey routes and observation network of GNSS

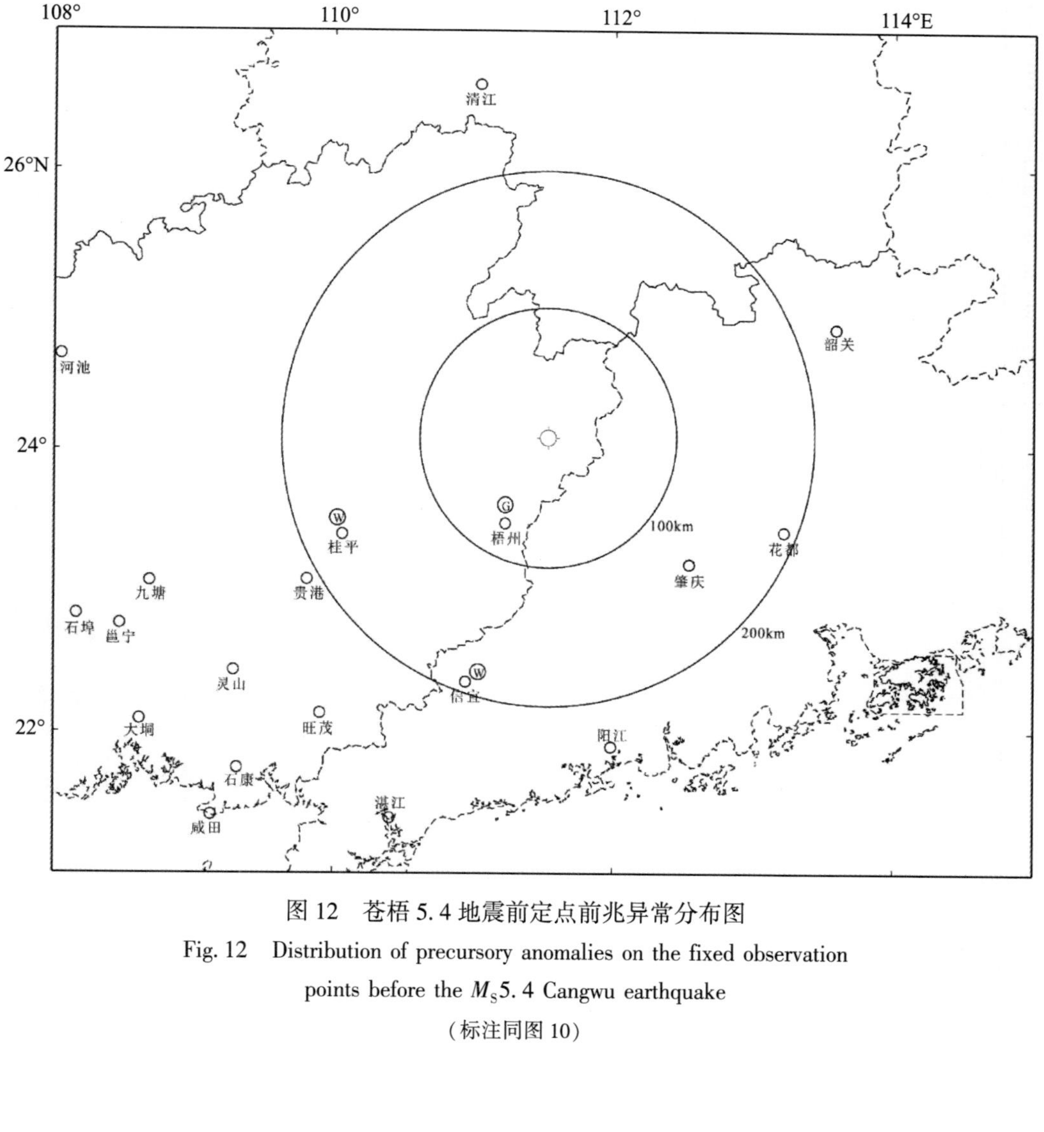

图12 苍梧5.4地震前定点前兆异常分布图

Fig. 12 Distribution of precursory anomalies on the fixed observation points before the M_S5.4 Cangwu earthquake

（标注同图10）

表 8　异常情况登记表

Table 8　Registration form of abnormal situation

序号	异常项目	台站或观测区	分析办法	异常判据及观测误差	震前异常起止时间	震后变化	最大幅度	震中距（km）	异常类别	图号	异常特点及备注
1	地震活动增强	广西及邻区	$M_L \geqslant 3.0$ 级时间扫描	密集	2014.07～2016.04	正常			M_2	13、14	地震相对密集、频度增强、发震时间间隔较短。震后总结
2	频次	广西及邻区	$M_L \geqslant 3.0$ 级时间扫描，12 个月窗长，1 个月步长滑动	≥10	2015.02～	未恢复			M_2	15	地震频次逐渐升高，表明地震活动增强，随后发震。震前提出（2016 年中会商）
3	断层总面积	广西及邻区	$M_L \geqslant 3.0$ 时间扫描，12 个月窗长，1 个月步长滑动	≥13	2014.10～	未恢复			M_2	16	
4	b 值	东南沿海地震带西段	$M_L \geqslant 2.7$ 级时间扫描，窗长 1 月，滑动步长 1 月	> 1.07	2014.12～2015.10	正常			M_2	17	参数值出现高值异常，随后发震，震后异常消失。震前提出（2016 年中会商）
5	地震强度熵 Q_e 值	东南沿海地震带西段	$M_L \geqslant 2.7$ 级时间扫描，窗长 1 月，滑动步长 1 月	> 0.554	2014.12～2016.04	正常			M_2	18	
6	地震演化指数 AC 值	东南沿海地震带西段	$M_L \geqslant 2.7$ 级时间扫描，窗长 1 月，滑动步长 1 月	> 2.48	2014.03～2015.10	正常			M_2	19	

续表

序号	异常项目	台站或观测区	分析办法	异常判据及观测误差	震前异常起止时间	震后变化	最大幅度	震中距（km）	异常类别	图号	异常特点及备注
7	缺震	东南沿海地震带西段	$M_L \geq 3.0$ 级时间扫描，窗长1月，滑动步长1月	< 3.71	2014.03～2015.10	正常			M_2	20	参数值出现低值异常，随后发震，震后异常消失。震后总结
8	等效震级	东南沿海地震带西段	$M_L \geq 2.7$ 级时间扫描，窗长1月，滑动步长1月	< 4.53	2014.03～2015.10	正常			M_2	21	
9	地震窗	平果窗	$M_L \geq 2.5$	打破平静	2016.01～	正常			M_1	22	平果窗口被2016年1月21日平果 M_L 3.0级地震打破。震前发现（2016年中会商）
10	震群活跃	广西及邻区	地震活动图像		2013.06～2016.07	正常			M_1	23	震前1年广西地区发生9次震群，震后震群减少。震后总结
11	连续重力	梧州	非潮汐变化	趋势转折	2015.09～2016.07	速率降低	10 μGal/m	74	M_2	24	震前10个月重力非潮汐变化以10 μGal/m增加，震后降至5μGal/m。震后总结

续表

序号	异常项目	台站或观测区	分析办法	异常判据及观测误差	震前异常起止时间	震后变化	最大幅度	震中距（km）	异常类别	图号	异常特点及备注
12	重力潮汐因子变化空间分布	广西及邻区	重力潮汐因子变化	零值线分布成南北向分布，震中处于压缩状态	2016.01～2016.07	反向恢复			M_2	25	震中区域潮汐因子变化为正值，表明区域地壳处于压缩状态。震后总结
13	流动重力	105°～112°E 21°～26.5°N	重力变化空间分布	重力变化梯度带上、重力变化零值线附近和等值线拐弯部位	2014.12～	2016.09	40μGal		M_2	26、27、28	重力正值异常区向重力负值异常区变化并沿NNE向出现重力变化梯度带及其在反向变化过程中发震。震前提出（2016年度和年中会商）
14	GPS（水平）	105°～114°E 21°～27°N	最大剪应变空间分布	最大剪应变率高值区边缘部位	2013.04～2015.04	正常	2.8×10^{-8}		M_2	29	最大剪应变率高值区边缘部位。震前提出（2016年中会商）
15			面应变空间分布	面应变梯度带零值过渡区	2013.04～2015.04	正常	-3.2×10^{-8}		M_2		面应变梯度带零值过渡区，震前提出（2016年中会商）

续表

序号	异常项目	台站或观测区	分析办法	异常判据及观测误差	震前异常起止时间	震后变化	最大幅度	震中距（km）	异常类别	图号	异常特点及备注
16	水位	桂平西山井	整点值	破年变	2015.05~2016.05	正常		168	M_2	30	没有出现一定的夏高冬低的年变。震后总结
17	水位	信宜十五井	日值	水位出现高值	2016.01~2016.02	正常	0.6591m	188	S_2	31	水位上升幅度增大。震后总结
18	地磁低点位移	华南地区	地磁低点时间空间分布	苍梧地震位于地磁低点位移线附近	2016.06.29	正常	低点时间滞后2小时46分		S_2	32	地磁低点位移线途径粤桂交界、湖南南部和江西中部地区，苍梧地震位于低点位移线附近。震前中国地震台网中心提出

1. 地震学异常

1）小震活动增强

郭培兰[6]对 1970～2009 年广西及邻区 13 次 M_L4.5 以上震例进行研究，发现 12 次震例前存在 M_L3.0 小震活动明显增强现象，认为小震活动增强对广西未来中强地震趋势分析有指示意义。2014 年上半年，广西及邻区仅发生 1 次 M_L3.0 以上地震，而下半年共发生了 8 次 M_L3.0 以上地震，最大为 10 月 24 日广东怀集 M_L4.0，地震频次明显升高，强度开始增强。2015 年 1 月至 2016 年 3 月，地震活动继续异常增强，2016 年 4 月至 7 月，地震活动出现短暂平静，然后发生苍梧 5.4 级地震，表现出"地震活动逐渐增强—短期平静—发震"的特征（图 13）。此外，地震活动相对较弱的桂北地区 2016 年 3 月 7 日发生平乐 M_L3.0 地震，打破该地区长达 3 年的 M_L2.8 以上地震平静，此次地震活动具有区域应力场增强的指示意义（图 14）。

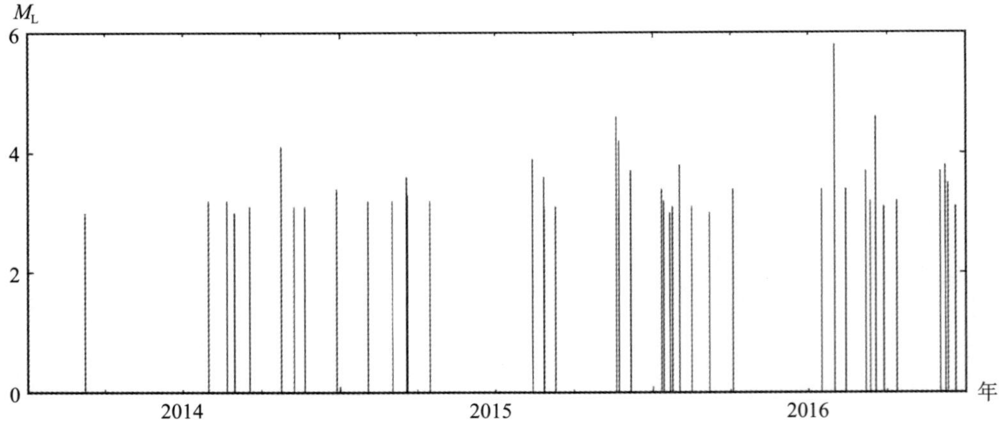

图 13　广西及邻区 M-T 图（2014.01～2016.12）

Fig. 13　Figure M-T of Guangxi and its adjacent region（2014.01-2016.12）

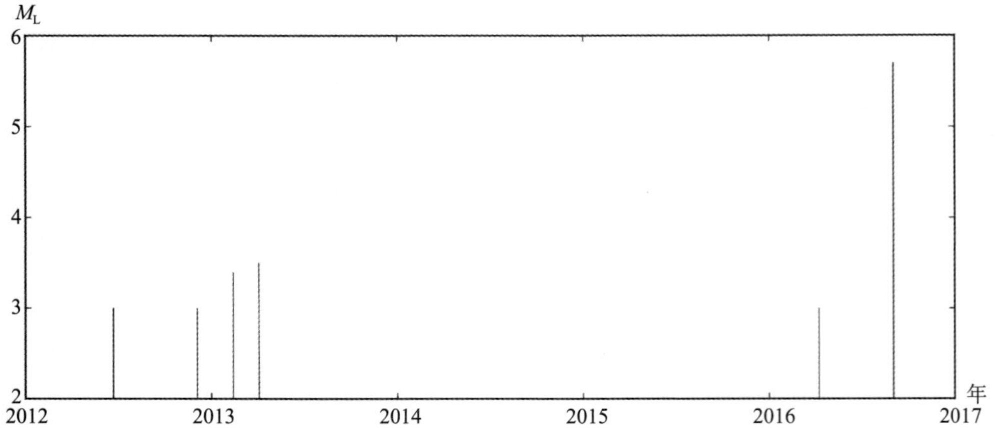

图 14　桂北地区地震 M-T 图（2012.01～2016.12）

Fig. 14　Figure M-T of Northern Guangxi（2012.01-2016.12）

2）地震活动性参数时间扫描异常

频次、断层总面积、b 值、地震强度熵、地震演化指数、缺震、等效震级等对广西及邻区中强地震具有一定预报效能的测震学参数时间扫描曲线自 2014 年以来陆续出现不同幅度的异常，异常持续时间均超过 1 年，具有较好的同步性，此后发生苍梧 5.4 级地震（图 15 至图 21）。震后频次和断层总面积异常仍然持续，其他指标异常消失。

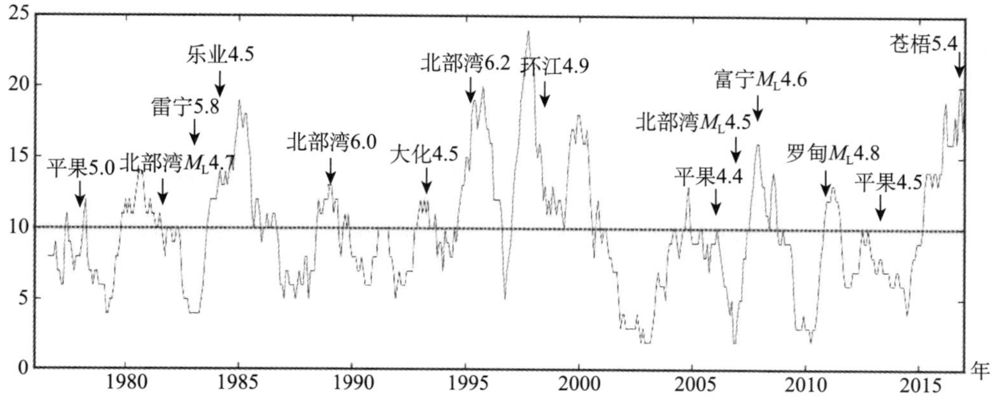

图 15 频次曲线（1975. 01～2016. 12）

Fig. 15 Variation curve of seismic frequency (1975. 01–2016. 12)

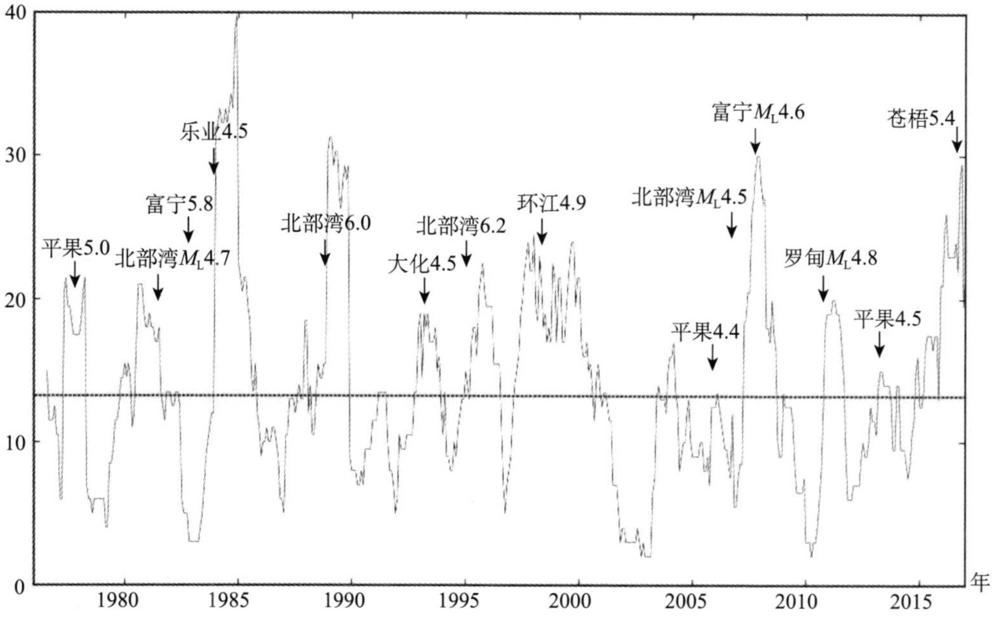

图 16 断层总面积曲线（1975. 01～2016. 12）

Fig. 16 Variation curve of fault total area (1975. 01–2016. 12)

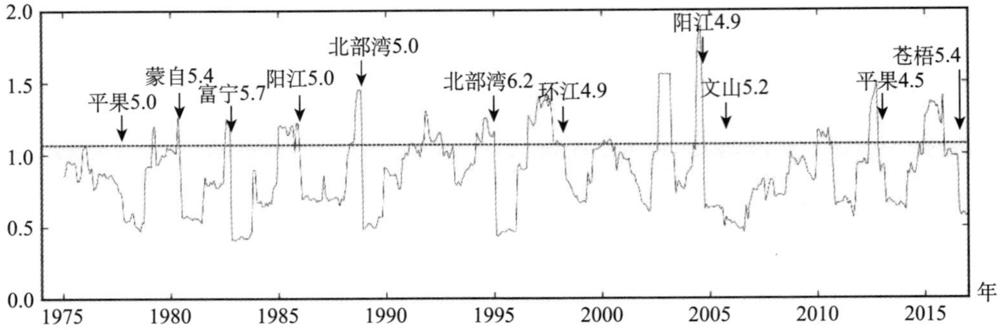

图 17　*b* 值曲线（1975. 01～2016. 12）

Fig. 17　Variation curve of *b*-value（1975. 01–2016. 12）

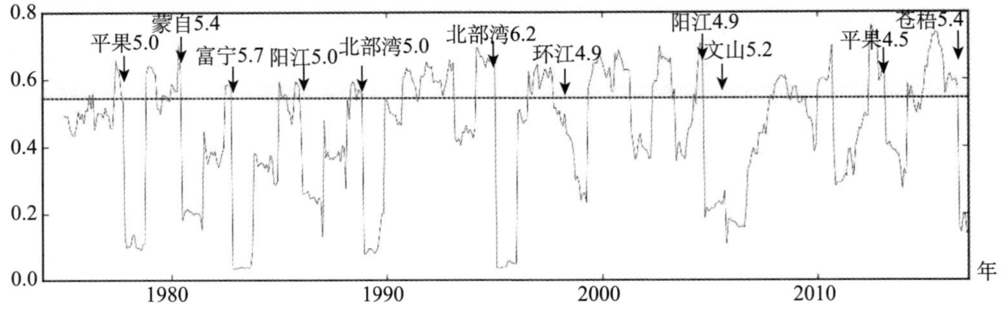

图 18　地震强度熵 Q_e 值曲线（1975. 01～2016. 12）

Fig. 18　Variation curve of seismic intensity entropy（1975. 01–2016. 12）

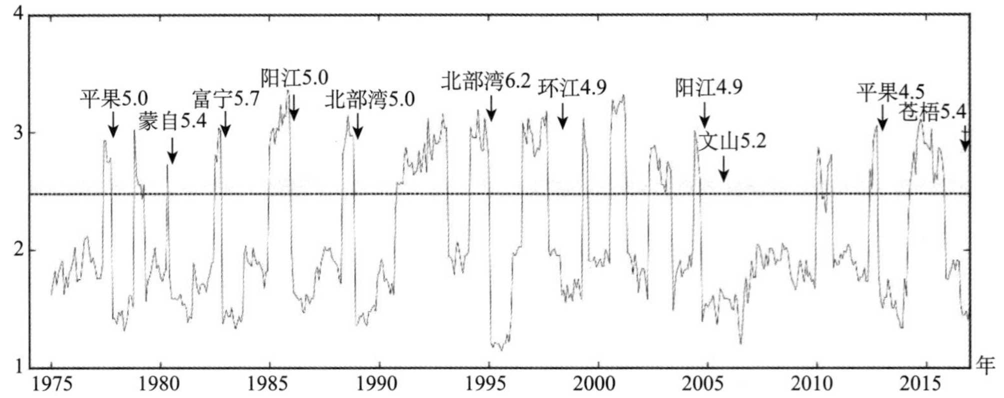

图 19　地震演化指数 *AC* 值曲线（1975. 01～2016. 12）

Fig. 19　Variation curve of seismic evolution index（1975. 01–2016. 12）

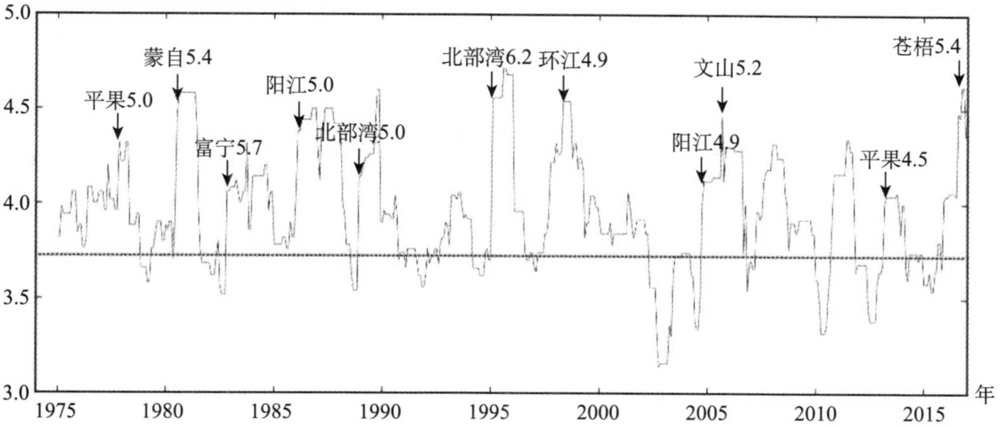

图 20　缺震曲线（1975. 01～2016. 12）

Fig. 20　Variation curve of the lack-earthquake（1975. 01–2016. 12）

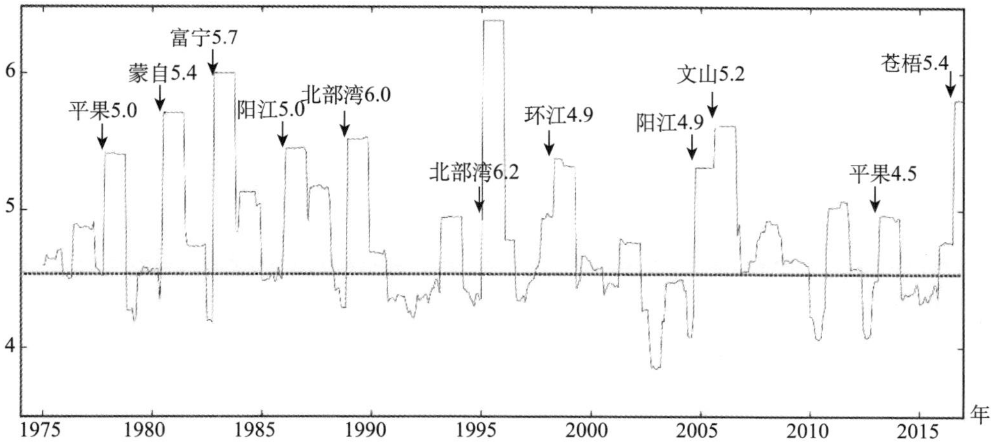

图 21　等效震级曲线（1975. 01～2016. 12）

Fig. 21　Variation curve of equivalent magnitude（1975. 01–2016. 12）

3）平果地震窗的指示意义

平果地震窗是广西地震较为活跃地区，震例研究表明窗内 $M_L2.5$ 以上小震活动可反映区域构造应力场变化，与广西中强地震活动具有较好的对应关系（图 22）。2016 年 1 月 21 日平果 $M_L3.0$ 打破平果地震窗 2 年 $M_L2.5$ 以上地震平静，6 个月后发生了苍梧 5.4 级地震。

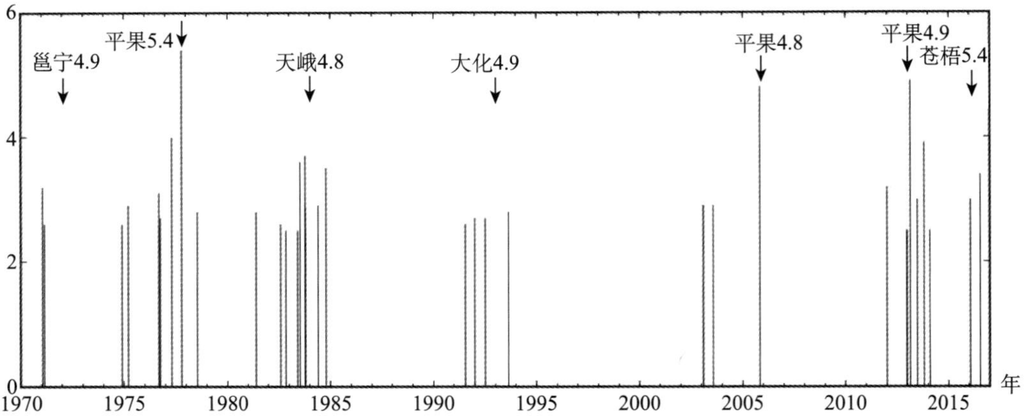

图 22　平果窗 $M_L2.5$ 以上地震 M-T 图

Fig. 22　M-T map of earthquake above magnitude $M_L2.5$ in Pingguo region of Guangxi

4）广西地区小震群活跃

2013 年 6 月平果震群后 2 年时间内广西境内没有发生震群活动，但 2015 年 6 月至苍梧地震前，共发生了 9 次震群，位于桂西和桂北地区，呈北东向带状分布（图 23 和表 9）。

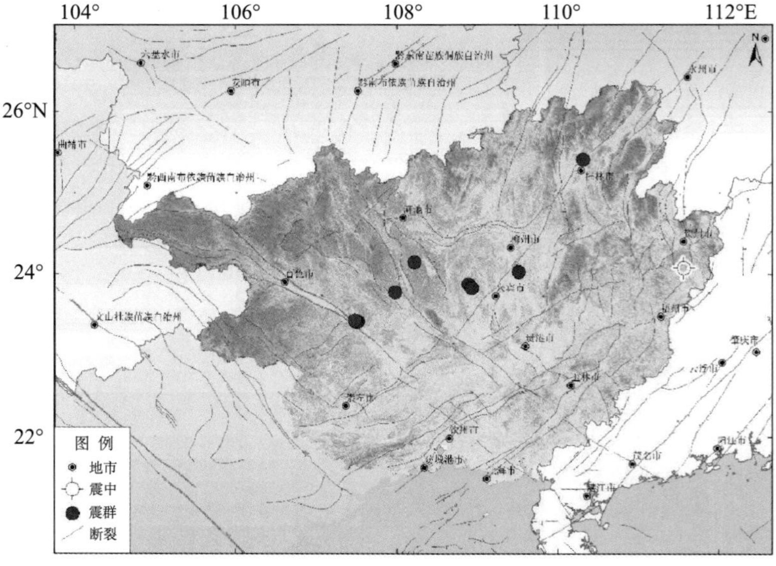

图 23　广西地区震群分布图

Fig. 23　Earthquake swarm distribution map of Guangxi region

表 9　广西地区 9 次震群参数表

Table 9　Parameter list of earthquake swarm in Guangxi region

地震序列	主震时间及震级 M_L	次大地震时间及震级 M_L	起止时间
2013.06 广西平果	2013.06.21 3.0	2013.06.17 2.8	2013.06.16~2013.07.25
2015.06 广西象州	2015.06.23 2.7	2015.06.24 2.6	2013.06.23~2013.06.25
2015.06 广西大化	2015.06.14 2.8	2015.06.14 2.6	2015.06.11~2015.06.17
2015.08 广西都安	2015.08.18 2.6	2015.08.21 2.5	2015.08.16~2015.08.21
2015.09 广西合山	2015.09.08 2.4	2015.09.28 2.2	2015.09.08~2015.10.07
2015.12 广西合山	2016.07.19 2.2	2016.06.06 2.1	2015.12.18~2016.07.19
2016.01 广西灵川	2016.01.06 2.7	2016.01.06 2.1	2016.01.06~2016.05.08
2016.01 广西平果	2016.01.21 3.0	2016.01.31 2.9	2016.01.15~2016.03.07
2016.07 广西平果	2016.07.16 3.4	2016.07.16 3.2	2016.07.16~2016.07.17

2. 形变学科资料异常

1）梧州台连续重力资料异常

距离震中最近的梧州地震台重力仪非潮汐观测数据在震前 1 年出现趋势性转折变化，2015 年 9 月中旬（震前 10 个月）起以平均 10μGal 每月的速度持续上升 10.5 个月，累积变化 105μGal 后，距台站 74km 处发生苍梧 5.4 级地震（图 24）。

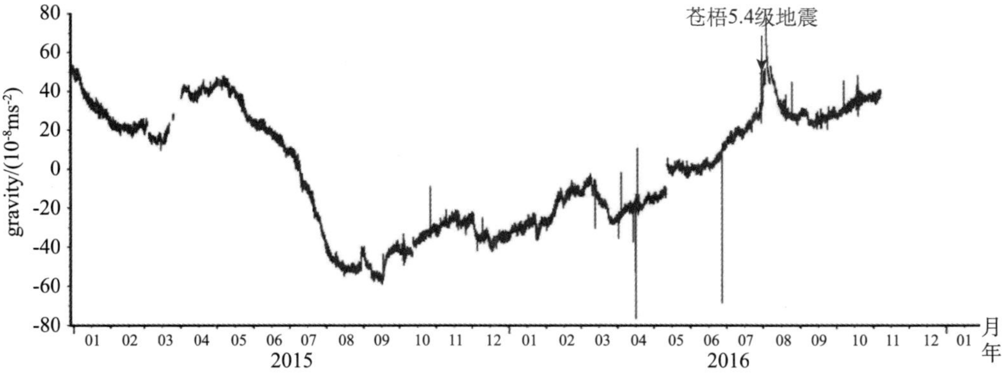

图 24　梧州台连续重力资料异常

Fig. 24　Abnomal of continuous gravity data at Wuzhou station

2）重力潮汐因子变化空间分布异常

重力潮汐因子的变化能够反映区域地壳的压缩与膨胀变化，其中重力潮汐因子的正向变化反映地壳的压缩，重力潮汐因子的负向变化反映地壳的膨胀。2016 年全年广西及邻区重力潮汐因子变化空间分布图显示（图 25），重力潮汐因子变化的零值线在广西区域内大致呈南北向分布，广西西部地区潮汐因子变化值为负值，而苍梧地震震中区域潮汐因子变化值为正值，表明在苍梧 5.4 级地震前，震中区域地壳处于压缩状态。

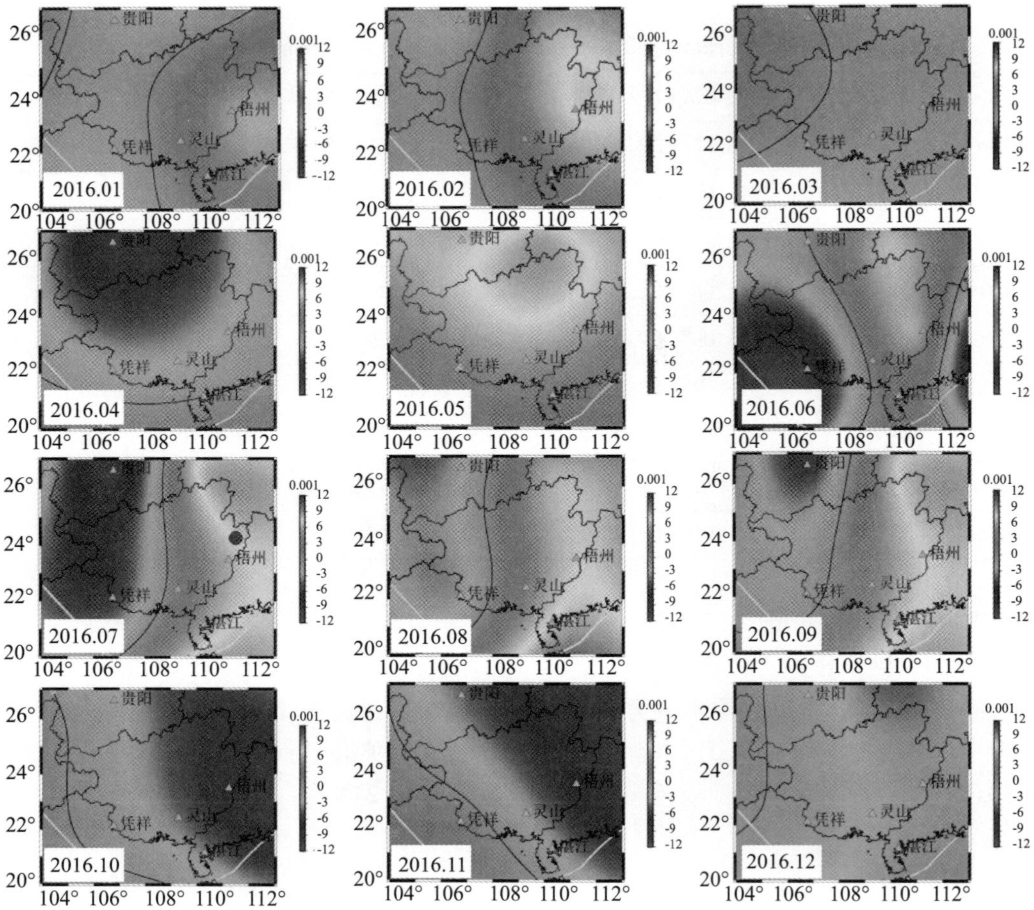

图 25　2016 年广西及邻区重力潮汐因子变化空间分布图（据国家重力台网中心）

Fig. 25　Spatial distribution of gravity tidal factor changes in Guangxi and its adjacent areas in 2016 (According to the national gravity network centre)

3）广西地区流动重力异常

分析 1a 尺度的重力场动态图像（图 26）可以发现，2014~2015 年桂东北地区重力异常变化的几何形态与布格重力空间分布（图 28）基本一致，较好地反映了苍梧 5.4 级地震前区域构造应力增强引起活动断层物质变迁和构造变形，在地表产生相应的重力场有序性变化。2015~2016 年桂东北地区重力场总体变化较上期相反，局部应力集中释放表现为苍梧 5.4 级地震后的反向恢复变化过程。综上所述，1a 尺度重力场累积动态图像较好地反映了区域应力增强引起的重力场有序性变化及沿贺街—夏郢断裂的构造活动，地震前后震中区域出现局部重力异常及其伴生的重力变化梯度带。分析地震前后区域重力场差分动态图像（图 27、图 26b）可以发现，苍梧 5.4 级地震发生在重力变化梯度带上、重力变化零值线附近和等值线的拐弯部位。重力场差分动态图像较好地反映了苍梧 5.4 级地震前震中附近的重力变化，是一个由“重力正值异常区向重力负值异常区变化并沿 NNE 向出现重力变化梯度带及其在反向变化过程中发震”的演化过程，这与以往的研究基本一致[7~9]。

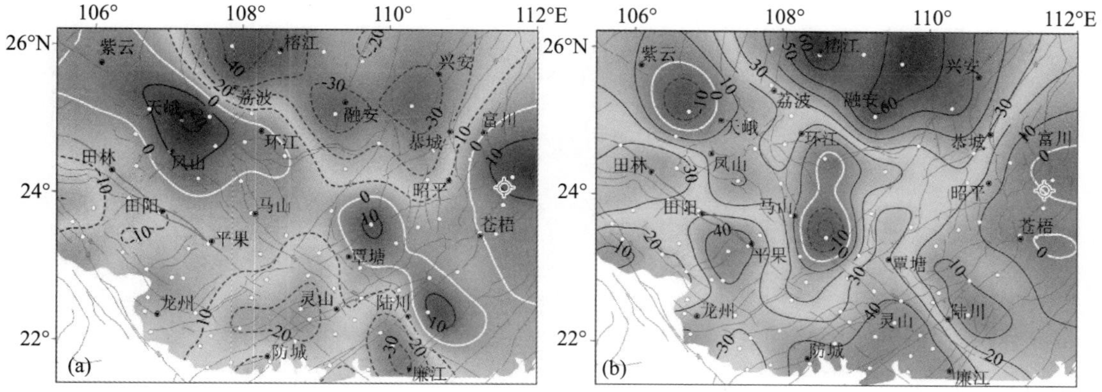

图 26　苍梧地震前后 1a 尺度的重力场动态变化图像（单位：$10^{-8}m \cdot s^{-2}$）

Fig. 26　Dynamic image of gravity field at 1-year scale before and after the Cangwu earthquake（unit：$10^{-8}m \cdot s^{-2}$）

（a）2014. 12～2015. 12；（b）2015. 12～2016. 09

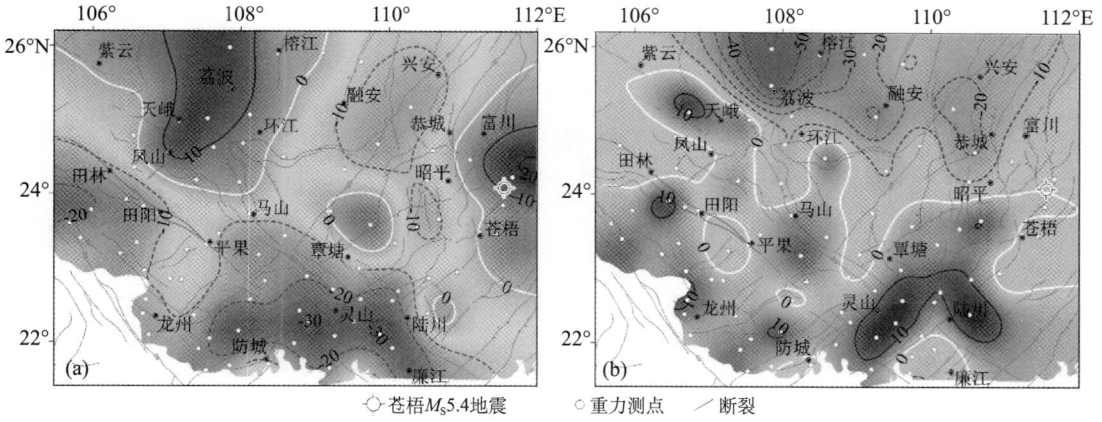

图 27　苍梧地震前后重力场差分动态变化图像（单位：$10^{-8}m \cdot s^{-2}$）

Fig. 27　Difference dynamic image of gravity field at 1-year scale before and after the Cangwu earthquake（unit：$10^{-8}m \cdot s^{-2}$）

（a）2014. 12～2015. 06；（b）2015. 06～2015. 12

4）GPS 变化与苍梧 5. 4 地震活动关系

利用 GPS 观测网络 2013～2015 年广西及邻区连续、流动 GPS 站观测资料，计算出 2013～2015 年广西及邻区面应变率与最大剪应变率（图 29）。由面应变率分布图像（图 29a）可以看出苍梧地区呈现较弱的拉张膨胀，而昭平—富川地区表现为反向挤压收缩，面收缩率达到峰值（$-3.2\times10^{-8}a^{-1}$），2016 年苍梧 5.4 级地震震中位于面应变梯度带零值过渡区，这有利于走滑破裂发育。进一步分析 2013～2015 年最大剪应变率分布图像（图 29b）可以看出苍梧 5. 4 级地震震中位于最大剪应变率高值区边缘部位，异常现象与以往震例相似[10]。

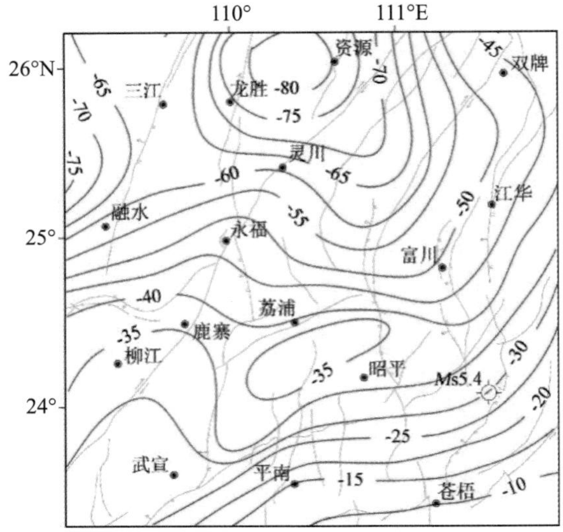

图 28　布格重力异常等值线（单位：$10^{-5}m \cdot s^{-2}$）

Fig. 28　Curve of the Bouguer gravity anomaly contour (unit: $10^{-5}m \cdot s^{-2}$)

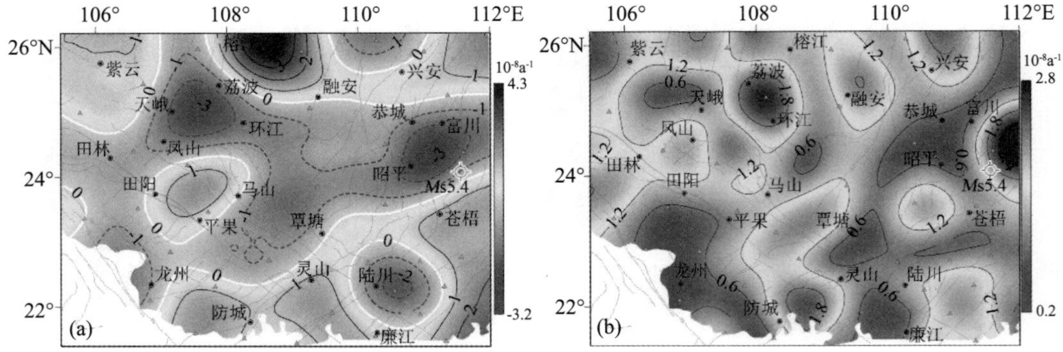

图 29　广西地区面应变率及最大剪应变率分布（2013～2015）

Fig. 29　Areal strain rate and maximum shear strain rate distribution in Guangxi region (2013-2015)

（a）面应变率；（b）最大剪应变率

3. 流体学科异常

1）桂平西山井水位异常

井水位破年变现象反映了区域地质构造应力的变化，是周边地区发生中强地震前中、短期异常的重要表现形式之一[11~13]。广西桂平西山井井深 186. 97 m，页岩裂隙深部循环承压水，动水位观测，自 1994 年观测以来，观测环境良好，资料连续可靠。水位呈夏高冬低的准年变动态，映震效能较好，对应大震多有明显的同震阶升效应。苍梧地震前，桂平地区无极端气候影响，降雨量处于正常范围，但该水位自 2015 年 4 月 25 日尼泊尔 8. 1 级地震同震阶升后开始下降，虽因多次受强降雨影响而有间歇性突升，但总体持续低值，至 2016 年 5 月 26 日才出现上升趋势，期间未表现出夏高冬低的准年变现象。苍梧 5. 4 级地震致水位阶升 0. 141m，井震距约 168km（图 30）。

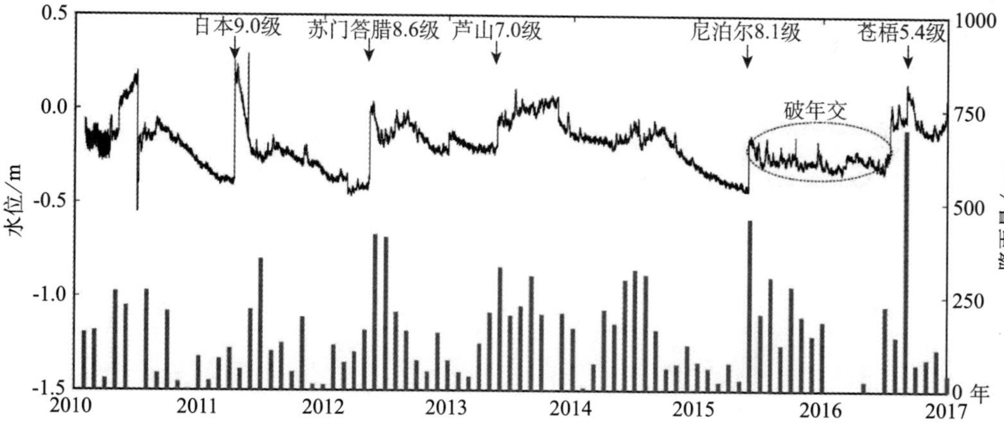

图 30 桂平西山井水位异常

Fig. 30 Water level anomaly of Xishan well in Guiping city

2）信宜水位异常

排除降雨影响后，井水位在短时间内快速上升现象反映了区域应力的增强，同样具有震兆意义[14,15]。广东信宜水位观测井井孔的基岩主要为花岗片麻岩变质后产生的混合岩，井孔总深 101. 90 m。储水空隙类型以裂隙承压水为主，少量孔隙水。观测层地下水埋藏类型为混合型水为主，静水位观测。信宜十五井水位一直以来受降雨影响显著，具较明显的夏高冬低年变。2016 年 1 月底至 2 月初，井孔所在地区尚未进入雨季，降雨量没有明显的提升，而井水位却在 1 月 27 日至 2 月 2 日出现快速上升现象，升高幅度达 0. 564m，与其他年度少雨季节相比，水位升高异常相当显著（图 31）。

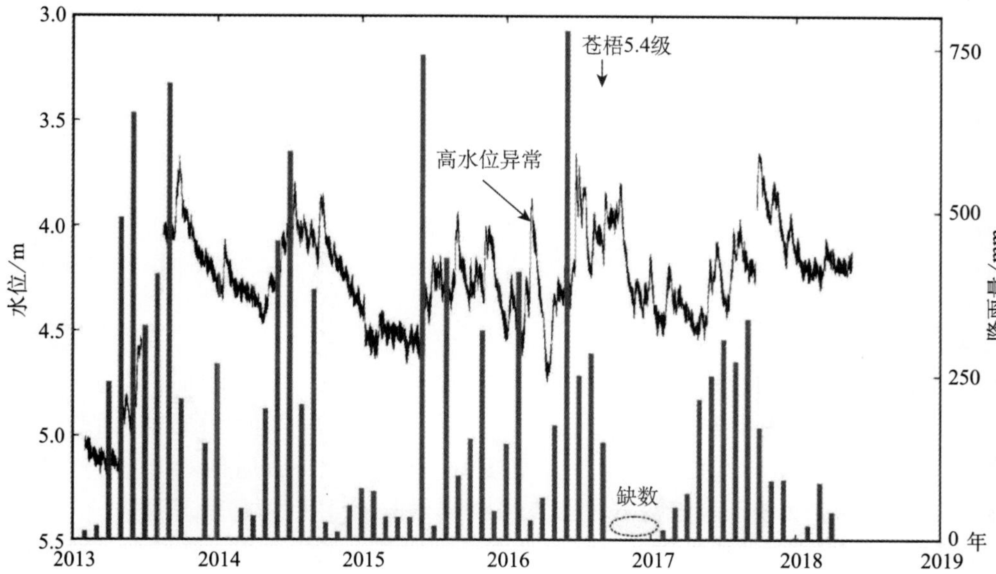

图 31 信宜十五井水位异常

Fig. 31 Water level anomaly of Xinyi well in Guangdong province

4. 地磁低点位移异常

2017 年 6 月 29 日，华南地区地磁台站出现 Z 分量低点位移异常，广东、福建地区的地磁台站低点时间为 10 时 15 分至 11 时 24 分，海南、广西、贵阳、湖南地区地磁台站低点时间为 13 时 21 分至 14 时 42 分，两组台站低点时间相差超过 2 小时，分界线途径粤桂交界、湖南南部和江西中部地区。苍梧 5.4 级地震发生在低点位移发生日之后的第 32 日，震中位于低点位移线附近（图 32），异常现象与以往震例相似[16,17]。

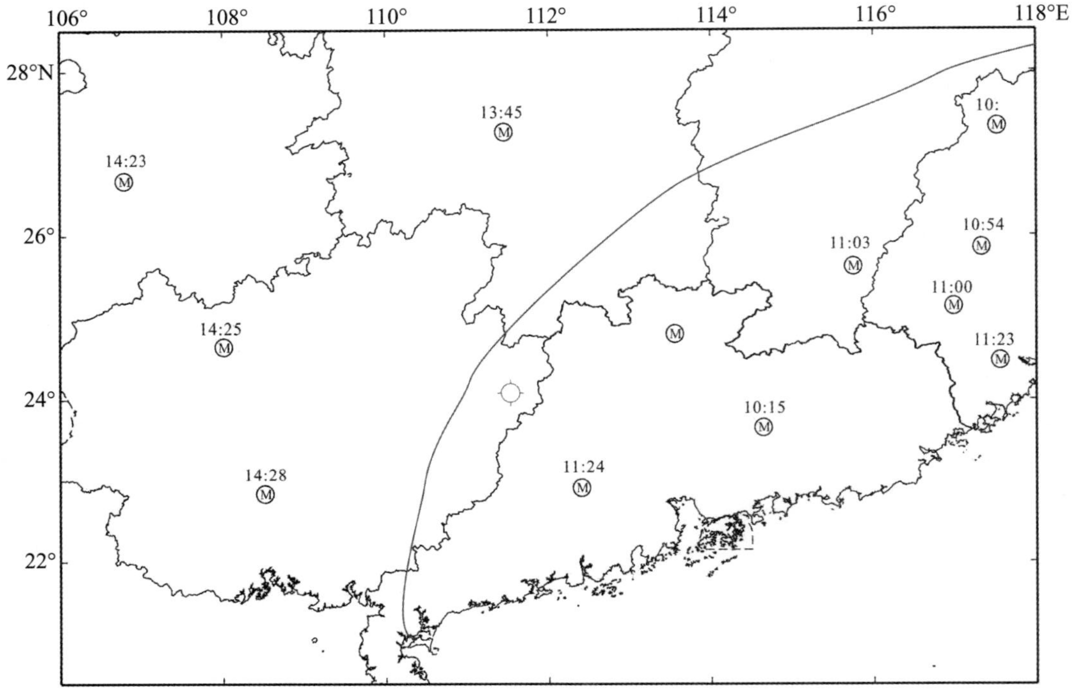

图 32　2016 年 6 月 29 日华南地区地磁低点位移异常

Fig. 32　Geomagnetic low point displacement anomalies in Southern China area in June 29, 2016

七、地震前兆异常特征分析

1. 地震学异常

苍梧 5.4 级地震前，广西及邻区共出现 10 条地震学异常，均为中期异常。从时间进程来看，2016 年年中会商提出频次、断层总面积、b 值、Q_e 值和 AC 值 5 条地震活动性时间扫描参数异常，异常起止时间为 2014 年 3 月至 2016 年 4 月，持续时间约 2 年；与此同时，2016 年 1 月平果窗 M_L2.5 以上地震开始活跃。测震学异常主要主要表现为震前 2 年出现，震前 3 个月左右逐渐消失然后发震的特征。地震活动增强、缺震、等效震级和震群活跃为震后总结发现异常。

地震活动性参数时间扫描异常有 7 条，不支持发震地点的判定。震群活动主要集中在桂西地区，地震活动增强和地震窗以往主要对应桂东南和桂西北中强地震震例。依据测震学异常指标，我们将 2016 年度广西地区年度地震危险区划在桂东南地区，而苍梧地震发生在桂东北地区，表明以上测震学异常指标对广西地震活动强度预测具有较好指示，但用于判定发震地点难度较大。

2. 前兆异常

苍梧地震 200km 范围内固定前兆台站较稀疏，主要分布在震中南部地区。6 月 29 日，中国地震台网中心提出广东、广西、福建、海南、湖南和贵阳地区地磁台站出现低点位移，低点位移分界线途径粤桂交界、湖南南部和江西中部地区，随后两天在低点位移分界线附近发生苍梧 5.4 级地震。震后总结发现梧州连续重力、区域重力潮汐因子变化、广东信宜水位、桂平西山水位存在异常。台站异常比为 60%。测项异常比为 30%。从时间进程来看，低点位移为短临异常，其余 4 条为中期异常。总体而言，震区附近固定前兆观测台站少，可靠的中短期异常少，异常不突出。

针对广西及邻区前兆台站少、分布不均匀的现状，广西地震局 2014 年以来逐步构建了流动重力和 GNSS 观测网络。资料分析结果显示，苍梧地震前，震中区存在流动重力、GPS 最大剪应变和面应变 3 条中期异常。

3. 宏观异常

这次地震的宏观前兆异常反应很少，现场科考组在震后没有收集到宏观异常现象，震前也没有收到宏观异常报告。

八、震前预测和震后响应

1. 震前预测

苍梧地震发生前几年，我们依据广西及邻区的地震活动及地震异常时空演化特征，坚持预测广西及邻区存在发生 5 级左右地震的可能。专家系统及异常空间叠加结果始终显示，桂东南和桂西地区是地震危险区。如《广西壮族自治区 2016 年度地震趋势研究报告》指出：陆川、合浦至涠洲岛一带为 5 级左右地震危险区，河池市区至马山县为 4.5 级左右地震值得注意地区，靖西县为 4 级左右地震值得注意地区[3)]。

总体而言，我们对广西及邻区 2016 年度地震活动水平做出了较好的预测，但由于苍梧地震震中附近前兆监测能力较弱、观测手段稀少、且没有明确的前兆异常和宏观异常配套，未能对发震位置做出准确判定，也未能对其做出短临预测。

2. 震后趋势判定

苍梧 5.4 级地震发生后，我们依据震区地质构造背景、地震序列不丰富、历史地震序列类型以孤立型为主、主震应力降偏高等指标，综合判定此次地震为主余型，存在 3~4 级余震的可能。同时指出此次地震打破了华南沿海地区长达 16 年 5 级地震平静，可能对华南中强地震活动有指示意义。基本准确的震后趋势判定意见为政府应急决策提供了参考，为抗震救灾指挥部决定在 2016 年 8 月 2 日强台风“妮妲”登录震中区前结束此次地震现场应急工作提供了科学依据。

3. 震后响应[4)]

苍梧 5.4 级地震造成广西大部分地区、广东、湖南部分地区震感强烈。地震发生后，党中央国务院和自治区党委政府高度重视，汪洋副总理作出重要指示，自治区彭清华书记、陈武主席，中国地震局原局长陈建民等领导迅速作出重要批示。自治区政府副主席黄日波迅速组织召开抗震救灾指挥部紧急工作部署会议，与中国地震局副局长修济刚、梧州及贺州市抗震救灾指挥部进行了视频连线，研究部署抗震救灾工作。广西壮族自治区、梧州和贺州市迅速启动地震应急Ⅲ级响应，各相关成员单位赶赴灾区开展抗震救灾工作。

广西地震局迅即启动本部门地震应急预案，各工作岗位人员第一时间到岗并组织开展应急处置工作。在中国地震局的领导下，我局会同中国地震局有关单位及震区涉及的各市、县（区）地震部门成立现场联合指挥部，下设协调秘书、灾害调查、地震监测、宣传报道和应急保障工作组，共计 120 多名专业技术人员参加了现场工作，苗崇刚局长和中国地震局有关领导赶赴地震现场指挥。震中区迅速架设了由 6 个流动台组成的流动地震监测台网。后方各工作组通力合作，各司其责。地震监测预报组全力做好地震速报，并与中国地震台网中心及邻省地震预报专家联合会商，做好震后趋势判定工作。及时将震情及震后趋势判定意见报告抗震救灾指挥部，供应急决策参考。

九、总结与讨论

1. 主要结论

（1）苍梧 5.4 级地震发生在广西东北部的苍梧县，大地构造上地处华南褶皱系的二级地质构造单元湘桂褶皱带的南部。地震序列余震少、强度低、衰减快，是一次发生在少震弱震区的孤立型地震，同时也是 1959 年以来广西陆区的最大地震。地震造成大范围有感，未造成人员伤亡。

（2）苍梧 5.4 级地震位于贺街—夏郢断裂带中部西侧，距离断裂最近约 6km。烈度等震线形状呈椭圆形，等震线长轴总体呈近 SN 向，与贺街—夏郢断裂整体走向一致。综合震源机制解、余震分布、地震烈度图及野外地质调查结果分析认为，此次地震的主破裂面走向为 NNW，呈左旋走滑性质，贺街—夏郢断裂为控震断裂。由于此次地震未形成地表破裂，加之震中区附近构造资料不够详尽，确定发震断层难度较大，初步分析认为此次地震的发震构造可能是 NNW 向的分支断层。

（3）苍梧 5.4 级地震震中 200km 范围内前兆观测台站少、测项少。此次总结研究共确定 5.4 级地震前兆异常 18 条，其中地震学异常 10 条，定点前兆异常 5 条，流动重力异常 1 条，GPS 异常 2 条。尽管我们做了大量的震情跟踪和趋势研判工作，认为 2016 年度广西地区存在发生 5 级左右地震的可能，但是此次地震最终未发生在年度地震重点危险区和值得注意地区内[3)]。

2. 讨论

（1）桂东南和桂西北是广西中强地震活动的主体地区，历史上大多数 5 级以上地震和陆域范围内所有 6 级以上地震均发生在这两个区域，近年来广西中小地震活动也主要分布这两个地区。苍梧地震发生前，广西地区测震学和前兆异常较少，主要以中期异常为主，短临异常不明显，在震中区附近没有发现存在晚更新世活动构造，此次地震的发生具有太多的“个性”，需要我们结合以往震例，挖掘更多地球物理场及数字地震学信息，深入研究、总结和反思。

（2）关于地震序列类型的判定，主要依据震中区历史震例和构造特征。苍梧 5.4 级地震位于桂东北弱震区，历史记载 150km 范围内最大地震为 1558 年 6 月 1 日广东封开 5½级地震，震中附近不存在大型的共轭断裂，因此基本不具备发展为前震、双震或多震型地震序列的地质构造背景。历史上震中附近 200km 范围内未见 5 级以上地震序列类型，记载的 7 次 M_L4.0~4.9 地震以孤立型为主。基于有限的资料很难在短时间内准确判断地震序列为主余型或孤立型。为此，依据广西及邻区 5 级以上历史震例主要为主余型和孤立型的经验，震后第一时间判定地震序列为主余型。震后总结发现，苍梧 5.4 级地震应力降为 16.5MPa，与其他地区同等级别地震相比，应变能释放明显偏高，表明此次地震的发震断层错动破裂较充分，积累应变能的释放较彻底，此外震中附近构造活动水平低。以上两点可能是导致此次地震序列类型判断出现偏差的主要因素。

（3）2015 年贵州剑河 5.5 级、2016 年广西苍梧 5.4 级地震均发生在少震弱震地区，且均发生在中国大陆东部 6 级以上地震超长平静和东南沿海地震带 5.5 级以上地震长期平静的背景下，苍梧 5.4 级地震的发生是否预示东南沿海地震带将进入新一轮地震活跃幕，对大陆东部强震活动有何指示意义，值得开展深入的分析研究。

（4）2016 年 8 月 2 日晚第四号台风“妮妲”开始影响苍梧震区，台风进入广西时的强度达热带风暴至强热带风暴级（8~10 级），苍梧震区累积雨量为 100~250 mm，台风与地震的叠加效应加大了灾害。2016 年 7 月 28 日，在唐山大地震 40 周年之际，习近平总书记提出我国防灾减灾工作应该做到“两个坚持、三个转变”，其中一个转变就是从应对单一灾种向综合减灾转变，苍梧地震也再次告诫我们，应切实提高自然灾害联动联防能力。

参 考 文 献

[1] 莫敬业、游象照、兰建才等，广西通志——地震志，广西人民出版社，10~11，1990
[2] 国家地震局《深部物探成果》编写组，中国地壳上地幔地球物理探测成果，地震出版社，1986
[3] 廖超明、马艳、潘元进等，广西区域现今地壳运动与应变的 GPS 监测分析，测绘学报，44 (8)：858~865，2015
[4] GB/T 18208.3—2011，地震现场工作　第三部分：调查规范
[5] 广西壮族自治区地质局，贺县幅地质图，北京：地质出版社，1965
[6] 郭培兰，广西中等地震前地震活动性增强特征分析，华南地震，31 (1)：29~36，2011
[7] 祝意青、李辉、朱桂芝等，青藏块体东北缘重力场演化与地震活动，地震学报，26 (增刊)：71~78，2004
[8] 祝意青、徐云马、吕弋培等，龙门山断裂带重力变化与汶川 8.0 级地震关系研究，地球物理学报，52 (10)：2538~2546，2009
[9] 祝意青、闻学泽、孙和平等，2013 年四川芦山 M_S7.0 地震前的重力变化，地球物理学报，56 (6)：1887~1894，2013
[10] 江在森、张希、祝意青等，昆仑山口西 M_S8.1 地震前区域构造变形背景，中国科学 (D 辑)，32 (增刊)：163~172，2003
[11] 国家地震局预测预报司编，地下流体地震预报方法，地震出版社，1997
[12] 车用太、鱼金子，地震地下流体学，气象出版社，2005
[13] 盛艳蕊、张子广、张素欣等，昌黎井水位破年变异常分析，中国地震，31 (02)：399~408，2015
[14] 车用太、鱼金子等，地下流体典型异常的调查与研究，北京：气象出版社，317~324，2004
[15] 杨明波、车用太、王力等，大灰厂井水位上升异常及其震兆意义，地震地磁观测与研究，26 (02)：68~74，2005
[16] 丁鉴海、刘杰、余素荣等，地磁日变化异常与强震的关系，地震学报，26 (增刊)：79~87，2004
[17] 冯志生、李琪、李鸿宇等，地磁低点位移线两侧异常变化的反相位现象及其解释，中国地震，25 (22)：206~213，2009

参 考 资 料

1) 广西壮族自治区地震局，广西苍梧 5.4 级地震现场灾害调查报告，2016
2) 广西工程防震研究院，梧州旺城广场项目工程场地地震安全性评价报告，2012
3) 广西壮族自治区地震局，广西壮族自治区 2016 年度地震趋势研究报告，2015
4) 广西壮族自治区地震局，广西苍梧 5.4 级地震应急工作总结，2016

The M_S 5.4 Cangwu Earthquake on July 31, 2016 in Guangxi Zhuang Autonomous Region

Abstract

M_S5.4 earthquake occurred in Cangwu county, Guangxi province on july 31th, 2016. The microscopic epicenter measured by China Earthquake Networks Center is 24.08°N, 111.56°E, focal depth is 10km. The macro-epicenter is Shatou town of Cangwu county. The earthquake did not cause significant surface rupture. The intensity at the meizoseismal area was Ⅶ. and its major axis was nearly in NS direction. The direct economic losses reached 99 million and 220 thousand yuan. There is no casualties in this earthquake.

The earthquake sequence belonged to isolation type and the magnitude of the largeat aftershock was M_L2.1. This earthquake had fewer aftershocks, and the dominant distribution directions of which is nearly NW. NW nodal plane of focal mechanism solution is the main rupture surface, which is sinistral strike slip type., and the P axis of the main compressive stress was in NW direction. The seismogenic structure was the Hejie-Xiaying fault and it maybe the branch of the NNW fault.

The earthquake was occurred in the northeast of Guangxi province. Within 200km from the epicenter, there are 12 seismic observation stations, 3 strong earthquake stations, 3 precursory observation stations, GPS and mobile gravity observation. These precursory observation stations have 6 observation items and 10 station items in total. There are 18 anomalies have been found before the earthquake, including 10 seismological anomalies, 5 precursory anomalies, 1 flow gravity anomaly and 2 GPS anomalies. Within 100km from the epicenter of the earthquake, the ratios of stations with anomalies and items with anomalies were 100% and 33.3%, within 101km to 200km the ratios were 50% and 28.6%.

The Cangwu M_S5.4 earthquake did not occur in the annual moderate strong earthquake area designated by the Guangxi Seismological Bureau. No obvious short impending anomalies were observed before the cangwu earthquake. After the earthquake, the China Earthquake Administration Working Group carry out seismic flow monitoring, earthquake, intensity evaluation, disaster investigation and assessment, scientific investigation work, and set up 6 mobile seismic station. The experience and problems of the earthquake emergency disposal were summarized scientifically.

报告附件

附表 1　固定前兆观测台（点）与观测项目汇总表

序号	台站（点）名称	经纬度（°）		测项	资料类别	震中距 Δ/km	备注
		φ_N	λ_E				
1	梧州	23.48	111.23	地倾斜	Ⅱ	74	
				洞体应变	Ⅱ		
				定点重力	Ⅱ		
				测震	Ⅰ		
2	肇庆	23.04	112.47	地磁	Ⅱ	150	
3	桂平	23.40	110.06	水位	Ⅱ	169	
				水温	Ⅱ		
4	花都	23.41	113.21	水位	Ⅱ	186	
				水温	Ⅱ		
5	信宜	22.35	110.93	水位	Ⅱ	200	
				地倾斜	Ⅱ		
				测震	Ⅰ		
6	贺州	24.42	111.56	测震	Ⅰ	36	
7	昭平	24.24	111.20	测震	Ⅰ	38	
8	怀集	24.04	112.30	测震	Ⅰ	77	
9	平南	23.61	110.43	测震	Ⅰ	125	
10	岑溪	22.96	110.94	测震	Ⅰ	140	
11	肇庆	23.18	112.54	测震	Ⅰ	143	
12	金秀	24.23	109.97	测震	Ⅰ	160	
13	永福	25.01	110.12	测震	Ⅰ	176	
14	桂林	25.29	110.36	测震	Ⅰ	179	
15	连州	24.80	112.39	测震	Ⅰ	117	
16	阳春	22.42	111.94	测震	Ⅰ	187	
17	阳春	22.42	111.94	测震	Ⅰ	187	

续表

分类统计	0<Δ≤100km	100<Δ≤200km	总数
测项数 N	4	5	6
台项数 n	7	17	24
测震单项台数 a	3	7	10
形变单项台数 b	0	0	0
电磁单项台数 c	0	1	1
流体单项台数 d	0	4	4
综合台站数 e	1	1	2
综合台中有测震项目的台站数 f	1	1	2
测震台总数 $a+f$	4	8	12
台站总数 $a+b+c+d+e$	4	13	17
备注			

附表 2　测震以外固定前兆观测项目与异常统计表

序号	台站（点）名称	测项	资料类别	震中距Δ/km	按震中距Δ范围进行异常统计									
					0<Δ≤100km					100<Δ≤200km				
					L	M	S	I	U	L	M	S	I	U
1	梧州	地倾斜	Ⅱ	74	–	–	–	–	–					
		洞体应变	Ⅱ	74	–	–	–	–	–					
		定点重力	Ⅱ	74	–	√	–	–	–					
2	肇庆	地磁	Ⅱ	150						–	–	–	–	–
3	桂平	水位	Ⅱ	169						–	√	–	–	–
		水温	Ⅱ	169						–	–	–	–	–
4	花都	水位	Ⅱ	186						–	–	–	–	–
		水温	Ⅱ	186						–	–	–	–	–
5	信宜	水位	Ⅱ	200						–	–	–	–	–
		地倾斜	Ⅱ	200						–	–	–	–	–

续表

序号	台站（点）名称	测项	资料类别	震中距Δ/km	按震中距Δ范围进行异常统计									
					0<Δ≤100km					100<Δ≤200km				
					L	M	S	I	U	L	M	S	I	U
分类统计	台项	异常台项数			0	1	0	0	0	0	1	1	0	0
		台项总数			3	3	3	3	3	7	7	7	7	7
		异常台项百分比/%			0	33	0	0	0	0	14	14	0	0
	观测台站（点）	异常台站数			0	1	0	0	0	0	0	0		
		台站总数			1	1	1	1	1	4	4	4	4	4
		异常台站百分比/%			0	100	0	0	0	0	25	25	0	0
	测项总数				3					4				
	观测台站总数				1					4				
备注														

2016 年 9 月 23 日四川省理塘 4.9、5.1 级地震

四川省地震局

祁玉萍　龙　锋　肖本夫　杜　方　梁明剑　赵　敏　马伶俐

摘　要

2016 年 09 月 23 日 00 时 47 分，四川省甘孜藏族自治州理塘县发生 4.9 级地震，微观震中 30.09°N、99.64°E；随后 01 时 23 分，理塘县发生 5.1 级地震，微观震中 30.10°N、99.61°E，宏观震中（30.225°N，99.831°E）位于理塘县禾尼乡，震中烈度Ⅵ度，烈度分布呈 EW 走向椭圆形。震区乡镇稀疏，人烟稀少，震害较轻微，灾害调查后没有给出详细的受灾人口和地震灾害经济损失的评估报告，属于较轻的地震灾害。

此次地震序列为双震型，两次主要地震是 4.9 和 5.1 级，序列中最大余震为 9 月 26 日 3.9 级地震。4.9 级地震的震源机制解节面 I 走向 278°、倾角 45°、滑动角 -56°，节面 II 走向 54°、倾角 54°、滑动角 -119°；5.1 级地震震源机制解节面 I 走向 260°、倾角 44°、滑动角 -104°，节面 II 走向 99°、倾角 48°、滑动角 -77°，两次地震的震源断错性质均为正断型，主压应力 P 轴方位 NWW 向，节面走向与哈嘎拉断裂北侧规模相对较小的 EW 向正断层走向一致。分析认为：此次双震的发震构造为哈嘎拉断裂北侧规模相对较小的 EW 向正断层。

震中距 200km 范围内共有地震台站 14 个，其中测震台 6 个、定点前兆台 5 个、跨断层监测场地 9 个，两主震后增设流动台 2 个。震前主要出现地震空区、地震平静、跨断层 3 个异常项目，共 5 项次的前兆异常，其中地震学异常 3 项，跨断层形变异常 2 项，以中短期异常为主。部分异常在地震发生后持续存在或反复出现，对此次 5 级双震是否具有指示意义仍有待讨论。此外，地震所在的川西高原自然环境恶劣，观测手段较少，地震发生后仅有少量的文章对此次事件进行了回溯性的研究，这也是此次地震震例异常总结较少的原因。

四川省地震局对理塘 4.9、5.1 级地震做出了较好的中期预报，该地震发生在四川省地震局 2016 年度所圈定的川藏交界 6 级左右地震危险区中心。震前未提出短临预测意见，震后趋势判定正确。

前　言

据中国地震台网中心测定，2016年09月23日00时47分，四川省甘孜藏族自治州理塘县发生4.9级地震，微观震中为30.09°N、99.64°E，震源深度19km。随后01时23分，理塘发生5.1级地震，微观震中为30.1°N、99.61°E，震源深度16km。两次地震的震源机制类型均为正断型，主震破裂面走向近EW向，序列类型为双震型。

理塘4.9和5.1级地震发生在四川省地震局2016年度地震趋势研究报告1)圈定的川藏交界6级左右地震危险区内。预测危险区监测能力相对较弱，针对年度圈定的危险区开展地震短临跟踪较困难。

这两次地震仅相隔36分钟时间，微观震中相距3.2km，震后调查在两次地震发生后开展，灾害属于两次地震叠加影响，宏观震中位于理塘县禾尼乡（99.831°E，30.225°N）。极震区烈度为Ⅵ度，烈度分布呈EW向椭圆形。Ⅵ度区主要涉及理塘县禾尼乡1个乡镇，巴塘县波戈溪乡、德达乡、列衣乡、波密乡4个乡镇。震区乡镇稀疏，人烟稀少，震害较轻微。震后调查没有给出详细的受灾人口和地震灾害经济损失的评估报告，属于较轻的地震灾害。

四川及邻区有历史记载以来，理塘4.9和5.1级地震的震中100km范围内，共发生5级以上地震22次，其中：6.0~6.9级5次，7级以上1次。最大地震是1870年4月11日巴塘$7^1/_4$级地震；距离此次理塘地震最近的是1989年巴塘震群，震群中心距此次地震序列约25km，震群中发生在哈嘎拉断裂上的1989年5月1日M_S5.2地震，距此次理塘地震序列最近约13km。

地震发生后，四川省地震局派出工作组赴地震现场开展灾害调查和台站增设工作，并进行了序列分析和研判。

此次地震序列所在区域地震监测手段较少，加之震级偏小，目前对该地震的研究较少[1,2]。此次工作的目的在于归纳和汇总震前出现的异常，并对其进行分析。

一、测震台网及地震基本参数

此次理塘地震序列发生在四川西部地震监测能力相对较弱的区域，图1给出理塘4.9、5.1级地震附近的测震台站分布情况。震中200km范围内有6个测震台（图1），100km范围内仅有2个测震台。距离此次地震序列最近的巴塘台，震中距约50km，序列中多数地震为巴塘单台记录。为了改善余震监测，提高定位能力，四川省地震局在震区增设了2个流动台（图1中灰色三角形），分别位于此次序列的东、西两侧，震中距约25km，并于震后第3天正式运行，流动台加入使得序列的最小完整性震级达到M_L1.4，精定位结果显示水平向和垂直向误差可分别控制在1和2km以内。

表1列出不同地震机构给出的理塘4.9、5.1级地震的基本参数。此次地震基本参数采用中国地震台网中心正式目录给出的结果，鉴于四川地震台网有流动近台约束，定位精度相对较高，因此序列采用了四川地震台网的定位结果。截至2017年3月31日，此次理塘序列中四川区域台网能定位的地震为1506次。

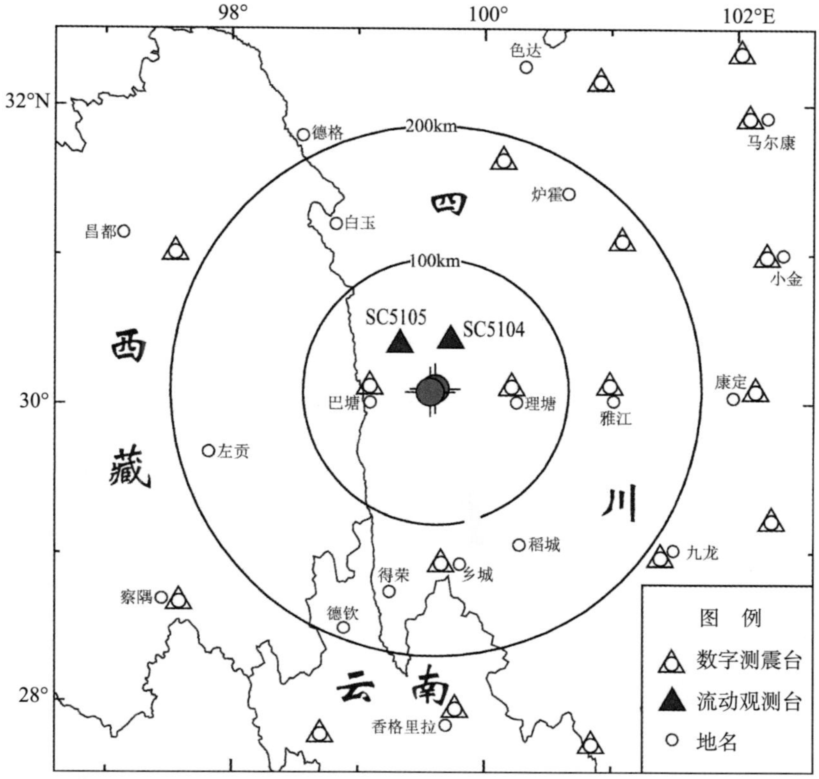

图 1 理塘 4.9、5.1 级地震震中附近测震台站分布图

Fig. 1 Distribution of seismometric stations around the epicentral area of within 200km before the M_S4.9 and M_S5.1 Litang earthquakes

表 1 理塘 4.9、5.1 级地震的震源参数

Table 1 Basic parameters of the M_S4.9 and M_S5.1 Litang earthquakes

发震日期	发震时刻	震中位置（°）		震级				震源深度	结果来源
年．月．日	时：分：秒	λ_E	φ_N	M_S	M_L	M_b	M_W	（km）	
2016.09.23	00：47：12.5	99.64	30.09	4.9				19	CENC
	00：47：12	99.63	30.1		5.4			13	四川省地震台网
	00：47：26.25	99.701	30.19			5.2		23.4	USGS
	00：47：17.3	99.78	30.1		5.2		5.2	20.2	HRV
	01：23：11.9	99.61	30.10	5.1				16	CENC
	01：23：11.83	99.618	30.096		5.5			15	四川省地震台网
	01：23：15	99.65	30.177			5.3		21	USGS
	01：23：16	99.75	30.08	5.3			5.2	21.1	HRV

注：CENC 为中国地震台网中心，USGS 为美国地质调查局，HRV 美国哈佛大学地震学信息网。

二、地震地质背景

此次理塘 5. 1 级地震序列发生在川滇菱形块体西边界金沙江断裂带附近区域的哈嘎拉断裂（图 2），GPS 显示块体在此的运动方向表现为近 EW 向推移[3]，区域内发育有 NS 向、NW 向、NE 向和近 EW 向断裂，主要活动断裂为近 NS 向的金沙江断裂带、NE 向巴塘断裂和 NW 向理塘断裂带。

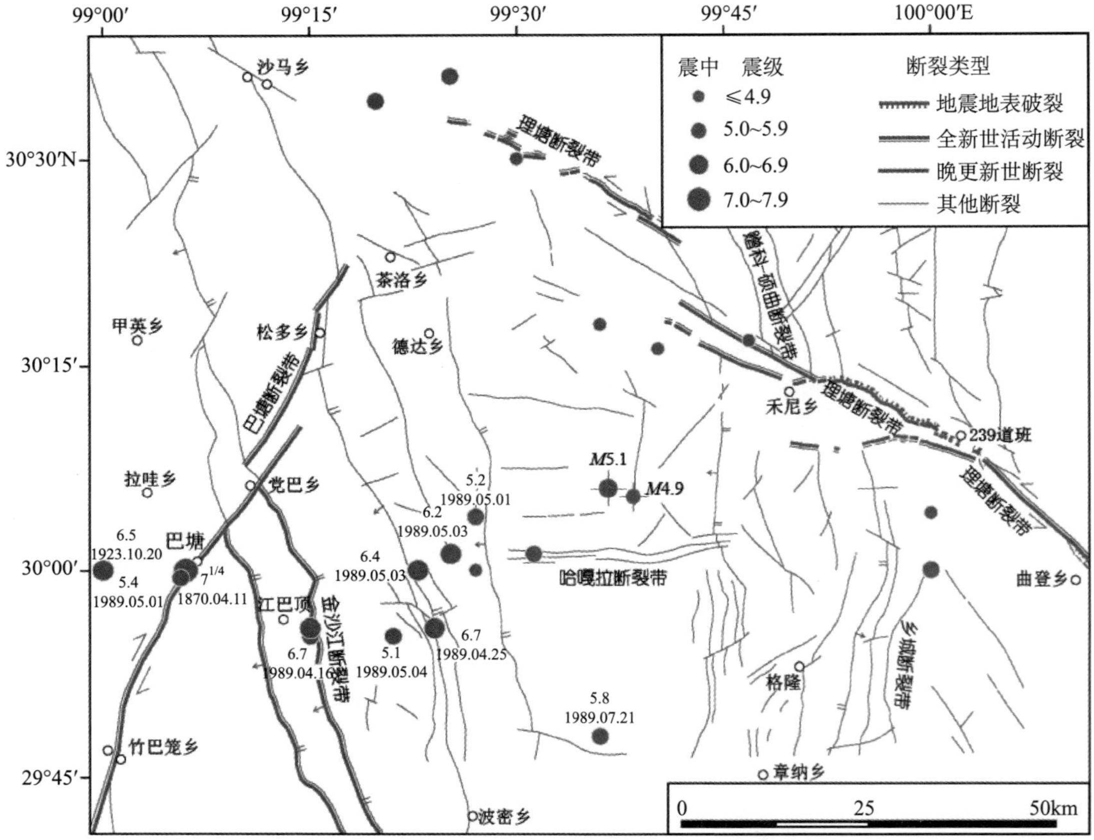

图 2　理塘 4. 9 和 5. 1 级地震震中附近地质构造与历史地震震中分布

Fig. 2　Map of geological structure and distribution of historical earthquakes around the epicentral area of the M_S4. 9 and M_S5. 1 Litang earthquakes

BC26. 01. 01 ~ 2016. 09. 23，$M_S \geqslant 5.0$

在现今块体动力学环境下，近 NS 向的金沙江断裂带由雄松—苏洼龙断裂、红军山断裂、斋如隆—日雨断裂和降曲—党结真拉断裂等组成，表现为近 EW 向的缩短，年缩短速率在 2 ~ 3mm/a 左右；其东侧的哈嘎拉断裂，由多支近乎平行的 EW 向断裂组成。NE 向的巴塘断裂沿着四川巴塘县城—竹巴笼—西藏芒康芒岭乡一线展布，广义上该断裂被划归为金沙江构造带的一部分，横切断裂带中 NS 向的断裂，呈右旋走滑性质，水平滑动速率为 1. 3 ~ 2. 5mm/a，该断裂上曾发生过 1870 年巴塘 7¼级地震[4]，其震中距此次理塘地震序列约

50km。NW 向理塘断裂带是川西次级活动块体内部一条具有发生地表破裂型地震能力的活动断裂带，由毛垭坝盆地北缘断裂、理塘断裂和康嘎—德巫断裂等 3 条伴有倾滑分量的次级断裂组成，该断裂带横切了近 NS 向的赠科—硕曲断裂和乡城断裂带，全新世左旋滑动速率约为 4~5mm/a，此次理塘地震序列位于该断裂带西南侧，在理塘断裂南东段曾发生过 1948 年理塘 7.3 级地震，距此次理塘地震序列约 108km；而介于禾尼乡与 239 道班之间的毛垭坝盆地段仍保留着较清晰的地震地表破裂带，经考证该次地震可能发生于 1890 年[4,5]。

在布格重力异常图上（图 3），理塘 4.9、5.1 级震中位置已经进入青藏高原内部，布格重力异常等值线较平坦舒缓，与地质构造格局和地形轮廓基本一致。康定、理塘的南东侧和西藏左贡南西侧则为布格重力异常等值线均较紧密梯度带。在理塘 4.9、5.1 级震中位置附近，即康定以西的理塘、巴塘至藏东一带布格重力异常等值线表现宽缓异常梯度带。利用最新重力、航磁资料，通过异常分析和反演计算，结果显示：理塘断裂带北段莫霍面局部隆坳相间，南段莫霍面逐渐抬升，居里面呈现由西向东加深的梯度带[6]；金沙江断裂带，居里面形成局部抬升，深部可能存在高温地热异常源。在重力和航磁图上，金沙江断裂带和理塘断裂表现为正负异常的转换带，表明断层两侧介质属性存在差异，也是这两个构造地震多发的深部原因。已有研究显示，川滇块体西北部巴塘—理塘地区上地壳速度高，而中、下地壳因青藏高原软弱物质的东向挤入呈现明显的低速分布[7~9]，上述速度结构特征有利于中、强地震的孕育[10]。基于航磁 ΔT 化极延拓处理分析结果，认为巴塘—理塘区域近 EW 向断裂仅局限在地下浅于 10km 深

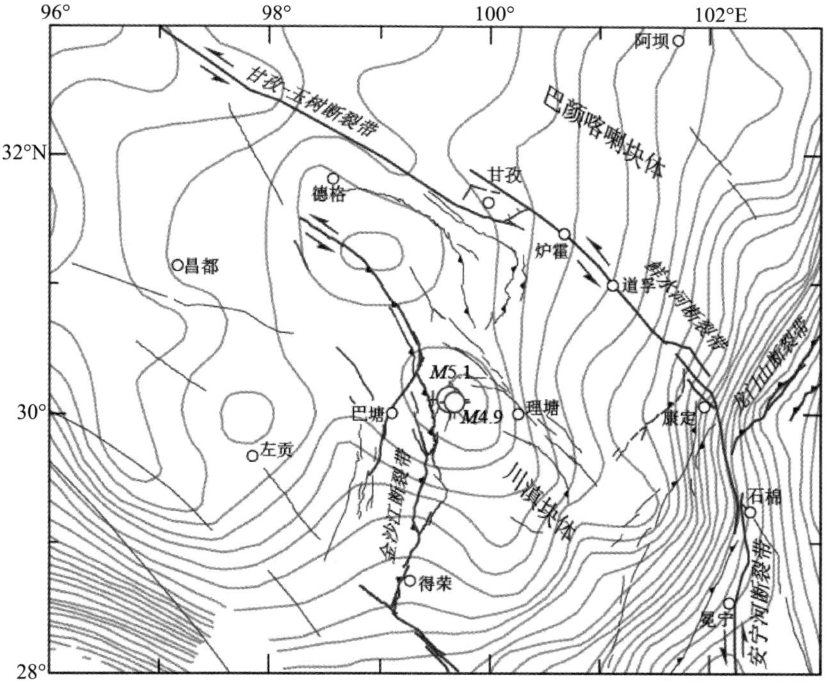

图 3 理塘 4.9、5.1 级震中及其邻区布格重力异常图

Fig. 3 Bouguer gravity anomaly map of the neighborhood and epicentral area of the M_S4.9 and M_S5.1 Litang earthquakes

布格重力异常等值资料来源于地质矿产部

度的上地壳内部[11]，与利用波形反演获得的巴塘震群震源深度相吻合[12]。

理塘地震序列发生在 1989 年巴塘 6.7 级强震群东侧附近规模不大的 EW 向断裂与近 NS 向断裂的接合部位。通过调查震中区断裂信息，结合序列的空间分布，极震区长轴展布、以及主震震源机制解节面走向，我们认为近 EW 向分布的哈嘎拉断裂带应为此次事件的发震构造，但目前尚未有关于哈嘎拉断裂带详细的信息。

四川有历史地震记录以来，震中 100km 范围内，共发生 5 级以上地震 22 次，其中：6.0 ~6.9 级 5 次，7 级以上 1 次，最大地震为 1870 年 4 月 11 日巴塘 $7\frac{1}{4}$级地震，距此次地震主震约 50km。震中所处川西高原理塘—巴塘地区的历史地震记载时间较短，最早的历史地震记录始于 1722 年的巴塘 6 级地震[2,3)]（据中《国强地震目录》（公元前 23 世纪—公元 1999 年）；《全球地震目录》（公元前 999—公元 2011 年）；《四川地震台网目录》），且 1900 年以前 5 级地震严重缺失，仅有 1722 年的巴塘 6 级和 1870 年 4 月 11 日巴塘 $7\frac{1}{4}$级两次 6 级以上地震记录。1900 年以来，主要有 1989 年 4 月 16 日开始的巴塘 6.7 级强震群，其序列中心与此次理塘序列主震相距约 25km。

三、地震影响场和震害

理塘 4.9、5.1 级地震距巴塘县城约 50km，距理塘县城约 65km。震后，四川省地震局现场工作队依据《地震现场工作：调查规范》（GB/T 18208.3—2011）、《中国地震烈度表》（GB/T 17742—2008），通过灾区震害调查、强震动观测记录分析等工作，给出了四川理塘 4.9 和 5.1 级地震烈度分布（图 4）。

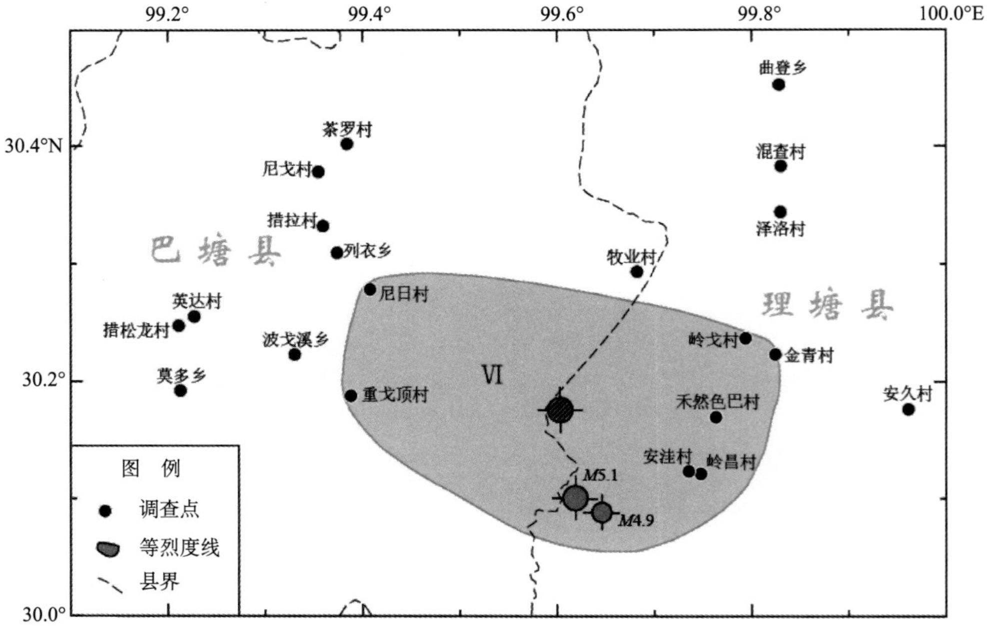

图 4　理塘 4.9 和 5.1 级地震烈度分布图

Fig. 4　Isoseismal map of the M_S4.9 and M_S5.1 Litang earthquakes

此次地震最高烈度为Ⅵ度，等震线呈EW向展布的椭圆状，长轴约为42km，短轴约为23km，Ⅵ度区总面积约850km^2，涉及四川省甘孜藏族自治州理塘、巴塘2县，共造成5个乡镇受灾。东起理塘禾尼乡岭戈村一带，西至巴塘波戈溪乡重戈顶村，南自巴塘波密乡哈嘎拉，北到巴塘德达乡牧业村一带。Ⅵ度区主要涉及理塘县禾尼乡1个乡镇，巴塘县波戈溪乡、德达乡、列衣乡、波密乡4个乡镇。

震区乡镇稀疏，人烟稀少，震害较轻微，未造成人员伤亡，同时也没有形成地震详细灾害经济损失的评估报告。

四、地震序列

1. 序列概况

理塘4.9、5.1级地震发生前，该区域2016年9月17日起开始出现小震活动，截至2017年3月31日，四川省地震台网共记录到理塘序列M_L0.0以上地震1506次，其中5.0~5.9级地震2次，4.0~4.9级地震1次，3.0~3.9级地震14次，2.0~2.9级地震256次，1.0~1.9级地震952次，1级以下的地震有281次。9月23日5.1级地震后发生的最大余震为9月26日M_S3.9（M_L4.2）地震，M_L3.0以上地震见表2，该序列最小完整性震级为M_L1.4。

表2　理塘4.9、5.1级地震序列目录（$M_L \geqslant 3.0$）

Table 2　Catalogue of the M_S4.9，M_S5.1 Litang earthquakes sequence（$M_L \geqslant 3.0$）

编号	发震日期	发震时刻	震中位置（°）		震级	震源深度	结果来源
	年．月．日	时：分：秒	λ_E	φ_N	M_L	（km）	
1	2016.09.19	16：13：52	99.67	30.07	3.0	5.0	四川地震台网
2	2016.09.21	14：49：17	99.65	30.07	3.0	15.0	
3	2016.09.23	00：47：12	99.63	30.10	5.4	13.0	
4	2016.09.23	00：50：29	99.67	30.08	3.5	7.0	
5	2016.09.23	01：10：45	99.62	30.08	3.1	17.0	
6	2016.09.23	01：23：11	99.62	30.10	5.5	15.0	
7	2016.09.23	10：18：35	99.65	30.12	3.4	13.0	
8	2016.09.26	23：48：48	99.62	30.08	4.2	13.0	
9	2016.12.07	10：04：55	99.62	30.08	3.1	10.0	
10	2016.12.07	10：05：09	99.62	30.08	3.4	13.0	
11	2016.12.07	10：17：24	99.62	30.08	3.0	13.0	
12	2016.12.22	07：24：16	99.62	30.08	3.7	18.0	
13	2016.12.22	07：25：45	99.60	30.08	3.7	13.0	
14	2016.12.22	07：33：42	99.60	30.08	3.1	11.0	

续表

编号	发震日期	发震时刻	震中位置（°）		震级	震源深度	结果来源
	年．月．日	时：分：秒	λ_E	φ_N	M_L	（km）	
15	2016. 12. 23	04：43：48	99. 62	30. 08	3. 8	14. 0	
16	2016. 12. 23	05：01：45	99. 62	30. 08	3. 7	13. 0	
17	2016. 12. 23	06：08：51	99. 60	30. 08	3. 1	12. 0	

2. 余震空间分布特征

根据四川地震台网的地震定位给出理塘地震序列的震中分布图（图 5）。2016 年 9 月 17 日起，震源区附近出现小震活动，主要集中在主震的东南端，期间发生 2 次 M_L3. 0 以上地震。4. 9 级地震发生约半小时后，在其北西侧约 3km 处再次发生理塘 5. 1 级地震，余震序列主要分布在 40km 范围内，分布相对集中，无明显的优势分布方向，M_L3. 0 以上地震相对丛集，均分布在主震 10km 的范围内。

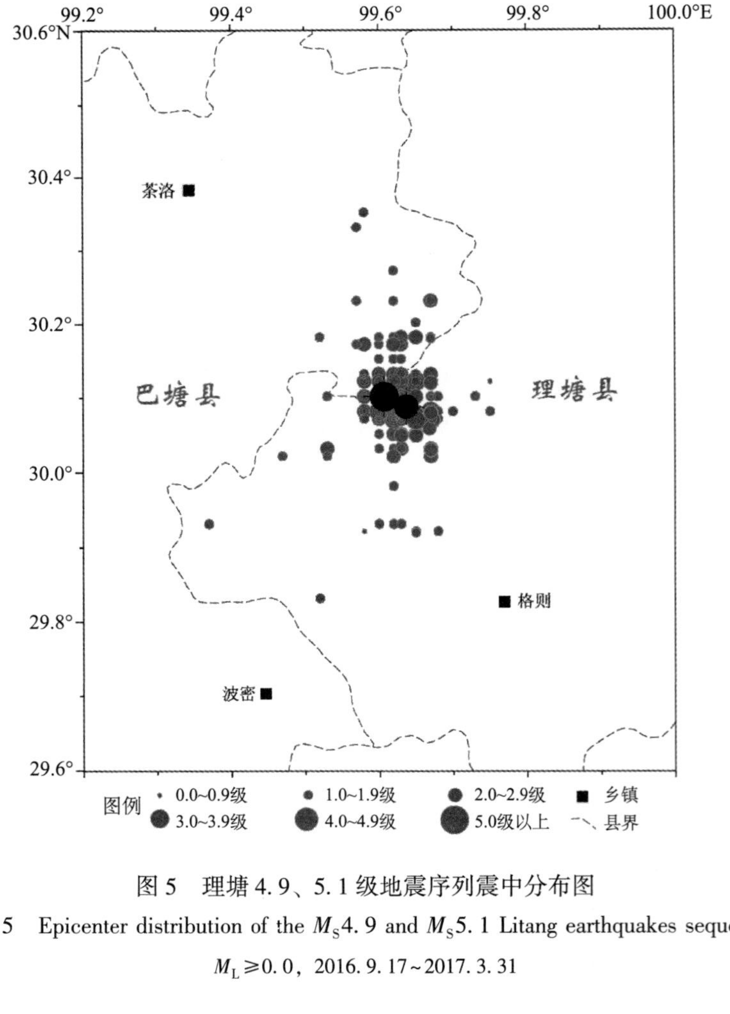

图 5　理塘 4. 9、5. 1 级地震序列震中分布图

Fig. 5　Epicenter distribution of the M_S4. 9 and M_S5. 1 Litang earthquakes sequence

$M_L \geqslant 0.0$，2016. 9. 17～2017. 3. 31

图 6 展示了重新定位后的理塘地震序列震中分布，用色标给出了震中随时间的变化，图像显示，理塘地震序列发生在哈嘎拉断裂带北侧，余震密集区位于近 EW 走向的 F1 断裂东端和近 NS 走向的 F3 断裂南端附近。可以看出，主震后最初 2 天的早期余震（图 6 中深色圆）NS 向展布范围较大，在余震密集区的南侧哈嘎拉断裂带附近以及北侧 F2 断裂以北区域均有少量地震分布，但后期余震主要发生在 5.1 级主震附近。

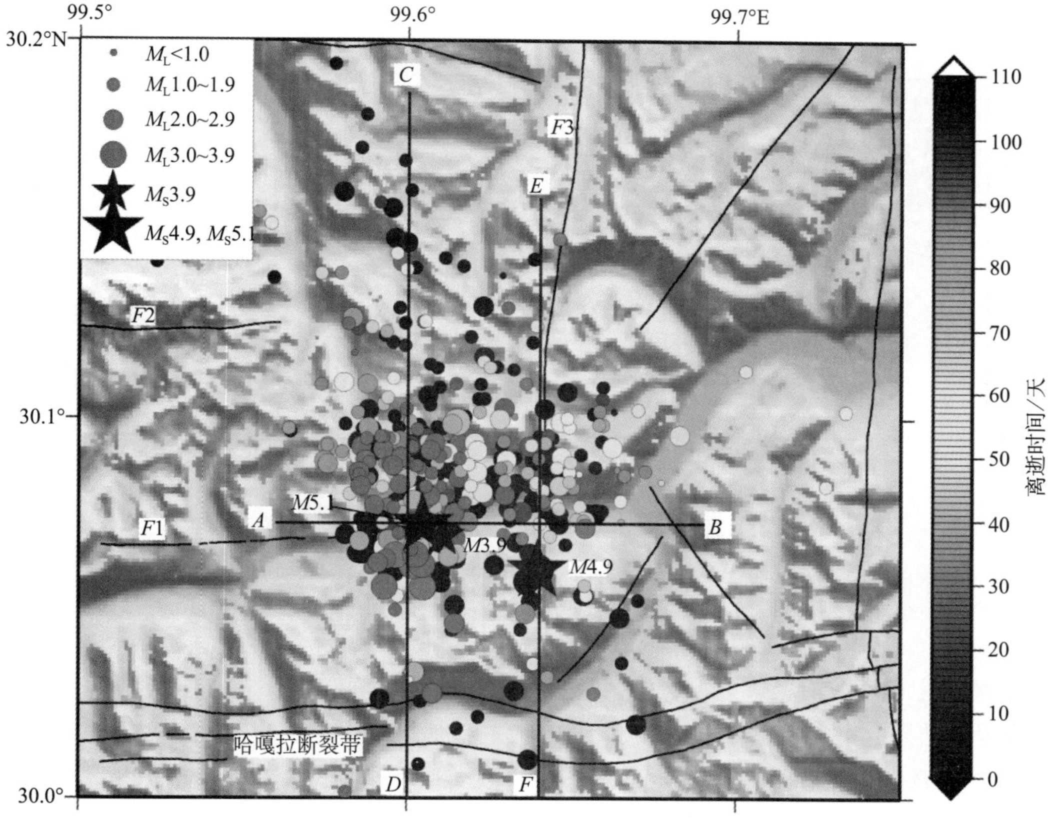

图 6　理塘地震序列 $M_L \geqslant 0.7$ 级地震重新定位后的震中分布图

Fig. 6　Relocated epicenter distribution of the Litang earthquakes sequence（$M_L \geqslant 0.7$）

带字母标志的黑色实线指示深度剖面的位置；色标表示地震距第一个主震（M_S4.9）的间隔时间

图 7 分别给出了沿 EW 走向和 NS 走向的 3 个震源深度剖面，剖面宽度均为剖面线（图 6 黑色实线所示）两侧各 5km。自西向东的 A—B 深度剖面（图 7a）显示余震沿 EW 向展布约 12km，分布在 1~18km 深度范围，但余震密集区 EW 向展布仅约 10km，主要集中在 1~12km 深度上，绝大多数余震位于 4.9 和 5.1 级主震震源上部，主震下部余震稀少。自北向南的深度剖面 C—D（图 7b）和 E—F（图 7c）显示余震沿 NS 向展布总长约 15~17km，但余震密集区长度约 8km，此外，由 C—D 剖面和 E—F 剖面可以清晰地看出，发震断层面倾向 N、高倾角，且两剖面图地震分布特征极为相似，表明在震源区的发震断层面几何结构变化不大。

根据重新定位后的理塘地震余震密集区平面分布呈 EW 向长轴的空间展布（图 6）和沿 NS 走向的震源深度剖面所展示的发震断层面北倾的特征（图 7b、c），结合震源机制解正断且节面走向近 EW 向（图 13）、等震线长轴近 EW 向（图 4）以及震源所处区域的构造展布，初步分析认为，断层面北倾、近 EW 走向的哈嘎拉断裂带可能为此次理塘 4.9 和 5.1 级地震的发震构造，与哈嘎拉断裂带倾向和走向一致的节面 I 为同震破裂面，与利用沿 NS 走向的震源深度剖面（图 7b）粗略估计的断层面倾角基本一致。

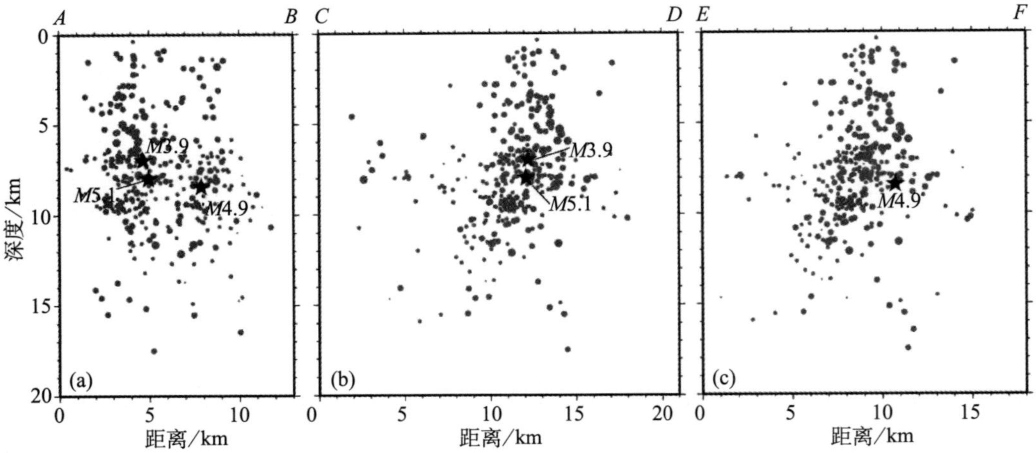

图 7　理塘地震序列 $M_L \geqslant 0.7$ 级地震震源深度剖面

Fig. 7　Vertical cross-section the strike of the long-axis of the aftershock area

A—B 剖面自西向东，C—D、E—F 剖面自北向南；色标标示地震距第一个主震的间隔时间

3. 地震序列衰减情况

为保证结果的可靠性，我们选取了 M_L1.4 以上的地震计算系列参数，从序列 M-T、日频次 N-T 以及应变释放曲线来看（图 8 至图 11），此次序列小震活动大致可以划分为四个时段：①前震活动阶段，该区域自 2017 年 9 月 17 日起，震源区出现小震活动，并发生 M_L3.0 以上地震 2 次；②强余震活动阶段，主震后 7 天，余震集中发生，序列日频度快速降低，余震衰减明显，期间于 9 月 26 日发生 M_S3.9（M_L4.2）最大余震，M_L1.4 以上余震最大日频次出现在主震当日，达 232 次；③余震起伏活动阶段，2016 年 12 月余震活动呈现起伏趋势，期间发生 M_L3.0 以上地震 9 次；④余震衰减阶段，12 月 23 日后地震活动水平明显下降，截至 2017 年 3 月，小震活动偶有发生，呈正常活动水平。鉴于该序列在 2016 年 12 月还有所起伏，计算参数的数据截至 2016 年 12 月 31 日，计算结果显示整个序列的 b 值为 1.12，h 值为 1.67，p 值为 0.48，总体上反映序列衰减基本正常。理塘序列震级-频度关系图给出的序列最大余震期望震级为 M_L4.1（图 12），与最大余震震级 M_L4.2 接近，表明震级频度分布均较好地遵从 G-R 关系。

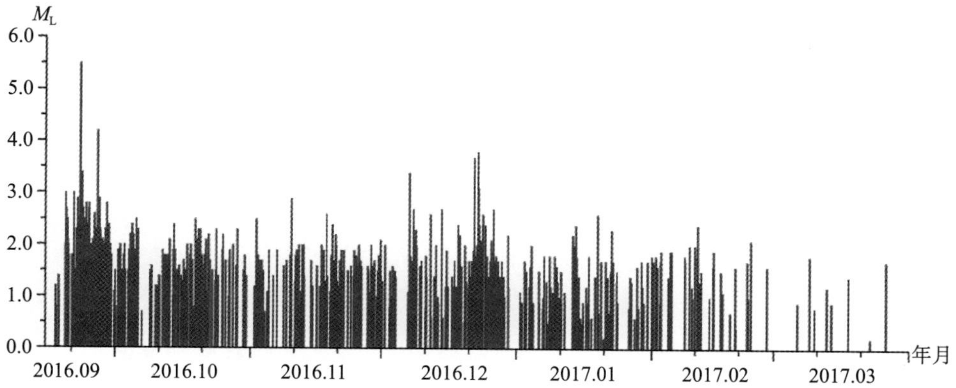

图 8 理塘地震序列 M-T 图

Fig. 8 M-T diagram of the Litang earthquakes sequence

资料：2016. 09. 17~2017. 03. 31，$M_L \geqslant 0.0$

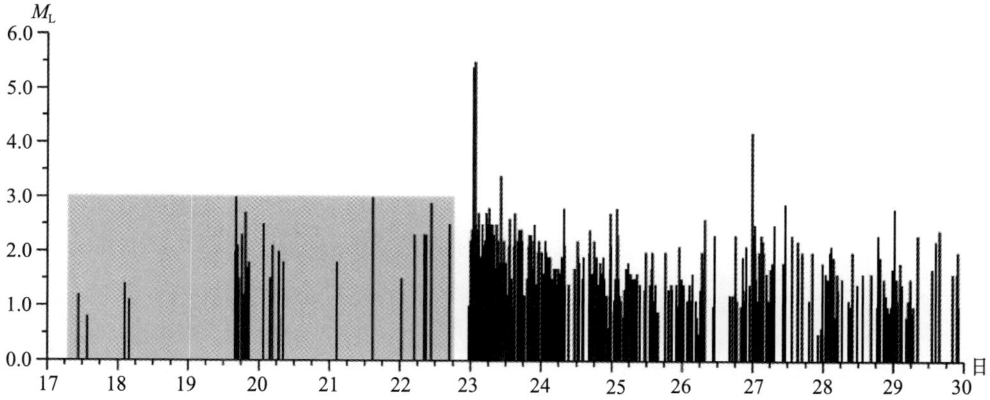

图 9 理塘地震早期序列 M-T 图

Fig. 9 M-T diagram of the Litang earthquakes sequence

资料：2016. 09. 17~09. 30，$M_L \geqslant 0.0$

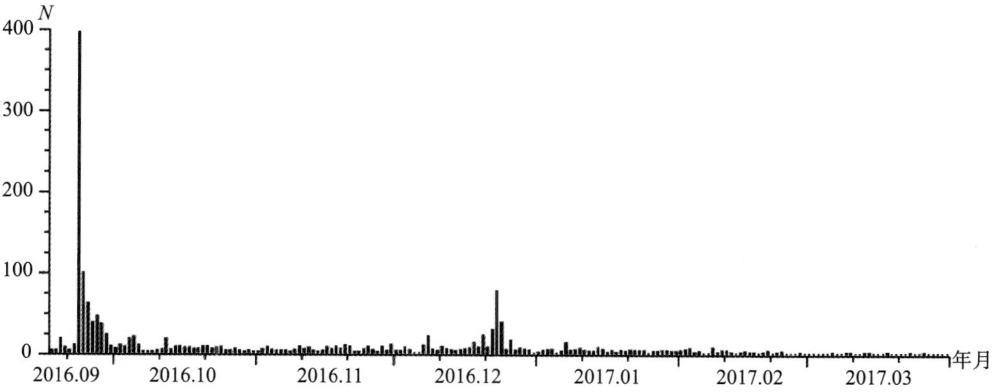

图 10 理塘地震序列日频度曲线

Fig. 10 Curve of daily frequency of the Litang earthquakes sequence

资料：2016. 09. 17~2017. 03. 31，$M_L \geqslant 0.0$

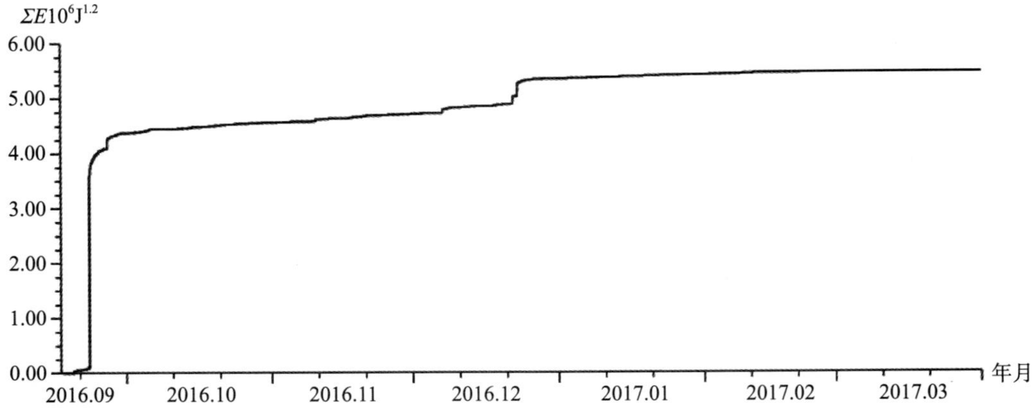

图 11　理塘地震序列应变释放曲线

Fig. 11　Curve of strain release of the Litang earthquakes sequence

资料：2016.09.17~2017.03.31，$M_L \geqslant 0.0$

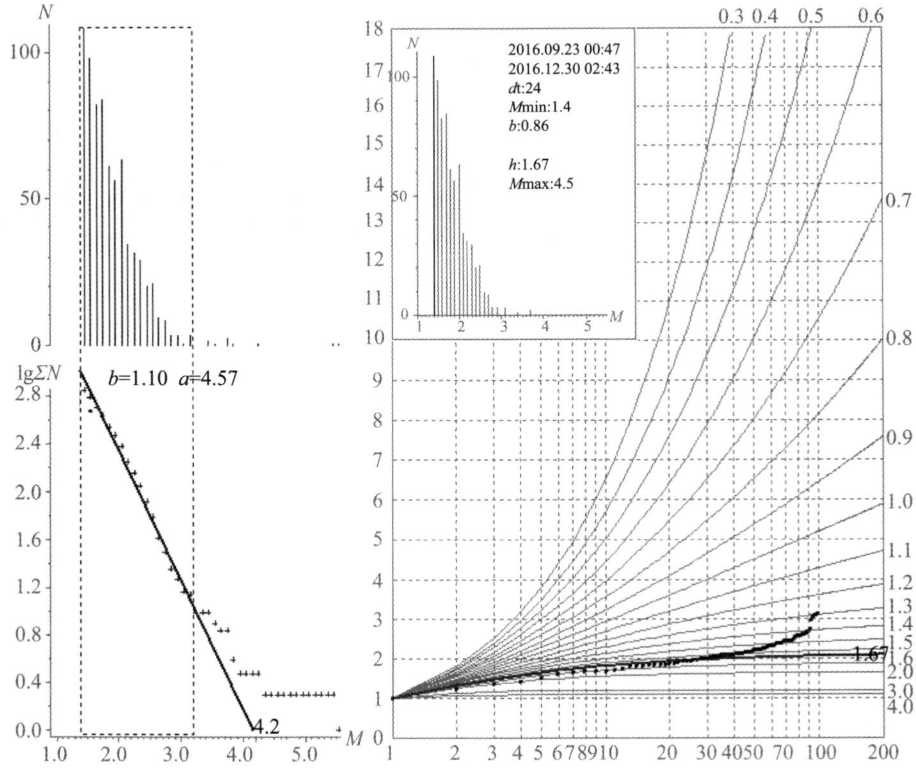

图 12　理塘地震序列 b 值和 h 值曲线

Fig. 12　b-value and h-value curve of the Litang earthquakes sequence

4. 地震序列类型分析

2016 年 9 月 23 日 00 时 47 分 4.9 级地震占整个序列能量的 40.05%，01 时 23 分 5.1 级地震占整个序列能量的 59.17%，最大地震与次大地震的震级能量差为 $\Delta M = M_1 - M_2 = 5.1 - 4.9 = 0.2$，$\Delta M \leqslant 0.6$。由此可见，该序列可判定为双震型。此次理塘地震序列附近区域发生的 $M_S \geqslant 5.0$ 级历史地震中（表 3），主—余型序列的地震占绝大多数，但也出现了如 1989 年巴塘震群型和 1996 年白玉孤立型地震特例。

表 3　1722 年以来理塘及邻区 $M_S \geqslant 5.0$ 级地震余震序列类型统计（统计范围 110km）

Table 3　Statistics table of $M_S \geqslant 5.0$ earthquakes sequence type around the Litang from 1722（Within 110km）

序号	发震日期 年．月．日	震中位置（°）		震级	参考地名	烈度	最大余震	与主震间隔时间	震型	距此地震震中距（km）
		北纬	东经							
1	1722	30.00	99.10	≥6.0	巴塘一带	Ⅸ			主—余	50
2	1870.04.11	30.00	99.10	7¼	巴塘	Ⅹ			主—余	50
3	1923.10.20	30.00	99.00	6½	巴塘附近	Ⅶ			主—余	61
4	1930.08.24	30.00	100.00	5½	理塘附近				主—余	40
5	1941.08.02	30.00	100.00	5.0	理塘西				主—余	40
6	1948.05.25	29.00	100.50	7.3	理塘	Ⅹ	M_S5.5	1 天	主—余	110
7	1960.05.03	29.80	99.60	5.4	巴塘东南				主—余	36
8	1968.03.03	29.90	100.30	5.7	理塘				主—余	71
9	1974.06.05	29.40	99.60	5.2	巴塘东南				主—余	81
10	1979.11.06	30.57	99.33	5.0	巴塘东北		M_L3.2	当天	主—余	58
11	1989.04.16	29.99	99.23	6.7	巴塘东南	Ⅷ	M_S6.7	9 天	多震	39
12	1996.12.21	30.60	99.60	5.5	白玉		M_L3.2	当天	孤立	58
13	2002.08.08	30.87	100.02	5.3	新龙		M_L4.0	5 天	主—余	94
14	2013.01.18	31.00	99.40	5.4	白玉		M_L3.9	当天	主—余	103

注：历史地震信息来源于《中国强地震目录》（公元前 23 世纪—公元 1999 年）和 2000 年以来四川区域地震台网目录

五、震源参数和地震破裂面4）

基于多阶段重新定位方法获得的巴塘—理塘地区一维速度模型（表 4），利用四川数字测震台网波形资料，采用 CAP 方法计算得到理塘 4.9 和 5.1 级地震的震源机制解（图 13），所得结果与其他研究结果进行比较，结果基本一致（表 5），报告使用四川地震局的结果。

表 4　巴塘—理塘地区速度模型

Table 4　1-D velocity model in Batang-Litang area

层号	1	2	3	4	5	6	7	8	9	10	11
顶层深度/km	0.00	1.00	1.50	2.50	3.00	4.00	10.00	16.00	20.00	28.00	43.00
P 波速度/（km/s）	4.58	4.79	4.93	5.07	5.16	5.78	5.99	6.07	6.14	6.33	7.41

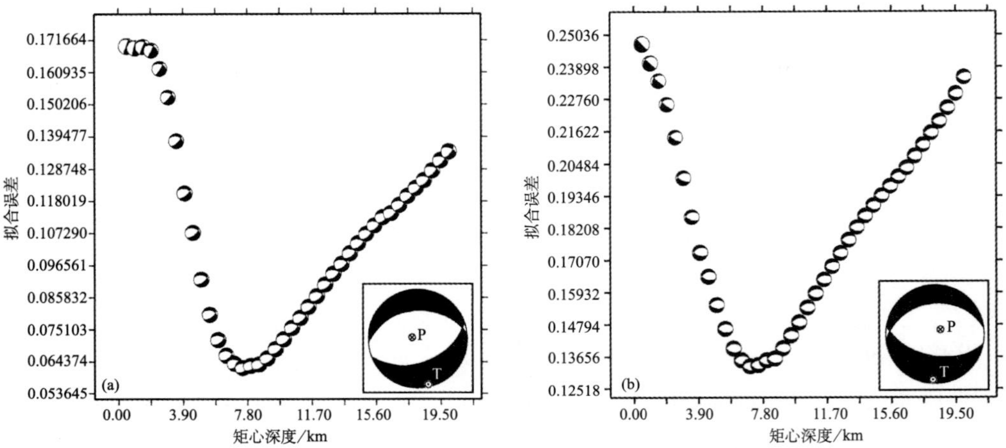

图 13　理塘 4.9（a）、5.1（b）级地震深度拟合误差图

Fig. 13　Fitting chart of the depth and error of the M_S4.9 and M_S5.1 Litang earthquakes

表 5　理塘 4.9 和 5.1 级地震序列震源机制解

Table 5　Focal mechanism solutions of the M_S4.9 and M_S5.1 Litang earthquakes

编号	节面Ⅰ（°）			节面Ⅱ（°）			P 轴（°）		T 轴（°）		M_W	M_S	结果来源
	走向	倾角	滑动角	走向	倾角	滑动角	方位	仰角	方位	仰角			
1	266	41	-77	69	50	-101	284	80	167	4	4.89	4.9	四川地震局
	281	47	-55	56	53	-122	264	65	167	3	5.2		HRV
2	263	37	-104	101	54	-79	47	78	183	8	4.94	5.1	四川地震局
	288	47	-61	69	51	-117	272	69	178	2	5.2		HRV
	260	48	-85	73	43	-95	219	85	346	3	5.1		中国地震台网中心
	263	53	-113	118	43	-63	115	71	9	5			中国地震局地球物理研究所

注：编号：1 为理塘 M_S4.9 地震，2 为理塘 M_S5.1 地震。

表 6 理塘 4.9 和 5.1 级地震矩张量解

Table 6 Moment tensor solutions of the M_S4.9 and M_S5.1 Litang earthquakes

编号	节面Ⅰ（°）			节面Ⅱ（°）			矩张量						地震矩 M_0	矩震级 M_W
	走向	倾角	滑动角	走向	倾角	滑动角	M_{xx}	M_{yy}	M_{zz}	M_{xy}	M_{yz}	M_{zx}		
1	266	41	-77	69	50	-101	3.041	0.082	-3.122	-0.69	0.579	-0.399	3.24E+23	4.89
2	263	37	-104	101	54	-79	2.598	-0.058	-2.539	0.077	-0.433	-0.787	2.72E+23	4.94

注：编号：1 为理塘 M_S4.9 地震；2 为理塘 M_S5.1 地震。

4.9 级地震的震源机制解节面Ⅰ走向 266°、倾角 41°、滑动角 -77°，节面Ⅱ走向 69°、倾角 50°、滑动角 -101°，P 轴仰角 284°、方位 80°；5.1 级地震震源机制解节面Ⅰ走向 263°、倾角 37°、滑动角 -104°，节面Ⅱ走向 101°、倾角 54°、滑动角 -79°，P 轴仰角 47°、方位 78°。上述结果表明，理塘 4.9 和 5.1 级地震具有相似的震源机制解，均显示节面走向近 EW 向，断层错动类型为正断型；P 轴方位呈近 EW 向，与该区域剪切波快波偏振方向呈 EW 向[13,14]及震源所处区域构造应力场为近 EW 向主压应力方向[15]一致。利用 CAP 波形反演获得的 4.9 和 5.1 级地震的震源深度（7.5、7km）小于多阶段方法重新定位深度（12.56、12.78km），两种方法获得的震源深度差异分别为 5.06 和 5.78km。我们认为，理塘 4.9 和 5.1 级地震均出现相对较大深度差异的原因除计算方法不同外，还可能与最初 2 天缺乏近台约束（最近的 BTA 台震中距约 50km）有关，导致包含主震在内的序列前 2 天地震利用多阶段方法重新定位获得的深度误差相对较大，这也可能是 2 次主震偏离发震断层面（图 7b、c）的重要原因。

六、地震前兆观测台网及前兆异常

1. 地震前兆观测台网

震中附近定点前兆观测台站及观测项目分布见图 14。震中 200km 范围有 5 个定点前兆台站，包括形变、流体、电磁 15 个观测项目，共 21 个观测台项。其中震中 0~100km 范围有巴塘、理塘 2 个定点前兆台，有水温、地磁总强度、地磁垂直分量、地磁偏角、地磁水平分量 5 个观测项目，6 个观测台项；100~200km 范围有乡城、甘孜和道孚 3 个前兆台，有 10 个观测项目，共 15 个观测台项（表 7）。

跨断层形变场地的测项主要沿着鲜水河断裂展布，震中距 100km 范围内无跨断层形变场地的测项，震中距 100~200km 范围共有 8 个跨断层流动形变场地，1 个定点跨断层场地（虾拉沱场地），共计有 39 个观测项，其中：基线监测有 7 个场地，短水准监测有 8 个场地，水平蠕变有 5 个场地（图 15）。

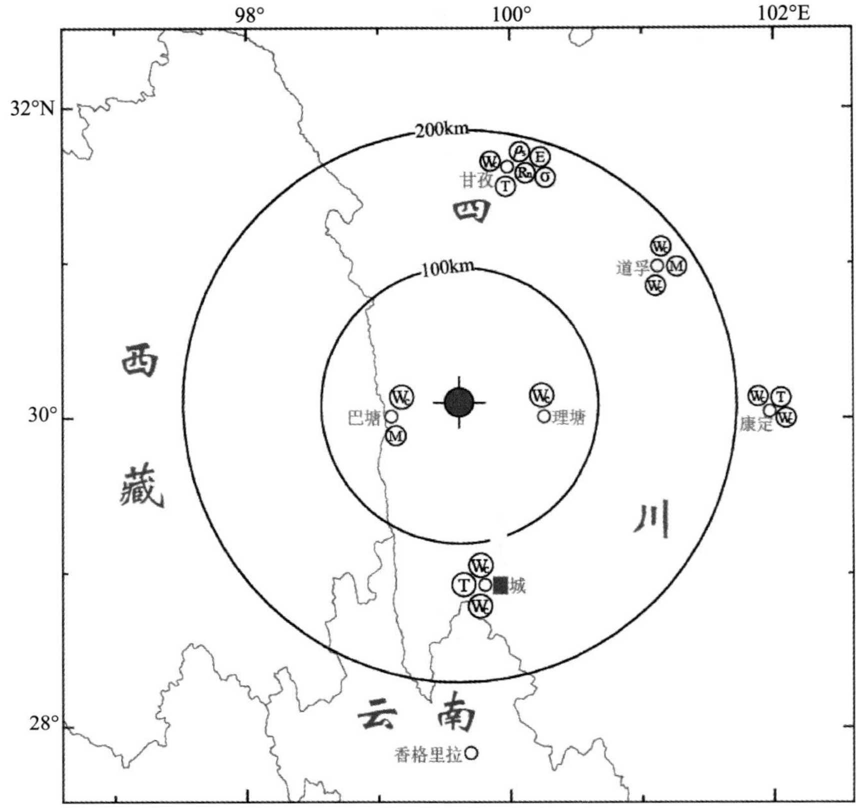

图 14　理塘 4.9、5.1 级地震附近定点前兆台站分布图

Fig. 14　Distribution of precursory-monitoring stations around the M_S4.9 and M_S5.1 Litang earthquakes

表 7　理塘地震前定点前兆观测项目表

Table 7　Summary table of precursory monitoring items on the fixed observation points before the Litang earthquakes

编号	观测台站	观测项目
1	巴塘	地磁总强度、地磁垂直分量、地磁偏角、地磁水平分量、水温
2	理塘	水温
3	甘孜	地电场、地电阻率、自然电位、水氡、地倾斜、体应变
4	道孚	地磁总强度、地磁垂直分量、地磁偏角、地磁水平分量、水温、水温
5	乡城	水温、水温、地倾斜

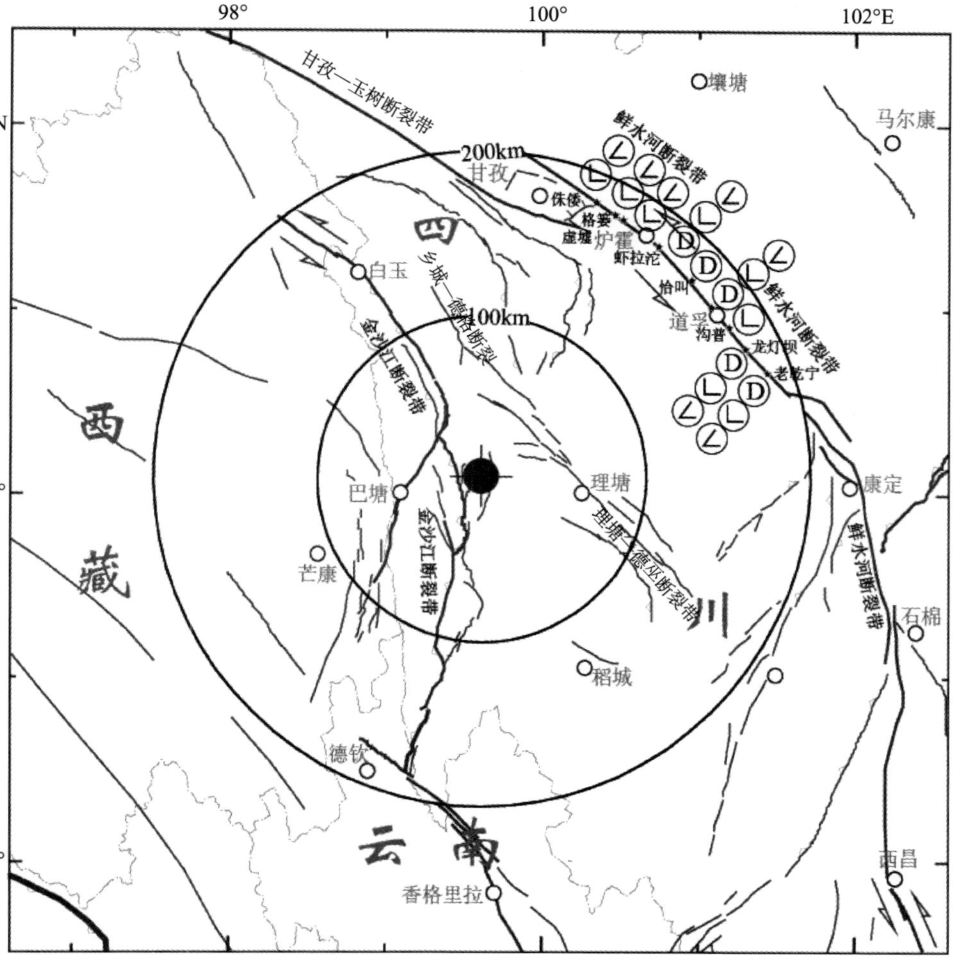

图 15 理塘 4.9、5.1 级地震附近定跨断层场地及测项分布

Fig. 15 Distribution of monitoring field cross fault around the M_S4.9 and M_S5.1 Litang earthquakes

2. 地震前兆异常

本震例总结清理研究认定，此次地震共有 5 条异常，其中：测震学异常 3 条，跨断层流动观测异常 2 条。前兆异常情况见表 8 和图 16 至图 21，所有异常均为理塘 4.9 和 5.1 级地震发生前四川省地震局年度会商认定异常。

1）川西至川藏交界 M_S5 和 M_L4 地震空区

（1）5 级地震空区：图 16 给出了川西至川藏交界地区 5 级以上地震分布，可以看出，自 1990 年 4 月 9 日巴塘 5.0 级地震以来，川西至川藏交界地区出现持续近 26 年的 5 级地震平静，并逐渐形成 5 级地震空区（图 16a 椭圆标示区域），空区长轴呈 NW 向、长约 465km，短轴约为 167km，空区内主要发震构造包括金沙江断裂带和理塘断裂带，此次理塘 5.1 级地震发生在该空区内部边缘金沙江断裂带和理塘断裂带所夹持的区域，使得 5 级地震空区进一

表 8　理塘 4.9、5.1 级地震前异常情况登记表

Table 8　Summary table of precursoryanomalies before of the M_S4.9 and M_S5.1 Litang earthquakes

序号	异常项目	台站或观测区	分析办法	异常判据及观测误差	震前异常起止时间	震后变化	最大幅度	震中距 Δ/km	异常类别及可靠性	图号	异常特点及备注
1	地震空区	川藏交界	震中分布	$M_S \geqslant 5.0$ 级地震平静	1990.04~2016.09	空区打破	26 年		L_1	16	空区长轴呈 NW 向，长约 465km，短轴约为 167km，该异常在震前被发现
2				$M_L \geqslant 4.0$ 级地震平静	2007.07~2016.07	空区打破	2 年 8 个月		M_1	17	沿近 NS 向金沙江断裂带展布，长轴长约 300km，短轴约 170km，该异常在震前被发现
3	地震平静	四川及邻区	震中分布	$M_S \geqslant 5.0$ 级地震平静	2015.01~	平静打破	617 天		M_1	18、19	2015 年 1 月 14 日四川金口河 5.0 级地震后，四川地区 5 级地震平静 617 天
4	跨断层测量	格篓基线 *AC*	原始曲线	上升后转折下降	2015.10~2016.03	高值波动	3.85mm	160	M_1	20	震后短期异常恢复，趋势异常仍然存在
5		虚墟基线 *AB*	原始曲线	上升后转折下降	2016.08~09	高值波动	2.31mm	160	S1	21	震后短期异常恢复，趋势异常仍然存在

步缩小。从图 16b 可以看出，自 1990 年开始的此次 5 级地震平静时间为 1920 年以来该空区内部 5 级地震的最长间隔时间。5 级空区的剩余部分仍在持续，分析认为，破裂尺度仅 10km 的理塘 4.9、5.1 级双震并不足以解释持续时间 20 多年、扩展范围几百千米的 5 级地震空区，理塘双震的发生预示着空区内部强震风险的紧迫性增强。

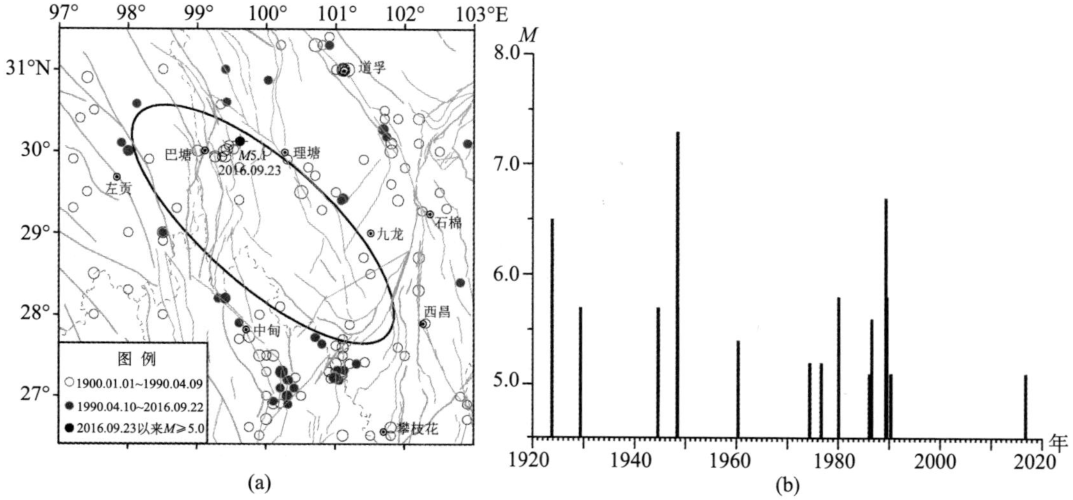

图 16 川西至川藏交界区域 5 级地震分布（a）与空区内 5 级地震 M-T 图（b）

Fig. 16 The M_S5 seismic gap from Chuanxi to Sichuan-Tibet border M-T diagram

黑色椭圆为空区范围，$M_S \geqslant 5.0$ 级，1920.01.01~2016.09.22

（2）M_L4 空区：自 2007 年 7 月 13 日西藏察雅 M_L4.3 地震以来，川藏交界地区出现 M_L4 地震长时间平静，并沿近 NS 向金沙江断裂带逐渐形成长轴长约 300km，短轴约 170km 的 M_L4 地震空区（图 17a 椭圆标示区域），2016 年 7 月 17 日西藏昌都察雅 M_L4.4 地震（图 17a）打破了该空区内持续 9 年的 M_L4 地震平静，间隔 2 个月以后，在该空区内部发生此次理塘地震序列。从图 17b 可以看出，2007 年以来的此次 M_L4 地震平静时间为 1970 年以来该空区内 M_L4 地震最长间隔时间。

2）四川地区 5 级平静

自 2015 年 1 月 14 日四川金口河 5.0 级地震后，四川地区 5 级地震出现持续平静，至 2016 年 9 月 23 日理塘 5.1 级地震，平静时间达到 617 天，为 1970 年以来出现在地震活跃期内的最长时间 5 级地震平静（图 18、图 19）。历史震例显示，地震活跃期内 5 级地震长时间平静打破后，四川地区存在发生强震的危险，如 1975 年 1 月 15 日九龙 6.2 级地震后，四川地区出现持续 580 天的 5 级地震平静，其后直接被 1976 年 8 月 16 日松潘—平武 7.2 级地震打破平静。地震活跃幕时段的 5 级地震平静（>350 天）是四川地区 6.5 级以上地震的预测指标，历史上四川地区曾出现了 5 次类似异常，其后 1 年时间左右都发生了 6.5 级以上地震，对应率 100%。此次 5 级地震平静可以看成是理塘震群的前兆，而平静被理塘震群打破也可以看成是后续九寨沟 7 级地震的前兆。

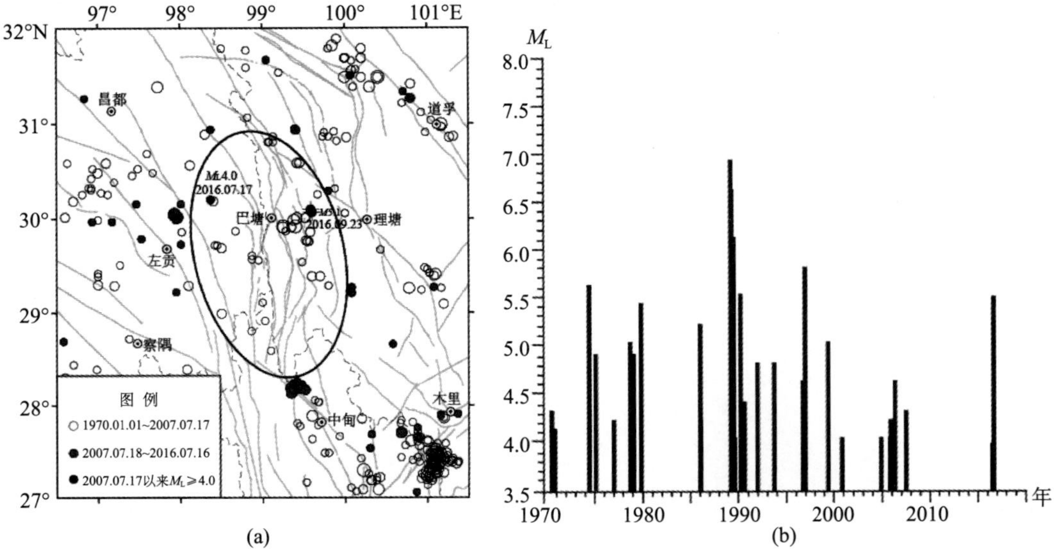

图 17　川藏交界区域 M_L4 级地震空间分布（a）与空区内 M_L4 地震 M-T 图（b）

Fig. 17　The M-T diagram of $M_L \geq 4.0$ seismic gap from Chuanxi to Sichuan-Tibet border

黑色椭圆为空区范围，$M_L \geq 5.0$ 级，1970. 01. 01 ~ 2016. 09. 22

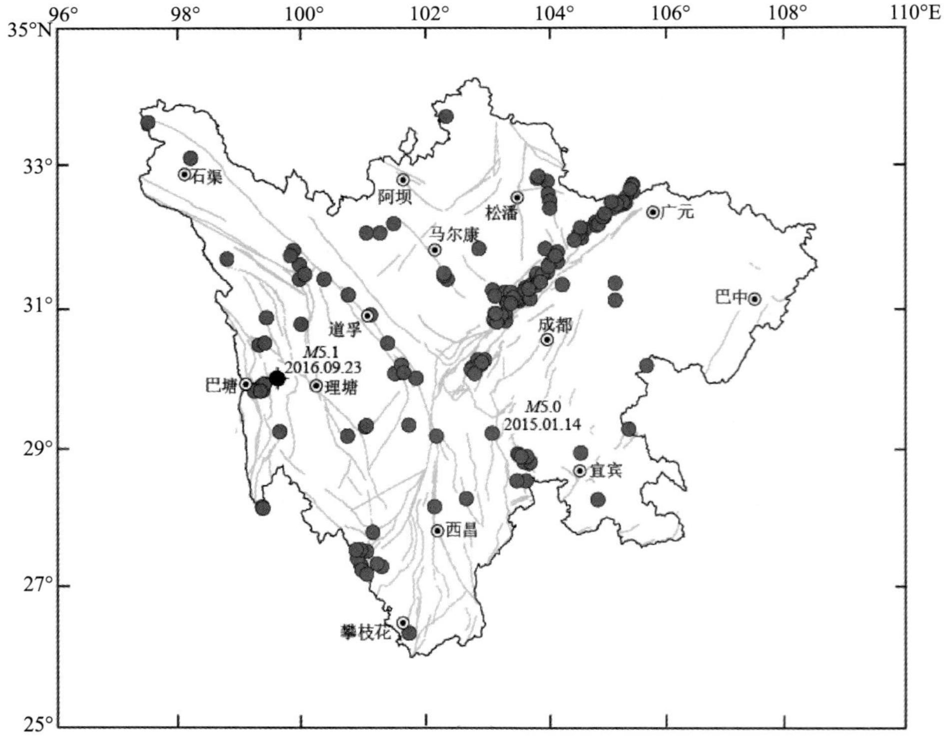

图 18　四川地区 5 级以上地震分布图

Fig. 18　Epicentral distribution of the $M_S \geq 5$ earthquakes in Sichuan area

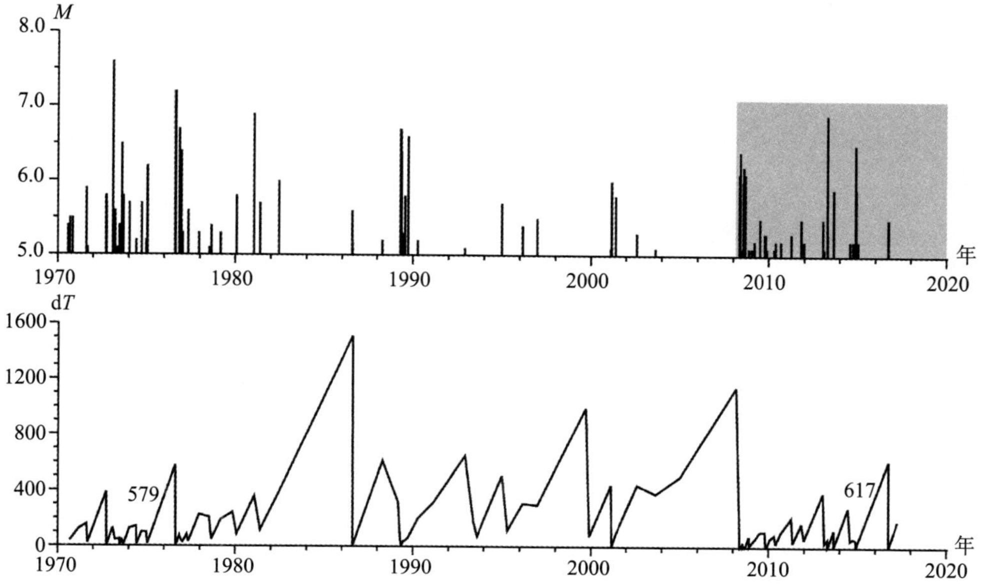

图 19　1970 年以来四川地区 5 级以上地震 M-T（a）和间隔时间 dT-T 图（b）

Fig. 19　M-T and dT-T diagrams of the $M_S \geqslant 5$ earthquakes in Sichuan

3）跨断层异常

（1）格篓基线 *AC* 测边（图 20）：2015 年 10 月至 2016 年 2 月，*AC* 测边出现 3. 85mm 的上升变化，2016 年 3 月转折下降，其后该异常在高值上波动，其间于 2016 年 9 月 23 日发生了理塘 5. 1 级地震。2013 年芦山地震以来至此次理塘地震前，该测项存在 3 次大幅高值跳动，异常发生后 1 年内分别发生了芦山 7. 0 级、康定 6. 3 级和理塘 5. 1 级地震，对应率 100%。

（2）虚墟基线 *AB* 测边（图 21）：2016 年 8 月，*AB* 测边单期上升 2. 31mm，幅度较大，9 月转折下降，在下降过程中发生了理塘 5. 1 级地震，由此认为该异常有可能是理塘 5. 1 级地震的前兆。2016 年 9 月至今，曲线一直在高值状态来回波动，继续跟踪关注。2013 年开始，该测项出现了 4 次大幅上升后下降的现象，其后 1 年时间内发生了芦山 7. 0 级、康定 6. 3 级和理塘 5. 1 级 3 次 5 级以上地震，对应率 75%。

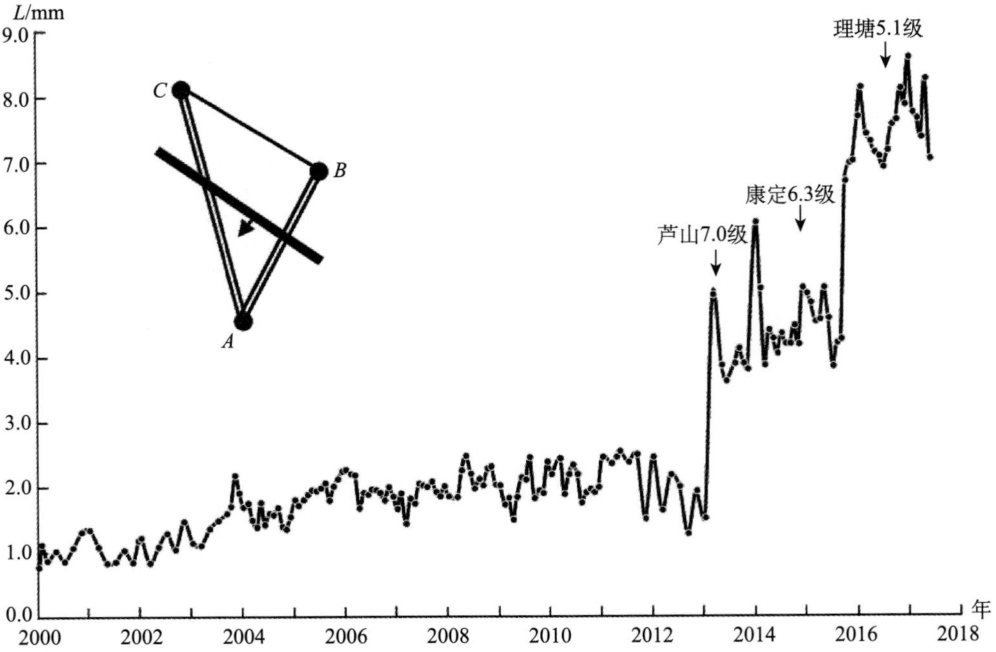

图 20　格篓短基线 *AC* 测边观测曲线图

Fig. 20　Curve of short baselineat Gelou station

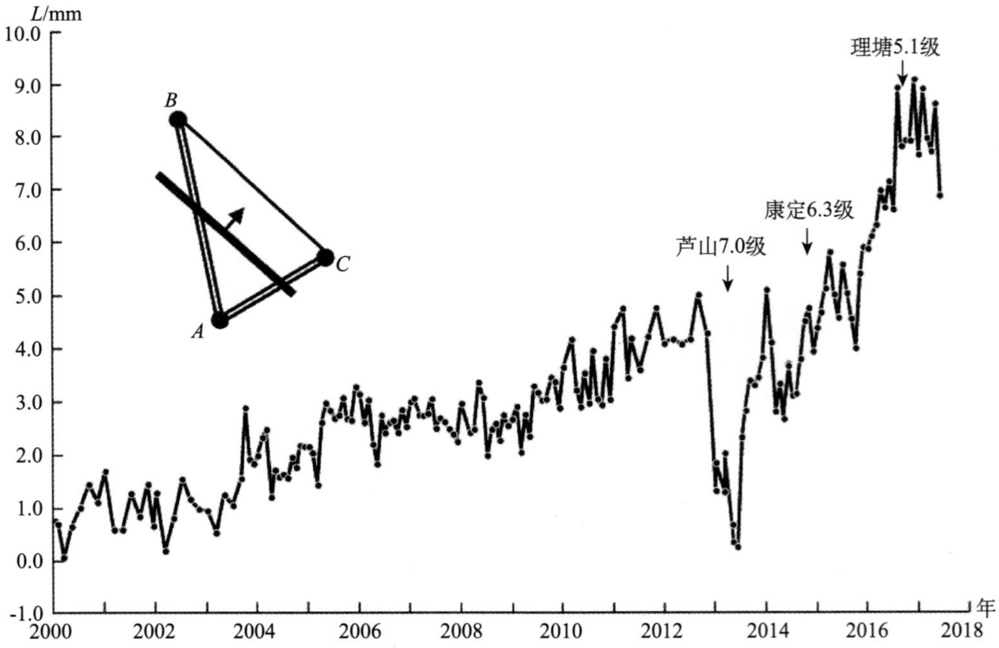

图 21　虚墟短基线 *AB* 测边观测曲线图

Fig. 21　Curve of short baselineat Xuxustation

七、地震前兆异常特征分析

理塘 4.9、5.1 级地震的前兆异常具有如下特征：

1. 地震学异常

此次地震前存在 3 项地震活动性异常，包括四川地区 5 级地震平静，川藏交界 $M_S \geqslant 5.0$ 级、$M_L \geqslant 4.0$ 级地震空区。从时间紧迫性来看，均为长期异常，但这些异常的空间分布对此次地震的地点有一定指示意义。

地震平静和空区对预测未来强震具有较高的信度。研究认为地震的平静是能量积累的过程，中期平静与短期（短临）平静在中强震前的地震活动中是客观存在的[16~18]。2015 年四川乐山金口河 5.0 级地震后，四川省内 5 级以上地震平静达到 617 天。震例总结经验指出，长期地震平静对未来中强震的发生具有一定的指示意义。此外，历史上川藏交界区域曾多次发生 5 级以上强震，具有发生强震的背景，然而自 1990 年 4 月 9 日巴塘 5.0 级震群后，川藏交界出现了持续近 26 年的 5 级地震平静现象，并形成了 NW 向的空区；2007 年 7 月 13 日西藏察雅 M_L4.3 地震后，沿近 NS 向金沙江断裂带逐渐形成 M_L4 地震空区，空区的形成意味着应力背景值的增强，是应变能在局部地区高度集中的体现。此次理塘地震前地震活动性异常相对较少，但异常中的地震空区对主震震中有一定的约束作用。

2. 前兆异常

震中 200km 范围内共有前兆观测台项 62 项，其中定点前兆测项 24 项，流动观测测项 38 项，出现跨断层异常项目 2 条，分别为虚墟基线 *AB* 测边和格篓基线 *AC* 测边，异常数占观测项目总数的 3%，异常数量少。2 条异常为中短期异常，距离震源区相对较远，位于 100~200km 的区域范围，震中附近测项均未出现中短期异常。此次地震所在的川西高原自然环境恶劣，观测手段较少，地震发生后仅有少量的文章对此次事件进行了回溯性的研究，这也是此次地震震例异常总结较少的原因。

八、震前预测、预防和震后响应

1. 震前预测、预防[1)]

四川省地震局在《2016 年度四川地震趋势研究报告》中提出，未来 1~3 年内四川及邻区强震活动主体地区为鲜水河断裂带至川滇交界地区和川西巴塘、理塘区域至川滇藏交界地区，2016 年度危险区为川藏交界 6 级左右地震危险区。此次理塘 4.9、5.1 级地震发生在该地震危险区内，表明中期预测预报较好。该区域无论是测震还是前兆监测均较弱，因而震前邻近地区没有捕捉到显著的地震活动性图像异常和可靠的短临前兆异常，没有短临预测意见。

2. 震后响应

（1）震后趋势判断：2016 年 09 月 23 日理塘 4.9、5.1 级地震发生后，四川省地震局立即进行了紧急会商，组织专家对震情趋势进行分析研判，密切跟踪震情趋势发展变化，结合该区历史地震活动情况，在地震发生当日快速做出震后趋势判定，认为此次地震序列为双震型地震，未来几天有发生 4 级左右地震的可能。结果证明，四川省地震局对地震类型和强余震趋势做出了准确的判断。

（2）震后应急响应：地震发生后，四川省地震局紧急启动Ⅳ级应急响应，派出地震现场工作队赶赴灾区开展现场灾害调查与损失评估工作，历时 5 天，调查震害点 20 个。在震区各级党委、政府的大力支持下，会同有关部门顺利完成了现场震害调查和科学考察任务。同时，为了改善余震监测与定位能力，地震现场工作组在地震灾区开展了流动台站架设，在理塘序列的东、西两侧各架设一个流动台，两个台于震后第 3 天正式运行。

九、结论与讨论

1. 主要结论

理塘 4.9、5.1 级地震序列为双震型，序列中最大余震为 9 月 26 日 $M_S3.9$（$M_L4.2$）地震。

理塘 4.9、5.1 级地震宏观震中位于理塘县禾尼乡，极震区烈度Ⅵ度，等震线长轴呈现近 EW 向椭圆形分布，与哈嘎拉断裂走向一致。

理塘 4.9、5.1 级地震的震源断错性质均为正断型。两次地震震源机制解的主压应力 P 轴方位 NWW 向，节面呈 EW 走向与哈嘎拉断裂走向一致。重新定位结果显示，理塘地震余震密集区平面分布呈 EW 向长轴的空间展布、沿 NS 走向的震源深度剖面展示了发震断层面北倾的特征，结合震源机制解、等震线长轴展布，分析认为，断层面北倾、近 EW 走向的哈嘎拉断裂带可能为此次理塘 4.9 和 5.1 级地震的发震构造。

2. 问题讨论

此次理塘 4.9 和 5.1 级地震序列的发生使得已存在 9 年和 26 年的 M_L4、M_S5 地震空区进一步缩小，严格意义上来讲，这样显著的大时空尺度的地震空区异常并不能由一次 5 级双震所解释，但空区的边界圈定了该区域 5 级以上地震最有可能发生的范围。而此次理塘地震对于空区演化更重要的意义在于：空区内存在发生更大强震的可能，且时间紧迫性在增加。

震前中长期异常显著。此次地震序列之前共出现 5 条异常，其中测震学异常 3 条，异常出现时间相对较长，为中长期异常。震区为川藏交界自然条件差的地区，测震和前兆监测均相对较弱，针对年度圈定的危险区开展地震短临跟踪较困难，前兆异常项次少，对短临预报未起到很好的作用。

震前存在构造联系的跨断层监测在趋势异常背景上出现短期异常。距震中 160km 左右的跨鲜水河断裂的两项跨断层异常反映川滇菱形地块的活动。在震前 1 年开始表现出趋势性异常，1 个月又出现短期异常。值得注意的是这两项跨断层异常均位于鲜水河断裂，与理塘地震虽不属于同一构造，但这二者之间可能存在川滇菱形地块的联系。

此次地震前前兆异常较少，无法看出明显的时空演化规律。根据余震分布、等震线走向及震源机制解节面信息可判定发震构造为哈嘎拉断裂，但由于目前尚无此断裂基本属性信息，细致科学的对比认定有待于后续研究展开。

参考文献

[1] 易桂喜、龙锋、梁明剑等，2016年9月23日四川理塘 $M4.9$ 和 $M5.1$ 地震发震构造分析，地震地质，2017，39（5），949~963

[2] 范开红、何雅枫、郭红梅等，2016年9月23日四川理塘 $M_S4.9$、$M_S5.1$ 地震烈度调查，华南地震，2017，37（4），32~36

[3] 陈智梁、刘宇平、赵济湘等，青藏高原东部地壳运动的GPS测量，中国地质，1998，5，32~35

[4] 周荣军、陈国星、李勇等，四川西部理塘—巴塘地区的活动断裂与1989年巴塘6.7级震群发震构造研究，地震地质，2005，27（1），31~43

[5] 徐锡伟、闻学泽、于贵华等，川西理塘断裂带平均滑动速率、地震破裂分段与复发特征，中国科学（D辑）2005，35（6），540~551

[6] 高玲举、张健、董淼，川西高原重磁异常特征与构造背景分析，地球物理学报，2015，58（8），2996~3008，doi：10.6038/cjg20150831

[7] Huang H，Ambient noise tomography for wavespeed and anisotropy in the Crust of southwestern China [Ph. D. thesis]，Massachusetts：Massachusetts Institute of Technology，2014

[8] 范莉苹、吴建平、房立华等，青藏高原东南缘瑞利波群速度分布特征及其构造意义探讨，地球物理学报，2015，58（5），1555~1567

[9] 徐小明、丁志峰、叶庆东等，基于Love波相速度反演南北地震带地壳上地幔结构，地球物理学报，2015，58（11），3928~3940

[10] Zhang P，Shen Z，Wang M et al.，Continuous deformation of the Tibetan Plateau from Global Positioning System data，Geology，2004，32，809-812

[11] 裴锡瑜，利用重磁资料对四川西部地区地壳深部构造及其与地震关系的初步研究，四川地震，1985，（2），35~43

[12] 高原、吴忠良、周蕙兰，四川地区1989年中强地震系列的震源破裂研究，地震学报，1998，20（1），12~17

[13] 常利军、王椿镛、丁志峰，四川及邻区上地幔各向异性研究，中国科学（D辑）：地球科学，2008，38，1589

[14] 石玉涛、高原、张永久等，松潘—甘孜地块东部、川滇地块北部与四川盆地西部的地壳剪切波分裂，地球物理学报，2013，56（2），481~494

[15] 崔效锋、谢富仁、张红艳，川滇地区现代构造应力场分区及动力学意义，地震学报，2006，28（5），451~461

[16] 宋俊高、陆远忠，应用孕震空区进行中期地震趋势估计的一次尝试，地震，1984，（4），5~9

[17] 刘蒲雄，大震前地震活动图像演变及中期向短期过渡的地震活动性标志，地震，1997，17（2），113~125

[18] 韩渭宾，三种地震平静的概念及其预报意义综述，国际地震动态，1998，（5），9~13

参 考 资 料

1）四川省地震局，2016 年度四川地震趋势研究报告，2015
2）中国地震台网中心，国家台网大震速报目录（来自中国地震台网中心网）
3）四川省地震局监测研究中心，四川省地震台网地震目录
4）四川省地震预报研究中心测震室编写完成，报告执笔：易桂喜、张致伟、龙锋等，2016 年 9 月 23 日四川理塘 *M*4.9 和 *M*5.1 地震序列及后续地震趋势分析报告，2016

The M_S 4.9 and M_S 5.1 Litang Earthquakes on September 23, 2016 in Sichuan Province

Abstract

An earthquake of M_S4.9 occurred in Litang of Garze Tibetan Autonomous Prefecture on august 23, 2016, and another earthquake of M_S5.1 occurred soon afterwards for 1 hours and 23 minutes near the location of M_S4.9 earthquake. The macroscopic epicenter was located at Heli village of Litang. The intensity at the meizoseismal area was Ⅵ and its shape was about oval-shaped with major axis in EW direction. This earthquake belonged to ordinary earthquake and didn't provide detailed assessment of disaster victims and economic losses of earthquake disasters, for the reason that the seismic area was located at sparsely populated and few village region, where the earthquake damage was slight.

This earthquake sequence belonged to double earthquakes type, the magnitude of the largest aftershock was M_L4.2. The focal mechanism solution showed that the rupture characteristic of earthquake was normal and the strike was EW direction. The P axis of main compressive stress was NWW direction. According to the information above, the EW direction normal fault paralleled to the north of Hagala fault was confirmed as the rupture fault.

There were 6 stations within 0-200km from the epicenter, including 6 seismic stations, 5 fixed precursory stations and 2 portable seismic stations. There were 4 anomalies items before earthquake, including seismic gap, earthquake swarm, seismic quiescence and cross-fault, meanwhile, 7 precursory anomalies had also been observed before the earthquake, in which 5 of them were seismic anomalies, 2 of them were fixed anomalies, and the anomalies of seismic parameters are mainly medium-term anomalies.

The earthquake administration of Sichuan province make a good medium-term forecast on the Litang M_S4.9, M_S5.1, where the earthquakes happened in the Sichuan-Tibet border M_S6.0 earthquake hazard zone mapped by the earthquake administration of Sichuan province, 2016. No short-term predictions are offered on those earthquakes, while, the post seismic tendency of the earthquake was largely correct.

2016 年 10 月 17 日青海省杂多 6.2 级地震

青海省地震局

马　震　张朋涛　余　娜　张丽峰　赵玉红　李启雷　王培玲

摘　要

2016 年 10 月 17 日 15 时 14 分，青海省玉树藏族自治州杂多县发生 6.2 级地震，宏观震中位于杂多县阿多乡一带，震中烈度Ⅶ度。地震造成杂多县 9633 户、囊谦县 843 户居民牧户房屋不同程度受损，此次地震造成 1 人间接死亡（在地震避险过程中突发心脏病死亡）外，无其他人员伤亡，直接经济损失 29540 万元。

杂多 6.2 级地震序列为主震余震型，截至 2017 年 5 月 7 日，共记录到 1287 次余震，余震序列优势展布方向为 NS 向，在深度上呈现出西南深、东北浅的分布特征。此次地震震源机制解主压应力 P 轴方位 17°，节面Ⅰ：走向 171°、倾角 50°、滑动角 -146°，节面Ⅱ：走向 58°、倾角 65°、滑动角 -45°。震中位于莫云—结多断裂和杂多—上拉秀断裂交错处附近，综合该地震震源机制、余震序列分布分析，发震断裂可能为杂多—上拉秀断裂。

震中附近地区观测台站较少，300km 范围内共有测震台 8 个，地球物理观测台 1 个。震前共提出 3 条测震学背景性异常和 1 条玉树水温短期异常。杂多 6.2 级地震发生在青海省确定的 2016 年度地震重点危险区南侧约 38km 处。震前对该区域的发震背景和危险性有所认识，但未做出临震预报。

震后青海省地震局立即启动Ⅱ级应急响应，中国地震局立即启动Ⅲ级应急响应。震后青海省地震局分析预报中心组织技术人员完成了《2016 年 10 月 17 日杂多 M_S6.2 地震序列及后续地震趋势分析报告》，为此次震例编写提供了参考资料。

前　言

据中国地震台网（CENC）测定，2016 年 10 月 17 日 15 时 14 分 49 秒，青海省玉树州杂多县西南约 35km 处发生 6.2 级地震。微观震中北纬 32.81°、东经 94.93°，震源深度为 9km，宏观震中位于杂多县阿多乡一带。极震区烈度Ⅶ度，青海杂多县、西藏丁青县和巴青县部分地区震感强烈。地震造成 1 人间接死亡（在地震避险过程心脏病突发）外，无其他人员伤亡。杂多县和囊谦县部分牧民房屋不同程度受损，直接经济损失 29540 万元。

地震处于唐古拉准地台的杂多断裂带附近，该断裂带位于唐古拉山复向斜北侧的开心岑—杂多复背斜内，由若干大小不一、倾向不定、彼此交切的断裂组合而成。主体断裂向 NW 向延伸，西起乌兰乌拉湖之南，东经通天河、杂多、囊谦出省，长逾 700km，倾向 SW，倾角 40°~70°。

此次地震震中 200km 范围内共发生 6 级以上地震 9 次，最大的地震是 2010 年 4 月 14 日青海玉树 M_S7.1 地震，100km 范围内共发生 6 级以上地震 2 次。杂多 6.2 级地震序列为主震余震型，整个序列 3 级以上余震偏少，序列衰减较快。

震中附近区域地震监测能力较弱，震中 300km 范围内有测震台 8 个，地球物理观测台仅有 1 个。地震前出现了唐古拉地区 M_S5 以上地震平静打破异常、M_S4 以上地震高频度异常和青海中南部多震级档空区嵌套 3 条测震学背景性异常；距震中约 200km 的玉树地震台水温震前出现了显著的短期下降异常。

杂多 6.2 级地震发生在青海确定的 2016 年度地震重点危险区南侧约 38km 处。2016 年 1 月 21 日门源 M_S6.4 地震后，青海地震局根据统计分析祁连地震带 6 级以上地震后青藏块体的响应地震情况，发现唐古拉地块危险性比较大，一年左右发生 6 级地震的概率比较高。2016 年 1~9 月的月会商结论中提出“短期内青海及邻区存在发生 5~6 级地震的可能，重点关注唐古拉地震带”，但未做出临震预报。

杂多 6.2 级地震是 2016 年 1 月 21 日青海门源 M_S6.4 地震打破青海省境内 6 级地震长达 69 个月的平静后青海省境内发生的又一次 6 级以上强震。表明青海地区 6 级以上地震进入新的活跃阶段。

地震后 2 小时和 10 月 21 日青海省地震局先后组织召开两次新闻发布会，就此次地震的基本情况、地震应急处置工作和震情趋势向媒体记者作了通报。中国地震局现场工作组和省地震局现场工作队于 18 日分别抵达杂多震区后，与玉树州地震局共同组成青海杂多 6.2 级地震现场指挥部，立即开展地震监测、震情判断、烈度评定、灾害调查与评估、社会稳定等现场应急工作。

在有关文献和资料的基础上，经过对资料的整理和深入分析，最终完成此报告。

一、测震台网及地震基本参数

杂多 6.2 级地震发生前，震中周围 300km 范围内有测震观测项目台站 8 个（图 1），其中 0~100km 范围仅有杂多 1 个台站；100~200km 范围有 4 个台站，分别为曲麻莱、玉树、囊谦、丁青地震台；200~300km 有 3 个台站，分别为清水河、昌都、沱沱河地震台。除了杂多、曲麻莱、玉树、囊谦、清水河、沱沱河 5 个台站属青海地震台网外，其余 3 个台站隶属西藏自治区台网。地震后在震中周围架设了 3 个临时台站，编号分别为 L6301、L6302、L6303。地震前该地区台网可监控 M_L2.9 以上地震。表 1 给出了不同来源给出的此次地震的基本参数，根据中国地震局有关规定，最终以中国地震局对外正式公布的地震基本参数为准，因此，此次地震基本参数采用表 1 中编号 1 的结果。

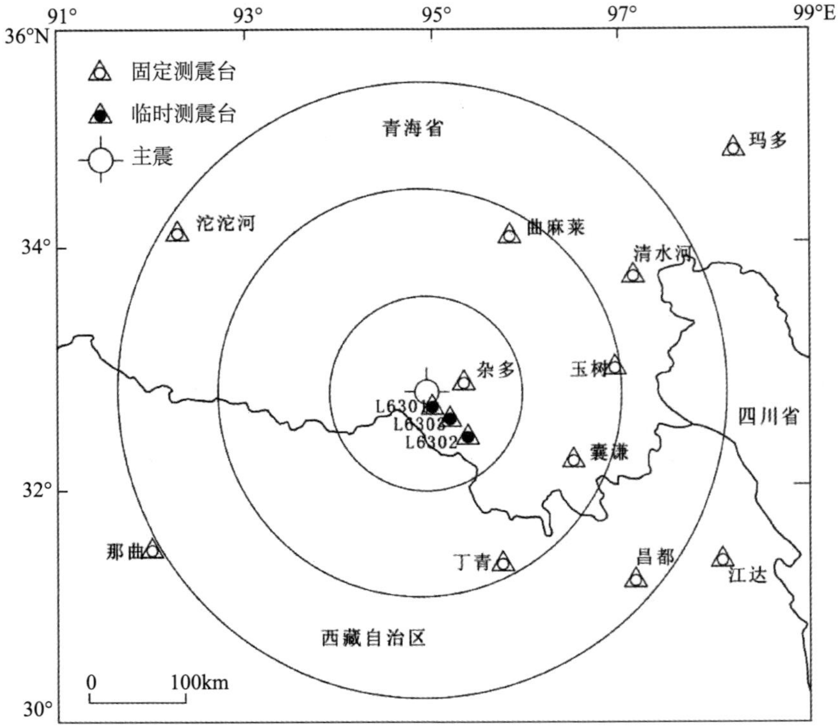

图 1　杂多 6.2 级地震前距震中 300km 范围内测震台网分布图

Fig. 1　Distribution of seismometric stations around the epicentral area within 300km before the M_S6.2 Zaduo earthquake

表 1　地震基本参数

Table 1　Basic parameters of the earthquake

编号	发震日期	发震时刻	震中位置（°）		震级		震源深度	震中	结果来源
	年 . 月 . 日	时：分：秒	φ_N	λ_E	M_S	M_W	（km）	地名	
1	2016. 10. 17	15：14：49	32. 81	94. 93	6. 2		9	杂多	国家台网
2	2016. 10. 17	15：14：48	32. 88	94. 90	6. 1		9	杂多	青海台网
2	2016. 10. 17	15：14：50	32. 90	94. 88		5. 9	35		NEIC

二、地震地质背景

杂多地区位于青海省西南部，在大地构造上是西藏菱形块体与柴达木菱形块体的复合部位，即古板块汇聚带所在之处。受印支板块的挤压，各大菱形块发生块间滑动，其构造运动在本区表现为以密集发育的 NWW 方向并向 NE 凸出的弧形右旋走滑断裂为主。这组构造作为本区的主体构造，在航磁图上以条带状梯度分布。新生代以来，这组断裂活动加强，控制了本区的地貌形态，使沟谷、河流、山脊线多以 NWW 方向展布[1]。

2016 年 10 月 17 日杂多 6.2 级地震震中在地质构造上属于唐古拉准地台，位于杂多断裂带附近，该断裂带位于唐古拉山复向斜北侧的开心岑—杂多复背斜内，由若干大小不一、倾向不定、彼此交切的断裂组合而成。主体断裂向 NW 向延伸，西起乌兰乌拉湖之南，东经通天河、杂多、囊谦出省，长逾 700km，倾向 SW，倾角 40°~70°，构成乌丽—囊谦台隆南界[2]。该断裂带又被称为“乌兰乌拉湖南—昂欠断裂带”，现今主要以左旋走滑运动为主[2]。遥感影像上，沿该断裂带可见较明显的线性沟谷地貌，但水系的偏转不太明显，第四纪构造盆地也不太发育，属于现今构造应力场作用的老断层新活动，整体上是一条活动性弱的壳内断裂带[3]。

此次地震发生在杂多—上拉秀断裂和莫云—结多断裂交会处附近，为走滑正断型，两条断裂均缺乏详细的地质资料，从两条断裂的走向和震源机制节面的吻合程度及 3 级以上余震的分布情况，初步判断杂多—上拉秀断裂为杂多 6.2 级地震的发震构造。有历史记载以来，距杂多 6.2 级地震震中 200km 范围内共发生 5.6 级及以上地震 18 次，其中 5.6~5.9 级地震 8 次，6.0~6.9 级地震 9 次，最大的地震是 2010 年 4 月 14 日青海玉树 7.1 级地震（震中距 162km），该地震属于走滑型，发震断裂为甘孜—玉树—风火山左旋走滑断裂，地震破裂主要向震中东南方向；100km 范围内共发生 6 级以上地震 2 次（图 2），为 1971 年 4 月 3 日杂多 6.3、6.5 级地震（震中距 84km），距此次地震震中最近的地震为 1961 年 12 月 4 日杂多 5.9 级地震（震中距 14km）。

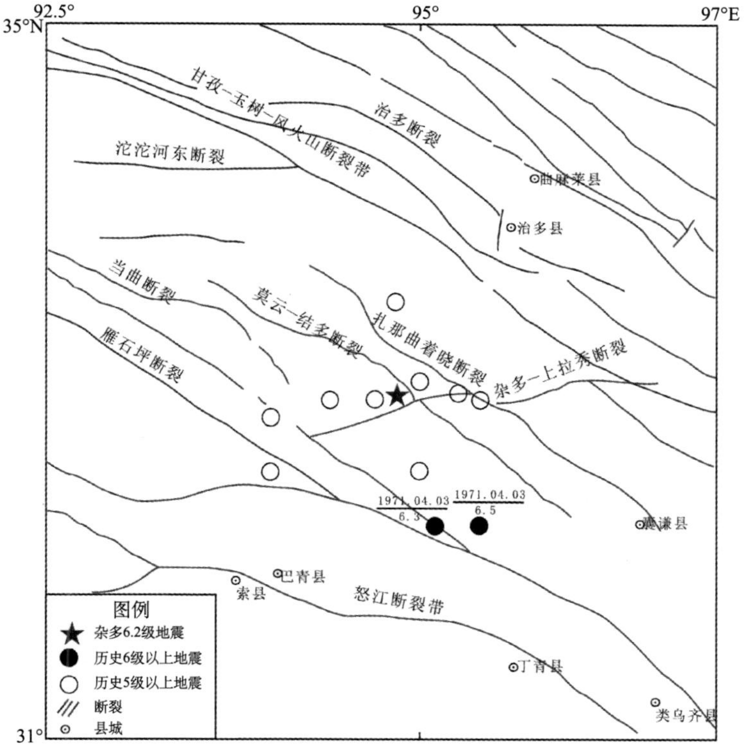

图 2　杂多 6.2 级地震区域构造及 100km 范围内历史地震分布

Fig. 2　Seismogeological map and distribution of historical earthquakes within the 100km range on the M_S6.2 Zaduo

三、地震影响场和震害[1)]

依照《地震现场工作：调查规范》（GB/T 18208.3—2011）和《中国地震烈度表》（GB/T 17742—2008）调查了灾区61个居民点房屋的震害，结合灾区地质构造背景、震源机制、余震分布等信息，确定了杂多6.2级地震的烈度分布等值线图（图3），包括Ⅵ度和Ⅶ度两个区。此外，位于Ⅵ度区之外的青海玉树州杂多县、囊谦县和西藏巴青县部分乡镇也受到了不同程度的破坏。震区房屋除乡镇政府所在地有砖混结构和框架结构类型外，各村社以石木结构、土木结构、砖木结构为主，抗震性能差。

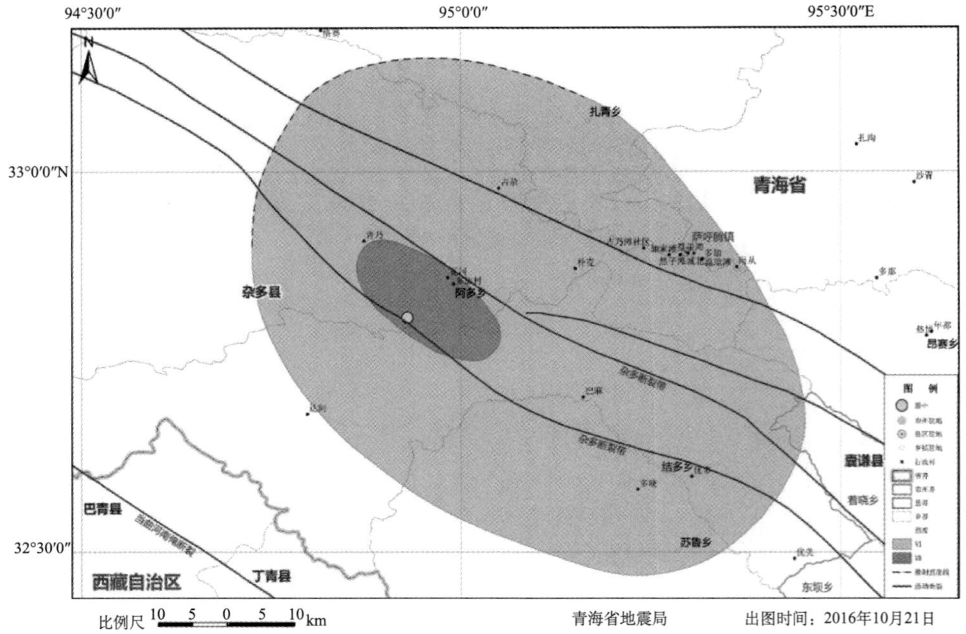

图3　杂多6.2级地震烈度图

Fig. 3　Distribution of Zaduo earthquake（M_S6.2）intensity

（1）Ⅶ度区（极震区）：等震线长轴总体呈NWW走向，长轴21.85km，短轴10.74km，主要涉及青海省杂多县阿多乡、结多乡，总面积约190km²。土（石）木结构房屋约占灾区房屋面积的25%，破坏主要为墙体出现倒塌、墙体裂缝，门窗洞口角部墙体开裂、纵横墙交接处开裂等；砖木结构房屋约占灾区房屋面积的25%，破坏主要为墙体裂缝（图4）；砖混结构和框架结构房屋约占灾区房屋面积的50%，砖混结构房屋部分出现轻微裂缝；框架结构房屋抗震性能良好，部分房屋填充墙产生细微裂缝，但主体结构完好。房屋轻微破坏约占65%，中等破坏以上约占35%。

（2）Ⅵ度区：长轴82.37km，短轴56.38km，主要涉及青海杂多县阿多乡、结多乡、苏鲁乡、昂赛乡、扎青乡、萨呼腾镇和囊谦县着晓乡，总面积约3520km²。土（石）木结构房屋破坏主要为墙体出现倒塌、墙体裂缝，门窗洞口角部墙体开裂、纵横墙交接处开裂等；砖木结构房屋破坏主要为墙体裂缝；砖混结构房屋出现少量轻微裂缝，基本完好；框架结构部分房屋填充墙产生细微裂缝，但主体结构完好。房屋轻微破坏约占 72%，中等破坏以上约占 28%。

图 4 砖木结构墙体倒塌和土木结构房屋墙体穿透性裂缝

Fig. 4 Wall collapse of the post and panel structure, cracks of the building

此次地震灾区范围主要涉及青海杂多县 1 镇 7 乡 9 个社区和囊谦县的着晓乡。灾区人口约 8.1 万人、1.9 万户，共造成杂多县 9633 户、囊谦县 843 户居民牧户房屋不同程度受损，直接经济损失总计 29540 万元。此次地震有震级高，波及范围广，受灾人口多，人员伤亡少，房屋倒塌数量少的特点，部分老旧房屋地震后抗震能力进一步降低。

杂多地震震中 300km 范围内无强震仪分布。地震后青海省地震局在震中附近架设了 3 套流动测震仪，用于余震监测工作。

四、地 震 序 列

1. 序列简介

自 2016 年 10 月 17 日至 2017 年 5 月 7 日，青海杂多 6.2 级地震序列共记录到 1287 次地震（包括杂多单台记录余震），其中 $1.0 \leqslant M_L \leqslant 1.9$ 级 683 次，$2.0 \leqslant M_L \leqslant 2.9$ 级 307 次，$3.0 \leqslant M_L \leqslant 3.9$ 级 23 次，$4.0 \leqslant M_L \leqslant 4.9$ 级 3 次。序列中 $M_L \geqslant 3.0$ 级地震目录见表 2。

表 2　杂多 6.2 级地震序列目录（M_L≥3.0 级）

Table 2　Catalogue of the M_S6.2 Zaduo earthquake sequence（M_L≥3.0）

编号	发震日期	发震时刻	震中位置（°）		震级		震源深度	震中地名	结果来源
	年．月．日	时：分：秒	φ_N	λ_E	M_L	M_S	（km）		
1	2016.10.17	15：14：48	32.88	94.90		6.2	9	杂多	
2	2016.10.17	15：18：37	33.36	94.71	3.3		0	杂多	
3	2016.10.17	15：19：04	33.13	94.96	3.5		0	杂多	
4	2016.10.17	15：20：09	33.11	94.88	3.5		0	杂多	
5	2016.10.17	15：21：20	33.08	94.88	3.1		0	杂多	
6	2016.10.17	15：32：22	32.84	94.89	3.5		9	杂多	
7	2016.10.17	15：33：35	32.87	94.86	4.1		8	杂多	
8	2016.10.17	15：35：32	33.16	94.95	3.2		0	杂多	
9	2016.10.17	15：47：15	32.99	95.75	3.0		0	杂多	
10	2016.10.17	15：47：47	32.89	94.85	3.0		0	杂多	
11	2016.10.17	15：51：29	32.86	94.95	3.0		10	杂多	
12	2016.10.17	15：54：13	32.83	94.87	3.1		9	杂多	
13	2016.10.17	15：55：07	32.92	94.98	3.4		9	杂多	
14	2016.10.17	15：59：04	32.83	94.88	3.3		9	杂多	
15	2016.10.17	16：00：04	32.92	94.83	3.0		0	杂多	
16	2016.10.17	16：06：26	32.81	94.93	3.5		9	杂多	
17	2016.10.17	16：24：37	32.88	94.93		4.1	9	杂多	
18	2016.10.17	16：34：19	32.88	94.91	3.1		9	杂多	
19	2016.10.18	04：52：34	32.85	94.89	3.6		6	杂多	
20	2016.10.18	07：41：46	32.84	94.86	3.6		10	杂多	
21	2016.10.20	07：57：18	32.83	94.90		3.7	10	杂多	
22	2016.10.29	19：26：47	32.83	94.95	3.2		9	杂多	
23	2016.10.30	08：50：45	32.83	94.90	3.0		6	杂多	
24	2016.10.30	18：07：11	32.79	94.91	3.6		9	杂多	
25	2016.10.30	18：14：27	32.82	94.91	3.0		5	杂多	
26	2016.11.24	19：00：32	32.84	94.87	3.0		9	杂多	
27	2016.12.07	06：39：43	32.85	94.92	3.0		8	杂多	

从表 2 中看出，杂多地震 3 级以上余震主要集中发生在主震当天，自 2016 年 12 月 7 日（震后 51 天）后出现 3 级平静。

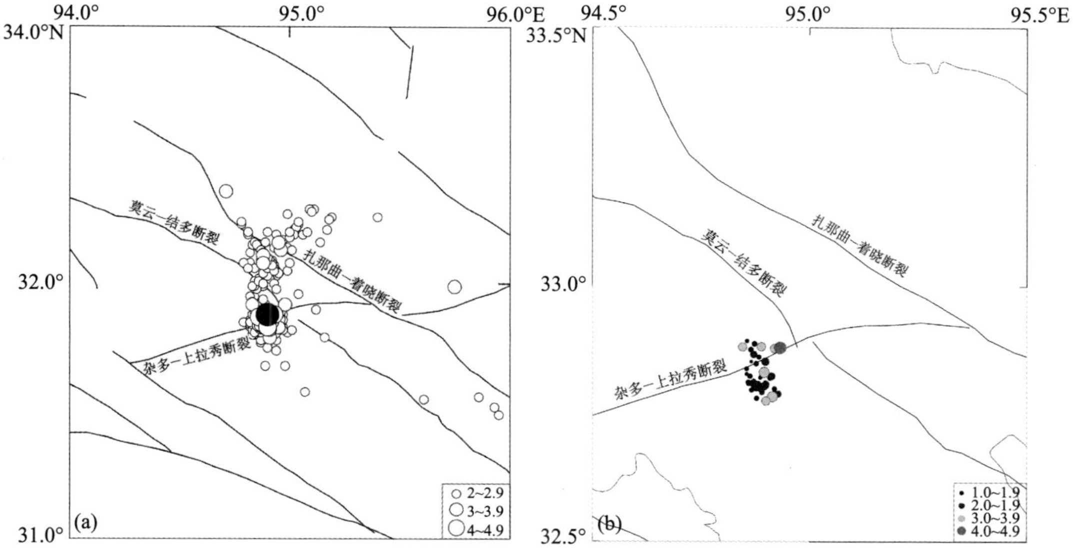

图 5　杂多 6.2 级地震序列重新定位前后震中分布图

Fig. 5　Epicentral distribution of the M_S6.2 Zaduo earthquake sequence before (a) and after (b) relocation

2. 余震分布

图 5a 为杂多地震全序列 2 级以上地震分布图，从图中看出余震序列主要集中分布在主震以北，形成近 NS 向的条带，条带分布与杂多—上拉秀断裂、莫云—结多断裂、扎那曲—着晓断裂相交错。图 5b 为精定位结果，显示出余震序列分布更加集中，优势展布方向为 NS 向，与莫云—结多断裂延展方向一致，其中沿 NS 向的长度约 11km，宽度约 5km，在深度上呈现出 SW 深、NE 浅的分布特征（图 6）。

3. 地震序列特征分析

此次地震的最大余震为 M_S4.1，从其 N-M 图可以看出（图 7），余震震级主要集中在 1.0~2.0 级，由此可以看出杂多序列余震震级偏小，余震序列中 1.5 级以上地震的 M-T 图（图 8）显示，地震当天余震密集发生，随时间推移，余震活动存在活跃与平静交替的现象，余震活动主要集中在震后 3 个月内。2017 年 1 月中旬以后，余震活动明显减弱（图 9），杂多序列 3 级以上余震 M-T 图（图 10）显示，在主震当月出现两次活跃，之后仅发生了 2 次 3 级以上余震，整个序列 3 级以上余震偏少，序列衰减较快。

杂多 6.2 级地震发生的最大余震为 10 月 17 日 16 时 24 分 37 秒的 M_S4.1 地震，次大余震为 10 月 20 日 7 时 57 分 18 秒的 M_S3.7 地震，共发生了 3 次 M_L4.0 以上余震，余震强度较低。根据 lg$N$-M 关系得到最小完整性震级为 1.5 级，取 1.5 级以上的地震计算序列参数。

杂多地震释放的总能量为 1.264×10^{14}J，主震释放的能量占整个序列的 99.58%。应变释放曲线显示，杂多 6.2 级主震迅速释放能量，余震衰减快（图 11）。杂多序列 b 值为 0.67，

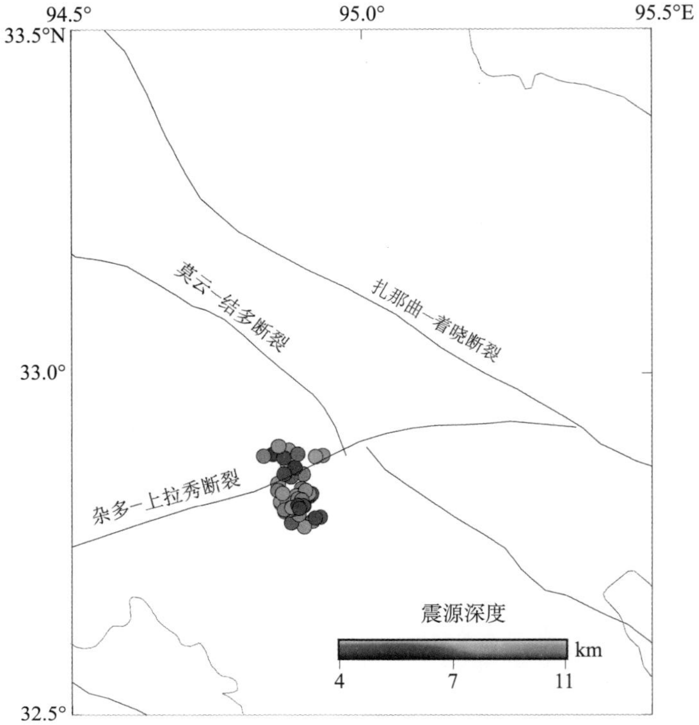

图 6　杂多 6.2 级地震序列震源深度分布图

Fig. 6　The focal depth distribution map of the M_S6.2 Zaduo earthquake sequence

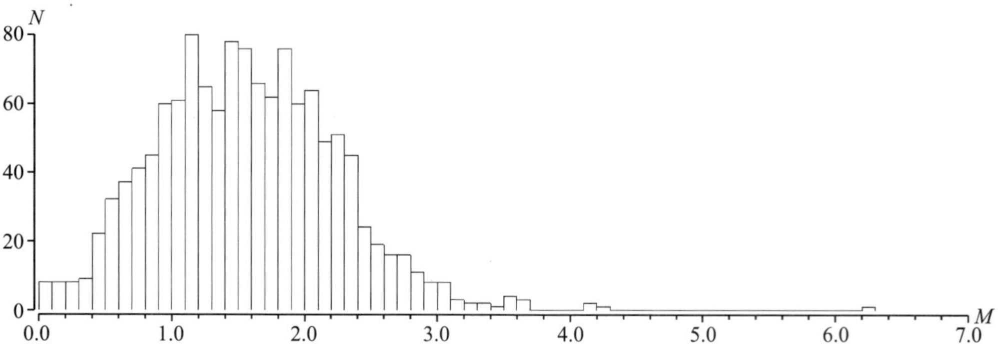

图 7　杂多 6.2 级地震序列 N–M 图

Fig. 7　N–M diagram of the M_S6.2 Zaduo earthquake sequence

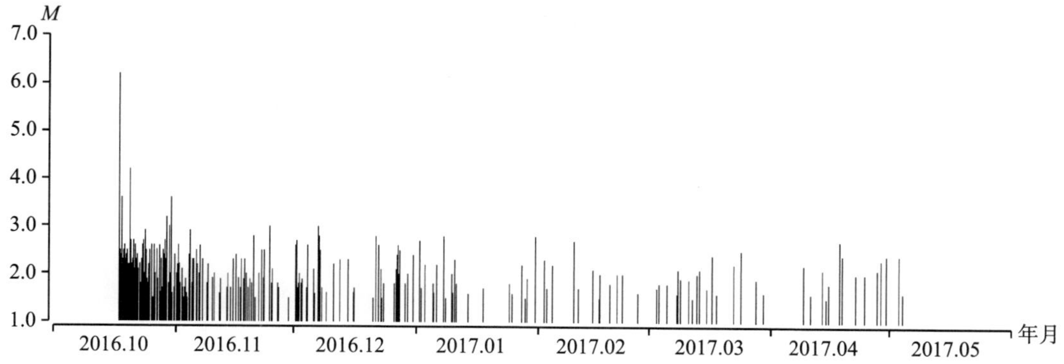

图8　杂多序列 M_L1.5以上地震M-T图

Fig. 8　M-T diagram of the M_S6.2 Zaduo earthquake sequence with magnitude over M_L 1.5

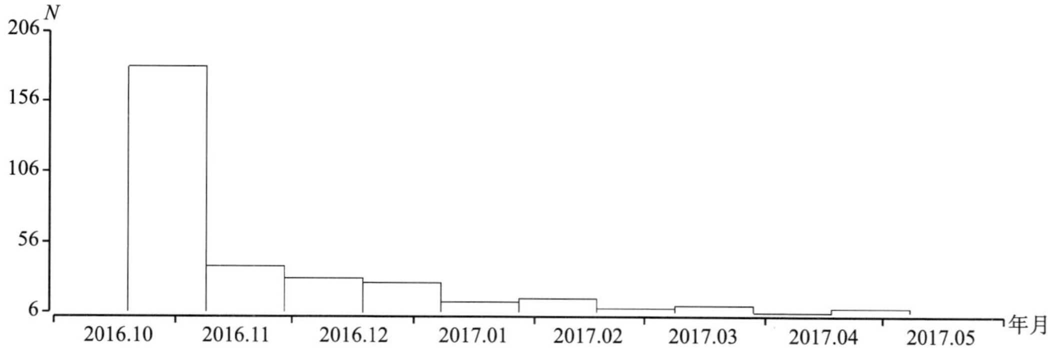

图9　杂多6.2级地震序列 N-T图

Fig. 9　N-T diagram of the M_S6.2 Zaduo earthquake sequence

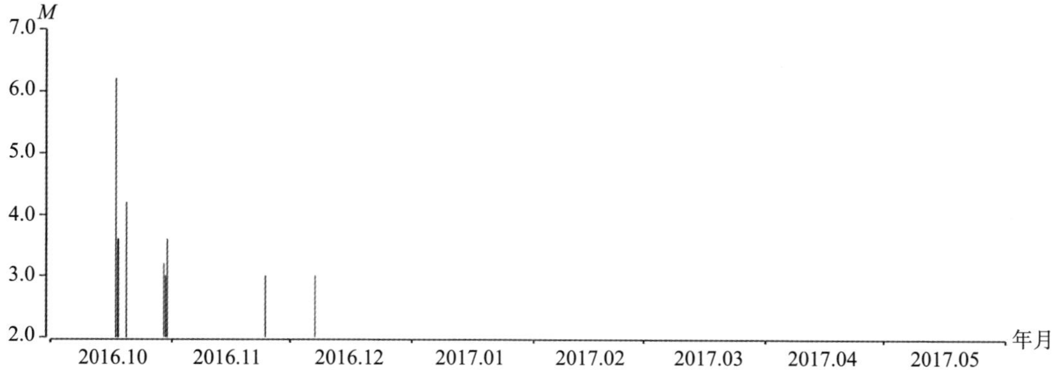

图10　杂多序列 M_L3.0以上地震M-T图

Fig. 10　M-T diagram of the M_S6.2 Zaduo earthquake sequence with magnitude over M_L3.0

h 值为 1.72，显示了该序列的地震类型趋于主震—余震型。自 1970 年以来，杂多 6.2 级地震震中 200km 范围内共发生过 5 次 6 级以上地震（表 3），其中 1 次为双震型，1 次为前主余型，另外的 3 次为主余型，根据历史地震序列的类型判断该区域 6 级地震序列属于主余型的可能性较大。

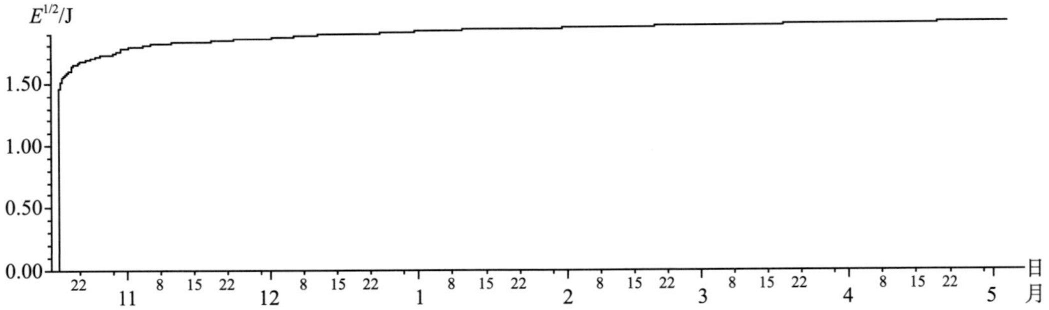

图 11　杂多 6.2 级地震序列应变释放曲线

Fig. 11　Curve of strain release of the M_S6.2 Zaduo earthquake sequence

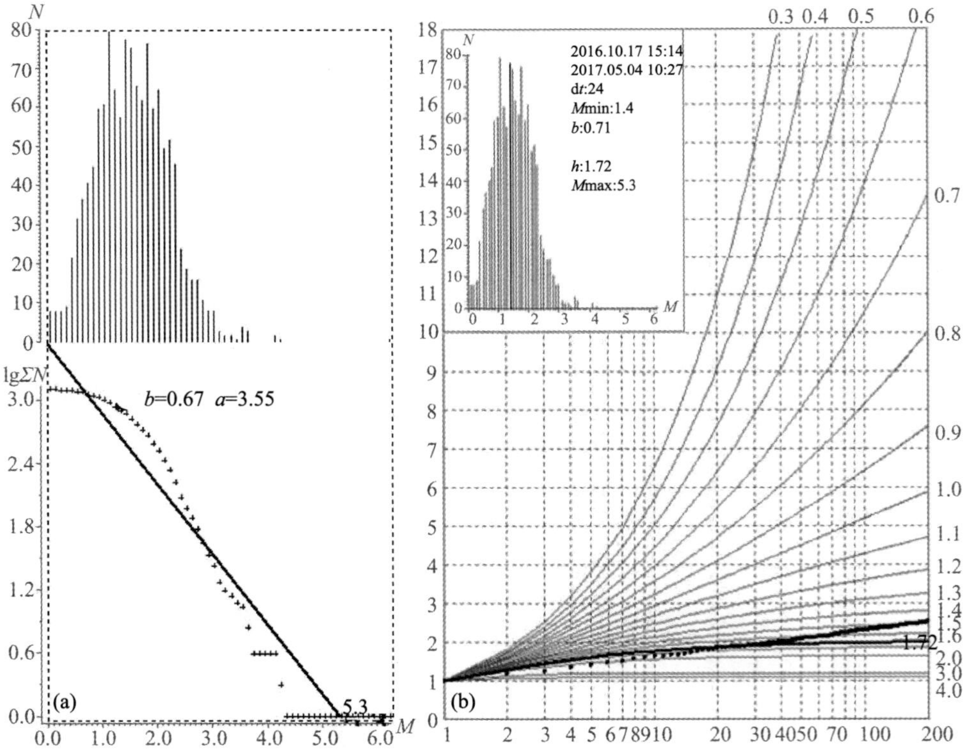

图 12　杂多 6.2 级地震序列 b 值曲线（a）、h 值曲线（b）

Fig. 12　b-value（a）and h-value（b）curve of the M_S6.2 Zaduo earthquake sequence

表 3　1970 年以来杂多地震 200km 范围内 6 级以上历史地震

Table 3　The historical earthquakes in Zaduo earthquake 200km range with magnitude over 6.0 since 1970

序号	时间（年.月.日）	北纬（°）	东经（°）	参考地名	主震震级	深度（km）	序列类型	最大余震
1	1971.04.03	32.22	95.12	杂多南	6.3	20	双震	
	1971.04.03	32.20	95.40	杂多东南	6.5	20		
2	1975.05.05	33.20	92.90	卡赛渡口附近	6.4	12	主余	5.5
3	1994.06.30	32.60	93.80	唐古拉山口	6.3	10	主余	5.5
4	2010.03.24	32.36	93.05	西藏聂荣	6.1	9	主余	4.7
5	2010.04.14	33.22	96.59	玉树	7.1	9	前主余	6.3

4. 数字地震资料应用

表 4 给出了杂多 6.2 级余震序列 $M_L \geqslant 3$ 级地震视应力。本计算均使用了曲麻莱台和杂多台两个台记录的数字地震波数据。2016 年 10 月 17 日杂多 6.2 级地震的视应力为 1.452MPa。其余 $M_L \geqslant 3$ 级地震视应力分布在 0.005～0.327MPa，视应力呈现随时间逐步减小的过程。

表 4　杂多 6.2 级地震序列 $M_L \geqslant 3.0$ 级地震视应力

Table 4　Apparent stress of the M_S6.2 Zaduo earthquake sequence（$M_L \geqslant 3.0$）

编号	发震日期	发震时刻	震中位置（°）		震级		视应力（MPa）
	年.月.日	时：分：秒	φ_N	λ_E	M_L	M_S	
1	2016.10.17	15：14：48	32.88	94.90		6.2	1.452
2	2016.10.17	15：32：22	32.84	94.89	3.5		0.241
3	2016.10.17	15：33：35	32.87	94.86	4.1		0.295
4	2016.10.17	15：51：29	32.86	94.95	3.0		0.033
5	2016.10.17	15：54：13	32.83	94.87	3.1		0.144
6	2016.10.17	15：55：07	32.92	94.98	3.4		0.116
7	2016.10.17	15：59：04	32.83	94.88	3.3		0.033
8	2016.10.17	16：06：26	32.81	94.93	3.5		0.043
9	2016.10.17	16：24：37	32.88	94.93		4.1	0.327
10	2016.10.17	16：34：19	32.88	94.91	3.1		0.025
11	2016.10.18	04：52：34	32.85	94.89	3.6		0.099
12	2016.10.18	07：41：46	32.84	94.86	3.6		0.067
13	2016.10.20	07：57：18	32.83	94.90		3.7	0.069

续表

编号	发震日期	发震时刻	震中位置（°）		震级		视应力 (MPa)
	年．月．日	时：分：秒	φ_N	λ_E	M_L	M_S	
14	2016. 10. 29	19：26：47	32. 83	94. 95	3. 2		0. 023
15	2016. 10. 30	08：50：45	32. 83	94. 90	3. 0		0. 008
16	2016. 10. 30	18：07：11	32. 79	94. 91	3. 6		0. 068
17	2016. 10. 30	18：14：27	32. 82	94. 91	3. 0		0. 012
18	2016. 11. 24	19：00：32	32. 84	94. 87	3. 0		0. 005
19	2016. 12. 07	06：39：43	32. 85	94. 92	3. 0		0. 009

五、震源参数和地震破裂面

图 13 分别展示了哈佛大学、中国地震局地球物理研究所和青海局计算的杂多 6. 2 级地震的震源机制，可以看出虽然 3 个震源机制的类型均为具有正断性质的走滑类型，但哈佛大学和中国地震局地球物理研究所公布的结果更接近（表 5）。青海局的结果与哈佛大学和中国地震局地球物理研究所的结果存在较明显的差别，这种差别可能主要是由于青海局采用了 Hash 方法[4]、而震区附近的台站数量较少、方位分布不佳引起的。如图 14a 所示，震区位置靠近青藏交界附近，该区域高海拔、条件艰苦，震中 200km 仅有 5 个地震台站，不利于震源机制准确求解。

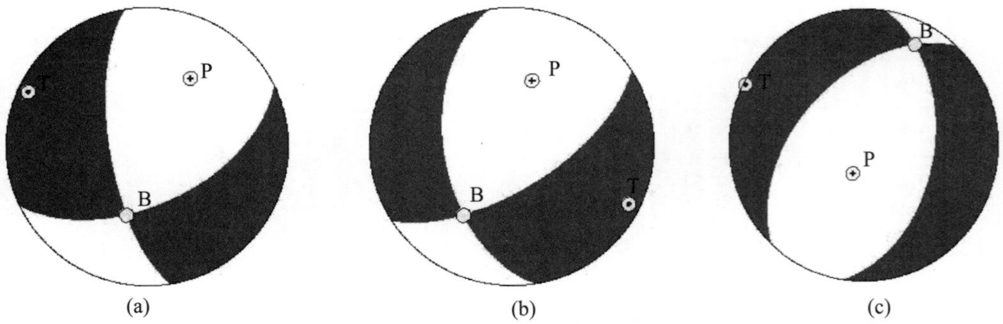

图 13　杂多 6. 2 级地震震源机制解

Fig. 13　Focal mechanism solution of the M_S6. 2 Zaduo earthquake

（a）哈佛大学；（b）中国地震局地球物理研究所；（c）青海局

由于震中区域缺乏详细的地质资料，本文根据杂多 6. 2 级地震震中附近的杂多—上拉秀断裂和莫云—结多断裂的走向和震源机制节面的吻合程度以及 4 级以上余震的震中展布方向，初步判断杂多—上拉秀断裂为杂多 6. 2 级地震的发震构造。

另外还利用 Hash 方法计算了 3 次 $M_L \geq 4.0$ 级余震的震源机制解（图 14b，表 6），结果显示杂多余震的震源机制同样为具有正断性质的走滑类型，但节面参数与主震存在一些差别，这些差别应该是由于台站数量和分布不佳引起的。总的来说，虽然利用 Hash 方法求解的主震和 3 次 $M_L \geq 4.0$ 级余震的震源机制解存在不准确的地方，但震源机制的性质应该没有大的误差。

表 5 青海杂多 6.2 级地震的震源机制解

Table 5 Focal mechanism solution of the M_S6.2 Zaduo earthquake in Qinghai province

序号	节面Ⅰ（°）			节面Ⅱ（°）			P 轴（°）		T 轴（°）		结果来源
	走向	倾角	滑动角	走向	倾角	滑动角	方位	倾角	方位	倾角	
1	171	68	−142	65	55	−27	32	42	295	8	哈佛大学
2	171	50	−146	58	65	−45	17	49	117	9	地球所
3	9	46	−116	224	50	−66	201	72	297	2	青海局

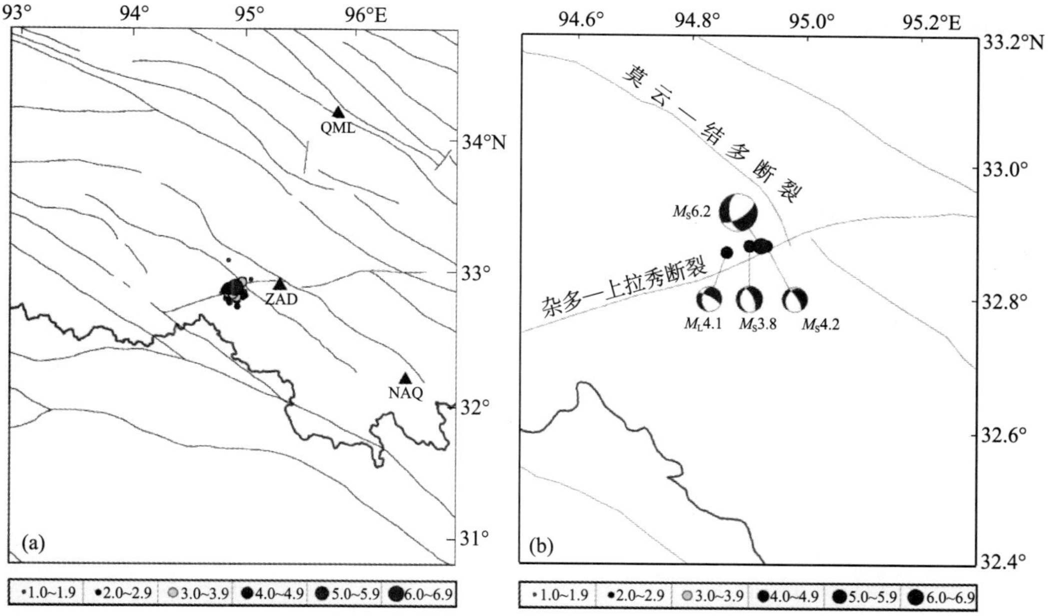

图 14 地震序列中 3 次 $M_L \geq 4.0$ 级震源机制及台站分布

Fig. 14 Focal mechanism solution of the three times earthquake with magnitude over M_L4.0 and the distribution of station

表 6　3 次 $M_L \geq 4.0$ 余震的震源机制

Table 6　Focal mechanism solution of the three times earthquake with magnitude over M_L4. 0

序号	发震时间		震级	深度	节面Ⅰ（°）			节面Ⅱ（°）			P 轴（°）		T 轴（°）	
	年.月.日	时：分：秒	M_S	（km）	走向	倾角	滑动角	走向	倾角	滑动角	方位	倾角	方位	倾角
1	2016. 10. 17	15：33：35	4. 1	11	298	73	−127	187	40	−27	168	48	55	19
2	2016 10 17	16：24：37	4. 2	9	205	31	−37	327	72	−116	204	55	77	23
3	2016 10 20	07：57：18	3. 8	10	187	30	−61	334	64	−106	214	67	76	18

六、地球物理观测台网及前兆异常

杂多 6. 2 级地震震中附近地区的地震台和地球物理观测项目分布见图 14。此次地震发生在唐古拉地区，该区域测震和地球物理监测能力均较薄弱。

震中 300km 范围内仅有玉树地震台 1 个地球物理观测台站，其中 0～100km 无台无测项；100～200km 有 3 个测项，分别为水温、地倾斜和钻孔应变（图 15）；200～300km 无台无测项。该地区台站分布稀少，观测项目少。

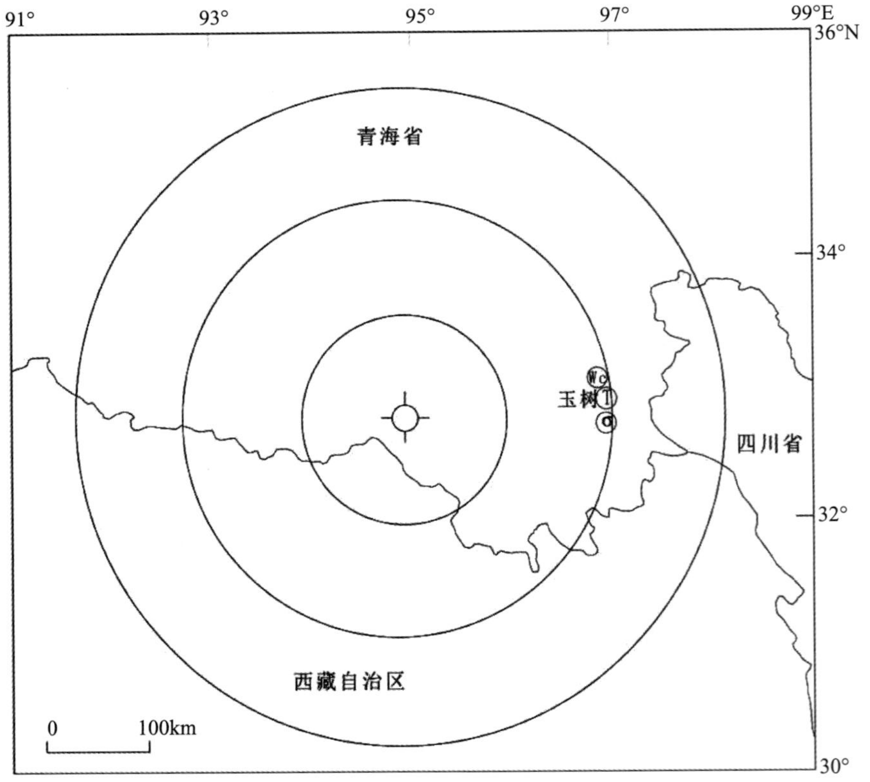

图 15　杂多 6. 2 级地震前地球物理观测台站分布图

Fig. 15　Distribution of precursory monitoring stations before the M_S6. 2 Zaduo earthquake

此次地震前 300km 范围内仅记录到 1 条地球物理观测异常，为玉树水温短期异常。另外，震前在此次地震发生的唐古拉地区，提出了 3 条测震学背景性异常，分别为唐古拉地区 5 级以上地震平静打破异常、4 级以上地震高频度异常和青海中南部多震级档空区嵌套的背景性异常（表 7）。

1. 多震级档空区嵌套背景性异常

2010 年玉树 7.1 级地震后青海境内 5 级以上地震出现大面积的平静区，在 5 级平静区的内部即青海中南部一带，2013 年 7 月 17 日以来又形成了 3 级空区和 2014 年 1 月 1 日形成的 4 级空区，出现了多震级档空区嵌套现象。根据以往震例研究，2014 年 11 月在 2015 年度趋势会商报告中，提出了青海中南部地区出现多震级档空区嵌套异常，分析认为在空区的边缘或内部未来存在发生 6 级以上地震的可能[2)]。之后，2015 年 1 月 4 日格尔木 $M_L3.4$ 地震打破了 3 级空区，2015 年 5 月 2 日和 7 月 17 日格尔木 $M_L4.2$ 和 $M_L4.1$ 地震打破了 4 级空区，2015 年 10 月 20 日玛多 5.2 级地震发生在其边缘，使得 5 级平静区更加的圆满。空区相继打破后一年，在空区的边缘发生了此次杂多 6.2 级地震（图 16）。

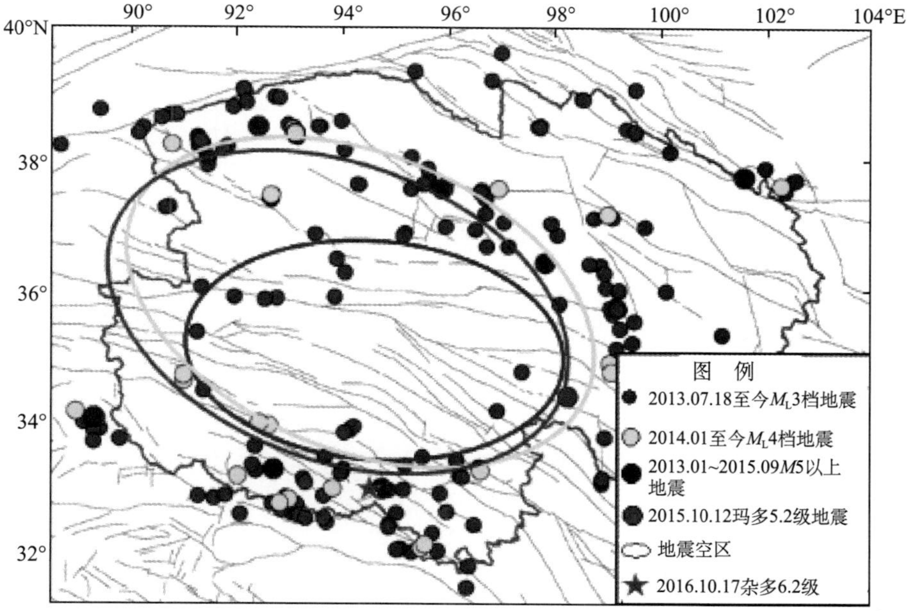

图 16 青海中南部多震级档空区嵌套

Fig. 16 The multi magnitude seismicgap in central and southern Qinghai

2. 唐古拉地区 5 级平静打破进入活跃阶段

根据唐古拉地震带 5 级以上地震活动，发现具有较好成丛性的特征（图 17），提出自 2011 年 6 月 26 日囊谦 5.2 级地震后，该地震带 5 级以上地震平静达 19 个月，2013 年 1 月 31 日杂多 5.1 级地震打破了该平静，预示着该地震带 5 级以上地震进入新的活跃阶段。但是，自杂多 5.1 级地震后又出现了近 3 年的平静，2016 年 1 月 14 日西藏安多 5.3 级地震、5 月 11 日丁青 5.5 相继发生，打破了该平静，表明唐古拉地震带进入 5 级以上地震集中活跃

表 7　杂多 6.2 级地震前兆异常登记表

Table 7　Summary table of earthquake precursory anomalies

序号	异常项目	台站（点）或观测区	分析办法	异常判据及观测误差	震前异常起止时间	震后变化	最大幅度	震中距 Δ/km	异常类别及可靠性	图号	异常特点及备注	异常发现时间
1	地震空区	青海中南部	多震级档空区嵌套	围空区打破	2010.05～2016.12	持续	5 级空区面积约 $30\times10^4 km^2$	震中北部	M_2	16	根据以往震例表明，空区打破未来存在发生 6 级以上地震的可能	震前提出
2	地震平静	唐古拉地震带	$M_L \geq 5$ 级地震统计	唐古拉地震带 5 级以上地震活动成丛性较好	2011.06～2013.01	符合以往成丛性的特征	平静区面积约 $20\times10^4 km^2$	震中周围	M_2	17	2011 年 6 月至 2013 年 1 月 $M_L \geq 5$ 级地震大范围平静	震前提出
3	地震频度	唐古拉地震带	$M_L \geq 4$ 级地震分布	频度高值异常	2015.02～2016.10	正常	10 次	震中周围	M_2	18	地震参数扫描显示 $M_L 4.0$ 地震频度处于高值状态	震前提出
4	水温	玉树	分钟值	下降后回升	2016.06～2016.10	正常	0.0166℃	195	S_2	20	震前 4 个月出现趋势下降并转折上升的过程	震前提出

的阶段、存在发生 5 级以上地震的可能。此次杂多 6.2 级地震就发生在唐古拉地区 5 级以上地震活跃阶段。

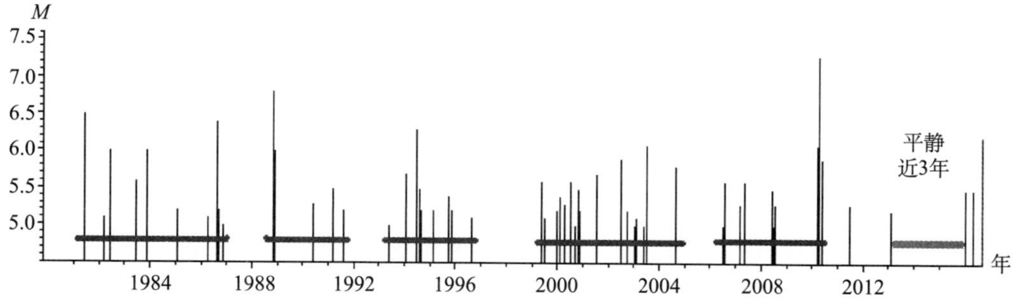

图 17 唐古拉地震带 5 级以上地震 M-T 图

Fig. 17 M-T diagram of the Tanggula seismic belt with magnitude over 5.0

3. 唐古拉地区 M_L4.0 以上地震高频度异常

通过选取唐古拉地区 M_L4.0 以上地震进行 12 个月窗长 1 个月步长的时间扫描计算，结果显示 M_L4.0 以上地震频度处于高值状态，以往高频度异常对应过唐古拉地震带 6.0 级以上地震（图 18）。

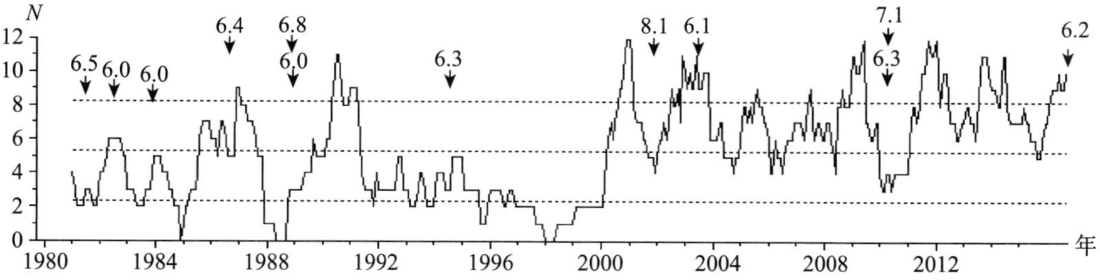

图 18 唐古拉地震带 M_L4.0 以上地震频度参数时间扫描曲线

Fig. 18 Seismic N-value curve of the Tanggula seismic belt with magnitude over M_L4.0

4. 玉树水温异常

玉树水温仪器初次架设于 2007 年，资料较为稳定。除 2012、2013 年两次更换仪器造成缺数以外，资料都较为可靠。在玉树井水温多年趋势上升正常动态背景上，有 4 次出现水温陡降—缓升的非对称“V”字形变化，这种变化与同期一定范围内的地震活动有一定的对应关系（图 19、图 20）。2016 年 6 月中旬在资料跟踪中发现玉树水温于月中旬开始出现下降趋势转折变化。7 月底开始出现上升转折变化，到 8 月中旬基本恢复正常形态但数据仍持续高频波动。此次异常变化呈现“V”字形态变化，与之前的异常变化较为相似。

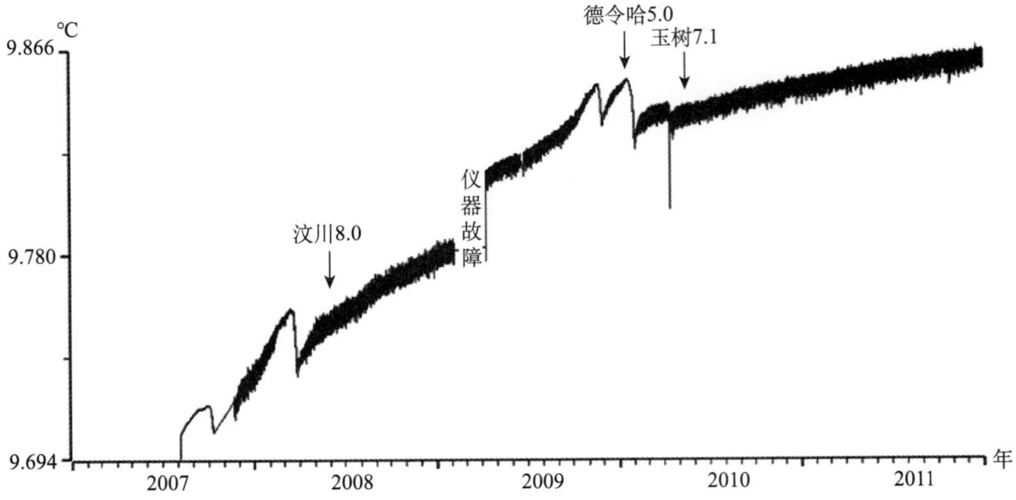

图 19　玉树水温分钟值曲线

Fig. 19　Minutes value of water temperature at Yushu station

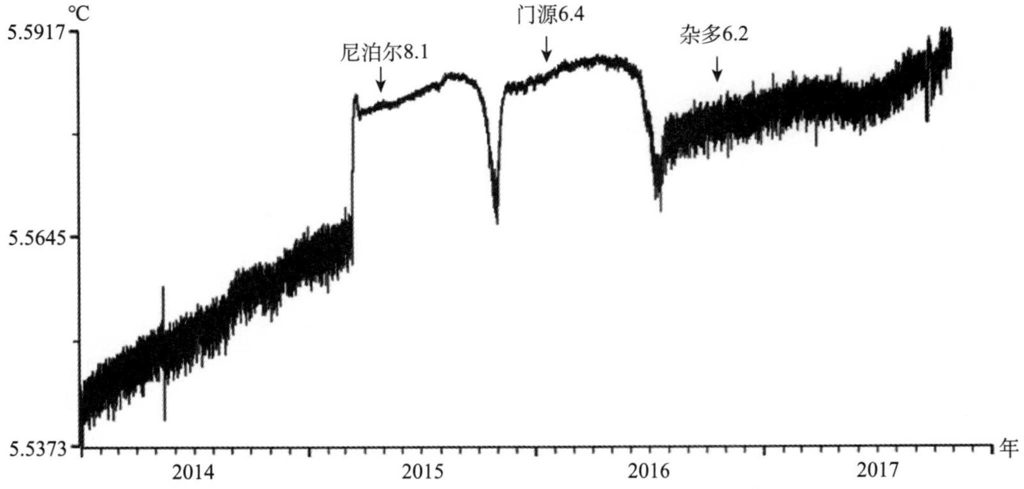

图 20　玉树水温分钟值曲线

Fig. 20　Minutes value of water temperature at Yushu station

七、地震前兆异常特征分析

1. 地震学异常

此次地震发生前，在年度会商报告和日常震情跟踪工作中测震学方面提出过 3 条唐古拉地区的异常，均为背景性异常。不同震级空区也在一定程度上显示出中期异常特征。根据玉树地震震例显示，玉树 7.1 级地震前也出现了 6、5 和 4 级地震空区，且三个空区大部分区域重叠，在围空过程中也有 5 级空区被打破的迹象，玉树地震就发生在 6 级空区里，而杂多地震发生在空区边缘。另外，唐古拉地震带的 5 级地震平静和随后的 4 级地震高频度异常也进一步显示了中短期特征。对于唐古拉这个多震区域，该区域内显著地震的增强或平静特征比较明显，映震能力也比较好。

2. 地球物理观测项目异常

杂多 6.2 级地震震中 300km 范围内仅有 1 个地球物理观测台站，3 个测项。震前出现了玉树水温 1 条地球物理观测异常，为短期异常。2008 年汶川 8.0 级地震和 2010 年玉树 7.1 级地震前玉树台水温也出现了短期异常，这几次前兆异常的形态较为类似，异常持续时间一般在 1 个月左右，异常结束 3 个月左右后地震发生。玉树台还有 1 项分量钻孔应变仪和 1 项水平摆倾斜仪地震前正常观测，但震前未发现前兆异常变化。2010 年玉树 7.1 级地震发震断层距离玉树台不足 1km，但在玉树地震前，玉树台钻孔应变和水平摆倾斜都未出现可靠的前兆异常，玉树水温在玉树地震前有明显前兆异常出现，这与此次杂多 6.2 级地震情况类似。

青海省南部区域人口分布极度稀少，多为高海拔无人区，地球物理监测能力非常低，大部分地区为无地球物理监测能力地区。整个青海省西南部区域仅有玉树台 1 个地球物理观测台站，3 个测项，但在近几年青海南部 2 次 6 级以上地震前，玉树水温都出现了比较可靠的前兆异常，而在该区域多次 5 级左右地震前玉树水温无异常变化。因此，玉树水温异常对青海南部地区的 6 级以上地震具有较好的预测意义，而且玉树水温异常结束后 3 个月左右为优势发震时间段。

八、震前预测、预防和震后响应

1. 震前预测

杂多 6.2 级地震发生在 2016 年度青海省地震趋势研究报告中确定的危险区边缘（距危险区边界 38km）。青海省地震局预报中心依据唐古拉地区存在“1900 年以来 6.4 级以上地震空区”“2010 年玉树 7.1 级地震后该地区 5 级以上地震异常平静”“2014 年以来 3 级地震活跃且在 4 级地震空区边缘”“柴达木—祁连山地区大震空区优势发生区域”“2015 年 GPS 速度场计算得到的异常区域边缘”“唐古拉地震带存在中等地震活动增强的背景”和“玉树震群的优势对应区域”等现象，当时综合分析认为，“唐古拉中东段区域，在 2016 年度或稍长时间有发生 5~6 级地震的可能”[3)]。2016 年 1 月 21 日门源 6.4 级地震后，在 23 日召开加密会商会时，根据统计分析祁连地震带发生 6 级以上地震后青藏块体的响应地震情况，发现唐古拉地块危险性比较大，一年左右发生 6 级地震的概率比较高。1 月 27 日月会商中，明确提出“短期内青海及邻区存在发生 5~6 级地震的可能，重点关注唐古拉地震带”[4)]，2 月份的月会商中提出，“唐古拉地震带（青藏交界区域）4 级以上地震活跃，可能预示未来该区域存在 5 级左右地震的可能”[5)]，之后每个月的月会商中都明确提出“重点关注唐古拉地震带”的会商意见。5 月 11 日西藏丁青 5.5 级地震的发生进一步表明相关分析的正确性。

震前提出了两项地球物理观测短临异常，分别是玉树水温和玉树钻孔应变，玉树水温自 6 月 15 日数据出现持续下降变化趋势，最大幅度大约为 0.014℃，于 7 月 17 日前后转化为上升变化，数据恢复 3 个月后发生了杂多 6.2 级地震；玉树钻孔应变 6 月 6 日出现转折变化，其中第 2、4 分量较为显著，后续综合分析认为，玉树钻孔应变异常信度偏低，为地震前兆异常的可能性较小。8 月 10 日四川省地震局张铁宝和陆茜以 Terra 卫星 MODIS21 通道红外亮温数据的时空分析为依据填报了预报卡，三要素：时间为 2016 年 8 月 10 日至 11 月 6 日，震级为 6.4~7.3 级，空间范围涉及我省共和、贵德、尖扎、循化和化隆等十几个县市；8 月 12 日，针对预报卡和涉及到的热红外依据，邀请了张铁宝以及甘肃地震局的张璇、徐蓉等相关专家进行了学术交流，认为密切关注震情变化，杂多 6.2 级地震发生在距预测区域最近边缘约为 400km。10 月 17 日 15 时 14 分杂多 6.2 级地震发生后，青海省地震局预报中心立即召开紧急会商会，并与中国地震局监测预报司、台网中心召开视频会商，进行了震后趋势研判，初步判定认为“地震序列类型很有可能是主余震型，余震活动水平为 5 级左右”[6)]，实际最大余震为 10 月 17 日 16 时 24 分 37 秒的 M_L4.7（M_S4.1）地震。

2. 震后应急响应

10 月 17 日 15 时 14 分地震发生后，青海省地震立即启动Ⅱ级响应，派出第一批 8 名现场工作队携带流动观测仪于 16 时 40 分赶赴震区。中国地震局立即启动Ⅲ级应急响应，并派出 11 人现场工作组来西宁协助和指导我局开展工作。杂多县委县政府根据《杂多县地震应急预案》，紧急启动地震Ⅳ级响应，成立县抗震救灾指挥部，派出 12 名县级干部带领各机关单位 500 余名赴各乡镇及社区调查了解灾情，组织广大干部群众开展抢险救灾、紧急疏散人员等工作。

九、结论与讨论

杂多 6.2 级地震位于青海省西南部，在大地构造上是西藏菱形块体与柴达木菱形块体的复合部位，即古板块汇聚带所在之处。此次地震发生在杂多—上拉秀断裂和莫云—结多断裂交会处附近，为走滑正断型。

杂多 6.2 级地震极震区烈度Ⅶ度，Ⅶ度区主要涉及杂多县阿多乡和结多乡，总面积约 190km^2。Ⅵ度区主要涉及杂多县阿多乡、结多乡、苏鲁乡、昂赛乡、扎青乡、萨呼腾镇和囊谦县着晓乡，总面积约 3520km^2。此次地震间接造成 1 人死亡（地震避险时突发心脏病死亡），共造成杂多县 9633 户、囊谦县 843 户居民牧户房屋不同程度受损，直接经济损失 29540 万元。

杂多 6.2 级地震是 2016 年 1 月 21 日青海省门源 6.4 级地震打破青海省境内 6 级地震长达 69 个月的平静后青海省境内发生的又一次 6 级以上强震。该地震位于 2016 年度青海省地震趋势研究报告中圈定的危险区边缘。门源地震发生后青海省地震局认为未来 1 年左右青海境内再次发生 6 级地震的可能性较大，应重点关注唐古拉地震带。震前青海省地震局对该区域的发震背景和危险性有所认识，但未提出可靠的预测预报意见。

地震发生后青海省地震局做出“此次地震序列类型可能是主震余震型，余震活动水平为 5 级左右”的判断较为准确。此次地震最大余震为 M_S4.1，该序列具有余震强度较低，衰减快的特点。

杂多 6.2 级地震位于监测能力较低的唐古拉地区，地震前除提出 3 条测震学背景性异常外，仅玉树地震台水温测项出现了明显的前兆异常变化。玉树水温异常对青海南部地区的 6 级以上地震具有较好的预测意义。

参考文献

[1] 张瑞斌、孙洪斌、卢宁等，2000 年 4 月 15 日青海省杂多县 5.3 级地震［J］，高原地震，2000，12（3）：50~56

[2] 曾秋生，青海地震综合研究［M］，北京：地震出版社，1999，97

[3] 吴中海、周春景、冯卉等，青海玉树地区活动断裂与地震［J］，地质通报，2014，33（4）：419~469

[4] Hardebeck J L and Shearer P M，A new method for determining first-motion focal mechanisms，Bulletin of the Seismological Society of America，2002，92（6）：2264-2276

参考资料

1）青海省地震局，杂多 6.2 级地震灾害损失评估报告，2016

2）青海省地震局，2015 年度青海省地震趋势研究报告，2015

3）青海省地震局，2016 年度青海省地震趋势研究报告，2015

4）青海省地震局，2016（第 1 期）月会商意见，2016

5）青海省地震局，2016（第 2 期）月会商意见，2016

6）青海省地震局，2016（第 16 期）紧急会商意见，2016

The M_S 6. 2 Zaduo Earthquake on October 17, 2016 in Qinghai Province

Abstract

The Earthquake of M_S6. 2 occurred in Zaduo county of Yushu Tibetan Autonomous Prefecture in Qinghai province at 15: 14 p. m on October 17, 2016, with focal depth of 9km. the macro epicenter is located in the area of Ado township, Zaduo country, the intensity in the meizoseismal area was Ⅶ. The earthquake caused the residents herdhouses to be damaged to varying degrees of 9633 households in Zaduo county and 843 households in Nangqian county. The earthquake caused one person to die indirectly (sudden heart disease death during the earthquake avoidance process), no other casualties,, in which, direct economic loss by this earthquake was 2954 million yuan.

The Zaduo M_S6. 2 earthquake sequence was main shock-aftershock type, as of January 21, 2017, atotal of 1209 aftershocks were recorded. The distribution of the aftershock sequence is NS direction, showing the distribution characteristics of deep in the southwest and shallow in the northeast. Focal mechanism of the main shock indicated that azimuth of the P axis was 17°, with the nodal plane Ⅰ struk at 171°, and a dip angle of 50°. The epicenter of Moyun-Jieduo fault and Zaduo-Shanglaxiu fault are about 10 kilometers. Based on the analysis of the focal mechanism solution and aftershock sequence distribution, the seismogenic fault of the main shock could be the Zaduo-shanglaxiu fault.

The seismic stations around the epicenter were very sparse, within the distance of 300km from epicenter, there were 8 seicmometric stations and 1 precursory stations. Before this earthquake there are 13 seismicity background anomalies and 1 short-term anomaly of Yushu water temperature. The Zaduo M_S6. 2 earthquake occurred 38km south away form the seismically dangerous area in Qinghai province as specified by Earthquake Administrator of Qinghai Province in 2016. There was no specific short-impending prediction before this event.

After this earthquake, Earthquake Administration of Qinghai Province immediately started the emergency plan of level Ⅱ response, and Earthquake Administration of China also immediately started the emergency plan of level Ⅲ response. Going to the earthquake zone to carry out seismic survey and rescue and relief work. The Forecast Center of the Qinghai earthquake agency has completed the "Analysis Report of the Zaduo M_S6. 2 Earthquake Sequence and spatial distribution of aftershocks on October 17, 2016", which provides reference for the preparation of this earthquake case.

报告附件

附表 1　固定地球物理观测台（点）与观测项目汇总表

序号	台站（点）名称	经纬度（°）		测项	资料类别	震中距 Δ/km	备注
		φ_N	λ_E				
1	杂多	32.89	95.31	测震		37	
2	囊谦	32.19	96.44	测震		158	
3	丁青	31.41	95.64	测震		170	
4	曲麻莱	34.17	95.82	测震		172	
5	玉树	33.01	97.01	测震		195	
				钻孔应变	Ⅱ		
				水平摆倾斜	Ⅲ		
				垂直摆倾斜	Ⅲ		
				静水位	Ⅱ		
				水温	Ⅰ		
6	清水河	33.82	97.11	测震		232	
7	昌都	31.14	97.17	测震		282	
8	沱沱河	34.21	92.32	测震		288	
9	那曲	31.45	92.09	测震		307	
10	江达	31.44	98.14	测震		339	
11	玛多	34.91	98.20	测震		382	

分类统计	0<Δ≤100km	100<Δ≤200km	200<Δ≤300km	300<Δ≤400km	总数
测项数 N	1	6	1	1	9
台项数 n	1	9	3	3	16
测震单项台数 a	1	3	3	3	10
形变单项台数 b	0	0	0	0	0
电磁单项台数 c	0	0	0	0	0
流体单项台数 d	0	0	0	0	0
综合台站数 e	0	1	0	0	0
综合台中有测震项目的台站数 f	0	1	0	0	0
测震台总数 $a+f$	1	4	3	3	11
台站总数 $a+b+c+d+e$	1	4	3	3	11
备注					

附表 2　固定地球物理观测项目与异常统计表

序号	台站（点）名称	测项	资料类别	震中距 Δ/km	按震中距 Δ 范围进行异常统计									
					0<Δ≤100km					100<Δ≤200km				
					L	M	S	I	U	L	M	S	I	U
13	玉树	水温	Ⅰ	195						—	—	√	—	—
分类统计	台项	异常台项数			0	0	0	0		0	0	1	0	
		台项总数			0	0	0	0	/	1	1	1	1	/
		异常台项百分比/%			0	0	0	0		0	0	100	0	/
	观测台站（点）	异常台站数			0	0	0	0		0	0	1	0	
		台站总数			0	0	0	0	/	1	1	1	1/	
		异常台站百分比/%			0	0	0	0		0	0	100	0	/
	测项总数				0					1				
	观测台站总数				0					1				
备注														

2016 年 10 月 20 日江苏省射阳 4.4 级地震

江苏省地震局

沈红会　李　锋　田　韬　袁桂平　缪阿丽　孙业君　王　维

摘　要

2016 年 10 月 20 日 04 时 51 分，江苏射阳县发生 4.4 级地震，微观震中 33.38°N、120.19°E，震源深度 22km，震中烈度Ⅴ度。江苏省的盐城市、扬州市、淮安市、连云港市、南通市、南京市等地有震感，其中射阳、建湖、阜宁及盐城的亭湖区、大丰区震感明显，震中附近的新洋农场、中路港、新洋港、黄沙港、洋马镇及射阳县城部分地区震感强烈，地震未造成人员伤亡，震区除个别建筑物产生轻微裂缝外，水、电、气、通信、交通等工程设施未见破坏。

此次地震位于洪泽—沟墩断裂以南、盐城—南洋岸断裂以北的盐城凹陷内部。射阳 4.4 级地震序列为前震—主震—余震型，最大余震 $M_L 2.8$。余震呈 NW 走向分布，射阳 4.4 级地震是在区域应力场的作用下，沿 NW 向剪切破裂发生的地震事件。

震中附近监测能力较强，震前出现的异常项目较多，比较明确的有 5 个中长期异常、5 个短临异常，测震学、电磁、形变、流体都观测到一些震前异常，地球物理场的异常比例为 26.9%。根据这些异常，射阳 4.4 级地震震前 3 个月的短期跟踪在月会商中给出了明确的判定意见，并且该地震发生在 2016 年 10 月 18~19 日举行的江苏年度地震趋势会商中给出的 2017 年度 5 级危险区内，震后的趋势判定意见也比较准确[1,2]。

前　言

2016 年 10 月 20 日 04 时 51 分在江苏射阳县（33.7°N，120.3°E）发生 4.4 级地震，微观震中 33.65°N、120.36°E，震源深度 21km，震中烈度Ⅴ度。江苏省的盐城市、扬州市、淮安市、连云港市、南通市、南京市等地有震感，地震未造成人员伤亡和工程设施破坏。

此次地震位于洪泽—沟墩断裂以南，盐城—南洋岸断裂以北的盐城凹陷内部。盐城—南洋岸断裂为盐城凹陷南侧边界，断面倾向北，倾角 55°，控制了盐城凹陷的发育。洪泽—沟墩断裂为弧形北界断裂，走向由 NE 转为近 EW，倾向 NW，倾角 30°~40°，控制了中、新生代盆地沉积。震中 100km 范围内历史上共发生 8 次 5 级以上地震，其中时间和距离最近的地震为 1987 年 2 月 17 日江苏射阳东南 5.1 级地震，距此次地震 25.1km。

射阳 4.4 级地震前观测到 5 个异常项目的 10 条前兆异常，震前 3 个月的月会商意见中明确提出震中附近地区存在发生 5 级左右地震的判断意见，震前 10 月 15 日针对射阳附近地区的小震活动召开专题会商会，认为短期内该地区有发生有感地震的可能，10 月 18～19 日召开的江苏年度地震趋势会商中把该地区判定为 2017 年度 5 级危险区，后射阳 4.4 级地震发生在危险区内[1,2)]。地震发生后，江苏省地震局和有关市县地震部门立即启动地震应急预案 III 级响应。震后江苏省地震局认真贯彻中国地震局和省委、省政府各项部署，监测预报、震灾预防、应急救援以及政务等工作有序开展。

本报告是在有关文献和资料的基础上经过整理和分析完成的。

一、测震台网及地震基本参数

射阳 4.4 级地震震中 200km 范围内共有 17 个测震台站（含遥测台和区域台），其中 100km 范围内 1 个，101～200km 范围内 16 个（图 1）。震中区测震台网监测能力为 M_L1.4。2016 年 10 月 20 日射阳 4.4 级地震的基本参数见表 1，本文采用双差定位的结果（表 1 中第一条）[1]。

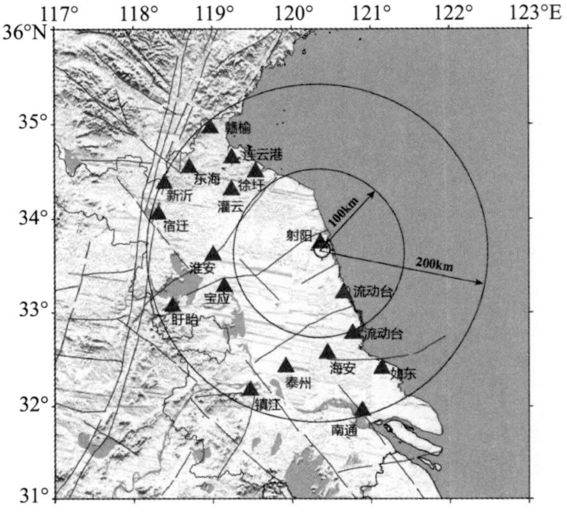

图 1　射阳 4.4 级地震震中附近测震台网分布图（同心圆标注距离）

Fig. 1　Distribution of seismic stations around the M_S4.4 Sheyang earthquake

表 1　地震基本参数

Table 1　Basic parameters of the earthquake

编号	发震日期	发震时刻	震中位置（°）		震级	震源深度（km）	震中地名	结果来源
	年.月.日	时：分：秒	φ_N	λ_E				
1	2016.10.20	04：51：12.05	33.650	120.360	4.4	22	射阳	文献［1］
2	2016.10.20	04：51：11.0	33.630	120.324	4.3	25	射阳	全国地震正式目录
3	2016.10.20	04：51：10.8	33.70	120.30	4.4	24	射阳	江苏测震台网

二、地震地质背景

射阳 4.4 级地震位于郯庐断裂带以东，苏鲁造山带以南的苏北盆地（图 2）。该盆地属于苏北—南黄海盆地西部的陆上部分，总体走向 NE，延伸长度大于 260km。盆地主要由盐城—阜宁坳陷、建湖隆起和东台坳陷三大构造单元组成，坳中有凸，隆中有凹，一系列凸凹构造组成盆地的二级单元。盆地内部各断陷盆地的边界断裂多数为正断层。其中盐城—南洋岸断裂为盐城凹陷南侧边界，断面倾向北，倾角 55°，控制了盐城凹陷的发育。洪泽—沟墩断裂为弧形北界断裂，走向由 NE 转为近 EW，倾向 NW，倾角 30°~40°，控制了中、新生代盆地沉积。射阳 4.4 级地震发生在洪泽—沟墩断裂以南，盐城—南洋岸断裂以北的盐城凹陷内部。重力测量结果显示，该区布格重力异常与莫霍面埋深不协调，震中附近重力值为-5e-5m · s^{-2}，而莫霍面的深度仅为 26km。该地区地震活动水平较低，大地震相对较少。地应力、震源机制解、地壳形变测量相关研究显示，该地区最大主应力的优势方向为近 EW，倾角近水平。

1970 年以来，该区域附近曾发生 5 级左右地震 5 次，分别为 1976 年 11 月 2 日大纵湖 4.6 级地震，1987 年 2 月 17 日射阳 5.1 级地震，1991 年 11 月 5 日射阳 4.7 级地震，1992 年 10 月 22 日射阳 4.6 级地震，以及 2012 年 7 月 20 日高邮—宝应 4.9 级地震（图 2）。

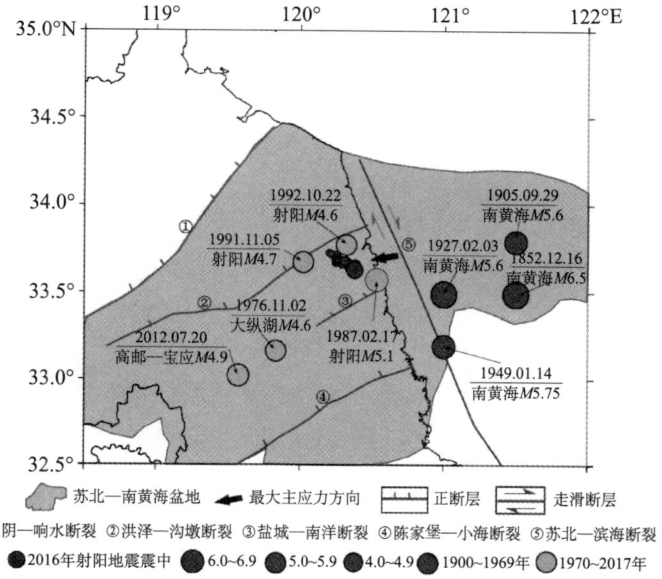

图 2 射阳地震附近断层及 1970 年以来 M_L5.0 以上地震震中分布

Fig. 2 Distribution of fault and history earthquake around the M_S4.4 Sheyang earthquake

红色为射阳震群精定位后结果，灰色为 1970 年以来区域内 M_L5.0 以上地震

三、地震影响场和震害

此次地震震中位于盐城市射阳县新洋农场，震感范围较大，江苏省的盐城市、扬州市、淮安市、连云港市、南通市、南京市等地有震感，其中射阳、建湖、阜宁及盐城的亭湖区、大丰区震感明显，震中附近的新洋农场、中路港、新洋港、黄沙港、洋马镇及射阳县城部分地区震感强烈（图3）。

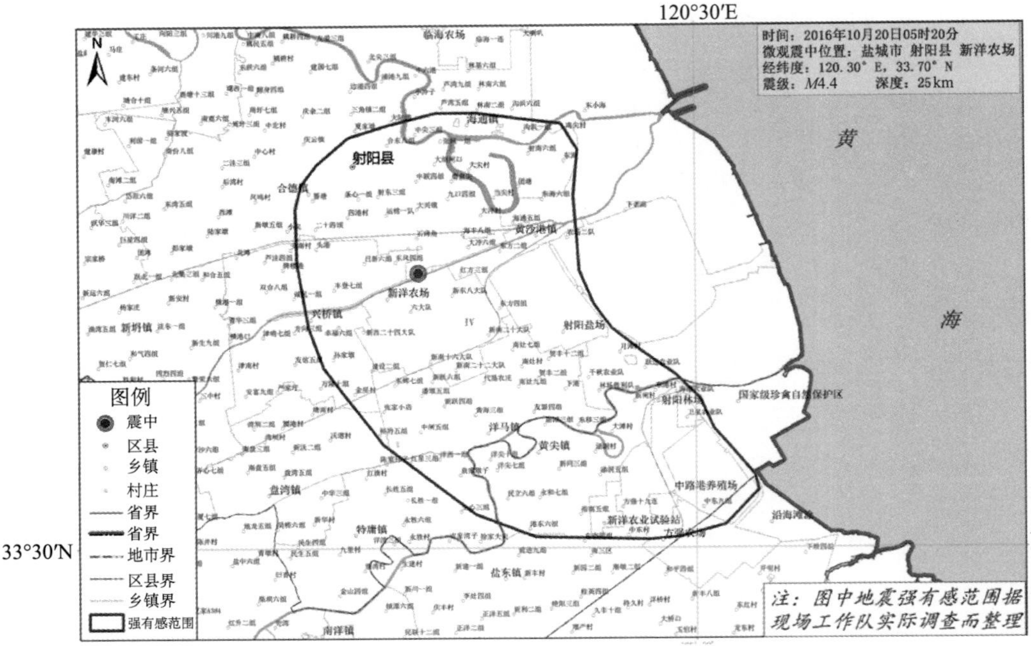

图3　射阳4.4级地震有感范围

Fig. 3　Seismic intensity distribution graph of the M_S4.4 Sheyang earthquake

现场调查表明：此次地震未造成人员伤亡。震中附近个别抽样点可达Ⅴ度，其他地区均小于Ⅴ度。震区除个别建筑物产生轻微裂缝、原有裂缝进一步扩展及门窗玻璃破碎等现象外，未见明显破坏迹象。震区水、电、气、通信、交通等工程设施未见破坏。

四、地震序列

据江苏省测震台网测定，2016年10月9日9点5分，江苏省盐城市射阳县附近发生M_L2.6级地震（120.14°E，33.86°N），之后震中附近小地震活跃，短时间内形成小震序列，并于2016年10月20日4点51分发生射阳4.4（M_L4.9）级地震（120.36°E，33.65°N）。2016年10月9日至2017年5月8日江苏测震台网共记录到射阳地区M_L1.0以上地震48次，地震序列为前震—主震—余震型，其中前震24次，余震23次。2016年10月20日射阳4.4

级地震发生之前，震中附近共记录小震 24 次，2016 年 10 月 10 日~14 日地震序列活动水平相对较低，2016 年 10 月 15 日以后，地震序列活跃，小震活动频次较高，震级有上升趋势。之后发生了射阳 4.4 级地震。主震发生后，余震衰减明显，小震发震时间间隔逐渐变长(图 4)。

表 2 射阳 4.4 级地震序列目录（$M_L \geqslant 3.0$）

Table 2 Catalogue of the M_S4.4 Sheyang earthquake sequence（$M_L \geqslant 3.0$）

编号	发震日期	发震时刻	震中位置		震级	震源深度	备注
	月．日	时：分	北纬	东经	M_L	(km)	
1	10.13	22：32	33°40′	120°22′	3.1	24	震前
2	10.15	16：41	33°40′	120°21′	3.5	20	震前
3	10.15	17：02	33°40′	120°21′	3.1	19	震前
4	10.20	04：51	33°38′	120°19′	M4.4　4.8	25	主震

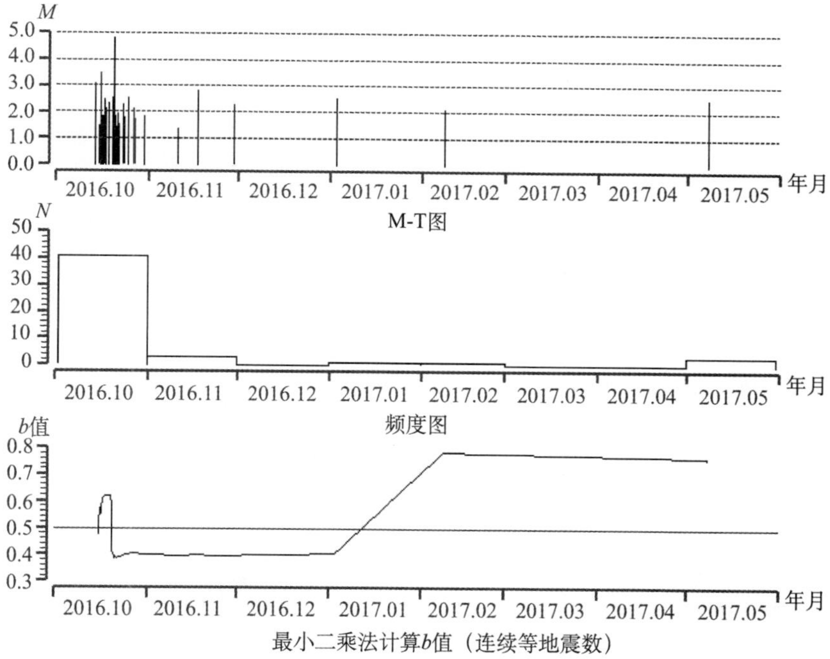

图 4 射阳地震序列

Fig. 4 b-value diagram of the M_S4.4 Sheyang earthquake sequence

采用最小二乘法，对 2016 年 10 月 9 日至 2017 年 5 月 8 日射阳地震序列的 b 值进行计算，计算结果如图 4 所示，射阳 4.4 级地震前，前震序列的 b 值相对较低，有较为显著的下降趋势，射阳 4.4 级地震后，b 值达到极大值，然后向低值渐变。2017 年以后，序列 b 值升高。地震序列的 p 值为 0.3207，h 值为 0.9。

五、震源机制解和地震破裂面

利用江苏测震台网波形记录资料，根据信噪比高、P 波初动明显、台站放大系数可靠以及台站方位分布较好的要求，挑选了震中距在 385km 以内的 17 个质量较高的近震数据（图5)。参考了前人给出的区域速度模型，采用 CAP 方法反演得到的射阳 4.4 级地震的最佳震源机制解为：节面Ⅰ，走向 304°，倾角 53°，滑动角 0°，为左旋走滑；节面Ⅱ，走向 214°，倾角 90°，滑动角 143°，为右旋走滑，有一定的垂直运动分量。P 轴的方位角为 265°，倾角 25°；T 轴方位角 163°，倾角 25°；P 轴近东西向，T 轴近南北向（图 6，表 3)。

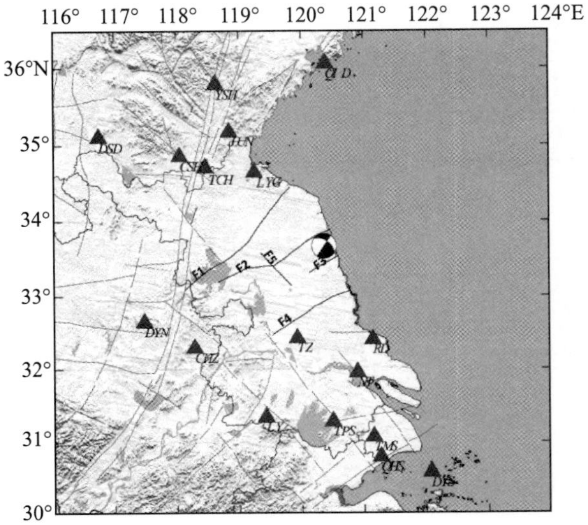

图 5　地震震中分布与周围的台站分布

Fig. 5　Map showing distributions of earthquake epicenters and seismic stations

F1：淮阴—响水断裂；F2：洪泽—沟墩断裂；F3：盐城—南洋岸断裂；

F4：陈家堡—小海断裂；F5：泾口—沙沟断裂；阴影区域为苏北盆地

表 3　2016 年 10 月 20 日射阳 4.4 级地震震源机制参数

Table 3　Focal mechanisms of the M_S4.4 Sheyang earthquake

编号	节面Ⅰ（°）			节面Ⅱ（°）			P 轴（°）		T 轴（°）		B 轴（°）		X 轴（°）		Y 轴（°）		方法及结果来源
	走向	倾角	滑动角	走向	倾角	滑动角	方位角	仰角	方位角	仰角	方位角	仰角	方位角	仰角	方位角	仰角	
1	304	53	0	214	90	143	265	25	163	25	34	53	124	0	214	37	文献［1］

利用江苏省测震台网观测报告中的 Pg 和 Sg 到时信息，参考了前人给出的区域速度模型，利用震中附近的 6 个地震台站（SY、LYG、GUY、SQ、HUA、XY)，采用双差定位方法（Hypodd)[1]，对射阳地震序列中 44 次 M_L1.5 以上的地震事件进行重新定位。在重新定位过程中，设置最小连接数和最小观测数为 8，震源间距小于 10km，地震对到台站的距离

小于 200km。设定 P 波到时的权重为 1.0，S 波到时的权重为 0.7。

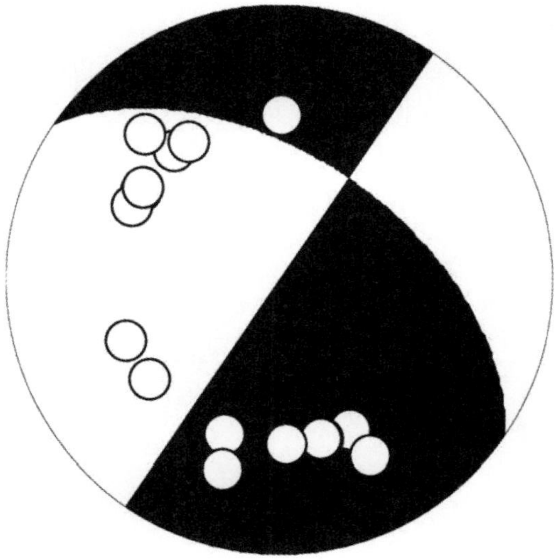

图 6　2016 年 10 月 20 日射阳 4.4 震源机制

Fig. 6　Focal mechanisms of the M_S4.4 Sheyang earthquake

如图 7 所示，精定位后的射阳 4.4 级地震序列位于洪泽—沟墩断裂和盐城—南洋岸断裂之间。地震空间分布优势方向为北偏西约 60°，长轴约 16km，短轴约 8km。2016 年 10 月 20 日射阳 4.4 级地震处于射阳地震序列的东南端，震源深度约 22km（图 8a、b）。由震源深度剖面图（图 8a）可以看出，沿震中分布的优势长轴走向（*A*—*A′*），地震序列的深度主要集中在 6~23km，M_L3.0 以上地震深度集中在 18~23km。垂直于震中优势长轴走向的剖面

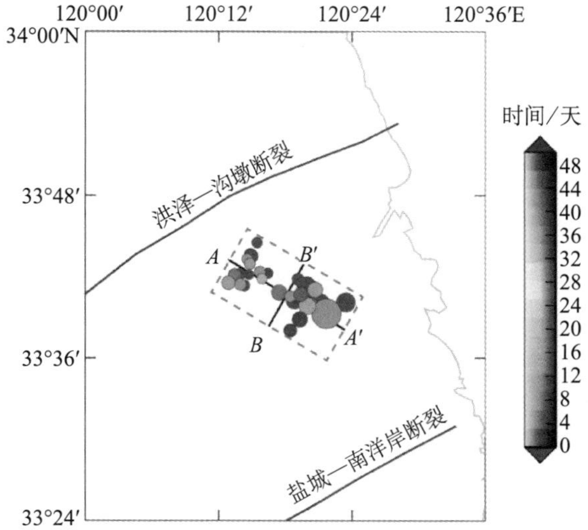

图 7　精定位后的地震震中分布图

Fig. 7　Distributions of earthquake epicenters after precise relocation

($B—B'$) 反映了沿地震破裂方向震源的几何特征。在 6~23km 的深度，地震优势分布倾向北东，倾角较陡（图 8b）。射阳地震序列空间分布的优势方向（图 7）与反演获得的震源机制节面 I 的走向一致性较好（图 6，表 3）。

重定位后射阳地震序列的深度随时间的变化特征如图 8c 所示，地震序列活动存在有序破裂的现象。2016 年 10 月 15 日射阳 M_L3.5 地震后，地震序列的震中分布由南东至北西，向浅部扩展（图 7、图 8c）；2016 年 10 月 20~27 日，地震序列由南东至北西，向深部扩展（图 7、图 8c）；2016 年 11 月 17 日后，地震的深度集中在 17~19km，向南西扩展（图 7、图 8c）。

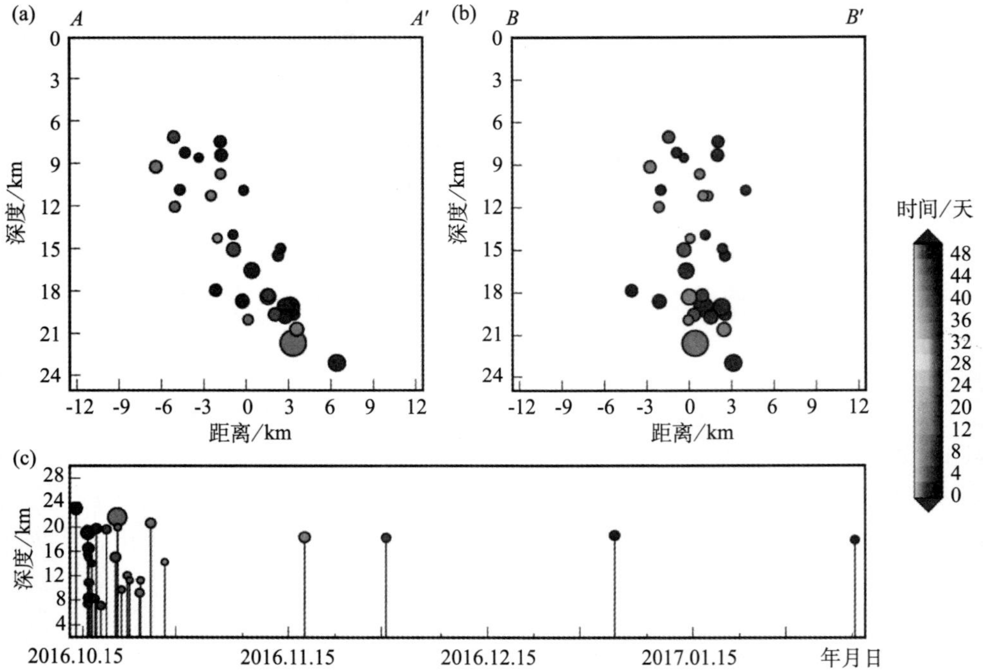

图 8　精定位后地震沿不同剖面的震源深度分布和随时间变化图

Fig. 8　Distribution of earthquake epicenters after precise relocation on different cross section and focal depth changes with time

双差定位结果显示，射阳 4.4 级地震序列位于洪泽—沟墩断裂和盐城—南洋岸断裂之间。两条断裂的走向均近 NE，我们查阅了该区域相关的地质资料，没有发现震中附近 NW 断裂的相关记录。无法确定此次射阳 4.4 级地震序列是否由震中附近既有的断裂运动产生的。库伦-摩尔破裂准则表明，当岩石发生剪切破裂时，破裂面与最大主应力方向的夹角为

$$\alpha = \pm\left(\frac{\pi}{4} \pm \frac{\varphi}{2}\right) \tag{1}$$

式中，$\varphi=\arctan\mu$，为内摩擦角；μ 为岩石的内摩擦系数（$0.5<\mu<1$）。根据所选的岩石摩擦

系数，破裂角 α 的范围为 22°~32°，一般为 30°。射阳地震断层面和区域最大主应力轴的夹角在库伦-摩尔破裂角的范围内，由此推测，射阳 4.4 级地震是在区域应力场的作用下，沿 NW 向剪切破裂发生的地震事件。

六、地震地球物理场观测台网及前兆异常

射阳 4.4 级地震发生在江苏中部，区域内前兆台站密度比较密集（图 9a），在距离震中 0~100km 范围有 5 个地球物理场观测台站，共 6 个观测项目，其中电磁 3 个、流体 3 个；在距离震中 101~200km 范围有 11 个地球物理场台站，共 20 个观测项目，其中电磁 6 个、流体 14 个。射阳 4.4 级地震前共出现地震条带、空区、盐城地磁谐波振幅比、常熟垂直摆、水温、水化等 5 个异常项目，11 条异常（图 9b，表 4），其中地球物理场的异常比例为 26.9%，这些异常均在震前提出。震前山东、安徽地区未发现明显前兆异常。

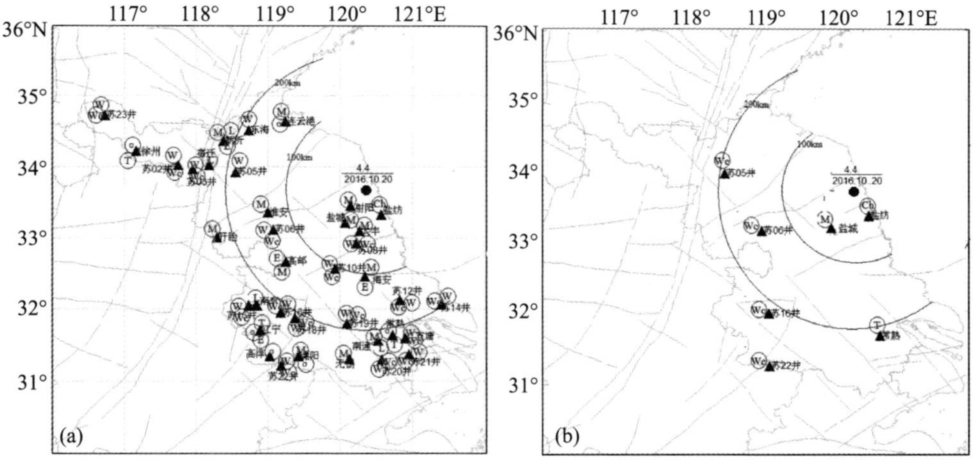

图 9　江苏省数字前兆台网台站分布

Fig. 9　Distribution map of digital seismic precursory network stations in Jiangsu province

（a）前兆观测项目分布图；（b）前兆观测项目异常分布图

1. 测震学异常

1）地震条带

（1）南黄海至河南范县 $M_L3.0$ 地震条带。

自 2015 年 8 月 6 日南黄海 $M_L4.3$ 地震开始，南黄海至河南范县 $M_L3.0$ 以上地震持续活跃，逐渐形成了 NW 向 $M_L3.0$ 地震条带（图 10），该条带内共有地震 13 次，其中 $M_L4.0$ 以上地震 3 次。

表 4　地震前兆异常登记表

Table 4　Summary table of precursory anomalies

序号	异常项目	台站（点）或观测区	分析方法	异常判据及观测误差	震前异常起止时间	震后变化	最大幅度	震中距（km）	异常类别及可靠性	图号	异常特点及备注	备注
1	M_L3.0 级地震条带	33°～37°N 115°～122°E	地震活动 $M_L \geq 3.0$	异常持续时间 14 个月	2015.08～2016.10	恢复正常	最大地震 M_L4.3	震中周围	M_1	10	南黄海至河南范县 M_L3.0 带状分布	2016 年度趋势报告提出
2	M_L2.5 地震条带	31°～34°N 118°～122°E	地震活动 $M_L \geq 2.5$	异常持续时间 10 个月	2016.01～2016.10	恢复正常	最大地震 M_L3.9	震中周围	M_1	11	安徽怀宁至南黄海 M_L2.5 带状分布	2016 年度趋势报告提出
3	地震空区	33°～35°N 119°～121°E	地震活动 $M_L \geq 2.5$	异常持续时间 31 个月	2014.03～2016.10	恢复正常	最大地震 M_L3.5	震中周围	M_1	12	江苏北部沿海附近区域形成 M_L2.5 空区分布	2016 年中会商发现并提出
4	地磁	盐城	地磁谐波振幅比	趋势下降转折	2015.01.01	恢复正常	4.4	震区周围	M_1	13	震前 3 个月发现盐城地磁谐波振幅比长短周期不一致	震前发现
5	垂直摆	常熟	分钟值	加速北倾	2016.09.16～2016.09.17	基本恢复	120 角秒	210	S_1	14	降雨后出现反向加速北倾	震前发现

续表

序号	异常项目	台站（点）或观测区	分析方法	异常判据及观测误差	震前异常起止时间	震后变化	最大幅度	震中距（km）	异常类别及可靠性	图号	异常特点及备注	备注
6	水温	22井	日均值	偏离上升趋势背静	2015.12～2016.09	恢复正常	0.13℃	270	S_1	15	偏离上升背景趋势后10个月	震前发现
7	水温	16井	日均值	趋势下降转平	2016.01～2016.10	未完全恢复	0.04℃	210	M_1	16	趋势下降转平10个月	震前发现
8	水温	05井	5日均值	下降凹兜	2016.04.20～2016.08.27	恢复正常	0.002℃	190	S_1	17	偏离背景上升趋势出现转折向下的凹兜形态	震前发现
9	水温	06井	5日均值	下降凹兜	2016.08.05～2016.09.21	恢复正常	0.001℃	150	S_1	18	偏离背景上升趋势出现转折向下的凹兜形态	震前发现
10	水化	盐纺	日均值	Ca^{2+}和Cl^-同步快速上升变化	2015.09～2016.10	未完全恢复	2.631mg/L、0.539mg/L	50	S_1	19	震前3个月Cl^-出现新高	震前发现

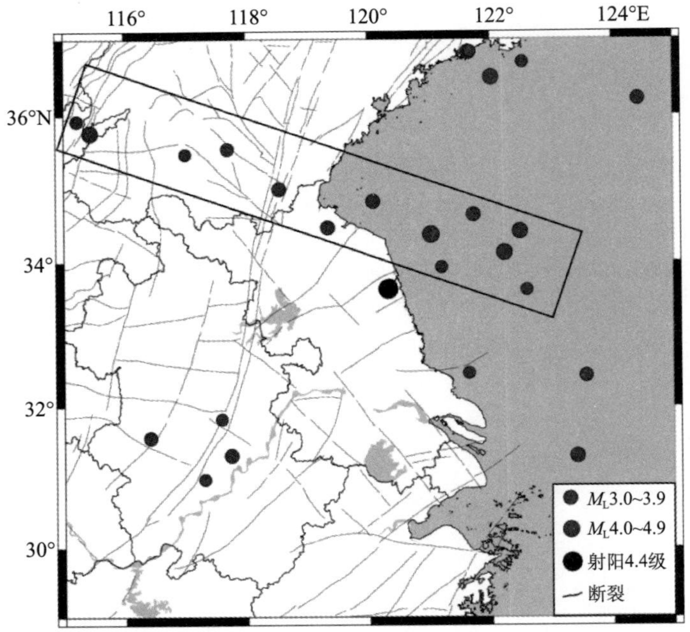

图 10　射阳 4.4 级地震前 M_L3.0 地震条带分布（2015.08～2016.10）

Fig. 10　Distribution of M_L3.0 earthquake belt before the M_S4.4 Sheyang earthquake（2015.08–2016.10）

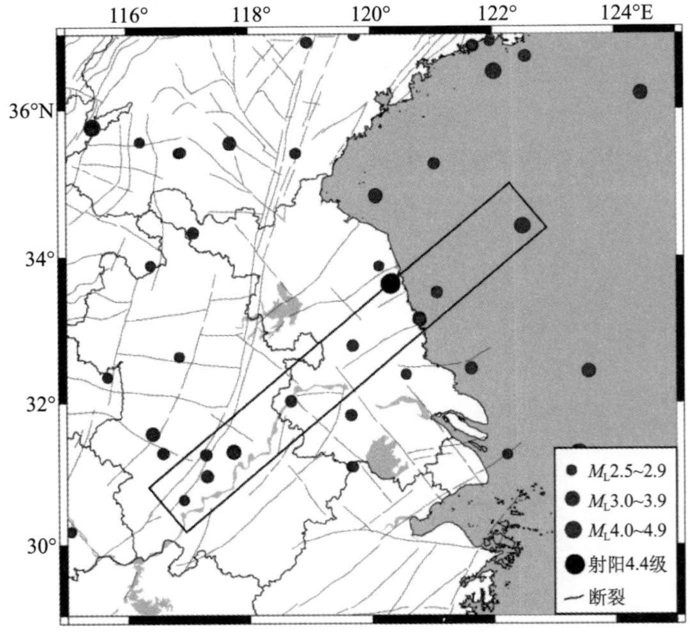

图 11　射阳 4.4 级地震前 M_L2.5 地震条带分布（2016.01～2016.10）

Fig. 11　Distribution of M_L2.5 earthquake belt before the M_S4.4 Sheyang earthquake（2016.01–2016.10）

（2）安徽怀宁至南黄海 $M_L2.5$ 地震条带。

自 2016 年 1 月 13 日安徽怀宁 $M_L2.5$ 地震开始，安徽怀宁至南黄海 $M_L2.5$ 以上地震持续活跃，一系列地震形成了 NE 向 $M_L2.5$ 地震条带（图 11）。该条带长约 700km，宽约 40km，条带内地震间的最大间距约 180km，条带内共发生 $M_L2.5$ 地震 17 次，最大地震为 2016 年 4 月 2 日南黄海 $M_L3.9$ 地震。

以上两条地震条带均符合条带的定义，并交会于南黄海海域，具有形成时间短的特点，属于中短期异常，对未来半年内中强地震有较强的指示意义。2016 年 10 月 20 日射阳 4.4 级地震发生在两地震条带交会区边缘，判断以上两个条带与该地震有关。

2）地震空区

2014 年 3 月 23 日射阳 $M_L2.7$ 地震以后，江苏北部沿海附近区域一系列的 $M_L2.5$ 地震活跃，在该区域短时间内形成了 $M_L2.5$ 地震围空的活动图像。围空区域中心点坐标为 120.08°E、33.96°N；长轴 84.7km，短轴约 70.3km（图 12）。该区域在 1987 年射阳 5.1 级地震前（1983 年 1 月 1 日至 1985 年 6 月 30 日）也曾出现过 $M_L2.5$ 地震空区。随着围空的形成，邻近区域的地震应变释放出现加速。根据地震空区判定准则，该小震围空符合孕震型空区的定义。该空区被 2016 年 10 月 9 日射阳 $M_L2.6$ 地震打破。空区打破后，空区内部小震活跃，并在 2016 年 10 月 15 日发生射阳 $M_L3.5$ 地震。根据震群判定指标，此次小震序列为震群，该空区的打破具有短期性质，随后发生 2016 年 10 月 20 日射阳 4.4 级地震。

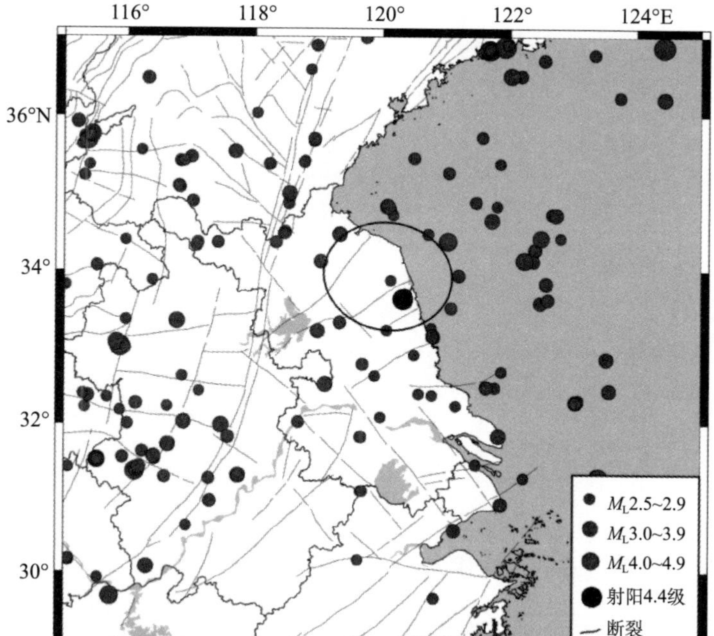

图 12 射阳 4.4 级地震前 $M_L2.5$ 地震空区分布（2014.03～2016.10）

Fig. 12 Spatial distribution of $M_L2.5$ earthquake before the $M_S4.4$ Sheyang earthquake（2014.03-2016.10）

2. 地球物理场项目异常

1）电磁学科

盐城台地磁谐波振幅比：

地磁谐波振幅比 Yzhx 与 Yzhy 分别代表了 NS 向和 EW 向两个正交方向上地磁谐波振幅比的变化，根据震例分析认为地震前后地磁谐波比 Yzhx 与 Yzhy 的 12 个周期不同步变化特征和地电阻率趋势异常特征比较相似，即下降并有转折—恢复变化特征为地震前兆异常。图 13 中 Yzhx 的前三个周期和 Yzhy 的前四个周期处于下降转折上升阶段，其余五个周期处于持续下降阶段，出现不同步现象，2016 年 7 月判断认定 2015 年 1 月 1 日以来盐城台地磁谐波振幅比长短周期不一致属于地震前兆异常，盐城附近有发生 5 级以上地震的可能，判断为射阳 4.4 级地震具有地点指示意义的前兆异常（图 13）。

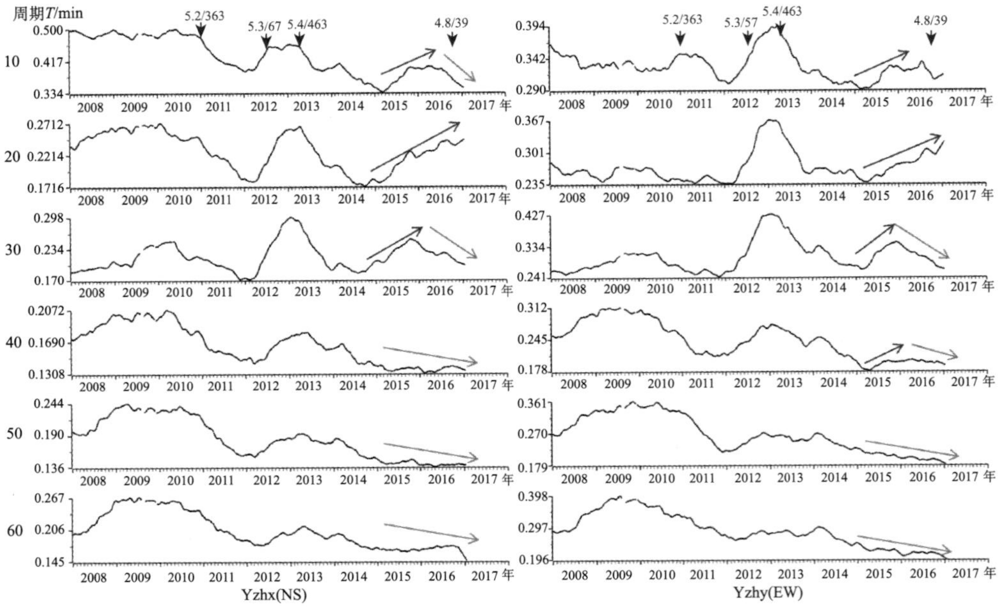

图 13　盐城台地磁谐波振幅比

Fig. 13　The geomagnetic harmonic wave amplitude ratios of Yancheng

2）形变学科

常熟台 VS 垂直摆：

图 14 为常熟台 VS 垂直摆北南向的分钟值曲线．正常情况下，降雨对垂直摆的影响是南倾变化（下降），图中显示 10 月 16 日降雨期间没有出现正常的南倾变化（下降），反而出现了加速的北倾变化（上升），该异常现象曾经多次出现，并且 2 个月内北向或东北向均有 3~5 级左右地震对应，对应率为 6/7，因此判断此次异常与射阳 4.4 级地震有关。

3）流体学科

距震中 300km 范围内的 18 口流体观测井中，有 4 口井在震前分别出现不同程度的异常变化，主要为水温异常和离子异常。其中水温异常为溧阳 22 井、苏 05 井、苏 06 井、苏 16

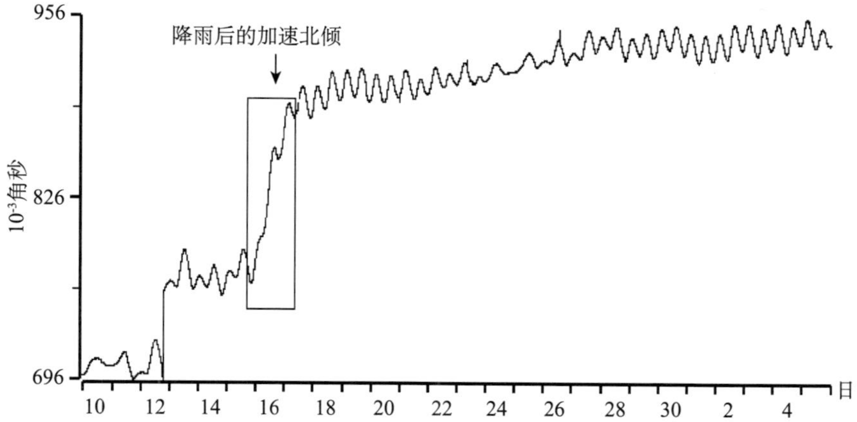

图 14 常熟 VS 金属摆 SN 向分钟值曲线（2016 年 10 月）

Fig. 14 The minute sampling curve of the VS vertical pendulum tilt (Oct. 2016)

井；离子异常为盐纺钙离子、氯离子。

（1）溧阳 22 井水温。

溧阳 22 井水温有很好的映震能力，当水温下降幅度≥0.005℃时，异常与周边中强地震有很好的对应关系[2,3]。2015 年 12 月 29 日溧阳 22 井水温出现大幅下降变化，至 2016 年 7 月 9 日累积最大下降幅度达 0.13℃，之后转折回升，至 2016 年 9 月 15 日恢复，2016 年 10 月 20 日发生射阳 4.4 级地震（图 15）。

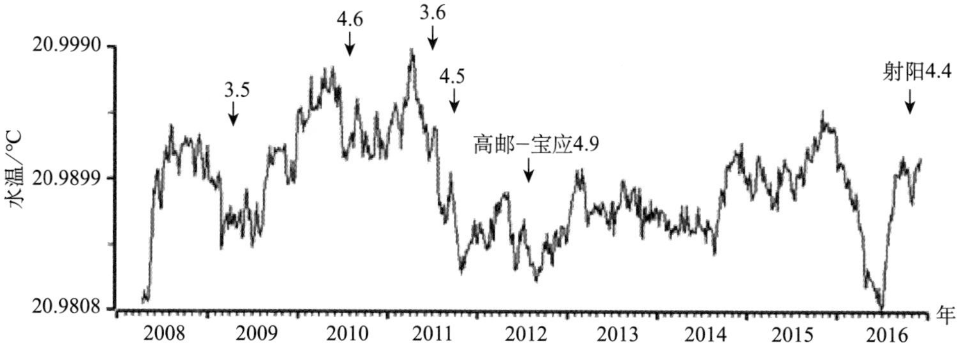

图 15 溧阳苏 22 井水温图

Fig. 15 Temperature variation of the Liyang No. 22 well

（2）苏 16 井水温。

苏 16 井水温 2013 年以来长期处于趋势下降变化，2016 年 1 月左右句容 16 井水温在长期趋势下降的背景下转平，反映了周围应力场的增强变化，判断该趋势变化与射阳 4.4 级地震有关（图 16）。

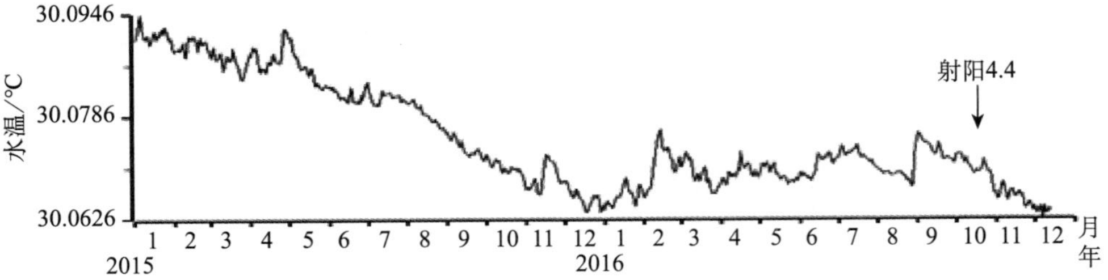

图 16　句容 16 井水温图

Fig. 16　Temperature variation of the Jurong No. 16 well

（3）苏 05 井水温。

苏 05 井观测层埋深 827~862m，含水层具有一定封闭性，不受表层水干扰。苏 05 井水温从 2010 年初开始一直呈现缓慢上升的趋势变化（图 17）。当上升趋势出现转折下降变化时，一般与井孔周围 4 级左右的地震有一定对应关系。2016 年 4 月 20 日苏 05 井水温开始出现下降变化，到 2016 年 8 月 27 日达到最低值，累积下降幅度为 0.002℃，之后一直在低值波动。射阳地震发生在苏 05 井水温低值波动阶段。

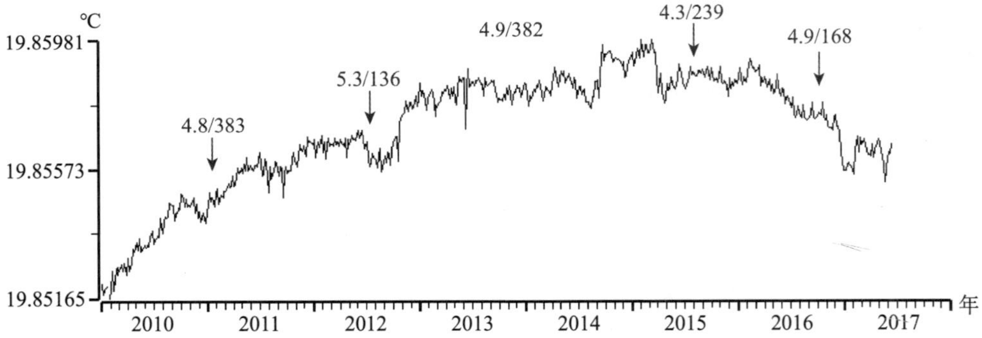

图 17　宿迁 05 井水温图

Fig. 17　Temperature variation of the Suqian No. 05 well

（4）苏 06 井水温。

苏 06 井水温探头在距地面 400 m 以下，受降水、气压的影响较小，水温多年呈缓慢趋势上升变化。2016 年 8 月 15 日苏 06 井水温出现下降变化，下降幅度为 0.001℃（图 18）。2016 年 9 月 21 日恢复下降前水平，到 2016 年 9 月 30 日临震阶段时再次出现下降变化，下降幅度为 0.001℃，射阳地震发生在水温低值位置。地震发生后 27 天苏 06 井水温恢复到下降前水平。

（5）盐纺钙离子、氯离子。

盐纺观测站位于盐城—南洋岸断裂和洪泽—沟墩断裂附近。盐纺离子的映震效能较好，在 2010 年 7 月 19 日黄海 4.6 级地震和 2012 年 7 月 20 日高邮—宝应 4.9 级地震前均出现了上升变化。2015年4月29日、9月19日盐纺氯离子、钙离子分别出现下降转上升变化，最大上升幅度分别为2.631、0.539mg/L，尤其是氯离子创了历史新高。射阳地震发生在离子浓度高值位置（图19）。

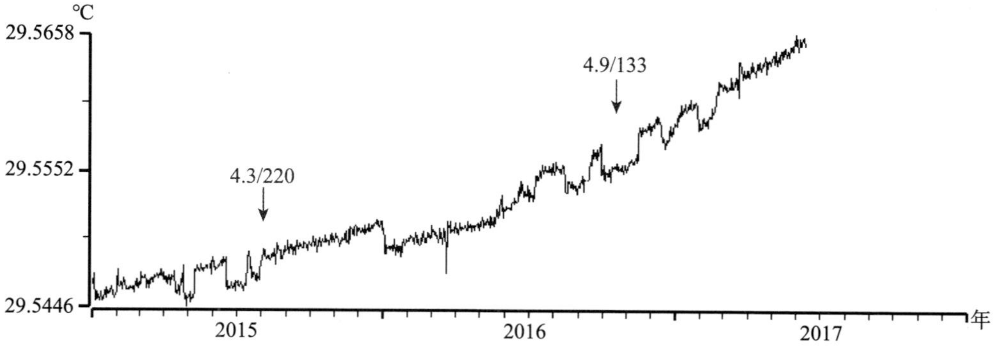

图18 金湖06井水温图

Fig. 18 Temperature variation of the Jinhu No. 06 well

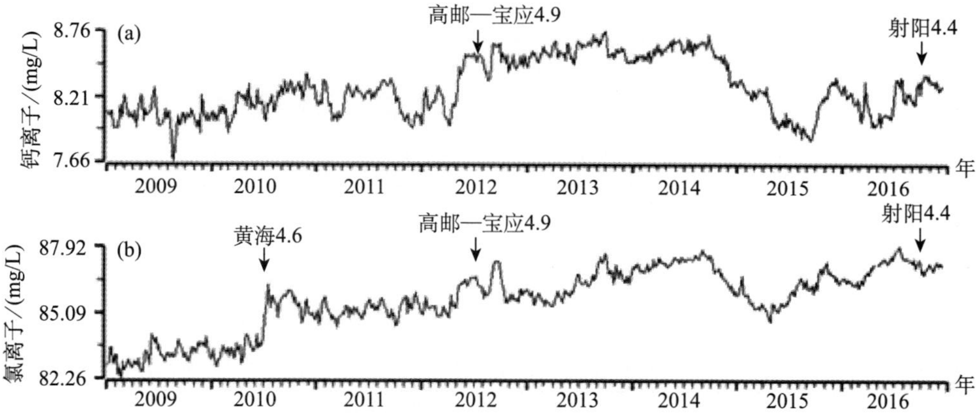

图19 盐纺离子曲线图

Fig. 19 Ion variation of Yanfang well

（a）钙离子；（b）氯离子

七、地震前兆异常特征分析

1. 地震学异常

震前发现的与射阳4.4级地震有关的测震学异常有两个条带和一个地震空区。两个条带分别是2015年8月份以来形成的从南黄海至河南范县北西方向M_L3.0地震条带和2016年1月13日份以来形成的从安徽怀宁至南黄海M_L2.5地震条带，两个条带具有形成时间短特点，为中短期异常，条带交会于盐城以东海域，历史上江苏及邻区中强地震往往发生在条带交会区域，射阳 4.4 级地震发生在这交会区附近。一个地震空区是 2014 年 3 月 24 日以来逐渐形成的江苏北部沿海形成 M_L2.5 地震空区，该空区在 2016 年年中会商时确定，值得注意的是在 1987 年 2 月 17 日射阳 5.1 级地震前在该地区也形成类似的 M_L2.5 地震空区，2016 年 10 月 9 日射阳 M_L2.6 地震打破了该空区，空区打破后，空区内部小震活跃，并在 2016 年 10 月 15 日发生射阳 M_L3.5 地震，根据震群判定指标，此次小震序列为震群，该空区的打破具有短期性质，随后在空区内发生了 2016 年 10 月 20 日射阳 4.4 级地震。

2. 前兆观测异常

江苏的前兆观测台网相对较密，射阳 4.4 级地震前电磁、形变、流体三大前兆学科在不同距离上均有测点显示一定的异常特征。从异常性质来看，主要存在趋势异常、中短期异常和短临异常。

1）趋势异常

趋势异常多表现为应力场的转折，异常时间尺度为 1~2 年。如盐城地磁谐波振幅比异常和苏 16 井水温的趋势转折。其中地磁谐波振幅比异常对地点的判定有一定的指示意义，在 2012 年 7 月 20 日高邮—宝应 4.9 级地震前周围也出现高邮、淮安多台地磁谐波振幅比异常。

2）中期异常

异常时间尺度为 3~6 个月左右，主要有溧阳苏 22 井、宿迁苏 05 井和金湖苏 06 井水温下降异常。这三口井的水温下降异常在历史都有很好的历史对应情况，比如 2012 年 7 月 20 日高邮—宝应 4.9 级地震前三口井水温也都出现了短期下降变化，水温异常根据历史震例预测未来三个月周围 300km 范围内 4~5 级左右地震，因此溧阳苏 22 井、宿迁苏 05 井和金湖苏 06 井水温下降异常对射阳 4.4 级地震预测时间要素有一定的作用。

3）短临异常

在震前 2 个月左右观测到的常熟台 VS 垂直摆急剧北倾及固体潮形态突变和盐城氯钙离子高值异常。其中常熟台 VS 垂直摆急剧北倾异常历史多次对应了常熟台北边至南黄海一带 4 级左右地震，预测时间一般在一个月以内；盐城氯钙离子高值异常之前出现了 2 次均对应了周边 4~5 级地震，具有预测时间短，信度高的特点。

从异常的预测三要素来分析，溧阳苏 22 井、宿迁苏 05 井、金湖苏 06 井水温下降异常、常熟台 VS 垂直摆急剧北倾和盐城氯钙离子高值异常对未来发震时间有很好的指示，两个条带和一个空区及盐城地磁谐波振幅比异常给出了未来发震地点，所有的前兆异常对震级的预测均在 4~5 级左右。

八、震前预测及震后响应

1. 震前预测

射阳地震发生前，预报中心对测震、形变、电磁和地下流体 4 个学科出现的异常均进行了详细分析和反复异常论证工作，包括历史资料分析、数据资料分析、现场核实、专题会商会讨论等。在射阳地震发生之前，已经及时发现地震条带、地震空区、形变、水位、水温、离子等各项异常，并对异常进行了核实论证工作。异常确定后按照正常工作程序进行跟踪。

2015 年 10 月至 2016 年 9 月小震比较活跃，相继出现 3 条地震条带，分别为 2015 年 8 月份以来在南黄海至河南范县形成北西方向 M_L3.0 地震条带，2015 年 12 月份以来在安徽六安经合肥至南黄海形成近东西向 M_L2.5 地震条带，2016 年 1 月 13 日以来在安徽怀宁至南黄海形成 M_L2.5 地震条带。测震学科在周会商上提出这些条带，并从条带长宽比、内外地震频次比等方面进行了论证。条带在震级和地点上对未来可能发生的地震具有指示意义，条带交会区域为南黄海海域和茅山带附近区域。尤其是交会于南黄海的两个条带分别在 8 月和 9 月持续活动，因此增加了对南黄海海域的关注。

2016 年中期会商时常州地震局提出江苏北部沿海 M_L2.5 地震空区，该空区位于南黄海至河南范县 M_L3.0 地震条带与安徽怀宁至南黄海形成 M_L2.5 级地震条带交会区域附近。该异常提出后，预报中心立刻组织测震学科对其进行论证工作。在确认该异常后及时填入《异常零报告表》并撰写异常核实报告。2016 年 7 月电磁学科发现盐城台地磁谐波振幅比（深部电阻率）异常，随即展开现场核实和分析工作，一周内确认了该异常的可靠性。根据 2016 年上半年完成的《江苏地震预报指标体系》中的震例，该异常对盐城台附近 5 级以上地震具有指示意义，异常性质为中长期，为南黄海海域地震形势判断增加了依据。

2016 年 7 月发现多项流体异常出现短临性质，如苏 05 井水温下降变化有进一步下降趋势，溧阳苏 22 井水温异常在下降基础上于 7 月初开始快速回升，盐城盐纺氯离子在高值基础上 7 月创新高。流体学科曾多次对这些异常进行现场核实和论证，这些异常性质从短期转为短临并无争议。依据《江苏地震预报指标体系》流体异常对江苏及邻区未来 M_L4~5 地震具有指示意义，尤其是盐坊离子创新高增加了南黄海及附近的地震危险性。在 8 月月会商意见中给出了短临预测意见。

8 月份盐城大丰出现一系列小震活动，预报中心于 8 月 20 日召开紧急会商会，会议认为近期我省及邻区存在发生中等有关地震的可能，应关注包括年度危险区的苏皖交界地区及盐城以东附近海域。

9 月 18 日接到常熟台垂直摆异常报告，预报中心立刻组织形变学科进行分析，随后由中心副主任带队开展现场核实工作，包括与台站进行分析研讨、现场观测环境调查，仪器和工作线路排查等。针对该异常预报中心在异常核实前后均召开专题会商会进行讨论。由于该异常的历史震例反映出短临性质，因此该异常核实和分析工作尤其体现出时间紧、任务重。结合本省存在的其他异常，在月会商地震形势的分析判断中，提出 10 月本省及邻区存在发生 5 级左右地震的可能，重点关注盐城以东附近海域。

2016 年 10 月 15 日在江苏射阳县发生 2.9 级地震，从 2016 年 10 月 9 日开始，截至 2016 年 10 月 15 日 19 点 14 分，该地区共发生 0.7 级以上地震 14 次，最大震级为 2.9 级。为此江苏省地震局召开专题会商会。会议重点分析了射阳震群以及震群打破江苏北部沿海 M_L2.5 空区后使得该异常变为短期性质。同时，空区内部及边缘为未来地震可能发生的地点，结合省内当前存在的异常，包括条带（交会于南黄海）、盐城台盐城地磁谐波振幅比中期异常，宿迁苏 05 井、金湖苏 06 井 400m 水温常熟垂直摆和空区短期异常，盐城盐纺钙氯离子创新高和溧阳苏 22 井水温短临异常，以及句容苏 16 井、睢宁苏 03 井和丹徒苏 18 井水温中期异常，其中条带交会区域、空区、盐城地磁谐波振幅比、常熟垂直摆等发震地点指示意义较明确。未来的发震地点很可能是空区所在位置。专题会商会综合分析认为射阳震群活动水平有增高的可能，原震中区短期内有发生有感地震的可能，但近期发生破坏性地震的可能性不大。

2016 年 10 月 18~19 日全省年度会商会依据以上异常及其他趋势背景异常判定：2017 年度江苏及邻区的 5 级地震危险区为苏中及其以东南黄海海域，圈定的危险区为长轴和短轴分别为 120 和 80km 的椭圆，2016 年 10 月 20 日江苏射阳 4.4 级地震发生在危险区正中。

2. 震后趋势判定

射阳 4.4 级地震发生后 1 小时，江苏地震局立即召开了紧急会商会，通过地震序列和测震学参数分析，同时考虑到目前该区域附近的空区和条带与 1987 年 2 月 17 日射阳 5.1 级地震类似，因此初步认为原震中区短期内不排除发生类似强有感地震的可能。

随后相继召开 3 次震后趋势会商会，依据地震序列、b 值、震源机制解、应力降等多种分析结果，判断“该地震原震中区存在发生有感地震的可能，江苏陆地近期发生 M_L4 以上地震的可能性较小（注：该地震位于陆地，因此该结论也包括了原震中区），考虑到目前我省中短期前兆异常较多，无法完全交代给该地震，因此需注意近期震中以东海域发生 5 级左右地震的可能”。

10 月 22~27 日，共召开了 4 次加密震情监视会和 1 次月会商会。继续监视跟踪该地震后续震情发展以及前兆资料变化。

3. 震后应急工作

射阳 4.4 级地震发生后，江苏省地震局立即根据《江苏省地震应急预案》及《江苏省地震局地震应急预案》，启动江苏省地震局地震应急Ⅲ级响应，并立即向中国地震局和江苏省委省政府报告震情信息，召开紧急会商会，建议灾区所在地市政府根据本市地震应急预案，启动Ⅲ级响应，领导指挥灾区应急工作。监测预报组架设了 2 台流动地震监测仪，密切监测震区余震序列，及时落实现场异常，与后方指挥部密切联系，共同会商地震趋势。现场震害调查组收集了震区地震构造、地震活动、强震观测记录及已有灾情情况，迅速综合判定宏观震中，并制定现场调查方案。20 日上午 7 时 45 分左右，某微信公众号上出现“盐城近期要发生 7 级以上地震”的谣言，江苏局及时与盐城市地震局联系，通报情况，并在扬子晚报、现代快报等媒体上进行公开辟谣，同时要求盐城市抗震救灾指挥部及时做好信息发布和辟谣工作。20 日 17 时，现场新闻发言人从震后应急响应情况、现场震害调查情况、盐城地区地震活动背景和当前震情研判等几个方面接受了采访，较好的完成了信息公开和舆论引导工作。

九、结论与讨论

（1）射阳 4.4 级地震发生在洪泽—沟墩断裂以南，盐城—南洋岸断裂以北的盐城凹陷内部，震源深度 22km。射阳 4.4 级地震震前做了比较好的中短期预测，在震前 8、9、10 月三个月的月会商中，均给出了比较明确的预测意见：“下月本省及邻区存在发生 5 级左右地震的可能，重点关注盐城以东附近海域”；另外地震也发生在 2016 年 10 月 18~19 日全省年度会商会上通过的 2017 年度 5 级地震危险区正中。地震发生前，及时发现了与射阳 4.4 级地震密切相关的可靠的中短期异常共 11 条，在地震三要素的预测中，溧阳苏 22 井、宿迁苏 05 井、金湖苏 06 井水温、盐城氯钙离子高值异常和常熟台 VS 垂直摆急剧北倾 5 项异常具有比较好的短临性质，对震前的短期预测起了重要作用；南黄海至河南范县 M_L3.0 地震条带与安徽怀宁至南黄海形成 M_L2.5 地震条带交会、江苏北部沿海 M_L2.5 空区以及盐城地磁谐波振幅比异常对未来发震地点给出了很好的指示意义；根据所有的前兆异常的预测指标基本确定了预测震级为 4~5 级左右。

（2）射阳 4.4 级地震比较成功的短期预测和跟踪提供了一种短临综合预报思路，主要包括以下几点：

①给出短期预报结论必须有明确的可靠短临异常，该短临异常预测未来 3 个月地震的信度高达 0.8~0.9 以上。短临异常不在于多，预测的震级和空间范围较大都没有问题，但要避免人为因素造成和虚报率低。这一点可以理解为做出短期预报的触发点，没有这个触发点不轻易做出短期预报，有了触发点再去确定未来发震地点和震级大小。

②对可能的发震地点进行梳理，采用的主要方法有条带、空区、重力、岩石圈磁异常、谐波振幅比等，这些预测方法按区域总结的可靠性进行排序。另外，反映应力变化信息的异常对应的区域应力场转折处也值得注意，比如水位的群体变化等。

③对可能地点的震级进行预测，分析当前异常对应的总体震级，根据可能的总体震级，对严重不符合总体震级的地点可以进行排除。

④震后对预报思路和异常进行反思，对一些前兆异常的细节进行总结，对跟踪思路进行改进，2012 年 7 月 20 日高邮—宝应 4.9 级地震的总结和反思，对射阳 4.4 级地震比较成功的短期预测起了有益的作用。

参 考 文 献

[1] 李锋、李迎春、李强等，2017，2016 年 10 月 20 日射阳 M4.4 地震的震源机制与地震序列的时空分布特征，地震学报，39（5）：659~668

[2] 缪阿丽、冯志生、沈红会等，2014，苏 22 井水温映震效能及典型地震前兆特征分析，地震地磁观测与研究，35（3/4）：140~145

[3] 缪阿丽、叶碧文、王维等，2017，2016 年 10 月 20 日射阳 M_S4.4 地震前地下流体典型异常特征及其前兆机理分析，地震工程学报，39（增刊）：72~78

参 考 资 料

1）江苏省地震局，江苏省 2016 年度地震趋势研究报告，2015

2）江苏省地震局，江苏省 2017 年度测震学科地震趋势研究，2016

The M_S 4. 4 Sheyang Earthquake on October 20, 2016 in Jiangsu Province

Abstract

At 04: 51 on Oct. 20, 2016, Sheyang M_S4. 4 earthquake occurred. The epicenter location is 33. 38°N, 120. 19°E, focal depth is 22km, and the epicenter intensity is Ⅴ degree. It was felt in cities of Yancheng, Yangzhou, Huai-an, Lian Yungang, Nantong and Nanjing etc. Among these, it was felt apprarently in the city of Sheyang, Jianhu, Funing, and the areas of Tinghu and Dafeng. Moreover, it was felt strongly in the epicentral area of Xinyang farm, Zhonglu harbor, Xinyang harbor, Huangsha harbor, Yangma town and Sheyang country. There is no death caused by this earthquake. In the epicenter area, water, electric, gas, traffic etc are all normal, just caused few of cracks on some buildings.

This epicenter of the earthquake is located in Yancheng depression which locates in South of Hongze-Goudun fault and North of Yancheng-Nanyangan fault. Sheyang M_S4. 4 earthquake sequence is pre-earthquake-main earthquake-aftershock style, the districbution of the aftershock is N10°E and the largest aftershock is M_L2. 8. Aftershocks distributed in NW direction, The Sheyang M_S4. 4 earthquake is an earthquake event occurred along the NW direction shear fracture under the action of regional stress field.

The monitor ability near the epicenter is good and there are many anomalies including seismometry, electromagnetism, deformation and underground water appeared before the earthquake. Among these, there are 10 certain items which include 5 tendency anomalies and 5 short term anomalies. According to these anomalies, we gave a clear earthquake judgment opinion. Sheyang earthquake is locate in the area of $M5$ danger area in 2017, which is made in the earthquake trending meeting held on Oct. 18, 19, 2016. Also, it's quite right about the trending judgement view of aftershock.

报告附件

附表 1 固定前兆观测台（点）与观测项目汇总表

序号	台站（点）名称	经纬度（°）		测项	资料类别	震中距 Δ/km	备注
		φ_N	λ_E				
1	射阳	33.75	120.25	测震 Δ		14.9	
				地磁 *F*、*H*、*D*	Ⅲ		
2	盐城	33.37	120.12	测震 Δ		34.4	
				地磁 *F*、*H*、*D*	Ⅰ		
3	盐纺	33.33	120.57	氯离子		40.7	
				钙离子			
4	大丰	33.17	120.45	地磁 *F*、*H*、*D*	Ⅱ	52.6	
				电磁波			
5	苏 25 井	33.03	120.52	静水位		69.3	
6	苏 08 井	32.93	120.22	静水位		78.5	
				水温			
7	兴化	32.89	119.85	测震 Δ		93.4	
8	宝应	33.2	119.45	测震 Δ		93.9	
				电磁波			
9	涟水	33.77	119.29	测震 Δ		96.7	
10	徐圩	34.5	119.54	测震 Δ		120.6	
11	淮安	33.6	119.00	测震 Δ		122.4	
				地磁 *F*、*H*、*D*	Ⅱ		
12	海安	32.52	120.47	测震 Δ		124.4	
				地电阻率	Ⅰ		
				地电场	Ⅲ		
				地磁 *F*、*H*、*D*	Ⅰ		
13	苏 10 井	32.56	119.93	静水位		124.5	
14	灌云	34.31	119.24	测震 Δ		125.2	
15	高邮	32.73	119.43	测震 Δ		130.1	
				地电阻率	Ⅱ		
				地磁 *F*、*H*、*D*	Ⅰ		
				地电场	Ⅲ		

续表

序号	台站（点）名称	经纬度（°）		测项	资料类别	震中距 Δ/km	备注
		φ_N	λ_E				
16	苏 06 井	33.02	119.02	静水位		138.7	
				地热			
17	泰州	32.42	119.92	测震 Δ		139.8	
18	连云港	34.63	119.23	测震 Δ		150	
				地磁 F、H、D	Ⅰ		
				体应变	Ⅱ		
19	如东	32.4	121.14	测震 Δ		156.9	
20	苏 05 井	33.92	118.55	静水位		166.9	
				水温			
21	东海	34.51	118.77	测震 Δ		173.3	
22	靖江	32.07	120.3	测震 Δ		173.7	
23	苏 12 井	32.12	120.83	静水位		174.7	
				水温			
24	六合	32.5	118.93	测震 Δ		180.7	
25	镇江	32.13	119.43	测震 Δ		186.6	
26	宿迁	34.05	118.3	测震 Δ		192.5	
				地磁 F、H、D	Ⅰ		
				短水准	Ⅱ		
				地磁 GM4	Ⅰ		
27	南通	31.95	120.88	测震 Δ		194.2	
				地磁 Z	Ⅱ		
				短水准	Ⅱ		
				地磁 F、H、D	Ⅱ		
28	新沂	34.37	118.38	测震 Δ		197.1	
				地电阻率	Ⅳ		
				地电场	Ⅲ		
				地磁 F、H、D	Ⅰ		
				短水准	Ⅱ		
29	泗洪	33.54	118.16	测震 Δ		200.6	

续表

序号	台站（点）名称	经纬度（°）		测项	资料类别	震中距 Δ/km	备注
		φ_N	λ_E				
30	苏 14 井	32. 07	121. 4	静水位		200. 9	
				水温			
31	盱眙	33	118. 29	测震 Δ		201. 5	
32	苏 19 井	31. 8	120. 15	静水位		204. 3	
33	常州	31. 77	120. 1	测震 Δ		208. 1	
34	苏 16 井	31. 95	119. 17	水汞		215. 8	
				水氡			
35	苏 18 井	31. 87	119. 35	动水位		215. 9	
				水温			
				气汞			
				气氡			
36	南京	32. 05	118. 93	测震 Δ		218. 7	
				短水准	Ⅱ		
37	常熟	31. 68	120. 7	测震 Δ		220	
				水管倾斜	Ⅱ		
				垂直摆	Ⅱ		
				分量应变	Ⅲ		
				体应变	Ⅱ		
38	苏 03 井	33. 97	117. 95	静水位		223. 5	
				水温			
39	金坛	31. 73	119. 54	测震 Δ		223. 8	
40	江宁	31. 95	118. 83	测震 Δ		233. 3	
				地电阻率	Ⅰ		
				钻孔倾斜	Ⅳ		
				分量应变	Ⅰ		
41	无锡	31. 52	120. 22	测震 Δ		235. 1	
				地磁 *F*、*H*、*D*	Ⅰ		
42	江浦	32. 05	118. 63	测震 Δ		236. 5	
				水汞			
				水氡			

续表

序号	台站（点）名称	经纬度（°）		测项	资料类别	震中距 Δ/km	备注
		φ_N	λ_E				
43	苏 02 井	34.03	117.75	静水位		241.8	
				水温			
44	苏 21 井	31.38	120.95	静水位		257.4	
				水温			
45	苏 20 井	31.3	120.58	静水位		260.5	
46	溧阳	31.38	119.40	测震 Δ		265	
				地磁 *F*、*H*、*D*	Ⅲ		
				体应变	Ⅱ		
47	南京高淳	31.35	119.00	地电阻率	Ⅳ	282.5	
				地磁 *F*、*H*、*D*	Ⅳ		
				地电场	Ⅳ		
48	高淳	31.35	119.02	测震 Δ		282.5	
49	苏 22 井	31.18	119.50	动水位		283.4	
				水温			
50	徐州	34.22	117.15	测震 Δ		300.1	
				钻孔倾斜	Ⅲ		
				分量应变	Ⅲ		
				体应变	Ⅱ		
51	溧水	31.65	119.11	测震 Δ		302.5	
52	苏 23 井	34.73	116.73	静水位		352.5	
				水温			

分类统计	0<Δ≤100km	100<Δ≤200km	200<Δ≤300km	300<Δ≤500km	总数
测项数 *N*	7	9	10	6	32
台项数 *n*	9	19	21	3	52
测震单项台数 *a*	2	8	5	1	14
形变单项台数 *b*	0	0	0	0	0
电磁单项台数 *c*	1	0	1	0	1
流体单项台数 *d*	3	4	9	1	17
综合台站数 *e*	3	7	6	1	18

续表

分类统计	0<Δ≤100km	100<Δ≤200km	200<Δ≤300km	300<Δ≤500km	总数
综合台中有测震项目的台站数 *f*	3	7	6	1	18
测震台站总数 *a+f*	5	15	11	2	34
台站总数 *a+b+c+d+e*	9	19	21	3	52

附表 2　测震以外固定前兆观测项目与异常统计表

序号	台站(点)(名称)	测项	资料类别	震中距Δ/km	按震中距Δ范围进行异常统计																			
					0<Δ≤100km					100<Δ≤200km					200<Δ≤300km					300<Δ≤500km				
					L	M	S	I	U	L	M	S	I	U	L	M	S	I	U	L	M	S	I	U
1	盐城	地磁 *Z*		34.4		√																		
2	盐纺	水化		40.7			√																	
3	06 井	水温		138.9								√												
4	05 井	水温		166.9								√												
5	16 井	水温		215.8												√								
6	常熟	垂直摆		220													√							
7	22 井	水温		283.4												√								
分类统计	台项	异常台项数			0	1	1	0	0	0	0	2	0	0	0	2	1	0	0	0	0	0	0	0
		台项总数			9	9	9	9	9	19	19	19	19	19	21	21	21	21	21	3	3	3	3	3
		异常台项百分比/%			0	11	11	0	0	0	0	11	0	0	0	10	0	5	0	0	0	0	0	0
	观测台站(点)	异常台站数																						
		台站总数																						
		异常台站百分比/%																						
	测项总数				15					40					45					7				
	观测台站总数				9					19					21					3				
备注																								

2016 年 11 月 25 日新疆维吾尔自治区阿克陶 6.7 级地震

新疆维吾尔自治区地震局

高　歌　聂晓红　赵彬彬

摘　要

2016 年 11 月 25 日 22 时 24 分，新疆维吾尔自治区阿克陶县发生 6.7 级地震。中国地震台网中心测定的微观震中为 39.20°N、74.10°E，震源深度 10km。宏观震中为 39.19°N、74.17°E，位于阿克陶县木吉乡。极震区地震烈度为Ⅷ度，等震线呈大致椭圆形，长轴方向为 NWW。受灾地区涉及克孜勒苏柯尔克孜自治州阿克陶县和乌恰县 2 县 8 个乡镇。此次地震受灾面积 $2.44\times10^4km^2$，受灾人口 40783 人，地震造成 1 人死亡、0 人受伤，直接经济损失 4.63 亿元。

主震前 5 分钟震源区内发生了 $M_S4.8$ 地震，最大强余震 $M_S5.0$，该地震序列类型为前—主余型。余震分布在主震两侧 140km 内，呈 NWW 向。此次地震的震源机制为右旋走滑，断层节面Ⅰ：走向 20°，倾角 72°，滑动角 -10°；节面Ⅱ走向 113°，倾角 80°，滑动角 -162°；结合余震长轴走向及烈度等震线分布，推测节面Ⅱ为主破裂面。震中附近的木吉断裂长逾 100km，走向 NWW，近直立，以右旋走滑为主，兼具正断作用，是一条全新世活动断层。该断裂走向与 6.7 级地震的余震、烈度等震线分布大致相同。分析认为，阿克陶 6.7 级地震的发震构造为木吉断裂，为 NNW 向挤压应力作用下产生的右旋走滑破裂活动。

此次地震震中 300km 范围内有 10 个测震台站，10 个定点前兆台站以及 GPS、流动重力、流动地磁观测。其中定点前兆观测包括地倾斜、体积应变、地磁 Z 分量、磁场总强度、磁偏角、水温、地温和 CO_2 9 个观测项目，共 18 个观测台项。震前出现 b 值、应变释放、地震平静、地震年发生率、GPS（水平）、流动重力、地磁 Z 分量 7 个异常项目，共 10 条异常，其中地震平静异常共有 3 条，占总异常的 30%；而定点前兆方面仅地磁学科出现了 2 条异常，定点形变资料无异常显示。此次地震前前兆异常特征表现为地震平静现象显著，而定点前兆异常数量较少。

阿克陶 6.7 级地震发生在中国地震局划定的 2016 年度乌什—乌恰地区 6~7 级地震危险区和新疆地震局划定的 2017 年度乌恰—塔什库尔干地区 6.5 级左右危险区内，中国地震局和新疆地震局均做出了准确的中期预测。地震发生后，在震中附近架设了 3 个流动测震台；中国地震局组成现场工作组开展灾害调查评估、科学考察工作。新疆地震局震后对此次地震序列类型做出了准确的判断。

前　言

2016年11月25日22时24分，新疆维吾尔自治区阿克陶县发生6.7级地震。微观震中为39.20°N、74.10°E，宏观震中为39.19°N、74.17°E，位于阿克陶县木吉乡。极震区地震烈度为Ⅷ度，等震线呈大致椭圆形，长轴方向为北西西。受灾地区涉及克孜勒苏柯尔克孜自治州阿克陶县和乌恰县2县8个乡镇。此次地震受灾面积$2.44\times10^4km^2$，受灾人口40783人，地震造成1人死亡、0人受伤，直接经济损失4.63亿元。

阿克陶6.7级地震发生在中国地震局划定的2016年度地震乌什—乌恰地区6~7级危险区内（附件二）。2016年10月20日新疆2017年度地震趋势会商会后，新疆地震局在乌恰—塔什库尔干划定了6.5级左右地震危险区，此次地震也发生在该危险区内1)（附件三）。中国地震局和新疆地震局对此次地震做出了准确的中期预测。但由于震前未能发现足够的短临异常，未作出短临预测。地震发生后，中国地震局启动地震应急Ⅲ级响应，派工作组开展了地震流动监测、震情趋势判定、烈度评定、灾害调查评估、科学考察等现场应急工作。新疆地震局组织专家召开多次震后趋势判定会，对此次地震序列类型做出了准确的判断2,3)。

2015年10月以来，兴都库什—帕米尔地区强震活跃，连续发生了4次6.7级以上地震，其中2015年10月26日阿富汗7.8级、2016年4月10日阿富汗7.1级中源地震位于兴都库什构造区，2015年12月7日塔吉克斯坦7.4级、2016年6月26日吉尔吉斯斯坦6.7级地震位于帕米尔构造区，空间上呈现出由西南向北东方向迁移的特征。而新疆境内地震活动表现为明显的弱活动状态，相继出现乌恰—伽师地区5级地震平静、喀什—乌恰交汇区至西昆仑中段4级地震平静、喀什—乌恰交汇区3级地震平静以及全疆4、5级地震平静。阿克陶6.7级地震前呈现出“境外异常活跃，境内相对平静”的地震活动特征。兴都库什—帕米尔构造带强震活动及其对新疆地震活动的影响是值得深入研究的课题。

一、测震台网及地震基本参数

图1给出阿克陶6.7级地震附近的测震台站分布情况。震中100km范围内有吉根台1个测震台站；100~200km范围有乌恰、喀什、喀什中继、阿图什和塔什库尔干5个测震台；200~300km范围有英吉沙、岳普湖、八盘水磨和哈拉峻4个测震台。根据台站仪器参数及环境背景噪声水平，理论计算得到该区地震监测能力为$M_L\geqslant3.0$级，定位精度10~30km[1]。

地震发生后，新疆地震局在震中100km范围内架设了3个流动测震台（L6501、L6502和L6503，见图1）。架设后，震源区附近地震监测能力可达到$M_L\geqslant2.2$级。

表1列出不同地震机构给出的阿克陶6.7级地震的基本参数。此次地震基本参数采用中国地震台网中心正式目录给出的结果。

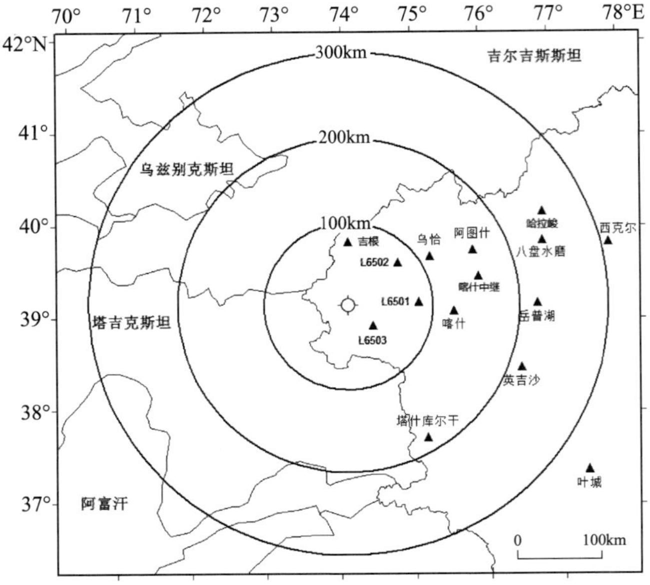

图 1　阿克陶 6.7 级地震震中附近测震台站分布图

Fig. 1　Distribution of earthquake-monitoring stations around the epicenters of the M_S6.7Aketao earthquake

表 1　阿克陶 6.7 级地震基本参数

Table 1　Basic parameters of the M_S6.7 Aketao earthquake

编号	发震日期	发震时刻	震中位置（°）		震级				震源深度	震中	结果来源
	年．月．日	时：分：秒	φ_N	λ_E	M_S	M_L	M_b	M_W	(km)	地名	
1	2016.11.25	22：24：30.2	39.20	74.10	6.8	6.4	5.8		10	阿克陶	CENC 正式[4]
2	2016.11.25	22：24：30.4	39.27	74.04	6.7				10	阿克陶	CENC 速报[4]
3	2016.11.25	22：24：30	39.15	74.04	6.7	6.9			8	阿克陶	新疆局正式[5]
4	2016.11.25	22：24：30.5	39.12	74.05	6.6	6.8			29	阿克陶	新疆局速报[6]
5	2016.11.25	22：24：27.20	39.0900	74.0100	6.5				10.0		MOS[7]
6	2016.11.25	22：24：27.85	39.1857	74.0100	6.4	4.9	5.4				IDC[7]
7	2016.11.25	22：24：29.00	39.2730	74.0100				6.6	5.0		IPGP[7]
8	2016.11.25	22：24：29.80	39.2696	74.0066	6.7		6.4	6.6	17.0		NEIC[7]
9	2016.11.25	22：24：30.90	39.1700	73.9400			6.3				CSEM[7]
10	2016.11.25	22：24：31.49	39.2252	73.7303			6.8				KRNET[7]
11	2016.11.25	22：24：31.56	39.2785	73.9207			6.8				NNC[7]
12	2016.11.25	22：24：31.70	39.1600	73.9600			6.9		10.0		GFZ[7]
13	2016.11.25	22：24：37.70	39.2700	74.1400				6.6	19.0		GCMT[7]

二、地震地质背景[2]

此次阿克陶6.7级地震位于帕米尔东北缘公格尔拉张系—木吉断层附近。帕米尔构造结是印度板块向欧亚大陆碰撞的2个突出支点之一，是中国大陆受板块动力作用最强烈、地震活动最频繁的地区之一，也是全球最为活跃的陆内中深源地震带之一[2~6]。现今GPS观测资料揭示出该构造结现今整体向N的推挤速率高达23±2mm/a[2,7~12]。构造结现今构造变形以前缘地壳缩短和走滑、构造结内部拉张为特征，形成一系列向N凸出的弧形活动构造带，包括Darvaz-Karakul左旋走滑斜冲断裂带（DF）—主帕米尔逆断裂带（MPT）—喀什-叶城右旋走滑转换带（KYTS）和帕米尔前缘推覆系（PFT），以及喀喇昆仑右旋走滑断裂带（KF）、公格尔拉张系（KES）（图2）。这些构造带的强烈活动，在构造结内部形成了一系列高达4500~7700m的弧形山系和拉张盆地，如公格尔峰和慕士塔格峰、卡拉库尔与木吉—塔什库尔干盆地等；在构造结前缘形成了强烈沉陷的、新生代沉积厚逾万米的新生代盆地，如东侧的喀什—叶城盆地和西侧的塔吉克盆地。同时，这些活动构造带控制着7级以上强震的发生[2]。

长约1200km的喀喇昆仑右旋走滑断裂是帕米尔—喀喇昆仑山与青藏高原的分界断裂。该断裂第四纪滑动速率尚存争议，其走滑速率高达7~12mm/a[13~15]或只有4mm/a[16]。塔什库尔干盆地南部的喀喇昆仑走滑断裂北段并未右旋断错各种晚第四纪地貌标志线及地质体，该断裂北段晚第四纪已经不再活动。该断层（KF）两侧GPS站点的应变速率在误差范围内一致，也说明现今KF北段已基本不活动[2,17~18]（图2）。

与东部青藏高原不同，现今地壳缩短并非弥散在整个帕米尔高原，而是集中于帕米尔北缘的Trans-Alai山、阿莱谷地与中国的克孜勒苏河一带，阿莱谷地吸收的缩短速率高达15±1mm/a，中国境内帕米尔前缘推覆系（PFT）及南天山前陆盆地褶皱带的缩短速率为6~10mm/a[7~10]（图2）。帕米尔北缘逆冲推覆系自南而北由玛尔坎苏断裂（MF）、主帕米尔逆断裂（MPT）、帕米尔前缘推覆系（PFT）等叠瓦状逆断裂带组成[19]（图2）。在中国境内，可见古生代地层沿主帕米尔逆断裂（MPT）向N逆冲在中、新生代地层之上，但未见MPT断错晚第四纪地层或地貌面，该断裂晚第四纪可能已经不再活动[20,21]；帕米尔北缘晚第四纪变形主要集中在全新世活动的帕米尔前缘推覆系（PFT），近SN向缩短速率大于6mm/a[21]，是1985年乌恰M_S7.3地震的发震断裂。境外在72°~73.8°E，沿PFT在帕米尔山前发育了断层陡坎及各种断错地貌[24]，全新世倾滑速率约为6mm/a。PFT是2008年10月5日吉尔吉斯Nura M_W6.7地震（即乌恰M_S6.8地震）[6]以及2016年6月26日吉尔吉斯M_W6.4地震的发震断裂（图2）。

帕米尔高原内部的现今SN向缩短作用几乎可忽略不计，其现今变形主要以近EW向拉张为主，拉张速率高达5~10mm/a[9,11,12]。由图2可见，以公格尔拉张系为界，以西所有GPS观测点均有明显的向W运动分量，以东的站点则显示了向E的运动分量，且EW向拉张速率北部明显大于南部。

帕米尔内部的活动变形分别以东部的公格尔山拉张系[25~27]和西部卡拉库尔地堑的EW向拉张作用为主（图2）。走向近SN的卡拉库尔地堑EW向拉张量小于3km，拉张速率为

0.5~1mm/a[22,28]。卡拉库尔地堑可能属于 NE 走向 Sarez-Karakul 左旋走滑断裂北端的拉张区，该断裂是 1911 年塔吉克 Sarez M_W7.2 地震以及 2015 年 12 月 7 日塔吉克 Murghob M_W7.2 地震的发震断裂[29,30]。

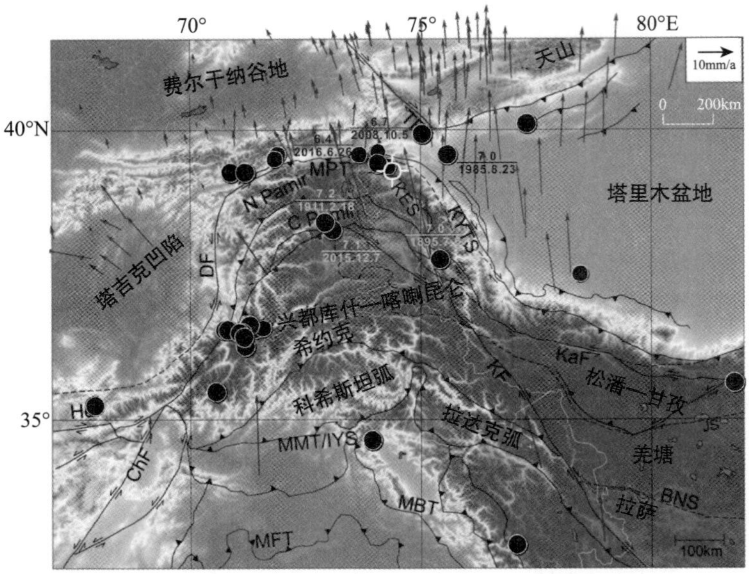

图 2　阿克陶 6.7 级地震附近地震构造、变形与历史地震
(有记录以来 $M_W \geq 7.0$ 级及近期 $M_W \geq 6.0$ 级地震)

Fig. 2　Major faults, deformation and historical earthquakes around the M_S6.7 Aketao earthquake

KES：公格尔拉张系；MPT：主帕米尔逆断裂带；PFT：帕米尔前缘推覆系；
KYTS：喀什—叶城右旋走滑转换带；DF：Darvaz 左旋走滑斜冲断裂带；
KF：喀喇昆仑右旋走滑断裂带；TFF：塔拉斯—费尔干纳断裂带

位于高原东部的公格尔山拉张系长逾 250km，总体走向 NW—SE，倾向 W，倾角 20°~45°[26]，是一条全新世活动断裂[14,20,21,33,34]。南起塔什库尔干盆地南部的达布达尔，向北经塔什库尔干县城、塔合曼、慕士塔格峰西麓、公格尔山西麓、布伦口至木吉盆地（图 2）。公格尔山拉张系控制了其西侧 4 个断陷盆地（木吉、布伦口、塔合曼和塔什库尔干盆地）的发育（图 2）。拉张系的 EW 向拉张量总体上北大南小，在最北段的木吉盆地约为 30km，在公格尔山和慕士塔格山附近分别为 35 和 20km，在最南段的塔什库尔干盆地小于 3km[27]。

沿公格尔拉张系发生的最大历史记录地震为 1895 年 7 月 5 日的塔什库尔干 7 级地震，是 1 次正断型地震，使得慕士塔格峰正断层南段的部分和整个塔合曼正断层发生破裂，形成了长约 27km 的地震地表破裂带，根据地表破裂规模估算其矩震级为 7.0~7.3[31,35]。

木吉盆地是一个东宽西窄的直角三角形新近纪晚期—第四纪断陷盆地，平均海拔大于 3700m。控盆断裂包括北界木吉断裂、东界昆盖山南麓断裂北段以及木吉盆地西南边界断裂，三者均为全新世活动断裂[20,32]。木吉断层属于公格尔山拉张系最北端的转换断层，沿昆盖山南麓山前展布，长逾 100km，走向 NWW，近直立，以右旋走滑为主，兼具正断作用。

断层沿线发育壮观的断层三角面，多处可见被右旋断错的冲沟水系及冰碛地貌[14,20,26,32,34]。木吉断层在其东端与昆盖山南麓断裂近正交。昆盖山南麓断裂北段走向近 SN，断面 W 倾，沿昆盖山山前发育，错断了一系列全新世冲沟、洪积扇或冰碛地貌，由多条坡向 W 的主断坎和坡向 E 的反向正断层断坎组成一个地堑（在齐姆干一带宽约 1km），是一条全新世活动的正断层带[20,32,34]。木吉盆地西南边界断裂地表迹象不很清楚，在 2005 年野外考察中仅在木吉乡以东木吉河大桥北岸坡向 SW 的乌鲁河及两岸河流阶地与冲洪积扇面上发现了走向 NW 的断层陡坎带，长约 9km，断错了现代河床及所有河流阶地及洪积台面，是一条全新世活动的正断层带[36]。

此次地震震中位于公格尔拉张系—木吉断层附近。综合此次震害调查的等震线长轴分布、震源机制解以及余震空间分布特征，初步推断此次地震的发震断层为木吉断裂。

三、地震影响场和震害8);[37]

1. 地震影响场

震区主体位于阿克陶县和乌恰县，通过对灾区 2 个县 95 个调查点实地调查，确定地震烈度达到Ⅷ度的调查点为 20 个，Ⅶ度的为 21 个，Ⅵ度的为 25 个，Ⅴ度以下的为 29 个(图 5)。

新疆强震台网共有 33 个强震台站触发，并获取了此次地震的主震加速度记录，获得记录的强震台站震中距分布在 58.5~327km 范围，其中距震中 100km 范围内，共有 5 个强震台站，其他台站都在 100km 之外（图 5）。在 33 个强震台中，距离震中 58.5km 的吉根台记录到了此次地震的最大加速度峰值，为 31.3Gal（EW 向）。按《中国地震烈度表》（GB/T 17742—1999），吉根台峰值加速度达到了Ⅴ度标准。除此之外，乌鲁克恰提、夏普吐勒、膘托阔依和黑孜苇 4 个台也达到了Ⅴ度标准。另有 23 个台达到Ⅳ度标准。强震加速度记录分析结果见表 2。部分台站强震加速度记录与反应谱见图 3、图 4。

表 2　阿克陶 6.7 级地震强震加速度记录

Table 2　Seismic acceleration records of the M_S6.7 Aketao earthquake

台站				震中距（km）	最大加速度值/Gal			记录长度	烈度
名称	东经（°）	北纬（°）	全场		东西	北南	垂直		
吉根	74.10	39.82	土层	58	31.2	26.7	13.8	94	5.4
乌鲁克恰提	74.34	39.82	土层	65	11.6	24.1	22.8	49	5.3
夏普吐勒	76.61	39.47	土层	225	13.2	19.1	3.5	173	5.2
膘托阔依	75.08	39.32	土层	93	15	11.1	17.7	78	5.0
黑孜苇	75.19	39.70	土层	111	24.3	23.3	9.2	100	5.0
乌帕尔	75.54	39.30	土层	133	12.7	11.6	9.3	87	4.7
格达良	76.63	39.77	土层	231	13.3	13.5	4.6	100	4.7

续表

台站				震中距（km）	最大加速度值/Gal			记录长度	烈度
名称	东经（°）	北纬（°）	全场		东西	北南	垂直		
布拉克苏	75.80	39.26	土层	155	12.1	12.9	5	123	4.7
种羊场	75.55	39.23	土层	133	14.8	15.9	6.6	98	4.7
西克尔	77.36	39.81	土层	294	15.9	7.5	3.7	63	4.6
疏附	75.85	39.37	土层	159	9.5	9.2	7.1	87	4.6
罕南力克	76.17	39.26	土层	187	12.3	13.2	4	169	4.5
木什	75.63	39.48	土层	141	8.4	8.8	8.4	90	4.4
伽师	76.73	39.49	土层	236	10.6	14.3	2.7	227	4.4
古勒鲁克	76.98	39.77	土层	261	8.7	13.2	3.3	72	4.4
阿克喀什	76.39	39.52	土层	207	11.9	11.2	4	114	4.4
乌合沙鲁	74.79	39.68	土层	80	13.4	15.8	9.1	85	4.3
波斯坦铁列克	75.08	39.25	土层	93	12.9	14.9	9.8	67	4.3
阿拉力	76.26	39.12	土层	196	10.3	10.5	3.2	117	4.3
伯什克然木	76.12	39.55	土层	184	10	7.8	5	104	4.2
牙甫泉	76.17	39.20	土层	187	7.4	8.6	3.2	125	4.1
卧里托乎拉格	77.28	39.68	土层	285	10.1	9.5	2.4	60	4.1
42 团	77.07	39.76	土层	268	10.4	8.3	1.8	80	4.1
康苏	75.03	39.73	土层	100	4.6	9.4	8.2	62	4.1
阿洪鲁库木	77.33	39.19	土层	287	9.7	9.2	2	50	4.1
阿克陶	75.94	39.15	土层	168	8.4	7.7	4.5	78	4.1
乌恰	75.25	39.72	土层	117	8.5	6.2	4.7	61	4.0
琼库尔恰克	77.65	39.27	土层	314	8.6	6.1	2.1	50	4.0
上阿图什	75.83	39.62	土层	161	6.6	7.5	3.5	63	3.9
色力布亚	77.80	39.29	土层	327	7.4	7.1	2.3	47	3.8
塔什米力克	75.67	39.10	土层	169	6	4.9	4.6	60	3.6
巴音库鲁提	75.55	39.95	土层	151	4.6	5.6	2.7	43	2.9

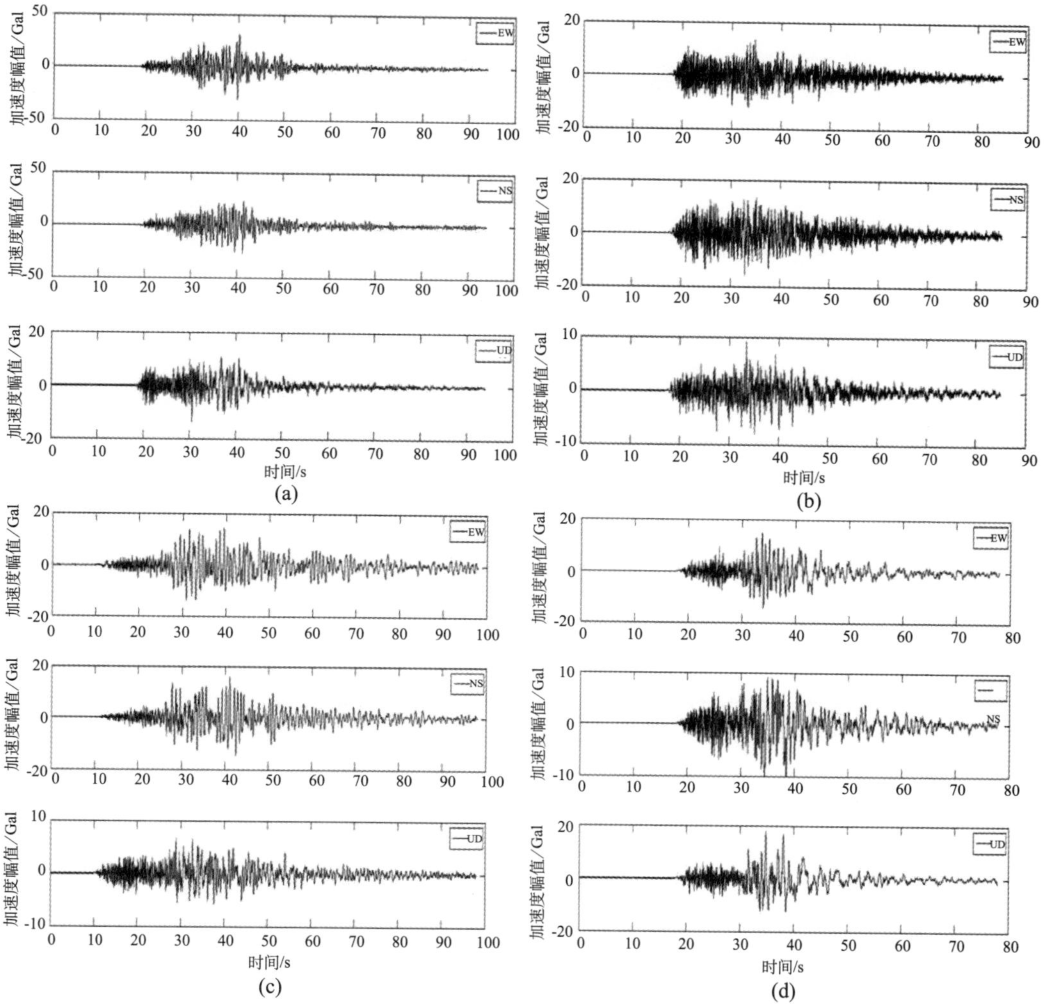

图3 强震加速度记录

Fig. 3 Strong earthquake acceleration record

(a) 吉根台；(b) 吾合沙鲁台；(c) 膘尔托阔依台；(d) 种羊场台

根据现场烈度调查结果与强震记录结果，确定此次地震的宏观震中为39.19°N、74.17°E，位于阿克陶县木吉乡，地震烈度等震线呈大致椭圆形，长轴方向为北西西。其中Ⅷ度极震区位于国内，极震区长轴为50km，短轴为25km，面积约1046km^2，主要涉及阿克陶县木吉乡布拉克村；Ⅶ度区长轴116km，短轴67km，面积5045km^2，国内面积达4662km^2，主要涉及阿克陶县木吉乡、布伦口乡以及乌恰县膘尔托阔依乡、波斯坦铁列克乡；Ⅵ度区长轴207km，短轴151km，面积18318km^2，国内面积达11515km^2，主要涉及阿克陶县木吉乡、布伦口乡、奥依塔克镇以及乌恰县吉根乡、乌鲁克恰提乡、吾合沙鲁乡、膘尔托阔依乡、波斯坦铁列克乡。

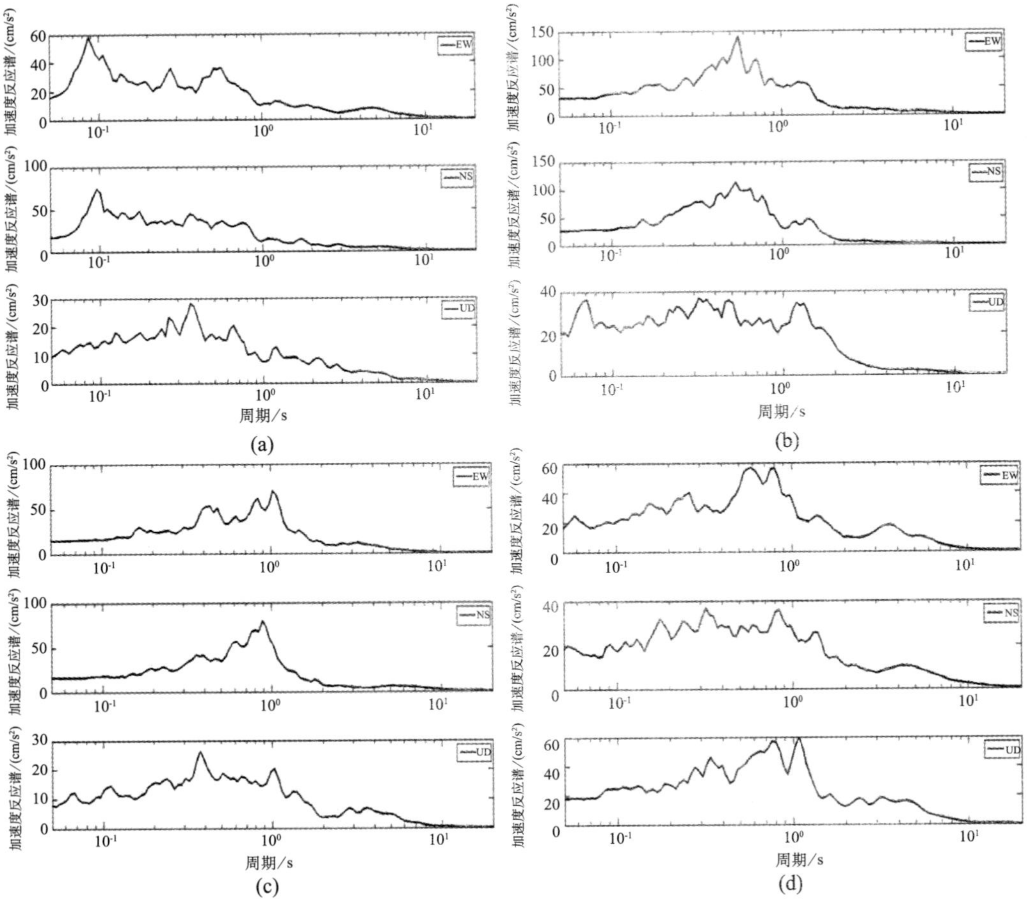

图 4　强震加速度反应谱

Fig. 4　Strong earthquake acceleration response spectrum

(a) 吉根台；(b) 吾合沙鲁台；(c) 膘尔托阔依台；(d) 种羊场台

2. 地震灾害

此次地震涉及房屋结构类型包括土木结构、土石木结构、砖木结构及砖混结构。倒塌房屋主要为土木结构和土石木简易结构房屋，Ⅷ度区此类简易结构房屋约 80%以上倒塌毁坏，Ⅶ度区此类简易结构房屋约 35%倒塌。

灾区土木、土石木简易结构房屋受损严重、分布较多，该类型房屋承重墙体主要为土坯、片块石、卵石材料粘土砌筑成，灾区主要为高原牧区，居民点分布较为分散，牧民砌筑房屋多为就地取材，墙体材料整体强度低、且年久失修，再加上存在施工质量差和场地条件的影响造成灾区此类简易结构房屋与棚圈严重毁坏，在Ⅷ度区内此类型房屋和羊圈成片倒塌毁坏。房屋破坏形式主要为屋顶与承重墙体整体坍塌毁坏、山墙整体或部分倒塌、房屋墙角塌落损坏、承重墙体贯穿裂缝，其它破坏形式还有墙体的竖向和斜向裂缝，门窗洞口角部墙体开裂、纵横墙交接处开裂等。部分片块石砌筑房屋多采用内外墙方式砌筑而成，此类房屋破坏形式多为外墙整体或部分坍塌损毁。

砖木结构、砖混结构居民住房多为安居富民房，房屋约占乡镇房屋总面积 50%以上，

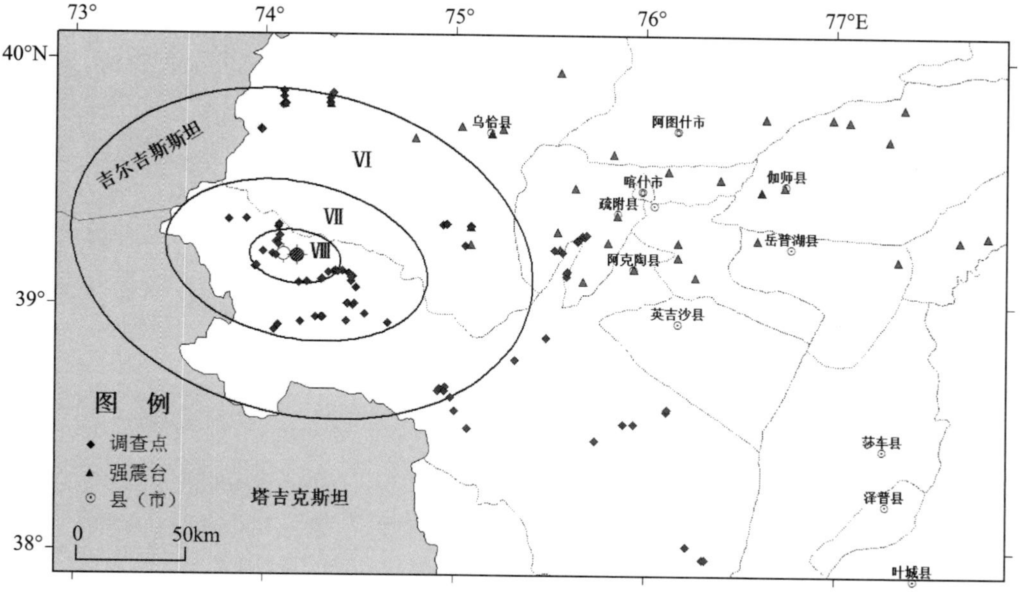

图 5 阿克陶 6.7 级地震烈度等震线

Fig. 5 Isoseimal map of the M_S6.7Aketao earthquake

图中红色标识代表该点烈度为Ⅷ度，紫色为Ⅶ度，蓝色为Ⅵ度，绿色Ⅴ度，灰色标识为Ⅳ度及以下

此次地震中，安居富民房屋抗震性能良好，均未出现破坏。乡（镇）政府、村委会、医院及学校公用房屋多为砖混结构，此类房屋在此次地震中抗震性能良好，房屋主体完好，未见砖砌墙体出现裂缝，但存在抹灰墙皮大量脱落，局部区域所建房屋受场地条件影响震前已存在裂缝，此次地震又造成这些老旧裂缝加宽加大。

地震灾害调查和损失评估工作按照《地震现场工作　第三部分：调查规范》（GB/T 18208.3—2011）和《地震现场工作　第四部分：灾害直接损失评估》（GB/T 18208.4—2011）的要求进行。通过抽样、专项调查取得了比较翔实的基础资料，按照国家标准所规定的计算方法，计算得出此次地震灾害的直接经济损失结果。灾区人口约 40783 人，10722 户，由于房屋毁坏和较大程度破坏造成失去住所共计 11240 人，2810 户。地震造成直接经济损失为 4.63 亿元，属于较大破坏性地震。

3. 地震影响场与震害特征

此次地震的影响场与灾害特征主要有以下几点：

（1）地震烈度高，人员伤亡少。地震的高烈度区位于人烟稀少边境地区，居民点主要分布于烈度相对较低区域，是此次地震人员伤亡少的原因之一。

（2）2004 年以来，自治区持续推进安居富民（抗震安居）工程建设，灾区农居房屋抗震能力普遍提高，安居房未受损坏，有效保护灾区群众生命财产安全，大幅减少救灾投入，灾区群众基本生产生活秩序平稳。

（3）此次 6.7 级地震发生前 5 分钟，该地还发生一次 4.8 级地震，震区的大多群众感到震动，起到预警作用，部分群众已跑出屋外，6.7 级地震发生时，群众迅速跑出房屋，有效避免人员伤亡。

（4）该地区属于我国地震重点危险区，自治区各级党委、政府高度重视，认真落实各项地震应急准备工作。地震发生后，震区各级党委政府，按照事先应急准备，科学、有序、高效开展抗震救灾工作，有效减轻地震灾害损失。

（5）灾区经济落后，除安居房外，厨房、储物间等辅助房屋在此次地震中遭受严重破坏；交通、通讯、电力等基础设施建设薄弱，群众供水供电保障不足。

（6）震区地形复杂，地质灾害发育，前往震中区道路随处可见滚石，因余震仍在发生滑坡、崩塌。

四、地震序列

1. 地震序列时间分析

根据新疆地震台网记录结果，截至 2017 年 5 月 31 日，共记录到前震 2 次，余震 961 次，其中 M_L0.0～0.9 地震 3 次，M_L1.0～1.9 地震 417 次，M_L2.0～2.9 地震 415 次，M_L3.0～3.9 地震 106 次，M_L4.0～4.9 地震 19 次，M_L5.0～5.9 地震 2 次。

表 3 给出了新疆地震台网定位的 $M_L \geqslant 4.0$ 级地震序列目录。由表 3 和图 6 可以看出，主震前记录到 2 次地震，分别为震前 5 分钟发生的 M_L5.2（M_S4.8）地震和震前 13s 发生的 M_L3.5 地震（图 6b）；主震后记录到最大余震震级为 26 日 M_L5.4（M_S5.0）地震，发生在主震后 19 个小时。该强余震前 6 小时，即 26 日 12 时开始小地震强度呈现逐步上升趋势；而 $M_L \geqslant 4.0$ 级地震出现了近 10 个小时的平静，地震活动表现出明显的“平静—活跃—发震”的特征。

表 3　阿克陶 6.7 级地震序列目录（$M_L \geqslant 4.0$ 级）

Table 3　Catalogue of the M_S6.7 Aketao earthquake sequence（$M_L \geqslant 4.0$）

编号	发震日期	发震时刻	震中位置		震级	震源深度	震中	结果来源
	年.月.日	时：分：秒	φ_N	λ_E	M_L	（km）	地名	
1	2016.11.25	22：18：58	39°11′	73°55′	5.2	6	阿克陶	新疆地震台网[5)]
2	2016.11.25	22：24：30	39°15′	74°04′	6.9	8	阿克陶	
3	2016.11.25	22：40：00	39°12′	73°53′	4.5	11	阿克陶	
4	2016.11.25	22：47：07	39°00′	74°11′	4.1	10	阿克陶	
5	2016.11.25	23：16：23	39°11′	73°50′	4.1	11	阿克陶	
6	2016.11.25	23：26：46	39°09′	73°54′	4.5	9	阿克陶	
7	2016.11.26	00：12：05	39°09′	74°04′	4.0	7	阿克陶	
8	2016.11.26	00：59：01	39°12′	73°55′	4.0	7	阿克陶	
9	2016.11.26	03：46：16	39°06′	74°10′	4.2	10	阿克陶	
10	2016.11.26	04：58：20	39°07′	74°17′	4.3	6	阿克陶	

续表

编号	发震日期	发震时刻	震中位置		震级	震源深度	震中	结果来源
	年.月.日	时：分：秒	φ_N	λ_E	M_L	(km)	地名	
11	2016.11.26	07：12：44	39°12′	74°04′	4.3	8	阿克陶	
12	2016.11.26	15：42：53	39°14′	73°56′	4.1	11	阿克陶	
13	2016.11.26	17：23：24	39°10′	74°15′	5.4	28	阿克陶	
14	2016.11.26	18：08：00	39°08′	74°17′	4.0	7	阿克陶	
15	2016.11.27	03：46：42	39°07′	74°23′	4.2	8	阿克陶	
16	2016.11.27	13：06：40	39°12′	73°57′	4.1	7	阿克陶	
17	2016.12.03	15：42：37	39°12′	74°02′	4.0	12	阿克陶	
18	2016.12.04	11：56：17	39°10′	74°20′	4.0	6	阿克陶	
19	2016.12.06	23：08：46	39°08′	74°20′	4.0	7	阿克陶	
20	2016.12.13	16：11：51	39°10′	74°02′	4.4	11	阿克陶	
21	2016.12.19	18：57：25	39°11′	73°59′	4.5	7	阿克陶	
22	2017.01.28	21：02：54	39°02′	74°32′	4.0	12	阿克陶	

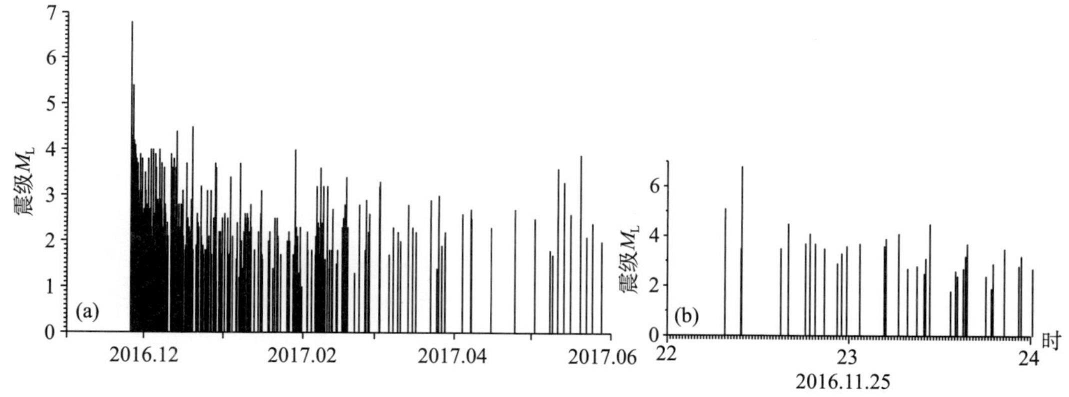

图6 阿克陶6.7级地震序列M-T图

Fig. 6 M-T diagram of the M_S6.7 Aketao earthquake sequence

（a）2016年11月至2017年5月；（b）2016年11月25日

由N-T图可知（图7），震后2周内周频次分别为每周397次和每周233次，共发生余震630次，占序列总量的65.6%。之后频次迅速衰减，2017年1月频次低至每周10次。2017年1月28日M_L4.0地震后的1个月内频次有所增加。3月份以后频次小于每周5次。总体序列频度处于起伏衰减状态。截至2017年5月31日，该序列处于后期衰减阶段，余震活动并未完全结束。

阿克陶6.7级地震释放的能量E_M与整个序列释放的能量$E_总$之比$E_M/E_总$为99.32%。

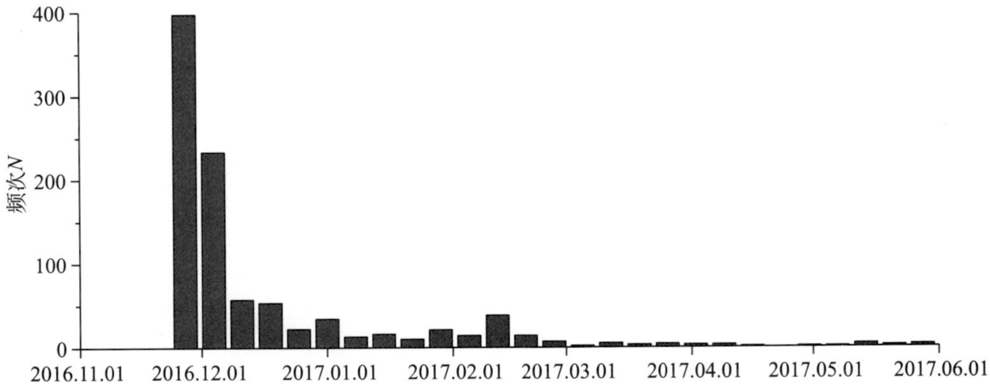

图 7　阿克陶 6.7 级地震序列 N-t 图

Fig. 7　N-T diagram of the M_S6.7 Aketao earthquake sequence

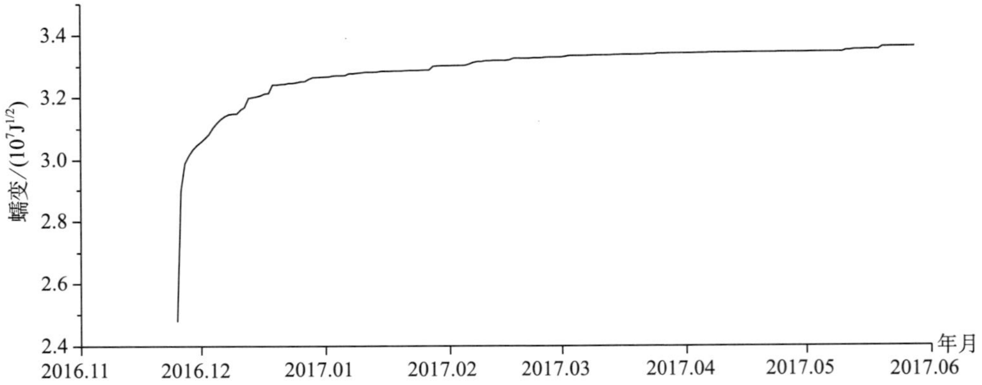

图 8　阿克陶 6.7 级地震序列蠕变曲线

Fig. 8　Curve of strain release of the M_S6.7 Aketao earthquake sequence

1）地震序列参数及类型判定[9)]

根据震级–频度关系确定的序列最小完整性震级为 M_L2.2，6.7 级地震序列震级分布不均匀，缺少 $M_L \geqslant 4.0$ 级地震。按起算震级 $M_L \geqslant 2.2$ 级，计算序列早期参数，得到 h 值为 1.6（图 9a）；衰减系数 p 值为 0.72。根据震级–频度关系得到序列 b 值为 0.6361（图 9b），小于该区 0.74 的背景值；最大截距震级为 M_L6.2，高于目前最大强余震 M_S5.0 震级。

该序列最大余震为 M_S5.0 地震，与主震震级差为 1.7，主震与次大地震的震级差 ΔM 满足序列类型判定标准 $0.6<\Delta M \leqslant 2.4$ 级，且阿克陶 6.7 级地震释放的能量 E_M 与整个序列释放的能量 $E_{总}$ 之比 $E_M/E_{总}$ 为 99.32%，满足 $80\%<E_M/E_{总}<99.9\%$。6.7 级主震前发生了 M_S4.8 前震，综合分析认为，2016 年 11 月 25 日阿克陶 6.7 级地震序列属于前—主—余型。

2）P 波初动[9)]

阿克陶 6.7 级地震发生后，对距离震中 70km 的吉根台记录到的余震波形的 P 波初动符

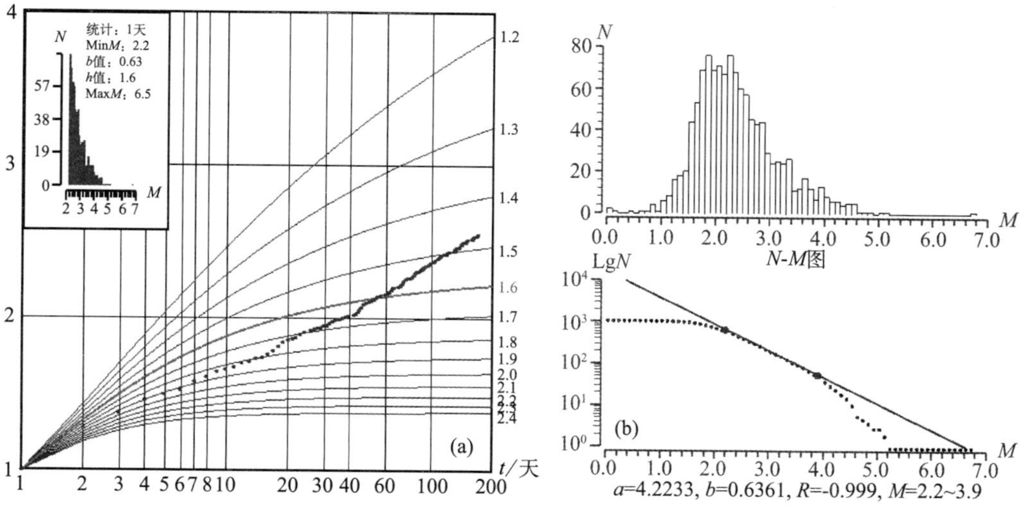

图 9 阿克陶 6.7 级地震序列 h 值（a）与 b 值（b）图

Fig. 9 The h-value and the b-value of the M_S6.7 Aketao earthquake sequence

号进行读取。截至 2017 年 5 月 31 日，共读取 117 个余震的 P 波初动，其中初动向上的 16 个，占总数的比例为 13.7%；初动向下的 101 个，占总数的比例为 86.3%（图 10）。根据以往震例，地震序列发展前期出现 P 波初动符号较为一致的现象，对后续发生较强余震具有一定预测意义。11 月 26 日 5.0 级强余震前共读取了 43 个余震的 P 波初动，其中 41 次初动符号向下。2017 年 1 月以后共读取了 30 个地震的 P 波初动，其中 19 次初动符号向下，占比降至 63%，初动符号的一致性降低，与后期未发生强余震一致。

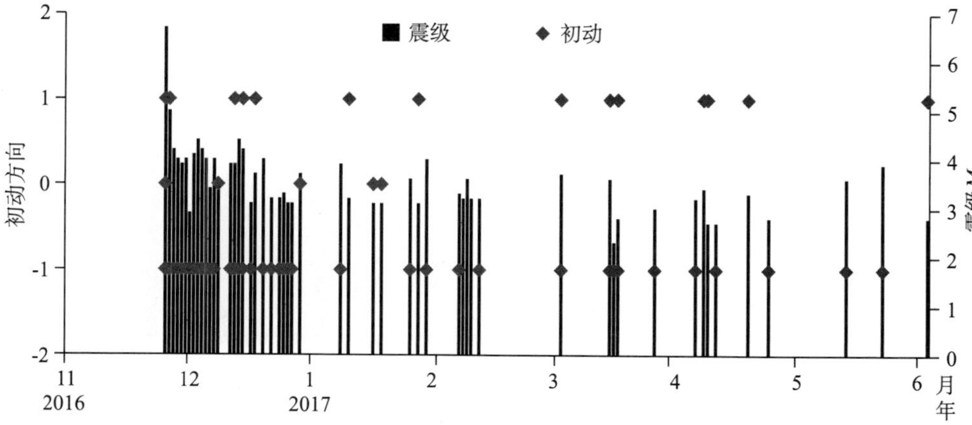

图 10 阿克陶 6.7 级地震序列 P 波初动和震级时间进程

Fig. 10 P wave initial movement of the M_S6.7 Aketao earthquake sequence

1：初动向上；-1：初动向下；0：初动不清晰

3）视应力[9)]

2016 年 11 月 25 日至 2017 年 2 月 28 日视应力计算结果显示：M_S4. 8 前震的视应力值为 227. 759bar；6. 7 级主震的视应力值为 269. 874bar；次大余震 M_S5. 0 视应力值为 22. 429bar。图 11 给出了 3. 0≤M_L<4. 0 级余震视应力值时序图。6. 7 级地震发生后 7 个小时内余震视应力处于高值波动状态，可能与强震后该区的应力调整有关，之后 5 个小时视应力值处于低值水平。11 月 26 日 17 时 M_S5. 0 强余震前 4 小时，视应力值出现高值变化，震后视应力值略有恢复；27 日后视应力值再次出现高值波动。2017 年以后视应力水平有所下降，之后无强余震活动。

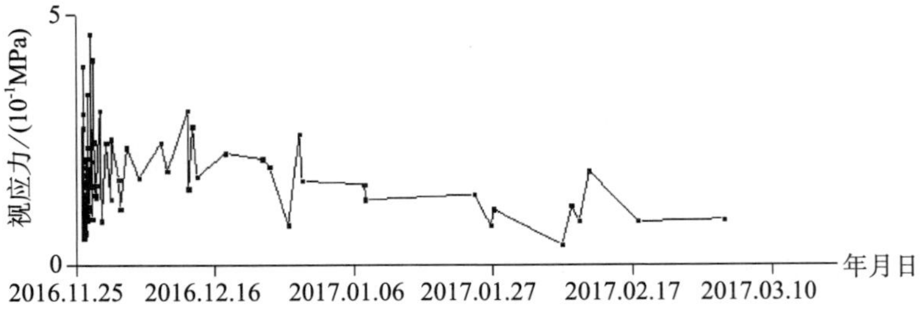

图 11　阿克陶 6. 7 级地震 3. 0≤M_L<4. 0 级余震视应力时序进程图

Fig. 11　Apparent stress curve of the M_S6. 7 Aketao earthquake sequence with 3. 0≤M_L<4. 0

4）振幅比[9)]

采用吉根台记录的波形资料，计算了阿克陶 6. 7 级地震序列振幅比值（图 12）。截至 2017 年 5 月 31 日，共量取了 84 个地震。序列振幅比值波动较大，2016 年 11 月 26 日 M_S5. 0 次大余震前振幅比出现了“低值—回返—发震”的现象，序列早期振幅比值较低，后期波动较大，可能反映了早期震源区应力存在一致性。振幅比方法在新疆中强以上地震序列跟踪过程中应用较为广泛，类似的振幅比异常特征对序列早期较强余震的预测具有较好的效能。

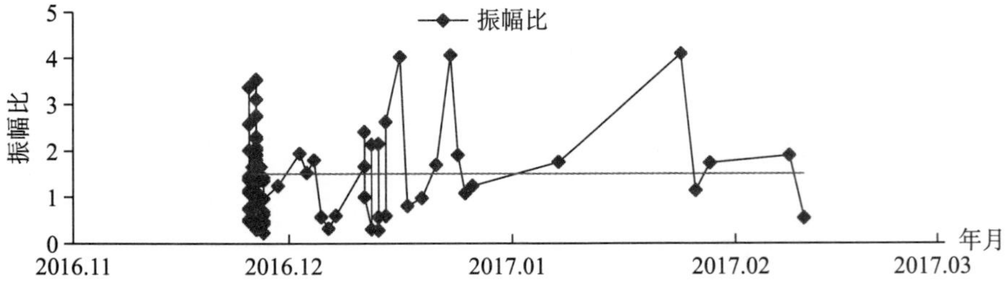

图 12　吉根台记录阿克陶 6. 7 级地震序列振幅比时序图

Fig. 12　Amplitude ratio curve of the M_S6. 7 Aketao earthquake sequence recorded by Jigen station

2. 余震空间分布[38]

根据双差定位后的震中分布，利用线性拟合的方法，获得了余震分布的最佳走向 99°，并沿走向 AA′和垂直于走向 BB′建立了余震分布剖面（图 13）。可以看出，这次地震序列震源深度较浅，大多数都集中在 20km 以上的范围内。从沿走向的剖面看，余震沿发震断层展布约 140km，其中震中以西约 60km，以东约 80km；从垂直于走向的剖面看，主震震源周围相当大的尺度内（~30km）都有余震分布，很难辨识出断层的倾角，但似乎西南侧余震较多。

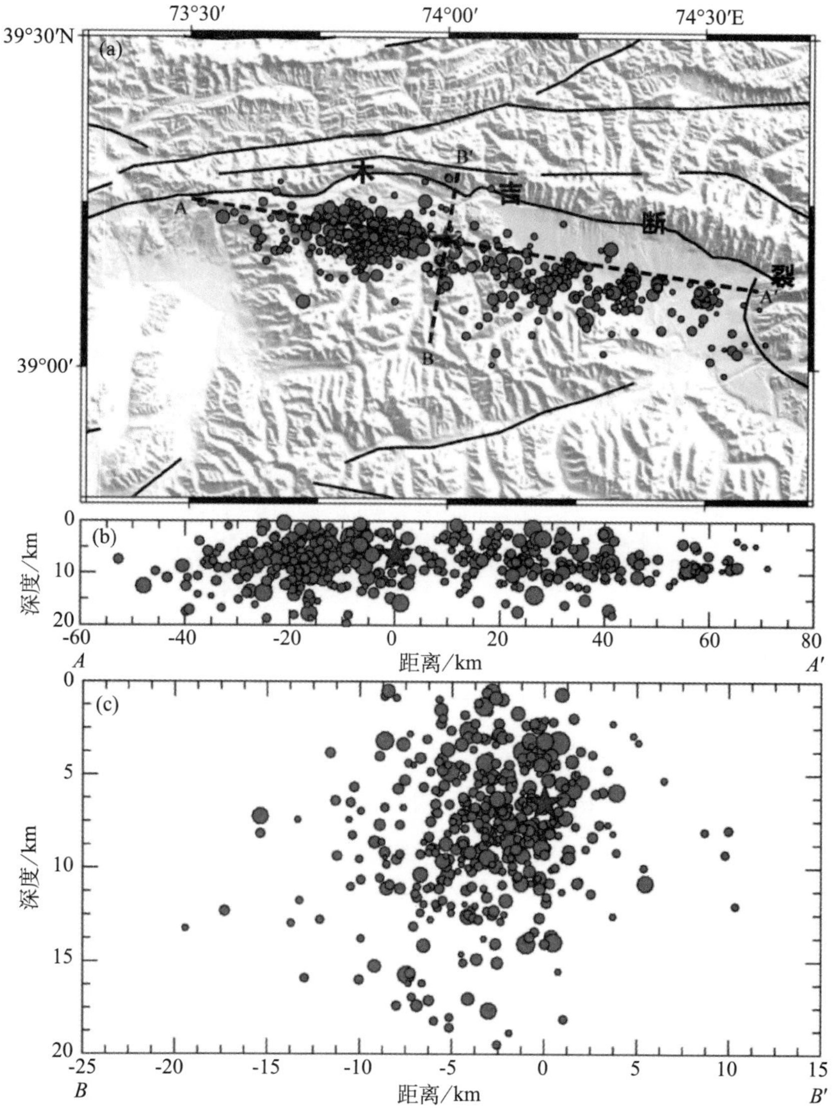

图 13　主震与双差定位后余震分布

Fig. 13　Distribution of the mainshock and the DD-relocated aftershocks

3. 小结

此次地震的序列类型为前—主—余型，余震沿 NWW 方向展布，与木吉断裂走向一致。

五、震源参数和地震破裂面

1. 震源机制解[39];9)

1）主震震源机制

新疆地震局采用 CAP 方法中 P 波初动和波形拟合联合反演的算法，利用距震中 500km 范围内的 11 个台站波形资料和 13 个清晰的初动信息，解算了 6.7 级主震的震源机制。得到的最佳矩心深度为 9km，矩震级为 6.61，P 轴方位 338°，最佳双力偶机制解节面 I：走向 20°，倾角 72°，滑动角-10°；节面 II：走向 113°，倾角 80°，滑动角-162°（表 4，图 14）。该结果与其他几个研究机构给出的结果较为接近。

表 4　阿克陶 6.7 级地震震源机制解

Table 4　Focal mechanism solutions of the M_S6.7 Aketao earthquake

编号	节面Ⅰ（°）			节面Ⅱ（°）			P 轴（°）		T 轴（°）		N 轴（°）		矛盾比	结果来源
	走向	倾角	滑动角	走向	倾角	滑动角	方位	仰角	方位	仰角	方位	仰角		
1	20	72	-10	113	80	-162	338	20	246	6	140	69		新疆（CAP）
2	207	70	2	117	88	160	164	13	70	16	292	70	0.111	新疆（P 波初动）
3	208	73	-17	303	74	-162	166	24	75	1	344	66		地球所（CAP）
4	197	73	-10	290	80	-163	154	19	63	5	318	70		地球所（P 波初动）
5	19	87	-12	110	78	-177	334	11	65	6	185	78		GCMT
6	19	86	4	289	86	176	334	0	244	5	65	85		NEIC

2）前震与强余震的震源机制

利用 CAP 方法计算了序列中 9 次 $M_S \geq 3.6$ 级前震及余震的震源机制解（表 5，图 15）。

阿克陶 6.7 级主震前 6 分钟发生的 4.8 级前震的震源机制解，其最佳双力偶机制解节面Ⅰ：走向 198°，倾角 90°，滑动角-20°；节面Ⅱ：走向 288°，倾角 70°，滑动角 180°，震源深度 12km，P 轴方位 151°。4.8 级前震与 6.7 级地震震源机制结果基本一致，结合发震构造走向及余震分布情况，认为节面Ⅱ为发震断层面。其他 8 次余震中，6 次为走滑型地震，2 次为逆冲型，表明大部分余震的破裂类型与主震以及前震类似。

从此次地震序列的 P 轴主压应力方位来看，8 次地震的 P 轴方位在 150°～180°，2 次地震的 P 轴方位在 0°～30°，由此可见大部分地震的 P 轴方位与主震 P 轴方位近北西向是一致的，也与该区历史中强震主压应力 P 轴方位相吻合。

CAP 反演得到了 6.7 级地震序列的矩震级（表 5），对比分析可知，2 次 M_S5.0 左右的地震矩震级 M_W 与 M_S 震级相当，而 $M_S \leq 4.5$ 级地震的 M_W 震级均大于 M_S 震级，该结果基本符合此前对不同标度震级的认识，即在较小的震级范围内，矩震级 M_W 与地方震 M_L 较为接近。表 5 同时给出了利用 CAP 程序计算得到的序列震源深度以及地震目录的定位深度。

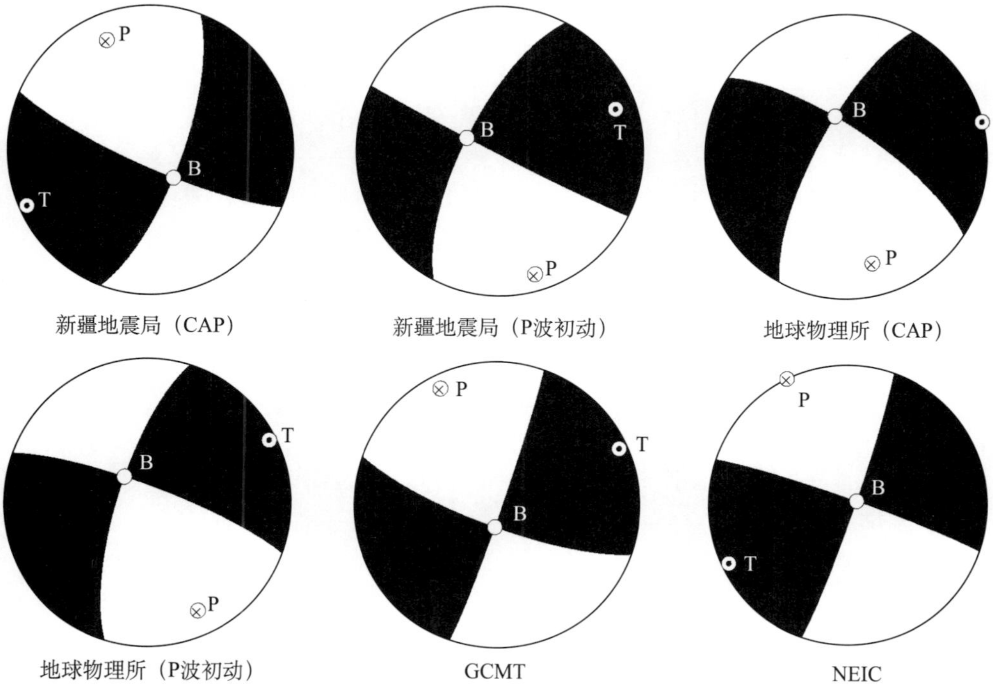

图 14　阿克陶 6.7 级地震震源机制解

Fig. 14　Focal mechanism solutions of the M_S6.7 Aketao earthquake

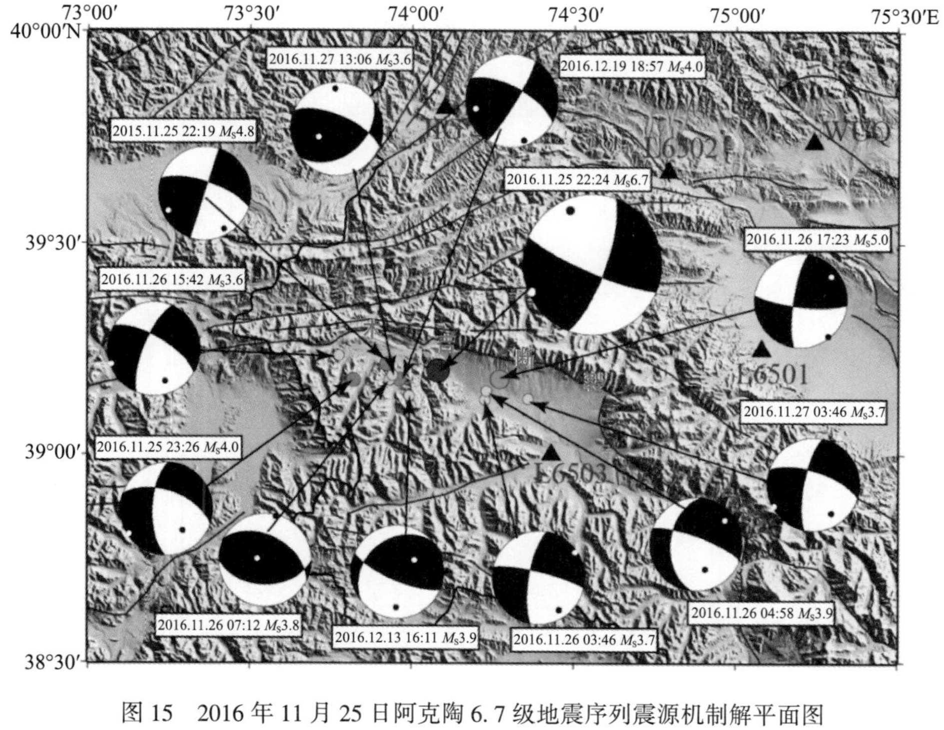

图 15　2016 年 11 月 25 日阿克陶 6.7 级地震序列震源机制解平面图

Fig. 15　The focal mechanism of the M_S6.7 Aketao earthquake sequences

表 5　阿克陶 6.7 级地震主震、前震及早期 $M_S \geqslant 3.6$ 级地震的震源机制解

Table 5　The focal mechanism of M_S6.7 Aketao earthquake main shock，foreshocks and early earthquakes $M_S \geqslant 3.6$

序号	发震时刻（北京时间）年．月．日 时：分	震级 M_S	震级 M_W	定位深度（km）	CAP 深度（km）	节面Ⅰ（°）			节面Ⅱ（°）			P 轴（°）		T 轴（°）		B 轴（°）	
						走向	倾角	滑动角	走向	倾角	滑动角	方位	仰角	方位	仰角	方位	仰角
1	2016.11.25 22：19	4.8	4.90	7	12	198	90	−20	288	70	180	151	14	245	14	18	70
2	2016.11.25 22：24	6.7	6.61	10	9	20	72	−10	113	80	−112	338	20	246	6	140	69
3	2016.11.25 23：26	4.0	4.38	7	9	289	58	−150	182	65	−36	143	42	237	4	332	47
4	2016.11.26 00：12	3.6	4.21	6	6	212	48	−103	51	44	−76	54	80	311	2	221	10
5	2016.11.26 03：46	3.7	4.17	8	10	190	73	−10	283	80	−163	147	19	56	5	311	70
6	2016.11.26 04：58	3.9	4.13	8	13	290	77	−132	186	44	−19	160	42	50	21	301	41
7	2016.11.26 07：12	3.8	4.20	8	13	297	47	109	91	46	71	14	0	282	76	104	14
8	2016.11.26 15：42	3.6	4.01	7	7	300	69	−160	203	71	−22	161	29	252	2	345	61
9	2016.11.26 17：23	5.0	4.81	7	10	96	78	167	189	77	12	143	0	52	18	234	12
10	2016.11.27 03：46	3.7	4.00	6	13	288	68	−163	191	74	−23	148	27	240	4	330	62
11	2016.11.27 13：06	3.6	4.04	7	16	52	41	37	292	67	125	358	15	246	54	97	32
12	2016.12.13 16：11	3.9	4.23	7	12	231	31	32	113	74	117	182	24	55	53	285	26
13	2016.12.19 18：57	4.0	4.28	6	11	298	66	172	31	83	24	162	11	257	22	47	65

本研究利用CAP得到的深度分布于7~16km范围，大部分地震发生在9~15km深度范围，与本文计算得到的主震震源深度9km相差不大，而定位深度均在10km以内。两种方法得到的定位深度存在差异的原因除了定位方法本身含义存在差别，还可能与震源区附近台站较为稀少有关。

2. 震源破裂过程[38]

从全球台网和中国地震台网选择了如图16a所示的41个台站的P波波形，采用ak135全球速度模型，利用反射率方法计算格林函数，并采用共轭梯度法求解方程系统，反演结果如图16b~d所示。根据反演得到的矩率函数（图16b），地震持续约20s，地震开始前5s释放地震矩微乎其微，大部分地震矩释放在5~11s，12~20s也有明显的释放，整个过程释放标量矩为1.08×10^{19}N·m，相当于矩震级M_W6.6。根据静态位错分布（图16c），此次地震是一次非对称双侧破裂，具有两个明显的位错高值区，其中心分别距起始破裂点12和15km，西侧区域位错较小，东侧区域位错较大，最大位错量约0.5m。需要特别强调的是，尽管总体上这次地震以走滑为主，但震源东侧具有明显的正滑分量，而西侧却有明显的逆冲分量。根据滑动速率快照结果（图16d），此次地震首先向西侧破裂，紧接着东侧也开始破裂，在随后的时间里初始破裂点两侧同时破裂，然后西侧破裂逐渐停止，东侧继续破裂，最后整个地震以东侧破裂停止告终。

3. 地震形变场[2]

根据地震前后欧洲空间局哨兵一号雷达卫星的T100和T0272条轨道的雷达数据，获得覆盖震区的InSAR同震形变场（图17）。结果表明，此次地震破裂长度至少为77km，发震断层的位置与木吉盆地北缘的木吉断裂高度吻合。木吉断裂南侧有东、西2个干涉条纹密集区，震中附近InSAR干涉条纹密集区（即形变区）范围明显大于东侧干涉条纹密集区的范围，其最大雷达视线向（LOS）形变量约为10.5cm，而东部干涉条纹密集区的最大雷达视线向（LOS）形变量约为10.8cm。西部干涉条纹密度相对偏小，但是范围大，显示断层破裂范围可能较大、较深。东部干涉条纹密集区位于震中以东25~32km处，干涉条纹密度相对较高，但范围明显较小，说明断层破裂范围较小、破裂位置较浅。东、西2个InSAR密集条纹区表明地震破裂可能在这2个地点出露地表，这也与野外考察结果是相互吻合的。

由于去相干作用的影响，断层北侧山区的信号质量有所下降，但仍能清晰分辨出形变的量值和形变覆盖范围。根据雷达观测的成像特点，断层南侧区域向靠近雷达传感器的方向移动，而断层北侧向远离传感器的方向移动，据此可判断发震断层主要的活动方式为右旋走滑，这与木吉断裂的活动性质是一致的。根据南侧条纹比北侧条纹密集的特点，可以初步判断该断层倾向S。另外，InSAR形变主要分布在发震断层附近的区域，表明此次地震的破裂主要集中在地壳浅部。

4. 地震破裂面与发震构造的确定

阿克陶6.7级主震的错动性质为右旋走滑。震源机制解所得到的节面Ⅱ走向为113°，与精定位的余震分布长轴取向一致。由此确定节面Ⅱ为地震破裂面。

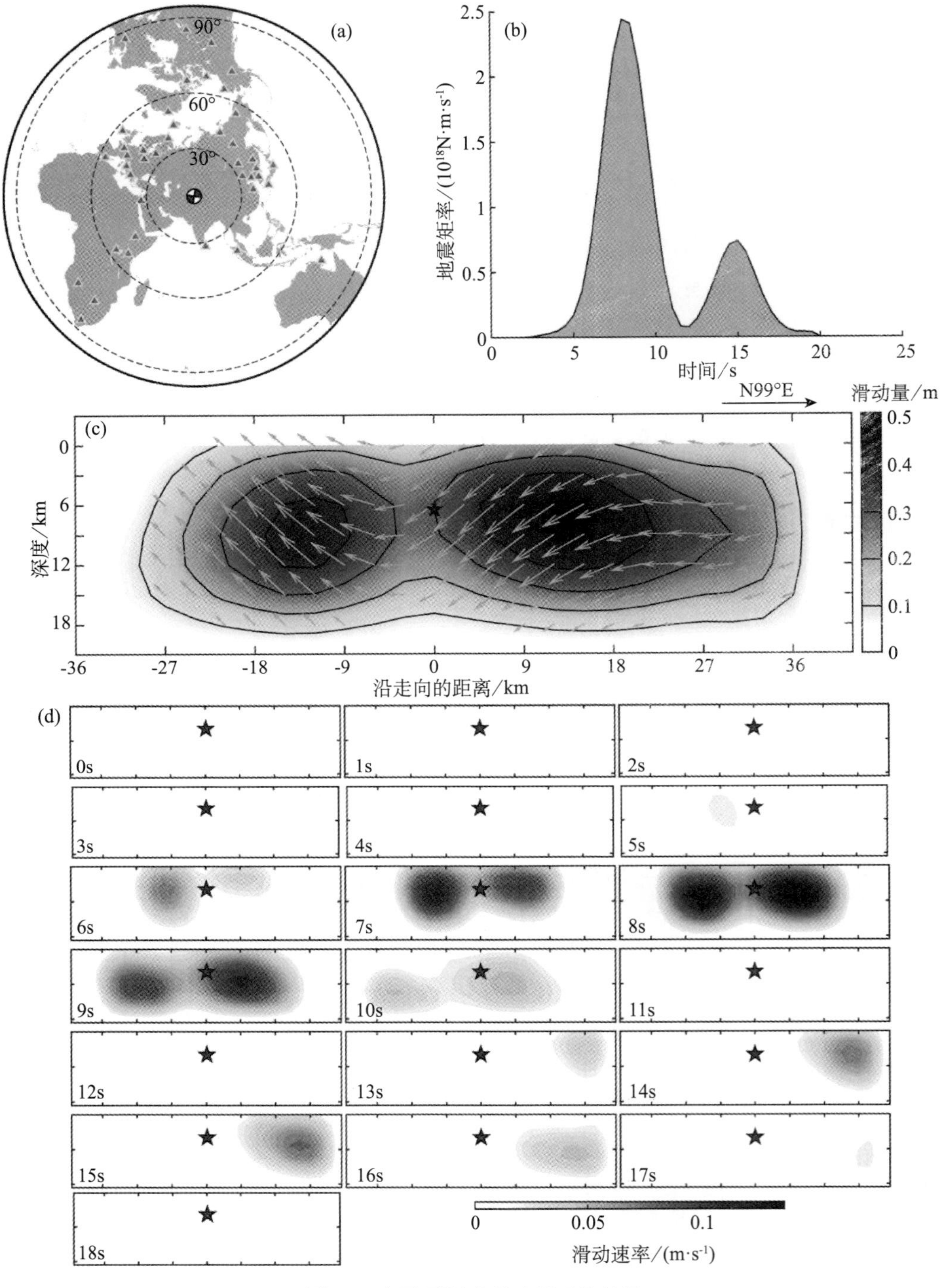

图 16　主震震源破裂过程反演结果

Fig. 16　The inverted result of the spatio-temporal rupture process of the main shock

(a) 参与反演的台站分布；(b) 地震矩率函数；(c) 同震滑动分布；(d) 滑动速率快照

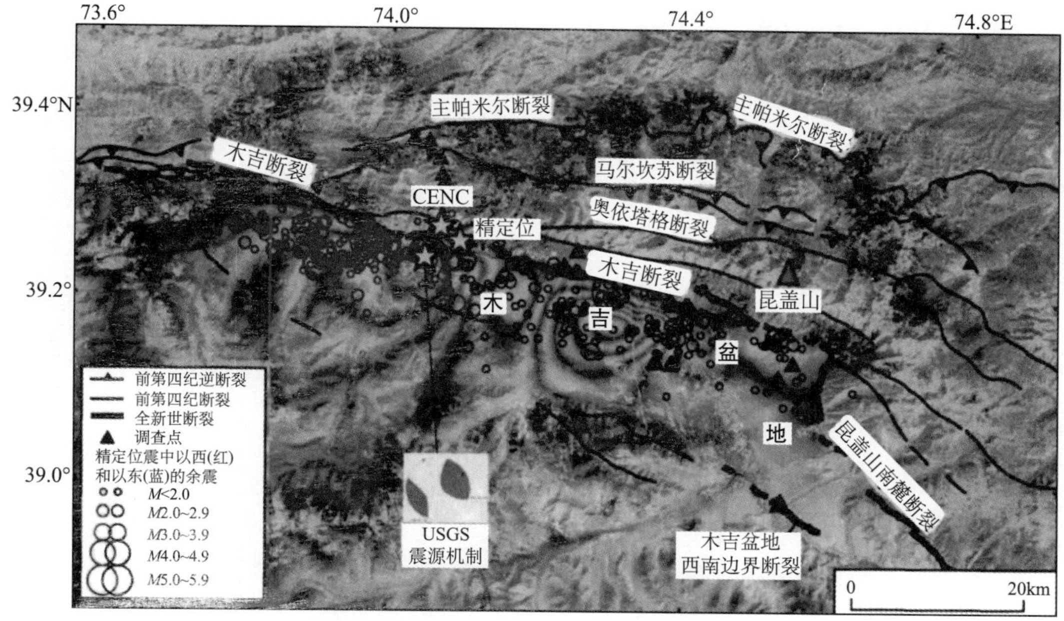

图17 阿克陶6.7级地震InSAR干涉图像

Fig. 17 InSAR deformation field of the M_S6.7 Aketao earthquake

木吉断裂走向NWW，近直立，以右旋走滑为主，兼具正断性质。其与震源机制解节面Ⅱ的错动性质一致，并且与地震烈度等震线NWW向展布方向以及余震展布方向一致。

结合烈度等震线分布、震源机制解、断裂走向以及余震分布，综合分析认为，此次地震的发震断层为木吉断裂。

对于阿克陶6.7级地震的发震断层有学者持不同观点。张旭等认为精定位后的余震分布虽与木吉断裂平行，但仍有一段距离，是新断层或者隐伏断层的错动所致[38]。

六、地震前兆观测台网及前兆异常

1. 地震前兆观测台网

震中附近定点前兆观测台站及观测项目分布见图18。震中300km范围内有10个定点前兆台站，包括地倾斜、体积应变、地磁Z分量、磁场总强度、磁偏角、水温、地温和CO_2 9个观测项目，共18个观测台项。震中0~100km范围有膘托阔依、康苏2个地温台；100~200km范围有7个前兆台，9个观测项目共15个观测台项；200~300km范围有哈拉峻1个地倾斜观测台。除喀什地磁和阿图什垂直摆倾斜2套资料外，研究区内前兆测项观测时间均在10年以内，部分资料观测时间不足1年，如阿图什钻孔倾斜（CBT型）和5套地温。18个前兆台项中，8个台项观测资料质量较差，如乌恰钻孔倾斜和CO_2、马场体应变、喀什钻孔倾斜和CO_2、阿图什垂直摆倾斜（CZB型）、60井浅层水温以及哈拉峻钻孔倾斜。总体而言，该地区定点前兆监测能力较弱。

新疆流动前兆观测网由流动重力、GPS和地磁3个子网组成。震中附近区域（73°~84°E；

36°~42°N) 共有流动重力观测点 84 个，流动 GPS 观测点 32 个以及流动地磁观测点 32 个(图 19)。

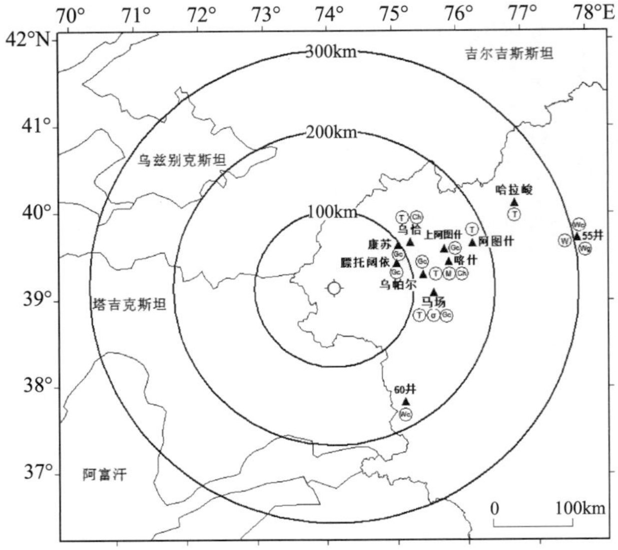

图 18　阿克陶 6.7 级地震附近定点前兆台站分布图

Fig. 18　Distribution of precursory-monitoring stations around the M_S6.7 Aketao earthquake

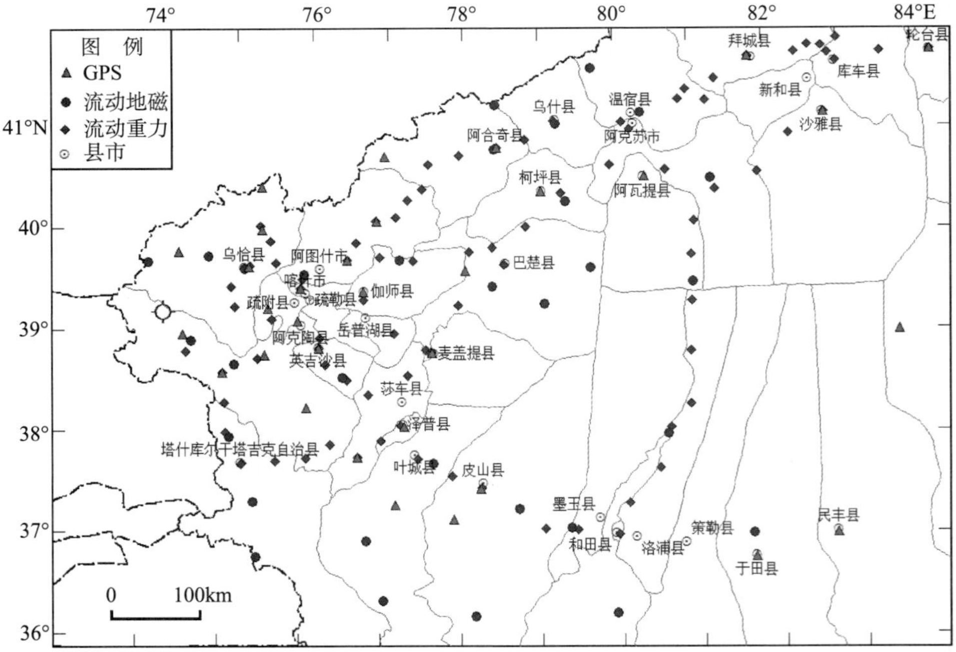

图 19　阿克陶 6.7 级地震附近流动重力、GPS、地磁测点分布图

Fig. 19　Distribution of roving observation sites around the M_S6.7 Aketao earthquake

表6 阿克陶6.7级地震异常情况登记表

Table 6 Anomalies catalog of the M_S6.7 Aketao earthquake

序号	异常项目	台站（点）或观测区	分析方法	异常判据及观测误差	震前异常起止时间	震后变化	最大幅度	震中距 Δ/km	异常类别及可靠性	图号	异常特点及备注
1	空间 *b* 值	南天山西段	*b* 值空间分布	低于背景值0.81	2000~2016	持续	0.4		L_1	21	低 *b* 值异常震前发现1)
2	应变积累释放	南天山西段至喀什—乌恰交汇区	应变积累释放曲线	时间具有准周期特征，能量累积具有重复性	2009~2016	能量处于释放阶段			L_1	22	震前发现10)
3	地震平静	乌恰—伽师	$M_S \geq 5.0$ 级地震空间分布	$M_S \geq 5.0$ 级地震平静超过1.5倍均方差（即686天）	2012.06.01~11.25	正常	1638天		M_1	23	阿克陶6.7级地震直接打破；震前发现1)
4		喀什—乌恰区至西昆仑中段	$M_S \geq 4.0$ 级地震空间分布	$\Delta T \geq 2$ 倍均方差（即421天）	2014.07.09~2016.11.25	持续	870天		M_1	24	震前发现1)
5		喀什—乌恰交汇区	$M_S \geq 3.0$ 级地震空间分布	平静时间≥90天	2016.05.22~11.12	正常	174天		S_1	25、26	震前发现10)
6	年发生率	南天山西段、西昆仑	年发生率空间分布						M_1	27	震前发现1)

续表

序号	异常项目	台站（点）或观测区	分析方法	异常判据及观测误差	震前异常起止时间	震后变化	最大幅度	震中距 Δ/km	异常类别及可靠性	图号	异常特点及备注
7	GPS（水平）	73°～84°E 36°～42°N	最大剪应变空间分布	高值、低值异常	2015～2016	震后暂未观测	26×10^{-8}		M_1	28	剪应变高值区，震前发现[1)]
8	流动重力	75°～83°E 37°～41°N	重力变化空间分布	重力变化四象限分布	2013.09～2016.09	是否结束目前难以判断	40μGal		M_1	29	重力变化呈四象限分布，震前发现[1)]
9	地磁 Z 分量	乌什、喀什、且末	逐日比	3 个地磁台中的 2 个逐日比超阈值 2.5	2016.11.10	再次出现			S_1	30	震后总结
10	地磁 Z 分量	乌什、喀什、且末	加卸载响应比	3 个地磁台中的 2 个加卸载响应比超阈值 3.3	2016.09.22	再次出现			S_1	31	震后总结

2. 地震前兆异常

此次地震前出现 b 值、应变释放、地震平静、地震年发生率、GPS（水平）、流动重力、地磁 Z 分量 7 个异常项目，共 10 条异常，其中地震平静异常共有 3 条，占总异常的 30%，而定点前兆方面仅地磁学科出现了 2 条异常，定点形变资料无异常显示（表 6）。10 条异常中，有 2 条长期异常，5 条中期异常和 3 条短期异常。长、中、短期异常比较齐全。由于仅有的 2 条定点前兆异常分别为地磁 Z 分量逐日比和加卸载响应比，属于多台联合分析方法，未绘制前兆异常分布图。

1）*b* 值扫描图像[1)]

南天山西段 b 值背景值为 0.81。2011 年 11 月 1 日尼勒克、巩留交界 6.0 级地震，2012 年 6 月 30 日新源、和静交界 6.6 级地震和 2008 年 10 月 5 日乌恰 6.8 级地震均发生在低于背景值的区域。利用新疆天山地区 2000 年以来的地震目录计算得到的 b 值空间图像显示，北天山西段温泉—精河地区、南天山东段拜城—轮台、南天山西段乌什—巴楚以及喀什—乌恰交汇区存在低 b 值异常。阿克陶 6.7 级地震发生在喀什—乌恰异常区域内（图 20）。

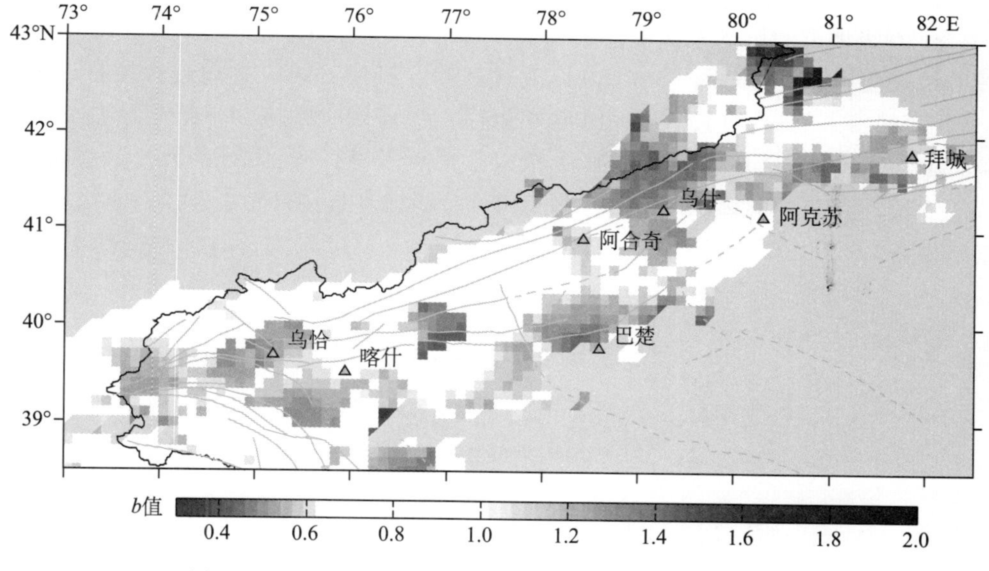

图 20　2000 年 1 月至 2016 年 10 月南天山西段 b 值扫描图

Fig. 20　Spatial distribution of b-value from January 2000 to October 2016 in the western part of southern Tianshan mountain

2）南天山西段至喀什—乌恰交汇区地震 Benioff 应变积累释放特征[10)]

南天山西段至喀什—乌恰交汇地区约 11 年有相当于 7 级地震能量的释放（图 21），应变能以 7 级地震或 6 级强震群的形式释放。2008 年乌恰 6.8 级地震距 2016 年吉尔吉斯斯坦 6.7 级和阿克陶 6.7 级地震有 8 年，基本符合该区 Benioff 应变积累释放特征。

3）乌恰—伽师地区 5 级地震平静[1)]

2012 年 6 月 1 日阿克陶 5.0 级地震后，南天山西段—乌恰交汇区 5 级地震主要集中在柯

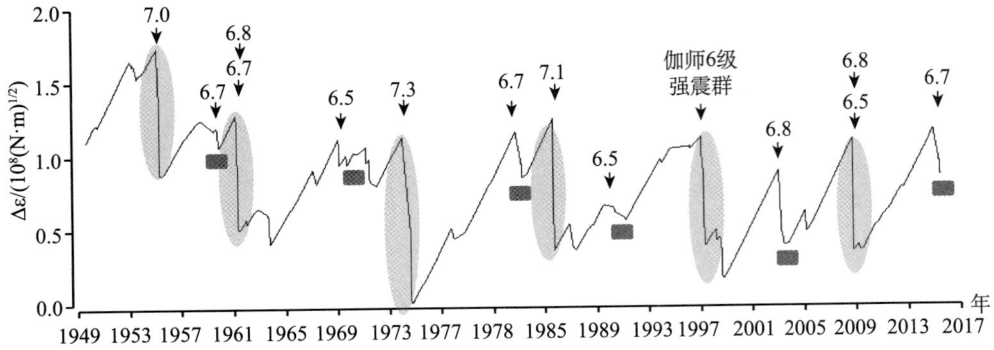

图 21　南天山西段 Benioff 应变积累释放曲线

Fig. 21　Benioff strain accumulation release curve in the western part of southern Tianshan mountain

坪块体东部地区和境外地区，乌恰—伽师地区 5 级以上地震则处于平静状态。历史统计结果显示，该区 1950 年以来 M_S≥5.0 级地震平静超过 1.5 倍均方差（即 686 天）后，平静区内发生 M_S≥6.0 级地震的比例为 9/9，其中 M_S≥6.5 级地震的比例为 7/9，异常对应率较高；而后续 6 级强震优势发震时间为 6 个月以内（7/9），其中 6 级以上地震直接打破平静的占 4/9，这种直接打破的情况均出现在 1980 年以后；优势发生区域为平静区内喀什以西地区（8/9）。截至 2016 年 11 月 25 日，该区 5 级以上地震平静持续了 1638 天，远远高于该区 5 级地震 1.5 倍均方差（图 22）。2016 年阿克陶 6.7 级地震直接打破了该区的 6 级地震平静。

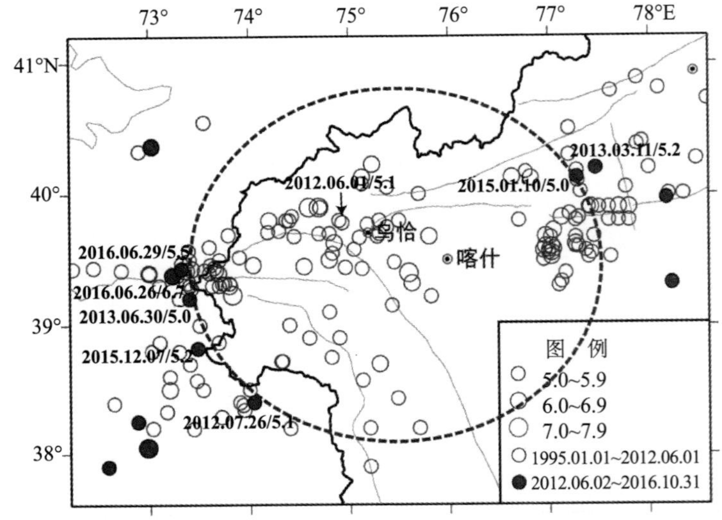

图 22　乌恰—伽师地区 5 级地震平静区域示意图

Fig. 22　Spatial distribution of M_S≥5.0 earquakes in the Wuqi-Jiashi area

4）喀什—乌恰交汇区至西昆仑中段 4 级地震平静[1)]

2014 年 7 月 9 日起，交汇区南—西昆仑中段 4 级地震平静（图 23），期间平静区边缘发生皮山 6.5 级地震。截至阿克陶地震的发生，喀什—乌恰交汇区南至西昆仑中段 4 级地震平静已经持续 870 天，为有小震记录以来该区最长平静时间，此次地震发生在平静区边缘。1970 年以来该区域出现 4 级地震平静超过 2 倍均方差（即 421 天）的异常共计 5 次，其后平静区及周边发生 6 级以上地震的比例为 3/4。

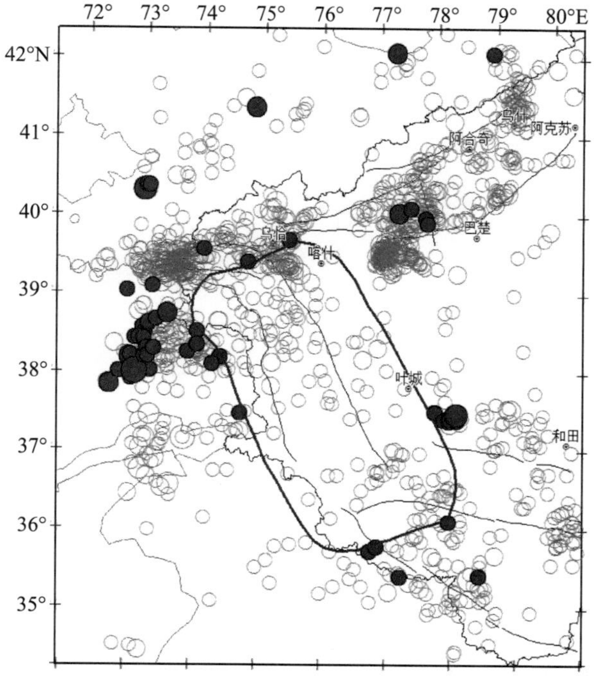

图 23　交汇区南—西昆仑中段 4 级地震平静

Fig. 23　Spatial distribution of $M_S \geqslant 4.0$ earquakes in the Interchange south-west Kunlun middle area

5）喀什—乌恰交汇区 3 级地震平静10）

喀什—乌恰交汇区属新疆地震最为活跃地区，1970 年以来 $M_S \geqslant 3.0$ 级地震月均发生率为 7.3 次。2016 年 5 月 22 日阿图什 3.1 级地震后，该区 3 级地震出现了长达 174 天的平静，为有小震记录以来平静时间最长时段（图 24、图 25）。1970 年以来该区出现 90 天以上平静的仅 3 次，其中 1970 年出现的长达 112 天的 3 级以上地震平静可能与该区台站初步建立，监测能力有限，地震目录不完整有关；其后 2 组平静结束后，平静区及周边均发生了 6 级地震。2016 年 11 月 12 日阿图什再次发生 3.2 级地震，打破了该区 174 天的平静状态。阿克陶 6.7 级地震即发生在平静结束后 13 天。

6）地震年发生率1）

假设地震活动背景长期稳定，利用 G－R 关系[44]外推未来中强地震的年发生率。从长期来看，当前无中强地震活动的区域未来亦有可能发生中强地震，应用高斯平滑模型绘制中强地震年发生率的空间分布，可定量判定未来中强以上地震发生的危险区域。

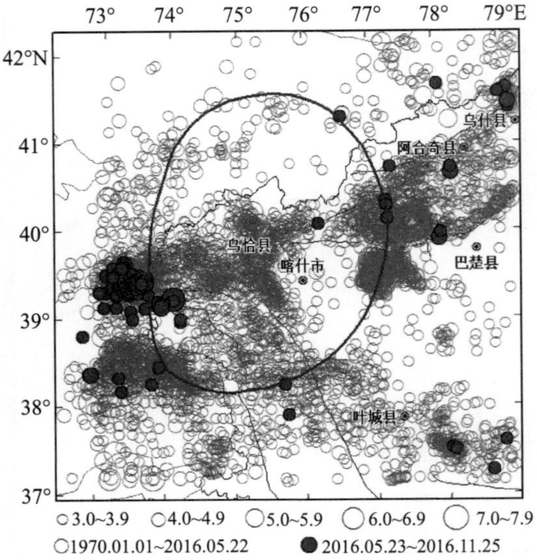

图 24　乌恰—伽师 3 级地震平静区域示意图

Fig. 24　Spatial distribution of $M_S \geqslant 3.0$ earquakes in the Wuqi-Jiashi area

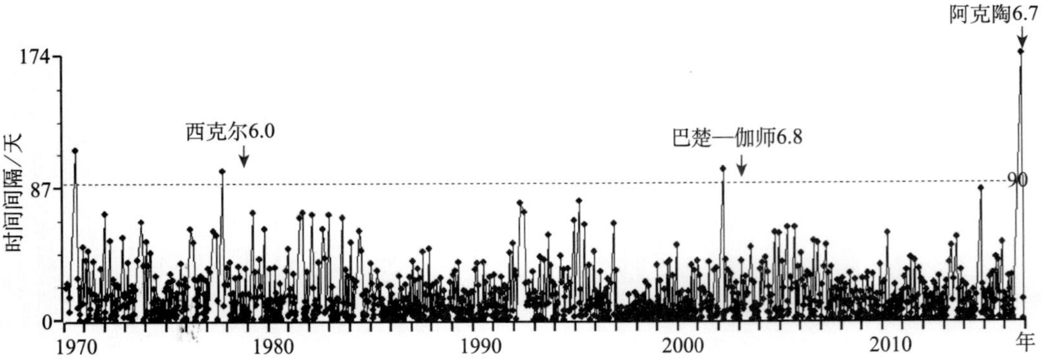

图 25　乌恰—伽师 3 级地震平静时间间隔图

Fig. 25　ΔT-T of $M_S \geqslant 3.0$ earquakes in the Wuqi-Jiashi area

采用新疆区域台网定位的 1970 年 1 月 1 日至 2016 年 09 月 30 日 $M_L \geqslant 2.0$ 级地震目录，选取 70km 作为空间平滑半径，得到新疆地区未来中强以上地震年发生率空间分布图（图 26）。结果显示，喀什—乌恰交汇区是地震年发生率较高的地区。阿克陶 6.7 级地震即发生在该异常区内。

7）流动重力观测[1)]

2013 年 9 月至 2016 年 9 月，流动重力观测长趋势变化显示（图 27），南天山西段喀什—乌恰交汇区存在重力异常变化梯度带。汶川、玉树、芦山地震前重力场曾出现类似的四象限分布异常变化，震例分析显示，重力正负值异常变化梯度带的附近是物质增减差异剧烈的地区，能量易于积累从而产生地震。南天山西段异常区边缘 2016 年先后发生了 6 月 26 日吉尔吉斯斯坦 6.7 级和 11 月 25 日阿克陶 6.7 级地震。

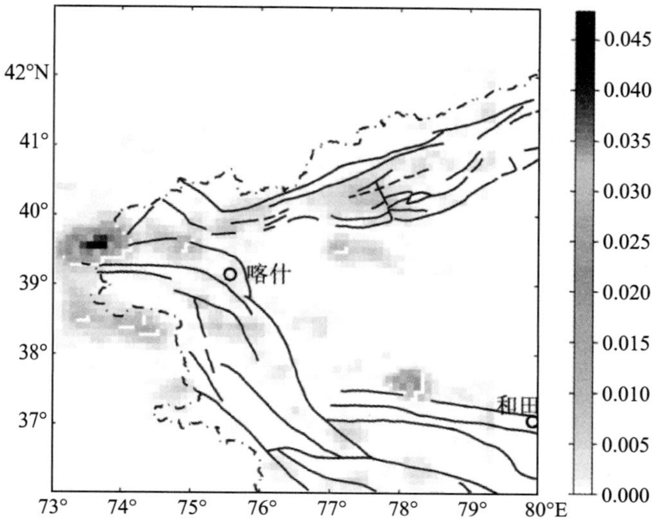

图 26 新疆南天山西段地震发生率空间分布图

Fig. 26 Spatial distribution of Annual earthquake incidencein the western part of southern Tianshan mountain

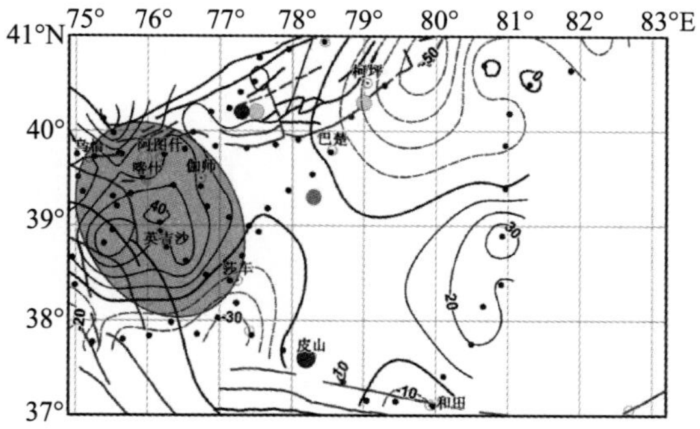

图 27 2013 年 9 月至 2016 年 9 月南天山西段重力等值线图

Fig. 27 Contour of gravity changein the western part of southern Tianshan mountain

8）GPS 观测[1)]

2016 年度南天山地区 GPS 观测结果显示（图 28），南天山西段乌恰—塔什库尔干地区为剪应变高值区，其最大值 26×10^{-8}。2003 年巴楚 6.8 级地震前，在巴楚—伽师地区出现剪应变高值集中区，应变量由 2001 年前的 $10\times10^{-8}\sim20\times10^{-8}$ 增至 $30\times10^{-8}\sim50\times10^{-8}$，区域最大剪应变值为 58×10^{-8}。巴楚 6.8 级地震发生在剪应变高值集中区附近。阿克陶 6.7 级地震也发生在剪应变高值集中区附近，与 2003 年巴楚 6.8 级地震表现出相同的异常特征。

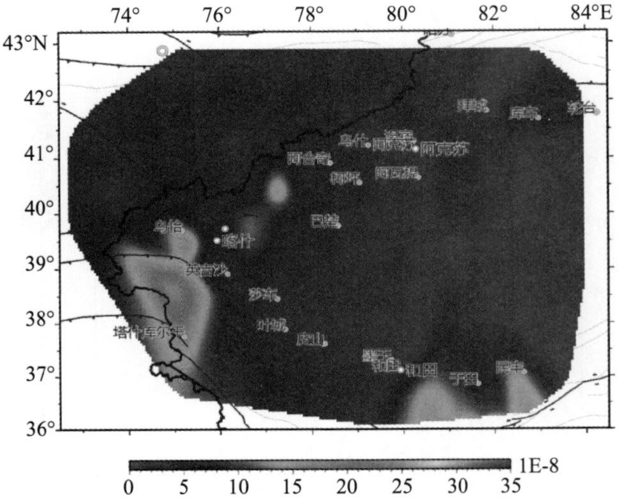

图 28　2015～2016 年南天山剪应变图

Fig. 28　Spatial distribution of shear strainin the southern Tianshan mountain from 2015 to 2016

9）南疆地磁逐日比、加卸载响应比[40]

地磁逐日比至少 2 个台站同时满足异常标准确定为异常，将 2 次时间间隔不超过 2 个月的异常划分为一组异常。

2016 年 9 月 18 日和 11 月 11 日乌什、喀什地磁 Z 分量逐日比两次超阈值，视为一组异常（图 29）。该方法在 2008～2016 年共出现 20 组异常，其中 16 组对应地震，异常对应率 80%、虚报率 20%、地震漏报率 4.7%，其预报效能为 0.62。阿克陶 6.7 级地震发生在 11 月 11 日异常结束后的 14 天。

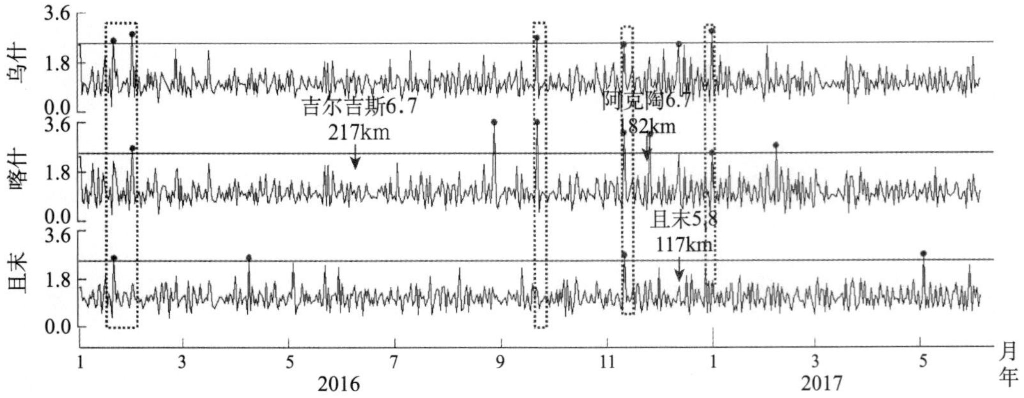

图 29　南疆地磁逐日比

Fig. 29　Curve of geomagnetic daily ratio in southern Xinjiang

2016 年 9 月 22 日乌什、喀什地磁加卸载响应比超阈值 3.3，达到异常标准（图 30）。2011~2016 年出现了 27 组异常，其中 16 组异常对应地震，异常可信度很高。该异常对应阿克陶 6.7 级地震。

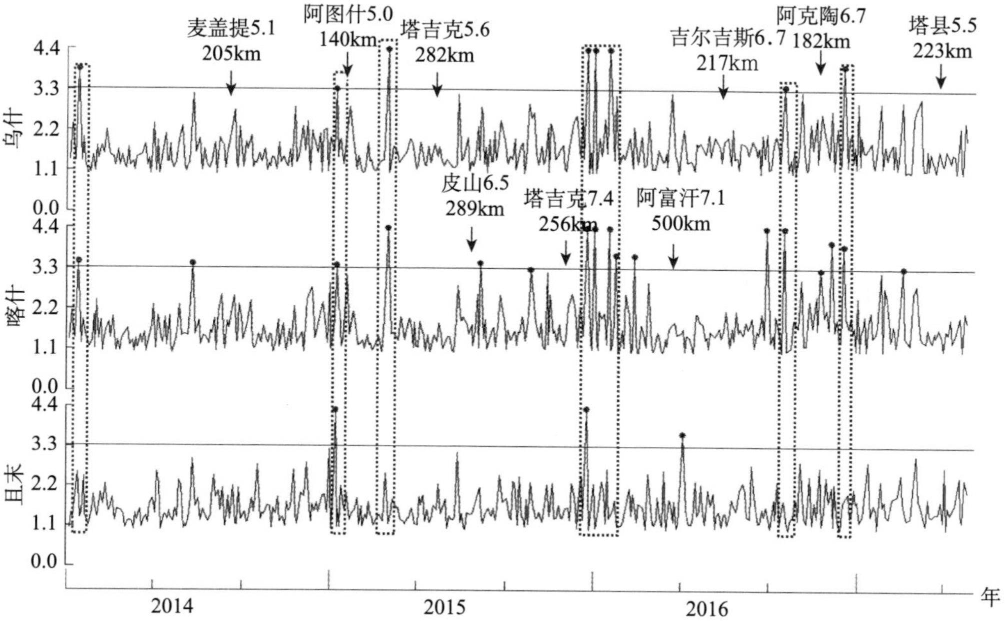

图 30　南疆地磁加卸载响应比

Fig. 30　Curve of geomagnetic LURR in southern Xinjiang

七、地震前兆异常特征分析

阿克陶 6.7 级地震前，地震前兆异常呈现如下特征：

1. 境内相对平静，境外异常活跃

2011 年 6 月以来，新疆境内发生了 36 次 5 级以上地震，其中 6 级 5 次，7 级 1 次。这些中强地震“时间上呈现连发态势、空间上显示多带分布”。2015 年 7 月 3 日皮山 6.5 级地震后，新疆境内仅发生轮台 5.3 级和新源 5.0 级 2 次 5 级地震。2 次 5 级地震后，相继出现新疆 5 级地震平静 288 天、喀什—乌恰交汇区 3 级地震平静 174 天和新疆 4 级地震平静 82 天。加之震区附近存在多年的乌恰—伽师地区 5 级地震平静 1638 天和喀什—乌恰交汇区至西昆仑中段 4 级地震平静 870 天（图 31），阿克陶 6.7 级地震前显示出明显的地震弱活动状态。

与新疆境内相对平静形成鲜明对比的是，2015 年 10 月以后境外帕米尔—兴都库什地区强震开始活跃，接连发生了 3 次 6 级和 3 次 7 级地震。地震活动呈现出“境外异常活跃，境内相对平静”的特征。

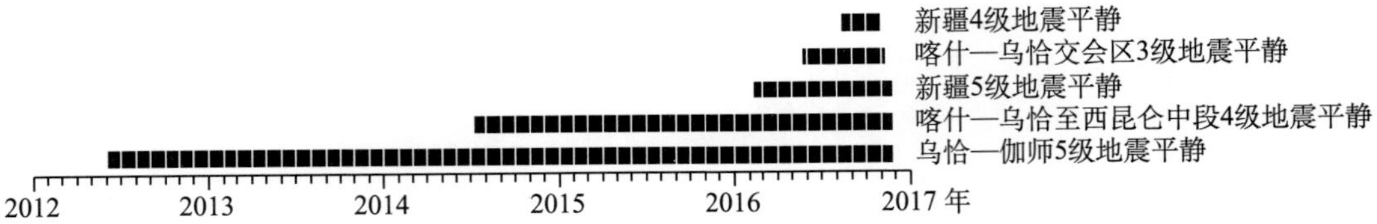

图 31　阿克陶 6.7 级地震前 5 项地震平静异常的时间进程

Fig. 31　Time course of earthquake weak activity before the M_S6.7 Aktao earthquake

2. 定点前兆异常数量少

震中 300km 范围内有 10 个定点前兆台站，包括地倾斜、体积应变、地磁 Z 分量、磁场总强度、磁偏角、水温、地温和 CO_2 9 个观测项目，共 18 个观测台项。定点前兆方面，震前仅有地磁 Z 分量磁场强度逐日比和加卸载响应比 2 条异常，而定点形变观测无异常显示。

造成该地震定点前兆异常数量较少这一现象的原因可能有两方面。

其一，如本文第六部分所述，震中 300km 范围内的 18 个观测台项中大部分资料观测时间较短且观测质量较差造成该地区定点前兆监测能力较弱。

其二，基于《中国震例》（1966~2012 年）及相关文献，统计分析了新疆地区 60 个中强地震的定点形变异常数量和震级的关系。结果显示1)（图 32），南天山西段异常数量和震级呈反比例关系，即震级越大，震前异常数量反而越少。其中 5.0~5.5 级地震异常数量多为 6±5 个，5.6~6.0 级地震异常数量为 6±3 个，6.0~6.5 级地震异常数量多为 3±2 个，6.6~7.0 级地震异常数量多为 2 个。

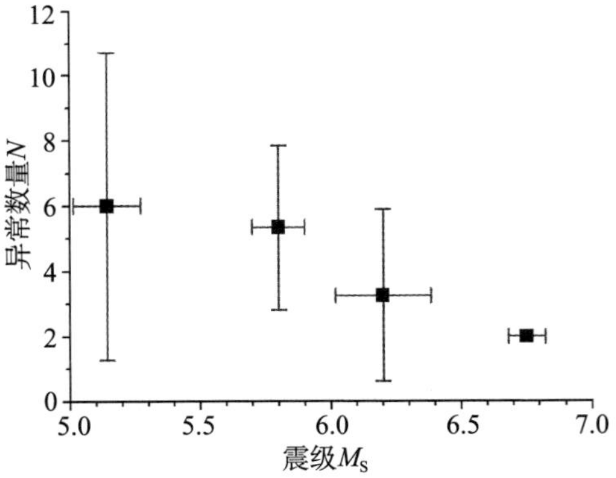

图 32　南天山西段定点形变异常数量与震级关系

Fig. 32　The relationship between the number of abnormalities of deformation and magnitude in the western part of southern Tianshan mountain

八、震前预测、预防和震后响应

1. 震前预测、预防

2015 年 12 月在全国地震趋势会商会上，中国地震局在新疆的乌什—乌恰地区圈定了 2016 年度 6~7 级地震危险区。之后新疆地震局成立了地震重点危险区短临跟踪专题研究小组，负责危险区震情异常动态跟踪和短临预测工作。

针对兴都库什—帕米尔地区近期强震活动频发的特点，2016 年 8 月 9~10 日，中国地震局地震预测研究所在乌鲁木齐组织召开了“兴都库什—帕米尔构造带与天山动力学研讨会”，与会专家对兴都库什—帕米尔构造带强震活动及其动力学机理、天山地震带强震形势进行了深入地研讨。

受中国地震局监测预报司委托，中国地震台网中心和新疆地震局于 2016 年 10 月 21 日在乌鲁木齐组织召开天山地震带强震趋势专题会商会，对天山地区未来 1 年强震趋势进行了研讨。

基于兴都库什—帕米尔强震活动以及新疆境内中强地震显著平静对新疆地震活动影响的认识，2016 年 10 月召开的 2017 年度新疆地震趋势会商会判定乌恰—塔什库尔干地区有发生 6.5 级左右地震的危险。

阿克陶 6.7 级地震位于中国地震局划定的 2016 年度乌什—乌恰地区 6~7 级地震危险区和新疆地震局划定的 2017 年度乌恰—塔什库尔干地区 6.5 级左右危险区内，中国地震局和新疆地震局对此次地震做出了准确的中期预测[1)]（附件二、三）。震前单位和个人未对该地震做出短临预测，主要原因为前兆以流动重力、GPS 观测等地球物理场资料异常为主，未能发现短临异常，未作出短临预测。

2. 震后响应

（1）地震发生后，中国地震局立即启动地震应急Ⅲ级响应，派出现场工作队赶赴震区，指导地震现场应急处置工作；自治区地震局第一时间派出现场工作队奔赴现场。地震发生以来，地震系统 12 个单位 62 名队员历时 6 天，累计行程 10000 余千米，对灾区各县 10 多个乡（镇）近百个调查点开展了实地调查，顺利完成了地震灾害调查、烈度评定及损失评估等工作[8)]。11 月 27 日至 12 月 4 日中国地震局地质研究所陈杰等对震中区开展了地震地质科学考察[2]。

（2）地震现场工作队架设了 3 个临时测震站，一定程度提高了对震源区的余震监测能力。

（3）地震发生后，新疆地震局于当日 23 时召开首次紧急会商会，并于之后召开了多次加密会商。根据震区 200km 范围内 6 级以上地震序列类型特征以及序列早期参数分析，判定这次地震为前—主余型，余震活动水平可能为 5.5 级左右[2,3)]。实际最大余震发生在 26 日 17 时 23 分，震级 M_S5.0，与新疆地震局给出的序列类型判定结果一致。

九、结论与讨论

1. 结论

阿克陶 6.7 级主震前 5 分钟震源区内发生了 M_S4.8 地震，最大强余震 M_S5.0，该地震序列类型为前—主—余型。余震分布在主震两侧 140km 内，呈 NWW 向。此次地震的震源机制为右旋走滑，节面Ⅱ走向 113°，结合余震及烈度等震线分布，推测节面Ⅱ为主破裂面。震中附近的木吉断裂长逾 100km，走向 NWW，近直立，以右旋走滑为主，兼具正断作用，是一条全新世活动断层。该断裂走向与 6.7 级地震的余震、烈度等震线长轴方向分布大致相同。分析认为，6.7 级地震的发震构造为木吉断裂，它们在区域应力场 NNW 向挤压应力作用下产生的右旋走滑破裂过程。

阿克陶 6.7 级地震前出现了 *b* 值、应变释放、地震平静、地震年发生率、GPS（水平）、流动重力、地磁 *Z* 分量 7 个异常项目，共 10 条异常。其中地震平静异常有 3 条，占总异常的 30%，而定点前兆方面仅地磁学科出现了 2 条异常，定点形变资料无异常显示。10 条异常中，有 2 条长期异常，5 条中期异常和 3 条短期异常。长、中、短期异常类型比较齐全。此次地震的异常特征表现为震前地震平静现象突出，而定点前兆异常数量较少。

2. 讨论

1）兴都库什—帕米尔地区强震的影响

2015 年 10 月以来，兴都库什—帕米尔地区强震活跃，连续发生了 4 次 6.7 级以上地震，其中 2015 年 10 月 26 日阿富汗 7.8 级、2016 年 4 月 10 日阿富汗 7.1 级中源地震位于兴都库什构造区，2015 年 12 月 7 日塔吉克斯坦 7.4 级和 2016 年 6 月 26 日吉尔吉斯斯坦 6.7 级浅源地震位于帕米尔构造区，空间上呈现出西南向北东方向迁移的特征。

1900 年以来兴都库什地区共发生 18 组中源地震，其中 12 组震后 1~2 年新疆发生 6 级以上地震，包含 3 组 7 级地震；优势发震区域为南天山西段至喀什—乌恰交汇区[1)]（表 7）。

表 7　1900 年以来兴都库什地区中源地震与其后 3 年新疆地区强震相关性[1)]

Table 7　Relationship between middle source earthquakes in Hindu-Kush and the strong earthquakes in Xinjiang

序号	7 级以上地震	深度（km）	1 年内	1~2 年	2~3 年
1	1902.08.30 7.7	200	1902.08.31 7.3 阿图什	1903.10.19 6.2 乌恰	1905.03.14 6.0 阿图什
2	1902.10.06 7.2	200	1902.12.19 6.2 阿图什	1904.02.05 6.1 巴楚	
3	1908.10.24 7.0	220		1910.07.12 6.8 塔什库尔干	

续表

序号	7级以上地震	深度（km）	1年内	1~2年	2~3年
4	1909.07.07 7.6	230		1910.07.12 6.8 塔什库尔干	
5	1916.04.21 7.1	220		1917.11.28 6.1 青河	1918.12.01 6.5 阿克陶
6	1917.04.21 7.1	220	1917.11.28 6.1 青河	1918.12.01 6.5 阿克陶	1919.07.24 6.5 阿图什
7	1922.12.06 7.3	240		1924.07 7.3、7.3 民丰	
8	1929.02.01 7.0	208			1931.08.11 8.0 富蕴
9	1937.11.14 7.1	240	1937.11.16 6.5 和田	1939.02.23 6.0 轮台	
10	1943.02.28 7.1	210	1943.04.05 6.5 乌恰	1944.03.10 7.2 乌苏	
11	1949.03.04 7.4	230	1949.05.25 6.3 库车		
12	1950.07.09 7.5	223			
13	1951.06.12 7.5	223			1953.07.10 6.0 巴楚
14	1965.03.14 7.5	210	1965.11.13 6.6 乌鲁木齐	1966.10.14 6.0 且末东	1967.05.11 6.3 乌恰
15	1974.07.30 7.1	214	1975.04.28 6.1 和田 1974.08.11 7.3 乌兹别里		
16	1983.12.30 7.4	214		1985.08.23 7.1 乌恰	1986.07.01 6.0 阿勒泰
17	1993.08.09 7.0	215	1993.10.02 6.6 若羌		1996.03.19 6.7 阿图什
18	2002.03.03 7.4	230	2003.02.24 6.8 伽师	2003.12.01 6.0 昭苏	2005.02.15 6.3 乌什
19	2015.10.26 7.8 2016.04.10 7.1	210			

张浪平等[41]结合这 2 个构造区的动力环境，认为兴都库什—帕米尔地区中源地震与新疆地震活动的相关性，反映了印度板块北向推挤作用力自西向东、自南向北传递的动力作用过程。兴都库什俯冲区域主要表现为逆冲性质，帕米尔西段主要表现为走滑性质，且均具有较好的一致性；而在俯冲交汇区，走滑、逆冲性质并存。

张琳琳等[42]计算了 2015 年塔吉克斯坦 7.4 级和 2016 年吉尔吉斯斯坦 6.7 级两次地震的静态库仑应力，认为阿克陶 6.7 级地震发生在这两次地震的库仑应力累积变化的增强区(图 33)。

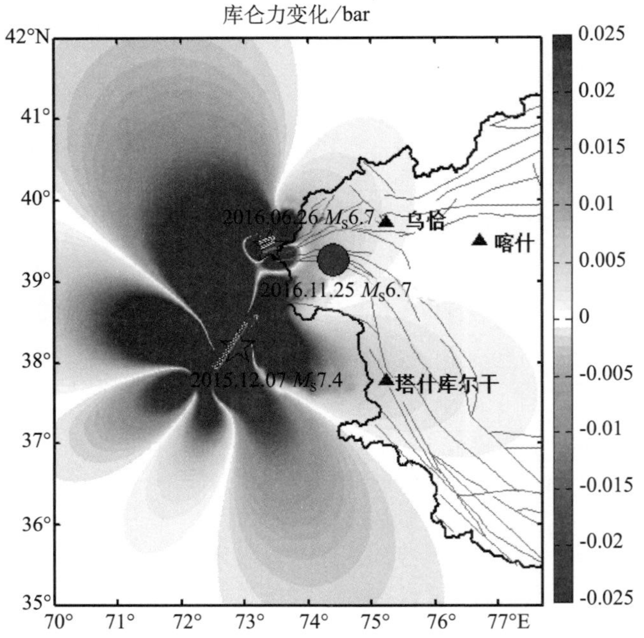

图 33　塔吉克斯坦 7.4 级和吉尔吉斯斯坦 6.7 级地震后库仑应力变化分布图[42]

Fig. 33　The coulomb stress change distribution of Tajikistan M_S7.4 and Kyrgyzstan M_S6.7 earthquake

2）主要经验、教训

此次地震发生在中国地震局划定的 2016 年度乌什—乌恰地区 6~7 级地震危险区和新疆地震局 2017 年度乌恰—塔什库尔干地区 6.5 级左右地震危险区内。震前做出了准确的中期预测，但未作出短临预测。

回顾地震的预测过程，做出准确中期预测的关键有 4 点：

① 2015 年以来境外兴都库什—帕米尔地区强震的接连发生提高了对新疆境内发生大震危险的警觉。其后召开了多次相关研讨会，对兴都库什—帕米尔构造带强震活动及其动力学机理、天山地震带强震形势进行了深入地分析。这些研究成果在此次准确的中期预测过程中发挥重要作用。②兴都库什—帕米尔地区与新疆强震活动存在同步特征，实践表明这一认知是正确的。③新疆境内出现的中强地震显著平静对危险区判定起到关键作用。④ 2015 年以来几次强震在空间上由西南向北东方向迁移特征以及流动重力变化四象限分布、GPS 最大

剪应变高值集中区在地点预测方面起到了一定效果。

阿克陶 6.7 级地震前存在的 10 条异常以中、长期异常为主，短期异常只有 3 条，且其中 2 条地磁 Z 分量短期异常为震后总结得到。震前发现的短期异常数量少是未能作出短临预报的最主要因素。从学科分类来看，10 条异常中有 6 条测震学异常、2 条地球物理场异常和 2 条地磁异常。根据预测经验，测震学异常往往偏重于对未来发震强度的预测，地球物理场异常偏重于发震地点预测，而定点前兆异常对发震时间的预测更有效果。除了震后总结的 2 条地磁异常，此次地震前发现的异常均为测震学异常和地球物理场异常。震前未发现定点前兆异常是未能作出短临预测的另一因素。此次失败的短临预测实践启示我们应加强定点前兆观测的异常识别工作，深入总结该类异常的时间判定指标。

参 考 文 献

[1] 尹光华、段天山、刘平人等，新疆数字测震台网的监测能力及其构造意义，内陆地震，24（2）：97~106，2010

[2] 陈杰、李涛、孙建宝等，2016 年 11 月 25 日新疆阿克陶 M_W6.6 地震发震构造与地表破裂，地震地质，38（4）：1160~1174，2016

[3] Burtman V S，Molnar P，Geological and geophysical evidence for deep subduction of continental crust beneath the Pamir，Geol Soc Am Spec Pap，281：1-76，1993

[4] Fan G，Ni J，Wallace T，Activ etectonics of the Pamirs and Karakorum，J Geophys Res，99：7131-7160，1994

[5] Sippl C，Schurr B，Yuan X et a1.，Geometry of the Pamir-HinduKush intermediate-depth earthquake zone from local seismic data，J Geophys Res Solid Earth，118：1438-1457，2013

[6] Schurr B，Ratschbacher L，Sippl C et al.，Seismotectonics of the Pamir，Tectonics，33：1501-1518，2014

[7] Reigber C，Michel G W，Galas R et a1.，New space geodetic constraints on the distribution of deformation in Central Asia，Earth Planet Sci Lett，191（1-2）：157-165，2001

[8] Yang S，Li J，Wang Q，The deformation pattern and fault rate in the Tianshan Mountains inferred from GPS observation，Science in China（Ser D），51：1064-1080，2008

[9] Zubovich A，Wang X Q，Scherba Y G et a1.，GPS velocity field for the Tien Shan and surrounding regions，Tectonics，29：TC6014，2010

[10] Zubovich A，Schöne T，Metzger S et a1.，Tectonic interaction between the Pamir and Tien Shan observed by GPS，Tectonics，35：283-292，2016

[11] Ischuk A，Bendick R，Rybin A et a1.，Kinematics of the Pamir and HinduKush regions from GPS geodesy，J Geophys Res，118：2408-2416，2013

[12] Zhou Y，He J，Oimahmadov I et a1.，Present-day crustal motion around the Pamir Plateau from GPS measurements，Gondwana Research，35：144-154，2016

[13] Chevalier M L，Ryerson F J，Tapponnier P et a1.，Slip-rate measurements on the Karakorum fault may imply secular variations in fault motion，Science，307：411-414，2005

[14] Chevalier M L，Li H，Pan J et a1.，Fast slip-rate along the northern end of the Karakorum fault system，western Tibet，Geophys Res Lett，38，L22309，2011

[15] Chevalier M L，Tapponnier P，Van Der Woerd J et a1.，Spatially constant slip rate along the southern segment of the Karakorum Fault since 200ka，Tectonophysics，（530-531）：152-179，2012

[16] Brown E T，Bendick R，Bourles D L et al.，Slip rates of the Karakorum Fault，Ladakh，India，determined

using Cosmic ray exposure dating of debris flows and moraines, J Geophys Res, 107, B9, 2002

[17] Robinson A C, Owen L A, Chen J et al., No late Quaternary strike-slip motion along the northern Karakoram Fault, Earth and Planetary Science Letters, 49: 290-298, 2015

[18] Robinson A C, Owen L A, Chcn J et al., Response to comment on "No late Quaternary strike-slip motion along the northern Karakoram Fault", Earth and Planetary Science Letters, 443: 220-223, 2016

[19] Sobel E, Chen J, Sch? nbohm L et al., Oceanic-style subduction controls late Cenozoic deformation of the Northern Pamir orogeny, Earth Planet Sci Lett, 363: 204-218, 2013

[20] 陈杰、李涛、李文巧等，帕米尔构造结及邻区的晚新生代构造与现今变形，地震地质，33 (2): 241~259, 2011

[21] Li T, Chen J, Thompson J A et al., Equivalency of geologic and geodetic rates in contractional orogens: New insights from the Pamir Frontal Thrust, Geophys Res Lett, 39: L15305, 2012

[22] Strecker M, Frisch W, Hamburger M W et al., Quaternary deformation in the eastern Pamirs, Tadzhikistan and Kyrgyzstan, Tectonics, 14 (5): 1061-1079, 1995

[23] Strecker M, Hilley G, Arrowsmith J R et al., Differential structural and geomorphic mountain-front evolution in an active continental collision zone: The northwest Pamir, southern Kyrgyzstan, Bull Geol Soc Am, 115 (2): 166-181, 2003

[24] Arrowsmith J R, Strecker M R, Seismotectonic range-front segmentation and mountain-belt growth in the Pamir-Alai region, Kyrgyzstan (India-Eurasia collision zone), Geol Soc Am Bull, 111 (11): 1665-1683, 1999

[25] Brunel M, Arnaud N, Tapponnier P et al., Kongur Shan normal fault: Type example of mountain building assisted by extension (Karakoram Fault, Eastern Pamir), Geology, 22: 707-710, 1994

[26] Robinson A C, Yin A, Manning C E et al., Tectonic evolution of the northeastern Pamir: Constraints from the northern portion of the Cenozoic Kongur Shan extensional system, Geol Soc Am Bull, 116: 953-974, 2004

[27] Robinson A C, Yin A, Manning C E et al., Cenozoic evolution of the eastern Pamir: Implications for strain-accommodation mechanisms at the western end of the Himalayan-Tibetan orogen, Geol Soc Am Bull, 7: 882-896, 2007

[28] Amidon W H, Hynek S A, Exhumational history of the north central Pamir, Tectonics, 29, TC5017, 2010

[29] Metzger S, Schurr B, Schoene T et al., Rupture model of the 2015 M7.2 Sarez, Central Pamir, earthquake and the importance of strike-slip faulting in the Pamir interior, Abstract T11A-2579 presented at 2011 Fall Meeting, AGU, San Francisco, Calif, 12-16 Dec, 2016

[30] Parsons B, Elliott A J, Elliott J R et al., 3D displacements in the 7 December, 2015 M7.2 Murghob, Tajikistan earthquake, from optical imagery, stereo topography, and InSAR, and constraints on the 1911 Sarezevent, Abstract T22A-03 presented at 2016 Fall Meeting, AGU, San Francisco, Calif, 12-16 Dec, 2016

[31] 李文巧、陈杰、袁兆德等，帕米尔高原1895年塔什库尔干地震地表多段同震破裂与发震构造，地震地质，33 (2): 260~276, 2011

[32] Chen J, Schoenbohm L M, Yuan Z et al., Holocene slip rate along the northern Kongur extensional system, Chinese Pamir, Abstract T43F-2447 presented at 2011 Fall Meeting, AGU, San Francisco, Calif, 5-9 Dec, 2011

[33] Chevalier M L, Pan J, Li H et al., Quantification of both normal and right-lateral late Quaternary activity along the Kongur Shan extensional system, Chinese Pamir, Terra Nova, 27: 379-391, 2015

[34] Schocnbohm L M, Chen J, Yuan Z D et a1., Spatial and temporal variation in slip rate along the Kongur Normal Fault, Chinese Pamir, Proceedings for the 26th Himalaya-Karakoram-Tibet Workshop, Canmore, Alberta, Canada, July l2-14, 2011

[35] 冯先岳，新疆古地震，乌鲁木齐：新疆科技卫生出版社，33~34，1997

[36] Kirby B, Surface exposure dating of stream terracesin the Chinese Pamir: Glacial chronology and paleoclimatic implications, Ohio State University, USA, 2008

[37] 朱皓清、李文倩、张振斌，新疆阿克陶 M_S6.7 地震强震动观测记录初步分析，内陆地震，31（2）：190~197，2017

[38] 张旭、严川、许力生等，2016 年阿克陶 M_S6.7 地震震源复杂性与烈度，地球物理学报，60（4）：1411~1422，2017

[39] 魏芸芸、李金、王琼等，2016 年 11 月 25 日新疆阿克陶 6.7 级地震序列震源机制特征分析，中国地震，36（1）：34~45，2020

[40] 艾萨·伊斯马伊力、张治广、赵彬彬等，新疆阿克陶 M_S6.7 地震前喀什地磁资料变化分析与探讨，内陆地震，31（2）：213~221，2017

[41] 张浪平、邵志刚、李志海，印度板块与欧亚板块在兴都库什帕米尔地区相互俯冲的动力作用分析，地球物理学报，57（2）：459~471，2014

[42] 张琳琳、聂晓红、高朝军等，2016 年 11 月 25 日阿克陶 M_S6.7 地震前后库仑应力变化分析，内陆地震，31（2）：115~121，2017

[43] 高荣、夏爱国，2016 年 11 月 25 日新疆阿克陶 M_S6.7 地震序列应力降变化特征，内陆地震，31（2）：122~129，2017

[44] Gutenberg B, Richter C F, Frequency of earthquakes in California [J], Bulletin of the Seismological Society of America, 34: 185-188, 1944

参 考 资 料

1）新疆维吾尔自治区地震局，2017 年度新疆地震趋势研究报告，2016

2）新疆地震局预报中心，（2016）第 76 期，（总字）第 1319 期震情监视报告，2016

3）新疆地震局预报中心，（2016）第 79 期，（总字）第 1322 期震情监视报告，2016

4）中国地震台网中心，http://www.csndmc.ac.cn/newweb/data.htm，2016

5）新疆维吾尔自治区地震局，新疆地震目录，2016

6）新疆维吾尔自治区地震局，新疆地震台网大震速报目录，2016

7）International Seismological Centre, *On-line Bulletin*, http://www.isc.ac.uk, Internatl. Seismol. Cent., Thatcham, United Kingdom, 2016

8）新疆维吾尔自治区地震局，新疆阿克陶 6.7 级地震灾害损失评估报告，2016

9）新疆维吾尔自治区地震局，2016 年 11 月 25 日阿克陶 M_S6.7 地震序列及后续地震趋势分析，2016

10）新疆地震局预报中心地震活动性室，2017 年度新疆地震趋势会商意见，2017 年度新疆地震趋势会商会部分震情研究报告汇编，2016

The M_S 6.7 Aktao Earthquake on November 25, 2016 in Xinjiang Uygur Autonomous Region

Abstract

An M_S6.7 earthquake happened in Aktao county of Xinjiang Uygur Autonomous Region, on November 25, 2016. The microscopic epicenter measured by China Earthquake Networks Center is 39.20°N, 74.10°E, focal depth is 10km. The macro-epicenter is 39.19°N, 74.17°E, in Muji town of Aktao county. The seismic intensity in meizoseismal area is Ⅷ, and the isoseismal distributed as oval, the direction of long axis is NWW. Disaster areas include 2 counties and 8 towns of Aktao county and Ulugqat county in Kizilsu Kirghiz Autonomous Prefecture. This earthquake leads to 24.4 thousand square kilometers areas' damage, 40783 people affected, 1 death, 0 injured, direct economic loss totally are 0.463 billion RMB.

Five minutes before the main earthquake happened an M_S4.8 earthquake, the magnitude of maximum aftershock is M_S5.0, the seismic sequence of this earthquake is before-major-after shock. The aftershocks distributed in two sides of the mainshock in an area of 140km, trend NWW. The earthquake source mechanism of this earthquake is dextral strike-slip type, nodal plane Ⅱ is 113°, combined with aftershocks and isoseismal of seismic intensity spedulate that nodal plane Ⅱ is the main plane of fracture. The Muji faut near the epicenter is a dextral strike slip fault with nomal function, this fault is an active fault start from Holocene Age, 100km long, trend to NWW, the fault plane approach upright. The trend of this fault is similar with the distribution of aftershocks and isoseismal of seismic intensity of this M_S6.7 earthquake. Comprehensive analysissuggests that the seismogenic structure of this M_S6.7 earthquake is Muji fault, this fault subjected NNW trending compressional stress in the region then generated a series of dextral strike slip fractures.

Within 300km of the earthquake epicenter, there are 10 seismic stations, 10 fixed-point precursor stations, GPS, roving gravity and roving geomagnetism. The fixed-point precursory observation includes 9 observation items, including tilt, volumetricstrain, vertical magnetic intensity, total intensity of geomagnetism, magnetic declination, water temperature, ground temperature and CO_2, with a total of 18 observation stations. Before the earthquake, there were 7 abnormal items: *b* value, strain release, earthquake distribution of quiescence, annual earthquake incidence, GPS (horizontal), roving gravity and vertical magnetic intensity, with a total of 10 anomalies, including 3 earthquake distribution of quiescence anomalies, accounting for 30% of the total anomalies; In terms of fixed-point precursors, there are only two anomalies in geomagnetism, and there are no anomalies in fixed-point deformation data. The precursory anomalies of this earthquake are characterized by significant earthquake distribution of quiescence, while the number of fixed-point precursory anomalies is small.

Before the Aktao M_S6.7 earthquake, China Earthquake Administration and Earthquake Administration of Xinjiang Uygur Autonomous Region made accurate medium-term prediction (supplementary prediction conclusions related to the earthquake). After the earthquake, China Earthquake Administration formed an on-site working group to carry out disaster investigation and evaluation and scientific investigation, and set up three roving seismometers. After the earthquake, Earthquake Administration of Xinjiang Uygur Autonomous Region made an accurate judgment on the type of earthquake sequence.

Since it was only half a year from the earthquake to the completion of this paper, and some relevant research results were not completed or published, the data collected in this paper will inevitably be omitted, and the conclusions will inevitably be incomplete.

报告附件

附件一：震例总结用表

附表 1　固定前兆观测台（点）与观测项目汇总表

序号	台站（点）名称	经纬度（°）		测项	资料类别	震中距 Δ/km	备注
		φ_N	λ_E				
1	吉根	39.82	74.10	测震	Ⅰ类	69	
2	膘托阔依	39.50	75.03	地温	Ⅲ类	87	
3	康苏	39.70	75.06	地温	Ⅲ类	100	
4	乌帕尔	39.36	75.42	地温	Ⅲ类	115	
5	乌恰	39.74	75.24	测震	Ⅰ类	115	
				地倾斜（摆式）	Ⅲ类	115	仪器型号 CZB-Ⅱ
				CO_2	Ⅲ类	115	
6	马场（喀什测震）	39.15	75.57	测震	Ⅰ类	127	
				地倾斜（摆式）	Ⅱ类	127	仪器型号 CZB-Ⅱ
				体积应变	Ⅲ类	127	仪器型号 TJ-Ⅱ
				地温	Ⅲ类	127	
7	上阿图什	39.65	75.74	地温	Ⅲ类	149	
8	阿图什	39.72	76.17	测震	Ⅲ类	164	
				地倾斜（摆式）	Ⅲ类	164	仪器型号 CZB-Ⅱ
				地倾斜（摆式）	Ⅲ类	164	仪器型号 CBT
9	喀什中继	39.59	75.94	测震	Ⅲ类	164	
10	喀什栏杆	39.51	75.81	地倾斜（摆式）	Ⅲ类	151	仪器型号 CZB-Ⅱ
				地磁 Z 分量	Ⅰ类	151	
				磁场总强度	Ⅰ类	151	
				磁偏角	Ⅰ类	151	
				CO_2	Ⅲ类	151	
11	塔什库尔干（60井）	37.78	75.17	测震	Ⅱ类	183	
				水温	Ⅲ类	183	
12	英吉沙	38.52	76.49	测震	Ⅱ类	220	
13	岳普湖	39.21	76.74	测震	Ⅱ类	228	
14	八盘水磨	39.88	76.84	测震	Ⅱ类	247	

续表

序号	台站（点）名称	经纬度（°）		测项	资料类别	震中距 Δ/km	备注
		φ_N	λ_E				
15	哈拉峻	40.16	76.82	测震	Ⅲ类	256	
				地倾斜（摆式）	Ⅲ类	256	仪器型号 CZB-Ⅱ

分类统计	0<Δ≤100km	100<Δ≤200km	200<Δ≤300km	总数
测项数 N	2	9	2	9
台项数 n	3	20	5	28
测震单项台数 a	1	1	3	5
形变单项台数 b	0	0	0	0
电磁单项台数 c	0	0	0	0
流体单项台数 d	2	2	0	4
综合台站数 e	0	5	1	6
综合台中有测震项目的台站数 f	0	4	1	5
测震台总数 $a+f$	1	5	4	10
台站总数 $a+b+c+d+e$	3	8	4	15
备注				

附表 2　测震以外固定前兆观测项目与异常统计表

序号	台站（点）名称	测项	资料类别	震中距 Δ/km	按震中距 Δ 范围进行异常统计														
					0<Δ≤100km					100<Δ≤200km					200<Δ≤300km				
					L	M	S	I	U	L	M	S	I	U	L	M	S	I	U
1	膘托阔依	地温	Ⅲ类	87	—	—	—	—	—										
2	康苏	地温	Ⅲ类	100	—	—	—	—	—										
3	乌帕尔	地温	Ⅲ类	115						—	—	—	—	—					
4	乌恰	地倾斜（摆式）	Ⅲ类	115						—	—	—	—	—					
		CO_2	Ⅲ类	115						—	—	—	—	—					
5	马场	地倾斜（摆式）	Ⅱ类	127						—	—	—	—	—					
		体积应变	Ⅲ类	127						—	—	—	—	—					
		地温	Ⅲ类	127						—	—	—	—	—					
6	上阿图什	地温	Ⅲ类	149						—	—	—	—	—					
7	阿图什	地倾斜（摆式）	Ⅲ类	164						—	—	—	—	—					
		地倾斜（摆式）	Ⅲ类	164						—	—	—	—	—					
8	喀什栏杆	地倾斜（摆式）	Ⅲ类	151						—	—	—	—	—					
		地磁 *Z* 分量	Ⅰ类	151						—	—	√	—	—					
		磁场总强度	Ⅰ类	151						—	—	—	—	—					
		磁偏角	Ⅰ类	151						—	—	—	—	—					
		CO_2	Ⅲ类	151						—	—	—	—	—					
9	60 井	水温	Ⅲ类	183						—	—	—	—	—					
10	哈拉峻	地倾斜（摆式）	Ⅲ类	256											—	—	—	—	—

续表

序号	台站（点）名称	测项	资料类别	震中距Δ/km	按震中距Δ范围进行异常统计														
					0<Δ≤100km					100<Δ≤200km					200<Δ≤300km				
					L	M	S	I	U	L	M	S	I	U	L	M	S	I	U
分类统计	台项	异常台项数			0	0	0	0	0	0	0	1	0	0	0	0	0	0	0
		台项总数			2	2	2	2	2	15	15	15	15	15	1	1	1	1	1
		异常台项百分比/%			0	0	0	0	0	0	0	7	0	0	0	0	0	0	0
	观测台站（点）	异常台站数			0	0	0	0	0	0	0	1	0	0	0	0	0	0	0
		台站总数			2	2	2	2	2	7	7	7	7	7	1	1	1	1	1
		异常台站百分比/%			0	0	0	0	0	0	0	15	0	0	0	0	0	0	0
	测项总数				1					8					1				
	观测台站总数				2					7					1				
备注																			

附件二：2016 年度中国地震局地震危险区预测图（新疆部分）

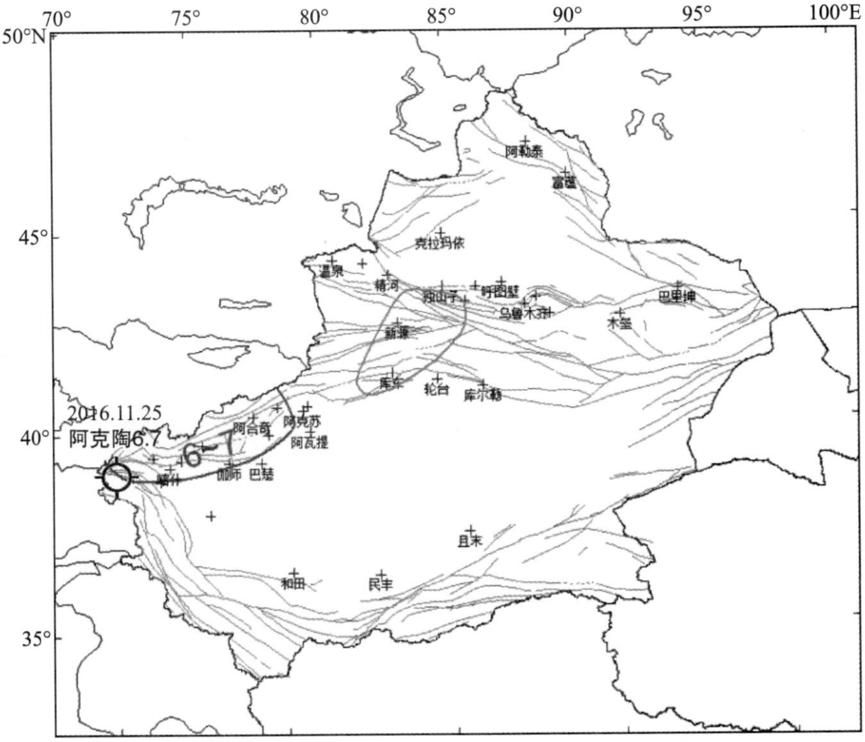

附件三：2017 年度新疆地震局地震危险区预测图

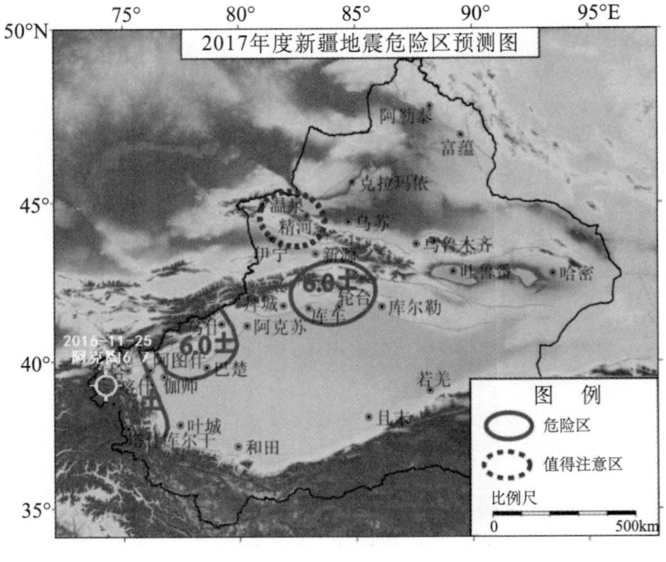

2016 年 12 月 8 日新疆维吾尔自治区呼图壁 6.2 级地震

新疆维吾尔自治区地震局

邢喜民　刘建明　聂晓红　王　琼　高丽娟　张琳琳

摘　要

2016 年 12 月 8 日 13 时 15 分，在新疆维吾尔自治区呼图壁县发生 M_S6.2 地震，微观震中 43.83°N、86.35°E，震源深度 6km。宏观震中位于呼图壁县雀儿沟镇，极震区烈度为Ⅷ度，等烈度线形状呈椭圆形，长轴走向为 NWW 向，涉及呼图壁县雀尔沟镇和玛纳斯县塔西河哈萨克族乡。地震造成 3 人轻伤，部分房屋及设施破坏，直接经济损失 27.4 亿元。

呼图壁 6.2 级地震序列为主震—余震型。截至 2017 年 6 月 7 日，根据新疆地震台网定位结果，共记录 M_L≥1.0 级余震 737 次，最大余震为 M_L 4.5（M_S4.0），M_L≥4.0 级较强余震主要发生在主震当天；重新定位的呼图壁 6.2 级地震余震序列分布显示断层面 N 倾，震源机制解计算结果显示，该地震为逆断型，节面Ⅰ走向 283°、倾角 60°、滑动角 60°，节面Ⅱ走向 152°、倾角 41°、滑动角 131°，综合地震序列空间分布特征、震源机制以及震源区地质构造情况，初步判定 N 倾的节面Ⅰ为主破裂面，推测呼图壁 6.2 级地震发震构造可能为齐古背斜以南深部隐伏逆冲断坡上的一条反冲断层。

震中 300km 范围内有 27 个测震台、34 个定点前兆台，79 个观测项目及流动 GPS、重力、地磁观测网。震前存在地震平静、地震异常增强区、地震条带、地倾斜、GPS、流动重力、地磁等异常。此次地震共梳理出异常 14 条，其中测震学异常 3 条，定点前兆异常或关注项共 9 条。该地震的定点前兆异常比例少，仅为 11.4%，且异常幅度小。

呼图壁 6.2 级地震距中国地震局划定的 2016 年度危险区约 57km，发生在新疆地震局 2016 年度划定的中强地震值得注意区的边缘。基于资料变化，新疆地震局在 2016 年 11 月会商意见中提出“未来一个月新疆地震活动水平可能高于本月，存在发生中强地震的可能，危险区域为天山中段和柯坪块体”，提出一定程度的短期预测意见。6.2 级地震后，对震区后续地震趋势做出了快速准确的判断[2)]。

地震发生后，中国地震局立即启动地震应急Ⅲ级响应，中国地震局、新疆地震局成立了组成的现场指挥部，来自 18 家单位百余名现场工作队员开展了震后应急、现场考察和震后趋势分析等相关工作。

呼图壁 6.2 级地震震例总结认真梳理了地震前后各学科异常，反思总结了中短期预测存在的不足和原因。

前　言

2016 年 12 月 8 日 13 时 15 分，新疆维吾尔自治区呼图壁县发生 M_S6.2 地震，微观震中为 43.83°N、86.35°E，震源深度 6km。震后，中国地震局、新疆地震局及系统内联动、轮值等 18 家单位组成了现场联合工作队，在震区历时 6 天，累计行程 20000 余千米，对震区 7 个县（市）的 35 个乡（镇、场、街道）开展地震烈度调查、地震灾害损失调查评估和科学考察，架设了 2 个流动测震台、震后密切跟踪和研判震情趋势。根据地震现场工作队的调查结果，此次地震宏观震中位于呼图壁县雀儿沟镇（调查报告中未给出宏观震中经纬度），极震区烈度为Ⅷ度，地震造成 3 人轻伤，房屋毁坏和较大程度破坏造成失去住所人数共计 38580 人，9645 户，经评估，地震造成直接经济损失为 274281 万元（27.4 亿元）1)，属较大破坏性地震。

此次地震发生在天山北麓清水河子断裂附近。震区及周边以近 EW 向和 NW—NWW 走向的活动断裂为主，地震构造主要分为两种类型：一类是天山内部的走滑型构造，主要有博罗科努—阿齐克库都克断裂、依连哈比尔尕断裂和包尔图断裂等；另一类是山前的逆断裂—褶皱型构造，包括乌鲁木齐山前坳陷逆断裂—褶皱构造带、清水河子断裂。在这些断裂上曾发生过多次 5 级以上地震，如：1953 年 4 月 25 日呼图壁西南 5½级、1953 年 11 月 29 日呼图壁西南 5¾级、1980 年 11 月 6 日玛纳斯 5.7 级地震等[3]。清水河子断裂 1906 年发生了玛纳斯 7.7 级地震。1900 年以来距震中 200km 范围内发生过 8 次 6 级以上地震，时间最近的为 2012 年 6 月 30 日新源、和静 6.6 级地震，距离此次地震约 137km。呼图壁 6.2 级地震震中位于新疆经济最发达的北天山地区，是“一带一路”倡议中的“丝绸之路经济带”经济核心区，也是新疆地区地震前兆监测能力最强的地区，但震前识别的异常多为趋势或中期异常，与新源、和静 6.6 级地震相比，无论是异常测项的数量还是异常幅度均不显著，这是值得深入思考与研究的问题，也因此在震前没有填报短临预测卡，但在 11 月份的月会商会提出“未来一个月新疆地震活动水平可能高于本月，存在发生中强地震的可能，危险区域为天山中段和柯坪块体”3) 震情跟踪分析意见。呼图壁 6.2 级地震后，新疆地震局对序列类型做出了快速、准确的判断。

本报告是在收集与该地震相关的研究论文、报告的基础上，对呼图壁 6.2 级地震前后的各学科异常进行了梳理分析和总结。由于此次地震震例总结完成时间与发震时间相距仅半年，与此次地震有关的文献许多未刊出，因此可供参考的文献资料较少，本报告中给出的结果和认识更多代表了作者的观点。

一、测震台网及地震基本参数

表 1 列出了新疆地震台网、中国地震台网、USGS 以及哈佛大学给出的此次 6.2 级地震

的基本参数，结果基本一致。其中，中国地震台网中心给出的定位结果与新疆地震局采用双差定位得到的震中位置最为接近，因此本文采用中国地震台网定位结果。

表 1　呼图壁 6.2 级地震基本参数

Table 1　Basic parameters of the M_S6.2 Hutubi earthquake

编号	发震日期	发震时刻	震中位置（°）		震级				震源深度	震中地名	结果来源
	年.月.日	时：分：秒	φ_N	λ_E	M_S	M_L	M_b	M_W	(km)		
1	2016.12.08	13：15：03	43.83	86.40	6.5				15	新疆呼图壁	新疆地震台网
2	2016.12.08	13：15：03	43.83	86.35	6.5				6	新疆呼图壁	中国地震台网
3	2016.12.08	13：15：04	43.823	86.345	6.4			6.0	17.6	新疆石河子	USGS
4	2016.12.08	13：15：08	43.93	86.30	6.4				19.5	新疆石河子	哈佛大学

图 1 给出了呼图壁 6.2 级地震附近的测震台站分布情况。震中 100km 范围内有呼图壁、石河子、石场、石梯子、二宫、硫磺沟 6 个测震台；101～200km 范围有下野地、独山子、乌苏等 10 个测震台；201～300km 范围有新源、精河、轮台、库尔勒等 9 个测震台，共计 25 个测震台。在研究时段内该区地震监测能力较强，监测能力可达 $M_L \geq 1.0$ 级，定位精度达Ⅰ类。

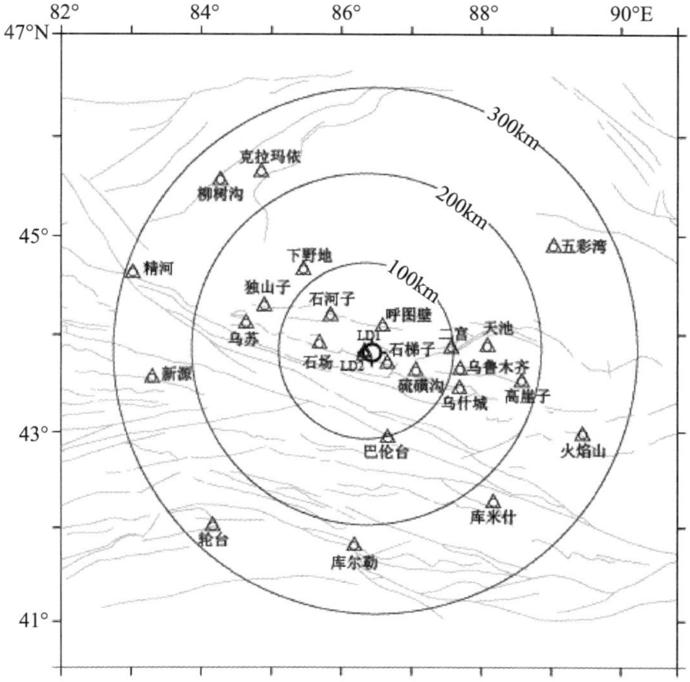

图 1　呼图壁 6.2 级地震震中附近测震台站分布图

Fig. 1　Distribution of earthquake-monitoring stations around the epicenters of the M_S6.2 Hutubi earthquake

地震发生后，新疆地震局在震中 100km 范围内架设了 2 个流动测震台（LD1 和 LD2，见图 1）。架设后，震源区附近地震监测能力为 $M_L \geq 1.0$ 级。

二、地震地质背景

呼图壁 6.2 级地震位于北天山与准噶尔盆地的交会区，北部为准噶尔盆地，中南部为北天山山区。总体上，区域北部构造较为简单，中南部构造较为复杂、活动强烈。中强地震主要集中在北天山山区和山麓地带，地震强度大、频度高。震区及周边的活动断裂发育，有近 EW、NW—NWW、NEE 等多组方向，其中以近 EW 向和 NW—NWW 走向断裂最发育，它们一般发育历史较长，规模较大，断面多倾向南（图 2），在这些断裂上曾多次发生 5 级以上地震[1)]。

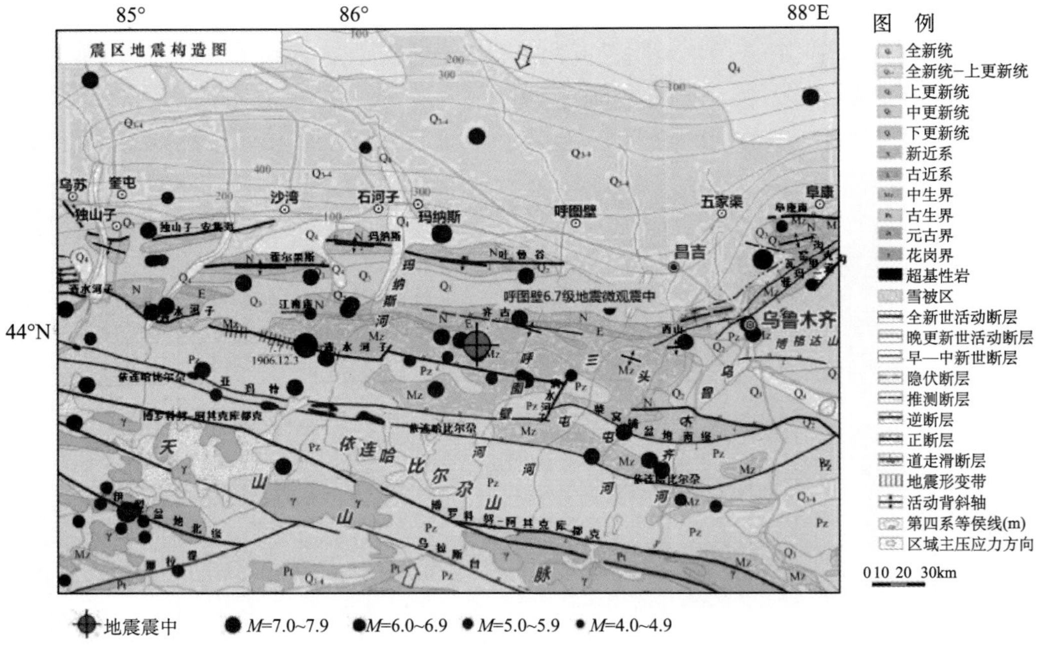

图 2　呼图壁 6.2 级地震震区构造图

Fig. 2　The seismo-tectonic map of the M_S6.2 Hutubi earthquake

此次 6.2 级地震震中位于北天山山麓清水河子断裂附近，在大地构造上属于乌鲁木齐山前坳陷区。乌鲁木齐山前坳陷是在华力西褶皱基底上发育的大型中—新生代坳陷，发育着四排近 EW 走向的逆断裂—背斜带。该逆断裂—背斜带是由一系列背斜和多条逆断裂组成，古近纪以来不同时期的地层被卷入褶皱和逆断裂之中，背斜核部由古近系组成，背斜北翼陡，南翼缓，沿背斜核部及北翼发育活动逆断裂（图 3）。在逆断裂—背斜带之间以第四纪的向斜构造分开，构造式样是由山体向准噶尔盆地呈叠瓦状逆推。准噶尔盆地在中生代进入盆地的发展阶段，接受了巨厚的陆相沉积，发育有局部鼻状构造；新生代盆地继续接受沉积，第四纪以来坳陷强烈，区内堆积了巨厚的第四纪堆积物，沉积中心位于玛纳斯—石河子一带，第四系厚度达 4000m。

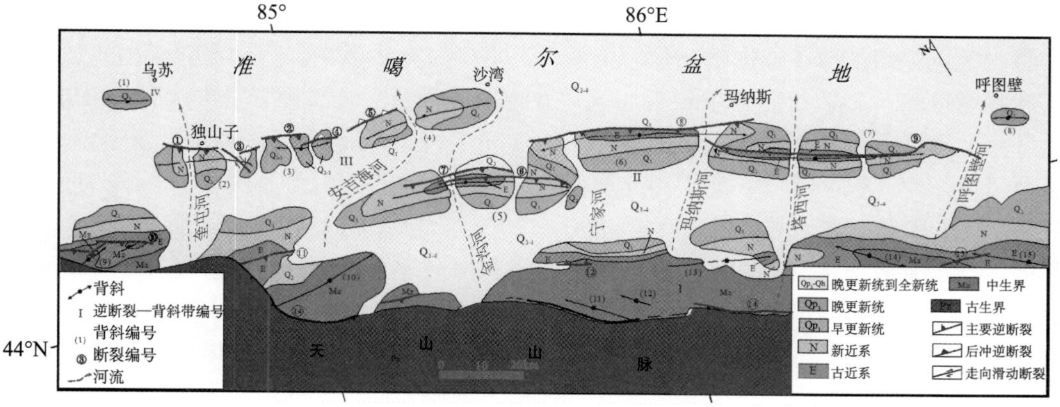

图 3　北天山逆断裂—背斜带分布示意图

Fig. 3　Distribution diagram of the reverse fault-anticline zone in North Tianshan

通过多年来对北天山地震构造的探测和研究[4,5]，震区内的地震构造模型主要分为两种类型：一类是天山内部的走滑断裂发震模型，主要包括博罗科努—阿齐克库都克断裂、依连哈比尔尕断裂、包尔图断裂等；另一种是山前的逆断裂—褶皱模型。

山前逆断裂—褶皱地震模型主要分布在盆山过渡带，表现为乌鲁木齐山前坳陷逆断裂—褶皱构造带，是由断坡、断坪、断裂扩展褶皱等所构成的复杂的推覆构造，强震通常发生在推覆构造的根部（图 4）；而北天山山前逆断裂—褶皱带的根部断裂为清水河子断裂（准噶尔南缘断裂），该断裂是山前坳陷逆断裂—褶皱构造带内发生大地震的震源区，1906 年玛纳斯 7.7 级地震就发生在该构造带上。清水河子断裂西起四棵树沙里克台南，经清水河、塔西

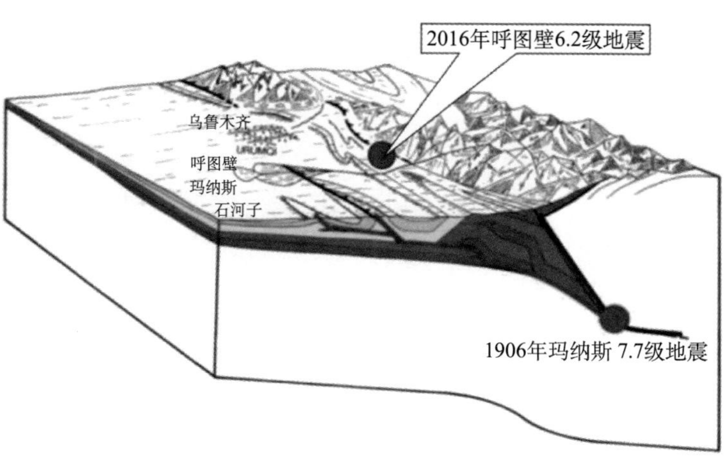

图 4　北天山推覆构造带地震构造模型示意图

Fig. 4　Sketch map of seismo-tectonic model of nappe structure belt in north Tianshan mountain

河至头屯河上游，全长约280km，是乌鲁木齐山前坳陷与天山古生代造山带的分界断裂，控制断裂两侧地质构造和沉积建造。该断裂总体走向280°，断面S倾，倾角60°~80°，破碎带宽度20~150m，多为古生界逆冲于中生界之上，具长期多次活动的特点。呼图壁6.2级地震发生在清水河子断裂附近，发震断层需结合震源机制解和精定位结果进一步判定。

震中区在地貌上位于依连哈比尔尕山中、高山区，震中以北，分别为北天山北麓低山丘陵区和呼图壁河、玛纳斯河冲洪积平原区。在中、高山区，山体整体走向NWW—SEE，山顶呈脊状、梁状，山体沟壑纵横，沟谷两岸边坡陡峭，地形坡度大于30°，部分地段受河流侵蚀及风蚀作用，近于直立；北天山北麓低山丘陵区是在北天山山前构造下形成的近EW向的长条状隆起山地，隆起带的山顶海拔800~1200m，隆起山地被南北向河流切割，形成较宽阔的河谷，主要河流有玛纳斯河、宁家河、塔西河和呼图壁河，在这些河谷中普遍发育有多级河流阶地，河谷宽阔平坦，这里也是人口集中的地段；在呼图壁河、玛纳斯河等冲洪积平原区上，以新老不一的扇状呈散列展布，地势逐渐变得平缓，地形整体平坦开阔，扇状上部分布有瓣状的冲沟，扇缘下部地下水逐渐出露，地层岩性也逐渐由粗颗粒的卵砾石、漂石逐渐转变为圆砾及细颗粒砂土。在这里，人口密集，形成了规模相对较大的城市与县城(图5)。

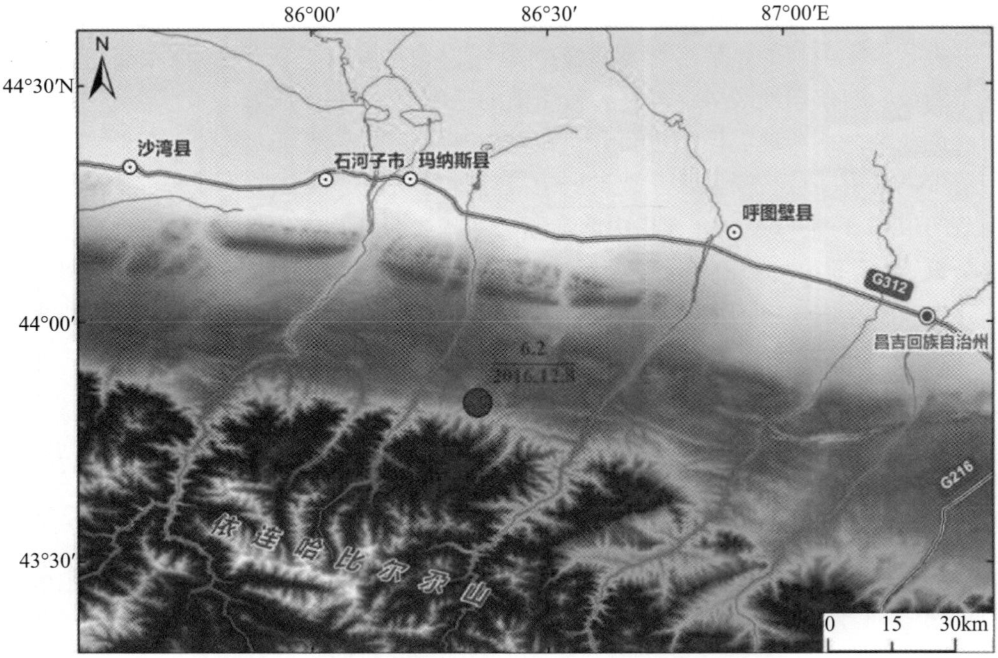

图5　震区地貌DEM影像图

Fig. 5　Geomorphology DEM image of the epicentre area

三、地震影响场和震害

1. 地震影响场

此次6.2级地震震中位于新疆昌吉回族自治州的呼图壁县，震中海拔1500m。通过对灾区35个乡（镇、场）182个调查点展开实地调查，确定出此次地震的烈度图（图6）。烈度图等震线长轴呈NWW走向分布。Ⅷ度区面积140km^2，长轴17km，短轴10km，涉及呼图壁县雀尔沟镇和玛纳斯县塔西河哈萨克族乡；Ⅶ度区面积1570km^2，长轴58km，短轴38km，涉及呼图壁县雀尔沟镇、石梯子哈萨克族乡，玛纳斯县塔西河哈萨克族乡、清水河哈萨克族乡；Ⅵ度区面积10740km^2，长轴134km，短轴116km；Ⅵ度区及以上总面积为12450km^2[2]。灾区人口912454人，261725户，房屋毁坏和较大程度破坏造成失去住所人数共计38580人，9645户。经评估，地震造成直接经济损失为274281万元（27.4亿元），属于较大破坏性地震，灾区恢复重建经费需38.1亿元。

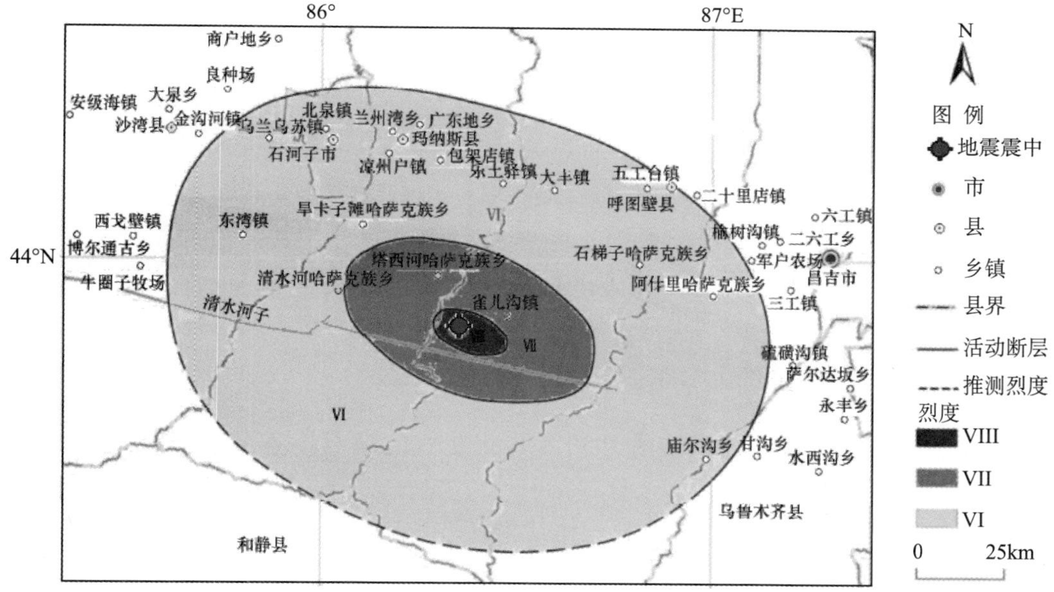

图6 2016年12月8日新疆呼图壁6.2级地震烈度图

Fig. 6 The seismic intensity map of the M_S6.2 Xinjiang Hutubi earthquake on December 8, 2016

通过现场大范围抽样调查，根据地震破坏程度和灾区居民分布状况以及灾区房屋不同结构类型房屋总面积分区统计，将灾区划分为5个评估子区（图7），其中评估区一与烈度Ⅷ度区与Ⅶ度区一致，评估区二与烈度Ⅵ度区一致，评估区三、评估区四、评估区五分别为呼图壁县城、玛纳斯县城及石河子市城区。评估区一内涉及呼图壁县雀儿沟镇、玛纳斯县清水河哈萨克族乡及塔西河哈萨克族乡3个乡（镇、场），评估区二涉及呼图壁县石梯子哈萨克族乡、大丰镇、五工台镇、园户村镇及二十里店镇，玛纳斯县旱卡子滩哈萨克族乡、乐土驿镇、包家店镇、凉州户镇、兰州湾镇及广东地乡，石河子市北泉镇、石河子镇，昌吉市阿什里哈萨克族乡、庙尔沟乡、榆树沟镇、二六工镇及三工镇，沙湾县东湾镇及乌兰乌苏镇，五家渠市军户农场及种牛场，第八师 143 团及 152 团。

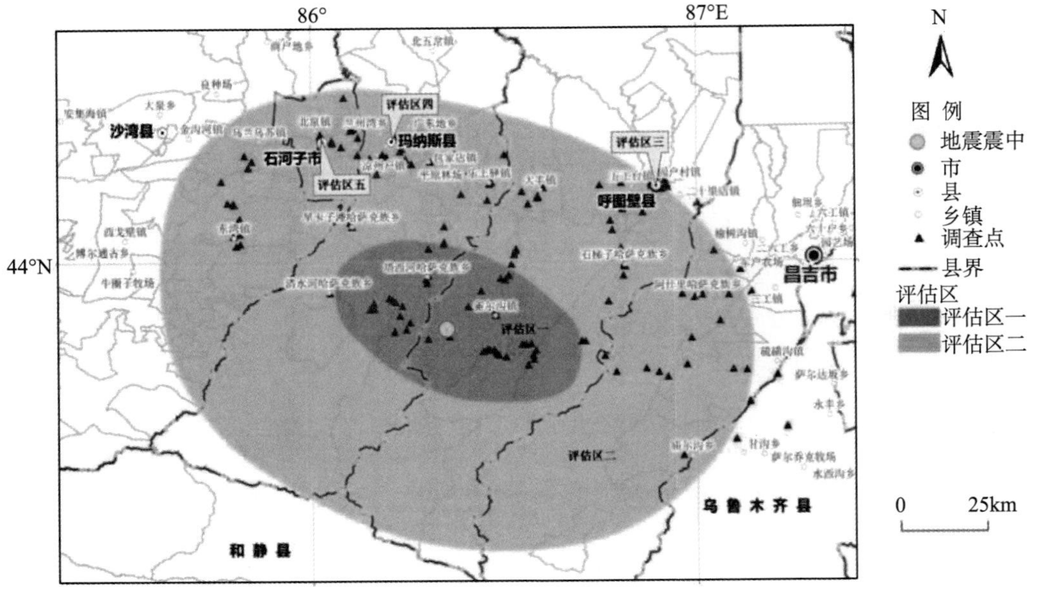

图 7　2016 年 12 月 8 日新疆呼图壁 6.2 级地震评估区分布图

Fig. 7　Distribution map of assessment area for the M_S6.2 Xinjiang Hutubi earthquake on December 8, 2016

此次地震的有感范围较广、灾害规模较大、破坏程度稍轻，主要原因有以下几个方面1)：

（1）此次地震震级高，是该区域 1906 年以来最大的地震。地震波传播较远，有感范围广。

（2）此次地震发生在天山北麓，发震构造为逆冲性质，灾区南部中高山无人区为断层主动盘，灾区北部人口密集居住的山前地区为断层被动盘，是震中区域灾害相对较轻的主要原因之一。

（3）震区安居富民房比例大，此次地震中安居富民房基本完好，破坏严重的老旧简易结构房屋比较分散。

（4）震中区相当部分房屋冬季无人居住，部分群众居住在县城或县城周边乡镇的新建安居富民房，也是此次地震人员伤亡较轻的重要原因。

（5）震区位于新疆天山北坡经济带的重要地区，是新疆人口稠密区，此次地震造成的经济损失总量相对较大。震区调查点见表 2。

据国家强震动台网中心结合新疆地震局监测中心台网部给出的观测结果5)，共有 38 个强震台记录到了该地震，震中距在 11.4~431.4km，台站分布见图 8，强震加速度记录分析

表 2 呼图壁 6.2 级地震强震加速度记录

Table 2 Seismic acceleration records of the M_S6.2 Hutubi earthquake

序号	台站			震中距 (km)	PGA 绝对值/Gal		
	名称	经度（°E）	纬度（°N）		EW（E 为+）	NS（N 为+）	UD（U 为+）
1	雀儿沟	86.48	43.88	11.4	285.2	−253.8	127.5
2	清水河	86.06	43.91	24.9	90.8	74.9	41.3
3	阜康	87.98	44.17	35.8	−10.0	−4.9	−9.4
4	石场	85.68	43.94	39.0	−38.8	−39.0	21.0
5	石河子	86.02	44.3	58.4	−48.7	−21.1	48.7
6	昌吉	87.29	44.02	77.9	−10.1	−7.4	5.4
7	泉水地	85.98	44.51	81.0	−36.1	28.1	10.0
8	博尔通古	85.38	44.05	81.4	8.4	6.8	−7.0
9	沙湾县	85.62	44.34	81.5	26.0	−12.4	18.0
10	芳草湖	86.73	44.55	85.1	11.6	−13.8	−10.7
11	104 水管站	87.46	43.79	89.5	18.7	8.4	7.5
12	147 团	86.08	44.59	90.5	−13.4	15.9	9.0
13	长胜大队	87.5	43.73	93.6	−7.4	5.8	0.7
14	安宁区	87.51	43.99	94.7	5.3	3.7	−5.3
15	156 地质队	87.55	43.8	96.0	5.3	−4.9	−4.8
16	安集海	85.35	44.36	99.1	27.3	−18.2	11.1
17	沙湾乡	85.78	44.64	100.5	−19.0	−13.7	−5.4
18	延安公园	87.62	43.76	102.1	6.6	6.1	2.6
19	红雁池电池	87.62	43.72	103.0	6.8	5.6	6.6
20	148 团	86.31	44.86	115.0	18.5	18.7	7.1
21	134 团	85.46	44.66	116.0	−16.4	−15.1	6.0
22	独山子	84.86	44.33	132.1	−9.7	−10.2	4.4
23	奎屯	84.89	44.43	133.7	−27.3	−11.9	28.2
24	乌苏煤矿	84.36	44.17	163.7	−11.9	−12.2	5.9
25	129 团	84.8	44.86	168.1	−28.5	−22.5	9.1
26	四棵树	84.24	44.38	179.0	−13.9	−8.8	−8.0
27	塔什店	86.23	41.84	222.5	−11.8	13.6	4.4
28	野云沟	85.08	42.01	226.8	30.0	−31.6	12.5
29	库尔勒	86.13	41.76	230.9	8.6	−8.5	7.1

续表

序号	台站			震中距 (km)	PGA 绝对值/Gal		
	名称	经度 (°E)	纬度 (°N)		EW (E 为+)	NS (N 为+)	UD (U 为+)
30	和什里克	85.89	41.74	235.6	-22.3	27.2	6.6
31	策大雅	84.89	41.99	236.9	-23.0	20.7	-10.3
32	阳霞	84.58	41.95	253.9	-21.0	21.9	8.0
33	塔尔拉克	81.18	41.91	276.5	-15.8	-15.5	-5.9
34	轮台	84.25	41.77	286.4	-24.3	-17.7	4.1
35	阿格	83.04	41.96	340.3	-5.0	-4.9	3.2
36	牙哈	83.23	41.74	344.7	-4.4	-5.4	2.5
37	克孜尔	82.43	41.83	390.0	4.3	-4.0	2.0
38	沙雅	82.77	41.24	431.4	-4.6	-6.5	1.3

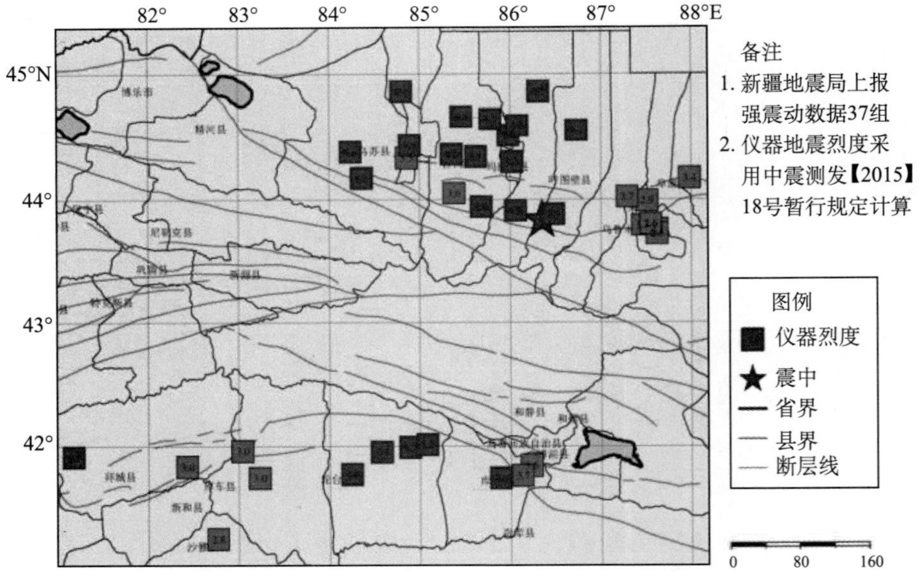

图 8　呼图壁 6.2 级地震仪器烈度分布及台站分布图

Fig. 8　Intensity distribution from seismic instrument and station distribution of the M_S6.2 Hutubi earthquake

结果见表 3。按《中国地震烈度表》(GB/T 17742—2008)，雀儿沟强震台震中距最小，为 11.4km，EW、NS 和垂直方向获得的地震动加速度峰值分别为 285.2、-253.8、127.5cm/s^2，仪器地震烈度为 7.3 度。

根据现场烈度调查结果与强震动记录结果，综合评定该地震宏观震中位于呼图壁县雀儿沟镇。震中区烈度为Ⅷ度，等震线形状呈椭圆形，长轴走向 NWW，面积 140km^2。

2. 地震灾害

此次地震涉及房屋结构类型包括土木结构、砖木结构、砖混结构、框架结构和安居富民工程。其中很多土木结构为夯土墙或土坯墙外包粘土砖，这类砖包皮房屋归为土木结构房屋进行评估。灾区土木结构房屋多为年久失修，存在材料强度低、基础稳定性差等缺陷，再加上施工质量和场地条件的影响造成一定数量的毁坏和大面积破坏。农民自建的未经抗震设防的砖混结构房屋，绝大多数为泥浆砌筑，砌体整体强度很低，抗震能力很差，将其归入砖木结构进行评估。灾区农牧民自建的砖木结构房屋和砖混结构房屋都非常老旧，抗震能力和土木结构相当。

灾区受损严重的房屋主要为土木结构房屋和老旧砖木结构房屋。其中Ⅷ度区农居房屋很少，厂矿企业的小部分框架结构房屋达到了中等破坏，部分砖混结构房屋出现轻微破坏。在Ⅶ度区内，土木结构房屋 88%受损，其中约 25%严重损坏成为危房导致无法居住，63%受到一定破坏，需要经过修复才能使用。砖木结构房屋 85%受损，其中 21%严重损坏成为危房，无法居住，64%受到一定破坏，需要经过修复才能使用。在Ⅵ度区内，土木结构房屋 81%受损，其中约 9%严重损坏成为危房导致无法居住，72%受到一定破坏，需要经过修复才能使用。砖木结构房屋 77%受损，其中 7%严重损坏成为危房，无法居住，70%受到一定破坏，需要经过修复才能使用。

砖混结构建筑物主要集中在城市、县城，以及乡（镇）政府驻地，施工质量较好，灾区调查结果显示该类型房屋基本完好，仅少量出现轻微破坏。

框架结构房屋比例较少，主要集中在城市及县城城区，施工质量较好。此次地震中未见框架主体结构遭受破坏，但造成一定数量的填充墙出现剪切破坏，同时室内的设施、设备大量塌落，造成一定的灾害损失。

安居富民工程房屋抗震性能优良，此次地震中未见破坏现象。

四、地震序列

1. 地震序列时间分析

根据新疆区域地震台网定位结果，截至 2017 年 6 月 7 日，共记录 $M_L \geqslant 1.0$ 级余震 737 次，其中 M_L 1.0~1.9 地震 577 次，M_L 2.0~2.9 地震 125 次，M_L 3.0~3.9 地震 28 次，M_L4.0~4.9 地震 7 次。最大余震为 M_L 4.5（M_S4.0），发生在震后 10 小时。$M_L \geqslant 4.0$ 级地震序列目录见表 3。

从地震序列 M-T 图来看（图 9），余震衰减较快，$M_L \geqslant 4.0$ 级余震主要发生在主震当天。截至 2017 年 6 月 7 日，共记录 $M_L \geqslant 4.0$ 级余震 7 次，主震当天即发生 6 次 $M_L \geqslant 4.0$ 级地震，其中最大余震 M_L4.5（M_S4.0）发生在震后 10 小时；其后仅在 2017 年 1 月 2 日发生了 1 次 M_L4.3 余震，之后未发生 $M_L \geqslant 4$ 级地震。余震主要集中发生在震后 1 个月，之后余震日频次显著减少，强度也明显衰减，主要以 M_L1.0~2.9 地震活动为主，序列地震强度处于起伏波动的衰减过程中，频度衰减迅速。

表 3　呼图壁 6.2 级地震序列目录（$M_L \geq 4.0$）

Table 3　Catalogue of the M_S6.2 Hutubi earthquake sequence（$M_L \geq 4.0$）

编号	发震日期	发震时刻	震中位置（°）		震级	深度	震中	结果来源
	年．月．日	时．分．秒	φ_N	λ_E	M_L	（km）	地名	
1	2016.12.08	13：15：03	43.83	86.40	M_S6.2	15	呼图壁	新疆地震台网
2	2016.12.08	13：22：01	43.78	86.28	4.4	13		
3	2016.12.08	13：28：45	43.77	86.30	4.1	15		
4	2016.12.08	17：02：40	43.83	86.38	4.4	16		
5	2016.12.08	19：30：33	43.78	86.33	4.3	10		
6	2016.12.08	23：23：16	43.85	86.33	4.5（M_S4.0）	19		
7	2016.12.08	23：57：53	43.85	86.27	4.5（M_S4.0）	14		
8	2017.01.02	16：55：27	43.82	86.37	4.3	10		

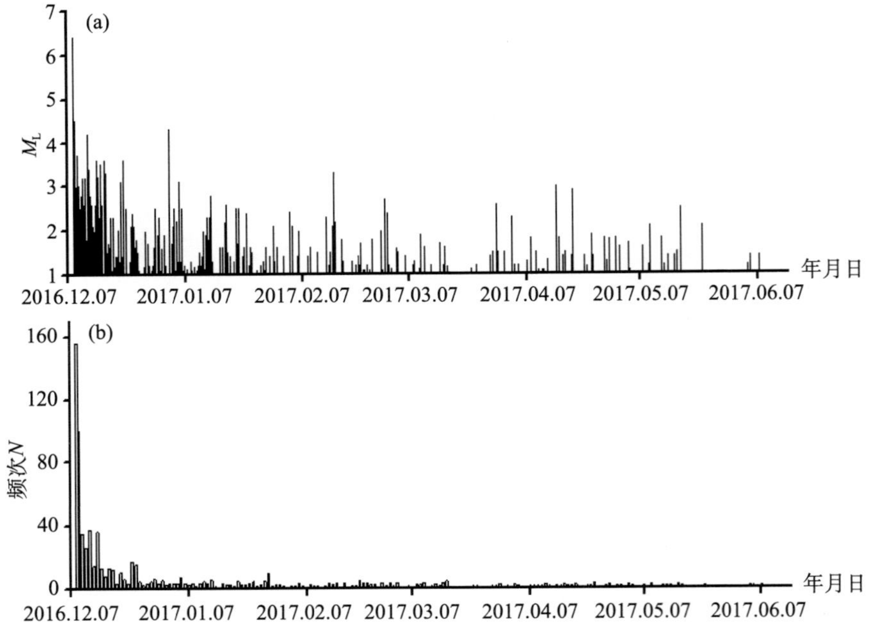

图 9　呼图壁 6.2 级地震序列 M-T（a）和日频度图（b）

Fig. 9　M-T（a） and daily frequency（b） of the M_S6.2 Hutubi earthquake sequence

基于 lg$N$-M 图确定该地震的最小完备震级下限为 M_L1.0，由 G-R 关系确定地震序列的 b 值为 0.67（图 10），与该区的背景 b 值（0.7）基本一致。序列 h 值 1.1（图 11），主震与最大余震（M_S4.0）的震级差 ΔM 为 2.2，主震能量占整个地震序列能量的 99.17%。根据序列类型判别指标，呼图壁 6.2 地震为主震—余震型。

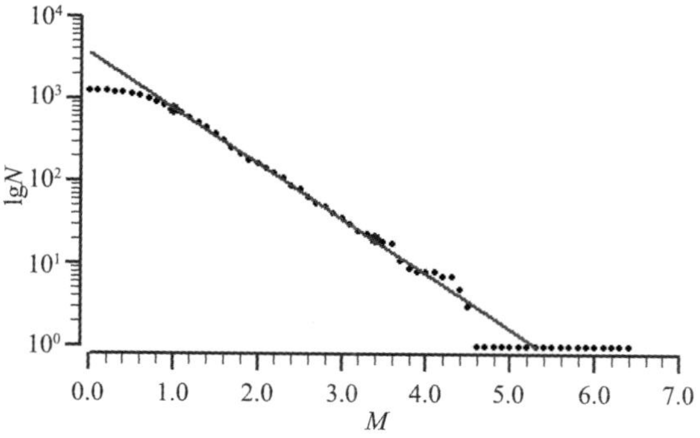

图 10 呼图壁 6.2 级地震序列 lgN−M 图

Fig. 10 lgN−M chart of the M_S6.2 Hutubi earthquake sequence

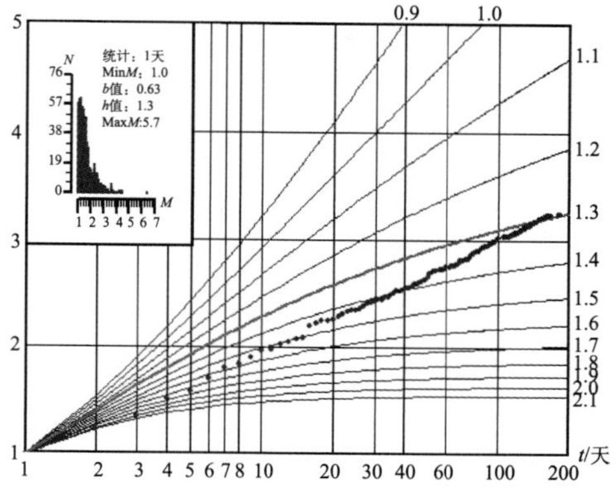

图 11 呼图壁 6.2 级地震序列 h 值

Fig. 11 h value of the M_S6.2 Hutubi earthquake

2. 地震序列空间分布

图 12 给出了新疆区域地震台网得到的呼图壁 6.2 级地震序列定位结果。由图 12 可知，余震区总体呈 NWW 向分布（285°），主要分布在主震西南侧。统计分析 1970 年以来，新疆天山中段地区 6 级以上地震的余震区展布范围显示（表 4），多数地震的余震展布范围为长轴 15～30km、短轴 10～30km。类比分析认为，此次 6.2 级地震的余震展布范围与历史地震结果较为一致。

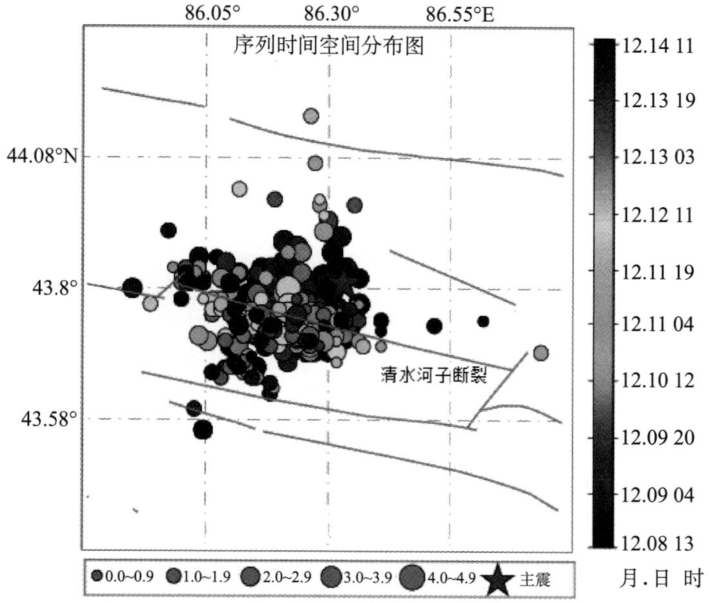

图 12 呼图壁 6.2 级地震序列震中演化图

Fig. 12 Oscillation diagram of the M_S6.2 Hutubi earthquake sequence

表 4　天山中段地区 6 级以上地震余震展布范围情况

Table. 4　The range of aftershocks of earthquakes above M_S6 in the middle area of Tianshan mountains

序号	6 级地震	余震集中区尺度参数		与构造走向	所属构造
		长半轴/km	短半轴/km		
1	1973.06.03　精河 6.0	32	18	平行	博罗科努—阿其克库都克 倾向 SW，倾角 40°~80°， 走向 305°
2	1979.03.29　库车 6.0	40	30	平行	东却勒塔格　逆断层 倾向 N，倾角 20°~70°， 走向 80°
3	2003. 12. 01　昭苏 6.0	15	15	平行	科克博河断裂　逆冲 倾向 S，倾角 40°~74°， 走向 NE
4	2011.11.01　尼勒克、巩留 6.0	18	12	平行	卡兹克阿尔特断裂　逆冲/右旋走滑 倾向 SW，倾角 15°~76°， 走向 NWW/NW
5	2012.06.30　新源、和静 6.6	14	7	平行	喀什河断裂　右旋逆冲 倾向 N，倾角 65°~85°， 走向 285°

采用 HypoDD 方法对呼图壁地震序列中 354 次 $M_L \geqslant 1.0$ 级地震的震源位置进行重新定位。获得了呼图壁 6.2 级地震序列中 317 次地震的重定位结果，其 EW、NS 及垂直向定位平均相对误差分别为 0.6，0.6 和 0.8km，平均走时残差为 0.09s。

图 13 为此次呼图壁 6.2 级地震序列精定位后的震中分布图，可以看出地震序列集中分布在清水河子断裂附近同时，在主震 NW 方向也有较多余震分布。为详细展示此次地震发震断层面的结构特征，给出了 2 条剖面，其中 1 条为沿震中优势走向的长轴 *A—A′*剖面（图 14a），另外 1 条为近垂直于余震区长轴的 *B—B′*剖面（图 14b）。*A—A′*剖面（图 14a）显示，呼图壁 6.2 级地震破裂始于深部，然后向浅部扩展，展布长度约 15km，且 3、4 级地震往 NWW 方向震源深度有变浅的趋势；*B—B′*剖面反映了沿断层倾向的震源深度分布特征，清晰地揭示出发震构造为 N 倾的断层面，此次地震主要集中在断层的上盘，下盘地震较少，这与逆冲型地震余震分布特点一致[6]。

大部分余震分布在主震西偏北约 20°方向，在主震北东方向也有较多余震分布。沿着震中分布的优势长轴走向 *A—A′*剖面显示，余震集中分布在 30km 左右范围内，但余震活动密集区呈东深西浅的特征。垂直长轴走向的 *B—B′*剖面反映了沿断层倾向的震源分布特征，余震主要分布在 0~15km 深度上，$M_S \geqslant 4.0$ 级余震则集中分布在 10~15km 左右的深度，并较为清晰地揭示出 N 倾的可能发震断层；余震密集分布区深度差异小，表明发震断层缓倾角。

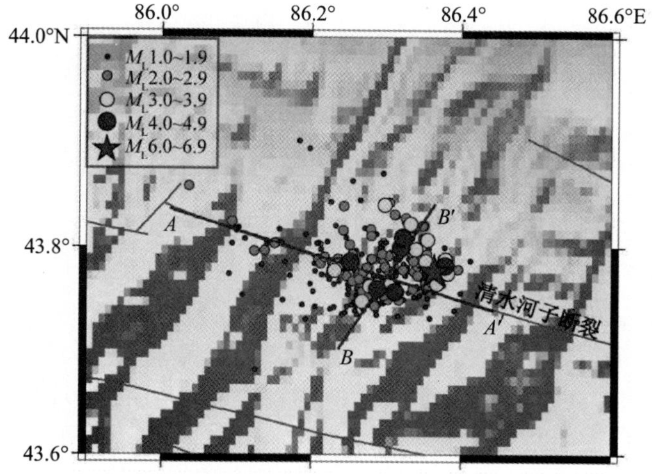

图 13　呼图壁 6.2 级地震序列精定位后的地震震中分布图

Fig. 13　Relocated seismic epicenters of the M_S6.2 Hutubi earthquake sequence

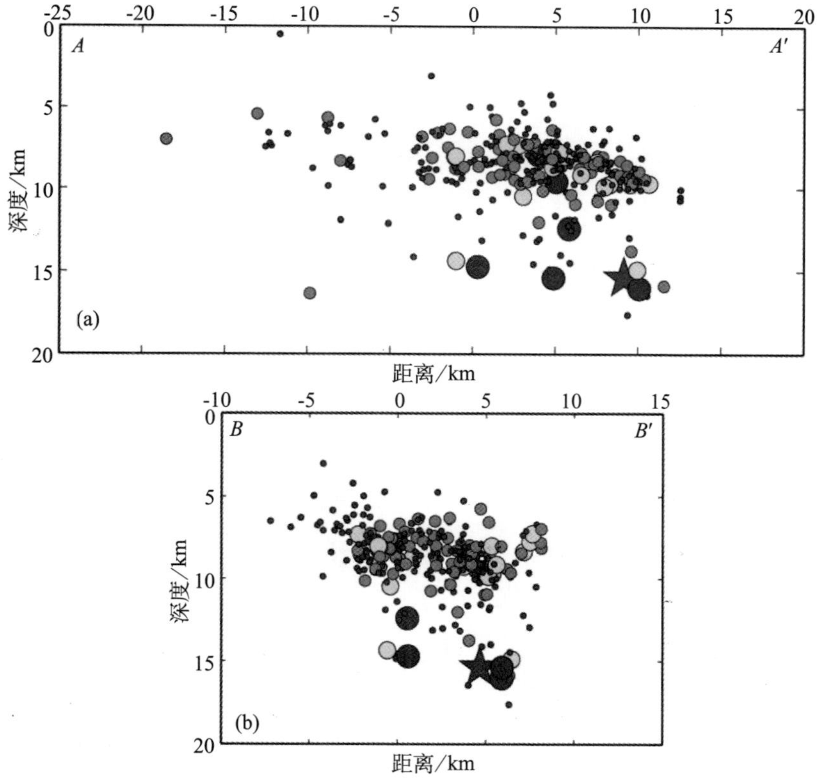

图 14　沿 A—A′和 B—B′剖面的地震震源深度分布图

Fig. 14　Distribution of focal depth of the earthquakes along the profiles A—A′ and B—B′

综合主震在震中平面图和深度剖面图的位置及重新定位后的余震空间分布，推测此次呼图壁 6.2 级地震破裂过程自初始点沿断层 NWW 向单侧破裂。地震序列深度主要分布在 5～15km 范围。

五、震源参数和地震破裂面

根据新疆区域数字测震台网的记录的波形数据，利用震中距 350km 范围内的 9 个台站波形资料，采用 CAP 方法，解算了 6.2 级主震的震源机制。计算了 13～25km 间 13 个深度下的各台站格林函数，破裂时间设为 7s，首先在各深度对断层走向、倾角、滑动角以 10°间隔进行搜索，得到的最佳矩心深度为 19km。矩震级为 5.91，P 轴方位 34°，最佳双力偶机制解节面Ⅰ：走向 283°、倾角 60°、滑动角 60°；节面Ⅱ：走向 152°、倾角 41°、滑动角 131°，此次地震破裂以逆冲为主。结合震源区的地质构造和余震序列分布，初步判定 N 倾的节面Ⅰ为主震的同震破裂面。我们收集了国内外不同研究机构给出的此次 6.2 级地震的震源机制解（表 5），几个单位给出的震源机制解与其他几个研究机构给出的结果均较为接近。本文选取新疆局给出的震源机制解结果。

表 5　呼图壁 6.2 级地震震源机制解

Table 5　Focal mechanism solutions of the M_S6.2 Hutubi earthquake

节面Ⅰ（°）			节面Ⅱ（°）			矩震级 M_W	深度（km）	研究单位或研究者
走向	倾角	滑动角	走向	倾角	滑动角			
269	71	93	80	19	81	6.0	30	USGS
282	65	102	76	27	66	6.0	19.5	global cmt
273	70	108	49	27	50	5.85	18	中国地震局地球物理研究所
290	71	97	90	20	71	5.9	—	预测所
277	69	88	103	21	96	6.0	19	台网中心
283	60	60	152	41	131	5.91	19	新疆局李金

利用 CAP 方法计算了序列中 4 次 $M_S \geqslant 3.6$ 级余震的震源机制解（表 6，图 15），6.2 级主震及 4 次强余震均为逆冲型，表明大部分余震的破裂类型与主震类似。4 次余震中 2 次余震的 P 轴方位为 NE 向，另外 2 次的 P 轴方位为 NW 向。由此可见序列中大部分地震具有和主震类似的近 NS 向的 P 轴方位，也与历史中强震主压应力 P 轴方位较为一致。

表 6 呼图壁 6.2 级地震主震及早期 $M_S \geq 3.6$ 级地震的震源机制解

Table 6 Focal mechanism solutions of the main shock and early $M_S \geq 3.6$ earthquakes in Hutubi earthquake

序号	发震时刻 年.月.日 时：分	震级 M_S	震级 M_W	定位深度 (km)	CAP 深度 (km)	节面Ⅰ (°)			节面Ⅱ (°)			P 轴 (°)		T 轴 (°)		B 轴 (°)	
						走向	倾角	滑动角	走向	倾角	滑动角	方位	倾角	方位	倾角	方位	倾角
1	2016.12.08 13：15	6.2	5.91	17	19	283	60	60	152	41	131	34	11	144	62	299	25
2	2016.12.08 17：02	3.9	3.96	16	18	283	58	106	75	35	66	2	12	232	72	94	14
3	2016.12.08 19：30	3.8	3.87	10	19	278	62	129	38	47	40	341	9	238	55	77	34
4	2016.12.08 23：23	4.0	4.24	19	17	267	87	106	8	16	11	343	40	193	46	87	16
5	2016.12.08 23：57	4.0	4.04	14	17	289	63	74	142	31	119	31	17	168	67	297	14

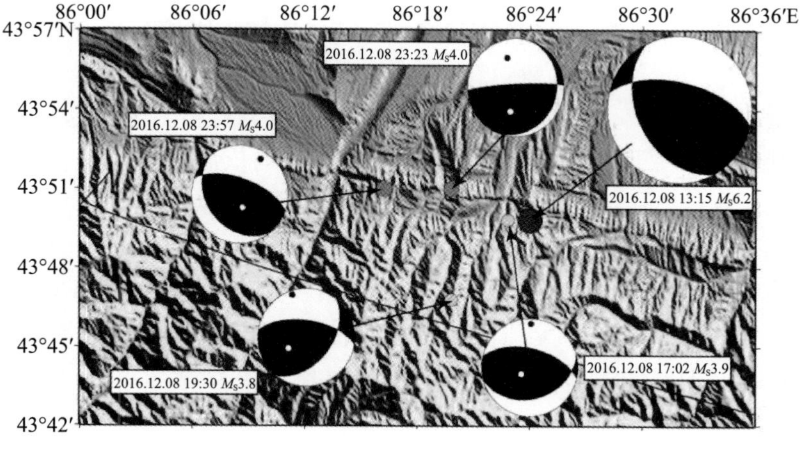

图 15 呼图壁 6.2 级地震序列震源机制解平面图

Fig. 15 Focal mechanism solutions of the M_S6.2 Hutubi earthquake

呼图壁 6.2 级地震位于清水河子断裂附近的齐古背斜以南地区，尽管针对齐古背斜以南区域深部精细结构的探测没有直接的研究成果，但诸多研究表明该区存在楔冲构造带[7~9]。研究表明[7]，齐古楔冲构造带的地震剖面由一组近水平的波组和一组北倾的波组（60°~70° 构成一个明显的三角带）。管树巍等[9,10]综合地表倾角测量数据、地震反射剖面、钻井和倾角测井资料，沿齐古背斜至吐谷鲁背斜建立了一条 NS 向的构造剖面，显示齐古背斜是由一系列北倾的反转断层组成的南倾结构，其以南深部存在山前楔形体。呼图壁 6.2 级地震恰位于北天山山前逆断裂—褶皱带齐古背斜前缘，结合震源机制解、精定位以及震源区地质构造情况，初步分析认为，S 倾的清水河子断裂与此次地震的结果不符，推测此次 6.2 级地震的发震构造可能为齐古背斜以南深部隐伏逆冲断坡上的一条反冲断层[11]。但需要注意的是，节面 I 高倾角（60°），与定位给出的缓倾角断面仍存在一定的不协调性。

六、地震前兆观测台网及前兆异常

1. 地震前兆观测台网

震中附近定点前兆观测台站及观测项目、流动测点分布见图 16，是新疆地区地震前兆监测能力最强的地区。

震中 300km 范围内 34 个前兆观测台站，包括地倾斜、大地电场、地磁、水位、水温、应变、重力、跨断层等多种观测项目，共 79 个观测台项。震中 0~100km 范围，形变有 5 个观测台项：石场水平摆、钻孔倾斜；呼图壁跨断层；呼图壁雀儿沟分量式应变、钻孔倾斜；流体有 11 个观测台项：石场 CO_2；新 25 泉水温、硫化物；新 26 泉动水位；呼图壁 21 泉水位、水温；新 11 井水温、水位；新 20 井水位、水温；新 06 井油井压力；电磁主要有 4 个观测台项：呼图壁大地电场，磁通门、FHD、FGM01。100~200km 范围，形变有 11 个观测台项：形变站跨断层；榆树沟分量式应变、水平摆、钻孔倾斜、重力、水管、伸缩；巴仑台分量式应变；小泉沟分量式应变；阜康水管仪、伸缩仪；流体有 27 个观测台项：新 04 井水位、水温；新 05 井水位；新 04 泉氢气、氦气、二氧化碳、甲烷、氟离子、电导率、硫化物；新 09 泉氟离子、电导率、水氡；新 10 泉流量、氦气、甲烷、氟离子、电导率、硫化物、水氡；新 15 泉氟离子、电导率、水氡；乌苏 33 号井水温；新 10 井水位；克尔碱水位、水温。200~300km 范围，形变有 15 个观测台项：克拉玛依后山 2 号钻孔倾斜；精河水平摆、伸缩仪、水管仪；巴音沟分量式应变、钻孔倾斜；那拉提钻孔倾斜；阳霞钻孔倾斜；库尔勒铁门关体应变、库尔勒霍拉山水平摆、垂直摆、伸缩仪、水管仪、重力、跨断层；电磁有 2 个观测台项：红浅大地电场、地磁 FHD；流体有 4 个观测台项：库尔勒 501 泉气氡、水位、水温；库米什 39 泉气氡。新疆流动前兆观测网由流动重力、GPS 和地磁 3 个子网组成。震中附近区域（φ_N：41°~46°，λ_E：80°~88°）共有流动重力观测点 88 个，流动 GPS 观测点 20 个以及流动地磁观测点 37 个。

2. 地震前兆异常

此次震例总结，重点分析和梳理了 3 条测震学异常、2 条流动观测异常以及震中 300km 范围内的 9 条定点前兆异常，共计 14 条异常（表 7）。

1）4 级地震平静

2013 年 9 月 17 日至 2015 年 12 月 5 日，乌鲁木齐—新源—库尔勒地区 $M_S \geq 4.0$ 级地震平静 809 天。2015 年 12 月 6 日沙湾 4.8 级地震和 2015 年 12 月 24 日乌鲁木齐市米东区 4.2 级地震的发生使该平静区范围收缩，其后平静区周边发生了 2016 年 1 月轮台 5.3 级和 2 月新源 5.0 级地震，但平静区状态未发生改变。该区 1970 年以来 $M_S \geq 4.0$ 级地震平静超过 2

倍均方差（即 477 天）后，平静区及周边发生中强异常地震的比例为 5/6，表明该异常对该区中强地震具有预测意义。2016 年 12 月 8 日呼图壁 6.2 级地震发生在平静区内部边缘地区（图 17）。

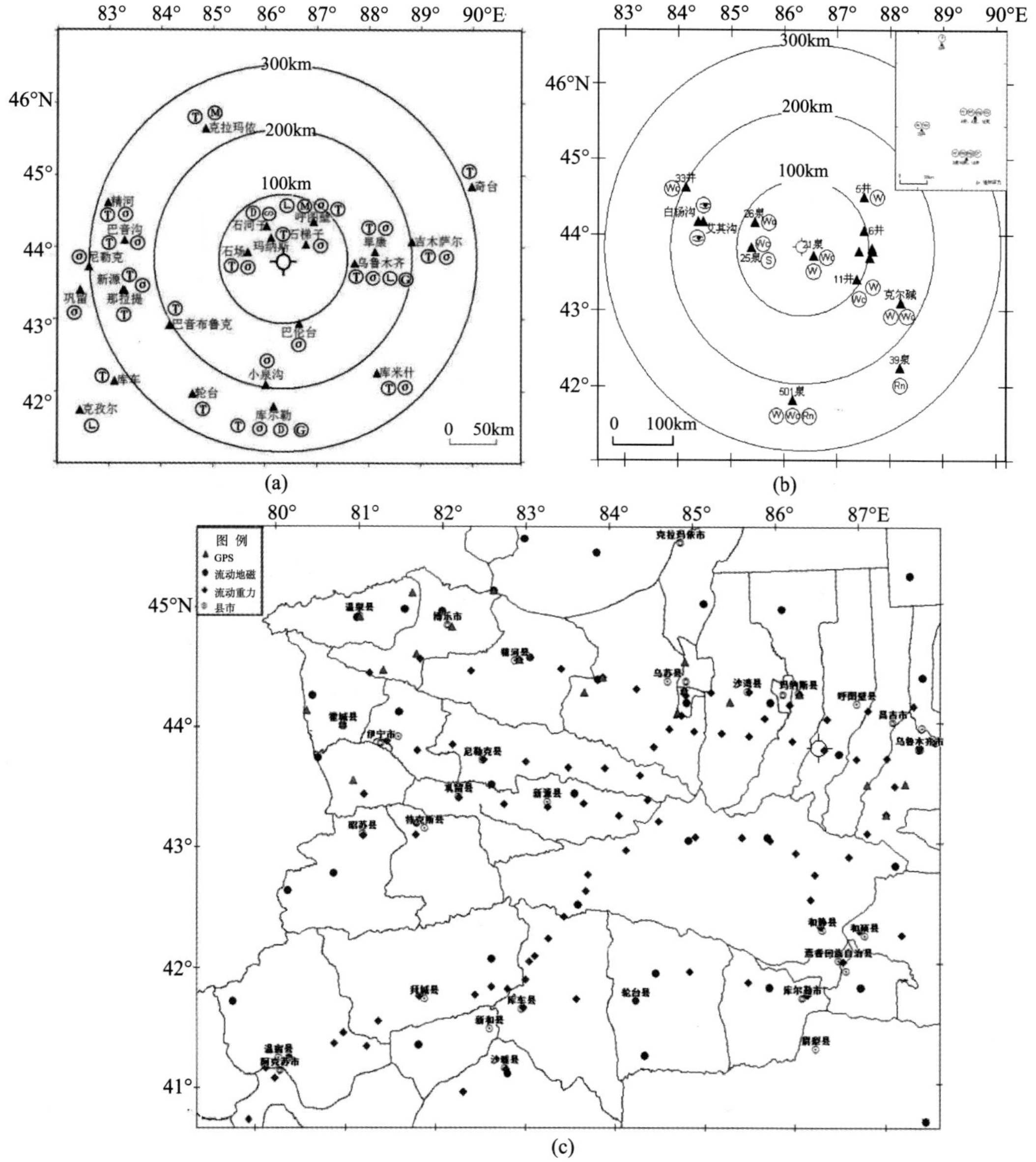

图 16 呼图壁 6.2 级地震附近定点前兆台站分布图

Fig. 16 Distribution of fixed-point precursory stations near the M_S6.2 Hutubi earthquake

（a）震区周围定点形变、电磁测点分布图；（b）震区周围地下流体测点分布

（c）呼图壁 6.2 级地震附近流动重力、GPS、地磁测点分布

表 7　呼图壁 6.2 级地震异常情况登记表

Table 7　Anomalies catalog of the M_S6.2 Hutubi earthquake

序号	异常项目	台站（点）或观测区	分析办法	异常判据及观测误差	震前异常起止时间	震后变化	最大幅度	震中距 Δ/km	异常类别及可靠性	图号	异常特点及备注
1	4 级地震平静	乌鲁木齐—新源—库尔勒地区	4 级地震超长平静	$\Delta T \geqslant 2$ 倍方差（即 477 天）	2013.09.17～2015.12.05	正常		平静区边缘	M_1	17	乌鲁木齐—新源—库尔勒地区 4 级地震平静 809 天；震前发现
2	地震条带（认定为关注项）	天山中段区域库车—乌鲁木齐地区	$M_S \geqslant 2.0$ 级地震空间分布	组成条带地震个数 $N_{条} \geqslant 6$，条带长度 $L > 200$km，条带长宽比 $L/D \geqslant 5$，最大空段不超过全长的 1/3，$N_{条}/(N_{条}+N_{外}) \geqslant 75\%$	2016.11.21～12.07	正常		条带内部	S_3	18	呈现 NE 向，长度约为 450km，宽度约为 90km；震前发现
3	3、4 级地震的异常增强区	乌鲁木齐—吐鲁番地区形	3、4 级地震的异常增强	2°×2° 范围，3 个月内发生 4 次以上 3 级地震，且必须包含 1 次以上 4 级地震	2015.11～2016.01	正常		异常增强区边缘	M_1	19	震前发现
4	应变（洞体）	榆树沟	日均值图	趋势压缩	2012.10	异常持续	$3.06 * 10^{-4}$	104	L_2	20	趋势压缩震前发现

续表

序号	异常项目	台站（点）或观测区	分析办法	异常判据及观测误差	震前异常起止时间	震后变化	最大幅度	震中距 Δ/km	异常类别及可靠性	图号	异常特点及备注
5	倾斜（水管）	阜康	日均值图	趋势 E 倾	2012.09	异常持续	3.63″/年	138	L_2	21	快速 E 倾震前发现
6	倾斜（摆式）	库尔勒	日均值图	趋势 W 倾	2013.01	异常持续	0.4″/年	225	L_1	22	趋势 W 倾震前发现
7	基线（跨断层）	库尔勒	日均值图	趋势压缩	2013.11	异常持续		225	L_3	23	持续压缩震前发现
8	水氡	新 10 泉	日均值图	观测点 200km 范围几次中强地震均发生在趋势性下降过程中	2013	异常持续	6Bq/L	54	L_1	24	趋势下降震前发现
9	倾斜（摆式）	温泉	日均值图	N 倾停滞，2016 年 2 月 18 日 N 倾停滞转为 S 倾，与往年同期方向相反，2016 年 6 月 16 日 S 倾速率再次减慢	2015.10.09	异常持续		420	M_1	25	年变畸变震前发现
				EW 向年变幅度减小	2016.05~09	异常结束后发震	0.48″	420	M_1	25	年变幅减小震前发现

续表

序号	异常项目	台站（点）或观测区	分析办法	异常判据及观测误差	震前异常起止时间	震后变化	最大幅度	震中距 Δ/km	异常类别及可靠性	图号	异常特点及备注
10	氦气	新 10 泉	日均值图	背景值趋势性上升后恢复至背景值	2016.03.13～07.20	异常结束后发震	1.10%	54	M_2	26	上升型的速率异常震前发现
11	地磁	乌鲁木齐、克拉玛依	*Z* 分量日变幅逐日比加卸载响应比	*Z* 分量日变幅逐日比加卸载响应比超阈值		异常结束后发震			S_2	27 28	超阈值震前发现
12	应力应变	巴伦台	分钟值曲线图	快速压性变化消失后，出现张性变化	2016.12.07～08	异常结束后发震	1.4×10^{-7}	102	I_3	29 30	曲线畸变震后总结
13	跨断层流动水准	79°～91°E 42°～46°N	垂向变化量分布图	霍尔果斯断裂的测线相对其他测线变化虽然有所增大	2016.04～09	正常		异常区域内	M_1	31	局部应力增强震前发现
14	流动重力	80°～90°E 41°～45°N	流动重力变化一年、半年尺度变化图	乌鲁木齐地区重力处于增强的趋势	2015.09～2016.09		20×10^{-8}～$50\times10^{-8}m\cdot s^{-2}$		M_1	32 33	局部应力增强震前发现

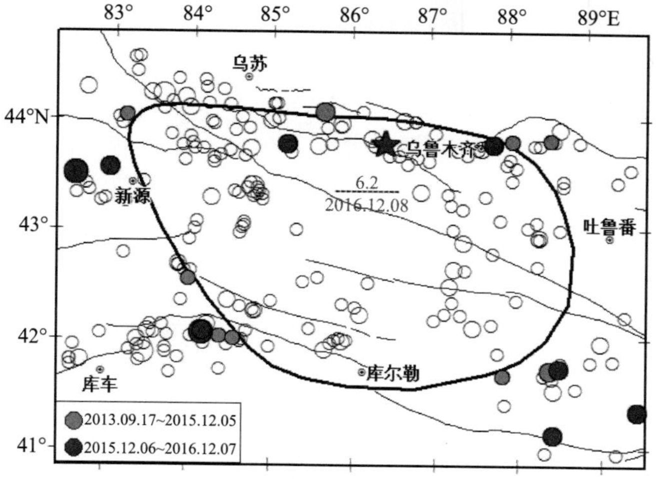

图 17 呼图壁 6.2 级地震前 4 级地震围空

Fig. 17 Seismic gap of $M_S \geqslant 4.0$ events before the $M_S 6.2$ Hutubi earthquake

表 8 1970 年以来平静区内 4 级地震平静历史统计

Table 8 Historical statistics of $M_S \geqslant 4.0$ earthquake quiescence in the area since 1970

序号	平静间隔时段	间隔时长/天	后续地震	间隔时间/天
1	1972. 07. 17～1974. 09. 30	805	1974. 11. 03 5. 0 1976. 01. 10 5. 8	34 433
2	1986. 06. 13～1988. 05. 26	713	1988. 05. 26 5. 2 1990. 10. 25 5. 2	0
3	1993. 04. 14～1994. 11. 08	573	1995. 03. 19 5. 0 1995. 05. 02 5. 8 1995. 09. 26 5. 1	131 175 322
4	1997. 12. 20～1999. 09. 23	642	1999. 09. 23 5. 1 2000. 12. 10 5. 0	0 443
5	2003. 10. 11～2005. 09. 01	690	2006. 11. 23 5. 1	449
6	2013. 09. 17～2015. 12. 05	809	2016. 01. 14 5. 3 2016. 02. 11 5. 0 2016. 12. 08 6. 2	39 67 360

2）M_S2 地震条带

条带是指大震前区域地震活动由凌乱分散的分布转为集中成带的现象，它是大震前较短时间内由中小地震所显示的分布特征[12]。2016 年 11 月 21 日至 12 月 7 日，天山中段库车—乌鲁木齐地区 $M_S2.0$ 地震呈现 NE 向地震条带，长度约为 450km，宽度约为 90km，条带内共发生 10 次地震，其中 M_S2.0~2.9 地震 8 次，M_S3.0~3.9 地震 2 次。12 月 8 日在条带的端部发生了 6.2 级地震（图 18）。与该地震相邻地区发生的 2012 年 6 月 15 日轮台 5.4 级地震和 2012 年 6 月 30 日新源、和静交界 6.6 级地震前，曾出现过 2 条共轭的 2 级地震条带，分别为天山中段温泉—托克逊的 NW 向带状分布和拜城—青河地区的 NE 向带状分布，轮台 5.4 级地震发生在条带交会区附近，新源、和静交界 6.6 级地震发生在条带交会区内，认为该异常较为可靠。该异常在该区震例少，在会商会上做为关注项提出。

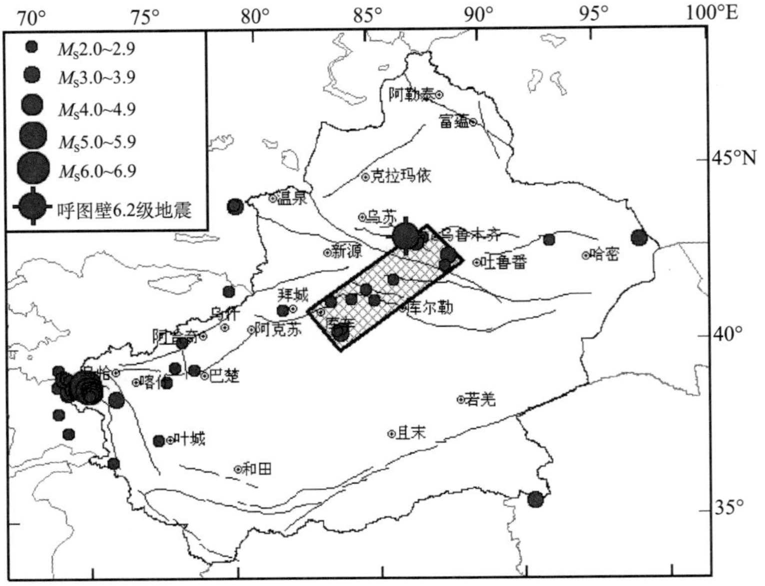

图 18　呼图壁 6.2 级地震前 2 级条带示意图

Fig. 18　Seismic belt of M_S2.0 events before the M_S6.2 Hutubi earthquake

3）3、4 级地震的异常增强区

根据王筱荣[13]的研究结果，在 2°×2°范围内，北天山地震带 3 个月内发生 4 次以上 3 级地震，且必须包含 1 次以上 4 级地震即构成增强异常。2015 年 11 月至 2016 年 1 月，在新源—温泉地区、乌鲁木齐—吐鲁番地区形成了 3、4 级地震的异常增强区（图 19），此次呼图壁 6.2 级地震发生在乌鲁木齐—吐鲁番异常增强区边缘。而 2016 年 2 月 11 日发生的新源 5.0 级地震则位于新源—温泉异常增强区内。此外，2016 年 1 月 14 日轮台 5.3 级地震前，震区周围库车—库尔勒区域出现 3、4 级地震异常增强区，表明该项异常均有较好的地震前兆意义。

4）榆树沟洞体应变趋势压缩

榆树沟洞体应变架设于 2007 年，2012 年新源、和静交界 6.6 级地震后，NS 分量由拉张转为压缩状态，随即发生了昌吉 5.6 级、乌鲁木齐 5.1 级地震，之后压缩加速，在持续压缩的过程中又发生了沙湾 5.0 级与托克逊 5.4 级地震（图 20），而且 NE 分量也存在类似的趋势转折变化，分析认为，榆树沟伸缩仪 2012 年 9 月 NS 分量的持续压缩为趋势异常。

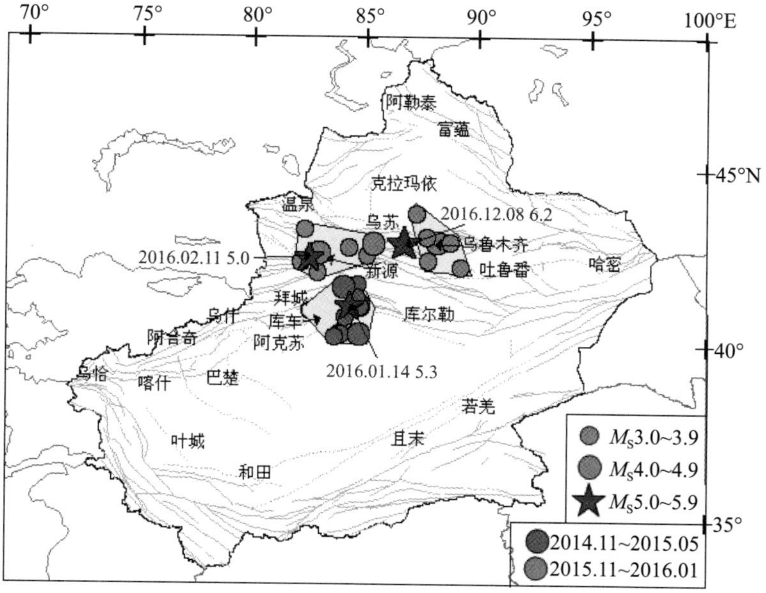

图 19　呼图壁震前 3、4 级地震异常增强区示意图

Fig. 19　Abnormal enhancement area for events with size M_S3. 0–4. 9 before the M_S6. 2 Hutubi earthquake

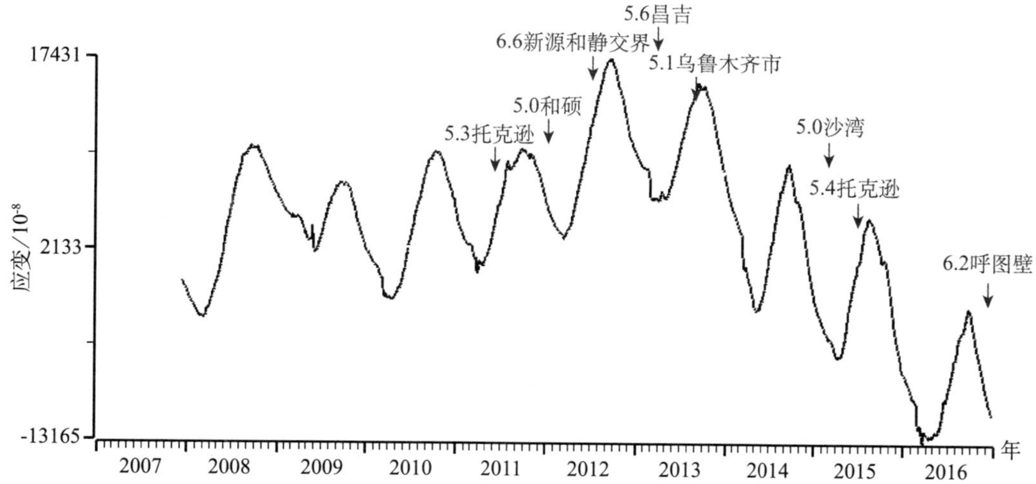

图 20　榆树沟洞体应变 NS 分量日均值曲线图

Fig. 20　Daily mean values of strain NS component of elm cave at Yushugou station

5）阜康水管仪 EW 向趋势 E 倾

阜康水管仪 EW 分量在 2012 年 6 月 30 日新源、和静交界 6. 6 级地震前出现较明显的中短期异常[14]，即 EW 分量 2012 年 4 月转向后，W 倾速率小。6. 6 级地震后，EW 分量出现快速 E 倾异常，年变速率为 2. 3″/年，特别是 2015 年下半年以来速率明显加快，之后即发生了呼图壁 6. 2 级地震。阜康水管仪在该次地震前存在快速 E 倾的趋势异常（图 21）。

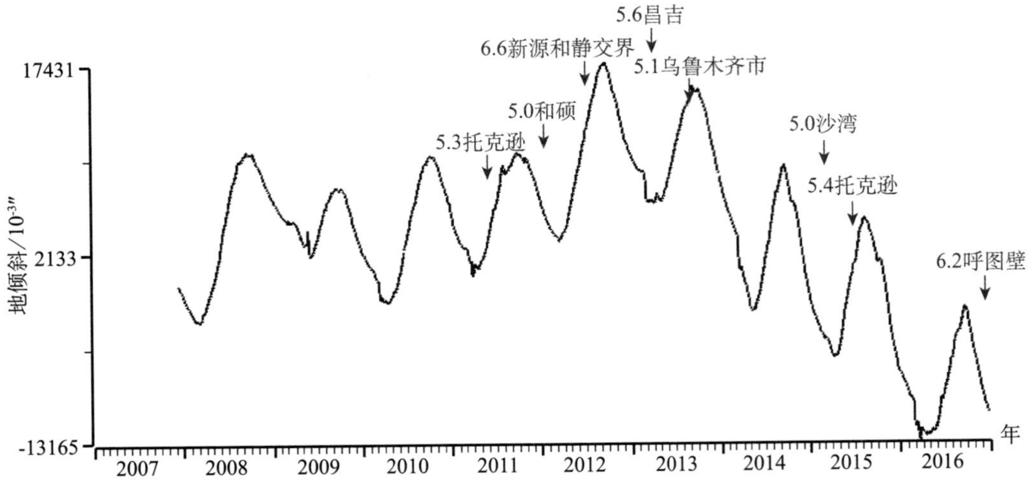

图 21　阜康水管仪 EW 分量日均值曲线图

Fig. 21　The daily mean values of EW component from water pipe instrument at Fukang station

6）库尔勒水平摆 EW 向趋势 W 倾

库尔勒水平摆 2001 年开始正式观测。EW 向 2009 年由西倾转为东倾趋势，2009~2011 年东倾年均速率为 0.9″/年；2012~2016 年西倾年均速率为 0.7″/年，由东倾转为西倾趋势。2012 年发生趋势转折，但并没有达到 2002~2007 年西倾速率相当的趋势。在东西向 2011 年底新的趋势转折之后，周边相继发生了轮台 M_S5.4，新源、和静交界 M_S6.6，乌鲁木齐、昌吉交界 M_S5.6 和乌鲁木齐的 M_S5.1 地震。EW 向仍保持 2013 年以来的趋势西倾，虽然近年来周边发生了轮台 M_S5.3、托克逊 M_S5.3、呼图壁 M_S6.2 地震，但趋势依然没有发生变化因此认为趋势异常依然存在（图 22）。

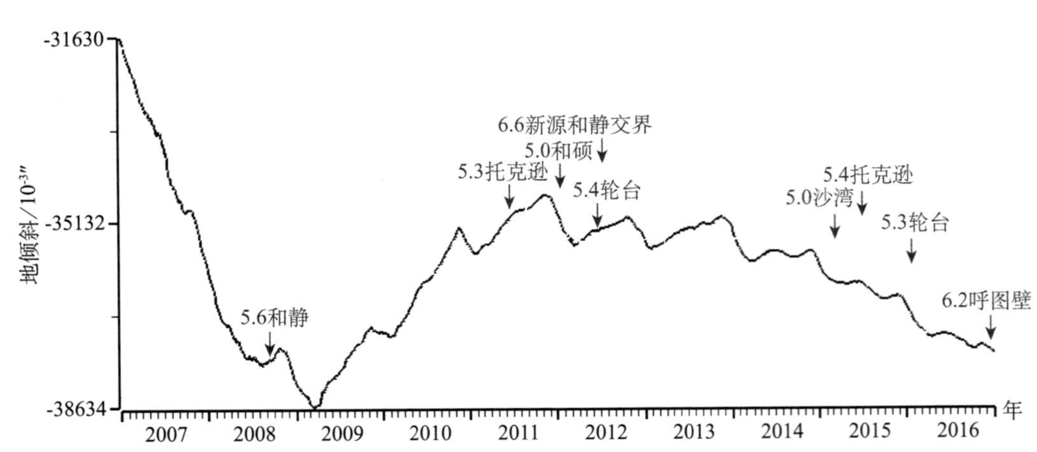

图 22　库尔勒水平摆 EW 向日均值曲线图

Fig. 22　The daily mean values in EW orientation of horizontal pendulum at Korle station

7）库尔勒跨断层基线

库尔勒断层仪自 1993 年投入观测，2008 年数字化改造，仪器型号为 MD4412B 浮子式垂直变形测量仪。如图 23 所示，水平直交分量 2013 年 11 月 15 日开始快速压缩变化，往年同期正常是拉张变化，该异常可能反映了所跨地断裂 2013 年 11 月 15 日以来区域应力增强，挤压作用明显。2016 年 1 月和 4 月数采故障呈快速压性变化，新架设数采进行并行观测，趋势变化依然持续，因此认为该趋势异常变化可排除数采的影响。

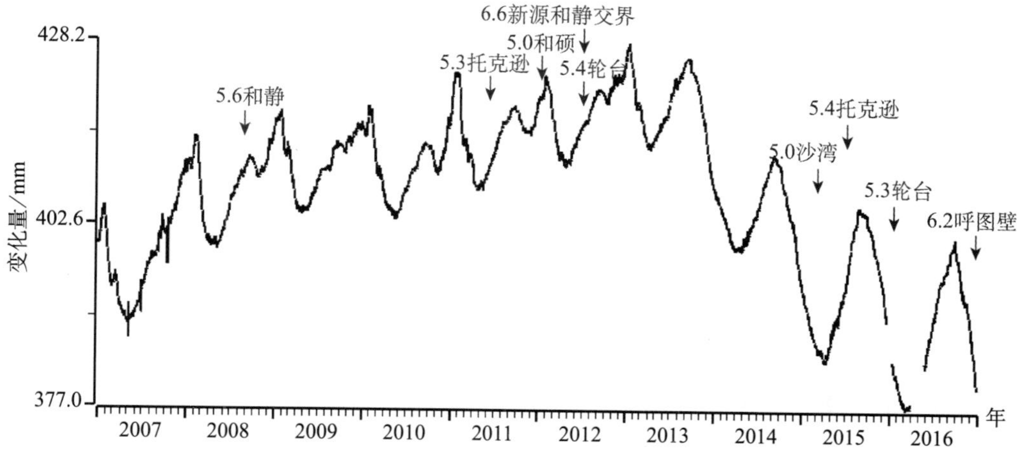

图 23　库尔勒跨断层基线日均值曲线图

Fig. 23　The daily mean values of the cross-over fault base line at Korle station

8）新 10 泉水氡

乌鲁木齐新 10 泉水氡观测始于 1980 年，观测资料较为稳定可靠，年变形态清晰。新 10 泉水氡 2013 年转为趋势性下降变化，2015 年年变形态出现畸变。统计结果显示，自 1980 年开始观测以来共出现 2 次趋势性下降变化（表 9），趋势性下降期间观测点 200km 范围内的地震对应情况来看，1986 年乌鲁木齐 5.0 级、1991 年和静 5.2 级、2013 年乌鲁木齐 5.1 级以及 2015 年托克逊 5.4 级地震 4 次 5 级地震均发生在资料趋势性下降过程中，下降过程中尚未对应 6 级地震。2016 年 12 月 8 日呼图壁 6.2 级地震也发生在资料趋势下降变化过程中，符合新 10 泉水氡趋势性下降变化对应地震的特征（图 24）。

表 9　乌鲁木齐新 10 泉水氡趋势性变化和地震对应关系

Table 9　Relationship between Radon trend at No. 10 Spring and $M_S \geq 5.0$ earthquakes

年份	最大变幅/（Bq/L）	地震	震中距/km
1986~1992	5	1986.06.13 乌鲁木齐 5.0	24
		1991.06.06 和静 5.2	127
2013~2016	6	2013.08.30 乌鲁木齐 5.1	11
		2015.06.25 托克逊 5.4	200
		2016.12.08 呼图壁 6.2	54

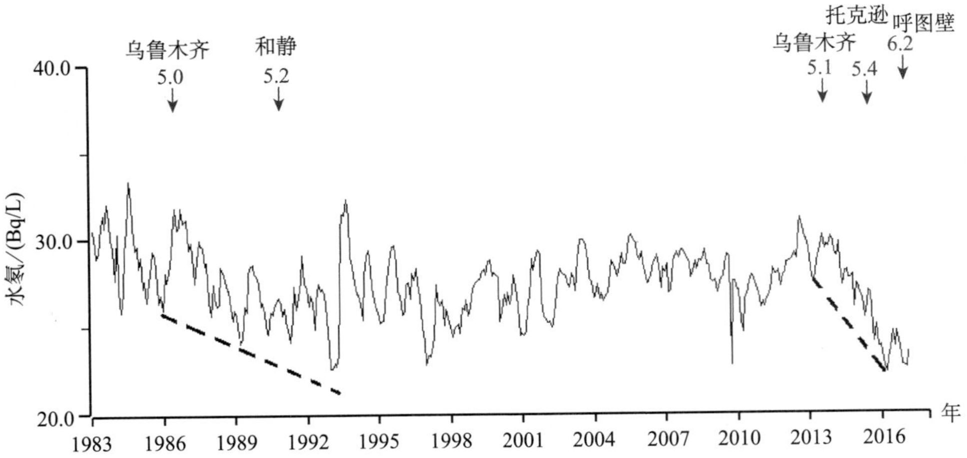

图 24　新 10 泉水氡趋势性异常

Fig. 24　Radon trend abnormalities at No. 10 Spring

9）温泉水平摆倾斜

温泉水平摆 NS 向年变正常形态呈现类“W”形，年变清晰，年变转向时间基本稳定，年变幅度自 2010 年至 2012 年逐年增大，之后年变幅度又逐年减小，温泉水平摆 NS 向 2015 年 10 月 29 日起 N 倾停滞，2016 年 2 月 18 日观测资料由 N 倾停滞转为 S 倾，与往年同期倾斜方向相反[7]，2016 年 5 月 21 日 S 倾速率与往年基本一致，异常有恢复的迹象，但 2016 年 6 月 16 日 S 倾速率又再次减慢（图 25）根据 2016 年 8 月 15 日的异常核实报告[7]，温泉水平

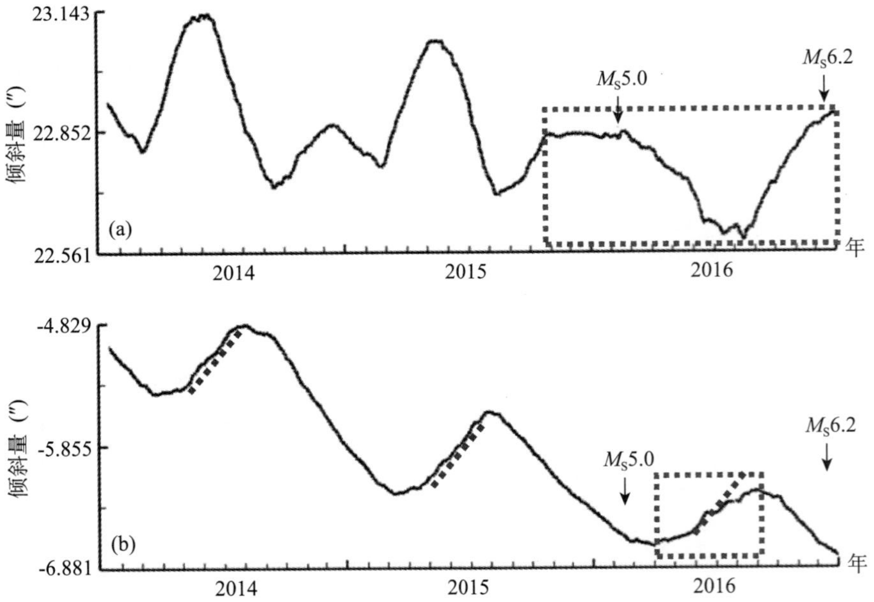

图 25　温泉水平摆两分量日均值曲线

Fig. 25　Daily value curve of the horizontal pendulums at Wenquan station

（a）温泉水平摆 NS 分量；（b）温泉水平摆 EW 分量

摆 NS 向受温度和水位的影响，而且在剔除水位和温度的影响后异常依然存在，认为异常真实可靠，但是由于该异常特征系数字化改造以来首次出现，以往没有出现类似的变化，虽然发生了新源 5.0 级地震，但温泉水平摆 NS 向的异常依然持续，从近两年的年变比较来看基本一致，表明温泉水平摆周围仍然有发生中强地震的可能。

温泉水平摆 EW 分量年变形态规律，夏高冬低，年变清晰，年变转向时间、幅度历年来基本稳定。温泉水平摆 EW 分量 2016 年 5 月以来速率减慢，到 2016 年 9 月出现正常季节转向，统计其年变幅度发现，2016 年度东倾变幅较小，仅为 0.48″，与 2011 年年变幅度相当（表 10），2011 年年变畸变出现后有精河 5.0 级地震和尼勒克、巩留交界 6.0 级地震对应，因此认为温泉水平摆 EW 向年变幅减小对周边的地震具有一定的指示意义（图 25）。

表 10 温泉老台水平摆倾斜仪 EW 向年变幅统计

Table 10 Statistics of EW annual variation of the horizontal pendulum tiltmeter at the old Wenquan station

年份	2010	2011	2012	2013	2014	2015	2016
幅度（″）	0.86	0.48	0.62	0.65	0.61	0.72	0.48

10）新 10 泉氦气

根据新 10 泉氦气异常和观测点周边 200km 范围内历史地震的对应情况可知：①新 10 泉氦气地震前兆异常多表现为短期异常，异常一般出现在震前 4~5 个月。②新 10 泉氦气异常特征多表现为上升型的速率异常，即资料有背景值—趋势性上升—恢复至背景值的变化过程，地震常常发生在氦气测值恢复过程中或恢复至背景值后。③新 10 泉氦气异常对应率为 66.7%[15]。

新 10 泉氦气 2016 年 3 月 13 日测值出现脱离背景值加速上升变化，5 月 26 日达到峰值，变化幅度为 1.10%；之后开始转向下降变化，至 7 月 20 日恢复至背景值附近小幅波动。新 10 泉氦气异常结束后 4 个月发生 2016 年 12 月 8 日呼图壁 6.2 级地震（图 26）。

11）乌鲁木齐、克拉玛依 Z 分量日变幅逐日比、加卸载响应比超阈值

地球变化磁场垂直分量日变幅是地球变化磁场的外场及由地球内部电性介质感应生成的变化内场叠加而成，它的大小不但受外场的控制，同时也受内场的影响。根据曾小平[16] 研究结果，地磁垂直分量日变幅极大值及其后极小值之比值高的台站，与台站周边地震有较好的对应关系。异常判据阈值基本恒定为 2.9。冯志生、张翼等研究认为，华东、新疆等地区地磁 Z 分量日变幅逐日比异常判定要求至少有 2 个台站同时满足异常标准，同时，将两次时间间隔不超过两个月的异常划分为一组异常。我们以此为异常判据[17,18]。自 2011 年以来共出现 8 组异常，其中有 7 组发生了中强地震，而且由图 27 可知，正常情况下，地磁垂直分量逐日比值 Y_0（Z）一般在 0.4~1.8 波动。2016 年 11 月 11 日乌鲁木齐（两台）、克拉玛依、温泉地磁台 Z 分量日变幅逐日比同时出现高值，异常最高值点分别为乌鲁木齐和克拉玛依，异常出现到发震 27 天，属于短期异常。由于该方法在新疆刚开始实践，震例积累尚短，在震前将改组异常变化认定为关注项。

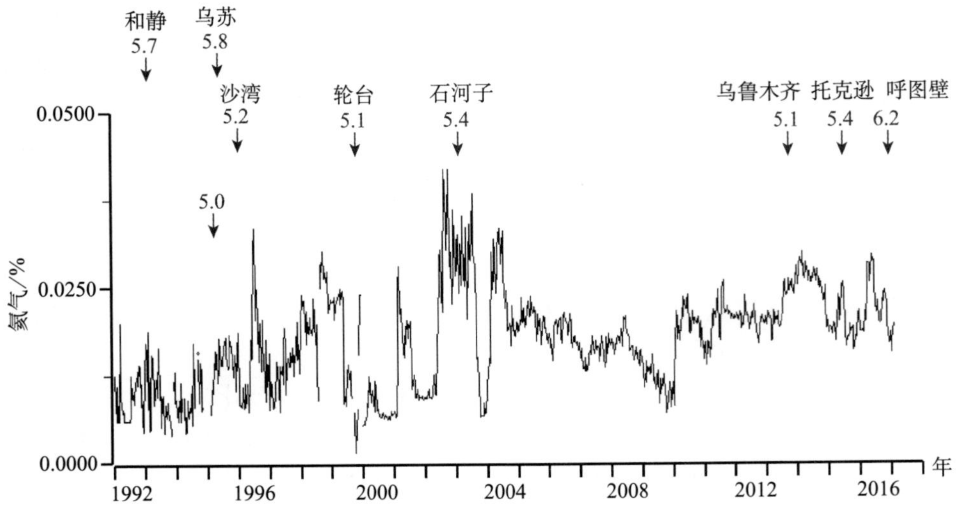

图 26　新 10 泉氦气中期异常

Fig. 26　Mid-term anomaly of helium gas at No. 10 Spring

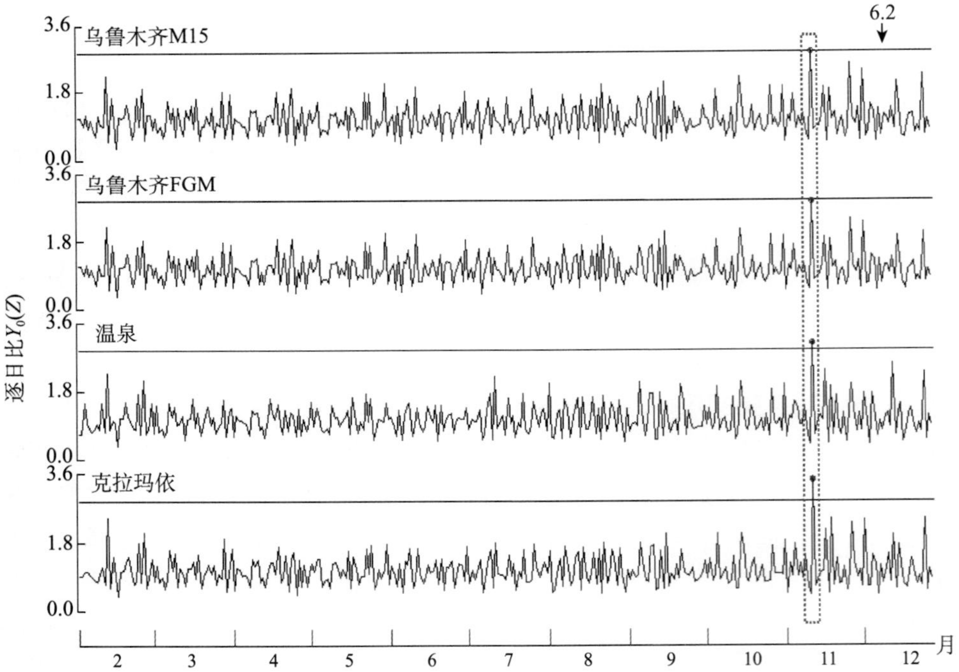

图 27　2016 年垂直分量日变幅逐日比曲线

Fig. 27　The daily ratios of vertical amplitude in 2016

地磁加卸载响应比是曾小平[16] 由尹祥础等提出的加卸载响应比理论向地震地磁学的延拓。并在地震预报实践中取得了良好的结果。前人的研究结果表明，正常情况下，地磁垂直分量加卸载响应比值 $p(Z)$ 一般在 1.0~2.0 左右，当地磁响应比值 $p(Z) \geqslant 3.3$，并震中区内至少应有两个或两个以上台站的地磁垂直分量加卸载响应比阈值 $p_0(Z)$ 超过阈值[19~21]，我们以此为判据。2016 年 10 月 15 日乌鲁木齐（两台）、克拉玛依地磁台 Z 分量日变幅加卸载响应比同时出现超限高值异常，异常出现到发震 62 天，属于短期异常。同日变幅逐日比的原因一样，在震前将该组异常变化认为是需要关注的资料（图 28）。

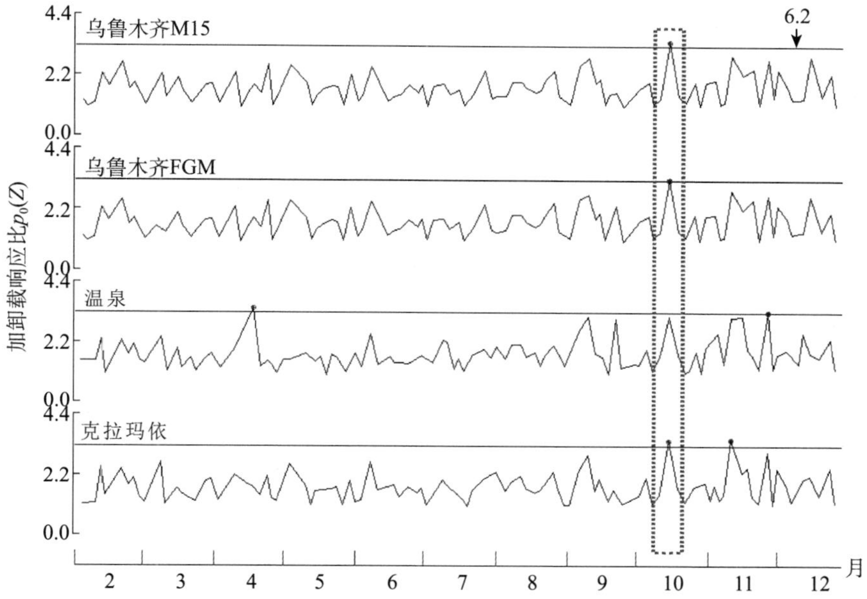

图 28　2016 年垂直分量日变幅加卸载响应比曲线

Fig. 28　Geomagnetic load-unload response ratios $p_0(Z)$ of Z component in 2016

12）巴伦台钻孔应变

巴仑台钻孔应变 2014 年架设，2015 年开始运行，2016 年 9 月由于雷击更换仪器，之后资料数据质量稳定，质量高。巴仑台分量应变 2016 年 12 月 7 日 14 时 23 分出现了约 20 分钟的压性变化，变化量级为 1.4×10^{-7}（图 29），从面应变一致性来看，仪器观测正常（图 30）；快速压性变化消失后，观测曲线出现张性变化，恢复 1 天后在巴仑台 102km 处发生了呼图壁 6.2 级地震。临震异常往往显示为大幅度的、持续时间较短的突变。但由于观测环境和观测点分布的局限，这种变化并不一定出现在震中周围[22]。此次异常变化符合临震异常的规律。由于该观测数据稳定时间较短，且定点前兆数据要滞后一天才可以看到数据，因此该异常变化属于震后时总结提出的。

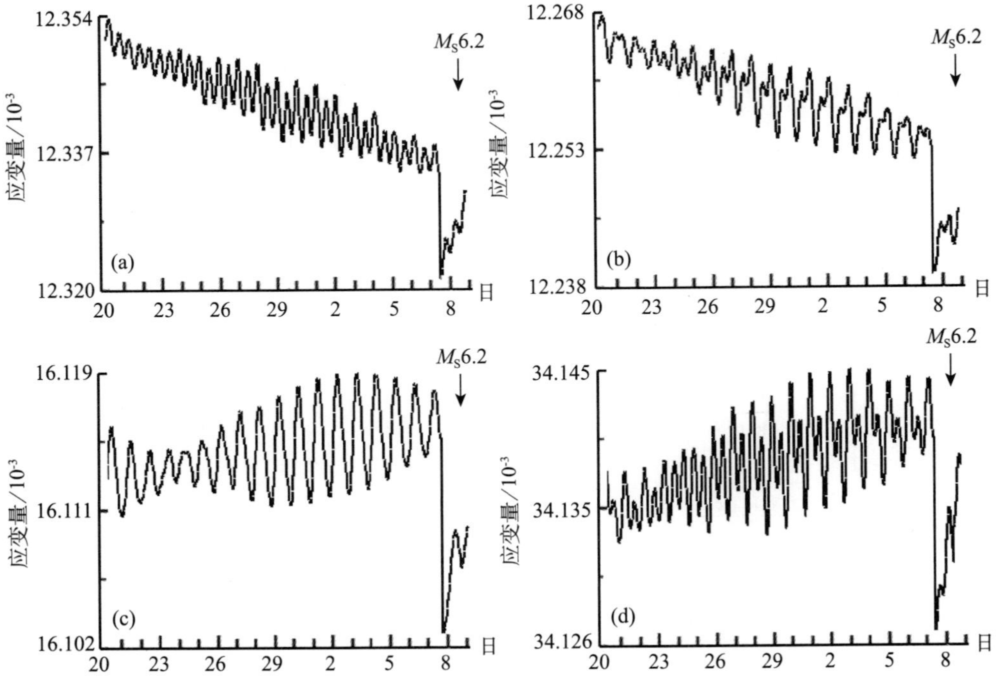

图 29　巴伦台钻孔应变分钟值曲线图

Fig. 29　Minute values of the borehole strain at Baluntai site

（a）北南分量；（b）东西分量；（c）北东分量；（d）北西分量

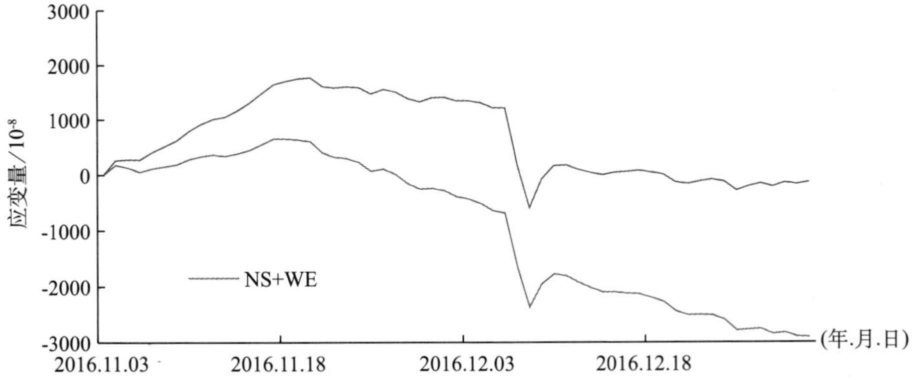

图 30　巴伦台分量应变的面应变一致性

Fig. 30　Surface strain consistency of the borehole strain at Baluntai site

13）北天山地震带跨断层流动水准垂直向变化

根据新疆地震测绘研究院 2016 年 4 月与 9 月两期的跨断层流动水准场地变化，北天山地震带（吉木萨尔—伊宁）跨霍尔果斯断裂的测线相对其他测线变化虽然有所增大（表 11），局部应力增强，但监视区其他测区垂直运动水平较弱（图 31），异常表现不明显，断层活动相对平稳。当时新疆地震局测绘院给出的地震预测意见是：在昌吉至石河子一带有 5.0 级左右地震的可能。

表 11 跨断层流动水准各场地近两期垂向观测值统计表

Table 11 Cross-fault flow level Near-two vertical observations of each site

测线名称	所跨断层	2016 年 4 月高差变化（mm）	2016 年 9 月高差变化（mm）
黄草梁	南山山前断裂	-1. 91	-0. 95
西山	西山断裂	0. 72	+0. 41
芦草沟	博格达弧型断裂	-2. 17	+3. 55
泉子街	博格达弧型断裂	-0. 46	
庙尔沟	准噶尔南缘断裂	-0. 36	+0. 04
大丰 1-2	霍尔果斯断裂	0. 10	+2. 63
大丰 3-2	霍尔果斯断裂	-1. 06	+4. 37
红山嘴	霍尔果斯断裂	1. 23	-2. 49
卡子湾	霍尔果斯断裂	-1. 39	-4. 17
宁家河	准噶尔南缘断裂	0. 37	-0. 01
独山子 1-3	独山子—安集海断裂	0. 35	-0. 28
独山子 5-3	独山子—安集海断裂	0. 21	+0. 34
巴音沟	准噶尔南缘断裂	0. 31	-0. 54
古尔图	托托阿拉沟断裂	0. 00	-1. 02
伊宁	伊犁盆地北缘断裂	3. 62	-1. 02

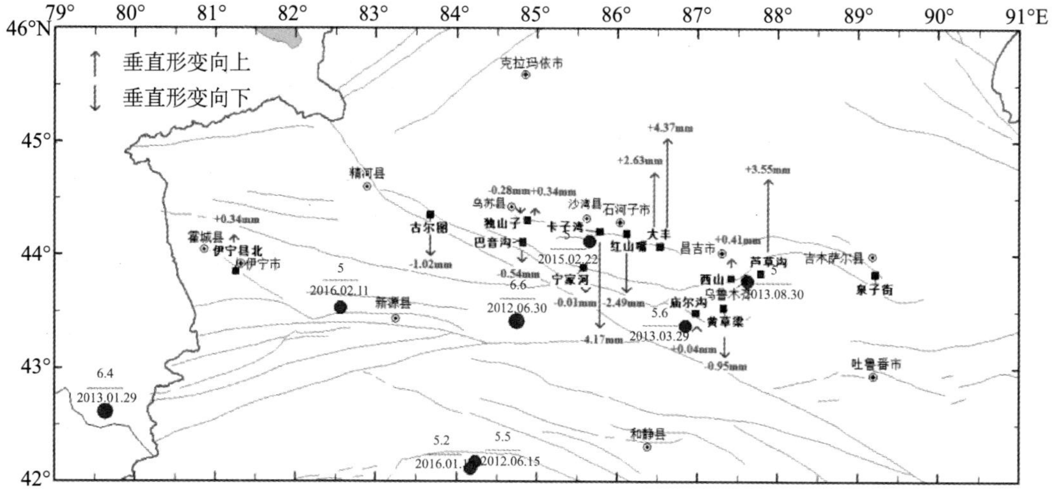

图 31 北天山跨断层流动水准场地垂直向变化量分布图

Fig. 31 Flow pattern of vertical flow in the North Tianshan cross - fault flow level

14）北天山地区重力场

2015 年 9 月至 2016 年 9 月的一年变化尺度重力观测图显示（图 32），天山中段地壳运动比较活跃，零线基本沿着乌鲁木齐—石河子—精河向西延伸至种蜂场后折回乔尔玛，并在新源至乔尔玛一线形成正负值交替区域。

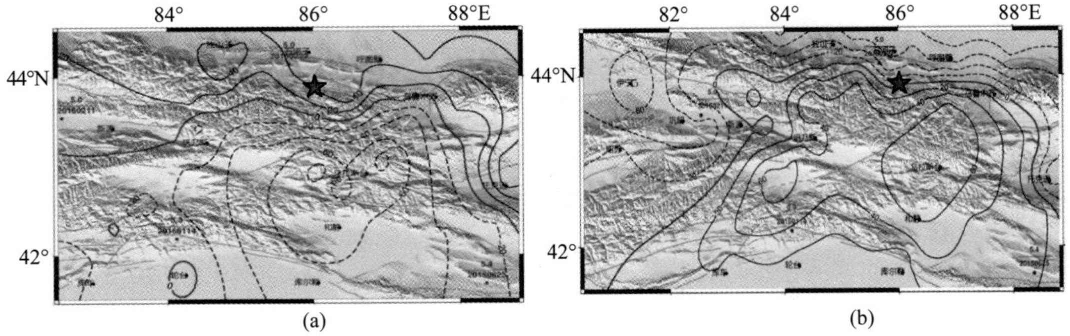

图 32　北天山地区重力场年尺度变化特征图

Fig. 32　Characteristics of Gravity Field in the north Tianshan area

（a）2014. 08～2015. 09；（b）2015. 09～2016. 09

从半年尺度重力变化图中（图 33），零线一条沿着乌鲁木齐—和硕—轮台方向，另一条沿着昌吉、石河子至沙湾、精河向西延伸至伊宁县、巩留区域。地壳内物质向着天山中部区域运动集中并在巴伦台以及巩乃斯、新源一带形成了高值区域，该区域重力值变化范围在 $3\times10^{-8}\sim50\times10^{-8}\mathrm{m\cdot s^{-2}}$。托克逊地震后该区域重力值由正转负，处于反向调整阶段。从重力剖面变化特征来看，以乌鲁木齐为中心的重力变化剖面显示该地区重力处于增强的趋势，说明该地区正处于地壳物质运动增强的过程。

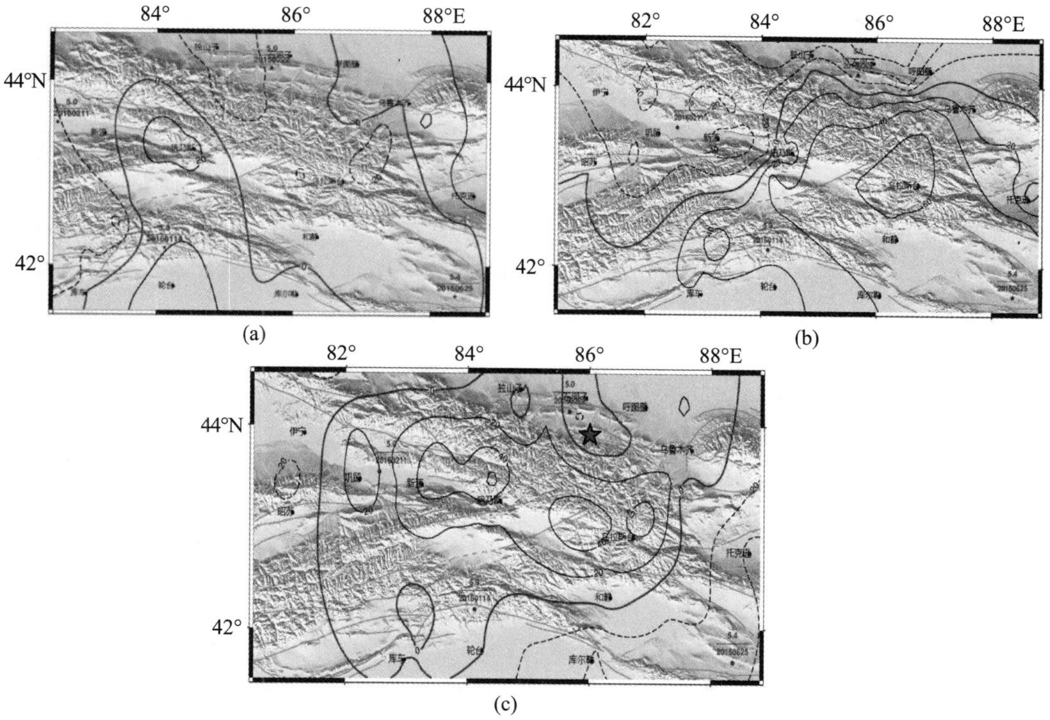

图 33 北天山地区重力场半年尺度变化特征图

Fig. 33 Semi-annual scale of gravity field in northern Tianshan area

（a）2015. 05～2015. 09；（b）2015. 09～2016. 05；（c）2016. 05～2016. 09

七、地震前兆异常特征分析

1. 地震活动特征分析

2011 年 6 月以来新疆境内中强地震异常活跃，发生了 37 次 5 级以上地震，其中包含 6 次 6 级地震和 1 次 7 级地震，这些地震在“时间上呈现连发活动，空间上呈现多带分布”的活动状态。2014 年于田 7.3 级地震后，新疆中强地震活动减弱，2015 年皮山 6.5 级地震是其后最大地震，震后境外连续发生了 4 次 6 级和 2 次 7 级地震，而境内中强地震平静，呈现出“境外活跃、境内平静”的活动状态，2016 年 1～2 月轮台 5.3 级和新源 5.0 级地震的发生打破了这种状态，其后境内中强以上地震再次出现了长达 288 天平静。天山中段 2011 年以来发生 12 次 5 级以上地震，包含 2 次 6 级地震，地震活动在时间上呈现“活跃—平静”的状态，空间上呈现“北部活跃、南部平静”的状态，2015 年以来，天山中段中强地震再次出现活跃，连续发生了 4 次 5 级地震，其中 3 次地震分布在北天山地震带。呼图壁 6.2 级地震即发生在这种时间上较为活跃、空间上较为集中的背景下。

呼图壁 6.2 级地震前，震区及周围测震学异常仅有 4 级地震平静，3、4 级地震增强和 2 级地震条带 3 条异常，与 2011 年尼勒克、巩留 6.0 级地震前测震学异常有 13 条，2012 年新源、和静 6.6 级地震前 6 条测震学异常相比，此次地震前异常明显偏少。随时间逐步临近发震时刻，震前构成异常的震级下限逐步减小，地震活动状态由平静逐步转为增强，地震异常区域由大范围逐步向震中附近集中。

2. 前兆异常特征分析

（1）前兆异常观测台项少。呼图壁 6.2 级地震位于新疆前兆台站分布较为密集的区域，震中 300km 范围内有 34 个观测台站、79 个观测台项，但该地震前仅出现 11 条前兆异常，占总数的 16.45%。2011 年尼勒、巩留 6.0 级地震周围 200km 范围内有 17 个观测台项，震前出现了 11 条前兆异常，占总数的 64.7%；2012 年新源、和静 6.6 级地震 300km 范围内有 51 个观测台项，震前出现了 27 条前兆异常，占总数的 52.9%。对比分析可知，此次地震前前兆观测项目异常明显偏少。

（2）此次呼图壁 6.2 级地震震前异常以长趋势异常为主，中短期异常为辅。11 条前兆异常中，趋势异常 7 条，其中 4 条为形变类，仅有 4 条为短期异常，主要是流体学科出现的异常。

（3）趋势异常随时间由震中附近地区向外扩展，即榆树沟—阜康—库尔勒，其后异常逐步由趋势转为短期，异常随时间又逐步由远项震源区附近迁移，即库尔勒—温泉—霍尔果斯断裂—乌鲁木齐。空间上表现出由近及远、又由远及近的分布特征。

呼图壁 6.2 级地震发生在天山北麓，发震构造为齐古背斜以南深部隐伏逆冲断坡上的一条反冲断层。由图 14 可知，震中 200km 范围内的前兆观测台站均位于断裂北盘，即被动盘，可能是造成震前前兆异常比例较少的原因。

八、震前预测、预防和震后响应

1. 震前预测、预防

呼图壁 6.2 级地震距中国地震局划定的 2016 年度危险区约 57km，发生在新疆地震局 2016 年度划定的中强地震值得注意区的边缘。呼图壁 6.2 级地震前，测震学存在 4 级地震平静、3 级地震异常增强区与 2 级地震条带 3 条异常，在年度危险区判定时，仅存在地震平静、地震异常增强区 2 条异常，且地震平静区附近已发生 2015 年 2 月 22 日乌苏 5.0 级和 6 月 25 日托克逊 5.4 级地震，以往震例显示该平静区对该区 5 级地震具有预测意义，这 2 次 5 级地震后，认为该异常基本可以交代；后续仅作为关注项进行跟踪。定点前兆学科方面，主要以趋势和中期异常为主，震区附近仅有榆树沟洞体应变、阜康倾斜以及 10 泉水氡和氦气存在趋势或中期异常，总体异常比例偏低，这是我们将该区作为中期地震值得注意区的原因。

基于资料变化，在 2016 年 11 月月会商会新疆地震局提出“未来一个月新疆地震活动水平可能高于本月，存在发生中强地震的可能，危险区域为天山中段和柯坪块体”，提出一定程度的短期预测意见。

新疆地震局测绘院在 2016 年 10 月编写的 2017 年度新疆地震震情会报告中提出，依据根据 2011 至 2016 年流动 GPS、2011～2015 年“陆态网络”GNSS、2012～2016 年跨断层流动水准、1980～2016 年跨断层激光测距观测结果的分析认为，“2017 年度天山中段有发生

5.5 级左右地震的可能”(4)。但在震前没有填报短临预报卡。

2. 震后响应

地震发生后，中国地震局立即启动地震应急Ⅲ级响应，受中国地震局党组委派，震灾应急救援司赵明司长带领中国地震台网中心、应急搜救中心、工程力学研究所、第二形变监测中心以及上海、山西、贵州、陕西、甘肃、青海、宁夏等 12 个省地震局和直属单位的 40 位专业技术人员紧急赶赴震区，协助灾区政府开展地震现场应急工作。

自治区地震局也在第一时间派出 51 人的地震现场应急工作队赶赴灾区。与此同时，强烈有感范围内的昌吉州、塔城、克拉玛依、石河子以及乌鲁木齐等地州市地震局迅速启动预案赶赴各自辖区开展工作。

在现场应急指挥部的领导下、在震区各级党委政府的协助下，来自系统 18 家单位百余名现场工作队员围绕震中及周边区域开展了地震流动监测、震情趋势判定、烈度评定、灾害调查评估、科学考察等现场应急工作，历时 6 天，累计行程 20000 余千米，对震区 7 个县（市）的 35 个乡（镇、场）展开了调查，顺利完成此次地震的灾害调查、烈度评定及损失评估等工作。

3. 震后余震监测及趋势判定

呼图壁 6.2 级地震发生后，新疆地震局在震中 100km 范围内架设了 2 个流动测震台，并将数据入网，实现数据交换与共享，密切跟踪序列的发展。

此次 6.2 级地震后，新疆地震局即刻召开紧急会商会，对震区地震趋势做出了快速准确的判断2)；之后连续几天进行加密会商，动态跟踪和研判震区地震趋势，开展了历史震例、序列参数、震源机制和视应力、振幅比等序列跟踪分析，提出“呼图壁 6.2 级地震序列为主-余型的可能性较大，震区发生更大地震的可能性不大”的预测意见。

九、结论与讨论

1. 结论

（1）震源机制解计算结果显示，该地震为逆断型，节面Ⅰ走向 283°、倾角 60°、滑动角 60°，节面Ⅱ走向 152°、倾角 41°、滑动角 131°，重新定位的呼图壁 6.2 级地震余震序列分布显示断层面 N 倾，综合地震序列空间分布特征、震源机制以及震源区地质构造情况，初步判定 N 倾的节面Ⅰ为主破裂面，推测呼图壁 6.2 级地震发震构造可能为齐古背斜以南深部隐伏逆冲断坡上的一条反冲断层。但需要注意的是，节面Ⅰ高倾角，与定位给出的缓倾角断面仍存在一定的不协调性。

（2）余震序列频度衰减迅速。余震主要集中在震后 1 个月，地震强度明显衰减。主震能量占整个主震能量释放较为充分，占总序列能量的 99.17%。最大余震为 M_L4.5（M_S4.0），主震与最大余震的震级差 ΔM 为 2.2；b 值与背景值基本一致，h 值表现出主余型地震序列的特征。综合分析认为，呼图壁 6.2 级地震序列为主—余震型。

（3）震中位于新疆监测能力最强地区。300km 范围内有 27 个测震台、34 个定点前兆台，79 个观测项目及流动 GPS、重力、地磁观测网。但震前数量较少，仅异常 14 条，其中测震学 3 条，主要是地震平静和增强；定点前兆异常或关注项共 9 条，主要是形变类的趋势异常和流体测项的短期异常。与其历史 6 级地震相比前兆异常比例明显偏少。

（4）地震宏观震中位于呼图壁县雀儿沟镇，极震区烈度为Ⅷ度，等震线长轴走向 NWW 向；地震造成 3 人轻伤，直接经济损失 27.4 亿元。

2. 讨论

（1）呼图壁 6.2 级地震距中国地震局划定的 2016 年度危险区约 57km，发生在新疆地震局 2016 年度划定的中强地震值得注意区的边缘。呼图壁 6.2 级地震前，测震学存在的平静区、增强区异常对地点具有一定预测意义；但由于该区这 2 项异常，以往震例对应的地震强度主要是 5 级地震，因此，强度判定偏低，故仅划定了中强地震值得注意地区。由此看来仅依据震例分析结果，存在较大的局限性。

定点前兆学科方面，主要以趋势和中期异常为主，震区附近仅有榆树沟洞体应变、阜康倾斜以及 10 泉水氡和氦气存在趋势或中期异常，总体异常比例偏低，这也是我们未将该区划定为危险区的原因之一。

天山中段是新疆地区监测能力最强的地区，此次地震前存在 14 条异常，且中短期异常比例总体偏低，特别是具有短期预测时间意义的异常更少。基于资料变化，新疆地震局 2016 年 11 月月会商会意见提出“未来一个月新疆地震活动水平可能高于本月，存在发生中强地震的可能，危险区域为天山中段和柯坪块体”，但未给出明确的地点判定意见。

（2）与新疆地区历史 6 级地震相比，6.2 级地震前各学科异常均偏少。6.2 级地震前只存在 3 条测震学异常，其中，乌鲁木齐—新源—库尔勒地区 4 级地震平静区和乌鲁木齐—吐鲁番地区 3、4 级地震的异常增强区对地点具有一定预测意义；而 2 级地震条带形成时间短，震例少，异常信度不高，震前仅作为关注项跟踪。震中 300km 范围内存在榆树沟洞体应变、阜康水管仪及库尔勒水平摆倾斜等 5 条定点前兆趋势异常；仅新 10 号泉氦气、乌鲁木齐和克拉玛依地磁、巴伦台钻孔应变 3 条异常具有中短期预测意义，巴伦台钻孔应变异常出现在震前 1 天，且占总台项的 16.45%。流动 GPS 和流动重力变化的异常幅度不显著。总体而言，该地震的前兆特征为虽有一定的强震背景，但中短期异常比例低，异常幅度小。

此次地震发生在天山北麓，发震构造为逆冲性质，灾区南部中高山无人区为断层主动盘，灾区北部人口密集居住的山前地区为断层被动盘。由呼图壁 6.2 级地震附近定点前兆台站分布图，震中 200km 范围内的前兆观测台站基本分布在北面，处在此次地震发震构造的被动盘，而在主动盘的测项较少，可能是造成此次地震前定点前兆异常比例较少的原因。

（3）呼图壁 6.2 级地震发生在新疆监测能力较强的区域，在震前 300km 范围内有一些定点前兆的趋势异常，但中短期异常测项较少，因此年未能提出较为准确的中短期预测意见。在今后的震情跟踪分析过程中，我们应重点深入做好以下几方面的工作：一是提升数据跟踪分析研判能力，推进新技术、新方法的应用；二是加强指标体系与干扰库的应用，及时准确把握数据异常性质；三是在强震背景明显的情况下，如何认识震中区定点前兆测项震前中短期异常变化不显著的现象，为我们在发震地点的判定上提供新的思路。

参 考 文 献

[1] 常想德、孙静、谭明等，2016 年新疆呼图壁 6.2 级地震房屋震害及成因浅析，震灾防御技术，12 (1)：1~13，2017

[2] 罗炬、陈建波、常想德等，2016 年 12 月 8 日新疆呼图壁 M_S6.2 地震烈度分布初探，震灾防御技术，12 (1)：24~30，2017

[3] 李帅、常想德、罗炬等，2016 年 12 月 8 日新疆呼图壁 M_S6.2 地震震害调查分析，震灾防御技术，12 (1)：14~23，2017

[4] 邓起东、冯先岳、张培震等，天山活动构造，北京：地震出版社，2000

[5] 王春镛、楼海、魏修成等，天山北缘的地壳结构和 1906 年玛纳斯地震的地震构造，地震学报，23 (5)：460~470，2001

[6] 黄媛、吴建平、张天中等，汶川 8.0 级大地震及其余震序列重定位研究，中国科学（D 辑）：地球科学，38 (10)：1242~1249，2008

[7] 刘和甫、梁慧社、蔡立国，天山两侧前陆冲断系构造样式与前陆盆地演化，地球科学—中国地质大学学报，19 (6)：727~741，1994

[8] 吕红华、李有利，天山北麓活动背斜带的变形特征，第四纪研究，30 (5)：1003~1011，2010

[9] Guan Shu-wei，Li Bei-liang，He Deng-fa et al.，Late Cenozoic active fold-and-thrust belts in the southern and northern flanks of Tianshan，Acta Geologica Sinica，81 (6)：725-744，2007

[10] Guan S W，Stockmeyer J M，Shar J H et al，Structural inversion，imbricate wedging，and out-of-sequence thrusting in the southern Junggar fold-and thrust belt，northern Tian Shan [J]，China，AAPG Bulletin，100 (9)：1443-1468，2016

[11] 刘建明、王琼、李金等，2016 年 12 月 8 日呼图壁 M_S6.2 地震序列重定位与发震构造，地震地质，40 (3)：566~578，2018

[12] 国家地震局预测预防司，地震短临预报的理论与方法，北京：地震出版社，1997

[13] 王筱荣，新疆强震前地震活动增强研究，华南地震，25 (1)：17~23，2005

[14] 王在华、滕海涛，新疆新源、和静交界 M_S6.6 地震前形变异常，内陆地震，26 (4)：347~353，2012

[15] 杨晓芳、崔勇、高小其等，新疆及哈萨克斯坦地下流体氦气震兆特征，地震地磁观测与研究，34 (1/2)：217~224，2013

[16] 曾小平、续春荣、赵明等，地球磁场对太阳风的加卸载回应与地震，地震地磁观测与研究，17 (1)：49~53，1996

[17] 冯志生、王建宇、蒋延林等，地磁垂直分量日变幅逐日比及其与地震关系的探讨，华南地震，02：20~27，2001

[18] 张翼、杨福喜、和锐，乌鲁木齐台地磁 Z 分量日变幅及其逐日比地震前兆分析，内陆地震，(01)：78~85，2007

[19] 冯志生、林云芳、王建宇等，地磁加卸载响应比的异常标志体系，地震，02：61~68，2000

[20] 朱燕、史勇军、巴克等，地磁加卸载响应比方法应用初探，内陆地震，15 (3)：232~239，2001

[21] 李霞、马玉虎、马震等，地磁 Z 分量日变幅加卸载响应比法在青海地区的应用，高原地震，(01)：14~18，2016

[22] 杨又陵、高国英，北天山西段中强地震前地倾斜异常的演化分析，大地测量与地球动力学，25 (1)：98~101，2005

参 考 资 料

1）新疆维吾尔自治区地震局，新疆呼图壁 6.2 级地震灾害损失评估报告，2016

2）新疆地震局预报中心，（2016）第 87 期，（总字）第 1330 期震情监视报告，2016

3）新疆地震局预报中心，（2016）第 75 期，（总字）第 1318 期震情监视报告，2016

4）刘建明、聂晓红、李金等，2016 年 12 月 8 日呼图壁 M_S6.2 地震序列及后续地震趋势分析，2016

5）国家地震科学数据共享中心，http：//www.smsd-iem.net.cn/selnewxjx1.asp? id=823，2016

6）新疆维吾尔自治区地震局，新疆维吾尔自治区 2017 年度地震趋势研究报告，2016

7）新疆维吾尔自治区地震局，异常核实——2016 年 8 月 15 日新疆温泉台水平摆，2016

8）新疆地震测绘研究院，形变观测资料 2017 年度会商报告，2016

9）李瑞、艾力夏提·玉山、陈丽等，新疆区域重力场变化特征暨 2017 年度地震趋势分析，2016

The M_S 6.2 Hutubi Earthquake on December 8, 2016 in Xinjiang Uygur Autonomous Region

Abstract

The M_S6.2 earthquake occurred on December 8, 2016, with t a micro epicenter at 43.83 °N, 86.35 °E, in Hutubi county, Xinjiang Uygur Autonomous Region. The macro epicenter is located in the town of Quergou, Hutubi county; the intensity of the earthquake is Ⅷ degree, long axis to NWW, involving Quergou town in Hutubi county and Taxihe Kazakh town in Manasi county. Earthquake caused three minor injuries, some housing and facilities damage, direct economic losses of 2.74 billion Yuan.

The seismic sequence is the main shock-aftershock type. As of June 7, 2017, according to the Xinjiang seismic network positioning results, there are a total of 738 aftershock with the magnitude of $M_L \geqslant 1.0$. The maximum aftershock is M_L 4.5, and most of the strong aftershocks with $M_L \geqslant 4.0$ occur mainly in the first day after the main shock. From the spatial distribution point of view, aftershocks concentrated in the Qingshuihezi fault strike to NEE direction. The Qingshuihezi fault zone is the boundary fault between the Paleozoic and the Cenozoic in the north Tianshan fault fold belt. The total length is 280km, the overall direction is 280°, and the south slope of the section is 90°–75°. And it's a case of thrusting Holocene active faults.

Earthquake focal mechanism solution results show that it's reverse fault earthquake. The main compressive stress of the earthquake is NNW (357°) and the inclination is 26°. Fault plane I strike 283°, dip 60°. According to the precise positioning results derived, the focal mechanism and geological structure in the source region, a comprehensive analysis of the M_S6.2 earthquake seismogenic structure may be a backthrust on the deeper concealed reverse thrust slope in the south Qigu anticline..

There are 27 seismic stations, 34 fixed-point foreground stations, with 79 observation projects and mobile GPS, gravity and geomagnetic observation networks within 300km of epicenter. Before the earthquake there are abnormalities of seismic quiescence, seismic enhancement area, seismic strip, ground tilt, GPS, flow gravity, and geomagnetism. There are a total of 14 anomalies before the earthquake, including 3 seismological abnormalities, and 9 fixed-point precursors or items of interest. The proportion of earthquake anomalies in the earthquake is only 11.4%, and the amplitude of the anomaly is small.

The earthquake is located about 57km away from earthquake dangerous area designated by China Earthquake Administration in 2016 annual conference and it's located about on the edge of mid-strong earthquake worth-noting area designated by Xinjiang Earthquake Administration. Based on data changes, on the seismic status meeting in November, Xinjiang Earthquake Administration proposed that "the level of seismic activity in Xinjiang in the next month may be higher than this month; there may be a strong earthquake in the middle of the Tianshan Mountains and the Keping block" .

After the earthquake, China Earthquake Administration immediately launched level Ⅲ earthquake response, and set up Field command composition. more than 100 field team members from the 18 units carry out the post-earthquake emergency response, site visits and aftershock rend analysis and other related work.

This paper carefully summarizes the abnormalities of before and after the 6. 2 earthquake, and discussed the shortcomings and causes of the short-term prediction of the magnitude 6. 2 earthquake.

报告附件

附件一：震例总结用表

附表1 固定前兆观测台（点）与观测项目汇总表

序号	台站（点）名称	经纬度（°）		测项	资料类别	震中距 Δ/km	备注
		φ_N	λ_E				
1	呼图壁	44.076	86.538	测震	Ⅰ类	31	
				地倾斜（摆式）	Ⅱ类		钻孔倾斜
				应力应变	Ⅱ类		钻孔应变
				自然电位	Ⅱ类		大地电场
				水准	Ⅱ类		
				地磁	Ⅱ类		
				水位	Ⅱ类		
				水温	Ⅱ类		
2	玛纳斯	44.133	86.117	地倾斜（摆式）	Ⅱ类	38	钻孔倾斜
3	石梯子	44.038	86.790	测震	Ⅰ类	42	
				应力应变	Ⅱ类		钻孔应变
4	石河子	44.180	86.010	测震	Ⅰ类	47	
				断层蠕变	Ⅱ类		
				应力应变	Ⅱ类		地应力
5	石场	43.932	85.667	测震	Ⅰ类	56	
				地倾斜（摆式）	Ⅱ类		石英摆
				地倾斜（摆式）	Ⅱ类		钻孔倾斜
				应力应变	Ⅱ类		分量式应变
6	巴仑台	42.940	86.660	测震	Ⅰ类	102	
				应力应变	Ⅱ类		分量式应变
				地倾斜（摆式）	Ⅱ类		钻孔倾斜

续表

序号	台站（点）名称	经纬度（°）		测项	资料类别	震中距 Δ/km	备注
		φ_N	λ_E				
7	乌鲁木齐	43.822	87.695	测震	Ⅰ类	108	
				应力应变	Ⅱ类		分量式应变
				应力应变	Ⅱ类		伸缩仪
				水准	Ⅱ类		
				重力	Ⅱ类		
	新20号井			水位	Ⅱ类		
	新15泉			氟离子	Ⅱ类		
				电导率	Ⅱ类		
				水氡	Ⅱ类		
	新10泉			流量	Ⅱ类		
				氦气	Ⅱ类		
				甲烷	Ⅱ类		
				氮气	Ⅱ类		
				氩气	Ⅱ类		
				二氧化碳	Ⅱ类		
				氟离子	Ⅱ类		
				硫化物	Ⅱ类		
				电导率	Ⅱ类		
				水氡	Ⅱ类		
				水汞	Ⅱ类		
				水位	Ⅱ类		
	新09泉			水氡	Ⅱ类		
				氟离子	Ⅱ类		
				电导率	Ⅱ类		
	新04泉			氦气	Ⅱ类		
				氮气	Ⅱ类		
				氩气	Ⅱ类		
				二氧化碳	Ⅱ类		
				氟离子	Ⅱ类		
				硫化物	Ⅱ类		
				电导率	Ⅱ类		

续表

序号	台站（点）名称	经纬度（°）		测项	资料类别	震中距 Δ/km	备注
		φ_N	λ_E				
	新04井			水位	Ⅱ类		
				水温	Ⅱ类		
				水电流	Ⅱ类		
	新05井			动水位	Ⅱ类		
	新06井			静水位	Ⅱ类		
	新11井			水位	Ⅱ类		
				水温	Ⅱ类		
	新03井			水位	Ⅱ类		
8	阜康	43.938	88.117	应力应变	Ⅱ类	142	伸缩仪
				地倾斜（连通管）	Ⅱ类		水管仪
9	小泉沟	42.090	86.020	应力应变	Ⅱ类	195	分量式应变
10	吉木萨尔	44.080	88.830	应力应变	Ⅱ类	200	分量式应变
				地倾斜（摆式）	Ⅱ类		钻孔倾斜
11	巴音布鲁克	42.920	84.160	地倾斜（摆式）	Ⅱ类	205	钻孔倾斜
12	库尔勒	41.815	86.191	测震	Ⅰ类	224	
				地倾斜（摆式）	Ⅱ类		垂直摆
				地倾斜（摆式）	Ⅱ类		水平摆
				断层蠕变	Ⅱ类		
				应力应变	Ⅱ类		伸缩仪
				应力应变	Ⅱ类		体应变
				地倾斜（连通管）	Ⅱ类		水管仪
				重力	Ⅱ类		
				氢气	Ⅱ类		
13	库米什	42.200	88.100	测震	Ⅰ类	231	
				应力应变	Ⅱ类		分量式应变
				地倾斜（摆式）	Ⅱ类		钻孔倾斜
	39泉			气氡	Ⅱ类		

续表

序号	台站（点）名称	经纬度（°）		测项	资料类别	震中距 Δ/km	备注
		φ_N	λ_E				
14	克拉玛依	45.644	84.855	测震	Ⅰ类	233	
				地倾斜（摆式）	Ⅱ类		垂直摆
				自然电位	Ⅱ类		大地电场
				地磁	Ⅱ类		
15	那拉提	43.400	83.300	测震	Ⅰ类	251	
				地倾斜（摆式）	Ⅱ类		钻孔倾斜
16	新源	43.409	83.269	测震	Ⅰ类	253	
				应力应变	Ⅱ类		分量式应变
				地倾斜（摆式）	Ⅱ类		钻孔倾斜
17	奇台江布拉克	43.560	89.770	地倾斜（摆式）	Ⅱ类	277	钻孔倾斜
18	精河	44.618	82.974	测震	Ⅰ类	281	
				地倾斜（连通管）	Ⅱ类		水管仪
				地倾斜（摆式）	Ⅱ类		水平摆
				应力应变	Ⅱ类		伸缩仪
19	轮台	41.800	84.200	测震	Ⅰ类	287	
				地倾斜（摆式）	Ⅱ类		钻孔倾斜
20	尼勒克	43.730	82.610	测震	Ⅰ类	301	
				应力应变	Ⅱ类		分量式应变

分类统计	$0<\Delta\leqslant100$km	$100<\Delta\leqslant200$km	$200<\Delta\leqslant300$km	总数
测项数 N	8	20	10	
台项数 n	18	47	32	
测震单项台数 a	4	2	8	
形变单项台数 b	5	5	10	
电磁单项台数 c	1	0	1	
流体单项台数 d	1	1	2	
综合台站数 e	1	1	2	
综合台中有测震项目的台站数 f	1	1	2	
测震台总数 $a+f$	5	3	10	
台站总数 $a+b+c+d+e$	12	9	23	
备注				

附表2 测震以外固定前兆观测项目与异常统计表

序号	台站（点）名称	测项	资料类别	震中距Δ/km	按震中距Δ范围进行异常统计														
					0<Δ≤100km					100<Δ≤200km					200<Δ≤300km				
					L	M	S	I	U	L	M	S	I	U	L	M	S	I	U
1	呼图壁	地倾斜	Ⅱ类	31	—	—	—	—	—										
		应力应变	Ⅱ类		—	—	—	—	—										
		自然电位	Ⅱ类		—	—	—	—	—										
		水准	Ⅱ类		—	—	—	—	—										
		地磁	Ⅱ类		—	—	√	—	—										
		水位	Ⅱ类		—	—	—	—	—										
		水温	Ⅱ类		—	—	—	—	—										
2	玛纳斯	地倾斜	Ⅱ类	38	—	—	—	—	—										
3	石梯子	应力应变	Ⅱ类	42	—	—	—	—	—										
4	石河子	断层蠕变	Ⅱ类	47	—	—	—	—	—										
		应力应变	Ⅱ类		—	—	—	—	—										
5	石场	地倾斜	Ⅱ类	56	—	—	—	—	—										
		应力应变	Ⅱ类		—	—	—	—	—										
6	巴仑台	应力应变	Ⅱ类	102						—	—	—	√	—					
		地倾斜	Ⅱ类							—	—	—	—	—					
7	乌鲁木齐	应力应变	Ⅱ类	108						—	√	—	—	—					
		水准	Ⅱ类							—	—	—	—	—					
		重力	Ⅱ类							—	—	—	—	—					
		水位	Ⅱ类							—	—	—	—	—					

续表

序号	台站（点）名称	测项	资料类别	震中距Δ/km	按震中距Δ范围进行异常统计														
					0<Δ≤100km					100<Δ≤200km					200<Δ≤300km				
					L	M	S	I	U	L	M	S	I	U	L	M	S	I	U
	乌鲁木齐	氟离子	Ⅱ类	108						—	—	—	—	—					
		电导率	Ⅱ类							—	—	—	—	—					
		水氡	Ⅱ类							—	V	—	—	—					
		流量	Ⅱ类							—	—	—	—	—					
		氦气	Ⅱ类							—	V	—	—	—					
		甲烷	Ⅱ类							—	—	—	—	—					
		氮气	Ⅱ类							—	—	—	—	—					
		氩气	Ⅱ类							—	—	—	—	—					
		二氧化碳	Ⅱ类							—	—	—	—	—					
		硫化物	Ⅱ类							—	—	—	—	—					
		水汞	Ⅱ类							—	—	—	—	—					
		水温	Ⅱ类							—	—	—	—	—					
		水电流	Ⅱ类							—	—	—	—	—					
8	阜康	应力应变	Ⅱ类	142						—	—	—	—	—					
		地倾斜	Ⅱ类							—	V	—	—	—					
9	小泉沟	应力应变	Ⅱ类	195						—	—	—	—	—					
10	吉木萨尔	应力应变	Ⅱ类	200						—	—	—	—	—					
		地倾斜	Ⅱ类							—	—	—	—	—					
11	巴音布鲁克	地倾斜	Ⅱ类	205											—	—	—	—	—

续表

序号	台站（点）名称	测项	资料类别	震中距Δ/km	按震中距Δ范围进行异常统计														
					0<Δ≤100km					100<Δ≤200km					200<Δ≤300km				
					L	M	S	I	U	L	M	S	I	U	L	M	S	I	U
12	库尔勒	地倾斜	Ⅱ类	224											—	V	—	—	—
		断层蠕变	Ⅱ类												—	V	—	—	—
		应力应变	Ⅱ类												—	—	—	—	—
		重力	Ⅱ类												—	—	—	—	—
		氢气	Ⅱ类												—	—	—	—	—
13	库米什	应力应变	Ⅱ类	231											—	—	—	—	—
		地倾斜	Ⅱ类												—	—	—	—	—
		气氡	Ⅱ类												—	—	—	—	—
14	克拉玛依	地倾斜	Ⅱ类	233											—	—	—	—	—
		自然电位	Ⅱ类												—	—	—	—	—
		地磁	Ⅱ类												—	—	—	—	—
15	那拉提	地倾斜	Ⅱ类	251											—	—	—	—	—
16	新源	应力应变	Ⅱ类	253											—	—	—	—	—
		地倾斜	Ⅱ类												—	—	—	—	—
17	奇台江布拉克	地倾斜	Ⅱ类	277											—	—	—	—	—
18	精河	地倾斜	Ⅱ类	281											—	—	—	—	—
		应力应变	Ⅱ类												—	—	—	—	—
19	轮台	地倾斜	Ⅱ类	287											—	—	—	—	—
20	尼勒克	应力应变	Ⅱ类	301											—	—	—	—	—

续表

序号	台站（点）名称	测项	资料类别	震中距Δ/km	按震中距Δ范围进行异常统计														
					0<Δ≤100km					100<Δ≤200km					200<Δ≤300km				
					L	M	S	I	U	L	M	S	I	U	L	M	S	I	U
分类统计	台项	异常台项数			0	0	1	0	0	0	2	1	0	0	0	1	0	0	0
		台项总数			8	8	8	8	8	18	18	18	18	18	8	8	8	8	8
		异常台项百分比/%			0	0	13	0	0	0	11	5	0	0	0	13	0	0	0
	观测台站（点）	异常台站数			0	0	1	0	0	0	2	0	1	0	0	1	0	0	0
		台站总数			5	5	5	5	5	5	5	5	5	5	10	10	10	10	10
		异常台站百分比/%			0	0	20	0	0	0	40	0	20	0	0	10	0	0	0
	测项总数				8					20					10				
	观测台站总数				5					5					10				
备注																			

附件二：短期预报卡

秘密★一年

新疆维吾尔自治区

2016 年度地震趋势研究报告

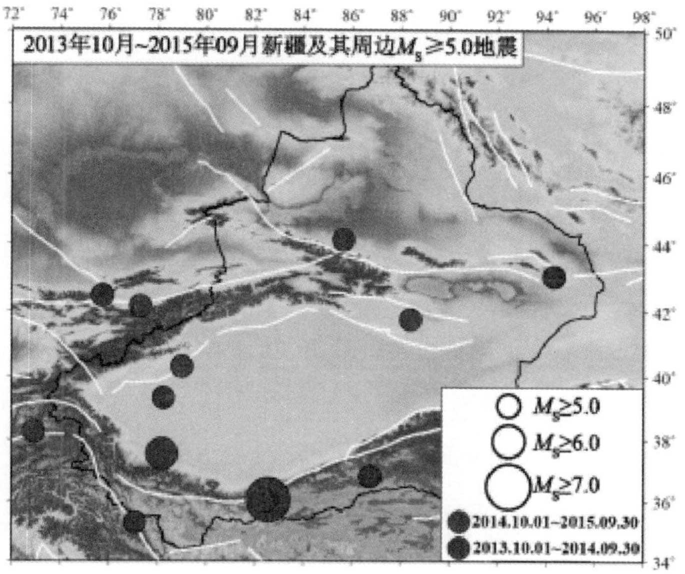

新疆维吾尔自治区地震局

二〇一五年十一月

5　结论

5.1　结论

2016 年度新疆地震趋势及重点危险区预测如下：

2016 年度新疆地震活动水平可能为 6－7 级，优势发震区域为南天山西段和天山中段。

南天山西段乌什－巴楚－喀什地区，2016 年度发生 6－7 级地震的可能比较大（P=0.71），危险区面积约为 5.60 万 km^2，包括乌什县、阿合奇县、柯坪县、阿克苏市、巴楚县、伽师县、阿图什市、岳普湖县、疏勒县、疏附县、乌恰县等。

天山中段新源－拜城－轮台地区，2016年度存在发生6级左右地震的可能(P=0.70)，危险区面积约为 6.33 万 km^2，包括特克斯县、昭苏县、巩留县、新源县、尼勒克县、和静县、拜城县，新和县、沙雅县、库车县、轮台县、库尔勒市等。

富蕴－布尔津、乌恰－阿克陶和托克逊－和硕地区为中强地震值得注意区。

5.2　问题与讨论

（1）地震趋势判定

2014 年于田 7.3 级地震后，新疆地区中强地震呈现起伏增强活动特征，2014 年 2 月 13 日－2014 年 12 月仅发生 2 次 5 级地震，呈现弱活动状态；2015 年 1－10 月呈现明显的增强活动趋势，发生了 4 次 5 级以上地震。统计分析显示，新疆地区 7 级地震后 1－2 年，境内地震活动水平以 5、6 级为主；中强地震连发活动状态震例类比分析显示，2014 年于田 7.3 级地震后，新疆地震活动强度可能有所减弱，活动水平可能为 6 级。由此 2014 年底提出了的综合判定意见为“2015 年度新疆地震活动水平低于 2014 年，有较大可能发生 6 级地震 ”。地震活动实况是 2015 年 7 月 3 日皮山发生了 6.5 级地震，2015 年地震年度趋势预测基本正确。

2014 年底我们识别出西昆仑中段存在 5 级地震空段、3.5 级地震低频度、7 级地震后 4 级地震增强区和 4 级地震条带、和田金属摆趋势 E 倾等背景异常，因此划定了塔什库尔干－叶城中强地震值得注意区，皮山 6.5 级地震发生在新疆地震局划定的该值得注意区边缘，但实际地震震级水平高于预测强度。此外，2015 年度地震趋势判定为，“2015 年度新疆发生 6 级的优势区域可能为南天山西段和天山中段 ”；但 2015 年度天山地区地震活动的最大震级水平为 5.4 级，趋势预测水平明显偏高。

在 2016 年度报告中，一方面，我们针对 2014 年于田 7.3 级地震后新疆地区中强地

震情监视报告

单 位	新疆地震局预报中心		会商会类型	月会商
期 数	（2016）第 75 期		会商会地点	局十四楼会商室
	（总字）第 1318 期		会商会时间	2016 年 11 月 23 日 10 时 30 分
主持人	杨 欣		发送时间	11 月 23 日 19 时 58 分
签发人	王海涛		收到时间	月 日 时
Apnet 网络编码		AP65	发 送 人	魏芸芸

2016 年 11 月 23 日，新疆地震局召开了震情月会商会，新疆地震局预报评审委员会成员，办公室、监测预报处、应急救援处、震害防御处、网络数据中心、监测中心、预报中心、地下流体研究中心、前兆台网中心、测绘院的负责人及分析预报人员参加了本次会议，围绕本月新疆地震活动和前兆观测资料异常变化对下个月新疆地区震情趋势进行了分析和讨论。另外，对近期境内强震紧迫性也进行了研讨，意见如下：

0. 上月预测意见评述

上月月会商提出的预测意见为：

（1）未来一个月新疆地区地震活动水平可能高于本月。

（2）乌鲁木齐地区未来一个月发生破坏性地震的可能性不大。

（3）未来一个月及稍长时间新疆地区存在发生中强地震的可能，危险区域为天山中段和南天山西段，关注西昆仑地震带。

本月新疆境内最大地震为2016年11月3日托克逊4.0级地震，地震活动水平高于上月。预测水平与实际基本相符。

1. 测震学资料跟踪分析

1.1 地震活动概况

2016年10月24日-11月20日，全疆共定位Ms≥1.0地震157次。震级分档统计如下：Ms1.0-1.9地震122次；Ms2.0-2.9地震24次；Ms3.0-3.9地震10次；Ms4.0-4.9地震1次。本月最大地震为2016年11月3日托克逊4.0级地震。边境地区共定位Ms≥1.0地震33次。分区统计情况如下：

富蕴地区5次（Msmax=3.6）；西准格尔地区1次（Msmax=1.4）；乌鲁木齐地区16次（Msmax=3.0）；北天山西段13次（Msmax=2.8）；中天山5次（Msmax=2.1）；南天山东段30次（Msmax=4.0）；柯坪块体16次（Msmax=3.0）；乌恰地区24次（Msmax=3.2）；西昆仑地区19次（Msmax=3.3）；阿尔金地区6次（Msmax=1.6）；其它地区22次（Msmax=1.9）。

本月新疆境内最大地震为2016年11月3日托克逊4.0级地震，活动水平高于上月，与历史平均活动水平相当。分区统计显示，富蕴、乌鲁木齐、中天山和南天山东段地震活动水平高于上月；西准格尔山地、阿尔金地区和其它地区地震活动水平低于上月；北天山西段、柯坪块体、乌恰地区和西昆仑地区地震活动水平与上月持平。

1.2 显著事件跟踪

（1）11月3日托克逊4.0级地震

本次地震距离托克逊县115km，距离吐鲁番市144km，距离库尔勒市199km。1970年以来震中50km范围内发生9次4级以上地震，其中2次5级以上地震。空间上距离本次地震最近的是1976年3月20日4.8级地震，距离此次地震为10km；时间上最近的是距此次地震12km的2015年6月25日5.4级地震。1970年以来，震区周围50km范围内地震序列以孤立型为主，本次地震序列类型为孤立型。本次4.0级地震的应力降为91.5bar，略高于该区历史4级地震背景应力降水平。震区周围历史地震震源机制解以走滑和逆冲型为主。P波初动方法计算得到本次地震震源机制为走滑型，P轴方位为238°。1970年以来，本次地震周围50km范围内发生了9次4级以上地震，其中有5组之后3个月内新疆境内有5级以上地震发生（55.6%）；一个月内发生的有2组（22.2%），优势发震地点为南天山西段-西昆仑。震中100km范围内没有前兆观测，震中300km范围内存在4项趋势异常，本次4.0级地震前未有明显短期异常变化。

④跟踪分析认为，未来 1 个月及稍长一段时间危险区及周边发生目标地震的可能性较小。

3.2 南天山西段危险区

①本月（2016 年 10 月 24 日-11 月 20 日）危险区地震活动水平高于上月，最大地震为 11 月 12 日阿图什 3.2 级地震。

②危险区目前存在柯坪块体 4 级地震平静打破、喀什-乌恰交汇区至南西昆仑中段 4 级地震平静、乌恰-伽师 5 级以上地震平静以及新疆境内 5 级和 4 级嵌套平静等异常；定点前兆观测存有乌什洞体应变、水管仪和乌什地磁 3 项趋势异常。

③关注 GPS、流动重力和地磁显示的乌恰-塔什库尔干、巴楚和乌恰-布伦口地区存在的背景异常。

④跟踪分析认为，未来 1 个月及稍长一段时间南天山西段发生目标地震的可能性不大。

4. 综合分析

（1）本月新疆地震活动继续呈现“内弱”特征，地震活动水平高于上月，3 级以上地震主要分布在天山中东段、柯坪块体和西昆仑地震带。2016 年 2 月 11 日新源 5.0 级地震后，疆内 5 级地震已平静 283 天，2016 年 11 月 3 日托克逊 4.0 级地震打破了自 8 月 13 日阿合奇 4.7 级地震后新疆境内 82 天的 4 级地震平静。历史震例统计，1970 年以来，新疆 5 级地震平静超过 242 天有 12 组，其后 1 年有 6 级地震对应的有 10 组（对应率 83.3%）；5 级地震平静中嵌套 4 级地震平静超过 60 天的有 7 组，有 5 组在半年内发生了 6 级地震，其中 4 组发生在一个月内，南天山西段有显著中强地震背景。

（2）乌恰-伽师地区自 2012 年 6 月 1 日开始出现 5 级地震平静，截止到 2016 年 11 月 20 日 5 级地震已经平静 1636 天，统计结果显示，1955 年以来，该区域 5 级地震平静超过 524 天有 13 组，其后 6 个月内该区域 6 级以上地震对应的有 9 组，需密切关注该区域中强地震活动。

（3）2016 年 2 月 2 日阿图什 4.1 级地震后，柯坪块体出现了 5.3 个月的 4 级地震平静，之后该平静被打破，连续发生了 7 月 10 日巴楚 4.3 级、7 月 19 日乌什 4.5 级和 8 月 13 日阿合奇 4.7 级 3 次 4 级地震，地震强度出现增强趋势，震例总结显示，柯坪块体 4 级地震平静超过 4 个月，其后发生 5 级以上地震的比例达 59%，柯坪块体是南天山西段地震活动相对活跃地区，有显著强震背景、需重点关注的地区。

（4）本月全疆定点前兆异常多为趋势异常，中短期异常数量较少。天山中段主要有新 21 泉动水位、温泉水平摆、艾其沟泥火山中短期异常；南天山西段没有中短期异常测项，西昆仑地区有和田金属摆的年变畸变趋势异常。

（5）新疆前兆异常指标体系总结显示，天山中段存在 7 项异常，与震例异常项数相比较少，短期发生 6 级以上地震的可能性不大；南天山西段存在 4 项异常，异常项数及类别均不及以往震例，发生 6 级以上地震的可能性较小。

（6）短期强震危险性研讨结果显示，下个月境内发生 6 级以上地震的可能性不大。

5. 结论与趋势预测

（1）未来一个月新疆地区地震活动水平可能高于本月。

（2）乌鲁木齐地区未来一个月发生破坏性地震的可能性不大。

（3）未来一个月及稍长时间新疆地区存在发生中强地震的可能，危险区域为天山中段和柯坪块体。

2016 年 12 月 20 日新疆维吾尔自治区且末 5.8 级地震

新疆维吾尔自治区地震局

李　金　张琳琳

摘　要

2016 年 12 月 20 日 18 时 04 分，新疆维吾尔自治区巴音郭楞州且末县发生 5.8 级地震，震源深度 9km，微观震中为 37.20°N、84.80°E，宏观震中位于且末县（37.25°N，84.81°E）。极震区烈度Ⅶ度，等烈度线形状呈椭圆形，长轴走向为 NEE 向。此次地震未造成人员伤亡，直接经济损失 9895 万元。

且末 5.8 级地震序列为孤立型，震后一周共记录余震 14 次，最大余震为两次 M_L2.4 地震。震源机制解结果显示，该地震为左旋走滑型地震，节面Ⅰ走向 261°、倾角 88°、滑动角 10°，节面Ⅱ走向 171°、倾角 80°、滑动角 178°；P 轴方位 NE 向（NE35°）、仰角 6°，结合烈度等震线分布，分析认为，节面Ⅰ为主破裂面，发震构造为阿尔金断裂。

且末 5.8 级地震发生在新疆监测能力较弱的地区，震中 200km 范围内只有 2 个测震台，震中区 300km 范围内仅有且末地磁 1 项观测。震前未出现明显的前兆异常，故新疆地震局未对此次地震做出中短期预测。地震发生后，新疆地震局立即启动应急响应，成立联合工作组前往灾区开展烈度评定、灾害调查评估、科学考察等现场应急工作。

地震后新疆地震局立即召开紧急会商会，根据震区历史地震情况，较为准确的把握了此次地震的震后趋势。

前　言

2016 年 12 月 20 日 18 时 04 分，新疆维吾尔自治区巴音郭楞州且末县发生 M_S5.8 地震。中国地震台网中心测定的微观震中为 37.20°N、84.80°E，震源深度 9km。此次地震的有感区域包括且末、民丰、若羌 3 县（市），其中且末县城震感强烈，和田地区民丰县叶亦克乡震感明显。宏观震中位于且末县（37.25°N，84.81°E），极震区烈度Ⅶ度。此次地震受灾人口约 16119 人，未造成人员伤亡，直接经济损失 9895 万元，属于一般地震灾害1)。

震区位于昆仑山内部的中高山区，新构造运动以来，受印度板块向北推挤的影响，喜马拉雅运动使昆仑山山体向塔里木盆地挤压，形成于田坳陷、且末断陷，昆仑山—阿尔金山断块急剧隆升，形成了现今的地貌景观。区内新构造活动强烈，活动断层发育，构造走向与山体走向一致，大都呈近 NEE 向延伸，主要集中分布在构造块体的边界上。此次地震微观震中位于阿尔金断裂的西段末端[1)]。1600 年以来，此地震震中 100km 范围内共发生 5 次 5 级以上地震，最大地震为 1924 年民丰 7¼级双震，距离此次地震 46km。从整个阿尔金带上的 5 级以上地震来看，该地震带约 2 年左右时间发生 1 次 5 级以上中强地震，在 1970 年至 1993 年 10 月若羌 6.6 级地震前，地震时间分布较为均匀。1993 年 10 月若羌 6.6 级地震后时间间隔逐渐拉长。在 2008 年 3 月于田 7.3 级发生前平静时长达 2972 天，为整个带上最长的一次震前平静时间。2011 年以来新疆中强地震多带连发的背景下，阿尔金地震带发生了 1 组 5 级以上地震，最大地震为 2014 年 2 月于田 7.3 级地震。其后阿尔金地震带基本处于平静状态，此次且末 5.8 级地震是在该带 4、5 级地震平静的背景下发生的。

此次且末 5.8 级地震发生在新疆监测能力较弱的地区，因此震前未识别出异常，新疆地震局未对 5.8 级地震做出中短期预测。

地震发生后，中国地震局、新疆地震局、且末县地震局等共 6 家单位组成现场联合工作队在震区进行了震害调查；新疆地震局监测中心前往震区架设测震流动台站 1 套（图 1）。

地震发生后，新疆地震局于当日 19 时 30 分召开紧急会商会。根据 1970 年以来震区 100km 范围内 5 级以上地震序列类型特征，初步判定，“这次地震为孤立型地震的可能性较大”[2)]，该判定结果与实际地震序列类型一致。此后 21、23 日又分别召开临时会商会对此次地震的后续资料变化进行了跟踪分析和判定。

此外与此次地震有关的文献和资料较少，本报告中给出的结果和认识更多代表了作者的观点。

一、测震台网及地震基本参数

表 1 列出了不同地震机构给出的且末 5.8 级地震的基本参数。此次地震基本参数采用中国地震台网中心正式目录给出的结果。

表 1　且末 5.8 级地震基本参数

Table 1　Basic parameters of the M_S5.8 Qiemo earthquake

编号	发震日期	发震时刻	震中位置（°）		震级		震源深度	震中地名	结果来源
	年.月.日	时：分：秒	φ_N	λ_E	M_S	M_W	(km)		
1	2016.12.20	18.04.38	37.25	84.81	5.8		9	且末	新疆台网
2	2016.12.20	18.04.38.9	37.20	84.80	5.8		9	且末	CENC
3	2016.12.20	18.04.39	37.16	84.97		5.6	10	且末	USGS
4	2016.12.20	18.04.43	37.30	84.90	5.6	5.5	26	且末	哈佛 CMT

图 1 给出了且末 5.8 级地震附近的测震台站分布情况。震中 100km 范围内仅有且末 1 个

测震台（震中距约 60km）；100～200km 范围有民丰 1 个测震台。震中附近的地震监测能力为 M_L2.0 左右。主震的定位精度为 1 类，余震均为且末单台记录。震后在震区架设了一个流动测震台（L6506），由于此次地震余震序列较少，因此架设流动台后对监测能力的提升情况难以论证。

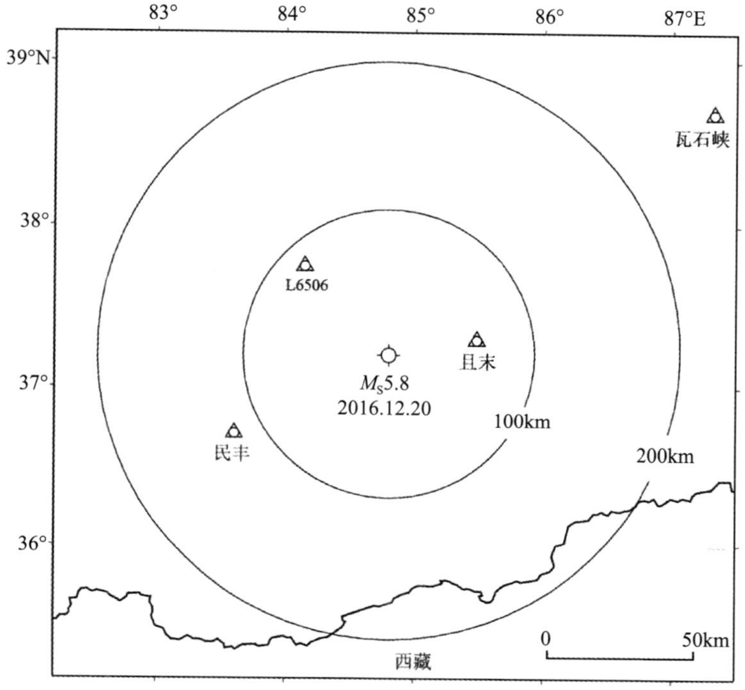

图 1　且末 5.8 级地震震中附近测震台站分布图

Fig. 1　Distribution of earthquake-monitoring stations around the epicenters of the M_S5.8 Qiemo earthquake

二、地震地质背景

2016 年 12 月 20 日且末 5.8 级地震发生在塔里木地块的东南部，地震震中位于阿尔金断裂带上。阿尔金断裂带为全新世活动的走滑断裂，该断裂带位于青藏高原西北缘，是中国西北地区一条重要的构造带，也是全球最大的走滑断裂带之一[1]，作为青藏高原北部边界的主要组成部分，其对中亚大陆构造的划分意义，近年来已成为青藏高原大陆动力学研究的热点。该地震位于阿尔金山布格重力异常的重力异常梯度带，异常梯度每千米为 $1.39\times10^{-5}m/s^2$，布格重力异常值为 $-350\times10^{-5}m/s^2$，地壳厚度约为 57km[2]。

阿尔金断裂带地处新疆、西藏、青海、甘肃交界的阿尔金山脉地区，西起新疆与西藏交界的拉竹龙，向 NEE 方向斜切昆仑山及祁连山，东端隐没于巴丹吉林沙漠之下，是一条 NEE 向左旋走滑断裂带，全长约 1600km，由多条长达数百千米的断裂组合而成，总体呈 NE70°方向直线状延伸，断层面倾角 70°以上。卫星影像上主干断裂具有舒缓波状的线性特征，地面上以狭窄断层谷、断层崖分布为特点[2~4]。现今阿尔金断裂带的形成和印度次大陆与欧亚大陆的碰撞和持续推挤以及青藏高原的隆升有关。作为柴达木—祁连山块体与塔里木块体之间的边界断裂带，现今在新构造应力场 NE—SW 向最大主应力作用下，造成阿尔金断裂以左旋走滑运动为主，兼有逆断运动分量[5]。利用地震矩反演的左旋剪切运动速率为 0.17mm/a[6]，中更新世以来，平均左旋走滑速率为 4.9±0.4mm/a。断裂带左旋走滑速率自西向东有规律地减弱，显示阿尔金断裂带南盘一系列 NW 向横向逆冲推覆构造转换、吸收了青藏高原北部东向的水平运动[7,8]。晚更新世晚期至全新时期阿尔金断裂带发生过 5 次古地震，平均复发周期为 800 年左右[9]，1900 年以来在阿尔金断裂带发生了 1924 年民丰 7¼级双震、1932 年昌马 7.6 级地震、2008 和 2014 年新疆于田 2 次 7.3 级地震。阿尔金断裂带晚第四纪以来的构造和地震活动非常活跃。对阿尔金深部构造的研究表明，由于塔里木地块的地壳向柴达木地块下部向南东插入，并受到阿尔金断裂带的切割和控制[10,11]。

作为中亚大陆内一条现今以左行走滑为主兼有逆冲的巨型构造带，阿尔金断裂带处于印度板块新生代向北强烈挤压，北部受塔里木和西伯利亚板块，东部受华北板块阻挡围限的大地构造背景中，它切割了青藏高原北部的不同构造单元，控制了高原北部的几何学特征及基本的构造格架，对调节印度/欧亚大陆碰撞作用产生的构造变形起着重要作用，新生代以来阿尔金断裂带发生多期次的走滑运动，并且在走滑过程中伴随着强烈的隆升作用[12~14]。它主要由 5 条近平行的 NEE 向断裂组成，由南向北依次为：阿尔金南缘断裂（即通常所说的阿尔金断裂）、阿尔金北缘断裂、米兰—红柳园断裂、且末—黑尖山断裂和罗布庄—星星峡断裂，组成断裂系的每条断裂由多条断裂组成，内夹持古老的地层岩片和控制中新生代拉分盆地，宽度可达数十千米，是在晚古生代形成的古阿尔金构造的基础上发展起来的[2,3]。

阿尔金断裂带东、西两端，是断裂后期发展延伸的产物，东端截断祁连山构造带，变为近 EW 走向的左行走滑逆断层，呈排列松散的雁列状分布，隐没于巴丹吉林沙漠之下[15,18]。阿尔金断裂西南端，斜切插入昆仑山构造带，交会区靠近印度板块“西触角”，是印度板块向北推挤的着力点，高应力积累、强地震活动、火山发育、温泉集中分布为其主要特点[16]。阿尔金构造带西南端呈 NE 向宽松展布的多字形，为张性突出的一系列左旋走滑正断层，西南端共有 3 个分支、呈向西撒开的帚状构造，其北面一支分布在硝尔库勒盆地，往西可延伸到喀拉塔什山南麓；中间一支分布在阿什库勒盆地，南面一支可一直延伸到郭扎错盆地[17]。

此次地震发生在阿尔金南缘断裂上，该断裂为阿尔金断裂带南端的分支断裂，该断裂总体走向为 60°~70°，左旋走滑兼逆断性质，沿断裂存在古地震地表破裂带，断裂的左旋走滑速率约为 5.0mm/a。此次 5.8 级地震周围 100km 范围内历史地震频度低、强度大，1600 年以来发生过 5 次 5 级以上地震，最大地震为 1924 年民丰 7¼级双震（图 2）。

2011 年以来，新疆中强地震呈现出时间连发、空间多带分布的特点，其中阿尔金地震带发生了 7 次 5 级以上地震，包括 1 次 6 级、1 次 7 级；其中该带西南端分别发生 2012 年 8 月的于田 6.2 级和 2014 年 2 月的于田 7.3 级地震，地震活动水平明显增强。2016 年 12 月 14 日若羌 5.0 级地震打破了该带 998 天的 5 级地震平静，5 天后（即 12 月 20 日），在距其约 500km 的且末再次发生一次 5.8 级地震。且末 5.8 级地震震区 4、5 级地震处于长期平静状态，震中 180km 范围内自 1963 年 5 月 7 日且末 5.0 级地震后，该区 5 级地震平静已达到 53 年，这两次 5 级地震相距 60km。自 2013 年 2 月 4 日 M_S4.6 地震后一直持续，4 级地震平静时长已将近 4 年，此次 5.8 级地震打破此平静。

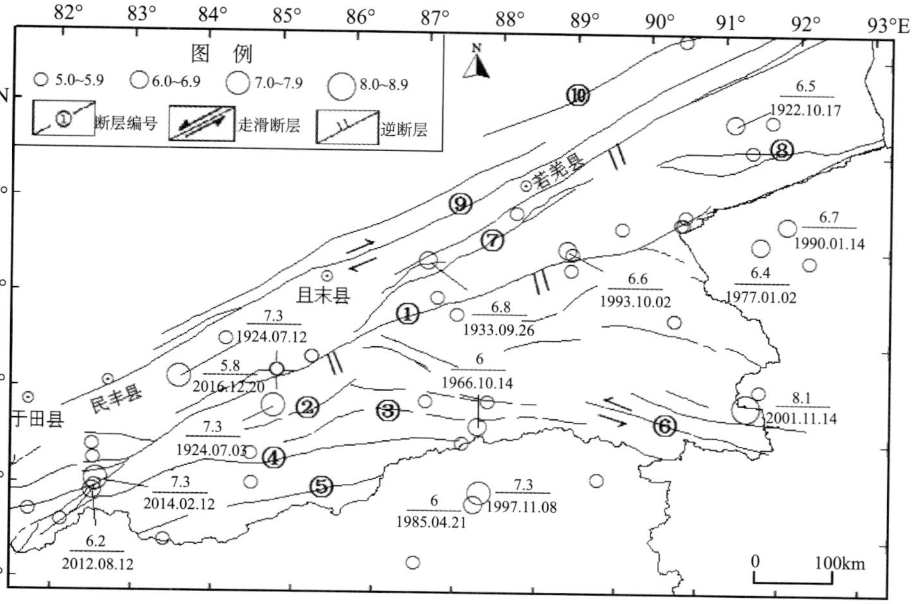

图 2　且末 5.8 级地震附近地震构造与历史地震

Fig. 2　Major faults and historical earthquakes around the M_S5.8 Qiemo earthquake

①阿尔金断裂；②塔什库勒断裂；③木孜塔格—鲸鱼湖断裂；④黑石北湖断裂；⑤卧牛湖断裂；⑥东昆仑断裂；⑦江尕勒萨依断裂；⑧红柳沟断裂；⑨矛头山断裂；⑩提山子断裂

三、震影响场和震害

1. 地震影响场

此次地震的有感区域包括且末、民丰、若羌 3 县（市），其中且末县城震感强烈，和田地区民丰县叶亦克乡震感明显。依据现场调查结果，震中主体位于且末县，震中海拔 2400m。通过对灾区 5 个乡（镇、场）28 个调查点展开实地调查，确定出此次地震的烈度图（图 3）。此次地震灾区最高烈度为Ⅶ度，等震线长轴总体呈 NEE 走向，Ⅵ度区及以上总面积为 3293km^2，主要造成且末县昆其布拉克牧场、阿羌乡 2 个乡（场）受灾。Ⅶ度区面积 205km^2，长轴 21km，短轴 13km，涉及且末县昆其布拉克牧场；Ⅵ度区面积 3088km^2，长轴 72km，短轴 58km，涉及昆其布拉克牧场、阿羌乡。灾区人口共 16119 人，4428 户，房屋毁坏和较大程度破坏造成失去住所人数共计 2408 人，602 户。经评估，地震造成直接经济损失为 9895 万元，属于一般破坏性地震，灾区恢复重建经费需 14212 万元。

2. 地震灾害

此次地震震区受灾居住房屋结构类型主要为土木结构（干打垒）房屋，震区多数住户已搬迁至县城附近并入住安居房，但灾区土木房屋仍保留作为夏季放牧生产用房，房屋老旧，年久失修，以局部裂缝为主，67.1%产生破坏，其中 41.8%中等以上破坏，2.1%房屋倒塌。震区老旧砖木结构房屋主要为乡镇公共用房，轻微破坏为主，目前已不使用，老旧砖

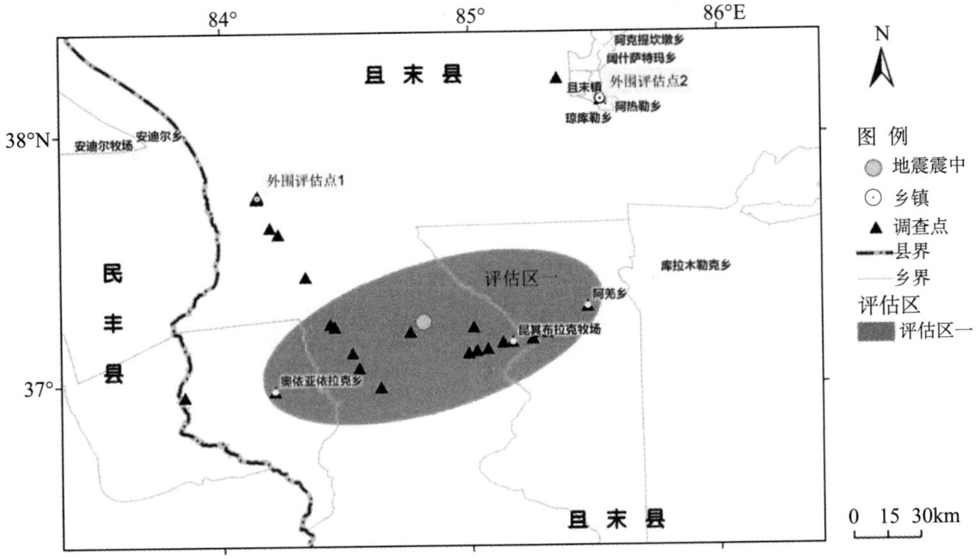

图 3　且末 5.8 级地震烈度等震线

Fig. 3　Isoseimal map of the M_S5.8 Qiemo earthquake

红色标识代表该点烈度为Ⅶ度，紫色为Ⅵ度，蓝色为Ⅴ度，空心标识为Ⅴ度以下

木结构房屋倒塌较少，主要为墙体老缝加大，比例较小。灾区外受场地影响，且末镇和第二师三十八团部分老旧土木结构（土坯房）和老旧砖木结构居住房屋破坏较重，砖混结构房屋均为基本完好，框架房屋有部分轻微破坏。

安居富民房屋抗震性能好，此次地震中未见明显破坏，个别房屋为早期建设时未设置顶圈梁，出现门窗洞口斜向裂缝。

此次地震附近没有强震动数据，因此不做分析。

四、地 震 序 列

截至 2017 年 2 月 28 日 10 时 00 分，新疆地震台网共定位且末 5.8 级地震余震 14 次，其中 M_L2.0~2.9 地震 3 次，M_L1.0~1.9 地震 5 次，M_L1.0 以下地震 6 次，最大余震为 M_L2.4 地震（图 4）。震后序列衰减迅速，未发生较强余震。且主震与次大地震的震级差 ΔM 满足序列类型判定标准 $\Delta M>2.4$，且且末 5.8 级地震释放的能量 E_M 与整个序列释放的能量 $E_{总}$ 之比 $E_M/E_{总}$ 为 99.99%，满足 $E_M/E_{总} \geq 99.9\%$。分析认为，2016 年 12 月 20 日且末 5.8 级地震序列属于孤立型。

表 2 给出了新疆地震台网定位的 $M_L \geq 1.0$ 级地震序列目录。图 5 为新疆地震台网给出的地震序列震中分布图。

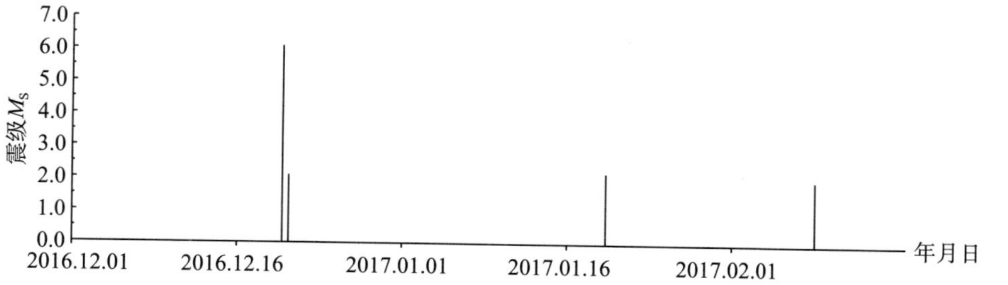

图 4　且末 5.8 级地震序列 M-T 图（$M_L \geqslant 2.0$ 级）

Fig. 4 M-T diagram of the M_S5.8 Qiemo earthquake sequence（$M_L \geqslant 2.0$）

表 2　且末 5.8 级地震序列目录（$M_L \geqslant 1.0$ 级）

Table 2　Catalogue of the M_S5.8 Qiemo earthquake sequence（$M_L \geqslant 1.0$）

编号	发震日期	发震时刻	震中位置（°）		震级	深度（km）	震中地名	结果来源
	年．月．日	时：分：秒	φ_N	λ_E				
1	2016. 12. 20	18：04：38	37. 17	84. 85	M_S5. 8	18	且末	新疆地震台网
2	2016. 12. 20	18：11：51	37. 30	84. 88	M_L1. 6	7	且末	
3	2016. 12. 21	08：12：49	37. 20	84. 82	M_L2. 1	28	且末	
4	2017. 01. 12	06：17：18	37. 57	84. 27	M_L1. 4	11	且末	
5	2017. 01. 20	02：36：20	36. 98	84. 98	M_L2. 0	8	且末	
6	2017. 01. 26	12：53：07	37. 67	84. 95	M_L1. 6	16	且末	
7	2017. 02. 08	18：32：01	37. 57	84. 75	M_L2. 0	8	且末	
8	2017. 02. 11	13：46：49	37. 38	84. 78	M_L1. 5	5	且末	

由于余震数量太少，序列参数 b 值、h 值、p 值等计算不符合条件，未给出相应图件与计算结果，这给序列定量判定带来了困难。在震后首次会商时，新疆地震局根据 1970 年以来震区 100km 范围内历史 5 级以上地震序列类型特征，初步判定，这次地震为孤立型地震的可能性较大，判定结果与实际地震序列类型一致。由于余震数量较少，且震级较小，加之周围台站稀少，因此未开展数字地震资料分析及后续震情判定。

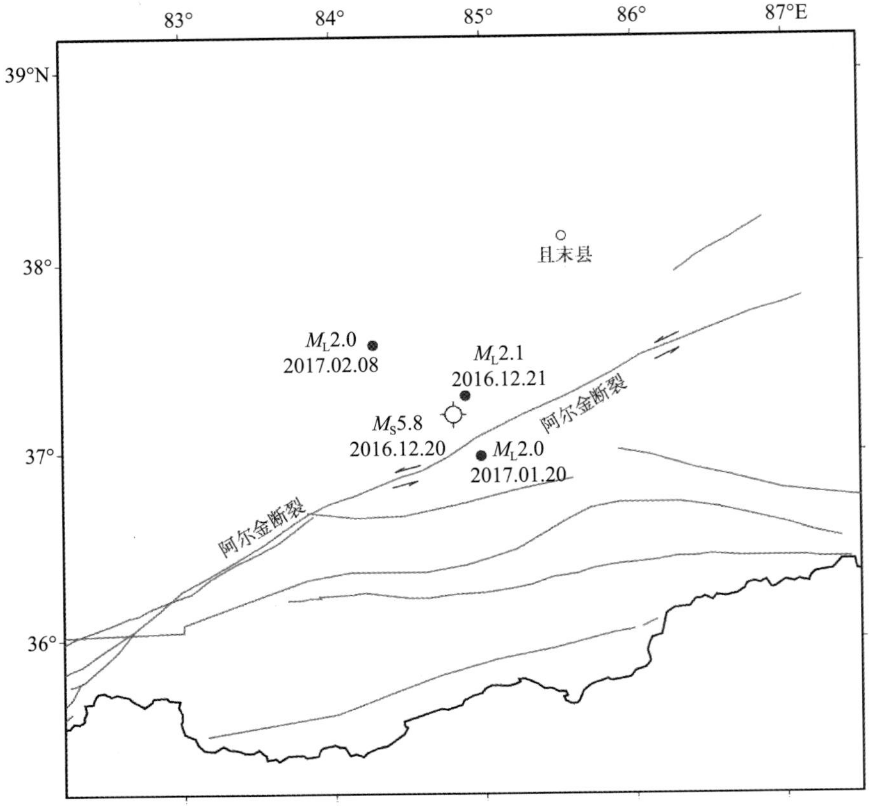

图 5　且末 5.8 级地震序列震中分布图（$M_L \geqslant 2.0$ 级）

Fig. 5　Epicenter distribution of the M_S5.8 Qiemo earthquake sequence

五、震源参数和地震破裂面

表 3 和图 6 列出了不同机构给出的该地震震源机制解。由于震中附近新疆区域测震台网分布不理想，周围台站分布较少，新疆地震局利用 P 波初动计算得到的震源机制解可靠性不高，故本报告采用 Harvard 大学给出的结果。根据 Harvard 矩张量反演结果（即表 3 中 HRV 结果），此次地震的断错性质为走滑兼小量逆冲分量，震源机制解节面Ⅰ走向 261°、倾角 88°、滑动角 10°；节面Ⅱ走向 171°、倾角 80°、滑动角 178°。P 轴方位角 36°，仰角 6°；T 轴方位角 127°，仰角 8°。

此次地震震中附近主要构造走向 NE，且地震烈度等震线长轴呈 NE 向分布，与 NE—SW 展布的节面Ⅰ方位相近。综合分析认为，节面Ⅰ为此次地震的主破裂面，震源机制为左旋走滑型，与阿尔金断裂的断错性质一致，由此，推测阿尔金断裂为此次地震的发震构造。

表 3　且末 5.8 级地震震源机制解

Table 3　Focal mechanism solutions of the M_S5.8 Qiemo earthquake

编号	节面Ⅰ（°）			节面Ⅱ（°）			P 轴（°）		T 轴（°）		N 轴（°）		结果来源
	走向	倾角	滑动角	走向	倾角	滑动角	方位	仰角	方位	仰角	方位	仰角	
1	258	57	11	162	81	146	214	16	115	30	329	55	USGS
2	261	88	10	171	80	178	35	6	126	8	272	80	HRV
3	270	49	19	167	76	137	224	17	120	40	332	46	新疆地震局（CAP）
4	270	45	16	169	79	134	226	21	118	40	340	43	中国地震局地球物理研究所（CAP）

表 4　且末 5.8 级地震矩张量解

Table 4　Moment tensor solutions of the M_S 5.8 Qiemo earthquake

节面Ⅰ（°）			节面Ⅱ（°）			矩张量（$\times10^{24}$ N·m）						地震矩 M_0/（N·m）	矩震级 M_W	结果来源
走向	倾角	滑动角	走向	倾角	滑动角	M_{xx}	M_{yy}	M_{zz}	M_{xy}	M_{yz}	M_{zx}			
261	88	10	171	80	178	0.676	−1.18	0.509	−0.423	0.0004	2.47	2.65×10^{24}	5.5	HRV

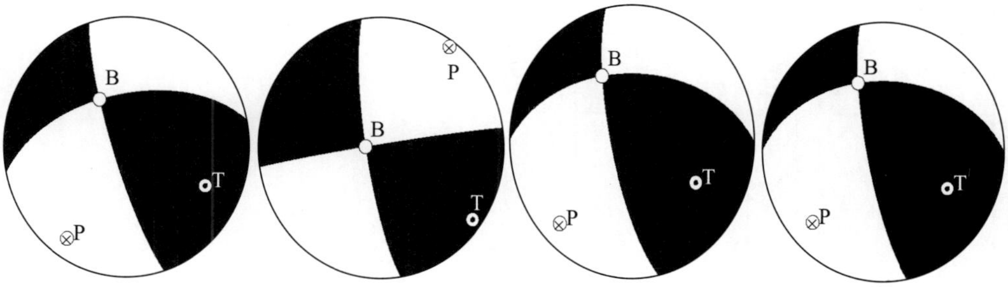

图 6　且末 5.8 级地震震源机制解

Fig. 6　Focal mechanism solutions of the M_S5.8 Qiemo earthquake

从左到右结果分别为：USGS、HRV、新疆地震局、中国地震局地球物理所

六、地震前兆观测台网及前兆异常

1. 地震前兆观测台网

且末 5.8 级地震震中位于监测能力薄弱区域。震中区 300km 范围内仅有且末地磁 1 项观测，此外 300km 范围内有 3 个 GPS 基准站和 1 个连续重力站，其他均在 300km 以外。

2. 地震前兆异常

且末 5.8 级地震地处新疆监测能力薄弱地区，震前震源区附近存在且末地磁的 Z 分量日变幅逐日比超限异常、于田垂直摆、4 级地震平静和 5 级地震平静等 4 条异常（表 5）。

表 5　且末 5.8 级地震异常情况登记表

Table 5　Anomalies catalog of the M_S5.8 Qiemo earthquake

序号	异常项目	台站（点）或观测区	分析办法	异常判据及观测误差	震前异常起止时间	震后变化	最大幅度	震中距 Δ/km	异常类别及可靠性	图号	异常特点及备注
1	地磁 Z 分量	且末	Z 分量日变幅逐日比	超限	2016.11.11					7	震后发现
2	垂直摆	于田	分钟值	快速下降	2016.12.11~12		0.034 角秒	306km		8	震后发现
3	地震平静	若羌—民丰	$M_S \geq 4.0$ 级地震空间分布	$\Delta T \geq 4.1$ 年	2013.02~2016.12	平静区缩小		平静内部	S_1	10	且末 5.8 级地震将 4 级地震平静打破（震后发现）
4	地震平静	若羌—民丰	$M_S \geq 5.0$ 级地震空间分布	$\Delta T \geq 1000$ 天	2014.02~2016.12	平静区缩小		平静内部	S_1	11	且末 5.8 级地震将 5 级地震平静打破（震后发现）

（1）且末地磁距离此次地震 118km，此次地震前，且末地磁的 Z 分量日变幅逐日比于 2016 年 11 月 11 日出现超限变化（图 7），但以往震例统计结果显示，该异常地震对应率不高。

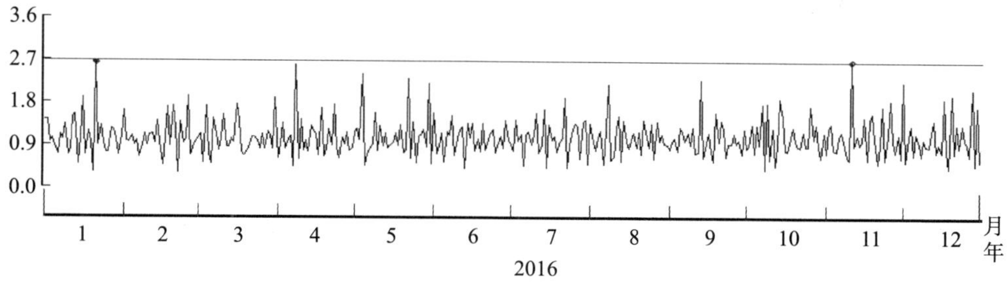

图 7　且末地磁的 Z 分量日变幅逐日比

Fig. 7　The Z component ratio of daily variation of geomagnetic Qiemo

（2）距离震中 306km 的于田垂直摆 2016 年 12 月 12 日出现 8 小时内 0.034 角秒的变化（图 8），但该资料从 2016 年 11 月 1 日才开始观测，资料积累时间短，尚不能判定该变化属于震前异常。

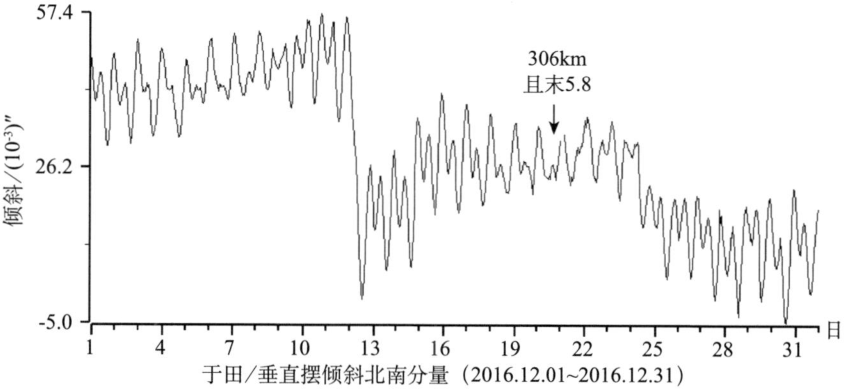

图 8　于田垂直摆 2016 年 12 月变化

Fig. 8　Yutian vertical pendulum changes in December 2016

（3）4 级地震平静。

2008 年以来在阿尔金断裂带上发生两次 7 级地震，震前均出现 4 级地震平静，其中 2008 年 7.3 级地震前，4 级地震平静时长达 13 年，平静区域相对较大，平静区长 650km，如图 9 中所示，此次强震发生后，4 级地震平静区域有所缩小。2009 年 2 月 15 日 4.3 级地震后，新形成的 4 级地震平静区内（长 500km）5 年后发生了 2014 年于田 7.3 级地震，而 2013 年 2 月 4 日 4.6 级地震后，4 级地震平静状态持续，在 4 级地震的新平静区内发生了 5.8 级地震（图 9）。

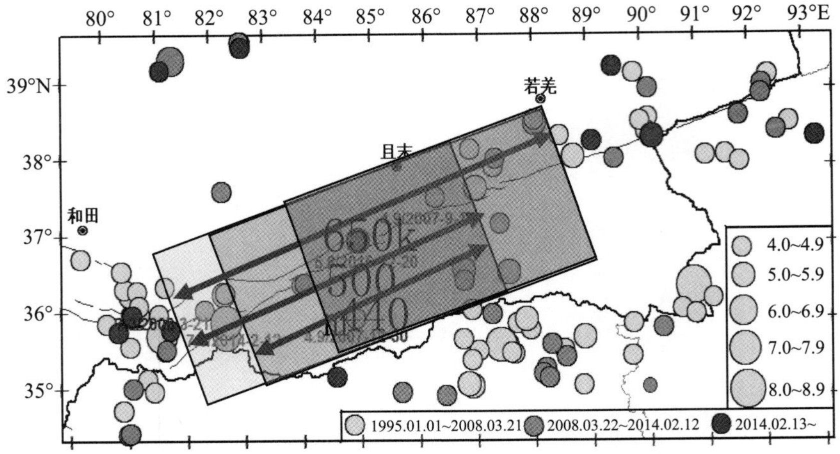

图 9　阿尔金地震带 4 级以上历史地震震中分布

Fig. 9　Seismic distribution of historical earthquakes with $M_S \geqslant 4$ in the Altun earthquake

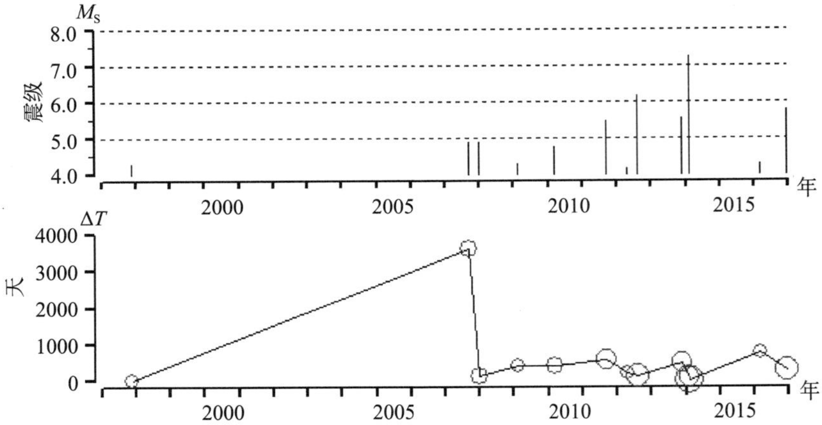

图 10　阿尔金断裂带 4 级以上地震 M-T 图和时间间隔图

Fig. 10　M-T and time interval map of $M_S \geqslant 4$ in Arkin fault zone

（4）5 级地震平静。

从整个阿尔金地震带上的 5 级以上地震时间进程图（图 11）上可以看出，该地震带约 2 年左右时间发生 1 次 5 级以上中强地震，在 1975 年至 1993 年 10 月若羌 6.6 级地震前，地震时间间隔分布较为均匀。1993 年 10 月若羌 6.6 级地震后时间间隔逐渐拉长。在 2008 年 3 月于田 7.3 级地震发生前平静时长达 2972 天，为整个阿尔金地震带上震前平静时长最长的一次地震。2011 年之后，在新疆中强地震多带连发的背景下，阿尔金地震带发生了 1 组 5 级以上地震，最大地震为 2014 年 2 月于田 7.3 级地震。其后阿尔金地震带基本处于平静状态，此次且末 5.8 级地震是在该带 4、5 级地震平静的背景下发生的。

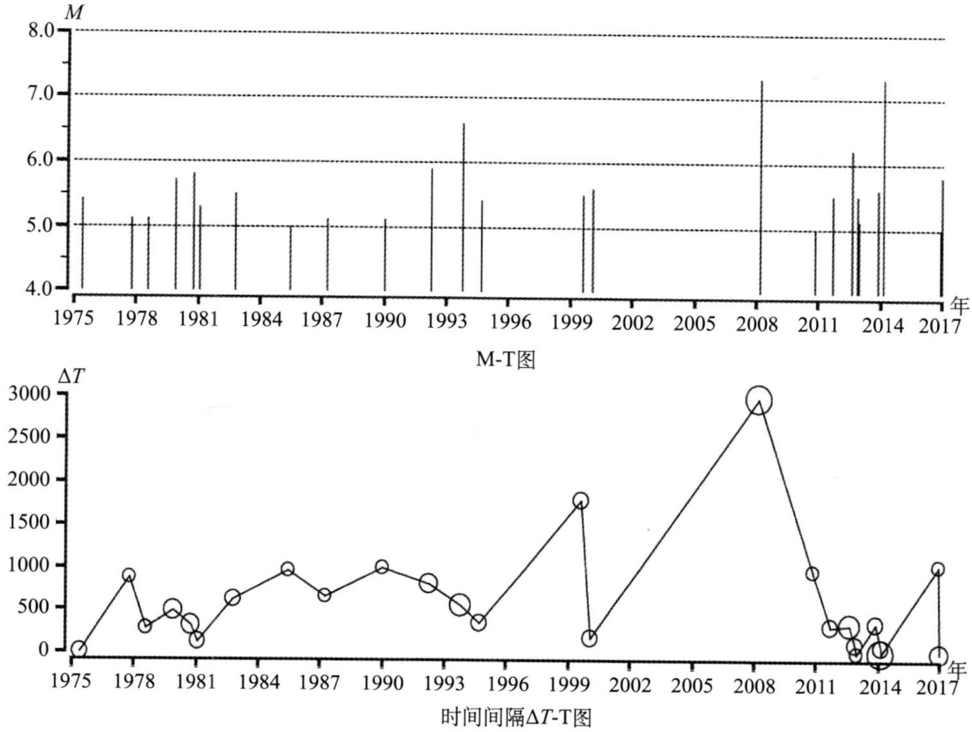

图 11 阿尔金地震带 1970~2016 年 5 级以上地震 M-T 图、时间间隔图

Fig. 11 M-T and time interval map of $M_S \geq 5$ in Arkin fault zone

七、地震前兆异常特征分析

2011 年 6 月至 2015 年 6 月，新疆境内共发生 32 次 5 级以上地震，包含 5 次 6 级地震和 1 次 7 级地震，中强地震异常活跃，时间上呈现连发，空间上呈现多带分布活动状态。其中天山中段 2011 年以来发生 13 次 5 级以上地震，最大地震为新源、和静交界 6.6 级。2016 年 1 月 14 日轮台 5.3 级和 2 月 11 月新源 5.0 级地震后，新疆地区 5 级地震平静 8 个月，在此背景下发生了 11 月 25 日阿克陶 6.7 级地震、12 月 8 日呼图壁 6.2 级地震、12 月 14 日若羌 5.0 级地震和 2016 年 12 月 20 日且末 5.8 级地震。

2008 年以来阿尔金断裂带上的两次 7 级地震前，地震带上相应区域均出现 4 级地震平静，其中 2008 年 7.3 级地震前，4 级地震平静时长达到 13 年。2009 年 2 月 15 日 4.3 级地震后，新形成的 4 级地震平静区内 5 年后发生了 2014 年于田 7.3 级地震，2013 年 2 月 4 日 4.6 级地震后，4 级地震平静状态持续，在 4 级地震的新平静区（长 440km）内发生了 5.8 级地震。

从整个阿尔金地震带上的 5 级以上地震来看，该地震带约 2 年左右时间发生 1 次 5 级以上中强地震，在 1970 年至 1993 年 10 月若羌 6.6 级地震前，发震间隔较为均匀。1993 年 10

月若羌 6.6 级地震后时间间隔逐渐拉长。在 2008 年 3 月于田 7.3 级发生前平静时长达 2972 天，为整个带上震前平静时长最长的一次地震。此次地震后在 2011 年以来全疆中强地震多带连发的背景下，阿尔金地震带发生了 1 组 5 级以上地震，最大地震为 2014 年 2 月于田 7.3 级地震。其后阿尔金地震带基本处于平静状态，此次且末 5.8 级地震是在该带 4、5 级地震平静的背景下发生。

且末 5.8 级地震震源区属新疆地震监测能力较弱的地区，震中区 300km 范围内仅有且末地磁 1 项观测，此外 300km 范围内有 3 个 GPS 基准站和 1 个连续重力站，其他均在 300km 以外。震前定点前兆及地震活动性异常未达其异常指标或异常不明显，因此在震前并未提出相关前兆异常，4 条震前异常均为此次地震震后总结发现。

八、震前预测、预防和震后响应

1. 震前预测、预防

2016 年新疆震情复杂而严峻，自治区党委和政府、新疆地震局局党组高度重视和关注新疆震情，于 2016 年 2 月 19 日召开了自治区防震减灾工作电视电话会议，提出了具体的工作指示和实施举措，并要求进一步强化 2016 年度新疆震情监视跟踪工作。针对 2015 年下半年以来兴都库什—帕米尔构造带强震活动频发的特点，8 月 9~10 日，中国地震局地震预测研究所在乌鲁木齐组织召开了“兴都库什—帕米尔构造带与天山动力学研讨会”，与会专家对兴都库什—帕米尔构造带强震活动及其动力学机理、天山地震带强震形势进行了深入地研讨。

2016 年 11~12 月，新疆地震活动水平明显增强，25 天内相继发生 2 次 6 级，2 次 5 级地震，分别为 2016 年 11 月 25 日阿克陶 6.7 级、12 月 8 日呼图壁 6.2 级、12 月 14 日若羌 5.0 级以及 12 月 20 日且末 5.8 级地震。这 4 次 5 级以上地震分布于天山、西昆仑及阿尔金多个地震带，中强地震处于活跃状态。此次 5.8 级地震位于新疆地震监测能力较弱的地区，测震、前兆观测项均较为稀少，因此此次且末 5.8 级地震前并未提出较为有效的短临预报。

2. 震后响应

地震发生后，中国地震局、新疆地震局、且末县地震局等 6 家单位组成现场联合工作队，在震区历时 6 天，累计行程 20000 余千米，围绕震中及周边区域开展了地震流动监测、震情趋势判定、烈度评定、灾害调查评估、科学考察等现场应急工作，对震区且末县和兵团第二师 38 团的 5 个乡（镇、场）展开了调查，顺利完成此次地震的灾害调查、烈度评定及损失评估等工作。

共完成 28 个震害调查点，顺利完成地震灾害调查和损失评估工作。

地震发生后，新疆地震局监测中心前往震区架设测震流动台站 1 套，未架设前兆观测仪器。

地震发生后，新疆地震局于当日 19 时 30 分召开紧急会商会。根据 1970 年以来震区 100km 范围内 5 级以上地震序列类型特征，初步判定，“这次地震为孤立型地震的可能性较大”[2)]，该判定结果与实际地震序列类型一致。此后 21 日、23 日又分别召开临时会商会对此次地震的后续资料变化进行了跟踪分析和判定。

九、结论与讨论

（1）且末5.8级地震发生在阿尔金断裂带的西段末端，震源机制解和区域构造分析显示，主震震源机制与阿尔金断裂带的断错性质基本一致，与阿尔金断裂带上的历史地震震源机制基本类似，推测此次地震的发震断层为具有左旋走滑兼逆冲性质的NEE走向阿尔金断裂。

（2）且末5.8级地震序列类型为孤立型，余震活动水平较低，震后一周共记录余震14次，其中M_L2.0~2.9地震3次，M_L1.0~1.9地震5次，M_L1.0以下地震6次，无$M_L \geqslant 3.0$级余震发生，最大余震震级M_L2.4。余震震级分布主要集中于M_L0.0~1.9，占余震总数的83%。此次地震的余震频次和震级水平均较低，该区以往中强震震例包括1979年若羌东5.7级、1980年于田东南5.8级和1992年和田5.9级地震，序列类型均为孤立型。综合分析历史震例、序列参数特征认为，且末5.8级地震序列类型为孤立型。

（3）此次且末5.8级地震位于新疆监测能力较弱的地区，震前震后可分析的资料均较少，同时，该区研究程度相对不高，难以做出中短期预测。在2016年11~12月新疆连续发生阿克陶6.7级、呼图壁6.2级地震2次6级强震后，我们跟踪和研判的重点放在天山地震带，对且末5.8级地震未做出相应的短临预报。

（4）且末5.8级地震发生在新疆强震密集活动的时段，25天内相继发生2次6级，2次5级地震，分别为2016年11月25日阿克陶6.7级地震、2016年12月8日呼图壁6.2级地震、2016年12月14日若羌5.0级地震以及2016年12月20日且末5.8级地震。分析预报人员跟踪的重点集中在天山地震带，对其他地震带的震情形势关注较少，加之阿尔金地震带的观测资料及研究程度均较低，因此，在今后的震情跟踪工作中，应全面考虑各个地震带的震情形势变化，同时加强阿尔金地震带的相关研究。

参 考 文 献

［1］陈应涛、张国伟、鲁如魁等，2010，青藏高原西北缘郭扎错断裂 $^{40}Ar/^{39}Ar$ 年代学研究——阿尔金断裂西延的新证据［J］，地质通报，29（8）：1129~1137
［2］任收麦、葛肖虹、刘永江，2003，阿尔金断裂带研究进展［J］，地球科学进展，18（3）：386~391
［3］国家地震局《阿尔金活动断裂带》课题组［M］，1992，阿尔金活动断裂带，地震出版社
［4］郑剑东，1991，阿尔金断裂带的几何学研究［J］，中国区域地质，10（1）：54~59
［5］谢富仁、刘光勋，1989，阿尔金断裂带中段区域新构造应力场分析［J］，中国地震，（3）：26~36
［6］王卫东、李少睿，1999，利用地震矩张量反演阿尔金断裂带现今运动学特征［J］，地震地质，21（2）：171~175
［7］王峰、徐锡伟、郑荣章等，2002，阿尔金断裂带东段地表破裂分段研究［J］，地震地质，24（2）：145~158
［8］徐锡伟、P. Tappommier、Van Der Woerd 等，2003，阿尔金断裂带晚第四纪左旋走滑速率及其构造运动转换模型讨论［J］，中国科学（D 辑），33（10）：967~974
［9］柏美祥，1992，阿尔金活动断裂带的运动学和动力学特征［J］，新疆地质，10（1）：57~61
［10］姜枚、许志琴、薛光琦等，1999，青海茫崖—新疆若羌地震探测剖面及其深部构造的研究［J］，地质学报告，73（2）：153~161
［11］史大年、姜枚、马开义等，1999，阿尔金断裂带地壳和上地幔结构的 P 波层析成像［J］，地球物理学报，42（3）：343~350
［12］Avouae J P，Tapponnier P，1993，Kinematic model of active deformation in central Asia［J］，Geophysical Research Letters，20（10）：895-898
［13］Tapponnier P，Xu Z Q，Roger F et a1.，2001，Oblique stepwise rise and growth of the Tibet P1ateau［J］，Science，294（5547）：1671-1677
［14］Yin A，Rumelhart P E，Butler R et a1.，2002，Tectonic history of the Altyn Tagh fault system in northern Tibet inferred from Cenozoic sedimentation［J］，The Geological Society of America Bulletin，114（10）：1257-1295
［15］丁国瑜，1995，阿尔金活断层的古地震与分段［J］，第四纪研究，9（2）：97~106
［16］王萍、卢演俦、陈杰，2004，阿尔金断裂带东段晚更新世阶地沉积物红外释光测年及其构造意义［J］，地震地质，26（4）：716~726
［17］李海兵、杨经绥、许志琴等，2006，阿尔金断裂带对青藏高原北部生长、隆升的制约［J］，地学前缘，13（4）：59~79
［18］王峰、徐锡伟、P. Tapponnier，2001，利用卫星资料对阿尔金断裂带阿克塞以西进行阶地面对比和位错量分析［J］，华北地震科学，19（4）：21~26

参 考 资 料

1）新疆维吾尔自治区地震局，新疆且末 5.8 级地震灾害损失评估报告，2016
2）新疆维吾尔自治区地震局，2016 年 12 月 20 日且末 M_S5.8 地震序列及后续地震趋势分析，2016

The M_S 5.8 Qiemo Earthquake on December 20, 2016 in Xinjiang Uygur Autonomous Region

Abstract

An earthquake of M_S5.8 occurred in Qiemo county, Xinjiang Uygur Autonomous Region on December 20, 2016. The macro epicenter is located in the Mongolia Autonomous Prefecture of Xinjiang Bayinguoleng Qiemo county (37.25° N, 84.81° E). Extreme earthquake intensity is Ⅶ, Long axis is NEE direction, The earthquake did not cause casualties, direct economic losses is 98.95 million.

The earthquake sequence is isolated, A total of 14 aftershocks were recorded a week after the earthquake, the maximum aftershock is two M_L2.4 earthquakes.

The results of the focal mechanism of the M_S5.8 earthquake is left-slip strike-slip, The nodal plane I strike 261°, dip angle 88°, P axis azimuth NE, Combined with the isoseismal distribution, presumed that the face I is the main rupture surface.

Qiemo M_S5.8 earthquake located near the Altyn Tagh fault that with the trend NE70°, Dip 70°, and behave as sinistral strike slip. The strike of the fault is general the same as the isoseismal distribution of the Qiemo M_S5.8 earthquake. It is analyzed that the seismogenic structure of Qiemo M_S5.8 earthquake is the Altun fault, strike slip slip occurs under the action of NE compressive stress.

The earthquake occurred in areas with weak monitoring capacity in Xinjiang, There are 2 seismic stations in the epicenter of 200km, there is only one observation Qiemo geomagnetic in the range of 300km. There was no obvious precursor abnormality before the earthquake, Therefore, the we did not make a short-term prediction of the earthquake, after the earthquake, Xinjiang Seismological Bureau immediately launched an emergency response, A joint working group was set up, to go to the disaster area, carry out the intensity assessment, disaster investigation and assessment, scientific investigation and other on-site emergency work.

After the earthquake, the Seismological Bureau of Xinjiang immediately convened an emergency chamber of Commerce. According to the historical earthquake situation in the earthquake zone, the post quake trend was basically more accurately grasped.

报告附件

附表 1　固定前兆观测台（点）与观测项目汇总表

序号	台站（点）名称	经纬度（°）		测项	资料类别	震中距 Δ/km	备注
		φ_N	λ_E				
1	且末	39.737	77.733	地磁	Ⅲ类	69	
2	且末	37.2931	85.4811	测震台	Ⅰ类	50	
3	民丰	36.706	83.6039	测震台	Ⅰ类	130	

分类统计	0<Δ≤100km	100<Δ≤200km	总数
测项数 N	1	0	1
台项数 n	1	1	2
测震单项台数 a	1	1	2
形变单项台数 b	0	0	0
电磁单项台数 c	0	1	1
流体单项台数 d	0	0	0
综合台站数 e	1	0	1
综合台中有测震项目的台站数 f	0	0	0
测震台总数 $a+f$	1	1	2
台站总数 $a+b+c+d+e$	2	2	
备注			

附表 2　测震以外固定前兆观测项目与异常统计表

序号	台站(点)名称	测项	资料类别	震中距 Δ/km	按震中距 Δ 范围进行异常统计																			
					0<Δ≤100km					100<Δ≤200km					200<Δ≤300km					300<Δ≤500km				
					L	M	S	I	U	L	M	S	I	U	L	M	S	I	U	L	M	S	I	U
1	且末	地磁	Ⅲ类	69					√															
2	于田	垂直摆		306																				√
分类统计	台项	异常台项数			0	0	0	0	1	0	0	0	0	0	0	0	0	0	0	0	0	0	0	1
		台项总数			0	0	0	0	3	0	0	0	0	0	0	0	0	0	0	0	0	0	0	1
		异常台项百分比/%			0	0	0	0	0. 33	0	0	0	0	0	0	0	0	0	0	0	0	0	0	1
	观测台站（点）	异常台站数			0	0	0	0	1	0	0	0	0	0	0	0	0	0	0	0	0	0	0	0
		台站总数			0	0	0	0	1	0	0	0	0	0	0	0	0	0	0	0	0	0	0	0
		异常台站百分比/%			0	0	0	0	0	0	0	0	0	0	0	0	0	0	0	0	0	0	0	0
	测项总数（4）				3					0					0					1				
	观测台站总数（2）				1					0					0					1				
备注																								